普通高等教育“十一五”国家级规划教材
21世纪高等教育环境工程系列教材

大气污染控制工程

主　编　童志权
参　编　王京刚　童　华　黄　妍
　　　　马乐凡　刘迎云　张俊丰

机械工业出版社

本书是根据全国高等工业学校环境工程类专业教材编审委员会制定的教学基本要求，为适应环境工程专业本科生大气污染控制工程（80～100学时）的教学需要而编写的教材。

本书内容按“大气污染物的生成控制—粉尘污染物控制—气态污染物控制—稀释扩散控制”的主线编排，力求理论联系实际，注重培养学生分析和解决大气污染控制工程问题的能力。除重点介绍该课程的传统内容外，本书对一些近年出现的大气环境新问题和发展较快的新技术也作了简明扼要的介绍。

本书主要内容包括：绪论、大气污染物的生成控制、除尘技术基础、机械式除尘器、电除尘器、过滤式除尘器、湿式除尘器、气态污染物吸收净化法、气态污染物的吸附净化法、催化转化法净化气态污染物、气态污染物的其他净化法、烟（废）气脱硫脱硝、其他几种废气处理技术、废气净化系统的组成和设计、大气污染的稀释扩散控制。考虑到工程专业的学生今后应该具有解决工程问题的能力，因此本书非常重视以上各章中工程设备的计算问题。

本书可作为环境工程专业本科生大气污染控制工程课程的教材，也可供环境工程专业硕士生、高校其他相关专业师生和环保科技、设计人员参考。

图书在版编目（CIP）数据

大气污染控制工程/童志权主编．—北京：机械工业出版社，2006.7（2024.2重印）
（普通高等教育“十一五”国家级规划教材）
（21世纪高等教育环境工程系列教材）
ISBN 978-7-111-19381-4

Ⅰ．大…　Ⅱ．童…　Ⅲ．空气污染控制—高等学校—教材
Ⅳ．X510.6

中国版本图书馆CIP数据核字（2006）第065572号

机械工业出版社（北京市百万庄大街22号　邮政编码100037）
责任编辑：马军平　版式设计：霍永明　责任校对：刘志文
封面设计：王伟光　责任印制：邓　博
北京盛通数码印刷有限公司印刷
2024年2月第1版第11次印刷
184mm×260mm · 27.5印张 · 677千字
标准书号：ISBN 978-7-111-19381-4
定价：69.80元

电话服务　　网络服务
客服电话：010-88361066　　机　工　官　网：www.cmpbook.com
010-88379833　　机　工　官　博：weibo.com/cmp1952
010-68326294　　金　书　网：www.golden-book.com
封底无防伪标均为盗版　　机工教育服务网：www.cmpedu.com

前　　言

本书是根据全国高等工业学校环境工程类专业教材编审委员会制定的教学基本要求，以童志权、陈昭琼1987年版《大气污染控制工程》为基础，结合湘潭大学、北京化工大学、长沙理工大学、南华大学等四所高校多年讲授大气污染控制工程课程的经验，并参考国内其他大气污染控制工程教材编写的环境工程专业本科教材。本书可供环境工程专业本科生80~100学时教学使用。学时数较少时，可选部分内容供学生自学。本书也可供环境工程专业硕士生、高校其他相关专业师生和环保科技、设计人员参考。

本书内容按大气污染控制工程的基本程序编写，即按“大气污染物的生成控制—粉尘污染物控制—气态污染物控制—稀释扩散控制”的主线编排，力求理论联系实际，注重培养学生分析和解决大气污染控制工程问题的能力。除重点介绍该课程的传统内容外，本书对一些近年出现的大气环境新问题和发展较快的新技术也作了简明扼要的介绍。

第1章“绪论”中介绍了有关大气污染的基本概念、概况、综合防治基本知识和全球性大气污染问题、室内空气污染问题以及气体参数的换算等。

第2章为“大气污染物的生成控制”，主要论述能源及燃烧与大气污染的关系，燃烧过程中各种污染物的生成机理及减少其生成量的控制方法以及清洁生产知识、机动车污染控制（目前机动车污染控制的大量工作仍然是“污染物的生成控制”）等。

第3~7章和第8~14章分别以较大的篇幅阐述了“大气污染控制工程”的主体内容——粉尘污染物控制和气态污染物控制的原理、方法、典型设备及其设计计算、几种主要气态污染物的治理方法、工艺和净化系统的组成与设计；考虑到“工程”专业的学生今后应该具有解决“工程”问题的能力，因此本书非常重视以上各章中工程设备的计算问题。

第15章论述了影响污染物稀释扩散的气象因素、大气扩散的基本理论、大气污染浓度估算及烟囱高度设计、城市规划原则等。

本书由湘潭大学童志权主编，湘潭大学的黄妍、张俊丰，北京化工大学王京刚、童华，长沙理工大学马乐凡，南华大学刘迎云等老师参编。各章编写分工如下：童志权编写第1、5、6、15章；马乐凡编写第2章；王京刚、童志权合编第3、4章；刘迎云编写第7、14章；童华编写第8、12章；张俊丰编写第9章；黄妍编写第10、11章；童志权、张俊丰合编第13章。童志权编写了全书的大纲，并对全书各章节进行了认真、仔细的修改和审定。本书部分习题选自郝吉明、马广大老师主编的《大气污染控制工程》，在此向该书作者表示感谢。湘潭大学的部分本科生和研究生为本书的完善提出了许多建议，在此表示诚挚的谢意。

本书配有教学课件，向授课教师免费提供，需要者请参见书末信息反馈表中的联系方法。

由于编者水平有限，书中错误和缺点难免，热情希望读者提出批评和建议。

编　者

目　　录

第1章 绪论

1

1.1 大气的组成及结构

按照国际标准化组织（ISO）的定义，大气是指地球环境周围所有空气的总和（The entire mass of air which surrounds the Earth），环境空气是指暴露在人群、植物、动物和建筑物之外的室外空气（Outdoor air to which people, plants, animals and structures are exposed）。可见，“大气”和“空气”是同义词，其组成成分在均质层内是一样的，区别仅在于“大气”指的范围更大，“空气”指的范围相对小些。大气的总质量约为 5.3×10^{15}t，其密度随高度增加而迅速减少，98.2%的空气集中在30km以下的空间。本书除在讨论大气的组成及结构、臭氧层破坏时所用“大气”一词涉及更大范围以外，其余部分所用“大气”或“空气”一词都是指与人类活动关系密切的下层“环境空气”，个别情况指室内空气。

大气是自然环境的重要组成部分，是人类及一切生物赖以生存的物质。人离开空气，5min就会死亡。同时，人们也通过生产和生活活动影响着周围大气的质量。人与大气环境之间的这种连续不断的物质和能量的交换，决定了大气环境的重要性。

1.1.1 大气的组成

大气由干洁空气、水蒸气和悬浮微粒三部分组成。干洁空气的主要成分是氮（N_2）、氧（O_2）和氩（Ar），三者共占大气总体积的99.96%，其他次要成分仅占0.04%左右。干洁空气的组成见表1-1。

表1-1 干洁空气的组成

气体成分	相对分子质量	体积分数（%）	气体成分	相对分子质量	体积分数（%）
氮（N_2）	28.01	78.084	氪（Kr）	83.80	1.0×10^{-4}
氧（O_2）	32.00	20.948	氢（H_2）	2.016	0.5×10^{-4}
氩（Ar）	39.94	0.934	氧化二氮（N_2O）	44.01	0.3×10^{-4}
二氧化碳（CO_2）	44.01	0.033	氙（Xe）	131.30	0.08×10^{-4}
氖（Ne）	20.18	1.8×10^{-4}	臭氧（O_3）	48.00	0.02×10^{-4}
氦（He）	4.003	5.2×10^{-4}	甲烷（CH_4）	16.04	1.5×10^{-4}

由于大气的湍流运动和动植物的气体代谢作用使不同高度、不同地区的空气进行交换和

混合，因而在85km以下的大气层中除CO_2和臭氧外，干洁空气组成的比例基本上保持不变，称为均质层。均质层以上的大气层中，以分子扩散为主，气体组成随高度而变化，称为非均质层。干洁空气的平均相对分子质量为28.966，在标准状态下（273.15K，101325Pa），其密度为1.293kg/m³。二氧化碳和臭氧是干洁空气中的可变成分，对大气的温度分布影响较大。

CO_2来源于大气底层燃料的燃烧、动物的呼吸和有机物的腐解等，因此它主要集中在20km以下的大气层内，其含量因时空而异，夏季多于冬季，陆地多于海洋，城市多于农村。

臭氧是大气中的微量成分之一，总质量约为3.29×10^9t，占大气质量的0.64×10^{-6}。它的含量随时空变化很大，在10km以下含量甚微，从10km往上，含量随高度增高而增加，到20~25km高空处，含量达到最大值，称为臭氧层，再往上又减少。臭氧层能大量吸收太阳辐射中波长小于0.32μm的紫外线，从而保护地球上有机体的生命活动。

大气中的水蒸气来源于地表水的蒸发，其平均体积分数不到0.5%，随时空和气象条件而变化。在热带多雨地区，其体积分数可达4%；而在沙漠或两极地区，其体积分数可小于0.01%。一般低纬度地区大于高纬地区，夏季高于冬季，下层高于上层。观测表明，在1.5~2.0km高度上，空气中水蒸气已减少到地面的1/2，在5km高度上则减少到地面的1/10，再往上就更少了。

水蒸气是实际大气中惟一能在自然条件下发生相变的成分，这种相变导致了大气中云、雾、雨、雪、雹等天气现象的发生。

水蒸气和CO_2对地面和大气长波辐射的能量吸收较强，对地球起到保温作用。

大气中的悬浮微粒物有固体和液体两类。前者包括粉尘、烟尘、宇宙尘埃、微生物和植物的孢子、花粉等；后者则指悬浮于大气中的雾滴等水蒸气凝结物。悬浮微粒粒径一般在10^{-4}μm到几十微米之间，多集中于大气低层，含量和成分都是变化的。一般陆地多于海上，城市多于农村，冬季多于夏季。其中有些物质是引起大气污染的物质。它们的存在对辐射的吸收和散射，云、雾和降水的形成，大气光电现象具有重要作用，对大气污染有重要影响。

1.1.2 大气层结构

受地心引力而随地球旋转的大气称为大气圈。虽然在几千千米的高空中仍有微量气体存在，但通常把地球表面到1200~1400km的气层视为大气圈的厚度，1400km以外被看作宇宙空间。

大气圈具有层状结构。大气层结构是指气象要素的垂直分布情况，如气温、气压、大气密度和大气成分的垂直分布等。根据气温在垂直于地球表面方向上的分布，一般将大气分为对流层、平流层、中间层、暖层和逸散层等5层（见图1-1）。

（1）对流层　对流层是大气圈最低的一层，其特征是：①层内气温随高度增加而降低，每升高100m平均降低0.65℃，因而大气易形成强烈的对流（升降）运动；②因热带气流的对流强度比寒带强，故对流层厚度随纬度增加而降低，赤道处约16~17km，中纬度地区约10~12km，两极附近约8~9km，对同一地区，其厚度夏季大于冬季；③对流层虽较薄，但却集中了大气总质量的75%和几乎全部的水蒸气，主要天气现象和通常所说的大气污染都发生在这一层，对人类活动影响最大；④层内温度和湿度的水平分布不均匀，在热带海洋上空，空气温暖潮湿，在高纬度内陆上空，空气寒冷干燥，因此也常发生大规模的空气水平运动。

对流层下层（地面至1～2km）的大气运动受地面阻滞和摩擦的影响很大，因此称对流层下层为大气边界层或摩擦层。由于受地面冷热的直接影响，层内气温的日变化很大。气流由于受地面摩擦力的影响，风速随高度增加而增大；加上气流的对流作用，层内大气的运动总是表现为湍流形式，从而直接影响着大气污染物的输送、扩散和转化。

大气边界层以上的大气运动，几乎不受地面摩擦力的影响，大气可看作没有粘性的理想气体，因此称大气边界层以上为自由大气层。

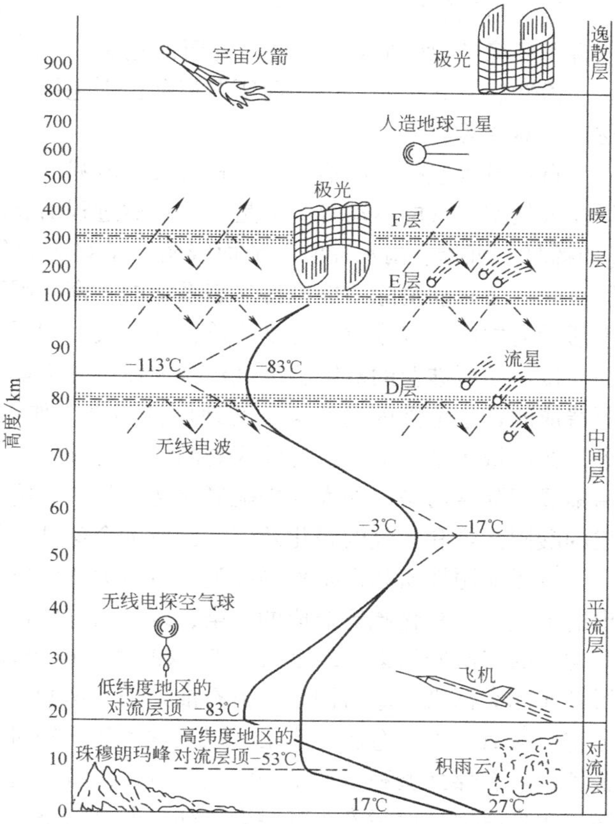

图1-1 大气垂直方向的分层

（2）平流层 对流层顶到50～55km高度的一层称为平流层，层内几乎没有大气的对流运动。从对流层顶到22km左右的一层，气温几乎不随高度而变化，为−55℃左右，称为同温层；同温层之上，气温随高度增高而上升，至平流层顶达−3℃左右，称为逆温层。平流层集中了大气中大部分臭氧，在20～25km高度内形成臭氧层。

（3）中间层 平流层顶到80～85km高度为中间层。这一层气温随高度增高而降低，层顶可降到−83℃，大气具有强烈的对流运动。

（4）暖层 中间层顶到800km高度为暖层。由于强烈的太阳紫外线和宇宙射线的作用，气温随高度增加而增高，层顶温度可达500～2000K，极为稀薄的气体分子被高度电离，存在着大量的离子和电子，故又称为电离层。

（5）逸散层 暖层以上的大气层统称为散逸层。它是大气的外层，气温很高，空气极为稀薄，气体离子的运动速度很高，可以摆脱地球引力而散逸到太空中。

对流层和平流层大气质量占大气总质量的99.9%，中间层大气质量占大气总质量的0.099%，暖层及其上层大气质量仅占大气总质量的0.001%。

1.2 大气污染、污染物和污染源

1.2.1 大气污染的定义及分类

按照ISO的定义，“空气污染通常是指由于人类活动和自然过程引起某些物质进入大气中，呈现出足够的浓度，达到了足够的时间，并因此而危害了人体的舒适、健康和福利，或危害了环境。”所谓人体舒适、健康的危害，包括对人体正常生理机能的影响，引起急性病、慢性病，甚至死亡等；而所谓福利，则包括与人类协调并共存的生物、自然资源，以及财产、器物等。

自然过程包括火山活动、森林火灾、海啸、土壤和岩石的风化、雷电、动植物尸体的腐烂及大气圈空气的运动等。但是，由自然过程引起的空气污染，通过自然环境的自净化作用（如稀释、沉降、雨水冲洗、地面吸附、植物吸收等物理、化学及生物机能），一般经过一段时间后会自动消除，能维持生态系统的平衡。因而，大气污染主要是由于在人类的生产与生活活动中向大气排放的污染物质，在大气中积累，超过了环境的自净能力而造成的。

按污染所涉及的范围，大气污染大体可分为如下四类：①局部地区污染，如由某个污染源造成的较小范围内的污染。②地区性污染，如工矿区及其附近地区或整个城市的大气污染。③广域污染，即超过行政区划的广大地域的大气污染，涉及的地区更加广泛。④全球性污染或国际性污染，如大气中硫氧化物、氮氧化物、二氧化碳和飘尘的不断增加和输送所造成的酸雨污染和大气的暖化效应，已成为全球性大气污染问题。

按照能源性质和污染物的种类，可将大气污染分为如下四类：①煤烟型，由煤炭燃烧放出的烟尘、二氧化硫等造成的污染，以及由这些污染物发生化学反应而生成的硫酸及其盐类所构成的气溶胶污染。20 世纪中叶以前和目前仍以煤炭作为主要能源的国家和地区的大气污染属此类污染。②石油型，由石油开采、炼制和石油化工厂的排气以及汽车尾气的碳氢化合物、氮氧化物等造成的污染，以及这些物质经过光化学反应形成的光化学烟雾污染。③混合型，具有煤烟型和石油型的污染特点。④特殊型，由工厂排放某些特定的污染物所造成的局部污染或地区性污染，其污染特征由所排污染物决定。

1.2.2 大气污染物

按照 ISO 定义，“空气污染物是指由于人类活动或自然过程排入大气的并对人或环境产生有害影响的那些物质”。

大气的污染物种类很多，按其存在状态，可分为气溶胶态污染物和气态污染物两类。

1. 气溶胶态污染物

气溶胶是指悬浮在气体介质中的固态或液态微小颗粒所组成的气体分散体系。从大气污染控制的角度，按照气溶胶颗粒的来源和物理性质，可将其分为如下几种：

（1）粉尘（Dust） 指固体物质的破碎、分级、研磨等机械过程或土壤、岩石风化等自然过程形成的悬浮小固体粒子。通常，又将粒径大于 10μm 的悬浮固体粒子称为落尘，它们在空气中能靠重力在较短时间内沉降到地面；将粒径小于 10μm 的悬浮固体粒子称为飘尘，它们能长期飘浮在空气中；粒径小于 1μm 的粉尘又称为亚微粉尘（Sub-micron Dust）。

（2）炱（Fume） 熔融物质经高温挥发并伴随一些化学反应而生成的气态物质经冷却凝结而成的固体粒子，粒径一般小于 1μm。

（3）飞灰（Fly Ash） 指由固体燃料燃烧产生的烟气带走的灰分中的较细粒子。

（4）烟（Smoke） 通常指燃料燃烧过程产生的不完全燃烧产物，又称炭黑，粒径一般为 0.01 ~ 1.0μm。

（5）雾（Fog） 在工程中，雾泛指小液滴的悬浮体，是由液体蒸气的凝结、液体的雾化和化学反应等过程形成的，如水雾、酸雾、碱雾等。在气象中，雾指造成能见度小于1km的小水滴悬浮体。

（6）化学烟雾（Smog） 如硫酸烟雾、光化学烟雾等。

在我国的环境空气质量标准中，还根据颗粒物的大小，将其分为总悬浮颗粒物（Total Suspended Particles，TSP）和可吸入颗粒物（Inhalable Particles，PM_{10}）。前者是指悬浮在空气中，空气动力学当量直径≤100μm的颗粒物；后者是指空气动力学当量直径≤10μm的颗粒物。

在实际工作中，以及国内外一些文献资料中，常常未对“粉尘”、“飞灰”、“烟”、“雾”等名词作严格区分，多统称为“粉尘”或“烟尘”。本书中，对除尘对象的气溶胶颗粒，常以“粉尘”称之，在述及燃料燃烧产生的固体粒子时，常用“烟尘”一词。

2. 气态污染物

气态污染物包括无机物和有机物两类。

无机气态污染物有含硫化合物（SO_2、SO_3、H_2S等）、含氮化合物（NO、NO_2、NH_3等）、卤化物（Cl_2、HCl、HF、SiF_4等）、碳氧化物（CO、CO_2）及臭氧、过氧化物等。

有机气态污染物则有碳氢化合物（烃、芳烃、稠环芳烃等），含氧有机物（醛、酮、酚等），含氮有机物（芳香胺类化合物、腈等），含硫有机物（硫醇、噻吩、二硫化碳等），含氯有机物（氯化烃、氯醇、有机氯农药等）等。挥发性有机物（Volatile Organic Compounds，VOCs）是易挥发的一类含碳有机物的总称，近年来VOCs引起的大气污染已受到广泛的关注。

直接从污染源排出的污染物称为一次污染物；一次污染物与空气中原有成分或几种污染物之间发生一系列化学或光化学反应而生成的、与一次污染物性质不同的新污染物，称为二次污染物。在大气污染中受到普遍重视的二次污染物主要有硫酸烟雾（Sulfurous Smog）、光化学烟雾（Photochemical Smog）和酸雨。

硫酸烟雾是空气中的二氧化硫等含硫化合物在水雾、重金属飘尘存在时，发生一系列化学反应而生成的硫酸雾和硫酸盐气溶胶。光化学烟雾则是在太阳光照射下，空气中的氮氧化物、碳氢化合物和氧化剂之间发生一系列光化学反应而生成的淡蓝色烟雾，其主要成分是臭氧、过氧乙酰基硝酸酯（PAN）、醛类及酮类等。硫酸烟雾和光化学烟雾引起的刺激作用和生理反应等危害要比一次污染物强烈得多。

监测数据表明，在我国大气环境中，影响普遍的广域污染物为悬浮颗粒物、二氧化硫、氮氧化物、一氧化碳和臭氧等。

1.2.3 大气污染源

大气污染物的来源包括自然过程和人类活动两个方面。人类活动排放的大气污染物主要来自三个方面：①燃料燃烧；②工业生产过程；③交通运输。前两者称为固定源，后者（如汽车、火车、飞机等）则称为流动源。此外，在污染源的调查与评价中，还常按污染物的来源分为工业污染源、农业污染源和生活污染源三类。

根据大气污染源的几何形状和排放方式，污染源可分为点源、线源、面源；按它离地面的高度可分为地面源和高架源；按排放污染物的持续时间可分为瞬时源、间断源和连续源。污染源还可分为稳定源和可变源，冷源和热源等。通常将工厂烟囱的排放当作高架连续点源；将成直线排列的烟囱、飞机沿直线飞行喷洒农药、汽车流量较大的高速公路等作为线源；将稠密居民区中家庭的炉灶和大楼的取暖排放当作面源。大城市或工业区各种不同类型的污染源都有，则称为复合源。污染源的这种划分都是相对于扩散的空间和时间的尺度而言的。例如，在研究某城市污染时，一个工厂的烟囱可视为点源，将该城市视为各种类型源的复合源；但当研究一个大的区域或全球污染时，却又把一个城市当作点源。

1.2.4 大气污染的危害

大气污染将造成很多方面的危害，其程度取决于大气污染物的性质、数量和滞留时间。这些危害包括：

（1）对人体健康危害 大气污染对人体健康的危害包括急性和慢性两方面。急性危害一般出现在污染物浓度较高的工业区及其附近。慢性危害是在大气污染物直接或间接的长期作用下对人体健康造成的危害。这种危害短期表现不明显，不易觉察。据我国10个城市统计，呼吸道疾病的患病率和检出率在工业重污染区为30%～70%，而在轻污染区只有其1/2。

（2）居民生活费用增加 大气污染造成的居民生活费用增加，包括清扫、洗涤和生活物质损坏三方面。根据1985年估算，每年全国损失达16亿元。

（3）物质材料破坏 排入大气中的二氧化硫、氮氧化物、各种有机物等不仅直接腐蚀建筑物、桥梁、机器和设备，而且衍生的二次污染物光化学氧化剂、酸雨等能对这些物质材料产生更大的破坏。

（4）农林水产损失 大气污染物对我国农业、森林、水产造成严重的危害，其中特别是农业和森林受害最大，导致农业减产、林木衰败。

（5）影响全球大气环境 大气污染物不仅污染低层大气，而且能对上层大气产生影响，形成酸雨、破坏臭氧层、气温升高等全球性环境问题，可能给人类带来更严重的危害。

1.2.5 我国大气污染的现状

（1）我国大气污染物的排放量 我国最主要的大气污染物是二氧化硫和颗粒物，其排放量很大。1995年我国二氧化硫排放总量达2369.6万t，超过美国，成为世界二氧化硫排放第一大国。近年来，我国采取了一系列措施，使我国主要大气污染物的排放量有所降低，但总体上仍保持在很高的水平上（见表1-2）。

表1-2 我国近年来主要大气污染物的排放量（$\times 10^4$t）①

年 份	1995	1998	1999	2000	2001	2002	2003
SO_2	2369.6	2091.4	1857.5	1995.1	1947.8	1926.6	2158.7
烟尘	1743.6	1455.1	1159	1165.4	1069.8	1012.7	1048.7
工业粉尘	1731.2	1321.2	1175.3	1092	990.6	941	1021

① 摘自中国环境状况公报。

（2）我国大气污染的特点 概括地说，我国的大气污染是以颗粒物和SO_2为主要污染物的煤烟型污染，北方城市的污染水平高于南方（尤以冬季为甚），冬季高于夏季，早晚高于中午。北方城市的突出问题是冬季（采暖期）的颗粒物污染和SO_2污染（虽然非采暖期大气中颗粒物浓度也较高，但主要来自风沙和粉尘），南方城市则是SO_2污染和酸雨污染。

我国大气污染的特点是由于我国能源以煤炭为主，且大部分直接燃烧，能源利用方式落后，利用率低，能耗高，排污大，烟气净化水平不高等造成的。此外，南方气候湿润，土质偏酸，大气中碱性物质少，对酸的缓冲能力弱，加上大气中 SO_2 浓度高，有利于酸雨的形成。

随着机动车数量的剧增，机动车尾气已成为北京、上海、广州等大城市中大气污染物的重要来源。我国特大城市的空气污染正由煤烟型向混合型转变。

（3）我国城市大气污染现状　据中国环境状况14公报报道，2003年我国城市空气质量总体上有所好转，但仍处于污染较重的水平。在监测的340个城市中，仅有142个城市达到环境空气质量二级标准（居住区标准），占41.7%；空气质量为三级和劣于三级标准的城市占58.3%。

监测结果表明，颗粒物和 SO_2 仍是影响我国城市空气质量最主要的两种污染物。在监测的340个城市中，有54.4%的城市颗粒物浓度超过二级标准，颗粒物污染较重的城市主要分布在西北、华北、中原和四川东部。有25.6%的城市 SO_2 超过二级标准，SO_2 污染较重的城市主要在山西省、河北省、河南省、湖南省、内蒙古自治区、陕西省、甘肃省、贵州省、四川省和重庆市。

2003年，由 SO_2 和 NO_x 造成的酸雨污染仍然是我国大气污染的主要问题之一。

1.3 全球性大气污染问题

1.3.1 温室效应与气候变化

1. 温室气体与温室效应

大气中的水蒸气、二氧化碳和其他某些微量气体，如氟利昂类（CFCs）、甲烷等，可以让太阳的短波辐射几乎无衰减地通过，同时强烈吸收地面及空气放出的长波辐射。因此这类气体有类似温室的效应，称为“温室气体”。温室气体吸收的长波辐射部分反射回地球，从而减少了地球向外层空间散发的能量，使空气和地球表面变暖，这种暖化效应称为“温室效应”。

已经发现，能产生温室效应的30多种气体中，二氧化碳起最重要作用，它对暖化效应的贡献率达50%～60%，氟利昂、甲烷、氧化二氮和臭氧也起重要的作用（见表1-3）。氟利昂是效应极强的温室气体，大气中其体积分数虽显著低于其他温室气体，但对暖化效应的贡献率却很大，达12%～20%。

表1-3　主要温室气体及其特征

气体	大气中体积分数（10^{-6}）	年增长（%）	生存期	温室效应（$CO_2=1$）	现有贡献率（%）	主要来源
CO_2	355	0.4	50～200年	1	50～60	煤、石油、天然气、森林砍伐
CFC	0.00085	2.2	50～102年	3400～15000	12～20	发泡剂、气溶胶、制冷、清洗剂
CH_4	1.7	0.8	12～17年	11	15	湿地、稻田、化石燃料、牲畜
N_2O	0.31	0.25	120年	270	6	化石燃料、化肥、森林砍伐
O_3	0.01～0.05	0.5	数周	4	8	光化学反应

如果没有温室气体的存在，地球将是十分寒冷的。据计算，如果大气层仅有 O_2 和 N_2，则地表平均温度不是现在的 15℃，而是 -6℃才能平衡来自太阳的入射辐射。如果没有大气层，地表温度将是 -18℃。

2. 温室气体对全球气候的影响

长期以来，大气圈均质层中各种气体的组成比例基本稳定，地球的能量收支基本处于平衡状态，因而地球及周围大气的温度基本保持恒定。

工业革命以来，发达国家消耗了全世界大部分化石燃料，CO_2 累积排放量惊人。到 20 世纪 90 年代初，美国、欧盟和前苏联 CO_2 累积排放量分别达到近 1700×10^8t、1200×10^8t 和 1100×10^8t。1995 年，中国 CO_2 排放量为 8.2×10^8t，占全球排放总量的 13.6%，仅次于美国，成为世界第二大 CO_2 排放国。但从人均排放量和累积排放量来看，包括中国在内的发展中国家远远低于发达国家。

人为排放的 CO_2 不断增加和森林植被的大量破坏，破坏了 CO_2 产生和吸收的自然平衡，大气中 CO_2 的体积分数已从 1750 年的 280×10^{-6} 增加到目前的 360×10^{-6} 左右（见图 1-2）。预计到 21 世纪中叶，大气中 CO_2 的体积分数将达到 $(540\sim970)\times10^{-6}$。

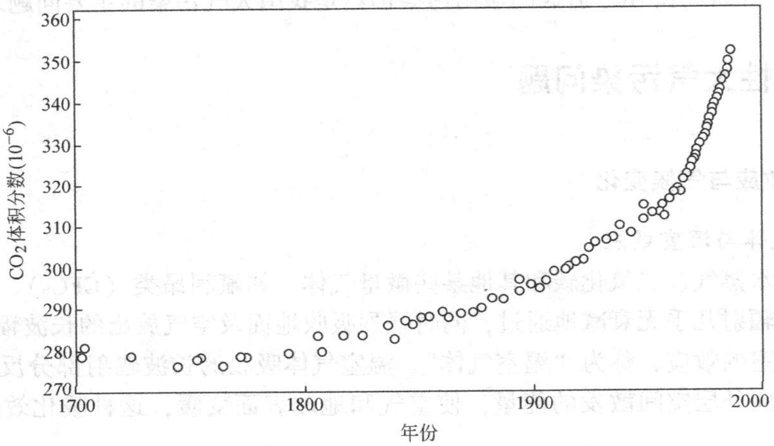

图 1-2　过去 300 年来大气中 CO_2 含量的变化

除 CO_2 外，大气中其他温室气体的含量也在不断增加。200 多年前大气中 CH_4 的体积分数为 800×10^{-9}，1992 年增加到 1720×10^{-9}。工业革命前，大气中 N_2O 的体积分数为 285×10^{-9}，现在已升至 310×10^{-9}，每年以 0.2% ~0.3% 的比例增加。

大气中温室气体增加，它们吸收来自地表的长波辐射增多，地球及大气向外层空间散发的能量减少，长期形成的能量平衡被破坏，造成地表及大气温度升高，全球气候变暖。根据政府间气候变化小组（IPCC）第三次报告的评估，全球平均地表温度自 1861 年以来一直在上升，20 世纪上升了 (0.6±0.2)℃（见图 1-3）。

在地球能量平衡中，气溶胶和云能吸收和放射地球的长波辐射，也能反射太阳辐射，因此它们的总体效果是使地球表面变冷。研究表明，气溶胶的冷却效应与温室气体的加热效应在同一数量级上。图 1-3 显示了预期的全球变暖程度和实际观测结果的对比。可以看出，考虑气溶胶制冷效应之后计算所得的温度上升数据与过去 100 多年里所观测到的温度变化相接近。气溶胶在大气中的停留时间一般只有几天，因此，它的制冷效应和污染物排放量的变化密切相关。

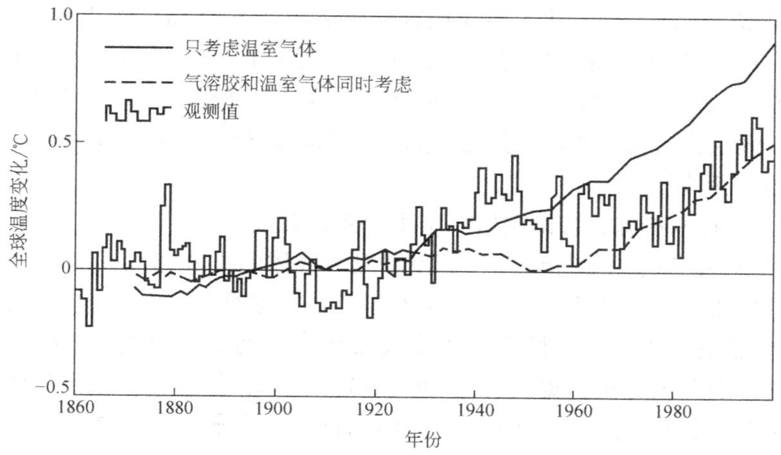

图 1-3 大气中温室气体和气溶胶对全球温度的联合作用

3. 气候变化对自然界和人类的影响

1）雪盖和冰川面积减少。卫星数据显示，雪盖面积自 20 世纪 60 年代末以来，很可能已减少了 10% 左右；地面观测表明，20 世纪北半球中高纬地区的河湖结冰期年减少大约 2 周；据有关报道，20 世纪 50 年代以来，北半球春夏海冰面积减少了约 10% ~15%。

2）海平面上升。据 IPCC（2001）评估，过去 100 年中，由于全球暖化引起的海洋热膨胀和极地冰川融化导致的全球海平面上升达 10 ~20cm，预计在 1990 ~2100 年间，全球海平面还将上升 8 ~9cm。全世界有 1/3 的人口生活在沿海岸线 60km 的范围内。海平面上升将使一些岛屿消失，人口稠密、经济发达的河口和沿海低地可能被淹没，迫使大量人口内迁陆地。

3）降水格局变化。全球暖化导致海洋表面蒸发量增加，大气中水蒸气增多，从而改变全球的降水格局。总体趋势是：北半球中纬度地区和南半球降雨量增加，北半球亚热带地区降雨量下降。

4）气候灾害事件增加。全球平均气温略有上升就可能带来频繁的自然灾害——过多的降雨、大范围的干旱和持续的高温等，进而造成大规模的灾害损失。例如，1987 年 10 月 16 日，发生在英格兰东南和伦敦地区的风暴吹倒 1500 万株树木；1970 年的孟加拉特大洪水淹死 25 万多人；1998 年我国长江的特大洪水也是十分罕见的。与过去 100 年相比，自 20 世纪 70 年代以来厄尔尼诺事件更频繁、持久，且强度更大。

5）影响人类健康。高温热浪给人群带来心脏病发作、中风或其他疾病的风险，引起死亡率增加。在气候变暖时，一些疾病（如疟疾、登革热引起的脑炎等）的发病率有可能增加。

6）对农业和生态系统产生影响。

4. 应对措施

（1）控制气候变化的措施

1）控制温室气体的排放。控制温室气体排放的途径是大力发展清洁型能源（核能、水能、太阳能、风能等），提高能量转换率和利用率，减少能耗，控制污染型能源（煤、石油、天然气）的使用量，减少森林植被的破坏，控制水田和垃圾填埋场的甲烷排放等。

2）增加温室气体的消耗。其主要途径有植树造林、发展 CO_2 化工和采用固碳技术等。树木可以吸收 CO_2 等温室气体，发展 CO_2 化工可将 CO_2 作化工原料加以利用。固碳技术指把燃气中的 CO_2 分离回收，然后注入深海或地下，或通过化学、物理、生物方法固定。

3）适应气候变化。其主要措施是培养新的农作物品种，调整农业生产结构，规划和建设防止海洋侵蚀工程等。

为了贯彻上述技术措施，各国政府制定了一系列政策。

（2）控制气候变化的国际行动　为了控制温室气体的排放和气候变化的危害，1992 年在里约热内卢召开的联合国环境与发展大会通过了《气候变化框架公约》。公约确立的最终目标是将大气中温室气体的含量稳定在防止气候系统受到危险的人为干扰的水平上。基于“共同但又有所区别”的原则，提出到 20 世纪 90 年代末，发达国家温室气体的年排放量应该控制在 1990 年的水平，发展中国家温室气体的排放不受限制。1997 年在日本京都召开的缔约国第三次大会上通过了《京都议定书》，规定了二氧化碳、氧化二氮、甲烷、氢氟碳化合物、全氟化碳及六氟化硫等 6 种受控温室气体，明确了各发达国家削减温室气体排放量的比例。2005 年 2 月 16 日，《京都议定书》正式生效，规定到 2012 年以前，34 个发达国家（不包括美国和澳大利亚）温室气体的排放量在 1990 年的基础上削减 5.2%。《京都议定书》已于 2005 年 11 月 30 日开始全面实行。

1.3.2 臭氧层破坏

1. 臭氧层的生消平衡

平流层中臭氧的产生主要是部分氧分子 O_2 吸收了太阳光中小于 243nm 的紫外线分解成氧原子，氧原子与其他氧分子反应而生成 O_3，即

$$O_2 + h_v \longrightarrow O + O \tag{1-1}$$

$$O + O_2 + M \longrightarrow O_3 + M \tag{1-2}$$

式中　M——反应第三体（O_2 和 N_2 等），其作用是与生成的 O_3 相碰撞，接收过剩的能量以使 O_3 稳定。

式（1-2）生成的 O_3 可以吸收太阳光波长为 240 ~ 320nm 的紫外线，分解为氧分子和氧原子，分解出的氧原子 O 和其他 O_3 分子反应可形成两个 O_2，即

$$O_3 + h_v \longrightarrow O_2 + O \tag{1-3}$$

$$O_3 + O \longrightarrow 2O_2 \tag{1-4}$$

反应（1-1）和反应（1-3）有效地吸收了太阳光中波长为 100 ~ 320nm 紫外线，使得人类和地球上各种生命能够存在、繁衍和发展。

长期以来，平流层中 O_3 的生成与消除处于平衡状态，因而臭氧层的含量基本保持不变。

2. 臭氧层的破坏

20 世纪 70 年代中期，科学家发现南极上空的臭氧层有变薄现象。80 年代观测发现，南极极地上空臭氧层中心地带近 90% 的臭氧被破坏，与周围相比形成了一个直径达上千千米的“臭氧洞”。2000 年南极上空臭氧洞面积首次超过 2800 万 km^2，相当于 4 个澳大利亚的

面积。2005年9月9~10日，南极上空臭氧洞面积创记录的达到3000万km^2。与20世纪70年代相比，现在北半球中纬度地区冬、春季O_3减少了6%，夏、秋季减少了3%；南半球中纬度地区全年平均减少了5%；南、北极春季分别减少了50%和15%。

3. 臭氧层破坏机理及消耗臭氧层物质

研究发现，大气平流层中的活性催化物质通过自由基链式反应消除O_3

$$Y + O_3 \longrightarrow YO + O_2 \tag{1-5}$$

$$YO + O \longrightarrow Y + O_2 \tag{1-6}$$

总反应

$$O_3 + O \longrightarrow 2O_2 \tag{1-7}$$

直接参与催化消除O_3的Y自由基称为活性物种，它们在反应中并不消耗。有些Y物种可在平流层中存在数年，故一个Y自由基可破坏数万甚至数十万个O_3分子。Y自由基包括三类：

（1）奇氢类HO_x（H、OH、HO_2） 由大气中水蒸气或飞机排出的水蒸气、碳氢化合物与被激发态氧原子O^*反应而成

$$H_2O + O^* \longrightarrow 2OH \tag{1-8}$$

$$CH_4 + O^* \longrightarrow OH + CH_3 \tag{1-9}$$

（2）奇氮类NO_x（NO、NO_2） 部分来自宇宙射线分解N_2而产生的NO_x（自然活动），部分来自飞机向平流层排放的NO_x（人为活动），如

$$N_2O + h_v \longrightarrow N_2 + O^* \tag{1-10}$$

$$N_2O + O^* \longrightarrow 2NO \tag{1-11}$$

（3）奇卤类XO_x（Cl、ClO、Br、BrO） 来自人类活动排放的氟利昂（CFCs）和溴氟烷（Halons，哈龙）等消耗臭氧层物质（ozone depletion substances，ODSs）。CFCs的化学稳定性好，在对流层不易被分解而进入平流层。在平流层受到175~220nm紫外线的照射，分解出Cl自由基，参与臭氧消耗。例如

$$CFCl_3 + h_v \longrightarrow CFCl_2 + Cl \tag{1-12}$$

$$CF_2Cl_2 + h_v \longrightarrow CF_2Cl + Cl \tag{1-13}$$

除了CFCs和哈龙外，奇卤类ODSs还包括四氯化碳（CCl_4）、甲基氯仿（CH_3CCl_3）、溴甲烷（CH_3Br）及部分取代的氯氟烃等。

4. 臭氧层破坏的危害

臭氧层破坏已导致全球范围内地面紫外线照射加强。据报道，北半球中纬度地区冬、春季紫外线辐射增加了7%，夏、秋季增加了4%；南半球中纬度地区全年平均增加了6%；南、北极春季分别增加了130%和22%。地面紫外线辐射加强的危害：①对人类健康和生态系统带来危害，如导致人类白内障和皮肤癌发病率增加，降低对传染病和肿瘤的抵抗能力，降低疫苗的反应能力等；②影响陆生及水生生态系统、城市空气质量，加速建筑物的降解和老化变质；③改变地球大气的结构，破坏地球的能量收支平衡，影响全球的气候变化。

5. 应对措施

开发消耗臭氧层物质的替代技术和物质是减少臭氧层破坏的主要措施。目前许多国家都在开发氟利昂类物质的替代物质和方法，如水清洗技术、氨制冷技术等。发达国家已经以更快的速度和更低的成本停止了CFCs的使用。为了推动氟利昂替代物质和技术的开发和使

用，许多国家都采取了一系列政策措施。

保护臭氧层受到了国际社会的关注。1985 年，28 个国家通过了保护臭氧层的《维也纳公约》，1987 年 46 个国家联合签署了《关于消耗臭氧层物质的蒙特利尔议定书》，提出了 8 种受控物质削减使用时间的要求。1990 年、1992 年和 1995 年的三次议定书缔约国国际会议扩大了受控物质的范围，现包括氟利昂（CFCs）、哈龙（CFCB）、四氯化碳（CCl_4）、甲基氯仿（CH_3CCl_3）、氟氯烃（HCFC）和甲基溴（CH_3Br）等，并提前了停止使用的时间。修改后的议定书规定，发达国家 1994 年 1 月停止使用哈龙，1996 年 1 月停止使用氟利昂、四氯化碳、甲基氯仿。发展中国家 2010 年全部停止使用这四种 ODSs。中国 1992 年加入了《蒙特利尔议定书》。

到 1995 年，发达国家已停止使用大部分受控物质，但发展中国家的使用量仍有所增长。目前，向大气中排放的 ODSs 总量已开始减少，对流层中 ODSs 含量开始下降，但因前些年排放的长寿命 CFCs 还在上升进入平流层，故平流层中的 ODSs 含量还在增加，预计未来几年后平流层中 ODSs 含量会开始下降。但由于氟利昂相当稳定，即使《蒙特利尔议定书》得到完全履行，预计臭氧层的破坏要在 2050 年后才有可能完全复原。

1.3.3 酸雨

1. 酸雨问题

酸雨是指 $pH<5.6$ 的酸性降水，但现在泛指以湿沉降或干沉降形式从大气转移到地面的酸性物质。湿沉降包括降落地面的酸性雨、雪，干沉降则指降落地面的酸性颗粒物。

20 世纪 60、70 年代，酸雨最早发生在挪威、瑞典等北欧国家，随后扩散至整个欧洲。80 年代，整个欧洲的降水的 pH 值在 4.0 ~ 5.0 之间。美国和加拿大东部地区是世界第二大酸雨区，其中加拿大有一半的酸雨来自美国。中国南方是世界第三大酸雨区。

酸雨的危害包括以下几个方面：①使淡水湖泊、河流酸化，鱼类和其他水生生物减少。当湖水、河水的 $pH<5$ 时，鱼的繁殖和发育受到严重影响；土壤和底泥中的金属可被溶解到水中，毒害鱼类和其他水生生物。②影响森林生长。酸雨损害植物的新生叶芽，从而影响其生长发育，导致森林生态系统退化。据报道，欧洲有 15 个国家的近 $680\times10^3km^2$ 的森林受到酸雨的破坏。③影响土壤特性。酸雨可使土壤释放出某些有害的化学成分（如 Al^{3+}），危害植物根系的生长；酸雨抑制土壤中有机物的分解和氮的固定，淋洗土壤中 Ca、Mg、K 等营养元素，使土壤贫瘠化。④影响农作物生长，导致农作物大幅度减产。如酸雨可使小麦减产 13% ~34%，大豆、蔬菜也容易受酸雨危害，使蛋白质含量和产量下降。⑤腐蚀建筑物及金属结构，破坏历史建筑物和艺术品等。⑥影响人体健康。酸雨或酸雾对人的眼角膜和呼吸道粘膜有明显的刺激作用，导致红眼病和支气管炎发病率升高。

2. 酸雨形成机理

(1) 降水中酸的来源　降水在形成和降落过程中，会吸收大气中的各种物质。如果吸收的酸性物质多于碱性物质，就会形成酸雨。

SO_4^{2-} 和 NO_3^- 是酸雨的主要成分，它们主要是由 SO_2 和 NO_x 转化而来的。二氧化硫转化为硫酸的途径主要有：①催化氧化作用，即在大气中颗粒物所含 Fe、Mn 等的催化下，二氧化硫与氧反应生成三氧化硫，再与水蒸气结合，形成硫酸气溶胶；②光氧化作用，二氧化硫经光量子激化后与氧结合成为三氧化硫；③二氧化硫与光化作用形成的自由基结合形成三

氧化硫。第三种途径的反应如下

$$HO\cdot + SO_2 \longrightarrow HOSO_2 \quad (1\text{-}14)$$

$$HOSO_2 + HO\cdot \longrightarrow H_2SO_4 \quad (1\text{-}15)$$

$$HO_2\cdot + SO_2 \longrightarrow HO\cdot + SO_3 \quad (1\text{-}16)$$

$$SO_3 + H_2O \longrightarrow H_2SO_4 \quad (1\text{-}17)$$

NO_x转化为硝酸的机理与 SO_2 类同。

大气中形成的硫酸和硝酸可与飘浮在大气中的颗粒物形成硫酸盐和硝酸盐气溶胶，粒径很小，有更长的生命周期作远距离迁移。

（2）雨水酸化机制　酸雨形成的机制比较复杂，一般将其分成两个过程，即污染物的云内成雨清除过程和云下冲刷清除过程。前一过程为水蒸气凝结在硫酸盐、硝酸盐等微粒组成的凝结核上，形成液滴，液滴吸收 SO_x、NO_x和气溶胶粒子，并互相碰撞、絮凝而结合在一起形成云和雨滴；后一过程是云下的酸性物质被雨滴从大气中捕获、吸收、冲刷带走。

3. 中国酸雨现状

中国酸雨主要分布在长江以南，形成了几个酸雨区：①以重庆、贵阳为代表的西南酸雨区；②以柳州、广州为代表的华南酸雨区；③以长沙、南昌为代表的华中酸雨区；④以福州、厦门为代表的沿海酸雨区；⑤以杭州、温州为代表的沪杭酸雨区；⑥以青岛为中心的胶东半岛酸雨区。此外，北方部分城市也出现酸雨。酸雨覆盖面积已占国土面积的30%以上。

2003 年，中国 487 个市（县）的降水观测结果显示，降水年均 pH 范围为 3.67（江西萍乡市）~8.4（甘肃嘉峪关市）。出现酸雨的城市 265 个，占监测数的 54.4%；年均 pH≤5.6 的城市 182 个，占 37.4%；酸雨频率大于 40% 的城市 138 个，占 28.4%。2003 年降水年均 pH <5.6 的城市主要分布在华东、华南、华中和西南地区。北方城市中也有部分城市降水年均 pH <5.6。

酸雨对中国森林的危害主要发生在长江以南的省份。据统计，四川盆地受酸雨危害的森林面积最大，约 28 万 hm^2，占林地面积的 32%；贵州受害森林面积约为 14 万 hm^2。根据某些研究结果，仅西南地区，酸雨造成森林生产力下降，共损失木材 630 万 m^3，直接经济损失达 30 亿元（按 1988 年市场价计算）。对南方 11 个省的估计，酸雨造成的直接经济损失可达 44 亿元。

4. 对策及措施

1972 年以来，欧洲、美国、加拿大等国家召开了一系列国际会议，研讨控制酸雨的对策，提出了削减 SO_2 和 NO_x排放的协定。20 世纪 80 年代，中国政府组织了较大规模的研究和监测，其后制定了 SO_2 排放标准和 SO_2 排污收费等一系列政策法规，1998 年国务院批复了国家环保局上报的酸雨控制区和 SO_2 污染控制区（两控区）方案。目前，中国正在大规模开展包括燃料脱硫、燃烧过程脱硫和烟气脱硫在内的各种减排 SO_2 工作。为了控制 NO_x 对酸雨的贡献，中国从 2004 年开始实行了 NO_x排污收费制度，并将制定其他减排 NO_x的措施。

1.4　室内环境污染

室内环境是指采用天然材料或人工材料围隔而成的小空间，是与外界大环境相对分隔而成的小环境。室内环境主要是指居室环境，从广义上讲，也包括教室、会议室、办公室、候车（机、船）大厅、医院、旅馆、影剧院、商店、图书馆等。

近年来，随着经济社会的发展，室内空气污染越来越突出，比起室外空气污染，室内空气污染对人的危害更直接，危害程度更大。据统计，我国每年由于室内环境污染引起的死亡数可达11.1万人，门诊数22万人次，急诊数430万人次。室内环境污染的加剧也造成了巨大经济损失，仅1995年，我国因室内环境污染危害健康所导致的经济损失就高达107亿美元。为了预防和控制室内环境污染，保障公众健康，维护公共利益，我国于2002年11月9日发布了《室内空气质量标准》（GB/T 18883—2002），该标准于2003年3月1日正式开始实施。

室内环境污染的主要因素分为三类：

1. 化学污染

室内空气中各种化学物质繁多，其污染及对健康的影响是当前关注的热点，室内化学污染因素又分为：

1）燃烧型污染，如各种燃煤、燃气燃烧产生的CO、CO_2、SO_2、SO_3及飘浮颗粒物等多种有毒有害化学物质。

2）烹调油烟是一种混合性污染物，主要为多环芳烃、丙烯醛等200余种成分。

3）各种装修材料、家具、涂料所含或释放的污染物，如甲醛、苯系物、氨、氯乙烯、重金属等500多种化学物质。其中甲醛（HCHO）是主要而普遍的污染物，可经呼吸道吸收；其水溶液（福尔马林）可经消化道吸收，刺激眼睛，长期接触低剂量甲醛可以引起慢性呼吸道疾病，甚至引起鼻咽癌；高浓度甲醛对神经系统、免疫系统、肝脏等都有毒害。甲醛还有致畸、致癌的作用，长期接触甲醛的人，可引起鼻腔、口腔、鼻咽、咽喉、皮肤和消化道等的癌症。

4）家庭使用的化学品，如洗涤剂、化妆品、喷雾剂、各种药品，以及人体自然排出的气、汗等，其中也含有多种有毒有害物质。

5）吸烟的烟雾有大量有毒有害物质，目前已鉴定出3000多种化学物质（包括苯、二甲苯、硝基苯等有机污染物）。

2. 物理污染

（1）放射性污染　放射性污染主要来自房屋地基、建筑装修材料释放的氡及其子体（氡是由镭衰变产生的自然界惟一的天然放射性惰性气体，无色无味。空气中的氡原子衰变产物被称为氡子体，为金属离子。常温下氡子体能形成放射性气溶胶而污染空气，很容易被呼吸系统截留，并在局部区域不断蓄积，长期吸入可诱发肺癌）及混凝土等建筑材料中的放射性物质、石材制成品（如大理石台面、洁具、地板）等释放的射线。

（2）电磁辐射污染　各种家用电器如冰箱、电视机、计算机、微波炉、电磁炉、空调、组合音响、手机等大量使用，也会给家庭生活环境带来电磁辐射污染。电磁辐射影响人的植物神经功能，影响睡眠质量，引发神经紊乱，表现为疲劳、神经衰弱、忧郁、郁闷、易激怒等。此外，电磁辐射还对脑电、心电产生影响，从而影响脑、心功能。

（3）光污染　在选用灯具和光源时忽视合理的采光需要，室内空间灯光设计得五颜六色、炫目刺眼。耀眼的灯光除对人视力危害甚大外，还会干扰大脑中枢高级神经功能，使人头晕目眩，站立不稳或头痛，失眠，注意力不集中，食欲下降等。光污染对婴幼儿及儿童的健康影响更大。

3. 生物因素

由于室内温度和湿度较高及密闭性好，空调的使用加剧了通风不良，易于在室内产生、积聚一些细菌、真菌（包括真菌孢子）、花粉、病毒、生物体有机成分等，带来生物污染。在这些生物污染因子中有一些是人类呼吸道传染病的病原体，有些是过敏原。

室内环境生物性污染因子的来源具有多样性，主要来源于患有呼吸道疾病的病人、动物（啮齿动物、鸟、家畜等），此外，也包括床褥、地毯中孳生的尘螨，厨房的餐具、厨具，卫生间的浴缸、面盆和便具等孳生的真菌和细菌等。

需要指出的是，室内环境的污染物并非全部来自室内，室外污染物也可能进入室内造成污染。同时，以上室内环境污染因素中大部分与空气污染有关。

室内空气污染控制主要可以通过三种途径实现，即污染源控制、通风和室内空气净化。污染源控制是指从源头着手避免或减少污染物的产生，或利用屏障设施隔离污染物，不让其进入室内环境。通风则是借助自然作用力或机械作用力将不符合卫生标准的污浊空气排至室外或排至空气净化系统，同时，将新鲜空气或经过净化的空气送入室内。室内空气净化则是指借助特定的净化设备或材料收集室内空气污染物，将其净化后循环回到室内或排至室外。

已有的室内空气净化方法有静电集尘、臭氧杀菌、负氧离子、滤网过滤、吸附、紫外线灭菌等。静电集尘对尘粒有效，同时电晕放电激发的臭氧能在一定程度上杀灭细菌，但臭氧的体积分数达到0.15×10^{-6}后，臭氧本身就会发出浓烈的恶臭，与臭氧杀菌法一样，使用受到限制；负氧离子能给人一种相对清新的感觉，但对污染物净化能力不大；滤网过滤等机械方法往往只能除去部分颗粒较大的颗粒物，而对细小尘粒及分子态的气态污染物无能为力。当前，活性炭或活性炭纤维吸附及光催化技术是净化室内有毒有害气体最有效的方法。

光催化净化室内空气是利用紫外光在封闭或半封闭空间里，由光催化反应将室内的有害气体分解为无毒害的CO_2、H_2O等小分子物质。常用的催化剂是纳米二氧化钛。另外，该催化体系在紫外光激发的同时，能有效杀灭一些细菌和病毒。

活性炭吸附技术一直是室内空气净化常用的方法之一。相对于传统的活性炭材料，目前活性炭纤维的使用越来越广泛。活性炭纤维吸附容量更大，吸附速率更快，对低浓度污染物的吸附性能特别优良，兼有催化氧化性能，对消除香烟气味、装饰涂料气味、家具气味，分解臭氧效果十分理想。同时，活性炭纤维的再生条件温和，重复使用性能好。

1.5 大气污染综合防治

1.5.1 综合防治的基本概念

大气污染综合防治的基本点是防、治结合，以防为主，是立足于环境问题的区域性、系统性和整体性之上的综合。基本思想是采取法律、行政、经济和工程技术相结合的措施，合理利用资源，减少污染物的产生和排放，充分利用环境的自净能力，实现发展经济和保护环境相结合。

区域性的大气污染是多种污染源造成的，并受到该地区地形、气象、绿化面积、能源结构、工业结构、工业布局、交通管理、人口密度等多种自然因素和社会因素的影响。实践证明，只有从整个区域大气污染状况出发，统一规划，合理布局，综合应用各种防治污染的措施，充分利用环境的自净能力，才可能有效地控制大气污染。

1.5.2 大气污染综合防治措施

1. 严格的环境管理

环境管理的目的是应用法律、经济、行政、教育等手段，对损害和破坏环境质量的活动加以限制，实现保护自然资源、控制环境污染和发展经济、社会的目的。

立法、监测、执法三者构成了完整的环境管理体制。

建立环境管理的法律、法令和条例是国家控制环境质量的基本方针和依据。由于环境污染的区域性、综合性强，各地区各部门还可以有自己的法令和规定。近20年来，我国相继制定或修订了一系列环境法律，如《中华人民共和国环境保护法》(1979年公布试行，1989年修订实施)、《大气污染防治法》(1987年9月公布，1995年8月和2000年9月两次修订）及各种保护环境的条例、规定和标准等。修订后的《大气污染防治法》将我国的大气污染控制从浓度控制转变到总量控制，并明确了总量控制制度、排污许可证制度和按排污总量收费的制度。

为保证环境法规的实施，我国建立了完整的环境监测系统并采用各种先进手段监测大气污染，为科学的环境管理积累了大量的数据和资料。

为保证国家各种环境保护法令和条例的执行，我国已建立起从中央到地方的各级环境管理机构，加强了对环境污染的控制管理和组织领导。

2. 全面规划，合理布局

为了控制城市和工业区的大气污染，必须在制定区域性经济和社会发展规划的同时，做好环境规划，采取区域性综合防治措施。

环境规划是经济、社会发展规划的重要组成部分，是体现环境污染综合防治、以防为主的重要手段。环境规划的任务，一是针对区域性经济发展将给环境带来的影响提出区域可持续发展和保护区域环境质量的最佳规划方案；二是对已经造成的环境污染提出改善环境的具有指令性的最佳实施方案。我国规定，对新建和改、扩建工程项目，必须先作环境影响评价，论证该项目可能造成的影响及应采取的措施等。

3. 控制环境污染的经济政策

1）保证必要的环境保护投资。目前世界上用于环境保护的投资占国民生产总值的比例，发展中国家为0.5%～1.0%，发达国家为1%～2%。我国目前的比例仅为0.7%～0.8%，有必要随着国民经济的发展逐渐增加环保投资。

2）对治理污染从经济上给以优待，如低息长期贷款，对综合利用产品实行免税或减税政策等。

3）实行排污收费制度、排污许可证制度、排污总量市场交易制度和责任制度（对环境污染事故的损失进行赔偿和罚款，追究行政、法律责任）等。对污染严重、短时间内又不能解决的企业实行关、停、并、转的政策。

4. 控制大气污染的技术措施

1）实施可持续发展的能源战略，包括：①改善能源供应结构，提高清洁能源和低污染能源的供应比例；②提高能源利用率，节约能源；③对燃料进行预处理，推广清洁煤技术；

④积极开发新能源和可再生能源，如水电、核电、太阳能、风能等。

2）实行清洁生产，推广循环经济，包括改革生产工艺，优先采用无污染或少污染的工艺路线、原料路线和设备；加强企业管理，减少污染物的排放；开展综合利用，企业内部或各企业间相互利用原材料和废弃物实现废物资源化、产品化，减少污染物排放总量。

3）对烟（废）气进行净化处理。截至目前为止，即使是最发达国家也不能做到无污染物排放。当污染源的排放浓度和排放总量达不到排放标准时，必须安装废气净化装置，以减少污染物的排放。新建和改、扩建项目必须按国家排放标准的规定，建设废气的综合利用和净化处理设施，并与主体工程同时设计，同时施工，同时投产。

5. 强化对机动车污染的控制

1）从源头上控制汽车尾气污染。对排放水平不能达到国家标准的汽车产品禁止生产、销售和使用，大力开发使用清洁能源的新型汽车（如电动汽车、液化石油气汽车、压缩天然气汽车）等。

2）严格控制在用车尾气的排放。建立在用车的排污检测体系，实施在用车的检查、维护制度；对经修理、调整或采用排气控制技术后，排污仍超过国家排放标准的在用车坚决予以淘汰；提高车用燃油的质量，淘汰90号以下低标号汽油，禁止使用含铅汽油等。

3）加强规划，优先发展城市公交事业，控制城市汽车总量，减轻汽车尾气污染。

6. 高烟囱稀释扩散

设计合理的烟囱高度，充分利用大气的稀释扩散和自净能力，是有效控制所排污染物污染大气环境的一项可行的环境工程措施。

7. 绿化造林，发展植物净化

植物不仅能美化环境，调节气候，还能吸收大气中有害气体，吸附和拦截粉尘，净化大气，并减少噪声。植物不仅能吸收CO_2，放出O_2，有的树木还可以吸收SO_2、Cl_2和光化学烟雾等有害气体。在城市和工业区有计划、有选择地扩大绿化面积是大气污染综合防治具有长效能和多功能的措施。

1.6 大气环境标准

1.6.1 大气环境标准的种类

按用途大气环境标准分为环境空气质量标准、大气污染物排放标准、大气污染控制技术标准及大气污染警报标准等；按其使用范围可分为国家标准、地方标准和行业标准。

大气污染控制技术标准是为达到大气污染物排放标准而从某一方面作出的具体技术规定，如烟囱高度标准、废气净化装置选用标准、燃料使用标准及卫生防护距离标准等，目的是使设计、管理人员容易掌握和执行。

大气污染警报标准是大气污染恶化到需要向公众发出警报的污染物浓度标准，或根据大气污染发展趋势需要发出警报强行限制污染物排放量的标准。某些国家采用的这类标准在防止大气污染事件方面能起到一定的作用。

1.6.2 环境空气质量标准

该标准是以保障人体健康和防止生态系统破坏为目标对环境空气中各种污染物最高允许

浓度的限度。它是进行环境空气质量管理、大气环境质量评价、制定大气污染物排放标准和大气污染防治规划、计算环境容量、实行总量控制的依据。

1. 制定环境空气质量标准的原则

1）要保证人体健康和维护生态系统不被破坏。要对污染物浓度与人体健康和生态系统之间的关系进行综合研究与试验，并进行定量的相关分析，以确定环境空气质量标准中允许的污染物浓度。目前世界上一些主要国家在判断空气质量时，多依据世界卫生组织（World Health Organization，WHO）于1963年提出的四级标准为基本依据：

第一级：对人和动植物观察不到什么直接或间接影响的浓度和接触时间。

第二级：开始对人体感觉器官有刺激，对植物有害，对人的视距有影响的浓度和接触时间。

第三级：开始对人能引起慢性疾病，使人的生理机能发生障碍或衰退而导致寿命缩短的浓度和接触时间。

第四级：开始对污染敏感的人引起急性症状或导致死亡的浓度和接触时间。

2）要合理协调与平衡实现标准的经济代价和所取得的环境效益之间的关系，以确定社会可以负担得起并有较大收益的环境质量标准。

3）要遵循区域的差异性。各地区的环境功能、技术水平和经济能力有很大差异，应制定或执行不同的浓度限值。

2. 我国的大气环境质量标准

（1）环境空气质量标准　《环境空气质量标准》（GB 3095—1996）规定了二氧化硫（SO_2）、总悬浮颗粒物（TSP）、可吸入颗粒物（PM_{10}）、二氧化氮（NO_2）、一氧化碳（CO）、臭氧（O_3）、铅（Pb）、苯并［a］芘（B［a］P）和氟化物（F）9种污染物的浓度限值和它们的监测分析方法。该标准将环境空气质量分为三级：

一级标准：为保护自然生态和人群健康，在长期接触情况下，不发生任何危害影响的空气质量要求。

二级标准：为保护人群健康和城市、乡村的动、植物，在长期和短期接触情况下，不发生伤害的空气质量要求。

三级标准：为保护人群不发生急、慢性中毒和城市一般动、植物（敏感者除外）正常生长的空气质量要求。

该标准将环境空气质量功能区分为三类：一类区为自然保护区、风景名胜区和其他需要特殊保护的地区；二类区为城镇规划中确定的居住区、商业交通居民混合区、文化区、一般工业区和农村地区；三类区为特定工业区。一、二、三类区分别执行一、二、三级标准。

（2）工业企业设计卫生标准　《环境空气质量标准》（GB 3095—1996）中只有9种污染物的标准，在实际工作中会碰到更多的大气污染物，在国家没有制定它们的环境质量标准前，可以参考执行《工业企业设计卫生标准》（TJ 36—1979）中的“居住区大气中有害物质的最高允许浓度”部分。此外，为保护作业工人的健康，该标准还规定了“车间空气中有害物质的最高允许浓度”限值。

（3）室内空气质量标准　室内空调的普遍使用、室内装潢的流行及其他原因的存在，使室内空气质量问题日趋严重。为保护人体健康，预防和控制室内空气污染，我国于2002年11月首次发布了《室内空气质量标准》（GB/T 18883—2002）。该标准对室内空气中19项与人体健康有关的物理、化学、生物和放射性参数的标准值作了规定。

1.6.3 大气污染物排放标准

大气污染物排放标准是以实现《环境空气质量标准》为目标而对从污染源排入大气的污染物浓度或数量的限度。它是控制污染物排放量和进行净化装置设计的依据。因此，制定大气污染物排放标准要以《环境空气质量标准》为依据，综合考虑控制技术的可行性、经济的合理性和地区的差异性，并尽量做到简明易行。制定方法大体上有两种：按最佳实用技术确定的方法和按污染物在大气中的扩散规律推算的方法。

（1）大气污染物综合排放标准 1996 年，在《工业“三废”排放试行标准》（GBJ 4—1973）基础上修改制定的《大气污染物综合排放标准》（GB 16297—1996）规定了 33 种大气污染物的排放限值，其指标体系为最高允许排放浓度、最高允许排放速率和无组织排放监控浓度限值。任何一个排气筒必须同时达到最高允许排放浓度和最高允许排放速率两项指标，否则为超标排放。

该标准规定，凡位于国务院批准划定的酸雨控制区和二氧化硫控制区的污染源，其二氧化硫排放除执行本标准外，还应执行总量控制标准（详见 GB/T 13201—1991）。

（2）行业标准 按照综合性排放标准与行业性排放标准不交叉执行的原则，有行业标准的企业应执行本行业的标准，其他污染源则执行综合排放标准。目前，仍继续执行的行业标准有《火电厂大气污染物排放标准》（GB 13223—2003）、《锅炉大气污染物排放标准》（GB 13271—2001）、《工业窑炉大气污染物排放标准》（GB 9078—1996）、《水泥厂大气污染物排放标准》（GB 4915—1996）、《炼焦炉大气污染物排放标准》（GB 16171—1996）、《恶臭污染物排放标准》（GB 14554—1993）及各类机动车、船舶、医疗废弃物焚烧污染物排放标准等。

（3）制定地方大气污染物排放标准的技术方法 按照“控制技术可行性、经济合理性和地区差异性”的原则，各地区可以制定适合本地区的大气污染物排放标准。为此，我国在吸取日本 K 值法优点的基础上，于 1983 年制定并于 1991 年修订了《制定地方大气污染物排放标准的技术方法》（GB/T 13201—1991）。该标准以环境空气质量为控制目标，以大气扩散模式为计算基础，使用控制区排放总量允许限值和点源排放量允许限值控制大气污染的方法，制定地方大气污染物排放标准。气态污染物排放控制分为总量控制区和非总量控制区。总量控制区是当地政府根据城镇规划、经济发展和环境保护要求而决定对大气污染物排放实行总量控制的区域。总量控制区以外的区域为非总量控制区。各地方对那些受酸雨危害的地区应尽量设置 SO_2 和 NO_x 排放总量控制区。

1.7 主要气体参数的换算与计算

本节简单介绍气体主要参数的换算和计算，在大气污染控制工程中会常常用到这些知识。

1.7.1 气体的湿度

气体的湿度表示气体中水蒸气含量的多少，有 4 种表示方法：

(1) 绝对湿度 ρ_w　$1m^3$ 湿气体中含有水蒸气的质量(kg),它等于水蒸气分压下的密度,即

$$\rho_w = \frac{p_w M_w}{RT} = \frac{p_w}{R_w T} \tag{1-18}$$

式中　p_w——湿气体中水蒸气分压(Pa);

M_w——水蒸气的分子量;

R_w——水蒸气的气体常数,$R_w = R/M_w = 461.4 J/(kg \cdot K)$,$R$ 为通用气体常数;

T——热力学温度(K)。

饱和气体的绝对湿度 ρ_v 称为饱和绝对湿度,其值随温度而变。

(2) 相对湿度 φ　气体绝对湿度 ρ_w 与同温度下饱和绝对湿度 ρ_v 之百分比,即

$$\varphi = \frac{\rho_w}{\rho_v} = \frac{p_w}{p_v} \times 100\% \tag{1-19}$$

式中　p_v——同温度下饱和水蒸气分压(Pa)。

(3) 含湿量 d 和 d_0　含湿量 d 代表 1kg 干气体中所含水蒸气的质量(kg),即

$$d = \frac{m_w}{m_d} = \frac{\rho_w}{\rho_d} \tag{1-20}$$

式中　m_w、m_d——水蒸气和干气体的质量(kg);

ρ_w、ρ_d——水蒸气和干气体的密度(kg/m^3)。

干空气的相对分子质量 $M_d = 28.97$,水蒸气的相对分子质量 $M_w = 18.02$,将 $\rho_w = M_w p_w/(RT)$ 和 $\rho_d = M_d p_d/(RT)$ 代入式(1-20),则有

$$d = \frac{M_w p_w}{M_d p_d} = 0.622 \frac{\varphi p_v}{P - \varphi p_v} \tag{1-21}$$

式中　P——总压力(Pa)。

式(1-21)仅适用于空气。

含湿量 d_0 定义为标准状态下 $1m^3$ 干气体中所含水蒸气的质量(kg)。令 $\rho_{nd} = M_d/22.414 kg/m^3$ 为干气体在标态下的密度,可以导出

$$d_0 = \rho_{nd} d = \rho_{nd} \frac{M_w p_w}{M_d p_d} = 0.804 \frac{\varphi p_v}{P - \varphi p_v} \tag{1-22}$$

式(1-22)适用于任何气体。

(4) 水蒸气体积分数 φ_w 或摩尔分数 x_w　若以湿气体中水蒸气所占体积分数 φ_w 或摩尔分数 x_w 表示湿气体的湿度,则有

$$\varphi_w = x_w = \frac{d_0}{0.804 + d_0} = \frac{\rho_{nd} d}{0.804 + \rho_{nd} d} \tag{1-23}$$

或

$$d_0 = \frac{0.804 x_w}{1 - x_w} \tag{1-24}$$

$$d = \frac{0.804 x_w}{(1 - x_w)\ \rho_{nd}} \tag{1-25}$$

例 1-1　已知大气压力为95992Pa、空气温度 $t = 28℃$、相对湿度 $\varphi = 70\%$,试确定空气的含湿量、水蒸气体积分数及标态下干空气的密度。

解 查附录A得，$t=28℃$时，饱和水蒸气压力$p_v=3746.5\text{Pa}$，则

$$d=0.622\frac{\varphi p_v}{P-\varphi p_v}=0.622\times\frac{0.7\times3746.5}{95992-0.7\times3746.5}=0.01747\text{kg/kg}$$

$$d_0=0.804\frac{\varphi p_v}{P-\varphi p_v}=0.804\times\frac{0.7\times3746.5}{95992-0.7\times3746.5}=0.02258\text{kg/m}^3$$

$$\varphi_w=x_w=\frac{d_0}{0.804+d_0}=\frac{0.02258}{0.804+0.02258}=0.0273=2.73\%$$

$$\rho_{nd}=\frac{d_0}{d}=\frac{0.02258}{0.01747}\text{kg/m}^3=1.293\text{kg/m}^3$$

1.7.2 气体密度的换算

单一气体在标态下的密度为$\rho_n=M/22.414\text{kg/m}^3$，混合气体在标态下的密度为

$$\rho_n=\sum_{i=1}^{n}\rho_{ni}x_i \tag{1-26}$$

式中 ρ_{ni}——i组分在标态下的密度（kg/m^3）；

x_i——i组分的体积分数或摩尔分数。

在常压或低压下，已知气体湿度时，可由下列公式之一计算操作压力P、温度T时的实际密度

$$\rho=2.696\times10^{-3}\rho_{nd}\frac{P-\varphi p_v}{T}+\varphi p_v \tag{1-27}$$

$$\rho=2.696\times10^{-3}\left[\rho_{nd}(1-x_w)+0.804x_w\right]\frac{P}{T} \tag{1-28}$$

$$\rho=2.167\times10^{-3}\frac{\rho_{nd}+d_0}{0.804+d_0}\frac{P}{T} \tag{1-29}$$

$$\rho=2.167\times10^{-3}\frac{\rho_{nd}(1+d)}{0.804+d\rho_{nd}}\frac{P}{T} \tag{1-30}$$

式中 2.696×10^{-3}——标态热力学温度$T_n=273.15\text{K}$与标态压力$P_n=101325\text{Pa}$的比值，而$2.67\times10^{-3}=2.696\times10^{-3}\times0.804$。

若为干气体，即$\varphi=0$，$x_w=0$，$d_0=0$，$d=0$，式（1-27）~式（1-30）可简化为同一形式

$$\rho_d=2.696\times10^{-3}\rho_{nd}\frac{P}{T} \tag{1-31}$$

例1-2 某炼钢炉烟气成分见表1-4，试确定：

（1）标态下烟气的密度和平均相对分子质量。

（2）烟气经洗涤除尘后达到了饱和状态，温度降至53℃，静压力为$-15\times10^3\text{Pa}$，求该状态下烟气的含湿量及密度（当地大气压为99325Pa，$p_v=14290\text{Pa}$）。

表1-4 烟气成分表

成　分	CO	CO_2	N_2	O_2
体积分数φ（%）	70	15	14.5	0.45
标态下密度ρ_n/（kg/m^3）	1.25	1.977	1.251	1.429

解 （1）标态下干烟气的密度ρ_{nd}为

$$\rho_{nd} = \sum_{i=1}^{n} \rho_{ni} x_i = (1.25 \times 0.7 + 1.977 \times 0.15 + 1.251 \times 0.145 + 1.429 \times 0.0045) kg/m^3 = 1.359 kg/m^3$$

干烟气平均相对分子质量　$M_d = 22.414\rho_{nd} = 22.414 \times 1.359 = 30.46$

(2) 烟道中总压力 $P = (99325 - 15000) Pa = 84325 Pa$，在 $\varphi = 100\%$ 时，烟气含湿量为

$$d_0 = 0.804 \frac{p_v}{P - p_v} = 0.804 \times \frac{14290}{84325 - 14290} = 0.164 kg/m^3$$

则操作状态下湿气体的密度为

$$\rho = 2.167 \times 10^{-3} \times \frac{\rho_{nd} + d_0}{0.804 + d_0} \frac{P}{T} = 2.167 \times 10^{-3} \times \frac{1.359 + 0.164}{0.804 + 0.164} \times \frac{84325}{(273 + 53)} kg/m^3 = 0.8819 kg/m^3$$

1.7.3　气体体积的换算

若气体处于常压或低压状态，不考虑压缩因子修正，代入 $P_n/T_n = 101325/273.15 = 370.95$，已知 φ，x_w，d，d_0 之一时，可计算出在操作压力 P 和温度 T 时的体积 V

$$V = 370.95 V_{nd} \frac{T}{P - \varphi p_v} \tag{1-32}$$

$$V = 370.95 V_{nd} \frac{1}{1 - x_w} \frac{T}{P} \tag{1-33}$$

$$V = 370.95 V_{nd} \left(1 + \frac{d_0}{0.804}\right) \frac{T}{P} \tag{1-34}$$

$$V = 370.95 V_{nd} \left(1 + \frac{d\rho_{nd}}{0.804}\right) \frac{T}{P} \tag{1-35}$$

若是干气体，不考虑湿度修正，以上四式可简化为下式

$$V = 370.95 V_{nd} \frac{T}{P} \tag{1-36}$$

式中　V_{nd}——标态下干气体的体积（m^3）。

以上各式中若用初态压力 P_0 和温度 T_0 之比值 P_0/T_0 代换 370.95，则可将任何初态（P_0，T_0）时的体积换算为终态（P，T）时的体积。

例 1-3　用双级文丘里洗涤器洗涤氧气顶吹转炉排放的干烟气，标态下其烟气量为 $18000 m^3/h$，进入第一级文丘里洗涤器的烟气温度为 1173K，烟气的静压为 −200Pa，第二级洗涤除尘后的烟气温度降至 338K，静压为 $-13.4 \times 10^3 Pa$，烟气达到饱和状态。338K 时，烟气中饱和水蒸气分压 p_v 近似等于 $24.9197 \times 10^3 Pa$，当地的大气压为 $99.99 \times 10^3 Pa$。试计算进入第一级和离开第二级文丘里洗涤器的实际烟气量。

解　本题计算的实际烟气近于常压，无需考虑压缩因子修正。进入第一级洗涤器的实际干烟气量 V_{d1} 可用式（1-36）计算，即

$$V_{d1} = 370.95 V_{nd} \frac{T}{P} = 370.95 \times 18000 \times \frac{1173}{99.99 \times 10^3 - 200} m^3/h = 78487.2 m^3/h$$

经两级洗涤后，饱和含湿量 d_0 为

$$d_0 = 0.804 \frac{p_v}{P - p_v} = 0.804 \times \frac{24.9197 \times 10^3}{(99.99 \times 10^3 - 13.4 \times 10^3) - 24.9197 \times 10^3} kg/m^3 = 0.325 kg/m^3$$

经两级洗涤后的实际湿烟气量 V_2 可用式（1-34）计算，即

$$V_2 = 370.95 V_{nd} \left(1 + \frac{d_0}{0.804}\right) \frac{T}{P} = 370.95 \times 18000 \times \left(1 + \frac{0.325}{0.804}\right) \times \frac{338}{99.99 \times 10^3 - 13.4 \times 10^3} m^3/h$$
$$= 36594.5 m^3/h$$

洗涤后湿烟气中的干烟气量 V_{d2} 可用式（1-36）计算，即

$$V_{d2}=370.95V_{nd}\frac{T}{P}=370.95\times18000\times\frac{338}{99.99\times10^3-13.4\times10^3}m^3/h=26063.75m^3/h$$

由上例可见，在湿式洗涤器净化烟气中，洗涤前后实际烟气体积流量变化很大，即使在同一操作条件下，干湿烟气体积流量相差也很大。

1.7.4 气体粘度的换算

气体粘度分为动力粘度μ（Pa·s）和运动粘度ν（m^2/s），两者之间的关系为

$$\nu=\frac{\mu}{\rho} \tag{1-37}$$

气体的动力粘度随温度升高而升高，描述这一关系的肖捷兰德（Sutherand）公式为

$$\mu=\frac{AT^{1/2}}{1+\frac{C}{T}} \tag{1-38}$$

式中 μ——气体在温度T（K）时的动力粘度［Pa·s］；

A——由气体特性决定的常数；

C——肖捷兰德常数，无因次。

式（1-38）适用于常压、温度不太高时气体动力粘度的计算。表1-5给出了某些常见气体的A与C值。

表1-5 某些常见气体的A与C值

气体	$A\times10^6$	C	适用温度范围/℃	气体	$A\times10^6$	C	适用温度范围/℃
N_2O	1.65	274	0~100	SO_2	1.78	416	0~100
CO	1.38	101	-80~250	CO_2	1.66	274	0~100
HCl	1.87	360	0~250	CS_2	—	500	—
Cl_2	1.68	351	20~500	He	1.51	98	-250~800
空气	1.50	124	—	H_2S	1.57	331	0~100
NO	—	128	20~500	C_2H_6	—	252	20~250
O_2	1.75	138	0~80	C_2H_4	—	225	20~250
H_2	0.671	83	-40~250	CH_4	1.08	198	0~100
N_2	1.38	103	-80~250	水蒸气	1.83	659	0~400

当A从表中查不到时，可用下式计算

$$A=\mu_0\frac{1+C/273}{273^{0.5}} \tag{1-39}$$

式中 μ_0——标准状态下气体的动力粘度（Pa·s）

当C从表中查不到时，可用下式计算

$$C=T_c/1.12 \tag{1-40}$$

式中 T_c——气体临界温度（K），混合气体的临界温度按下式计算

$$T_c=\sum_{i=1}^{n}T_{ci}x_i \tag{1-41}$$

低压下，混合气体的平均动力粘度可按下式计算

$$\bar{\mu} = \frac{\sum \mu_i x_i M_i^{0.5}}{\sum x_i M_i^{0.5}} \tag{1-42}$$

式中 x_i、μ_i、M_i——i 组分的摩尔分数、动力粘度和相对分子质量。

1.7.5 气体的单位量定压热容及定压热计算

气体的单位量定压热容（又称真热容）c_p 是定压下单位量气体升高（降低）1K 所吸收（放出）的热量，它与温度的关系为

$$c_p = a + bT + cT^2 + dT^3 \tag{1-43}$$

式中 a、b、c、d——常数，其值随气体的种类和采用的单位不同而异，常见气体摩尔定压热容的常数值见表 1-6。

表 1-6 气体摩尔定压热容与温度关系式中的常数值

气体	a	$b\times10^3$	$c\times10^6$	$d\times10^9$	温度范围/K
空气	28.9	1.956	4.799	-1.965	273~1800
CO	26.54	7.683	-1.172	—	273~3800
CO_2	26.75	42.26	-14.25	—	273~3800
CS_2	30.92	62.30	-45.86	11.55	273~1800
Cl_2	31.696	10.14	-4.038	—	273~1500
F_2	24.43	29.70	-23.76	6.656	273~1400
H_2	26.88	4.347	-0.3264	—	273~3800
HCl	28.17	1.810	1.547	—	273~3700
HF	26.90	3.431	—	—	273~2000
H_2O	29.16	14.49	-2.022	—	273~3800
H_2S	26.71	23.87	-5.063	—	298~1500
N_2	27.32	6.226	-0.9502	—	273~3800
NH_3	27.55	25.63	9.901	-6.687	273~1500
NO	27.03	9.868	-3.224	0.3652	273~3800
NO_2	22.92	57.15	-35.23	7.866	273~1500
N_2O	24.09	58.59	-35.60	10.57	273~1500
N_2O_4	33.21	186.63	-113.39	—	273~573
O_2	28.17	6.297	-0.7494	—	273~3800
SO_2	25.76	57.91	-38.09	8.606	273~1800
SO_3	16.37	145.78	-111.95	32.40	273~1300
CH_4	14.15	75.50	-17.99	—	273~1500
C_2H_6	9.401	159.83	-46.22	—	273~1500
C_3H_8	10.08	239.30	-73.36	—	273~1500
C_2H_4	11.84	119.67	-36.51	—	273~1500

工程热计算中常用平均单位量定压热容来计算。平均单位量定压热容 $\bar{c}_p$ 等于定压下单位量气体由 T_1 加热（或冷却）到 T_2 所吸收（或放出）的热量 q 除以温度差（T_2-T_1），即

$$\bar{c}_p=\frac{q}{T_2-T_1} \tag{1-44}$$

平均单位量定压热容分平均质量定压热容[J/(kg·K)]，平均摩尔定压热容[J/(mol·K)]和平均体积定压热容。

平均单位量定压热容的计算式为

$$\bar{c}_p=\frac{1}{T_2-T_1}\int_{T_1}^{T_2}(a+bT+cT^2)\mathrm{d}T \tag{1-45}$$

多组分混合气体的摩尔定压热容 $c_{p,\mathrm{m}}$，可按下式计算

$$c_{p,\mathrm{m}}=\sum_{i=1}^{n}c_{p,\mathrm{m}i}x_i \tag{1-46}$$

平均摩尔定压热容按下式计算

$$\bar{c}_{p,\mathrm{m}}=\sum_{i=1}^{n}\bar{c}_{p,\mathrm{m}i}x_i \tag{1-47}$$

式中 x_i——i 组分的摩尔分数；

$c_{p,\mathrm{m}i}$——i 组分的摩尔定压热容[J/(mol·K)]；

$\bar{c}_{p,\mathrm{m}i}$——i 组分的平均摩尔定压热容[J/(mol·K)]。

如果气体量为 n 个气体单位量，定压下从 T_1 到 T_2 的定压热可按单位量定压热容 c_p 和平均单位量定压热容 $\bar{c}_p$ 计算

$$Q=n\int_{T_1}^{T_2}c_p\mathrm{d}T \tag{1-48}$$

$$Q=n\bar{c}_p(T_2-T_1) \tag{1-49}$$

上式中，平均单位量定压热容的单位应与气体量的单位相对应，如气体量为 n（单位：kg）时，平均单位量定压热容应采用平均质量定压热容 [J/(kg·K)]；若气体量为 n（单位：mol）时，平均单位量定压热容应采用平均摩尔定压热容 [(J/mol·K)]。

工程中还习惯用气体由 0→t 范围内的平均摩尔定压热容来计算定压过程热，即

$$Q=n(c_{p,\mathrm{m}2}t_2-c_{p,\mathrm{m}1}t_1) \tag{1-50}$$

式中 $c_{p,\mathrm{m}1}$、$c_{p,\mathrm{m}2}$——0→t_1 和 0→t_2 范围内气体的平均摩尔定压热容，表 1-7 给出了常见几种气体的平均摩尔定压热容值。

气体在等压过程中吸收或放出的热量等于该过程焓的增量。而焓是状态函数，它与物系的变化途径无关，只与其初、终状态有关。

$$q=\Delta H=H_2-H_1=c_{p,\mathrm{m}2}t_2-c_{p,\mathrm{m}1}t_1 \tag{1-51}$$

式中 H_1、H_2——气体在状态 1（T_1）、状态 2（T_2）时的焓（kJ/kg）。

湿气体在温度 T 时的焓为

$$H=c_{pd}T+(c_{pw}+r)d \tag{1-52}$$

式中 c_{pd}、c_{pw}——273K 至 T 范围内干气体和水蒸气的平均质量定压热容 [J/(kg·K)]；

r——水蒸气汽化潜热（kJ/kg）；

d——湿气体含湿量。

表 1-7 几种常见气体的平均摩尔定压热容（$\bar{c}_{p,m}$）值

t/℃	N_2	O_2	空气	H_2	CO	CO_2	H_2O
0	29.136	29.262	29.082	28.629	29.140	35.998	34.499
18	29.140	29.299	29.094	28.713	29.144	36.450	33.532
25	29.140	29.316	29.094	28.738	29.148	36.492	33.545
100	29.161	29.546	29.161	28.998	29.194	38.192	37.750
200	29.245	29.952	29.312	29.119	29.546	40.151	34.122
300	29.404	30.459	29.534	29.169	29.546	41.880	34.566
400	29.622	30.898	29.802	29.236	29.810	43.375	35.073
500	29.885	31.355	30.103	29.299	30.128	44.715	35.617
600	30.174	31.782	30.421	29.370	30.450	45.908	36.191
700	30.258	32.171	30.731	29.458	30.777	46.980	36.781
800	30.773	32.523	31.041	29.567	31.100	47.943	37.380
900	31.066	32.845	31.338	29.697	31.405	48.902	37.947
1000	31.326	33.143	31.606	29.844	31.694	49.614	38.560
1100	31.614	33.411	31.887	29.998	31.966	50.325	39.138
1200	31.862	33.658	32.130	30.166	32.188	50.953	39.699
1300	32.092	33.888	32.624	30.258	32.456	51.581	40.248
1400	32.314	34.106	32.577	30.396	32.678	52.084	40.779
1500	32.527	34.298	32.783	30.547	32.887	52.586	41.282

注：温度范围：0 ~ t，压力：101325Pa。

例 1-4 试求常压下127℃氮气的摩尔定压热容和该气体在127 ~ 700℃之间的平均摩尔定压热容。

解 从表 1-6 查出氮气的常数值，$a = 27.32$；$b = 6.226 \times 10^{-3}$，$c = -0.9502 \times 10^{-6}$ 及 $T = 400\text{K}$（127℃），代入式（1-43），得

$$c_{pN_2} = 27.32\text{J/(mol} \cdot \text{K)} + 6.226 \times 10^{-3} \times 400\text{J/(mol} \cdot \text{K)} - 0.9502 \times 10^{-6} \times (400)^2\text{J/(mol} \cdot \text{K)}$$
$$= 29.658\text{J/mol} \cdot \text{K}$$

将式（1-45）积分和简化，再代入 a，b，c 值及 $T_2 = 973\text{K}$（700℃），$T_1 = 400$（123℃），得

$$\bar{c}_{pN_2} = a + \frac{b}{2}(T_2 + T_1) + \frac{c}{3}(T_2^2 + T_2T_1 + T_1^2) = 27.32\text{J/(mol} \cdot \text{K)} + \frac{6.226 \times 10^{-3}}{2} \times (973 + 400)\text{J/(mol} \cdot \text{K)}$$
$$- \frac{0.9502 \times 10^{-6}}{3} \times [(973)^2 + 973 \times 400 + (400)^2]\text{J/(mol} \cdot \text{K)} = 31.120\text{J/mol} \cdot \text{K}$$

例 1-5 试计算3500mol 的电炉烟气由 900℃ 降至 200℃ 时所放出的热量。电炉烟气各组分的质量分数为：$H_2$0.2%，CO57.9%，$CO_2$9.2%，$N_2$30.7%，$O_2$2.0%。

解 （1）计算 0 ~ 900℃混合气体的平均摩尔定压热容 $\bar{c}_{p,m_1}$。由表 1-6 查得烟气各组分 0 ~ 900℃ 的平均摩尔定压热容各为

$\bar{c}_{p,mH_2} = 29.697\text{J/(mol} \cdot \text{K)}$；$\bar{c}_{p,mCO} = 31.405\text{J/(mol} \cdot \text{K)}$；$\bar{c}_{p,mCO_2} = 48.902\text{J/(mol} \cdot \text{K)}$；$\bar{c}_{p,mN_2} = 31.066\text{J/(mol} \cdot \text{K)}$；$\bar{c}_{p,mO_2} = 32.845\text{J/(mol} \cdot \text{K)}$

将 0 ~ 900℃各组分的平均摩尔定压热容代入式（1-47）中，得

$\bar{c}_{p,m_1}=0.2\%\times29.697J/(mol\cdot K)+57.9\%\times31.405J/(mol\cdot K)+9.2\%\times48.902J/(mol\cdot K)+30.7\%\times31.066J/(mol\cdot K)+2.0\%\times32.845J/(mol\cdot K)=32.936J/(mol\cdot K)$

（2）计算0～200℃混合气体的平均摩尔定压热容$\bar{c}_{p,m_2}$。由表1-6查得烟气各组分0～200℃的平均摩尔定压热容各为

$\bar{c}_{p,mH_2}=29.119J/(mol\cdot K)$；$\bar{c}_{p,mCO}=29.546J/(mol\cdot K)$；$\bar{c}_{p,mCO_2}=40.151J/(mol\cdot K)$；$\bar{c}_{p,mN_2}=29.245J/(mol\cdot K)$；$\bar{c}_{p,mO_2}=29.952J/(mol\cdot K)$

将0～200℃各组分的平均摩尔定压热容代入式（1-47）中，得

$\bar{c}_{p,m_2}=0.2\%\times29.119J/(mol\cdot K)+57.9\%\times29.546J/(mol\cdot K)+9.2\%\times40.151J/(mol\cdot K)+30.7\%\times29.245J/(mol\cdot K)+2.0\%\times29.952=30.4365J/(mol\cdot K)$

（3）计算烟气从900℃降至200℃放出的定压热Q

$$Q=n\left[c_{p,m_1}\ (t_{900}-t_0)\ -c_{p,m_2}\ (t_{200}-t_0)\right]$$

由于式中$t_0=0$，烟气量$n=3500mol$，故

$$Q=3500\times\ (32.936\times900-30.4365\times200)\ J=82442850J=82442.85kJ$$

1.8 大气污染控制工程系统

典型的大气污染控制系统一般包括污染物发生源的控制、粉尘污染物的控制、气态污染物的控制和稀释扩散控制等几部分。控制燃料燃烧过程对大气环境的污染是典型的大气污染控制工程系统，如图1-4所示。

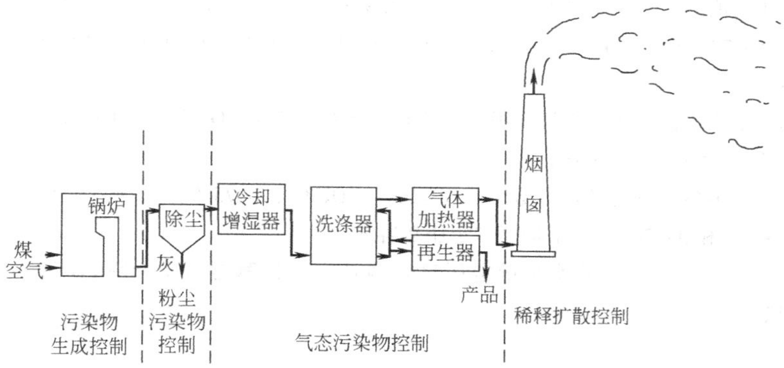

图1-4 典型的大气污染控制工程系统

本书按照上述控制系统的顺序，在第2章中介绍大气污染物的生成控制，重点介绍燃料燃烧（包括机动车燃料燃烧）过程污染物的生成控制和洁净煤技术、清洁生产等；第3～7章介绍颗粒污染物控制的原理、方法及设备（包括机械式除尘器、电除尘器、过滤式除尘器和湿式除尘器等）；第8～13章介绍控制气态污染物的吸收法、吸附法、催化转化法和其他方法（包括燃烧、冷凝、膜分离、生物法等）的原理、流程、设备及在气态污染物净化中的应用，特别是在烟（废）气脱硫、脱硝以及含氟、含氯、含易挥发有机物废气净化中的应用；第14章介绍烟（废）气净化系统的组成和设计；第15章介绍大气污染的稀释扩散控制，内容包括影响大气污染物扩散的气象基础、污染物浓度估算及从控制大气污染角度出发的厂址选择、烟囱高度设计等。

习　题

1-1　干洁空气中 N_2、O_2、Ar 和 CO_2 气体的质量分数各是多少？

1-2　根据《环境空气质量标准》（GB 3095—1996）中的二级标准，求 SO_2、NO_2、CO 三种污染物日平均浓度限值下的体积分数（以 10^{-6} 数量级计）。（GB 3095—1996 中 SO_2、NO_2、CO 二级标准的日平均浓度限值分别为 0.15、0.12、4.0mg/m³（标准状态））

1-3　某厂所排废气中 SO_2 的体积分数为 150×10^{-6}，废气的体积流量为 22000m³/h（标准状态），废气中除 SO_2 外，其余气体假定为空气。试确定：

（1）SO_2 在废气中的质量浓度 c_m（kg/m³）、物质的量的浓度 c_M(kg/kmol) 和体积浓度 c_V（%）。

（2）该厂每天排放 SO_2 多少千克？

1-4　成人每次吸入的空气量平均为 500mL，假若每分钟呼吸 15 次，空气中颗粒物的质量浓度为 150μg/m³，试计算每小时沉积于肺泡中的颗粒物质量。已知该颗粒物在肺泡中的沉降系数为 0.12。

1-5　地球上海洋的平均深度为 3.8km，大部分深海的平均温度为 4℃，海水的热膨胀系数近似为 0。但是，海洋表层 1km 范围内平均温度为 4℃，这层海水的热膨胀系数为 0.00012/℃。请估算，当表层 1km 范围内的海水温度升高 1℃时海平面将上升多少？

1-6　经计算 48×10^5m² 的森林可在 40 年内吸收空气中 520×10^4t 的 CO_2，请计算：

（1）每年每亩森林将吸收多少吨 CO_2（1 亩 =666.6m²）？

（2）假设木材中碳的质量分数为 50%（干基），每年每亩森林将产出多少吨木材（干基）？

（3）设每亩地能种 400 棵树，估算每年每棵树能吸收多少千克 CO_2，并提供多少千克木材（干基）？

1-7　治理酸化湖泊的方法之一是向湖泊中投加石灰石。假如某湖泊的面积为 10km²，每年降水量为 0.4m³/m²。为将降水的 pH 值从 4.5 升至 6.5，需向湖泊中投加多少石灰石（假设石灰石中 $CaCO_3$ 的质量分数为 88%）？

1-8　某水泥厂干式水泥窑排放烟气的组成（指体积分数）为：$CO_2$12%，$O_2$11%，CO0.6%，$N_2$71%，H_2O5.4%。求 90℃下烟气的动力粘度。

1-9　已知某烟气中各组分的摩尔分数为：$CO_2$16%，$O_2$3%，$N_2$75%，H_2O6%，试计算该烟气在 25℃时的摩尔定压热容 $c_{p,m}$ 和 0～300℃的平均摩尔定压热容 $\bar{c}_{p,m}$。

1-10　试按质量定压热容和平均质量定压热容两种方法计算常压下 1000kgCO_2 气体由 100℃升至 1000℃所吸收的热量。

第 2 章

2

大气污染物的生成控制

2.1 能源与大气污染

2.1.1 能源的分类

能源是能提供可利用能量的资源，可分为直接从自然界取得的一次能源和由一次能源转换得到的二次能源。一次能源还可分为可再生能源和不可再生能源，见表 2-1。

表 2-1 一次能源和二次能源

一次能源	可再生能源	风能、水能、太阳能、生物质能、海洋热能、潮汐能、地震、火山、地热等
	不可再生能源	化石燃料（煤、石油、天然气）、核燃料（铀、钍、氢）
二次能源	电能、氢能、汽油、煤油、柴油、火药、酒精、甲醇、丙烷、硝化甘油等	

通常还把能源分为常规能源（煤、石油、天然气、水能、核能等）与新能源（太阳能、风能、海洋能、地热能、生物质能和氢能等）两大类。新能源大部分是天然和可再生的，是未来世界持久能源系统的基础。

能源又可分为污染型能源（化石燃料）和清洁型能源（水力、电力、太阳能、风能和核能等）。

2.1.2 能源利用与大气污染

能源是现代工农业生产、交通运输的原动力，在国民经济中占有极其重要的地位，人民生活一刻也离不开能源。但是，在利用污染型能源造福于人类的过程中，同时也给人类带来了严重的环境污染。

2003 年全球的能源需求量已达到 140 亿 t 标准煤，其中石油占 38%，煤炭占 26%，天然气占 24%，核能占 6%，其他能源占 6%。其中污染型能源占 88%。据预测，到 2010 年和 2050 年全世界煤炭和石油的总耗量仍将分别占世界总能耗的 64% 和 52%。

我国是目前世界上最大的煤炭生产和消耗国，煤炭的生产和消耗均占世界总量的 30% 左右，同时，也是世界上极少数以煤炭为主要能源的国家之一。2005 年我国一次能源生产总量约为 12.3 亿 t 标准煤，其中煤炭占 63.8%、石油 18.8%、天然气 6.0%、水电和核电 11.4%，而且以煤为主的能源结构在近期内不会有根本性变化。

燃煤产生的污染一直是我国大气污染的主要原因，煤烟型污染是我国大气污染的基本特征。近年的统计数据表明，我国煤炭燃烧产生的 SO_2、CO_2、NO_x 及 TSP 排放量分别约占总排放量的 90%、85%、60% 和 70%。

随着我国经济的快速发展，机动车保有量迅速增长，以汽油、柴油为燃料的机动车已成为我国城市大气的主要污染源。

2.1.3 能源利用过程中的污染控制

1）清洁能源的开发和利用。清洁能源是一个相对的概念。就现阶段而言，清洁能源包括可再生能源、经过清洁技术处理过的化石燃料和核能。目前开发的清洁能源主要有水能、风能、生物质能、太阳能、核能、地热能、海洋能和清洁煤（煤的气化、液化、水煤浆和型煤）等。

2）提高能源利用效率，节约能源。①提高能源的热效率，降低能耗。首先要合理加工和对口供应煤炭（包括洗煤、选煤和配煤等），这通常可节煤 5% 左右；第二，采用高参数、大容量发电机组及高效辅机，供电能耗可降低 10% 左右；第三，发展热电联产，煤耗可降低 15% 左右。②设计合理的燃烧装置，控制合理的燃烧条件，保证燃料的完全燃烧。③电动机调速节能。2/3 的风机、泵类机械在运行中需要调节流量。采用电动机调速取代传统、能耗大的阀门式挡板调节流量，可取得显著的节能效果。④大力开展余热利用。

3）研究燃烧过程中污染物的生成机理，采取适当措施减少污染物的生成量。

4）净化烟气，降低排烟中已经生成的污染物排放量。

本章重点介绍固定源燃烧过程中主要大气污染物生成机理和控制方法、燃烧过程的计算，以及机动车污染物的生成控制，并阐述清洁生产的基本知识。

2.2 固定源燃烧过程中大气污染物的生成机理及控制

2.2.1 燃料的分类

燃料按物理状态分为固体燃料（煤、各种可燃性固体废弃物等）、液体燃料（汽油、柴油、煤油、酒精等）和气体燃料（天然气、煤气、沼气、氢气等）。

1. 煤

煤是最重要的固体燃料，它是由古代植物经部分分解和变质而形成的。煤的可燃成分主要是由 C、H 及少量的 O、N 和 S 等一起构成的有机聚合物。按煤的性质不同分为褐煤、烟煤和无烟煤三大类。

煤的成分㊀常用的表示方法有：收到基、空气干燥基、干燥基和干燥无灰基四种。

（1）收到基 包括全部水分（W）和灰分（A）的燃料作为 100% 的成分，以下标“ar”表示

$$C_{ar}+H_{ar}+O_{ar}+N_{ar}+S_{ar}+A_{ar}+W_{ar}=100\%$$

㊀ 煤的成分的表示皆为质量分数，按 GB 3102.8—1993 规定，应采用 ω，如 C_{ar} 应改为 $\omega(C_{ar})$，但考虑到煤炭分析试验方法国家标准（GB/T 483—1998）没有执行此规定，故仍尊重行业的国标，本书暂不改。

收到基表示的是锅炉燃料的实际成分，在进行燃料计算和热效应试验时，都用它来表示，即旧标准的应用基。但由于煤的外部水分（煤的水分包括外部水分和内部水分，其中外部水分是指煤样在318～323K的干燥箱内干燥8h所测得的水分）不稳定，因此用它评价煤的性质是不准确的。

（2）空气干燥基　以去掉外部水分的燃料作为100%的成分，以下标“ad”表示，即旧标准的分析基

$$C_{ad}+H_{ad}+O_{ad}+N_{ad}+S_{ad}+A_{ad}+W_{ad}=100\%$$

（3）干燥基　以去掉全部水分的燃料作为100%的成分，以下标“d”表示

$$C_{d}+H_{d}+O_{d}+N_{d}+S_{d}+A_{d}=100\%$$

因为排除了水分的影响，所以干燥基能准确地反映出灰分的多少。

（4）干燥无灰基　以去掉水分和灰分的燃料作为100%的成分，以下标“daf”表示，即旧标准的可燃基

$$C_{daf}+H_{daf}+O_{daf}+N_{daf}+S_{daf}=100\%$$

干燥无灰基成分因为避免了水分和灰分的影响，所以比较稳定。煤矿提供的煤质资料通常为干燥无灰基成分。

我国煤炭资源中，硫的平均质量分数为1.11%，煤中的硫通常以无机硫、有机硫和单质硫三大类型存在。其中，无机硫包括硫铁矿硫和硫酸盐硫，以黄铁矿（FeS_2）硫为主；煤中的有机硫主要有硫化物、硫醇（RSH）、硫醚（RSR′）、二硫化物（RSSR′）、噻吩类杂环硫化物等。硫铁矿硫、有机硫和单质硫都能在空气中燃烧，称可燃硫；硫酸盐硫在燃烧过程中是不可燃烧的硫，固定在煤灰中，称不可燃硫或固定硫。

2. *石油*

石油是液体燃料的主要来源。原油由链烷烃、环烷烃和芳香烃等碳氢化合物组成，主要含有C、H，还含有少量的S、N和O，微量的V、Ni、Pb、As、Cl等。

出于安全和经济考虑，一般将原油经过蒸馏、裂化和重整后，生产出各种汽油、溶剂、化学产品和燃料油。燃料油的氢含量增加时，密度减小，发热量增加。当燃料油的粘度较大时，雾化产生的液滴较大，因而不易较快汽化，导致不完全燃烧。

原油中硫的质量分数一般为0.1%～0.7%，大部分硫以有机硫的形式存在。在轻馏分中，硫以H_2S、RSH、RSR′、RSSR′等形态存在。原油中的硫80%～90%留于重馏分中，以复杂的环硫结构存在。重馏分与一定比例的轻油相配合而成为重油，原油中的硫大部分转入重油中。

3. *天然气*

天然气是典型的气体燃料，它的组成（体积分数）一般为甲烷85%、乙烷10%、丙烷3%，含碳更高的碳氢化合物也可能存在于其中；此外，还有H_2O、CO_2、N_2、He和H_2S等。

在燃烧过程中，燃料的组成元素转化为相应的氧化物。完全燃烧时，C、H分别转变为CO_2和H_2O，N和S则会生成NO_x和SO_x等大气污染物；不完全燃烧过程将产生黑烟、CO和其他部分氧化产物等大气污染物；空气中的部分N_2也会被氧化成NO_x。

燃料燃烧过程是十分复杂的物理和化学过程，各种污染物的生成机理和控制方法都不相同，因此必须根据具体情况，抓住主要影响因素，采用合适的控制方法。

2.2.2 烟尘的生成机理及控制

1. 烟尘的分类及其生成机理

按烟尘的生成机理不同，可以分为气相析出型烟尘、剩余型烟尘、酸性尘、积炭和粉尘等类型。

(1) 气相析出型烟尘 气体燃料、液体燃料和固体燃料在燃烧过程中，会产生HC，这些HC在混合不均匀而没有氧存在的局部地方，受热发生脱氢、分解、聚合、经芳香环而产生的炭黑粒子称为气相析出型烟尘。

气相析出型烟尘粒径很细（如重油燃烧产生的炭黑粒径在0.02～0.05μm），比表面积很大，每千克可达数万平方米。收集下来的烟尘呈絮状，体积大，重量轻。

(2) 剩余型烟尘 剩余型烟尘是液体燃料燃烧时剩余下来的，通常称为油灰。粒径一般为10～300μm，其中大颗粒较少，大多数是外形接近球形的微小空心粒子。

重油燃烧时，油滴内部发生热分解而产生气体成分，喷出油滴，形成空心球，缺氧时，进一步变成焦炭而形成剩余型烟尘。

(3) 酸性尘 酸性尘是上述两种烟尘在烟气温度接近露点温度时，吸收烟气中的H_2SO_4，长大成为像雪片形状的烟尘，又称雪片。酸性尘由于颗粒较大，一般沉落在烟囱附近。

(4) 积炭 积炭是剩余型烟尘的一种，是油滴附着在燃烧器、燃烧器旋口、燃烧室炉壁上，受炉内高温气化而剩余下来的物质，其颗粒形状不定，但粒度较大。

(5) 粉尘 固体燃料燃烧产生的粉尘包括飞灰和黑烟两部分。飞灰是指烟气中不可燃烧的矿物质微粒，它是煤中灰分的一部分，另一部分则变为炉渣。黑烟主要是未完全燃烧的炭粒。锅炉排烟中的粉尘浓度和粒度，与燃烧方式、燃烧温度、煤粉粒度及煤质情况有关。

2. 影响烟尘生成量的因素

(1) 燃料种类 燃料种类不同，烟尘产生的情况也不相同。如氢气、甲醇、乙醇燃烧时不产生烟尘；烯烃比烷烃容易产生黑烟；乙炔、芳香族、链状碳氢化合物特别容易产生黑烟。

扩散燃烧时，气体燃料中C/H比愈大，产生的黑烟数量愈多；碳氢化合物中的碳原子数愈多，愈容易产生炭黑；碳原子数相同时，不饱和烃更易产生炭黑。

油质愈重，残留碳含量愈多，烟尘浓度愈高。液体燃料产生黑烟由少到多的顺序是：轻油→中油→重油→煤焦油。

固体燃料不完全燃烧时，同样产生炭黑。然而，固体燃料中灰分形成的粉尘一般数量较大，对一定型式的燃烧设备，灰分变成飞灰的份额基本一定，如煤粉炉、流化床炉一般为0.4～0.6，链条炉一般为0.15～0.2。因此，煤质越差，灰分含量越高，粉尘浓度越高。

(2) 氧气含量 实践证明，如果让碳氢化合物燃料与足够的氧气混合，能够防止烟尘产生。图2-1是三台锅炉排尘浓度和剩余氧气的体积分数的关系。如图2-1所示，剩余氧气的体积分数降低时，排尘浓度增大。即使剩余氧气的体积分数相同，排尘浓度也相差较多，这是由于燃料种类和燃烧器型式不同而引起的。

(3) 油滴粒径 重油燃烧时，油滴破裂后产生的焦块或生成的空心球，其直径都与油滴的直径成正比。特别是较大的油滴，虽然数量可能不多，但其所占的质量比例较大，不完全燃烧时将使剩余型排尘浓度急剧增大。大颗粒油滴碰到布置有水冷壁的炉墙时，由于温度低，油滴将焦化成碳块，脱落后使排尘浓度增大。

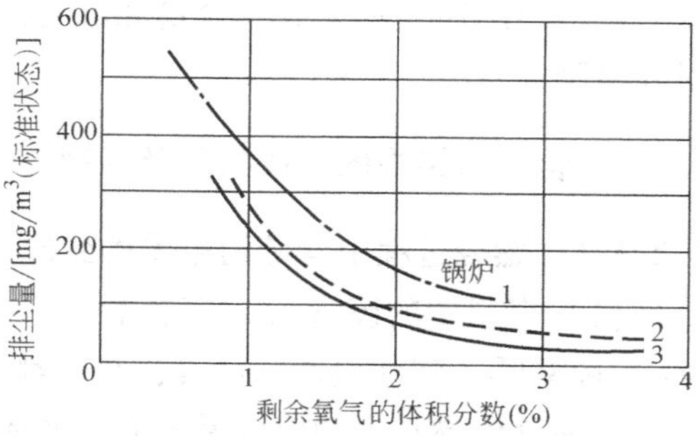

图 2-1 排尘浓度与剩余氧气体积分数的关系

3. 烟尘生成量的控制

在燃料一定时，促进燃料的完全燃烧是减少烟尘量的主要措施。保证燃料完全燃烧的条件是适宜的过剩空气系数、良好的湍流混合（Turbulence）、足够的温度（Temperature）和停留时间（Time），即供氧充分下的“三 T”条件。

（1）适宜的过量空气系数 燃烧时，如果空气供应不足，燃烧就不完全；相反，空气量过大，会降低炉温，增加锅炉的排烟损失。因此，按燃烧不同阶段供给相适应的空气量是十分必要的。

（2）改善燃料与空气的混合 燃料和空气充分混合是有效燃烧的又一基本条件，混合不均匀就会产生大量的烟尘和不完全燃烧产物。混合程度取决于湍流度，对于蒸气相的燃烧，湍流可以加速液体燃料的蒸发；对于固体燃料的燃烧，湍流有助于破坏燃烧产物在燃料颗粒表面形成的边界层，从而提高表面反应的氧利用率，并使燃烧过程加速。

（3）保证足够的温度 燃料只有达到着火温度，才能与氧化合而燃烧。着火温度通常按固体燃料、液体燃料、气体燃料的顺序上升，如无烟煤 713 ~ 773K，重油 803 ~ 853K，发生炉煤气 973 ~ 1073K。在着火温度以上，温度越高，燃烧反应速度越快，燃烧越完全，烟尘越少。

（4）保证足够的燃烧时间 燃料在高温区的停留时间应超过燃料燃烧所需要的时间。燃料粒子烧尽时间与粒子初始直径、粒子表面温度和氧气含量有关。

I. W. Smith 测定了石油焦粒在 1200 ~ 2270K 的反应速度常数，计算出粒子燃尽所需时间，结果如图 2-2 所示。由图可知，初始粒径为 50 ~ 70μm 的粒子，在剩余氧气的体积分数为 2% 的烟气中燃尽时间约为 1.5s。

用在实验炉上燃烧炭黑测得的反应速度常数，计算烟气中含有的炭黑烧掉 95% 所需时间，结果如图 2-3 所示。由图可知，当剩余 O_2 的体积分数在 1% 以上时，在 1200℃下所需烧尽时间约为 0.1s。

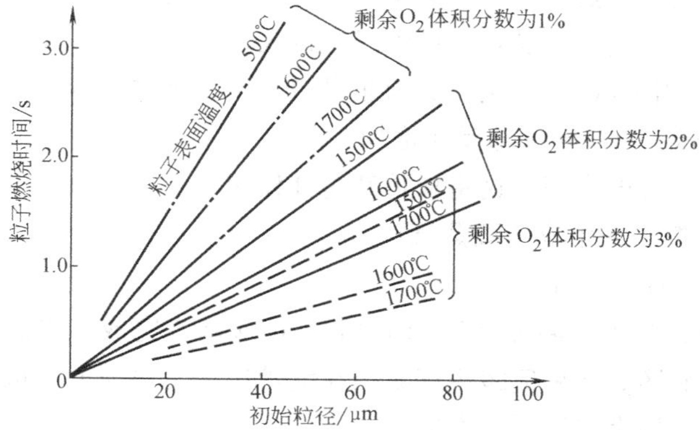

图 2-2 焦粒燃烧时间与初始直径、粒子表面温度的关系

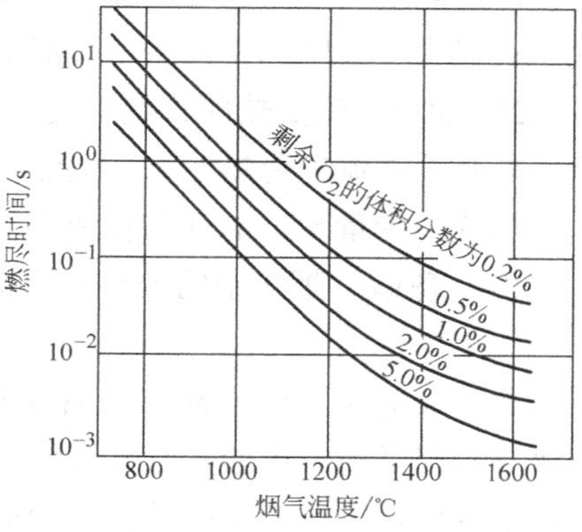

图 2-3 炭黑烧掉 95% 所需时间

以上两图还表示了氧气含量和温度的影响，如烟气温度从1000℃提高到1300℃，燃尽时间将降低90%。

2.2.3 含硫污染物的生成机理及控制

2.2.3.1 燃烧过程中含硫污染物的生成

(1) 燃料中的硫含量　燃料燃烧及其随后的物理化学过程产生的含硫污染物有 SO_2、SO_3、硫酸雾、酸性尘及酸雨等，它们都来源于燃料中所含有的硫。

一般气体燃料中的硫含量较低。液体和固体燃料中的硫含量列于表2-2，表中同时列出了氮含量。

表2-2　液体和固体燃料中硫含量和氮含量

燃料种类	汽油和柴油	A重油	B重油	C重油	煤　炭
硫的质量分数（%）	0.25~0.75	0.1~1.3	0.2~2.8	0.6~5.0	0.5~5.0
氮的质量分数（%）	—	0.005~0.08	0.08~0.4	0.08~0.4	0.5~2.5

(2) SO_2 的生成　燃料中的可燃硫在空气过剩系数大于1.0的实际燃烧过程中将全部被氧化成 SO_2，煤中的硫酸盐在燃烧过程中一般转入灰分，因而烟气中的 SO_2 量正比于燃料中的硫含量。

(3) SO_3 的生成　燃烧炉内生成的 SO_2 大约有0.5%~2.0%被进一步氧化为 SO_3。大量数据表明，燃烧锅炉中，SO_3 的生成并不是 O_2 和 SO_2 直接反应的结果，而是通过以下两种机理生成的。

1) 氧分子在高温火焰区离解生成氧原子，氧原子再与 SO_2 反应生成 SO_3

$$O_2 \rightleftharpoons O + O \tag{2-1}$$

$$SO_2 + O \rightleftharpoons SO_3 \tag{2-2}$$

按照式（2-2），SO_3 的生成速度为

$$d[SO_3]/dt = k_+[SO_2][O] - k_-[SO_3] \tag{2-3}$$

式中　k_+、k_-——正、逆反应速度常数。

即过剩空气系数愈大，温度愈高（[O] 就愈大），反应时间愈长，SO_3 生成量愈多。因此，火焰中心温度不要过高，火焰也不要拖得过长，以防 SO_3 生成量过大。

2) 锅炉对流受热面管壁上的积灰和氧化膜对 SO_2 氧化具有催化作用，因此在实际中，烟气离开炉膛流经受热面时，虽然温度降低，SO_3 含量却反而增加。

烟气中少量 SO_3 的存在将使烟气的露点温度升高，这将加重其腐蚀作用。

(4) 硫酸　烟气中的 SO_3 和水蒸气可按下式生成硫酸蒸气

$$SO_3 + H_2O \rightleftharpoons H_2SO_4$$

这一反应从200~250℃左右开始进行，当烟气温度降到110℃时，反应基本完成。当温度进一步降低时，硫酸蒸气才凝结成硫酸液滴。如果硫酸蒸气凝结在锅炉尾部受热面上，将引起低温腐蚀，并产生硫酸尘。因此，锅炉排烟温度不能太低。

排入大气中的烟气，与大气混合，温度进一步降低，烟气中的硫酸蒸气将再次凝结而形

成硫酸雾，雾滴在大气中的漫反射使烟气呈白色，故又称为白烟。

排入大气中的SO_2，由于金属飘尘的触媒作用，也会被空气中的氧氧化为SO_3，遇水蒸气形成硫酸雾，再与粉尘结合而形成酸性粉尘，或者被雨水淋落而产生硫酸雨。

（5）酸性尘　含有硫酸蒸气的烟气，当温度降低到露点以下，硫酸蒸气将凝结在微小的烟尘粒子表面，然后，这些粒子凝结在一起，长大成雪片状的酸性尘。另外，锅炉尾部、金属烟道和烟囱被硫酸腐蚀生成的盐类和含酸粉尘脱落后也形成酸性尘。

2.2.3.2　SO_x 的生成控制

1. SO_2 生成控制

（1）燃料预处理

1）煤炭洗选脱硫。煤炭洗选脱硫是指通过物理、化学或生物的方法对煤炭进行净化，以去除原煤中的硫。原煤经过洗选既可脱硫又可除灰，提高煤炭质量和热能利用效率。目前，国内外应用最广的是物理选煤方法中的跳汰选煤、重介质选煤和浮选三种。

煤炭中的有机硫属于煤的有机质组成，分布均匀，用物理方法不能将其脱除，物理选煤方法脱除的硫以煤中的硫铁矿为主。2003 年，我国煤炭年产量约为 15 亿 t，入洗率为 38.6%，全硫脱除率为 45% ~55%，硫铁矿硫脱除率 60% ~80%。

① 跳汰选煤：跳汰选煤的基本原理是利用各种密度、粒度及形状的物料通过在不断变化的流体作用下的运动过程，使原本为不同类型颗粒混合物的床层呈现出以密度差别为主要特征的分层，从而使煤中密度大的硫铁矿与有机质分离。该技术对不同煤质的适应性强，系统简单可靠、生产成本低、设备操作维护方便、处理能力大，是目前国内外最主要的选煤方式，主要设备分为定筛跳汰机和动筛跳汰机两类。

② 重介质选煤：重介质选煤是用密度介于煤与煤矸石之间的悬浮液作为分选介质的选煤方法。目前，国内外普遍采用磁铁矿粉与水配制的悬浮液作为选煤的分选介质。在世界范围内，重介质选煤的生产能力仅次于跳汰选煤，列第二位。

重介质旋流器是常用的重介质选煤设备，其基本原理是：当颗粒密度大于悬浮液密度时，颗粒被甩向外螺旋流，沿斜壁集中于底流口排出；当颗粒密度小于悬浮液密度时，颗粒被移向内螺旋流，集中在螺旋流的中心，由溢流口排出。

③ 浮选：浮选包括泡沫浮选、浮选柱、油团浮选、表面和选择性絮凝等，实际生产中最常用的是泡沫浮选和浮选柱。

煤粒表面是非极性的，因而有疏水性；矿物质表面通常是极性的，因而有极强的亲水性。由于矿浆中煤粒和矿物质的不同润湿性，当在矿浆中充入气体时，煤粒和气泡发生碰撞，气泡易于排开其表面薄且容易破裂的水化膜，使煤粒粘附到气泡表面，和气泡一起上升，并集于浮选池上部的泡沫层，再经刮板刮出后脱水，即成为精煤；而矿物质颗粒表面水化膜很难破裂，很难粘附到气泡上，所以留在矿浆中，最后经矿尾箱作为尾矿排出。为了提高煤的可浮选性、加大煤与矿物质润湿性的差别、提高浮选效果，在浮选过程中通常还要加入一些药剂，按药剂的作用不同，可分为起泡剂、捕收剂和调整剂。

2）煤炭转化技术。煤炭转化技术包括煤的气化和液化。在煤的转化过程中可以脱除 90% 以上的硫铁矿硫和有机硫。

① 煤的气化技术：煤炭气化是在一定的温度和压力下，通过加入气化剂使煤转化为煤气的过程。它包括煤的热解、气化和燃烧三个化学反应过程。其主要的化学反应见表 2-3。

表 2-3 煤气化过程的主要化学反应

反应类型	反应方程式	$\Delta H(298K, 0.1MPa)/kJ\cdot mol^{-1}$
热解反应	$CH_xO_y=(1-y)C+yCO+x/2H_2$	+17.4
	$CH_xO_y=(1-y-x/8)C+yCO+x/4H_2+x/8CH_4$	+8.1
水蒸气气化	$C+H_2O=CO+H_2$	+119
加氢气化	$C+2H_2=CH_4$	-87
燃烧	$2C+O_2=2CO$	-123
	$C+O_2=CO_2$	-409
	$2CO+O_2=2CO_2$	-286
	$2H_2+O_2=2H_2O$	-242
Boudouard 反应	$C+CO_2=2CO$	+126
水煤气变换	$CO+H_2O=CO_2+H_2$	-42
甲烷化	$CO+3H_2=CH_4+H_2O$	-206

煤气化所用的原煤可以是褐煤、烟煤或无烟煤。气化剂有空气、氧气和水蒸气，近年来也开始用氢气及这些成分的混合物作气化剂。生成气体的主要成分有 CO、CO_2、H_2、CH_4 和 H_2O，气化介质为空气时，还带入 N_2。

煤气化过程中，煤中的绝大部分硫转变为气相产物，小部分残存于灰渣中，典型粗煤气中 H_2S 的体积分数为 0.7% ~1.0%，一般占煤气中总硫量的 90% 以上，CS_2 和 COS 次之，其他有机硫组分一般以微量存在。煤中的灰分则以固态或液态废渣形式排出。

煤气脱除 H_2S 等含硫组分后，成为清洁燃料，可用作民用燃料、工业燃料、化工原料，以及用于煤气化循环发电等。

煤气化工艺多达上百种，一般可分为移动床、流化床、气流床和熔融床等四种。我国煤气化技术的研究开发工作始于 1956 年，目前以常压固定床工艺为主，生产和研究都落后于世界先进水平。煤气化技术在我国将会越来越受到重视，而且发展速度也会日益加快。

② 煤炭液化技术：煤的液化是将固体煤在适宜的反应条件下转化为洁净的液体燃料和化工原料的过程。煤和石油都是以碳和氢为主要组成元素，但煤中氢含量只有石油的一半左右，而其相对分子质量大约是石油的 10 倍或更高。如褐煤中氢的质量分数为 5% ~6%，而石油中氢的质量分数为 10% ~14%。所以，从理论上讲，只需改变煤中氢元素含量，即往煤中加氢，使煤中原来含氢少的高分子固体物转化为含氢多的液、气态化合物，就可以使煤转化为液态的人造石油。这就是煤液化的基本原理。

根据提高煤中氢含量的过程不同，煤液化工艺可分为直接液化、间接液化和煤油共炼三种。

我国石油资源比较缺少，而煤炭储量丰富，因此，煤的液化是解决我国石油紧缺的重要途径之一。同时，煤的液化还便于回收利用煤中的硫和氮，环境效率显著。

3）气体燃料脱硫。在煤炭气化过程中，煤中的绝大部分硫转变为 H_2S 等气相产物进入煤气，小部分残存于灰渣中。现在的煤气净化除了脱硫以外，通常还包括 NH_3、CO_2、C_6H_6、HCN 等物质的脱除与回收利用。煤气净化的费用约占整个煤气生产费用的 50%。

天然气和煤气等气体燃料中含硫主要是 H_2S 和有机硫，大多数情况下，有机硫被转化

为 H_2S 加以脱除。目前脱除 H_2S 的方法很多，如吸收法、液相催化氧化法、吸附法和气固相反应法等。

4）液体燃料脱硫。通常，石油及石油产品的脱硫，几乎都可以采用加氢脱硫或加氢裂解的方法，使原料中的硫化物与氢发生催化反应，碳硫键断裂，氢取而代之生成 H_2S，可以很容易地从油中分离出来，同时还可以除去油中的含氮化合物。

$$RSR + 2H_2 \longrightarrow 2RH + H_2S$$

$$C_5H_5N + 5H_2 \longrightarrow C_5H_{12} + NH_3$$

重油加氢脱硫温度为 260 ~ 440℃，氢压力为 $10.3 \times 10^5 \sim 205.9 \times 10^5$Pa，催化剂由 Mo-Co、Mo-Ni、Mo-Co-Ni、W-Ni 等组成，各种金属均以氧化物或硫化物的状态载于氧化铝或二氧化硅-氧化铝上。在此条件下，硫醇、硫化物、多硫化物、噻吩烷和噻吩类都能起反应生成硫化氢和烃。

（2）燃烧过程脱硫　包括燃烧过程中加脱硫剂和型煤固硫，其脱硫原理相同。

1）燃烧过程加脱硫剂脱硫。在煤燃烧过程中加入的脱硫剂石灰石或白云石粉受热分解生成 CaO 和 MgO，再与烟气中的 SO_2 结合生成硫酸盐进入炉渣和烟尘。钙基脱硫剂在燃烧过程中的主要反应为

脱硫剂的热分解　$$CaCO_3 = CaO + CO_2$$

$$Ca(OH)_2 = CaO + H_2O$$

脱硫反应　$$Ca(OH)_2 + SO_2 = CaSO_3 + H_2O$$

$$CaO + SO_2 = CaSO_3$$

中间产物的氧化和歧化反应　$$2CaSO_3 + O_2 = 2CaSO_4$$

$$4CaSO_3 = CaS + 3CaSO_4$$

脱硫产物的高温分解反应　$$CaSO_3 = CaO + SO_2$$

$$CaSO_4 = CaO + SO_2 + O$$

750℃以下，$CaCO_3$ 的分解困难；1000℃以上，脱硫产物又将分解（$CaSO_3$ 和 $CaSO_4$ 的热分解温度分别为 1040℃和 1320℃），这两种情况都使脱硫率降低。因此，在 850 ~ 950℃的流化床炉内脱硫较为合适。

脱硫剂用量可用 Ca/S 摩尔比表示，由脱硫反应可知，Ca/S = 1 时，脱硫剂用量为化学反应用量。

工业燃煤炉有层燃炉、悬燃炉和流化床炉三类。

层燃炉是中、小型工业锅炉的主要燃烧方式，它是将较大块的煤撒在炉排上呈层状燃烧而得名的。向层燃炉直接喷射石灰石利用率很低，渣量大。据报道，Ca/S 比为 2.2 以上才能除去 SO_2 生成量的 50%。

悬燃炉是使用细煤粉悬浮于炉膛空间燃烧的一种锅炉，燃烧完全，但飞灰量大，一般用于大型锅炉。细煤粉在悬浮状态下剧烈燃烧，炉温可达 1600℃，故为液体排渣；粗煤粉受离心力作用被甩向外，粘在有熔融状渣的炉壁上，继续燃烧。可在煤粉中掺一定比例的石灰石粉脱硫，但脱硫率不高，工业上一般不在这类锅炉中加石灰石粉脱硫。

流化床炉是使碎煤（目前国内多采用 8mm 以下的粒度）在料层中呈流态化状态燃烧的设备。掺有一定比例石灰石粉的燃料在流化床内的适宜温度下进行燃烧和脱硫反应，可获得

高的脱硫率。图2-4表明，当流化速度一定时，脱硫率随Ca/S比增大而增大；当Ca/S比一定时，随流化速度降低，脱硫率升高。为控制床温，可在床层内布置一部分管束（内部通水），它既是吸收强度很大的受热面，保证炉内温度适当，不致结熔炉渣而影响正常运行，又可使NO_x生成量和灰分中钾、钠的挥发量大为减少。因此，流化床炉是一种有利于环境保护的炉型。

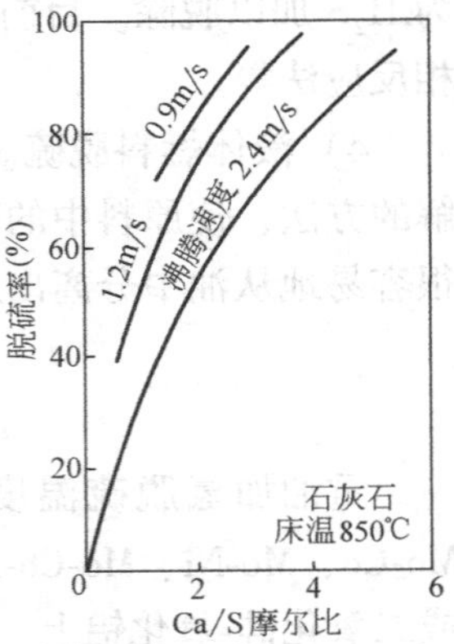

图2-4 脱硫率与Ca/s摩尔比的关系

2）型煤燃烧固硫。型煤是以粉煤为主要原料，按具体用途所要求的配比、机械强度和形状大小，经机械加工制成的煤制品。民用型煤以蜂窝煤为主，工业型煤包括造气型煤、炼焦型煤、工业窑炉型煤和工业锅炉型煤等。固硫型煤是在成型煤料中加入固硫成分，在燃烧过程中能将原煤中的硫分固留在灰渣内的型煤。

民用型煤的强度要求相对较低，常用粘土和煤泥作胶粘剂，掺入石灰、电石渣等作胶粘剂，则可提高其强度，并因燃烧温度一般不超过1000℃而有较高的固硫率，如Ca/S达2~2.5时，固硫率可达70%~80%。

工业型煤多呈块状，有扁球形、枕形和圆头柱形等，尺寸大小随燃烧炉形式而异，其强度要求比民用型煤高，通常采用廉价的工业有机废弃物粘接剂或其他复合粘接剂，通过冷态低压成型达到所需机械强度，并配合煤种的选择或煤质调整改善型煤着火燃烧性能。炉前成型的工业型煤不用粘接剂，单靠10%左右的水分调湿即可成型和满足使用要求。工业型煤因燃烧温度高，其固硫除了添加固硫剂外，通常还需添加化学助剂，提高固硫产物抗高温分解的性能。

国内外常用的型煤固硫剂有石灰、石灰石、电石渣和白云石等，也可用富钙的工业废渣和原料。Ca/S一般可取2.0左右，煤含硫高时，可适当下调，反之则上调。固硫剂粒度一般在150目（0.100mm）以下。

型煤粘接剂有沥青系列、聚乙烯醇系列、工业废弃物系列和粘土系列四大类。前两类性能好，价格高，受经济性制约不宜用于工业燃料型煤；后两类价格低廉，可满足型煤强度要求，但防水性能差，不能满足堆存和长途运输防水要求。这种状况制约着型煤集中成型的推广应用。

(3) 水煤浆技术　水煤浆是20世纪70年代发展起来的一种新型煤基液体洁净燃料，它是由煤、水和化学添加剂等经过加工而制成的，其外观像油，流动性好，储存稳定，运输方便，雾化燃烧稳定。水煤浆既保留了煤的燃烧特性，又具备了类似重油的液态燃料应用特点，可在工业锅炉、电站锅炉和工业窑炉上作代油及代气燃料，还可用于Texaco气化炉造气生产合成氨，同时它为实现低污染排放提供了有利条件。因此，水煤浆技术位于我国优选出的十大洁净煤技术中的发展前列。水煤浆的种类和用途见表2-4。

表2-4 水煤浆的种类和用途

水煤浆种类	水煤浆特征	使用方式	用　途
中浓度水煤浆	50%煤、50%水	管道输送	脱水后供燃煤锅炉
高浓度水煤浆	70%煤、29%水、1%添加剂	泵送、雾化	直接作代油锅炉燃料
超细、超低灰煤浆	50%煤，粒度<10μm，灰分<1%	替代油燃料	内燃机直接燃用

（续）

水煤浆种类	水煤浆特征	使用方式	用途
中、高灰煤泥浆	50% ~65%煤，煤灰分25% ~50%	泵送炉内	供燃煤锅炉
超纯煤浆		直接燃料	供燃油、燃气锅炉
原煤煤浆	煤浆灰分很低	直接燃料	燃煤锅炉、工业窑炉
固硫型水煤浆	原煤就地、炉前制浆	泵送炉内	可提高固硫率40% ~50%
环保型水煤浆	煤浆中加入固硫剂，55%煤、44%黑液、1%添加剂	泵送、雾化	脱硫效率显著

注：水煤浆特征中的含量均指质量分数。

在水煤浆的制备过程中，通过洗选可脱除煤中10% ~30%的硫；而且，由于水煤浆以液态输送，这给加入石灰石粉或石灰与煤浆均匀混合而进行脱硫创造了条件。研究表明，煤浆中加入石灰石粉，可使SO_2排放降低50%，再加上水煤浆制备过程中的硫分降低，总脱硫率可达50% ~75%，效果十分可观。另外，水煤浆的燃烧温度一般比燃煤粉温度低100 ~200℃，有利于降低NO_x的生成量和提高固硫率；还可降低烟尘的排放量。因此，燃用水煤浆在减轻大气污染方面有着巨大的潜力。

2. SO_3生成控制

由于降低烟气中剩余氧气的含量可降低SO_2向SO_3的转化率，工业上发展了低氧燃烧技术。这种技术在燃油炉中普遍使用，其过量空气系数一般低于1.02 ~1.03。

低氧燃烧不仅能减少SO_2向SO_3的转化率，从而降低烟气露点，防止低温腐蚀，减轻大气污染；而且由于剩余氧气含量很小，NO_x的生成量也将明显降低。

但是，低氧燃烧如果不采取一定的技术措施，将会使排烟中烟尘浓度和不完全燃烧损失增大。如图2-1所示，当剩余氧气的体积分数低于1% ~2%时，排尘浓度急剧增加。这时，烟囱冒黑烟，炉内火焰变暗，还可能出现燃烧不稳定现象。因此，组织低氧燃烧，应考虑：①选用性能良好的雾化器和调风器，以获得良好的雾化质量和需要的空气动力工况，保证燃料与空气良好配合，达到完全燃烧；②设计结构优良的配风系统，保证各燃烧器空气分配均匀；③选用高质量的仪表和自动调节设备。

低氧运行时，烟气中SO_3含量降低，因而雪片很少。一般，当SO_3体积分数低于0.001% ~0.002%时，可有效地防止雪片生成，这时，过剩氧气的体积分数为1.5%左右。

2.2.4 NO_x的生成机理及控制

氮和氧的化合物有N_2O、NO、NO_2、N_2O_3、N_2O_4、N_2O_5等，总称氮氧化合物，以NO_x表示。其中污染大气的主要是NO、NO_2和N_2O。

大气中NO_x来源于自然过程和人类活动两个方面。人类活动排放的NO_x90%以上来自燃料燃烧过程，如电厂锅炉、工业窑炉、机动车等；其次为工业部门。2000年，我国NO_x的人为排放量约为1177万t，火力发电、工业部门和交通运输居排放的前三位，贡献率分别为35.8%、30.9%和21.3%；燃煤是我国NO_x排放的最主要来源，占总排放量的62.8%。

不同燃料燃烧排放的NO_x量不一样，表2-5列出了不同类型燃料燃烧时排放的NO_x量。以相同的热释放率为基础，通常NO_x的排放依气、油、煤的顺序而增加。

表 2-5　不同燃料的 NO_x 的排放量（$kg \cdot 10^{-5} kJ^{-1}$）

燃　料	民用和商业	工　业	电力业
天然气	4.7	8.8	16.1
燃料油	3.4～20.7	20.7	29.7
煤	14.6	36.2	36.2

2.2.4.1　燃烧过程中 NO_x 的生成机理

燃烧过程中生成的 NO_x 有三种类型：①温度型 NO_x（Thermal NO_x），是燃烧用空气中的氮气，在高温下氧化而产生的 NO_x；②快速型 NO_x（Prompt NO_x），是碳氢余燃料当燃料过浓时燃烧产生的 NO_x；③燃料型 NO_x（Fuel NO_x），燃料中含有的氮的化合物，在燃烧过程中氧化而生成的 NO_x。也有人把①和②两种 NO_x 总称为温度型 NO_x。

研究表明，在燃烧生成的 NO_x 中，NO 约占 95%，NO_2 为 5% 左右，在大气中 NO 缓慢转化为 NO_2。因此，下面主要研究 NO 的生成机理。

1. 温度型 NO_x 的生成及其控制原理

燃烧过程中，空气带入的氮被氧化为 NO_x 的反应可以概括地表示为

$$N_2 + O_2 \rightleftharpoons 2NO \tag{2-4}$$

$$NO + 0.5O_2 \rightleftharpoons NO_2 \tag{2-5}$$

两个反应的平衡常数可分别表示为

$$K_p = p_{NO}^2/(p_{O_2}p_{N_2}) \tag{2-6}$$

$$K'_p = p_{NO_2}/(p_{NO}p_{O_2}^{0.5}) \tag{2-7}$$

平衡常数的典型数值见表 2-6。

表 2-6　生成 NO 和 NO_2 的反应平衡常数

T/K	K_p	K'_p
300	10^{-30}	10^6
1000	7.5×10^{-9}	1.1×10^{-1}
1500	1.1×10^{-5}	1.1×10^{-2}
2000	4.0×10^{-4}	3.5×10^{-3}

从表 2-6 可见，NO 的反应平衡常数随温度升高而迅速增加，而 NO_2 的生成量随温度升高而迅速降低。

氮的氧化机理是由前苏联科学家捷里道维奇（Я. Б. Зельдович）提出的，因而称为捷里道维奇机理。按这一机理，NO 的生成可用如下一组链式反应来说明，其中原子氧主要来源于高温下 O_2 的离解。

$$O + N_2 \rightleftharpoons NO + N \tag{2-8}$$

$$N + O_2 \rightleftharpoons NO + O \tag{2-9}$$

除以上反应外，还有 NO_2、N_2O 等反应，但是这些反应都是独立的，对 NO 的生成过程几乎没有影响。根据式（2-8）、式（2-9）的生成，按化学反应动力学可以导出

$$d[NO]/dt = 3\times10^{14}[O_2]^{0.5}[N_2]\exp(-542000/RT) \qquad (2\text{-}10)$$

式中　$[O_2]$、$[N_2]$、$[NO]$——O_2、N_2、NO 的浓度（mol/cm^3）；

T——热力学温度（K）；

t——时间（s）；

R——摩尔气体常数 [J/（mol·K）]。

研究表明，影响 NO 生成速度的关键反应是式（2-8）。由于原子氧（O）和氮分子（N_2）反应的活化能很大，而原子氧和燃料中可燃成分的反应活化能很小，它们之间的反应很容易进行。所以，在火焰中不会生成大量的 NO。NO 的生成反应基本上在燃料燃烧完了之后才进行，即 NO 是在火焰的下游区域生成的。

由式（2-10）可见，温度对 NO 生成速度具有决定性的作用。当燃烧温度低于 1500℃时，几乎观察不到 NO 的生成，温度型 NO 生成量极少；当温度高于 1500℃时，反应速度按指数规律迅速增加；当温度为 2000℃时，NO 的生成速度极为迅速，如图 2-5 所示。

图 2-6 是理论燃烧温度时，NO 含量和过量空气系数及停留时间的关系。当过量空气系数等于 1 时，如取烟气在高温区的停留时间为 0.01 ~ 0.1s，NO 的体积分数约为（70 ~ 700）$\times10^{-6}$。实际锅炉中排放的 NO 的体积分数也处于同等水平。

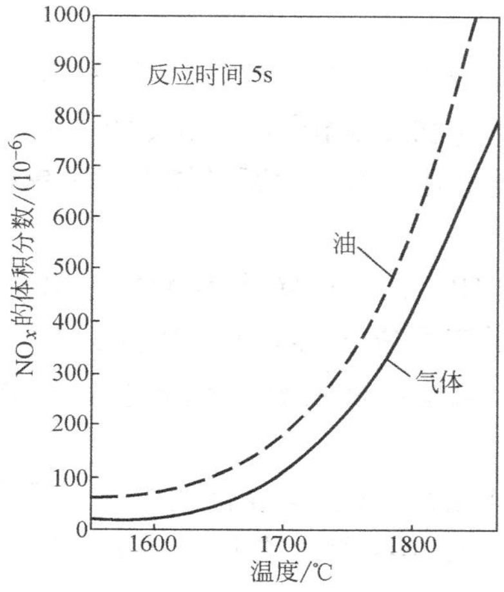

图 2-5　NO_x 生成量与温度的关系

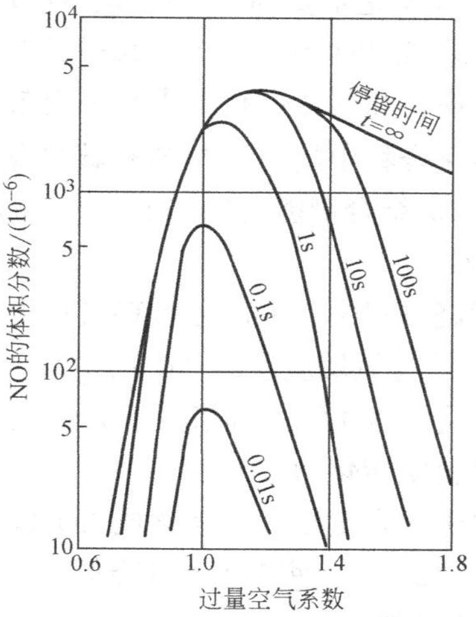

图 2-6　NO 浓度与过量空气系数和停留时间的关系

影响温度型 NO 生成的另一主要因素是氧气的含量。由图 2-6 可见，NO 生成量在燃料过多（即过量空气系数小于 1.0）时，随氧气含量增大而成比例增大。在过量空气系数为 1.0 或稍大于 1.0 时达到最大，之后，虽然氧气含量继续增大，但由于过量空气使温度降低，NO 生成量又减少。

燃烧过程中，N_2 的含量基本上不变，因而影响 NO 生成量的主要因素是温度、氧气含量和停留时间。综上所述，可得到如下控制温度型 NO 生成量的方法：①降低燃烧温度；②降低氧气含量；③使燃烧在远离理论空气比的条件下进行；④缩短在高温区的停留时间。

例 2-1　将空气加热到2000K，假设只考虑化学反应式（2-4），试计算平衡时的 NO 的体积分数。

解　设 1mol 空气中有 $x$molN_2 参与反应，则

$$y_{N_2}=0.79-x \quad y_{O_2}=0.21-x \quad y_{NO}=2x$$

将以上关系式代入式（2-6），并由表2-6得

$$K_p = p_{NO}^2/(p_{O_2}p_{N_2}) = y_{NO}^2/(y_{N_2}y_{O_2}) = (2x)^2/[(0.79-x)(0.21-x)] = 4.0\times10^{-4}$$

解方程得 $x = 4.05\times10^{-3}$

故平衡时NO的体积分数为 $y = 2x = 8100\times10^{-6}$

2. 快速温度型NO的生成

快速温度型NO是碳氢系燃料在过量空气系数为0.7～0.8，并采用预混合燃烧所生成的，此时几乎全部生成快速温度型NO，其生成区域不是火焰面下游，而是火焰面内部。因此，快速温度型NO是碳氢类燃料燃烧，且燃料过浓时所特有的现象。

快速温度型NO的生成机理至今没有得出明确的结论。Fenimore认为，快速温度型NO的生成过程是，碳化氢燃料首先与空气中N_2反应生成中间产物N、CH、HCN等，然后它们再与O、OH、O_2等反应生成NO

$$HCN + O \rightleftharpoons NCO + H$$

$$HCN + OH \rightleftharpoons NCO + H_2$$

$$CN + O_2 \rightleftharpoons NCO + O$$

$$NCO + O \rightleftharpoons NO + CO$$

据认为，HCN是重要的中间产物，90%的快速温度型NO是经过HCN而产生的。

3. 燃料型NO的生成及其控制原理

液体燃料和固体燃料中含有一定数量的含氮有机物，如喹林（C_5H_5N）、吡啶（C_9H_7N）等，这些化合物中氮原子与各种碳氢化合物的结合键能（25.2×10^7～63.0×10^7J/mol）比空气中的N_2结合键能（94.5×10^7J/mol）小，因而燃烧时有机物中的原子氮容易分解出来，并生成NO。

在燃烧过程中，大部分燃料氮首先在火焰中转化为HCN，然后转化为NH或NH_2；NH和NH_2能够与氧反应生成$NO + H_2O$，或者它们与NO反应生成$N_2 + H_2O$。因此，在火焰中燃料氮转化为NO的比例依赖于火焰区内NO/O_2之比。试验结果表明，燃烧过程中20%～80%的燃料氮转化为NO_x。

燃料中的含氮化合物氧化成NO是快速的。在燃烧区后的富燃料混合气中，形成的NO可部分还原成N_2，使NO含量降低；而在贫燃料混合气中，NO含量减少得十分缓慢，因此NO的排放量较高。

生成燃料型NO步骤的反应活化能较低，燃料中N的分解温度低于现有燃烧设备中的燃烧温度，因此，燃料型NO的生成受燃烧温度的影响很小。根据以上分析，控制燃料型NO生成的方法主要有：①采用氮含量低的燃料；②降低过量空气系数燃烧；③扩散燃烧时，推迟混合。

燃烧过程中，NO生成量受许多因素的影响，上述三种机理对形成NO的贡献率随燃烧条件而异。图2-7给出了几种主要燃料燃烧过程中三种机理对NO_x排放相对贡献。图2-8给出了煤在不同燃烧温度时三种机理对NO_x排放的相对贡献。

可见，燃烧过程中生成的NO_x以温度型和燃料型为主。其中，机动车以汽油和柴油为主要燃料，氮含量比较低，但是燃烧温度较高，因此生成的NO_x主要是温度型；在我国，固定源燃烧以煤和重油为主要燃料，它们的氮含量较高，生成的NO_x以燃料型为主，其次是温度型。

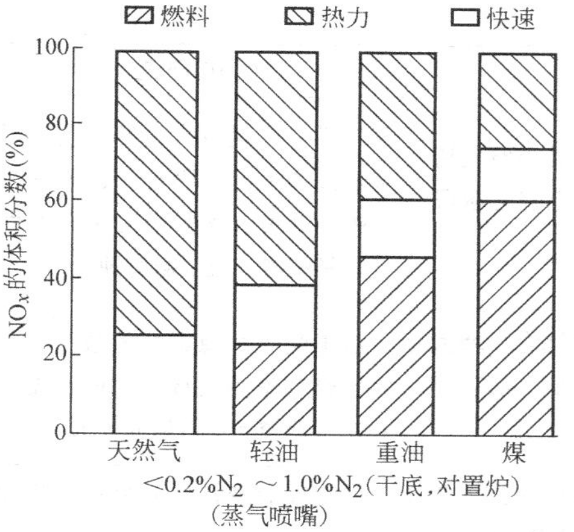

图 2-7 几种主要燃料 NO_x 来源对比图
(无 NO_x 控制措施)

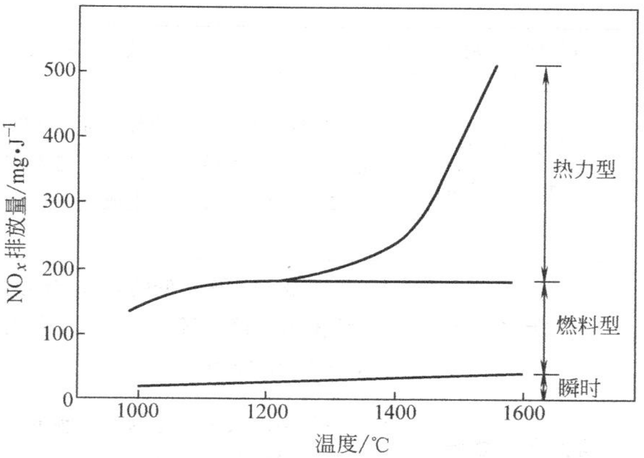

图 2-8 煤燃烧过程中三种机理对 NO_x 排放总量的贡献

例 2-2 某锅炉燃煤量为1000kg/min，煤中氮的质量分数为1%，其中40%在燃烧时转化为 NO_x。设燃料型 NO_x 占总排放量的80%，求锅炉的：

(1) 燃料型 NO_x 排放量。

(2) NO_x 总排放量。

(3) NO_x 排放系数。

解 (1) 假设燃料型 NO_x 以 NO 的形式排放，则其排放量为

$$(1000\times1\%\times40\%\times30/14)\text{kg/min}=8.57\text{kg/min}$$

(2) NO_x 总排放量为 $(8.57/80\%)\text{kg/min}=10.71\text{kg/min}$

(3) NO_x 排放系数为 $10.71\text{kg/min}/1000\text{kg/min}=10.71\text{kg/t}$

2.2.4.2 低 NO_x 燃烧技术

前面，我们介绍了燃烧过程中 NO_x 的生成机理，并由此提出了降低温度型 NO_x 和燃料型 NO_x 的基本方法。在组织低 NO_x 燃烧时，要针对主要影响因素和不同的具体情况（如燃料含氮量等），选用不同的方法；同时，还要兼顾其他方面，如燃烧是否完全，烟尘量和热损失是否大等，才能得到比较好的燃烧条件。由此而产生了很多低 NO_x 燃烧方法、低 NO_x 燃烧器和低 NO_x 炉膛。

在锅炉设备中，已经使用的低 NO_x 燃烧技术列于表2-7。各种低 NO_x 燃烧技术的平均降低率相差较大，从20%~80%不等。表中所列的降低 NO_x 燃烧方法往往应该两个或三个方法联合使用，联合使用比单独使用效果好。如图2-9所示，烟气再循环与二段燃烧相结合，比单独使用二段燃烧的效果好得多。

表 2-7 低 NO_x 燃烧技术概况

燃烧方法	技术要点	存在问题
再燃法 (燃料分级燃烧)	将80%~85%的燃料送入主燃区，在 $\alpha\geq1$ 条件下燃烧；其余15%~20%在主燃烧器上部送入再燃区，在 $\alpha<1$ 条件下形成还原性气氛，将主燃区生成的 NO_x 还原为 N_2，可减少80%的 NO_x	为减少不完全燃烧损失，须加空气对再燃区的烟气进行三段燃烧

（续）

燃烧方法		技术要点	存在问题
二段燃烧法（空气分级燃烧）		燃烧器的空气为燃烧所需空气的85%，其余空气通过布置在燃烧器上部的喷口送入炉内，使燃烧分阶段完成，从而降低 NO_x 生成量	二段空气量过大，使不完全燃烧损失增大，二段空气比通常为15%～20%；煤粉炉由于还原性气氛易结渣，或引起腐蚀
排烟再循环法		让一部分温度较低的烟气与燃烧用空气混合，增大烟气体积、降低氧气分压，使燃烧温度降低，从而降低 NO_x 的排放量	由于受燃烧稳定性的限制，再循环烟气率为15%～20%；投资和运行费较大；占地面积大
乳油燃料燃烧		在油中加入一定量的水，制成乳油燃料燃烧，由此可降低燃烧温度，使 NO_x 降低，并可改善燃烧效率	注意乳油燃料的分离和凝固问题
浓淡燃烧法		装有两只或两只以上燃烧器的锅炉，部分燃烧器供给所需空气量的85%，其余供给较多的空气，由于都偏离理论空气比，使 NO_x 降低	如燃烧组织不好，将引起烟尘增大
低 NO_x 燃烧器	混合促进型	改善燃料与空气的混合，缩短在高温区内的停留时间，同时可降低剩余氧气含量	需要精心设计
	自身再循环型	利用空气抽力，将部分炉内烟气引入燃烧器内，进行再循环	燃烧器结构复杂
	多股燃烧型	用多只小火焰代替大火焰，增大火焰散热表面积，降低火焰温度，控制 NO_x 生成量	
	阶段燃烧型	让燃料先进行过浓燃烧，然后送入余下空气，由于燃烧偏离理论当量比，可降低 NO_x 含量	容易引起烟尘浓度增加
	喷水燃烧型	让油、水从同一喷嘴喷入燃烧区，降低火焰中心高温区温度，以降低 NO_x 含量	喷水量过多时，将产生燃烧不稳定
低 NO_x 炉膛	燃烧室大型化	采用较低的热负荷，增大炉膛尺寸，降低火焰温度，控制温度型 NO_x	炉膛体积增大
	分割燃烧室	用双面露光水冷壁把大炉膛分成小炉膛，提高炉膛冷却能力，控制火焰温度，从而降低 NO_x 含量	炉膛结构复杂，操作要求高
	切向燃烧法	火焰靠近炉壁流动，冷却条件好，再加上燃料与空气混合较慢，火焰温度低，而且比较均匀，对控制温度型 NO_x 十分有效	

低 NO_x 燃烧技术是控制 NO_x 排放的重要技术措施之一，即使为满足排放标准的要求不得不采用尾气净化装置，仍须用它来降低净化装置入口的 NO_x 含量，以达到节约净化费用的目的。下面介绍一下排烟再循环法和二段燃烧法。

1. 排烟再循环

烟气再循环方法如图2-10所示，此法是把一部分锅炉烟气与燃烧用空气混合送入炉内。由于循环烟气送到燃烧区，使炉内温度水平和氧气含量降低，从而使 NO_x 生成量下降。这一方法对控制温度型 NO_x 有明显的效果，而对燃料型 NO_x 基本上没有效果。

图 2-11 是天然气在供给 7.5% 过剩空气下燃烧时，烟气再循环对 NO_x 排放的影响。从图2-11 中看出，再循环率［再循环率＝（再循环烟气量/无再循环时的烟气量）×100%］从零增至 10%，NO_x 含量可降低 60% 以上，但当再循环率大于 10% 以后，NO_x 含量降低得不多，而渐渐趋近于某一数值。该值主要决定于燃料本身。经验表明，燃料中的燃料氮含量越高时，这一数值越大。这也表明，排烟再循环法对燃料型 NO_x 没有效果这一事实。

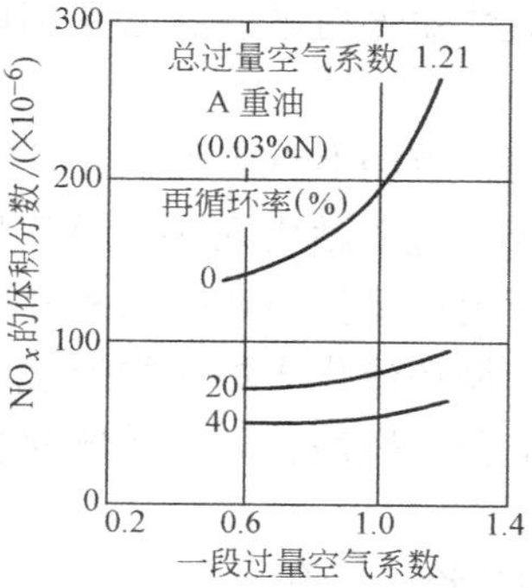

图 2-9　二段燃烧时 NO_x 生成特性

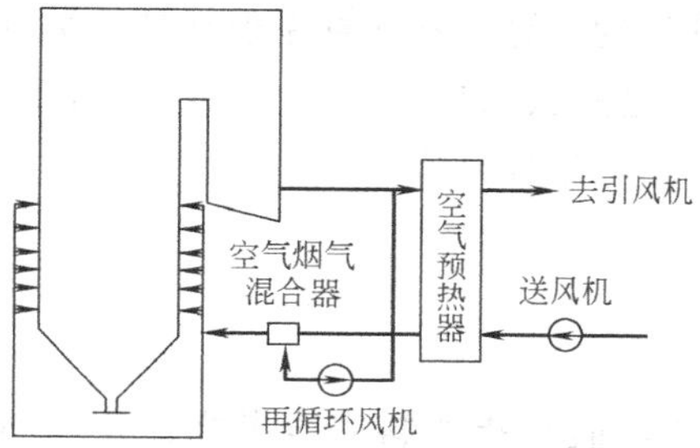

图 2-10　排烟再循环系统

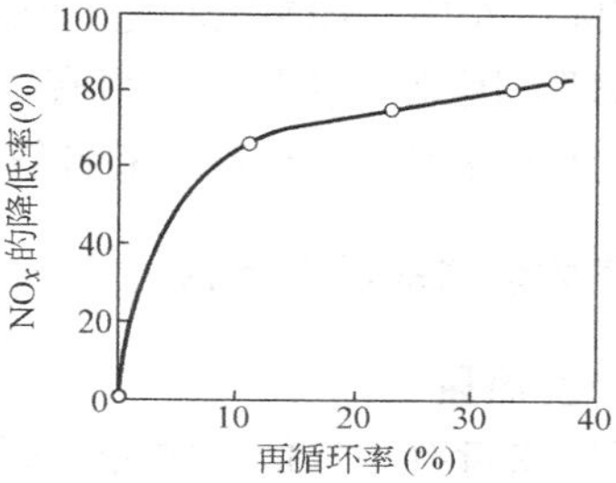

图 2-11　烟气再循环对 NO_x 排放的影响

排烟再循环对 NO_x 的降低，除受循环量的影响外，还与循环气体进入的位置有关。原则上，应把再循环气直接送入燃烧区域内。

2. 二段燃烧法

二段燃烧法是分两次供给空气。第一次供给的一段空气量低于理论空气量，约为理论空气量的 80%～85%，燃烧在燃料过浓的条件下进行；第二次供给的二段空气，约为理论空气量的 20%～25%，过量的空气与过浓燃料燃烧生成的烟气混合，完成整个燃烧过程。

在二段空气送入前，由于空气不足，一段空气只能供给部分燃料燃烧，因而火焰温度较低。又由于原子氧与可燃成分反应的活化能较小，而与氮分子反应的活化能较大，于是，不足量的氧优先与可燃成分反应，因而在一段燃烧的情况下，NO_x 的生成量很少。对燃料型 NO_x 的生成，由于缺氧，燃料中氮分解成的中间产物也不能进一步氧化成 NO_x，二段空气选择烟气温度较低的位置送入，这时虽然氧气已剩余，但由于温度低，NO_x 的生成反应很慢，既能有效地控制 NO_x 的生成，又能保证完全燃烧所需的空气。

一段过剩空气系数愈小，对 NO_x 的控制效果愈好，如图 2-9 所示。但是，过剩空气系数小，不完全燃烧的产物增加。二段燃烧区主要完成未燃燃料和不完全燃烧产物的燃烧，如果过剩空气系数不恰当，炉膛尺寸不合适，则会使烟尘浓度和不完全燃烧的损失增加。

3. 低 NO_x 燃烧器

从原理上讲，低 NO_x 燃烧器是空气分级进入燃烧装置，降低初始燃烧区的氧浓度，以降低火焰的峰值温度。有的还引入分级燃料，形成可使部分已生成的 NO_x 还原的二次火焰区。目前有多种类型的低 NO_x 燃烧器广泛用于电站锅炉和大型工业锅炉。

我国自 20 世纪 80 年代初以来，先后开发了多种煤粉燃烧器，其中多功能船体煤粉燃烧器和多级浓缩煤粉燃烧器已在国内燃煤锅炉上推广应用，取得了良好的环境效益和经济效益。

目前，市场上有多种新开发的低 NO_x 燃烧器。如角置直流低 NO_x 燃烧器、低 NO_x 同轴燃烧系统、壁似燃烧低 NO_x 旋流燃烧器等。

除了上述低氮燃烧技术和燃烧设备以外，采用循环流化床锅炉也是控制 NO_x 排放的先进技术。循环流化床炉膛的燃烧温度低，只有 850 ~950℃，在此温度下产生的温度型 NO_x 少，加上分级燃烧，可有效地抑制燃料型 NO_x 的生成。

2.3 燃烧计算

在实际工作中，经常需要进行燃烧过程有关物理量的计算，其计算原理都是已学过的化学计算原理。因此，本书仅介绍有关的计算公式，对这些公式的推导过程则不加介绍。另外，燃烧计算分理论计算和经验计算两种，本书只介绍理论计算法。

2.3.1 气体燃料的燃烧计算

2.3.1.1 发热量

燃料发热量有高、低位之分。高位发热量（或高热值）指燃料完全燃烧，并当燃烧产物中的水蒸气（包括燃料中所含水分生成的水蒸气和燃料中氢燃烧生成的水蒸气）凝结为水时的反应热。低位发热量（或低热值）是燃料完全燃烧，其燃烧产物中的水蒸气仍以气态存在时的反应热。因为当前各种炉、窑的排烟温度均远远超过水蒸气的凝结温度，因此对能源转换设备大都按低位发热量计算。

可燃气体发热量可根据该气体燃烧反应热算得。例如，根据表 2-8 中 CH_4 燃烧反应热效应，可以算出标准状态下 CH_4 的高位发热量 $Q_h = 39777\ kJ/m^3$，低位发热量 $Q_L = 35848kJ/m^3$。表 2-8 列出了常见单一可燃气体标准状态下的发热量。

表 2-8　单一可燃气体标准状态下的发热量

燃烧反应		热效应/kJ · kmol^{-1}		发热量/kJ · m^{-3}	
		高	低	高	低
1	$H_2 + 0.5O_2 = H_2O$	285548	241671	12732	10776
2	$CO + 0.5O_2 = CO_2$	282748	282748	12624	12624
3	$CH_4 + 2O_2 = CO_2 + 2H_2O$	889496	801628	39777	35848
4	$C_2H_2 + 2.5O_2 = 2CO_2 + H_2O$	—	—	58407	56397
5	$C_2H_4 + 3O_2 = 2CO_2 + 2H_2O$	1409638	1319212	63335	59385
6	$C_2H_6 + 3.5O_2 = 2CO_2 + 3H_2O$	1558363	1426471	70237	64293
7	$C_3H_6 + 4.5O_2 = 3CO_2 + 3H_2O$	2056485	1924677	93519	87525
8	$C_3H_8 + 5O_2 = 3CO_2 + 4H_2O$	2217879	2042101	101106	93093
9	$C_4H_8 + 6O_2 = 4CO_2 + 4H_2O$	2714718	2538873	125642	117504
10	$C_4H_{10} + 6.5O_2 = 4CO_2 + 5H_2O$	2874381	2954576	133668	123448
11	$C_5H_{10} + 7.5O_2 = 5CO_2 + 5H_2O$	3372612	3152840	158953	148595
12	$C_5H_{12} + 8O_2 = 5CO_2 + 6H_2O$	3532706	3268990	169102	156478
13	$C_6H_6 + 7.5O_2 = 6CO_2 + 3H_2O$	3298384	3166463	161996	155517
14	$H_2S + 1.5O_2 = SO_2 + H_2O$	561658	517802	25322	23345

实际使用的燃料气是含有多种组分的混合气体。混合气体的发热量可直接用量热计测定，也可以由各单一气体的发热量按下式计算

$$Q = \sum_{i=1}^{n} Q_i \varphi_i \tag{2-11}$$

式中　Q——标准状态下的高位发热量或低位发热量（kJ/m^3）；

Q_i——n 种可燃气体中任一组分 i 标准状态下的高位发热量或低位发热量（kJ/m^3）；

φ_i——组分 i 的体积分数。

表2-9列出了某些气体燃料的发热量，供参考。

表2-9　气体燃料的发热量

燃料名称	天然气	油田气	焦炉气	高炉气	转炉气	发生炉煤气
标准状态下低位发热量 $/kJ \cdot m^{-3}$	35530~39710	≈41800	17138~18810	3511~4180	8360~8778	4180~6270

2.3.1.2　理论空气量和实际空气量

理论空气量是指单位燃料［气体燃料一般用 $1m^3$（标准状态），固体和液体燃料一般用1kg］按燃烧反应计量方程式，完全燃烧所需的空气量。理论空气量是燃料完全燃烧所需的最小空气量。

对后面的计算作如下假定：略去空气中稀有气体成分和水蒸气，认为空气仅由氮、氧组成，其体积比为79/21=3.76，质量比为76.8/23.2=3.31；不论烟气还是空气，均按理想气体处理；除特别指明温度、压力外，一般按标准状态（$T=273K$，$p=1.013\times10^5Pa$）处理，因此1kmol气体的体积为 $22.4m^3$。

气体燃料除氢、碳氢化合物外，还有含氧物质，如一氧化碳等。因此，可燃气体的分子式用一般式 $C_xH_yO_z$ 来表示。若燃料仅是碳氢化合物，则 $z=0$；若仅是氢，则 $x=0$，$z=0$。$C_xH_yO_z$ 完全燃烧的反应式如下

$$C_xH_yO_z + (x+y/4-z/2)O_2 + 3.76(x+y/4-z/2)N_2 = xCO_2 + y/2H_2O + 3.76(x+y/4-z/2)N_2 \tag{2-12}$$

若燃料气中还有 H_2S，其完全燃烧反应为

$$H_2S + 1.5O_2 = SO_2 + H_2O$$

则 $1m^3$ 干燃料气（标准状态）燃烧需要的理论氧量 $V_{O_2}^0$（标准状态）和理论空气量 V_a^0（标准状态）分别为

$$V_{O_2}^0 = \sum_{i=1}^{n} \varphi_i (x + y/4 - z/2)_i + 1.5\varphi_{H_2S} \tag{2-13}$$

$$V_a^0 = 4.76\sum_{i=1}^{n} \varphi_i (x + y/4 - z/2)_i + 7.14\varphi_{H_2S} \tag{2-14}$$

式中　φ_{H_2S}——燃料气中 H_2S 的体积分数，若燃料气中不含 H_2S 或含量很低可忽略时，$\varphi_{H_2S}=0$。

如果在实际燃烧设备中只供给理论空气量，则很难保证燃料与空气的充分混合，从而不能完全燃烧。因此，实际供给的空气量应大于理论空气量，即要供给一部分过剩空气，促使

燃烧完全。实际供给的空气量 V 与理论空气量 V_a^0 之比称为过剩空气系数 α，即

$$\alpha = V/V_a^0 \tag{2-15}$$

在工业设备中，α 一般控制在 1.05 ~ 1.2；在民用燃具中 α 一般控制在 1.3 ~ 1.8。α 过小或过大都将导致不良后果。前者使燃料的化学热不能充分发挥，后者使烟气体积增大，炉膛温度降低，增加排烟热损失，其结果都将使热设备的热效率下降。因此，先进的燃烧设备应在保证完全燃烧的情况下，尽量使 α 值趋近于 1。

燃烧也通常采用空燃比（A/F）这一术语，分为理论空燃比和实际空燃比两种。理论空燃比是指单位质量的燃料燃烧所需要的空气质量，它可以由燃烧反应式计算得到。例如，甲烷的理论 A/F 为 17.2，汽油（辛烷）的理论 A/F 为 15。

2.3.1.3 理论烟气量

理论烟气量是指供给理论空气量的情况下，燃料完全燃烧产生的烟气量。若不考虑氮的氧化，则理论烟气的组成是 CO_2、SO_2、N_2 和水蒸气。前三种组分合起来称为干烟气，包括水汽在内时称为湿烟气。

1m³ 燃料气（标准状态）产生的理论湿烟气量 V_f^0（标准状态）为

$$V_f^0 = V_{CO_2}^0 + V_{H_2O}^0 + V_{N_2}^0 + V_{SO_2}^0$$

即

$$V_f^0 = \sum_{i=1}^{n} x_i\varphi_i + \sum_{i=1}^{n} y_i\varphi_i/2 + 1.24(d_g + V_a^0 d_a) + 0.79V_a^0 + \varphi_{N_2} + \varphi_{H_2S} \tag{2-16}$$

式中 x_i——燃气中组分 i 的碳原子数；

y_i——燃气中组分 i 的氢原子数；

d_g——干燃气的湿含量（kg（水蒸气）/m³）；

d_a——干空气的湿含量（kg（水蒸气）/m³）；

1.24——1kg 水蒸气在标准状态下的体积（m³/kg）；

φ_i——燃气中组分 i 的体积分数；

φ_{N_2}——燃气中氮的体积分数；

φ_{H_2S}——燃气中 H_2S 的体积分数。

1m³ 燃料气（标准状态）产生的理论干烟气量 V_{df}^0（标准状态）为

$$V_{df}^0 = \sum_{i=1}^{n} x_i\varphi_i + 0.79V_a^0 + \varphi_{N_2} + \varphi_{H_2S} \tag{2-17}$$

在工程上进行燃烧计算时，可以用标准状态下 1m³ 的湿燃气为基准；也可用标准状态下含 1m³ 干燃气及 $d_g$kg 水蒸气的湿燃气为基准，其中 d_g 为燃料气的湿含量（kg/m³（干燃气））。本节的计算采用后者。采用后一种方法的优点是在计算中所用的干燃气成分不随湿含量的变化而变化。标准状态下含有 1m³ 干燃气及 $d_g$kg 水蒸气的湿燃气，也常常简称为 1m³ 干燃气。

当过剩空气系数为 α 时，标准状态下 1m³ 燃料气完全燃烧产生的湿烟气体积 V_f（标准状态）为

$$V_f = V_f^0 + (\alpha - 1)V_a^0(1 + 1.24d_a) \tag{2-18}$$

干烟气体积 V_{df}（m³）为

$$V_{df} = V_{df}^0 + (\alpha - 1)V_a^0 \tag{2-19}$$

2.3.1.4 利用烟气分析数据计算过剩空气系数

燃料燃烧时，由于各种原因，实际的过剩空气系数常与设计值不符。过剩空气量的大小直接影响其热效率。因此，必须经常根据烟气分析结果计算过剩空气系数，及时检查和调节过剩空气量，使其符合燃烧过程的需要。

（1）完全燃烧时的过剩空气系数　完全燃烧时，干烟气的成分为 CO_2、SO_2、O_2 和 N_2，过剩氧量 V_{O_2} 等于烟气中的氧量，故可导得

$$\alpha=\frac{21}{21-79\times\dfrac{\varphi'_{O_2}}{1-(\varphi'_{O_2}+\varphi'_{CO_2}+\varphi'_{SO_2})}}=\frac{1}{1-\dfrac{79\varphi'_{O_2}}{21\varphi'_{N_2}}}\tag{2-20}$$

式中　φ'_{O_2}、φ'_{SO_2}、φ'_{CO_2}、φ'_{N_2}——干烟气中 O_2、SO_2、CO_2 和 N_2 的体积分数，均可由烟气成分分析而得。

（2）不完全燃烧时的过剩空气系数　气体燃料在不完全燃烧时，干烟气的成分除了 CO_2、SO_2 和 O_2 之外，还有 CO、H_2、CH_4。与完全燃烧相比，消耗的氧量少。所以不完全燃烧时，烟气的氧含量就包括过剩空气的氧和由于不完全燃烧而未耗用的氧两部分。故

$$\begin{aligned}\alpha&=\frac{21}{21-79\times\dfrac{\varphi'_{O_2}-0.5\varphi'_{CO}-0.5\varphi'_{H_2}-2\varphi'_{CH_4}}{1-\varphi'_{O_2}-\varphi'_{CO}-\varphi'_{SO_2}-\varphi'_{H_2}-\varphi'_{CH_4}-\varphi'_{CO_2}}}\\&=\frac{1}{1-\dfrac{79(\varphi'_{O_2}-0.5\varphi'_{CO}-0.5\varphi'_{H_2}-2\varphi'_{CH_4})}{21\varphi'_{N_2}}}\end{aligned}\tag{2-21}$$

式中　φ'_{O_2}、φ'_{CO}、φ'_{H_2}、φ'_{CH_4}、φ'_{SO_2}、φ'_{CO_2}、φ'_{N_2}——干烟气中相应组分的体积分数。

在燃烧设备中，只要连续测定烟气中的 O_2、CO、SO_2、CO_2、H_2、CH_4 就可连续监视炉内燃烧工况，对供给空气量作适当调节以减少不完全燃烧的损失。

若燃料是煤，则不会生成 H_2 和 CH_4，式（2-21）可简化为

$$\alpha=\frac{21}{21-79\times\dfrac{\varphi'_{O_2}-0.5\varphi'_{CO}}{1-\varphi'_{O_2}-\varphi'_{CO}-\varphi'_{SO_2}-\varphi'_{CO_2}}}=\frac{1}{1-\dfrac{79(\varphi'_{O_2}-0.5\varphi'_{CO})}{21\varphi'_{N_2}}}\tag{2-22}$$

2.3.2 液体和固体燃料的燃烧计算

2.3.2.1 发热量

液体和固体燃料的发热量可以由实测得到高位发热量，然后换算为低位发热量。低位发热量等于高位发热量减去水蒸气凝结热，即

$$Q_{net,V}=Q_{gr,V}-rw_{H_2O}\tag{2-23}$$

式中　$Q_{net,V}$、$Q_{gr,V}$——低位发热量和高位发热量（kJ/kg）；

r——1kg 水蒸气的凝结热（kJ/kg）；

w_{H_2O}——1kg 燃料燃烧产物中的水蒸气量（kg/kg）。

若已知燃料中氢和水的质量分数（对煤的元素分析结果，本节的计算采用收到基），可采用下式计算低位发热量

$$Q_{net,V}=Q_{gr,V}-25(9w_H+w_W) \tag{2-24}$$

式中 w_H，w_W——燃料中氢和水分的质量分数（%）。

表2-10列出了某些燃料的发热量供参考。因为各种煤的发热量不一样，为了便于比较不同燃烧设备中煤的消耗量或同一设备在不同运行情况下煤的消耗量，因此表中引入了标准煤的概念，标准煤规定的收到基低位发热量为7000kcal/kg（1cal＝4.2J）。

表2-10 燃料发热量参考数据

名称	低位发热量	
	$kcal\cdot kg^{-1}$	$kJ\cdot kg^{-1}$
标准煤	7000	29260
焦炭	6800～7000	28424～29260
动力煤	4000～5000	16720～20900
无烟煤	6000～6500	25080～27170
劣质煤	3000～4000	12540～16720
重油	9500～10000	39710～41800
轻油	10000～10500	41800～43890
焦油	≈9000	≈37620

2.3.2.2 理论空气量

液体燃料和固体燃料的成分比较复杂，有关燃烧的计算是根据元素分析数据进行的。要求标准状态下的理论空气量，只需计算标准状态下的1kg燃料中的碳、氢、硫完全燃烧的需氧量之和，再减去燃料中带入的氧。因此，标准状态下1kg燃料完全燃烧所需理论氧量（m^3）为

$$V_{O_2}^0=1.866w_C+5.556w_H+0.699w_S-0.7w_O \tag{2-25}$$

式中 w_C、w_H、w_S、w_O——燃料中碳、氢、硫、氧元素的质量分数（%）。

标准状态下理论空气量 $V_a^0(m^3)$ 可通过下式计算

$$V_a^0=V_{O_2}^0/0.21=(1.866w_C+5.556w_H+0.699w_S-0.7w_O)/0.21 \tag{2-26}$$

标准状态下实际空气量 V（m^3）为

$$V=\alpha V_a^0=\alpha(1.866w_C+5.556w_H+0.699w_S-0.7w_O)/0.21 \tag{2-27}$$

例2-3 某燃烧装置采用重油作燃料，重油成分的质量分数为：C 88.3%，H 9.5%；S 1.6%，H_2O 0.05%，灰分0.10%。求：燃烧1kg重油所需要的理论空气量（标准状态）。

解 由式（2-26）得

$$V_a^0=V_{O_2}^0/0.21=(1.866w_C+5.556w_H+0.699w_S-0.7w_O)/0.21$$
$$=[(1.866\times0.883+5.556\times0.095+0.699\times0.016)/0.21]m^3=10.41m^3$$

2.3.2.3 理论烟气量

理论烟气量等于标准状态下1kg燃料完全燃烧生成的燃烧产物量，加上空气和燃料带入的水和氮的量。因此，标准状态下理论湿烟气量 $V_f^0(m^3)$ 为

$$V_f^0=1.866w_C+11.111w_H+1.24\ (V_a^0d_a+w_w)\ +0.699w_S+0.79V_a^0+0.8w_N \tag{2-28}$$

式中　w_w——燃料中水的质量分数。

过剩空气系数为 α 时，标准状态下完全燃烧的湿烟气量 V_f（m^3）为

$$V_f = V_f^0 + (\alpha - 1)V_a^0 + 1.24(\alpha - 1)V_a^0 d_a \tag{2-29}$$

干烟气量则为湿烟气量减去水蒸气的量。

例2-4　在例2-3中，若燃料中硫全部转化为 SO_x（其中 SO_2 占97%），空气过剩系数 $\alpha = 1.20$，空气的湿含量 d_a 近似为0。求：

（1）烟气中 SO_2 及 SO_3 的体积分数。

（2）干烟气中 CO_2 的体积分数。

解　（1）由式（2-28）得

$$V_f^0 = 1.866w_C + 11.111w_H + 1.24(V_a^0 d_a + w_w) + 0.699w_S + 0.79V_a^0 + 0.8w_N$$
$$= [1.866 \times 0.883 + 11.111 \times 0.095 + 1.24(10.41 \times 0 + 0.0005) + 0.699 \times 0.016 + 0.79 \times 10.41 + 0.8 \times 0]\text{m}^3 = 10.94\text{m}^3$$

$$V_f = V_f^0 + (\alpha - 1)V_a^0 + 1.24(\alpha - 1)V_a^0 d_a = [10.94 + (1.2 - 1.0)10.41]\text{m}^3 = 13.02\text{m}^3$$

燃烧1kg重油，烟气中 SO_2 体积为 $(16/32) \times 0.97 \times (22.4/1000)\text{m}^3 = 0.0109\text{m}^3$

燃烧1kg重油，烟气中 SO_3 体积为 $(16/32) \times 0.03 \times (22.4/1000)\text{m}^3 = 0.000336\text{m}^3$

则烟气中 SO_2 的体积分数为　　$0.0109/13.02 = 837.2 \times 10^{-6}$

烟气中 SO_3 的体积分数为　　$0.000336/13.02 = 25.8 \times 10^{-6}$

（2）燃烧1kg重油，烟气中 CO_2 体积为 $(883/12) \times (22.4/1000)\text{m}^3 = 1.648\text{m}^3$

燃烧1kg重油生成的理论干烟气量为

$$1.866w_C + 0.699w_S + 0.79V_a^0 = 1.866 \times 0.883\text{m}^3 + 0.699 \times 0.016\text{m}^3 + 0.79 \times 10.41\text{m}^3 = 9.883\text{m}^3$$

空气过剩系数 $\alpha = 1.20$，生成的干烟气量为

$$9.883 + (\alpha - 1)V_a^0 = 9.883\text{m}^3 + (1.2 - 1) \times 10.41\text{m}^3 = 11.965\text{m}^3$$

所以干烟气中 CO_2 的体积分数为　　$1.648/11.965 = 13.77\%$

2.4　机动车大气污染物的生成控制

2.4.1　概述

近年来，我国机动车行业发展迅速，2003年，我国成为世界上第四大汽车生产国和第三大消费国，汽车产量达445万辆，保有量2421万辆；2003年我国摩托车产量达1450万辆，居世界第一，保有量5929万辆；农用车年产量达290万辆，保有量2400万辆。在2002年我国机动车快速增长38%的基础上，2003年我国汽车和轿车产量分别增长36%和80%。

由于以往的机动车排放标准比较宽松，控制技术相对落后，车辆的维修保养不好，因此，我国大部分机动车的单车排放因子很大。另外，由于大多数城市交通道路系统不合理，车辆拥堵频繁，使汽车处于频繁加、减、怠速状态，运行工况恶劣，这也导致汽车尾气排放的大幅度增加。据统计，2003年全国机动车HC、CO和 NO_x 排放量分别为836.1万t、3639.8万t和549.2万t，比1995年分别增加了2.51、2.05和3.01倍。北京、上海、广州等大城市机动车排放的CO、HC、NO_x、$PM_{2.5}$ 细颗粒物在大气污染物中所占平均比例分别为80%、75%、68%和50%，已成为这些城市空气污染的第一大污染源。如果不能有效控

制机动车污染，到2010年，我国661个城市中将有400个城市的环境空气污染会从煤烟型转化为机动车污染型。

2.4.1.1 机动车的分类

机动车按其用途可分为轿车、客运车、货运车、农用车和摩托车等几类；根据其所用能源又可分为汽油车、柴油车和清洁能源车等，其中后者目前所占比例极小。本节主要讨论汽油车和柴油车大气污染物的生成控制。

我国目前生产的轿车中绝大部分为汽油车；客车中汽油车约占85%，柴油车约占15%；货运车大约有70%为柴油车，其中中型和重型货车的绝大部分为柴油车；农用车全部为柴油车；而摩托车则均以汽油为燃料。

2.4.1.2 机动车大气污染源及其主要污染物

（1）机动车大气污染源　机动车污染物主要来自发动机气缸的尾气排放、曲轴箱混合气体和燃油蒸发系统，主要有害物质的排放源及其相对排放率如表2-11所示。

表2-11　机动车主要有害物质的排放源及其相对排放率

排放源	相对排放率（%）			
	CO	HC	NO_x	碳烟颗粒
尾气	98～99	55～65	98～99	100
曲轴箱	1～2	25	1～2	0
燃油系统	0	10～20	0	0

（2）机动车大气主要污染物　机动车排放的一次污染物主要有CO、HC（含苯、苯并[a]芘等）、NO_x、碳烟（主要是$PM_{2.5}$，及其上面附着的HC和SO_2等）四种，其次还有SO_2、CO_2和醛类等。机动车排放到大气中的HC和NO_x在特定的气象和地理条件下形成光化学烟雾，其主要成分是O_3和过氧化酰基硝酸盐（PAN）等光化学过氧化产物。

机动车污染物的排放受到多种因素的影响，包括燃油的类型、发动机类型、设计制造条件、运行工况等。表2-12列出了汽油机和柴油机的四种主要污染物排放情况。从表中可以看出，汽油机排出的污染物主要是CO、HC和NO_x，而柴油机排出的污染物主要是PM（颗粒物）和NO_x。

表2-12　汽油机和柴油机的主要污染物排放情况

污染物	汽油机	柴油机	备注
CO排放的体积分数（%）	10	0.5	汽油机约为柴油机的20倍以上
HC排放的体积分数（10^{-6}）	<3000	<500	汽油机约为柴油机的5倍以上
NO_x排放的体积分数（10^{-6}）	2000～4000	1000～4000	两者大致相当
PM排放量/$g \cdot km^{-1}$	0.01	0.5	柴油机为汽油机的50倍以上

机动车在不同的运转工况下，污染物的排放情况也有很大差别。从表2-13中可见，怠速运转时HC排放量最大，NO_x排放量最小；等速行驶时NO_x排放量最大，HC最小；加速时，各种污染物的排放量都急剧增加，NO_x的增加尤为显著；减速时HC明显增加，NO_x减少。

表2-13　汽油机各种运转工况下气体污染物排放的体积分数

运转工况	气体污染物排放的体积分数（%）		
	CO	HC	NO_x
怠速	4.0	4.4	0.05
等速	7.1	7.0	10.6
加速	81.1	38.5	89.3
减速	7.8	50.1	0.1

2.4.2 汽油车的污染控制

汽油车的曲轴箱排气是在压缩或燃烧过程中，气缸中的燃气从活塞环间隙泄漏到曲轴箱，再由曲轴箱通风口排入大气的气体，其主要成分是HC。泄漏量随发动机的磨损而增加。在没有控制其排放时，这部分排放约占汽油车HC总排量的25%。

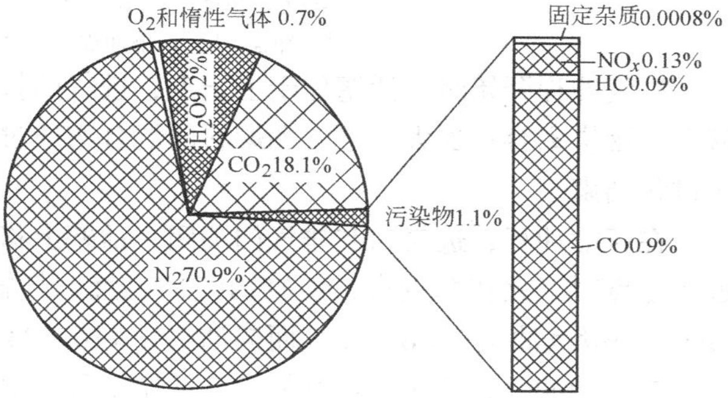

图2-12　欧洲标准测试循环中汽油排气组成（体积分数）

汽油是一种高挥发性液体，汽油的蒸发排放主要产生于燃油箱和化油器等通大气口，一般有下列几种形式：①油箱内压力高于环境压力时，汽油气体从油箱盖内的通风口泄漏出来；②油箱太满时，汽油膨胀从通风口溢出，滴到地面而迅速蒸发；③采用传统的化油器式发动机时，化油器浮子室的外部及内部通风口也是汽油气体的一个泄漏途径。在不加控制的情况下，汽油蒸发排放约占汽油车HC总排放的20%。

汽油车污染物主要是从尾气管排出。图2-12为一台不加排气催化转化器的汽油机在欧洲标准测试循环中的排气组成。可见，排气中绝大部分来自空气的N_2和汽油完全燃烧的产物，污染物的体积分数只有1%左右；而污染物主要为：CO、HC、NO_x三种，因此，下面主要介绍尾气中这三种污染物的生成机理及其控制。

2.4.2.1 汽油机的工作原理

通常使用的汽油发动机为火花点火的四冲程汽油机。图2-13为汽油机的一个缸体。典型汽车发动机通常装有四缸、六缸或八缸。

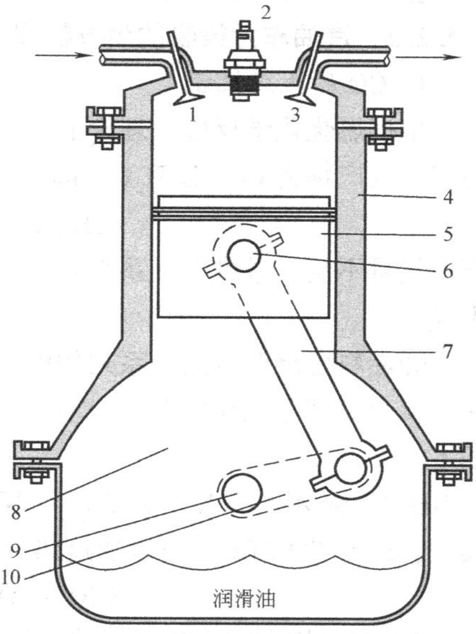

图2-13　四冲程汽油机结构示意图
1—进气门　2—火花塞　3—排气门　4—缸体　5—活塞　6—活塞销　7—连杆　8—曲轴箱　9—曲轴　10—曲轴柄

汽油机工作过程中，发动机推动活塞作上下往复运动，通过连杆、曲轴柄带动曲轴旋转，向外输出功率。活塞位于最上端时，曲轴角$\theta=0°$，这时活塞的位置叫上止点；当活塞位于最下端时，$\theta = 180°$，这时活塞的位置叫下止点。火花点火发动机的一个工作循环包括四个冲程（见图2-14）。

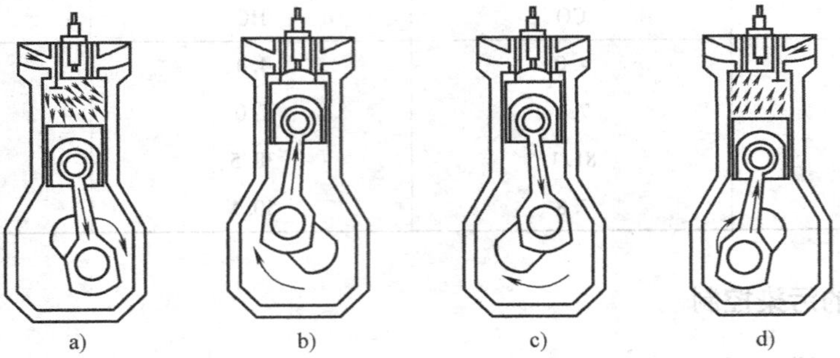

图2-14　四冲程火花点火发动机工作循环示意图
a）进气冲程　b）压缩冲程　c）做功冲程　d）排气冲程

进气冲程开始时，活塞位于上止点，进气门打开，排气门关闭，曲轴旋转带动活塞向下移动，燃烧室容积加大，空气和燃料的混合物通过进气门进入缸体。活塞到达下止点时，进气过程结束。

在压缩冲程，进气门和排气门关闭，活塞上移，进入燃烧室的空气和燃料被压缩，在接近上止点时，火花塞点火，使缸内气体燃烧。气缸总容积与燃烧室容积之比，称为压缩比（ε），一般汽油机 $\varepsilon = 6 \sim 10$，而柴油机 $\varepsilon = 16 \sim 24$。

在做功冲程，高压燃烧气体推动活塞下移，对外做功。

在排气冲程，排气门打开，活塞上升，燃烧后的气体从汽缸中排出。排气冲程结束时，活塞位于上止点，接着进行下一个循环。

2.4.2.2　汽油车污染物的生成机理

1. CO的生成机理

根据燃烧化学反应，理论上当过剩空气系数 $\alpha = 1$（空燃比 $A/F \approx 14.8$）时，燃料完全燃烧，其产物为 CO_2 和 H_2O，即

$$C_nH_m + (n + m/4)O_2 = nCO_2 + m/2H_2O$$

当空气量不足，过剩空气系数 $\alpha < 1$（空燃比 $A/F < 14.8$）时，则有部分燃料不能完全燃烧，生成CO。

烃燃料燃烧要经过一系列的中间过程，产生一连串中间物。这些中间物如不能进一步氧化，就会以部分氧化物的形式排出，CO就是一种不完全氧化的产物，其形成过程可表示如下

RH（烃燃料）→R（烃基）→RO_2（过氧烃基）→RCHO（醛）→RCO（酰基）→CO

其中，RCO生成CO，可以通过热分解，也可以按下列反应进行

$$RCO + (O_2 \text{ 或 } OH \text{ 或 } O \text{ 或 } H) \rightarrow CO + \cdots$$

CO在火焰中或火焰后区的主要氧化反应为

$$CO + OH = CO_2 + H$$

上述反应的速率都很高，瞬时即达化学平衡，因此在内燃机膨胀过程中，只要OH供应充分，高温下形成的CO在温度下降时仍能很快转变为 CO_2。但在供氧不足的浓混合气情况

下，由于 OH 被 H 夺走形成了 H_2O，高温下形成的 CO 就会留在燃气中而最终排出发动机。可见，CO 的排出量受空燃比支配，这点也可从图 2-15 中明显看出。

当混合气过浓时，即 A/F 小于理论空燃比时，随着 A/F 的减小，CO 含量上升很快。理论上，当混合气空燃比大于理论值时，排气中不存在 CO。实际上由于各缸混合不一定均匀，燃烧室各处的混合也不均匀，总会出现局部的浓混合气，因此排气中仍会有少量 CO 产生。另外，即使燃料和空气混合很均匀，由于燃烧后的高温，生成的 CO_2 会有一小部分分解成 CO 和 O_2。而且，排气中的 H_2 和未燃烃也可能将排气中的一部分 CO_2 还原为 CO。

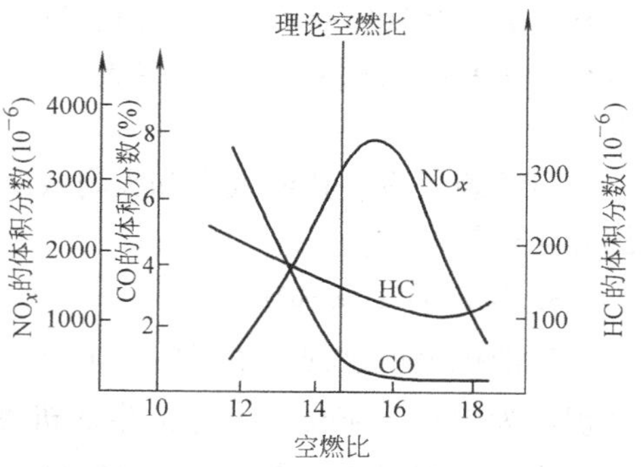

图 2-15　排气中 CO、HC、NO_x 与 A/F 的关系

2. HC 的生成机理

汽车排放的 HC 估计有 100～200 种成分，组成极为复杂。包括烷烃、烯烃、芳香烃和醛类等。由排气管排入大气的污染物是在气缸内形成的，缸内 HC 的产生主要有下列几种机理：

（1）不完全燃烧　在以预混合气进行燃烧的汽油机中，HC 与 CO 一样，也是不完全燃烧的产物。各种烃类燃料的燃烧实质上是烃的一系列氧化反应。混合气过浓或过稀都可能燃烧不完全或失火，因而 HC 排放与空燃比 A/F 有密切的关系，如图 2-15 所示。怠速及高负荷工况时，可燃混合气含量处于过浓状态，加之怠速时残余废气系数大，造成不完全燃烧或失火；另外，汽车在加速或减速时，会造成暂时的混合气过浓或过稀现象，也会产生不完全燃烧或失火。即使在 A/F > 14.8 时，由于油气混合不均匀，造成局部过浓过稀现象，也会因不完全燃烧而产生 HC 排放。

（2）壁面淬熄效应　燃烧过程中，燃气温度高达 2000℃ 以上，而气缸壁面在 300℃ 以下，因而靠近低温壁面的气体，温度远低于燃气温度，并且气体的流动也较弱。壁面淬熄效应是指温度较低的燃烧室壁面对火焰迅速冷却（也称激冷），使活化分子的能量被吸收，链式反应中断，在壁面形成厚约 0.1～0.2mm 左右的不燃烧或不完全燃烧的火焰淬熄层，产生大量的未燃 HC。淬熄层厚度随发动机工况、混合气湍流程度和壁温的不同而不同，小负荷时较厚，特别是冷起动和怠速时，燃烧室壁温较低，形成很厚的淬熄层。

（3）狭缝效应　狭缝主要是指活塞头部、活塞环和气缸壁之间的狭小缝隙，火花塞中心电极的空隙，火花塞的螺纹、喷油器周围的间隙等。缝隙的总容积为发动机燃烧室容积的百分之几。

当压缩和燃烧过程中气缸内压力升高时，未燃混合气被压入各个狭缝区域，由于狭缝的面容比很大，温度低，淬熄效应十分强烈，火焰无法传入其中继续燃烧；而在膨胀和排气过程中，缸内压力下降，缝隙中的未燃混合气流回气缸，随已燃气一起排出，这种现象称为狭缝效应。由气缸内狭缝所产生的 HC 排放可达总 HC 排放的 38%，因此狭缝效应被认为是生成 HC 的最主要来源。

（4）壁面油膜和积炭吸附　在进气和压缩过程中，气缸壁面上的润滑油膜，以及沉积在活塞顶部、燃烧室壁面和进气门、排气门上的多孔性积炭，会吸附未燃混合气和燃料蒸气，而在膨胀和排气过程中，这些吸附的燃料蒸气逐步脱附释放出来，进入气态的燃烧产物中。

由淬熄效应、狭缝效应和吸附效应产生的 HC，在排气和膨胀过程中少部分被氧化，大部分随尾气排放。

3. NO_x 的生成机理

汽油机燃烧过程中生成的 NO_x 主要是 NO，NO_2 量很少，对一般汽油机，NO 和 NO_x 的体积比为 90% ~99%。NO_x 的生成机理同 2.2.4.1 所述类似，在汽油机产生 NO 的三个途径中，燃料型和快速型 NO 的生成量都很小，高温 NO 是其主要来源。

例 2-5 实验测试中，机车耗用汽油（辛烷）123g，产生 CO3g，求燃料中 C 转化为 CO 的百分率。

解 辛烷（C_8H_{18}）的相对分子质量为 114，则 123g 汽油中 C 的质量为

$$123\times(8\times12)/114\text{g}=103.6\text{g}$$

CO 的相对分子质量为 28，则 3gCO 中 C 的质量为 $3\times12/28\text{g}=1.29\text{g}$

故燃料中 C 转化为 CO 的百分率为 $1.29/103.6=1.25\%$

2.4.2.3 汽油车大气污染物的生成控制

机动车排气污染控制是一项很复杂的工作，包括法规的制定和实施、交通管理、燃料改进、发动机改进、尾气净化等几个方面。

（1）法规建设和实施　制定合适和完善的机动车污染物排放标准，并严格实施。

（2）加强城市规划和交通管理　主要措施有：①改进公共交通系统，尤其是建设运输效率高的地铁系统和地面交通系统；②通过征收燃油税等措施，减少机动车的空载率；③强化交通管理和停车管理，减少人为交通拥堵，减少城区交通流量，在城市中心区域限制污染物排放较高的摩托车的使用。

（3）在用车排放污染的检测/维护（I/M）制度　在用车 I/M 制度是指通过对在用车的排放进行定期检测和随机抽查，促进车辆进行严格的维修、保养，使车辆保持在正常的技术状态，努力达到出厂时的排放水平，它主要包括三个环节：①对汽车生产厂家的监督和管理；②对维修厂家的监督和管理；③在用车的年检和路检。

（4）燃料的改进和替代　改进燃料不仅是控制尾气排放的需要，也是满足先进发动机的要求；燃料替代尤其是燃料电池等新能源则是解决汽车对石油燃料依赖和汽车尾气污染问题的根本措施，是今后汽车的发展方向。

1）汽油的改进。20 世纪 70 ~90 年代，为了从污染源上抑制污染的产生，车用汽油经历了如下几次重大的改进：①无铅化；②含苯量控制；③烯烃含量控制；④汽油加氧。

2）清洁气体燃料，主要指液化石油气（LPG）、压缩天然气（CNG）、工业煤气等。

3）清洁液体燃料，主要指甲醇或乙醇。

4）氢燃料。

5）新型动力汽车。新型动力汽车主要有电动汽车、混合动力汽车和燃料电池汽车三类。

（5）汽油机改进　汽油机改进又称为机内净化。在以汽油为动力燃料的情况下，开发机内净化技术是减少汽车排气污染的重要途径。它包括以下几方面技术。

1）汽油箱蒸气控制。普通汽油箱中的汽油会形成蒸气从加油口排泄出去，既浪费燃料又污染环境。汽油箱汽油蒸气的控制系统主要是采用密封式汽油箱蒸气控制装置。在此装置

中汽油箱中汽油蒸气经过液气分离后，汽油流回油箱，蒸气流向碳罐，并被吸收和储存。当发动机工作时，利用化油器的真空将储存的汽油蒸气吸入化油器，回收作燃料。

2）曲轴箱排气的回收。当曲轴箱的曲轴引导活塞做往复运动时，部分燃料及其废气会穿过活塞环而窜入活塞箱，使箱内温度上升，影响曲轴箱的正常工作。采用通风的方法可将燃料气和废气除掉。将抽出的气体直接放空，也就是所谓的自然通风，这样既浪费燃料又造成空气污染。回收的方法是将抽出的气体引入发动机进气系统，强制通风，既可以回收燃料，又减少了空气污染。

3）汽油直接喷射技术。该技术是改善燃料混合气的重要一环，已在航空发动机上获得了广泛的应用，它可以有效地控制燃料混合气的数量及浓度，提高燃料混合气气化、雾化的质量、保证发动机各个气缸燃料均匀分布，使燃料充分利用，并降低有害物质的排放。

汽油直接喷射系统有机械式和电子式两种类型。由电子系统控制将燃料由喷油器喷入发动机进气系统中的发动机，称为电喷发动机。目前我国生产的轿车，基本上采用了电喷系统。

4）废气再循环。将部分排气返流引入进气管再吸入气缸参与燃烧称为废气再循环（ERG）。ERG技术在不增加过量氧的情况下能稀释混合气，减少混合气中的氧含量，降低最高燃烧温度，从而有效降低 NO_x 的生成。

ERG技术既适应于汽油机，也适用于柴油机。在采用三效催化转化器的发动机上，往往也同时采用尾气再循环装置，以降低催化器的负荷。

汽油机尾气净化是机动车排气进入大气前的最后处理。目前尾气净化的通用方法是催化法。它是利用排气中的组分及热量，在催化剂的作用下，利用污染物自身的氧化还原性质，将HC、CO氧化为 H_2O 和 CO_2，将 NO_x 还原为 N_2，见10.4.3节。

2.4.3 柴油车大气污染物的生成控制

由于柴油机使用的混合气空燃比大于理论空燃比，而且混合气的形成及燃烧方式与汽油机不同，由此造成了柴油机与汽油机排放特性的不同。柴油机的CO和HC排放量不到汽油机的1/10，NO_x 总体排放量略低于汽油机，但柴油机排放的PM却是汽油机的几十倍。因而柴油机排放控制的重点是PM和 NO_x。

柴油机的排放特性与燃烧室的形式有很大关系。直喷式与间接喷射式柴油机的排放有较大的不同；涡流室式柴油机的 NO_x、CO、HC和烟度普遍低于直喷式，特别是 NO_x 排放浓度一般比直喷式要低1/3～1/2。但是，涡流室式柴油机的燃油消耗率要比直喷式高。

柴油机的燃烧过程很复杂。柴油机着火是在燃料和空气混合极不均匀的条件下开始的，燃烧是在边混合边燃烧的情况下进行的，扩散型燃烧是其主要的形式。喷油规律、喷入燃料的雾化质量、气缸内气体的流动及燃烧室形状等均影响燃料在燃烧室的空间分布与混合，也影响柴油机燃烧过程的进展以及有害排放物的生成。

2.4.3.1 柴油车污染物的生成机理

1. 柴油机气态污染物的生成机理

（1）柴油机的喷注模型　柴油机在压缩过程中，当活塞接近上止点前，燃料在高压下高速喷入高温高压空气中。喷入气缸内的油束称为喷注，它是由数以万计不同尺寸的细微油滴组成的，油滴直径为5～150μm。在静止的空气中，喷注的外形呈焰体状；喷注心部的油粒粗，速度高，越向外层，油粒越细，速度越低；在喷注的最外层和前端几乎为蒸气。

在柴油机的气缸内通常是较强的旋转气流，当燃料喷入气缸后，细小的油滴被空气带往喷注前缘，相对较大的油滴集中在喷注核心部分和后缘。喷注核心与前缘之间，燃油密度很不均匀，其空燃比可从零到无穷大。燃油喷注如图 2-16 所示。

在贫油火焰区，油滴已完全蒸发，混合气平均浓度比理论混合气要低，着火核心在混合气浓度最适合自燃的几个位置上形成；在贫油火焰外围区，混合气太稀，以致不能着火或维持燃烧；喷注核心是较大油粒集中的区域，着火开始时处于液态；喷注尾部的燃料由于喷射压力减小而气缸内压力增大，通常形成较大的油粒；另外，还有某些燃油喷注撞到壁面上，形成了液态油膜，这在小型高速柴油机内经常发生。

（2）喷注燃烧和气态污染物的生成　喷注燃烧时，其不同区域的燃烧及污染物的生成如图 2-17 所示。

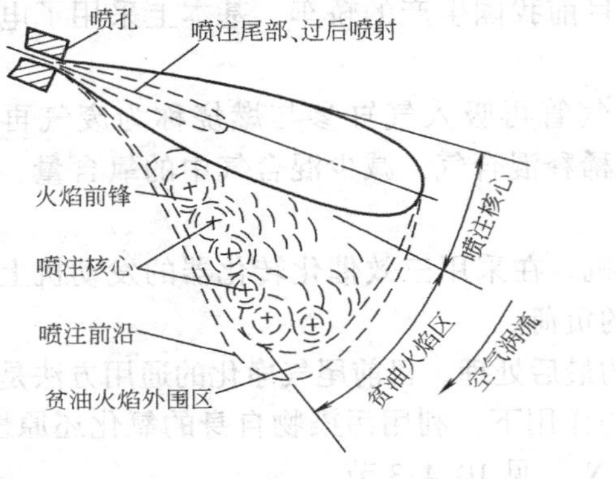

图 2-16　涡流空气中的喷注分层模型

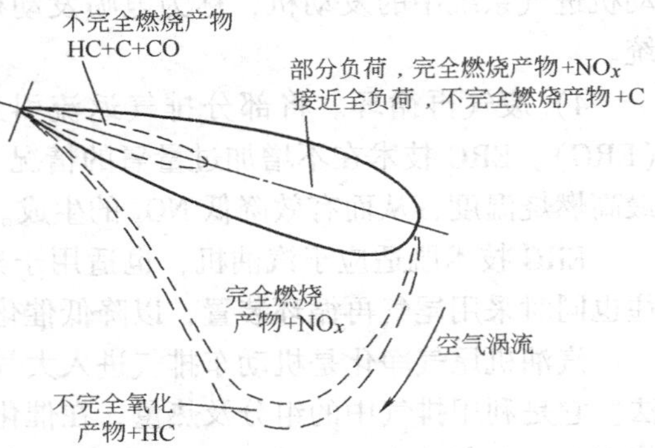

图 2-17　涡流空气中喷注燃烧和排放物的生成

首先，在贫油火焰区出现着火核心，接着，火焰前锋开始蔓延，点燃周围的易燃混合气。在这个区域内燃烧是完全的，碳氢化合物转变成了 CO_2 和 H_2O，并形成高浓度 NO_x。

在贫油火焰区外围，会发生某些燃料的分解和不完全氧化。分解产物是相对分子质量较小的碳氢化合物，不完全氧化产物则包括 CO、乙醛和过氧化合物。可以认为这一区域是排气中未燃 HC 形成的一个主要区域。

紧接着贫油火焰区内的着火燃烧，火焰即向喷注核心部分扩展。在贫油火焰区和喷注核心之间的区域，燃油颗粒较大，它们从已燃火焰获得辐射热，并以较高的速率蒸发。这些油粒如果完全蒸发，火焰将烧掉可燃范围内的所有混合气。如果没有完全蒸发，将被扩散型火焰所包围。这些油粒的燃烧速率取决于燃油蒸发速率、燃油蒸气对火焰的扩散速率及氧气对火焰的扩散速率等因素。

喷注核心部分的燃烧主要取决于局部的空燃比。在部分负荷下，这一区域有足够的氧，燃烧完全，并形成高浓度 NO_x。此时，火焰区的温度是影响 NO_x 生成的重要因素之一，而温度的高低既取决于油粒开始燃烧之前混合气的温度，也取决于燃烧热。在接近全负荷时，燃料密集核心的许多点产生不完全燃烧，除了未燃的碳氢化合物之外，CO、过氧化物和碳都可能形成，这时，形成的 NO_x 量少。

喷注尾部在高负荷情况下，很少有机会进入充足的氧，但是其周围的燃气温度很高，向这些油粒的传热速率也很快，因此，这些油粒能很快地蒸发和分解，分解的产物包括未燃碳氢化合物及碳粒，不完全氧化产物则有CO和乙醛。

壁面上液态油膜的燃烧取决于蒸发速率以及燃油与氧的混合。油膜的蒸发速率取决于燃气和壁面温度、燃气速度、压力和燃料特性等许多因素。如果周围燃气氧含量低或混合不好，则蒸发将造成不完全燃烧。此时，燃油蒸气将分解，形成未燃的HC、不完全氧化产物及碳粒。在不完全蒸发时，壁面上将会形成积炭。

2. 柴油机颗粒物的生成机理

柴油机排出的颗粒物一般是汽油机的30~80倍，其直径大约在0.1~10μm。其中，危害性最大的是2.5μm左右的微粒，它悬浮于1~2m高的空气中，极易被人体吸收，而且造成能见度降低。

柴油机排出的颗粒物与汽油机不同，汽油机排放的颗粒物主要是含铅微粒和低相对分子质量的物质。柴油机排气颗粒物的组成要复杂得多，它是一种类似石墨形式的含碳物质，其中凝聚和吸附了相当数量的高相对分子质量的聚合物。一般认为柴油机颗粒物是由碳烟（DS）、可溶性有机物（SOF）和硫酸盐三部分组成，其比例（体积分数）分别为：DS40%~50%、SOF35%~45%、硫酸盐5%~10%，其中SOF又分为碱类、酸类、烷烃类、芳香烃类、不稳定类、氧化类等。

柴油机的排烟通常可分为白烟、蓝烟和黑烟三种。其中白烟是直径大于1μm的微粒，一般出现在寒冷天气冷起动和怠速工况时。因为气缸中温度较低，着火不良，燃油不能完全燃烧而以液滴颗粒状态排出而形成白烟。待正常工作后，白烟即消失。改善柴油机起动性能后，白烟也可减少。

蓝烟是燃油或润滑油在几乎没有燃烧或部分燃烧而处于分解状态下，呈直径小于0.4μm的液态微粒的排出物。蓝烟通常发生在柴油机充分暖车之前，或在很小的负荷下运行时，这时燃烧室的温度较低，燃烧不完全。排出蓝烟的同时，由于燃烧的中间产物醛类也随之排出，因此带有刺激性的臭味。

白烟和蓝烟都是燃油的液状微粒，本质上并无差别，只是微粒直径大小不同而已。不同的颜色是由于不同直径的微粒对光线的散射不同而引起的。

黑烟通常是在大负荷时产生的。此时，燃烧室中温度较高，由于喷入的燃料较多，混合气形成不均匀，不可避免地出现局部空气不足的燃烧，燃油在高温缺氧的条件下，发生部分氧化、热裂解和脱氢，形成碳粒子，经碰撞凝聚而形成碳烟。碳烟中并非全部是碳，而是一种聚合体，碳的质量分数达85%以上，还吸附有少量的水分、灰分、SO_2和一系列多环芳香烃化合物等。一般认为碳烟颗粒本身对人体健康的直接影响不大，而对人体危害大的是颗粒上吸附的SOF和SO_2等，这些SOF中90%是致癌物质。

图2-18为柴油机中碳烟和NO_x形成的温度和过剩空气系数条件，以及上止点附近时，柴油机中各种过剩空气系数的混合气在燃烧前及燃烧后的温度。很明显，对过剩空气系数$\alpha<0.6$的混合气，在1500K以上温度燃烧后必定产生碳烟，在1600~1700K范围内碳烟的生成量达到最大值。图2-18上还标出了各种温度和过剩空气系数条件下，燃烧0.5ms以后的NO_x的体积分数，NO_x的生成量在$\alpha=1.0$左右达到峰值。若要使燃烧后的碳烟和NO_x都很少，混合气的过剩空气系数应该在0.6~0.9之间。在实际中如何将柴油机的过剩空气系数（包括局部的过剩空气系数）控制在这样一个狭窄的范围内，而又保证完全燃烧，是一个很困难的技术课题。

在整个燃烧过程中，碳烟要经历生成和氧化两个阶段。高速摄影证实，在燃烧初期上止点附近都会出现大量碳烟，但其中大部分会在随后的燃烧过程中氧化掉。由于燃气膨胀而使缸内局部温度下降到碳反应温度（约 1300K）以下，最终总有部分碳烟排放。但加速碳烟氧化的措施，往往会引起 NO_x 的增加，因此，为了同时降低 NO_x 的排放，控制碳烟排放应着重控制碳烟的生成阶段。

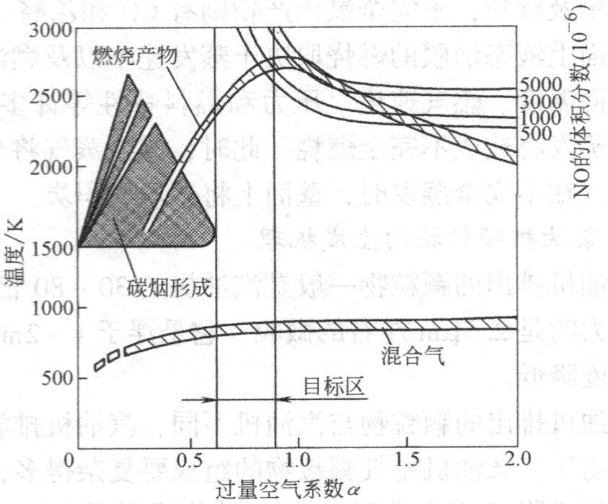

图 2-18 柴油机燃烧中的碳烟与 NO_x 形成的温度和过量空气系数条件

2.4.3.2 柴油车大气污染物的生成控制

柴油车排气污染物控制的主要目标是 NO_x 和 PM，同汽油车排气污染控制一样，其措施主要包括法规的制定和实施、交通管理、燃料改进、发动机改进、尾气净化等几个方面。其中，前两个方面的内容在汽油车污染物控制中已经叙述，不再重复；这里仅讲述后三个方面。

（1）燃料的改进和替代 对在用柴油车的排污控制，改造为采用电控喷射系统或增加催化转换器技术的难度大，成本高，可考虑采取：①使用低硫或无硫柴油；②采用单燃料液化石油气；③采用单燃料压缩天然气；④采用柴油/压缩天然气双燃料；⑤采用清洁的液体燃料、氢燃料。

（2）柴油机改进

1）改进进气系统。采用增压的方法，通过增加空气量，可以减少缺氧状态，促进燃料完全燃烧，减少碳烟的排放。

2）改进喷油时间。用加大喷油提前角，即提早喷油的时间，可使更多的燃油在着火前喷入燃烧室，可加快燃烧速率，减少碳烟的排放。但是过早喷油会引起更大的燃烧噪声，并增加 NO_x 的排放，所以喷油时间要严格控制。

3）改进供油系统。改进喷嘴结构，提高喷油速度，缩短喷油的持续时间，都可以改善可燃物的混合质量，为实现均质燃烧创造条件，减少碳烟的排放。

4）废气再循环。采用废气再循环技术后，柴油机的 NO_x 排放量可减少 90% 以上。但在大负荷情况下，废气的热量同时加热了进气，增大了热负荷，会部分抵消对 NO_x 排放的改善作用。这时就需要对再循环废气进行冷却，即采用冷却式废气再循环技术。

5）降低供油量。适当减少起动油量，可降低低速、低负荷时的颗粒物排放；适当降低最大供油量，可降低全负荷条件下的颗粒物排放。但降低供油量会造成车辆动力性能下降，因此要慎重。

柴油机尾气净化包括催化氧化转化器、微粒捕集器的应用和选择性催化还原 NO_x 等，见 10.4.3 节。

2.5 清洁生产

2.5.1 清洁生产概况

1. 清洁生产历史简介

世界范围内工业的高速发展，地球上资源的大量消耗，各类污染物的无止境排放，严重危害了人类生存的环境。尽管人们投入了大量的人力、物力和财力，进行污染物的末端治理，但结果并不十分理想。于是，人们逐步认识到要从根本上解决工业污染问题，必须实行“预防为主”，将污染物消除在生产过程之中。

清洁生产的基本思想最早出现于1974年美国3M公司推行的实行污染预防有回报的“3P（Pollution Prevention Pays）”计划中。1989年5月联合国环境规划署（UNEP）首次提出了清洁生产的概念，并于1990年10月正式提出了清洁生产计划，希望工业界能够摆脱对末端治理技术的依赖，实现废物最小化，走上清洁生产的道路。1992年6月在联合国环境与发展大会上，正式将清洁生产定为实现可持续发展的先决条件，并将清洁生产纳入《21世纪议程》。随后，在联合国环境规划署的指导和世界银行等金融机构的支持下，许多国家先后建立了国家清洁生产中心和清洁生产示范项目。自从清洁生产提出以来，每两年举行一次研讨会，交流实行清洁生产的经验和技术，为未来的工业化指明了方向。

我国对清洁生产也进行了大量的探索和实践，早在20世纪70年代初就提出了“预防为主，防治结合”、“综合利用，化害为利”的环境保护方针，80年代就开始推行少废和无废的清洁生产，90年代提出的《中国环境与发展十大对策》中强调了清洁生产。1993年10月第二次全国工业污染防治会议上，将大力推行清洁生产、实现经济持续发展作为实现工业污染防治的重要任务。2003年1月1日，我国开始实施《中华人民共和国清洁生产促进法》，这表明清洁生产已成为我国工业污染防治工作实行战略转变的重要内容，已成为我国实现可持续发展战略的重要措施和手段。

2. 清洁生产的定义和内容

（1）清洁生产的定义　清洁生产又称为“无废工艺”、“废物减量化”或“污染预防”。《中华人民共和国清洁生产促进法》提出，所谓清洁生产，是指不断采取改进设计、使用清洁的能源和原料、采用先进的工艺技术与设备、改善管理、综合利用等措施，从源头削减污染，提高资源利用效率，减少或者避免生产、服务和产品使用过程中污染物的产生和排放，以减轻或者消除对人类健康和环境的危害。

简而言之，清洁生产就是用清洁的能源和原材料、清洁工艺及无污染或少污染的生产方式、科学而严格的管理措施，生产清洁的产品。

（2）清洁生产的内容　清洁生产的内涵很广，主要内容包括如下四个方面。

1）清洁的能源。①清洁地利用化石燃料；②加速以节能为重点的技术进步和技术改造，提高能源利用率；③加速开发水能资源，优先发展水力发电；④发展核能发电；⑤开发利用太阳能、风能、地热能、海洋能、生物质能等可再生的新能源。

2）清洁的生产过程。①少用或不用有毒有害及稀缺原料；②采用少废或无废的生产工艺和高效设备；③减少生产过程中的各种危险因素（如高温、高压、易燃、易爆、强噪声），使用简单可靠的操作和控制方法；④生产出无毒无害的中间产品；⑤物料实行再循环；⑥完善生产管理。

3）清洁的产品。①节约原料和能源，少用昂贵和稀缺的原料，利用二次资源作原料；②产品在使用过程中以及使用后不含危害人体健康和生态环境的因素；③易于回收、重复使用和再生；④合理的使用功能，以及具有节能节水降低噪声的功能；⑤合理的使用寿命；⑥合理的包装；⑦产品报废后容易处理或容易降解。

4）贯穿于清洁生产中的全过程控制。①生产原料物料转化的全过程控制，又称为产品的生命周期的全过程控制。它是指从原材料的加工、提炼到产出产品、产品的使用直到报废处置的各个环节所采取的必要措施，来对污染的预防进行控制；②生产组织的全过程控制，也即工业生产的全过程控制。它是指从产品的开发、规划、设计、建设到营运管理，采取必要的措施防止污染发生。

应该指出，清洁生产是一个相对的、动态的概念，清洁的能源、原材料、工艺和产品都是和现有的相比较而言的。推行清洁生产，需要适时地提出更新的目标，不断采用新的技术和方法，达到更高的水平。

3. 清洁生产的目的意义

清洁生产的主要目的是：①通过资源的综合利用、短缺资源的代用、二次资源的利用，以及省料、节能和节水，以实现合理利用资源，减缓资源的耗竭；②在生产过程中减少甚至消除废料和污染物的生成和排放，促进产品生产和消费过程与环境相容，减少整个工业活动对人类和环境的危害。

清洁生产着眼于在工业生产全过程中减少污染物的产生量，并要求污染物最大限度资源化；它不仅考虑工业产品的生产工艺，而且对产品设计、原料和能源替代、生产营运、现场管理、产品消费，直到产品报废后的资源循环等诸多环节进行统筹考虑，其目的在于使人类社会和自然和谐发展。清洁生产同时具有经济和环境双重目标，通过实施清洁生产，企业在经济上要能赢利，环境也能得到改善，达到环境保护和经济发展协调的目的。清洁生产是手段，目标是实现经济与环境协调发展。

2.5.2 清洁生产的实施

1. 政府部门在清洁生产中的职能

从政府的角度出发，推进清洁生产有以下几项职责：①制定政策、法律和法规，以鼓励企业推行清洁生产；②进行产业和行业的结构调整，以利于全面推行清洁生产；③支持工业的清洁生产示范项目；④为工业部门提供清洁生产技术支持；⑤宣传教育，提高公众的清洁生产意识。

2. 企业清洁生产的实施

对企业来说，推行清洁生产应包括如下几方面内容：①对职工进行清洁生产的教育和培训；②拟定长期的企业清洁生产计划；③研究和开发清洁生产技术；④进行产品生命周期分析和清洁产品设计；⑤进行企业清洁生产的审计（实施）；⑥选择下一轮清洁生产的对象，推行持续清洁生产。

3. 企业实施清洁生产实例

（1）硫酸厂两转两吸工艺　为了达到硫酸厂的清洁生产、减少对环境的污染、提高硫的利用率，人们研究开发出了两次转化和两次吸收来替代一次转化一次吸收的旧工艺。新工艺不仅提高了转化率和设备的生产能力，而且降低了尾气中 SO_2 排放。

某硫酸厂生产能力为1000t/d，采用原料气各成分的体积分数为：$SO_2$7%、$O_2$11%、$N_2$82%，由原来的一转一吸工艺改为两转两吸后，SO_2 的总转化率由原来的98%提高到了99.5%，尾气中 SO_2 的体积分数由（1500~2500）$\times10^{-6}$降到了（200~500）$\times10^{-6}$；而且两转两吸可以采用体积分数为9%~10%的 SO_2 炉气，增产20%以上。

现在不仅新建硫酸厂要求采用这种清洁生产技术，许多老厂也已经或正在按这种工艺进行改造。

（2）硝酸生产新工艺　传统的常压法和全低压法生产硝酸，硝酸吸收压力低，尾气中 NO_x 含量高，治理难度大。

一个35万t/年的常压法硝酸厂，若用硝酸氧化-碱液吸收法治理尾气中 NO_x，治理投资约需800万元。如果引进一套法国Grande Paroisse化学公司36.3万t/年的高压法吸收生产硝酸装置，也只需800多万元，仅略多于同规模常压法的尾气治理投资。该装置的氨氧化压力为 3.43×10^5Pa，吸收压力为 9.8×10^5Pa，并配合本装置液氨蒸发所得低温水用于吸收塔冷却，吸收率很高，尾气中 NO_x 的体积分数不需要其他处理即可达到 200×10^{-6}以下。

从我国硝酸生产情况来看，改革硝酸生产工艺，改常压、低压吸收为较高压力下吸收，是减少硝酸尾气污染的一项重要措施。

（3）合成橡胶厂火炬气回收　某橡胶厂的火炬气主要来自抽提车间生产过程中产生的以 C_4 烃为主要成分的尾气，每年排放量约4000~5000t，不仅对厂区及周边地区的环境带来了潜在的光化学污染，而且还造成了巨大的资源浪费和经济损失。

在实施清洁生产审计后，决定回收上述火炬气用于制备液化气。在抽提车间采取了两项清洁生产方案，一是利用U形管对火炬管线进行水封，最大限度地回收尾气中的有用成分，当尾气系统超压时，气体窜出水封，火炬自动点火，可以保障生产安全；二是在原流程中，抽提装置的常压塔顶从溶剂中解析出来的轻组分经冷凝器冷凝后进入回流罐，难凝的尾气则通过回流罐顶的放空管线送入火炬烧掉。为了更好地利用尾气，去掉了回流罐顶的放空管线，另加一条管线将常压塔的尾气进行回收。实施两项方案的总投资约200万元，每年可回收液化气约4500t，可获利455.6万元，投资回收期0.42年。

此项清洁生产方案投资回收期短，经济效益明显；同时，消除了由于火炬气燃烧排放而引起的环境污染，具有很好的环境效益。

习　　题

2-1　在常压下烟气的初始组成（均指体积分数）为 $O_2$3.3%，$CO_2$8.7%，H_2O12%，$N_2$76%。分别计算该烟气在下列温度下平衡时NO的体积分数：①1000K；②1500K；③2000K。

2-2　在例2-1中，若同时考虑反应：$NO+0.5O_2 \rightleftharpoons NO_2$，试计算平衡时 NO_2 的体积分数。

2-3　辛烷在常压下完全燃烧，空气过剩25%。分别计算在下列温度下平衡时烟气中NO的体积分数：①1000K；②1500K；③2000K。

2-4　已知重油的元素分析结果（质量分数）为：C85.5%，H11.3%，O2.0%，N0.2%，S1.0%。试计算：

（1）燃烧1kg重油所需要的理论空气量和产生的理论湿烟气量（标准状态下1m^3 干空气的含湿量为

0.009kg)。

(2) 当过剩空气量为10%时,所需的空气量和产生的湿烟气量。

(3) 实际干烟气(不含水蒸气)中SO_2和CO_2的体积分数(假定重油中S全部转化为SO_x,其中SO_2占97%,C全部转化为CO_2)。

2-5 某地煤的元素分析结果(质量分数)为:C70.5%,H3.7%,O4.7%,N0.9%,S0.6%,灰分10.6%,水分9%。在空气过量50%的条件下完全燃烧,标准状态下$1m^3$干空气的含湿量为0.01kg。求:

(1) 燃烧1kg煤所需的实际空气量和SO_2在湿烟气中的体积分数(煤中90%的S转化为SO_2)。

(2) 若粉尘的产出量为煤中灰分的60%,计算标准状态下湿烟气中粉尘的浓度(mg/m^3)。

(3) 若煤中50%的N转化为NO,空气中的N_2基本不生成NO,计算湿烟气中NO的体积分数。

(4) 若用流化床燃烧技术加石灰石脱硫,石灰石中含Ca35%,当Ca/S = 1.7(摩尔比)时,计算燃烧1t煤所需的石灰石量。

2-6 某锅炉燃用煤气的成分(体积分数)如下:H_2S0.2%,$CO_2$0.5%,$O_2$0.2%,CO28.5%,H13%,$CH_4$0.7%,$N_2$52.4%,标准状态下,$1m^3$干空气的含湿量为0.012kg,空气过剩系数$\alpha = 1.2$。试求实际需要的空气量和燃烧时产生的实际烟气量(m^3)。

2-7 烟道气的组成(体积分数)为:$CO_2$11%,$O_2$8%,CO2%,H_2O8%,$SO_2$$120 \times 10^{-6}$,颗粒物浓度为$30g/m^3$(在测定状态下),烟道气在93.31kPa和433K条件下的体积流量为$5663.37m^3/min$,试计算:

(1) 过剩空气系数。

(2) SO_2的排放浓度(g/m^3,操作状态下湿烟气)。

(3) 标准状态下(1.013×10^5Pa和273K),干烟气的体积流量(m^3/h)。

(4) 标准状态下干烟气中颗粒物浓度(mg/m^3)。

2-8 某燃油锅炉尾气,规定其中的NO的体积分数不超过230×10^{-6},假定燃料油的分子式为$C_{10}H_{20}N_x$,在过剩空气量为50%的条件下完全燃烧,燃料中50%的N转化为NO,空气中N_2基本不生成NO,燃油中N的最大允许含量是多少?

2-9 汽车以50km/h的速度行驶,排气速率为$80m^3/h$,尾气中CO的体积分数为1%,试计算该车行驶1km排放CO的量(以g计)。

2-10 某汽车的油耗为9.59km/L(辛烷),汽油密度为739g/L,试计算该车单位里程的CO_2排放量(g/km)。

2-11 某汽车的燃料各成分的质量分数为:50%辛烷,25%庚烷,25%甲醇。试计算其理论空燃比。

2-12 在冬季CO超标地区,通常要求在汽油(辛烷)中添加MTBE($CH_3OC_4H_9$),使汽油中达到一定的氧含量。设氧在汽油中的质量分数应为2.7%,问需添加多少的MTBE?

2-13 当过剩空气系数为0.85时,计算汽油(辛烷)燃烧产物中CO的摩尔分数。

2-14 我国机动车的排放标准为:CO2.2g/km,NO_x0.5g/km。某汽车的尾气排放为:CO30g/km,NO_x4.5g/km。计算达到排放标准时催化转化器所需的转化效率。

第3章

3

除尘技术基础

为了能正确选择和应用各种除尘设备，应首先了解粉尘的物理性质和沉降分离机理以及除尘器性能的表示方法，这是气体除尘技术的重要基础。

3.1 粉尘的物理性质

3.1.1 粉尘的密度

单位体积粉尘的质量称为粉尘的密度，其单位是 kg/m^3 或 g/cm^3。由于粉尘的产生情况、实验条件不同，获得的密度值也不同。一般将粉尘的密度分为真密度和堆积密度。

（1）真密度 ρ_p　粉尘的真密度是设法将吸附在尘粒表面及其内部的空气排除后测得的粉尘自身的密度。固体研磨而形成的粉尘，在表面未氧化前，其真密度值与母料密度相同。

（2）堆积密度 ρ_b　将包括粉体粒子间气体空间在内的粉尘密度称为堆积密度。显然，对同一种粉尘来说，$\rho_p > \rho_b$。如煤粉燃烧产生的飞灰粒子，其堆积密度为 $1.07g/cm^3$，真密度为 $2.2g/cm^3$。

粉尘之间的空隙体积与包含空隙在内的粉尘总体积之比称为空隙率，用 ε 表示。粉尘的真密度 ρ_p 与堆积密度 ρ_b 和空隙率 ε 之间存在如下关系

$$\rho_b = (1-\varepsilon)\rho_p \tag{3-1}$$

对一定种类的粉尘，ρ_p 是定值，而 ρ_b 则随空隙率 ε 而变化。ε 值与粉尘种类、粒径及充填方式等因素有关。粉尘愈细，吸附的空气愈多，ε 值愈大；充填过程加压或进行振动，ε 值减小。

粉尘的真密度应用于研究尘粒在空气中的运动，而堆积密度则可用于存仓或灰斗容积的计算等。

3.1.2 粉尘的比表面积

单位体积（或质量）粉尘具有的表面积称为粉尘的比表面积（cm^2/cm^3 或 cm^2/g）。以粉尘的自身体积（净体积）、堆积体积和质量为基准计算的粉尘比表面积分别以 a_v、a_b 和 a_m 表示时，它们的计算式分别为

$$a_v = \frac{\overline{S}}{\overline{V}} = \frac{6\overline{d}_s^2}{\Psi_c \overline{d}_v^3} = \frac{6}{\Psi_c \overline{d}_{vs}} \tag{3-2}$$

$$a_b = \frac{(1-\varepsilon)\bar{S}}{\bar{V}} = (1-\varepsilon)a_v = \frac{6(1-\varepsilon)}{\Psi_c \bar{d}_{vs}} \tag{3-3}$$

$$a_m = \frac{\bar{S}}{\rho_p \bar{V}} = \frac{6}{\Psi_c \rho_p \bar{d}_{vs}} \tag{3-4}$$

式中 $\bar{S}$——粉尘的平均表面积（cm^2）；

$\bar{V}$——粉尘自身的平均净体积（cm^3）；

Ψ_c——粉尘的形状系数，对球形粒子，$\Psi_c=1$，对形状不规则粒子，$\Psi_c<1$，如细砂平均 $\Psi_c=0.75$，细煤粉 $\Psi_c=0.73$，熔凝态烟尘 $\Psi_c=0.55$，纤维尘 $\Psi_c=0.3$；

$\bar{d}_s$、$\bar{d}_v$——粉尘的表面积平均粒径和体积平均粒径（cm），见表 3-1；

$\bar{d}_{vs}$——粉尘的体积－表面积平均粒径（cm），见表 3-1。

表 3-1　平均粒径的计算和应用

名　称	计算公式	物理意义	应用范围
算术平均径	$\bar{d}_l = \sum nd / \sum n$	单一径的算术平均值	蒸发、各种粒径的比较
几何平均径	$\bar{d}_g = (d_1 d_2 \cdots d_n)^{1/n}$	单一径的几何平均值	
面积长度平均径	$\bar{d}_{sl} = \sum nd^2 / \sum nd$	表面积总和除以直径的总和	吸附
体面积平均径	$\bar{d}_{vs} = \sum nd^3 / \sum nd^2$	全部粒子的体积除以总表面积	传质、粒子充填层的流体阻力，充填材料的强度
体积平均径	$\bar{d}_v = (\sum nd^3 / \sum n)^{1/3}$	与粒子总个数和总体积相等的均一球的直径	
质量平均径	$\bar{d}_m = \sum nd^4 / \sum nd^3$	质量等于总质量，粒子数等于总个数的等粒子粒径	气体输送、燃烧效率、质量平衡
表面积平均径	$\bar{d}_s = (\sum nd^2 / \sum n)^{1/2}$	总表面积除以总个数取其平方根	吸收
比表面积径	$d = 6(1-\varepsilon)/a_b$	由粒子比表面积 a_b 计算的粒径	蒸发、分子扩散
中位径	d_{50}	粒径分布的累积值为 50% 时的粒径	分离、分级装置性能的表示
众径	d_d	粒径分布中频度最高的粒径	

比表面积常用来表示粉尘的总体细度，是研究通过粉尘层的流体阻力以及研究化学反应、传质、传热等现象的参数之一。粉尘越细，比表面积越大，粉尘层的流体阻力越大；粉尘的物理化学活性（氧化、溶解、吸附、催化、生理效应等）随比表面积增大而加快。有些粉尘的爆炸危险性和毒性随粒径的减小而增大，原因即在于此。

3.1.3　粉尘的含水率及润湿性

（1）粉尘的含水率　粉尘中所含水分一般可分为三类：①自由水，指附着在表面或包含在凹面及细孔中的水分；②结合水，指紧密结合在颗粒内部，用一般干燥方法不易全部去除的水分；③化学结合水，是颗粒的组成部分，如结晶水。

通过干燥过程可以除去自由水和一部分结合水，其余部分作为平衡水分残留，其量随干燥条件而变化。

工程中一般以粉尘中所含水量 m_w（g）对粉尘总质量之比称为含水率 w（%），即

$$w = \frac{m_w}{m_w + m_d} \times 100\% \tag{3-5}$$

式中 m_d——干粉尘的质量（g）。

工业测定的水分，是指总水分与平衡水分之差，测定水分的方法要根据粉尘的种类和测定目的来选择。最基本的方法是将一定量（约100g）的尘样放在105℃的烘箱中干燥4h后，再进行称量。测定水分的方法还有蒸馏法、化学反应法、电测法等。

（2）粉尘的润湿性　粉尘颗粒能否与液体相互附着或附着难易的性质称为粉尘的润湿性。当尘粒与液滴接触时，如果接触面扩大而相互附着，就是能润湿；若接触面趋于缩小而不能附着，则是不能润湿。依其被润湿的难易程度，可分为亲水性粉尘和疏水性粉尘。对于5μm以下特别是1μm以下的尘粒，即使是亲水的，也很难被水润湿，这是由于细粉的比表面积大，对气体的吸附作用强，尘粒和水滴表面都有一层气膜，因此只有在尘粒与水滴之间具有较高的相对运动速度时（如文丘里喉管中），才会被润湿。同时，粉尘的润湿性还随压力增加而增加，随温度上升而下降，随液体表面张力减小而增加。各种湿式洗涤器，主要靠粉尘与水的润湿作用来分离粉尘。

值得注意的是，像水泥粉尘、熟石灰及白云石砂等虽是亲水性粉尘，但它们吸水之后即形成不溶于水的硬垢，一般称粉尘的这种性质为水硬性。水硬性结垢会造成管道及设备堵塞，所以对此类粉尘不宜采用湿式洗涤器分离。

3.1.4 粉尘的荷电性及导电性

（1）粉尘的荷电性　粉尘在其产生过程中，由于相互碰撞、摩擦、放射线照射、电晕放电及接触带电体等原因，总会带有一定的电荷。粉尘荷电以后，将改变其物理性质，如凝聚性、附着性等。同时，对人体的危害也有所增加。粉尘的荷电量随温度的提高、比表面积增大及含水率减少而增大，还与其化学成分有关。

（2）粉尘的比电阻　粉尘导电性的表示方法和金属导线一样，也用电阻率来表示，单位为Ω·cm。粉尘的电阻率除决定于它的化学成分外，还与测定时的条件（如温度、湿度、粉尘的松散度和粗细度等）有关，仅是一种可以相互比较的表观电阻率，简称比电阻。

粉尘的导电机制包括两种，取决于粉尘和气体的温度与成分。在高温（>200℃）条件下，粉尘层的导电主要靠颗粒自身内部的电子或离子进行，称为容积导电；这种容积导电占优势的比电阻称为容积比电阻。温度升高，粉尘内部会发生电子的热激化作用，使容积比电阻下降。

在低温（<100℃）条件下，粉尘层的导电主要靠颗粒表面吸附的水分和其他化学物质形成的化学膜进行，称为表面导电；这种表面导电占优势的比电阻称为表面比电阻。温度升高，粉尘表面吸附的水分减少，使表面比电阻升高。

在中间温度范围内，粉尘比电阻是表面比电阻和容积比电阻的合成，比电阻值较高，如图3-1示。

3.1.5 粉尘的粘附性

粉尘的粘附性是指粉尘颗粒之间互相附着或粉尘附着在器壁表面的可能性。粉尘颗粒由于互相粘附而凝聚变大，有利于提高除尘器的捕集效率，但粉尘对器壁的粘附会造成装置和管道的堵塞。

在气体介质中产生的粘附力主要是分子力（范德华力）。实践证明，颗粒细，形状不规则，表面粗糙，含水率高，润湿性好及荷电量大时，易于产生粘附现象。此外，粘附力还与粉尘随气流运动的速度及壁面粗糙度有关。一些除尘器的捕集机制是依赖于粉尘在捕集表面上的粘附，但在除尘系统或气流输送系统中，要根据经验选择适当的气流速度，以减少粉尘的粘附。

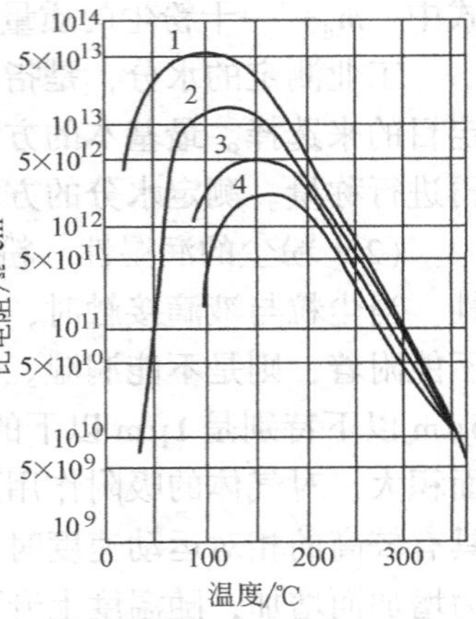

图 3-1 铅鼓风炉烟尘比电阻（烟尘中 Zn 的质量分数为 13%）

1—1% H_2O 2—5% H_2O
3—10% H_2O 4—15% H_2O

3.1.6 粉尘的爆炸性

有些粉尘（如镁粉、碳化钙粉）与水接触后会引起自燃或爆炸，称这种粉尘为具有爆炸危险性粉尘。这类粉尘不能采用湿法除尘。

有些粉尘（如硫矿粉、煤尘等）在空气中达到一定浓度时，在外界的高温、摩擦、振动、碰撞以及放电火花等作用下会引起爆炸，这些粉尘亦称为具有爆炸危险性粉尘。

有些粉尘互相接触或混合，如溴与磷、锌粉与镁粉接触混合，也会引起爆炸。

与其他可燃混合物一样，可燃粉尘与空气的混合物也存在爆炸上、下限浓度范围。粉尘的爆炸上限浓度值过大（如糖粉的爆炸上限浓度为 13.5kg/m³），在多数场合下都达不到，故无实际意义。粉尘着火所需要的最低温度称为着火点，它们与火源的强度、粉尘的种类、粒径、湿度、通风情况、氧气浓度等因素有关。一般是粉尘愈细，着火点愈低；粉尘的爆炸下限愈小，着火点愈低，爆炸的危险性愈大。

在实际工作中要采取相应措施，防止可燃粉尘爆炸。

3.2 粉尘的粒径及粒径分布

3.2.1 粉尘的粒径

粉尘颗粒的大小不同，其物理化学性质有很大差异，对人体和生物的危害以及对除尘器性能的影响也都不同。因此，粒径是粉尘重要的物理性质之一。

粉尘颗粒的形状一般都是不规则的，需要按一定方法确定一个表示颗粒大小的代表性尺寸，作为颗粒的直径，简称为“粒径”。通常将粒径分为代表单个颗粒的单一粒径和代表各种不同大小粒子组成的颗粒群的平均粒径。由于测定方法和用途的不同，粒径的定义及其表示方法也不同。

粒径和粒径分布的测定方法主要有四种：①显微镜法，包括光学显微镜（0.5 ~ 100μm）和电子显微镜（0.01 ~ 0.5μm）；②筛分法（>40μm）；③沉降法，包括液相沉降法和气相沉降法，液相沉降法（1 ~ 50μm）有移液管法、沉降天平法、比重计法等，气相沉降法有离心力沉降法（巴柯离心分级粒径测定仪，2 ~ 100μm）、惯性力沉降法（级联式冲击器，0.5 ~ 20μm）等；④细孔通过法，包括库尔特（Coulter）计数器（0.6 ~ 800μm）、光散射法（0.3 ~ 40μm）等。

（1）单一粒径　单一粒径有以下几种：

1）投影径。投影径是用显微镜观测颗粒时所得到的粒径，根据定义的不同，又有下面几种：

① 定向径 d_F：是菲雷特（Feret）于1931年提出的，故也称菲雷特（Feret）直径，为各颗粒在平面投影图同一方向上的最大投影长度，如图3-2a所示。

② 定向面积等分径 d_M：是马丁（Martin）于1924年提出的，也称马丁直径，系各颗粒在平面投影图上，按同一方向将颗粒投影面积分割成两等分的线段的长度，如图3-2b所示。

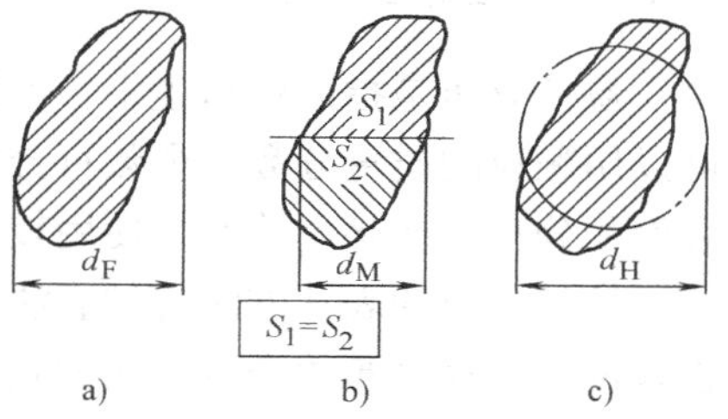

图3-2 显微镜观察颗粒粒径的方法

③ 圆等直径 d_H：与颗粒投影面积相等的圆的直径，也称黑乌德（Heywood）粒径，如图3-2c所示，$d_H=\sqrt{4S/\pi}$（S 为粒子的投影面积）。

一般，对于同一颗粒有 $d_F>d_H>d_M$。

④ 三轴径：包括长轴径 l（粒子平面投影中相对两边两根平行线间的最大距离）、短轴径 b（粒子平面投影中垂直于长轴方向的最大距离）和两轴平均径［长、短径的算术平均值，$(l+b)/2$］。

2）筛分粒径。筛分粒径是用标准筛进行筛分法测定时得到的粒径，系粒子能够通过的最小方孔的宽度。

3）物理当量径。取与颗粒的某一物理量相同的球形颗粒的直径为颗粒的物理当量径，一般用沉降法测得，如：

① 斯托克斯径 d_{st}：是与被测颗粒的密度相同，终末沉降速度相等的球的直径。当颗粒雷诺数 $R_{ep}<1$ 时，按斯托克斯（Stokes）定律（式（3-49））得到斯托克斯径的定义式

$$d_{st}=\sqrt{\frac{18\mu v_s}{(\rho_p-\rho)g}} \tag{3-6}$$

式中 μ——流体的动力粘度（Pa·s）；

ρ_p、ρ——颗粒和流体的密度（kg/m^3）；

v_s——颗粒在重力场流体中的终末沉降速度（m/s）。

② 空气动力直径 d_a：是在空气中与被测颗粒终末沉降速度相等的单位密度（$\rho_p=1g/cm^3$）的球的直径，单位为μm。斯托克斯粒径和空气动力粒径是除尘技术中应用最多的两种粒径，因为它们与颗粒在流体中的动力学行为密切相关。两者的关系为

$$d_a=d_{st}(\rho_p-\rho)^{1/2} \tag{3-7}$$

4）几何当量径。取与颗粒的某一几何量（面积、体积）相同的球形颗粒的直径为其几何当量径，如球等直径（d_r）系与被测颗粒体积相等的球的直径，$d_r=(6V/\pi)^{1/3}$（V 为粒子的体积）。球等直径可用库尔特计数器测定。

(2) 平均粒径 确定一个由粒径大小不同的颗粒组成的颗粒群的平均粒径时，需要先求出各个颗粒的单一粒径，然后加和平均。几种平均粒径的计算方法和应用列于表3-1中。表中的 d 表示任一颗粒的单一粒径，n 为相应的颗粒个数。实际工程计算中应根据所采用装置的不同、粉尘的物理化学性质等情况，选择最为恰当的粒径的计算方法。

若将同一粉尘试样按表3-1所列方法计算平均粒径，可得

$$\bar{d}_g < \bar{d}_l < \bar{d}_s < \bar{d}_v < \bar{d}_{sl} < \bar{d}_{vs} < \bar{d}_m$$

3.2.2 粉尘的粒径分布

粒径分布是指某种粉尘中，不同粒径的粒子所占的比例，也称粉尘的分散度。粒径分布可以用颗粒的质量分数、个数百分数和表面积分数来表示，分别称为质量分布、个数分布和表面积分布。在除尘技术中使用较多的是质量分布，这里重点介绍其表示方法。

粒径分布的表示方法有列表法、图示法和函数法。下面就以粒径分布测定数据的整理过程来说明粒径分布的表示方法和相应的意义。

测定某种粉尘的粒径分布，先取尘样 $m_0 = 4.28g$。将尘样按粒径大小分成若干组，一般分为 8 ~ 12 组，这里分为 9 组。经测定得到各粒径范围 $d_p \sim d_p + \Delta d_p$ 内的尘粒质量为 Δm。Δd_p 称为粒径间隔或宽度，也称为组距。将这一尘样的测定结果及按下述定义计算的结果列入表 3-2，根据该表中的数据绘制出图 3-3。

表 3-2 粒径分布测定和计算结果

分 组 号	1	2	3	4	5	6	7	8	9
粒径范围 d_p/μm	6 ~ 10	10 ~ 14	14 ~ 18	18 ~ 22	22 ~ 26	26 ~ 30	30 ~ 34	34 ~ 38	38 ~ 42
粒径间隔 Δd_p/μm	4	4	4	4	4	4	4	4	4
粉尘质量 $\Delta m/g$	0.012	0.098	0.36	0.64	0.86	0.89	0.8	0.46	0.16
相对频数分布 ΔD（%）	0.3	2.3	8.4	15.0	20.1	20.8	18.7	10.7	3.7
频率密度分布 $f/(\% \cdot \mu m^{-1})$	0.07	0.57	2.10	3.75	5.03	5.20	4.68	2.67	0.92
筛上累积频率分布 R（%）	100	99.8	97.5	89.1	74.1	54.0	33.2	14.5	3.8
筛下累积频率分布 D（%）	0	0.2	2.5	10.9	25.9	46.0	66.8	85.5	96.2

（1）相对频数（频率）分布 ΔD 指粒径 d_p 至 $d_p + \Delta d_p$ 之间的尘样质量 Δm 占尘样总质量 m_0 的百分数，即

$$\Delta D = \frac{\Delta m}{m_0} \times 100\% \tag{3-8}$$

并有

$$\sum \Delta D = 100\% \tag{3-9}$$

根据计算出的 ΔD 值（见表 3-2），可绘出频数分布直方图（见图 3-3a）。计算结果表明，ΔD 值的大小与粒径间隔 Δd_p 的取值有关。

（2）频率密度分布 f 简称频度分布，系指单位粒径间隔时的频数分布，即粒径间隔 $\Delta d_p = 1\mu m$ 时尘样质量占尘样总质量的百分数，所以

$$f = \frac{\Delta D}{\Delta d_p} \tag{3-10}$$

同样，根据计算结果可以绘出频度分布的直方图，按照各组粒径范围的平均粒径值，可以得到一条光滑的频度分布曲线（见图 3-3b）。图中每一个小直方块的面积代表相应组距的频

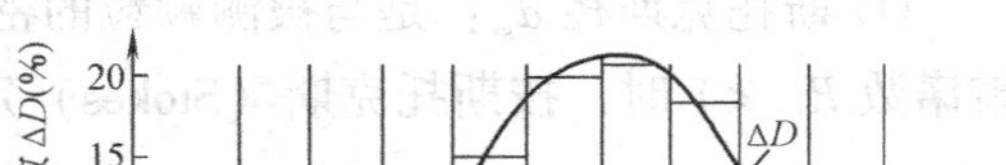

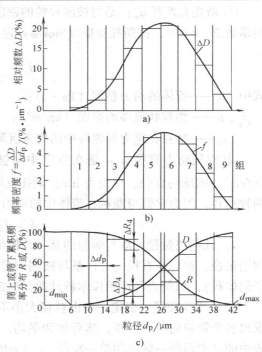

图 3-3 粒径的相对频数、频率密度和累积频率分布

数分布（$\Delta D = f\Delta d_p$）。

频度分布的微分定义式为

$$f(d_p) = \frac{dD}{dd_p} \tag{3-11}$$

它表示粒径为 d_p 的颗粒质量占尘样总质量的百分数。

（3）筛上累积频率分布 R（%）　简称筛上累积分布，系指大于某一粒径 d_p 的全部颗粒质量占尘样总质量的百分数，即

$$R = \sum_{d_p}^{d_{max}} \Delta D = \sum_{d_p}^{d_{max}} \left(\frac{\Delta D}{\Delta d_p}\right)\Delta d_p = \sum_{d_p}^{d_{max}} f(d_p) \cdot \Delta d_p \tag{3-12}$$

或取积分形式

$$R(d_p) = \int_{d_p}^{d_{max}} dD = \int_{d_p}^{d_{max}} f(d_p)\,dd_p \tag{3-13}$$

反之，将小于某一粒径 d_p 的全部颗粒质量占尘样总质量的百分数称为筛下累积频率分布 D，简称筛下累积分布，因此

$$D = \sum_{d_{min}}^{d_p} \Delta D = \sum_{d_{min}}^{d_p} f(d_p)\Delta d_p \tag{3-14}$$

或

$$D(d_p) = \int_{d_{min}}^{d_p} dD = \int_{d_{min}}^{d_p} f(d_p)\,dd_p \tag{3-15}$$

按照计算所得的 R、D 值，可以分别绘出筛上累积分布和筛下累积分布的曲线，如图 3-3c 所示。

由上述定义及图 3-3c 或表 3-2 可知，频度分布曲线 f 下的面积为 100%，即

$$D(d_p) + R(d_p) = \int_{d_{min}}^{d_{max}} f(d_p)\,dd_p = 100 \tag{3-16}$$

以及

$$f(d_p) = \frac{dD}{dd_p} = -\frac{dR}{dd_p} \tag{3-17}$$

筛上累积分布和筛下累积分布相等（$R = D = 50\%$）时的粒径为中位径，记作 d_{50}，即图 3-3c 中 R 与 D 两曲线交点处对应的粒径。中位径是除尘技术中常用的一种表示粉尘粒径分布特性的简明方法。

图 3-3b 中频度分布 f 达到最大值时相对应的粒径称作众径，记作 d_d。

3.2.3　粉尘粒径的分布函数

粉尘的粒径分布用函数形式表示更便于分析。一般来说粉尘的粒径分布是随意的，但它近似地与某一规律相符，可以用函数来表示。常用的有正态分布函数、对数正态分布函数、罗辛-拉姆勒（Rosin-Rammler）分布函数。

（1）正态分布（又称 Gauss 分布）　粉尘粒径的正态分布是相对于频率最大的粒径呈对称分布，其函数形式为

$$f(d_p) = \frac{100}{\sigma\sqrt{2\pi}} \exp\left[-\frac{(d_p - \bar{d}_p)^2}{2\sigma^2}\right] \tag{3-18}$$

由式（3-15）得筛下累积分布为

$$D(d_p) = \frac{100}{\sigma\sqrt{2\pi}} \int_{d_{min}}^{d_p} \exp\left[-\frac{(d_p - \bar{d}_p)^2}{2\sigma^2}\right] d(d_p) \tag{3-19}$$

式中　$\bar{d}_p$——算术（长度）平均径；

　　σ——标准差。

如图 3-4 所示，正态分布的频度分布曲线是关于平均值对称的钟形曲线，累积频率分布在正态概率坐标图中为一直线。由该直线可以求取正态分布的特征数 d_p 和 σ。相应于累积分布为 50% 的粒径（中位径 d_{50}）等于算术平均径 $\bar{d}_p$ 和众径 d_d，即 $d_{50}=\bar{d}_p=d_d$；而标准差 σ 等于中位径 d_{50} 与筛上累积频率 $R=84.13\%$ 的粒径 $d_{84.13}$ 之差，或筛上累积频率 $R=15.87\%$ 的粒径 $d_{15.87}$ 与中位径 d_{50} 之差，即

$$\sigma=d_{50}-d_{84.13}=d_{15.87}-d_{50}=\frac{1}{2}\left(d_{15.87}-d_{84.13}\right) \tag{3-20}$$

粒子粒径形成正态分布是很少的，在冷凝之类的物理过程中产生的粒子有这种情况。

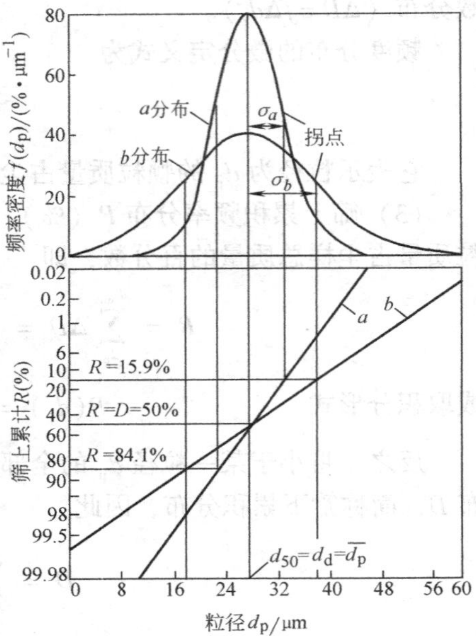

图 3-4　正态分布曲线及特征数的估计

（2）对数正态分布　大多数粒子（如空气中的尘和雾）的粒径分布在矩形坐标中是偏态的，如图 3-5 所示，若将横坐标用对数坐标代替，可以转化为近似正态分布的对称性钟形曲线，则称为对数正态分布。将式（3-18）中的 d_p 和 σ 分别用 $\ln d_p$ 和 $\ln\sigma_g$ 代替，则得到对数正态分布函数为

$$f(\ln d_p)=\frac{100}{\ln\sigma_g\sqrt{2\pi}}\exp\left[-\frac{(\ln d_p-\ln\bar{d}_g)^2}{2(\ln\sigma_g)^2}\right] \tag{3-21}$$

式中　$\bar{d}_g$——几何平均粒径，$\bar{d}_g=d_{50}$；

　　σ_g——几何标准差。

将累积频率分布绘于对数正态概率纸上也会得到一直线。在图 3-5 中，横坐标为对数坐标，并有 $\lg\sigma_g=\lg d_{50}-\lg d_{84.13}=\lg d_{15.87}-\lg d_{50}=(\lg d_{15.87}-\lg d_{84.13})/2$，所以对数正态分布的几何标准差 σ_g 为

$$\sigma_g=\frac{d_{50}}{d_{84.13}}=\frac{d_{15.87}}{d_{50}}=\left(\frac{d_{15.87}}{d_{84.13}}\right)^{1/2} \tag{3-22}$$

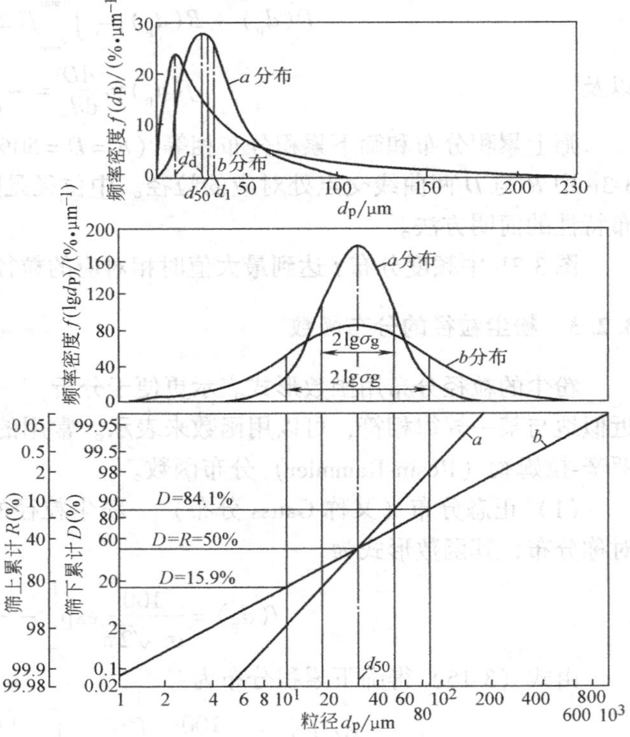

图 3-5　对数正态分布曲线及特征数的估计

对数正态分布有个特点，就是如果某种粉尘的粒径分布遵从对数正态分布的话，则无论是以质量表示还是

以个数或表面积表示的粒径分布，皆遵从对数正态分布，且几何标准差相等，在对数概率坐标中代表三种分布的直线相互平行。所以如果在坐标图上有了一种分布的直线，要确定另两种分布线时，只要知道该线上的一个点就行了。中位径是最便于确定的，其换算式为

$$d_{50}=d'_{50}\exp\ (3\ln^2\sigma_g) \tag{3-23}$$

$$d_{50}=d''_{50}\exp(0.5\ln^2\sigma_g) \tag{3-24}$$

式中 d_{50}、d'_{50}、d''_{50}——以粒子的质量、个数和表面积表示的对数正态分布的中位径。

此外，利用粒子个数表示的对数正态分布的特征数 d'_{50} 和 σ_g，还可以计算出各种平均粒径等参数，例如：

长度（算术）平均粒径 $$\bar{d}_l=d'_{50}\exp\ (0.5\ln^2\sigma_g) \tag{3-25}$$

表面积平均粒径 $$\bar{d}_s=d'_{50}\exp\ (\ln^2\sigma_g) \tag{3-26}$$

体积平均粒径 $$\bar{d}_V=d'_{50}\exp\ (1.5\ln^2\sigma_g) \tag{3-27}$$

体面积平均粒径 $$\bar{d}_{Vs}=d'_{50}\exp\ (2.5\ln^2\sigma_g) \tag{3-28}$$

例 3-1 经测定某城市大气中飘尘的质量粒径分布遵从对数正态分布规律，其中，中位径 $d_{50}=5.7\mu m$，筛上累积分布 $R=15.87\%$ 时，粒径 $d_{15.87}=9.0\mu m$。试确定以个数表示时对数正态分布函数的特征数和算术平均粒径。

解 对数正态分布函数的特征数是中位径 d_{50} 和几何标准差 σ_g。由于对数正态分布中以个数和质量表示的几何标准差相等，故可用式（3-22）计算几何标准差

$$\sigma_g=\frac{d_{15.87}}{d_{50}}=\frac{9.0}{5.7}=1.58$$

个数表示的中位径 d'_{50} 可按式（3-23）计算

$$d'_{50}=\frac{d_{50}}{\exp\ (3\ln^2\sigma_g)}=\frac{5.7}{\exp\ (3\ln^2 1.58)}\mu m=3.04\mu m$$

该飘尘的算术平均粒径可按式（3-25）计算

$$\bar{d}_1=d'_{50}\exp\ (0.5\ln^2\sigma_g)\ =3.04\exp\ (0.5\ln^2 1.58)\ \mu m=3.375\mu m$$

（3）罗辛-拉姆勒（R-R）分布 尽管对数正态分布函数在解析上比较方便，但是对破碎、研磨、筛分过程中产生的细颗粒及粒径分布很广的各种粉尘，常有不相吻合的情况。这时可以采用适用范围更广的罗辛-拉姆勒分布函数来表示，简称 R-R 分布函数。R-R 分布函数的一种形式为

$$R(d_p)=100\exp(-\beta d_p^n) \tag{3-29}$$

或

$$R(d_p)\ =100\times 10^{-\beta' d_p^n} \tag{3-30}$$

式中 β、β'——分布系数，并有 $\beta=\ln 10\times\beta'=2.303\beta'$；

n——分布指数，是表示粒子分布范围的特征数，n 值越大，粒径分布范围越窄。

对式（3-30）两端取两次对数可得

$$\lg\left(\lg\frac{100}{R}\right)=\lg\beta'+n\lg d_p \tag{3-31}$$

若以 $\lg d_p$ 为横坐标，以 $\lg\left(\lg\frac{100}{R}\right)$ 为纵坐标作线图，则可以得到一条直线。直线的斜率为指数 n，对纵坐标的截距为 $d_p=1\mu m$ 时的 $\lg\beta'$ 值，即

$$\beta'=\lg\left[\frac{100}{R\ (d_p=1\mu m)}\right] \tag{3-32}$$

若将中位径 d_{50} 代入式（3-29）可求得

$$\beta=\frac{\ln2}{d_{50}^n}=\frac{0.693}{d_{50}^n} \tag{3-33}$$

再将式（3-33）代入式（3-29）中，则得到一个常用的 R-R 分布函数表达式

$$R(d_p)=100\exp\left[-0.693\left(\frac{d_p}{d_{50}}\right)^n\right] \tag{3-34}$$

德国国家标准采用 RRS 分布函数，其表达式为

$$R(d_p)=100\exp\left[-\left(\frac{d_p}{d'_p}\right)^n\right] \tag{3-35}$$

式中 d'_p——粒径特性数，为筛上累积分布 $R=36.8\%$ 时的粒径。

令式（3-35）和式（3-34）相等，可得

$$d_{50}=d'_p\ (0.693)^{1/n} \tag{3-36}$$

在 R-R 坐标纸或 RRS 坐标纸上绘制的粒径累积分布曲线皆为直线，并能方便地求出特征数 n、β'、d_{50} 或 d'_p。

某种粉尘的粒径分布究竟适合上述三种中的哪一种，只需将该粉尘的累积分布（R 或 D）测定值同时标绘在正态概率纸、对数正态概率纸和 R-R 分布纸上，当实验值的标点在哪种概率纸上形成一条直线时，则此粉尘的粒径分布就服从哪种分布。

例 3-2 已知炼钢电弧炉吹氧期产生的烟尘遵从 R-R 分布，中位径 $d_{50}=0.11\mu m$，分布指数 $n=0.50$，试确定小于 1μm 的烟尘所占的比例。

解 由式（3-34）得到小于 1μm 的烟尘所占的百分数（%）为

$$D=100-R=100-100\exp\left[-0.693\left(\frac{d_p}{d_{50}}\right)^n\right]=100-100\exp\left[-0.693\left(\frac{1}{0.11}\right)^{0.50}\right]=87.6\ (\%)$$

计算结果表明，炼钢电炉吹氧期产生的烟尘粒径小于 1μm 的比例较大。

例 3-3 某石英尘的粒径分析结果见表3-3，试求该石英尘的分布函数及 d_p 为 1μm，2μm，5μm，10μm，20μm，30μm，40μm 的筛上累积百分数。

表 3-3 某石英尘的粒径分析结果

d_p/μm	2.1	3.7	5.8	9.6	16.2	28	34.6
筛上累积百分数（%）	97.7	92.4	83.0	57.2	22.8	4.7	1.8

解 将表中数据在三种分布函数的坐标纸上进行标绘，发现在 R-R 分布坐标纸上为一直线（见图 3-6），说明该尘符合 R-R 分布。作通过各点的直线 AB。通过原点 P 作平行于 AB 的直线至坐标纸的边缘处，得 $n=1.86$。由图查得 $d_{50}=12\mu m$。将 n 和 d_{50} 值代入式（3-34），得该石英尘的分布函数为

$$R(d_p)=100\exp(-0.0068d_p^{1.86})$$

由上式可以算出（或由图中 AB 线上直接查出）d_p 为 1μm，2μm，5μm，10μm，20μm，30μm，40μm 的 R 值分别为 99.3%，97.5%，87%，61%，17%，2.5%，0.2%。

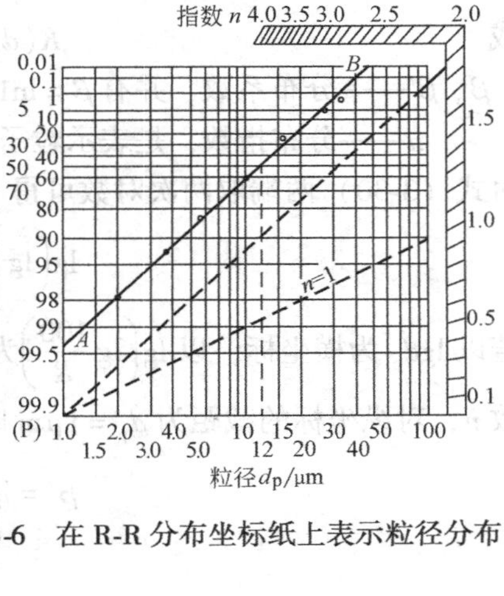

图 3-6 在 R-R 分布坐标纸上表示粒径分布

3.3 微粒在流体中的运动阻力

3.3.1 微粒在流体中的运动阻力和阻力系数

颗粒物质要从气流中分离出来，只有在颗粒与气体之间出现运动速度的大小和方向不一致，亦即出现相对运动时才能实现。微粒与流体间发生相对运动时，颗粒必然受到流体阻力 F_d 的作用，其大小由下式确定

$$F_d = C_d A_p \frac{\rho v^2}{2} \tag{3-37}$$

对球形颗粒，有

$$F_d = C_d \frac{\pi}{4} d_p^2 \frac{\rho v^2}{2} \tag{3-37'}$$

式中 C_d——流体的阻力系数；

ρ——流体密度（kg/m^3）；

A_p——微粒垂直于气流的最大断面积（m^2）；

v——微粒与流体之间的相对运动速度（m/s），在重力场中，v 为重力沉降速度 v_s，在离心力场中，v 为径向离心分离速度 v_r，在电力场中，v 为荷电粒子的驱进速度 ω。

根据对球形颗粒流体阻力的实验研究，发现影响流体阻力的物理量有粒子粒径 d_p、相对运动速度 v、流体密度 ρ 及动力粘度 μ 等。通过量纲分析，可以得到阻力系数 C_d 与这些物理量之间的关系为

$$C_d = \frac{\alpha}{Re^m} \tag{3-38}$$

$$Re = \frac{d_p \rho v}{\mu} \tag{3-39}$$

式中 Re——粒子雷诺数；

α、m——另一量纲为1的常数和指数。

雷诺（Reyleigh）根据当时多位学者的研究结果，绘出了流体阻力系数 C_d 与粒子雷诺数 Re 的综合关系曲线，如图3-7所示。图中示出了流线绕球体在各区的情况、各区范围、各区 C_d 与 Re 的关系规律等，这些规律总结于表3-4。

表3-4 不同区域内的阻力系数 C_d 和阻力 F_d

区域	层流区（Stokes 区）	过渡区（Allen 区）	紊流区（Newton 区）
Re	<1 或 <2	1 ~ 500	$500 < Re < 10^5$
α	24	18.5	0.3 ~ 0.5，平均 0.44
m	1.0	0.6	0
C_d	$24/Re$	$18.5/Re^{0.6}$	0.44
F_d	$3\pi\mu d_p v$	$7.265\rho^{0.4}\mu^{0.6}(d_p v)^{1.4}$	$0.055\pi\rho d_p^2 v^2$
d_p 大致范围	1 ~ 100μm	100 ~ 1000μm	>1000μm

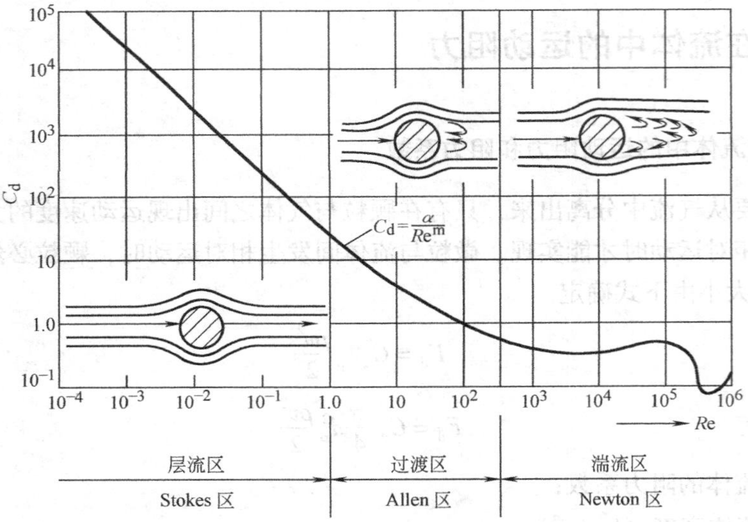

图 3-7　阻力系数 C_d 与粒子雷诺数 Re 的关系

表3-4 表明，在层流区，微粒的流体阻力为

$$F_d = 3\pi\mu d_p v \tag{3-40}$$

式（3-40）是斯托克斯阻力定律的主要数学表达式。

3.3.2　滑动修正系数

在式（3-40）的推导过程中，曾假设微粒表面有一无限薄的流体介质层，它与尘粒之间没有相对运动。但在实验中发现。当微粒粒径小于 1.0μm 时，薄气层与微粒表面有滑动现象，使实际阻力小于按式（3-40）计算之值。肯宁汉（Cuningham）针对这种现象，提出了滑动修正系数（又称肯宁汉修正系数），以 C_u 表示，即

$$C_u = 1 + K_n\left[1.257 + 0.4\exp\left(-1.10/K_n\right)\right] \tag{3-41}$$

$$K_n = 2\lambda/d_p \tag{3-42}$$

$$\lambda = \frac{\mu}{0.499\bar{v}\rho} \tag{3-43}$$

$$\bar{v} = \sqrt{\frac{8RT}{\pi M}} \tag{3-44}$$

式中　K_n——努森数（量纲为1），一般认为，$K_n>0.016$（相当于 $C_u=1.02$）时，需进行修正；

λ——气体分子的平均自由程（m）；

T——气体的热力学温度（K）；

d_p——微粒粒径（m）；

$\bar{v}$——气体分子的平均运动速度（m/s）；

M——气体的摩尔质量（kg/kmol）；

μ——气体的动力粘度（Pa·s）；

ρ——气体的密度（kg/m³）；

R——摩尔气体常数，$R=8314\text{J}/(\text{kmol}\cdot\text{K})$。

在常压空气中，C_u 也可用下式估算

$$C_u=1+6.21\times10^{-4}T/d_p \tag{3-45}$$

式（3-45）中，粒径 d_p 的单位为 μm。

微粒在重力场、电场、离心力场中的运动，只要满足 $Re<1.0$，都可以用式（3-40）计算所受的流体阻力。若 $d_p\leqslant1.0\mu\text{m}$，或 $K_n>0.016$，所受阻力都要按下式进行修正

$$F_d=3\pi\mu d_p v/C_u \tag{3-46}$$

例 3-4 有两种粒径的粒子在空气沉降室中自由沉降，求下述条件下，匀速沉降粒子所受到的阻力。已知条件为：

（1）粒径 $d_p=120\mu\text{m}$，沉降室空气温度 $T=293\text{K}$，压力 $p=1.013\times10^5\text{Pa}$，沉降速度 $v=0.9\text{m/s}$。

（2）粒径 $d_p=1\mu\text{m}$，沉降室空气温度 $T=400\text{K}$，压力 $p=1.013\times10^5\text{Pa}$，沉降速度 $v=50\mu\text{m/s}$。

解 （1）由附录 D 查得 $T=293\text{K}$，压力 $p=1.013\times10^5\text{Pa}$ 条件下，空气的动力粘度 $\mu=1.81\times10^{-5}\text{Pa}\cdot\text{s}$，密度 $\rho=1.205\text{kg/m}^3$，粒子雷诺数

$$Re=d_p\rho v/\mu=120\times10^{-6}\times1.205\times0.9/(1.81\times10^{-5})=7.19$$

由于 $1.0<Re<500$，粒子的沉降运动处于过渡区，由表 3-3 得阻力系数为

$$C_d=18.5/Re^{0.6}=18.5/7.19^{0.6}=5.66$$

由式（3-37a）得阻力

$$F_d=C_dA_p\frac{\rho v^2}{2}=5.66\times\frac{\pi}{4}(120\times10^{-6})^2\times\frac{1.205\times0.9^2}{2}\text{N}=3.12\times10^{-8}\text{N}$$

（2）由于 $d_p=1\mu\text{m}$，需要对斯托克斯阻力公式进行肯宁汉系数修正。由附录 D 查得 $T=400\text{K}$，压力 $p=1.013\times10^5\text{Pa}$ 条件下，空气的动力粘度 $\mu=2.29\times10^{-5}\text{Pa}\cdot\text{s}$，密度 $\rho=0.8826\text{kg/m}^3$，空气的摩尔质量 $M=28.97\text{kg/kmol}$，代入式（3-44）得空气分子的平均运动速度为

$$\bar{v}=\sqrt{\frac{8RT}{\pi M}}=\sqrt{\frac{8\times8314\times400}{\pi\times28.97}}\text{m/s}=540.7\text{m/s}$$

由式（3-43）算出空气分子的平均自由程 λ

$$\lambda=\frac{\mu}{0.499\bar{v}\rho}=\frac{2.29\times10^{-5}}{0.499\times540.7\times0.8826}\text{m}=0.096\times10^{-6}\text{m}$$

努森数 $K_n=2\lambda/d_p=2\times0.096\times10^{-6}/1\times10^{-6}=0.192$

由式（3-41）计算肯宁汉修正系数 C_u

$$C_u=1+K_n[1.257+0.4\exp(-1.10/K_n)]=1+0.192\times[1.257+0.4\exp(-1.10/0.192)]=1.2416$$

粒子所受阻力 F_d 为

$$F_d=3\pi\mu d_p v/C_u=(3\pi\times2.29\times10^{-5}\times1\times10^{-6}\times50\times10^{-6}/1.2416)\text{N}=8.69\times10^{-15}\text{N}$$

3.4 微粒沉降分离机理

3.4.1 重力沉降

如图 3-8 所示，设一直径为 d_p 的球形颗粒在静止流体中从静止状态开始作自由重力沉降。起始沉降速度 $v=0$，颗粒只受重力 F_1 和流体浮力 F_2 的作用，这两个力向下的合力 F_g 为

$$F_g=F_1-F_2=\frac{\pi d_p^3}{6}(\rho_p-\rho)g \tag{3-47}$$

根据牛顿第二定律，在这个大于零的合力 F_g 的作用下，微粒将从起始位置作加速沉降运动。随着沉降速度 v 的产生及增加，阻力 F_d 便立即产生并增大。因而，加速过程中，先是 $F_g > F_d$，随着阻力的增大，最后是 $F_g = F_d$，这时的沉降速度 v 达到了最大值，称终末沉降速度（简称沉降速度）v_s。这时，由于粒子向下的合力为0，加速过程结束，粒子进入以终末沉降速度进行的匀速沉降过程。将式（3-37a）和式（3-47）代入终末沉降速度定义式 $F_g = F_d$，便得到颗粒的重力终末沉降速度 v_s

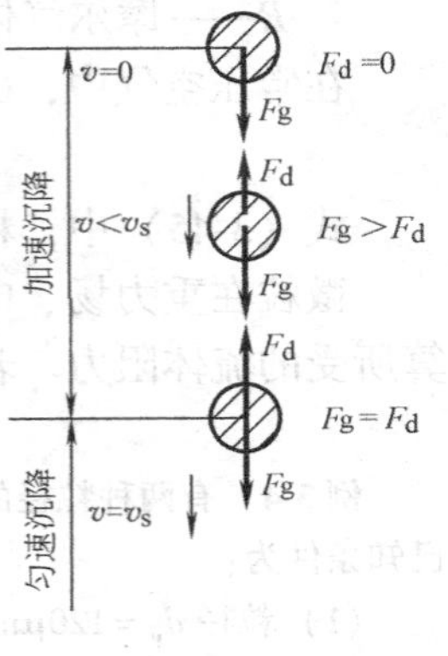

图3-8　重力沉降

$$v_s = \left[\frac{4d_p(\rho_p - \rho)g}{3C_d\rho}\right]^{1/2} \tag{3-48}$$

对于斯托克斯区域（$Re < 1$ 或 2）的颗粒，将阻力系数 $C_d = 24/Re$ 代入式（3-48），便得到适用于斯托克斯区的沉降速度 v_s

$$v_s = \frac{d_p^2(\rho_p - \rho)g}{18\mu} \approx \frac{d_p^2\rho_p g}{18\mu} = \tau_p g \tag{3-49}$$

当流体介质是气体时，$\rho_p \gg \rho$，可忽略浮力的影响。

对于肯宁汉滑动区域的小颗粒，应修正为

$$v_s = \frac{d_p^2\rho_p}{18\mu}gC_u = \tau_p g C_u \tag{3-50}$$

式（3-49）或式（3-50）亦称为斯托克斯公式，式中 $\tau_p = d_p^2\rho_p/18\mu$，是粒子的松弛时间即流体阻力使颗粒的运动速度 v 减少到它的初始速度 v_0 的 1/e（约36.8%）时所需的时间。

式（3-49）对粒径为1.5～75μm的单位密度的颗粒，计算精度在±10%以内。当考虑肯宁汉系数修正后，对小至0.001μm的微粒也是精确的。

根据式（3-50），可以得到斯托克斯直径 d_s

$$d_s = \sqrt{\frac{18\mu v_s}{\rho_p g C_u}} \tag{3-51}$$

对于过渡区，将阻力系数 $C_d = 18.5/Re^{0.6}$ 代入式（3-48），得终末沉降速度 v_s

$$v_s = \frac{0.153 d_p^{1.14}\ (\rho_p - \rho)^{0.714} g^{0.714}}{\mu^{0.428}\rho^{0.286}} \tag{3-52}$$

对于牛顿区，将 $C_d = 0.44$ 代入式（3-48），则得 v_s

$$v_s = 1.74[d_p(\rho_p - \rho)g/\rho]^{1/2} \tag{3-53}$$

例3-5　已知石灰石颗粒的真密度为2.67g/cm³，试计算粒径为1μm和400μm的球形颗粒在293K空气中的重力沉降速度。

解　（1）对于粒径1μm的颗粒，应按式（3-50）计算重力沉降速度。在293K空气中肯宁汉修正系数近似按式（3-45）计算

$$C_u = 1 + 6.21 \times 10^{-4} \times 293/1 = 1.18$$

则

$$v_s = \frac{(1 \times 10^{-6})^2 \times 2670 \times 9.81 \times 1.18}{18 \times 1.81 \times 10^{-5}}\text{m/s} = 9.49 \times 10^{-5}\text{m/s}$$

（2）根据表3-4，对于 $d_p = 400\mu m$ 的颗粒，采用式（3-52）计算 v_s，即

$$v_s=\frac{0.153d_p^{1.14}\ (\rho_p g)^{0.714}}{\mu^{0.428}\rho^{0.286}}=\frac{0.153\times\ (400\times10^{-6})^{1.14}\times\ (2670\times9.81)^{0.714}}{(1.81\times10^{-5})^{0.428}\times1.205^{0.286}}\text{m/s}=2.97\text{m/s}$$

实际的粒子雷诺数为

$$Re=\frac{400\times10^{-6}\times1.205\times2.97}{1.81\times10^{-5}}=79.0$$

由于 $1<Re<500$，应用过渡区公式计算是适宜的。

3.4.2 离心沉降

旋风除尘器是应用离心力进行尘粒分离的一种除尘装置，也是造成旋转运动和旋涡的一种体系。

随气流一起旋转的球形颗粒，所受离心力 F_c 可用牛顿定律确定

$$F_c=\frac{\pi}{6}d_p^3\rho_p\frac{v_\theta^2}{R} \tag{3-54}$$

式中 R——旋转气流流线的半径（m）；

v_θ——R 处气流的切向速度（m/s）。

在离心力的作用下，颗粒将产生离心的径向运动（垂直于切向）。若颗粒运动处于斯托克斯区，则颗粒所受向心的流体阻力为 $F_d=3\pi\mu d_p v$。当离心力 F_c 和阻力 F_d 达到平衡时，颗粒便达到了离心沉降的终末速度 v_r

$$v_r=\frac{d_p^2\ (\rho_p-\rho)\,v_\theta^2}{18\mu\quad R}\approx\frac{d_p^2\rho_p v_\theta^2}{18\mu\,R}=\tau_p a_c \tag{3-55}$$

式中 a_c——离心加速度，$a_c=v_\theta^2/R$。

若颗粒的运动处于滑动区，v_r 应乘以肯宁汉修正系数 C_u。

3.4.3 电力沉降

电力沉降包括两类情况：自然荷电粒子和外加电场荷电粒子在电力作用下的沉降。

过滤式除尘器和湿式除尘器中的捕尘体（如纤维、水滴等）和颗粒都可能因各种原因（如与带电体接触、摩擦、宇宙射线的照射等）而带上电荷，根据捕尘体和颗粒所带电荷性质的不同，会发生异性相吸、同性相斥作用，从而影响颗粒在捕尘体上的沉降。

在外加电场中，例如在电除尘器中，若忽略重力和惯性力等的作用，荷电颗粒所受作用力主要是静电力（即库仑力）和气流阻力。静电力 F_e 为

$$F_e=qE \tag{3-56}$$

式中 q——颗粒的荷电量（C）；

E——颗粒所处位置的电场强度（V/m）。

对于斯托克斯区域的颗粒，颗粒所受气流阻力 $F_d=3\pi\mu d_p u$，当静电力 F_e 和阻力 F_d 达到平衡时，颗粒便达到静电沉降的终末速度，习惯上称为颗粒的驱进速度，并用 ω 表示

$$\omega=\frac{qE}{3\pi\mu d_p} \tag{3-57}$$

同样，若颗粒的运动处于滑动区，ω 应乘以肯宁汉修正系数 C_u。

3.4.4 惯性沉降

通常认为，气流中的颗粒随着气流一起运动，很少或不产生滑动。但是，若有一静止的

或缓慢运动的捕尘体（如液滴或纤维等）处于气流中时，则成为一个靶子，使气体产生绕流，并使某些颗粒沉降到上面。颗粒能否沉降到靶上，取决于颗粒的质量及相对于靶的运动速度和位置。图 3-9 中所示的小颗粒 1，随着气流一起绕过靶；距停滞流线较远的大颗粒 2，也能避开靶；距停滞流线较近的大颗粒 3，因其质量和惯性较大而脱离流线，保持自身原来的运动方向而与靶碰撞，继而被捕集。通常将这种捕尘机制称为惯性碰撞。颗粒 4 和 5 因质量和惯性较小而不会离开流线。这时只要粒子的中心是处在距靶表面不超过 $d_p/2$ 的流线上，就会与捕尘体接触而被拦截捕获。

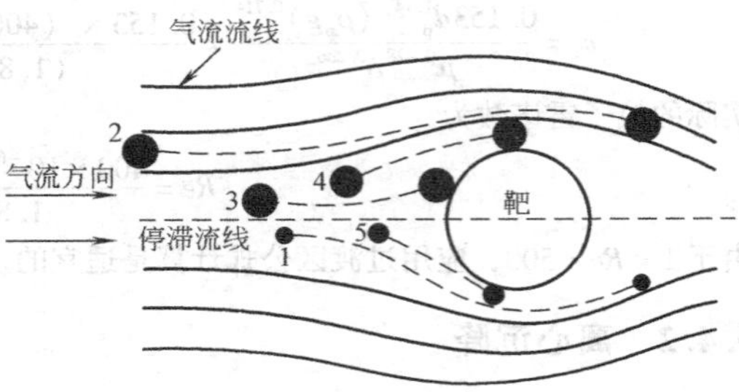

图 3-9　运动气流中接近靶时颗粒运动的几种可能情况

1. 惯性碰撞

惯性碰撞的捕集效率主要取决于三个因素：

1）气流速度在捕尘体（即靶）周围的分布，它随气体相对捕尘体流动的雷诺数 Re_D 而变化。捕尘体雷诺数 Re_D 定义为

$$Re_D = \frac{v_0 \rho D_c}{\mu} \tag{3-58}$$

式中　v_0——未被扰动的上游气流与捕尘体之间的相对流速（m/s）；

D_c——捕尘体的定性尺寸（m）。

在高 Re_D 下（势流），除了邻近捕尘体表面附近外，气流流型与理想气体一致；在较低 Re_D 时，气流受粘性力支配，即为粘性流。

2）颗粒运动轨迹，它取决于颗粒的质量、气流阻力、捕尘体的尺寸和形状，以及气流速度等。描述颗粒运动特征的参数，可以采用斯托克斯数 St（也称为惯性碰撞参数），它定义为颗粒的停止距离 x_s 与捕尘体直径 D_c 之比。对于球形的斯托克斯颗粒，有

$$St = \frac{x_s C_u}{D_c} = \frac{v_0 \tau_p C_u}{D_c} = \frac{d_p^2 \rho_p v_0 C_u}{18 \mu D_c} \tag{3-59}$$

图 3-10 给出了不同形状的捕尘体在不同 Re_D 下的惯性碰撞分级效率 η_{st} 与 $\sqrt{St}$ 的关系。也有人提出了如下 η_{st} 与 St 的关系（$St > 0.2$ 时）式

$$\eta_{st} = \left(\frac{St}{St + 0.35} \right)^2 \tag{3-60}$$

3）颗粒对捕尘体的附着，捕集效率通常假定为 100%。

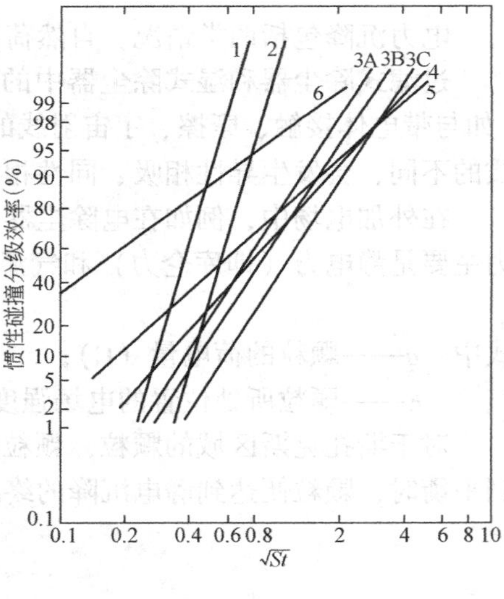

图 3-10　惯性碰撞分级效率与 $\sqrt{St}$ 的关系

1—向圆板喷射　2—向矩形板喷射

3—圆柱体　4—球体　5—半矩形体　6—聚焦

A—$Re_D = 150$　B—$Re_D = 10$　C—$Re_D = 0.2$

2. 拦截

拦截作用一般用量纲为 1 的拦截参数 R 来表示其特性，它定义为

$$R=\frac{d_p}{D_c} \tag{3-61}$$

对于惯性大沿直线运动的颗粒，即 $St\to\infty$，除了在直径为 D_c 的流管内的颗粒都能与捕尘体碰撞外，与捕尘体表面的距离为 $d_p/2$ 的颗粒也会与捕尘体表面接触。因此，靠拦截引起的捕集效率的增量 η_{DI} 是：对于圆柱形捕尘体 $\eta_{DI}=R$；对于球形捕尘体 $\eta_{DI}=2R+R^2\approx 2R$。

对于惯性小沿流线运动的颗粒，即 $St\to 0$ 时，拦截效率分别为

对于绕过圆柱体的势流

$$\eta_{DI}=1+R-\frac{1}{1+R}\approx 2R \qquad (R<0.1) \tag{3-62}$$

对于绕过球体的势流

$$\eta_{DI}=(1+R)^2-\frac{1}{1+R}\approx 3R \qquad (R<0.1) \tag{3-63}$$

对于绕过圆柱体的粘性流

$$\eta_{DI}=\frac{1}{2.002-\ln Re_D}\left[(1+R)\ln(1+R)-\frac{R(2+R)}{2(1+R)}\right]\approx\frac{R^2}{2.002-\ln Re_D}$$

$$(R<0.07,\ Re_D<0.5) \tag{3-64}$$

对于绕过球体的粘性流

$$\eta_{DI}=(1+R)^2-\frac{3(1+R)}{2}+\frac{1}{2(1+R)}\approx\frac{3R^2}{2} \qquad (R<0.1) \tag{3-65}$$

可见，拦截参数 R 愈大，即 d_p 愈大，D_c 愈小，拦截效率愈高。

3.4.5 扩散沉降

1. 均方位移和扩散系数

很小的微粒受到气体分子的无规则撞击，使它们也像气体分子一样作无规则运动，称为布朗运动；布朗运动促使微粒从浓度较高的区域向浓度较低的区域扩散，称为布朗扩散。微粒的布朗运动可用爱因斯坦（Einstein）方程来描述。在一定时间 t 内，粒子沿 x 轴的均方位移 $\overline{\Delta x^2}$ 为

$$\overline{\Delta x^2}=2kBTt=2Dt \tag{3-66}$$

式中 k——玻耳兹曼常数，$k=1.38\times10^{-23}$ J/K；

B——粒子的迁移率，即在粘性介质中粒子的运动速度与产生该速度作用力的比值（m/N·s）；

T——含尘气体的温度（K）；

D——颗粒的扩散系数（m^2/s）。

颗粒的扩散系数 D 由气体的种类、温度及颗粒的粒径确定，其数值比气体扩散系数小几个数量级，可有两种理论方法求得。

对于粒径约等于或大于气体分子平均自由程（$K_n\leqslant 0.5$）的颗粒，可用爱因斯坦公式计算

$$D=\frac{kT}{3\pi\mu d_p}C_u \tag{3-67}$$

对于粒径大于气体分子但小于气体分子平均自由程（$K_n>0.5$）的颗粒，可由朗格缪尔（Langmuir）公式计算

$$D=\frac{4kT}{3\pi d_p^2 p}\sqrt{\frac{8RT}{\pi M}} \tag{3-68}$$

式中 p——气体的压力（Pa）；

R——摩尔气体常数，$R=8314\text{J}/(\text{kmol}\cdot\text{K})$；

M——气体的摩尔质量（kg/kmol）。

表 3-5 给出了颗粒在 293K 和 101325Pa 干空气中的扩散系数的计算值。

表 3-5 颗粒的扩散系数（293K，101325Pa）

粒径 $d_p/\mu m$	Kn	扩散系数 $D/m^2\cdot s^{-1}$	
		爱因斯坦公式	朗格缪尔公式
10	0.0131	2.41×10^{-12}	—
1	0.131	2.76×10^{-11}	—
0.1	1.31	6.78×10^{-10}	7.84×10^{-10}
0.01	13.1	5.25×10^{-8}	7.84×10^{-8}
0.001	131	—	7.84×10^{-6}

表 3-6 给出了单位密度的球形颗粒在 1s 内由于布朗扩散的平均位移 x_{BM} 和由于重力作用的沉降距离 x_G。由表可见，随着粒径的减小，在相同时间内布朗扩散的平均位移比重力沉降距离大得多。

表 3-6 在标准状态下 1s 内布朗扩散的平均位移与重力沉降距离的比较

粒径 $d_p/\mu m$	x_{BM}/m	x_G/m	x_{BM}/x_G
0.00037①	6×10^{-3}	2.4×10^{-9}	2.5×10^{6}
0.01	2.6×10^{-4}	6.6×10^{-8}	3900
0.1	3.0×10^{-5}	8.6×10^{-7}	35
1.0	5.9×10^{-6}	3.5×10^{-5}	0.17
10	1.7×10^{-6}	3.0×10^{-3}	5.7×10^{-4}

① 一个"空气分子"的直径。

2. 扩散沉降效率

扩散沉降效率取决于捕尘体的质量传递皮克莱（Peclet）数 Pe 和捕尘体雷诺数 Re_D。皮克莱数 Pe 定义为

$$Pe=\frac{v_0 D_c}{D} \tag{3-69}$$

皮克莱数 Pe 是由惯性力产生的颗粒的迁移量与布朗扩散产生的颗粒的迁移量之比，是捕集过程中扩散沉降重要性的量度。Pe 值越大，扩散沉降越不重要。

对于粘性流，朗格缪尔提出的计算颗粒在孤立的单个圆柱形捕尘体上的扩散沉降效率为

$$\eta_{BD}=\frac{1.71Pe^{-2/3}}{(2-\ln Re_D)^{1/3}} \tag{3-70}$$

纳坦森（Natanson）和弗里德兰德（Friedlander）等人也分别导出了类似的方程。在他

们的方程中分别用系数2.92和2.22代替了上述方程中的系数1.71。

对于势流，速度场与 Re_D 无关，在高 Re_D 下，纳坦森提出了如下方程

$$\eta_{BD}=\frac{3.19}{Pe^{1/2}} \tag{3-71}$$

从以上方程可以看出，除非是 Pe 非常小，否则颗粒的扩散沉降效率将是非常低的。此外，从理论上讲，$\eta_{BD}>1$ 是可能的，因为布朗扩散可能导致来自 D_c 距离之外的颗粒与捕尘体碰撞。

对于孤立的单个球形捕尘体，约翰斯坦（Johnstone）和罗伯特（Roberts）建议用下式计算扩散沉降效率

$$\eta_{BD}=\frac{8}{Pe}+2.23Re_D^{1/8}Pe^{-5/8} \tag{3-72}$$

例3-6 试比较靠惯性碰撞、直接拦截和布朗扩散捕集粒径为0.001~20μm的单位密度球形颗粒的相对重要性。捕尘体为直径100μm的纤维，在293K和101325Pa下的气流速度为0.1m/s。

解 在给定条件下捕尘体雷诺数 Re_D

$$Re_D=\frac{D_c\rho v}{\mu}=\frac{100\times10^{-6}\times1.205\times0.1}{1.81\times10^{-5}}=0.66$$

所以必须采用粘性流条件下的颗粒沉降效率公式，计算结果列入下表3-7中，其中惯性碰撞效率 η_{st} 是由图3-10估算的，拦截效率 η_{DI} 用式（3-64）、扩散沉降效率 η_{BD} 用式（3-70）计算的。

表3-7 例3-6计算结果

d_p/μm	St	η_{st}（%）	R	η_{DI}（%）	Pe	η_{BD}（%）
0.001	—	—	—	—	1.28	108
0.01	—	—	—	—	1.90×10^2	3.86
0.2	—	—	—	—	4.52×10^4	0.10
1	3.45×10^{-3}	0	0.01	0.004	3.62×10^5	0.025
10	0.308	3	0.1	0.5	—	—
20	1.23	37	0.2	1.5	—	—

由上例可见，对于大颗粒的捕集，布朗扩散的作用很小，主要靠惯性碰撞作用；反之，对于很小的颗粒，惯性碰撞的作用微乎其微，主要是靠扩散沉降。在惯性碰撞和扩散沉降均无效的粒径范围内（本例中约为0.2~1μm）捕集效率最低。

类似的分析也可以得到捕集效率最低的气流速度范围。

3.4.6 其他沉降机理

除了前述机理外，粒子在气流中的其他沉降机理还有泳力（扩散泳、热泳、光泳）、磁力、声凝聚等，这些机理相对于前述机理是次要的。

1. 扩散泳沉降

扩散泳是气体混合物存在浓度梯度所引起的粒子运动。

气体介质中存在着水滴或水膜时，会产生液相水分子的蒸发或气相中水分子的冷凝现象。蒸发出的水分子会带动气体介质分子向离开水面运动；反之，发生冷凝作用的气相水分子则会带动气体介质分子向着水面运动。这种由于气体介质中挥发性液体的冷凝或蒸发所引

起的向着或离开液体表面的气体分子的流动，称为斯蒂芬流。

处于斯蒂芬流混合气体中的粒子，其相对两面受到的气体分子的碰撞作用是不相同的，并将引起粒子的迁移，迁移方向与斯蒂芬流的方向相同。斯蒂芬流对粒子的沉降产生影响，如用喷水雾清除粉尘粒子，当水蒸气未饱和时，蒸发引起的斯蒂芬流阻碍水滴对粒子的捕获；当气相中水蒸气达到饱和时，冷凝引起的斯蒂芬流有助于水滴对粒子的捕获。

戈德史密斯（Goldsmith）等给出的0.005～0.05μm的粒子在空气-水蒸气系统的扩散泳速度 v_D 为

$$v_D = -1.9\times10^{-1}\left(\frac{\Delta p}{\Delta x_D}\right) \tag{3-73}$$

式中 $\Delta p/\Delta x_D$——水蒸气压力梯度（10^2Pa/cm）；

v_D——粒子在空气-水蒸气系统的扩散泳速度（cm/s），v_D 为正值时表示粒子向液面迁移。

Δx_D——边界层厚度，对球形粒子，可用下式估算

$$\Delta x_D = \frac{D_c}{2+0.557Re_D^{0.5}Sc_w^{0.375}}$$

式中 Sc_w——水滴的施密特数，$Sc_w = \mu/(\rho_p D)$；

D——水蒸气在空气中的扩散系数。

2. 热泳力沉降

气体分子具有一定的热运动速度，因此有一定的动能，并随温度而变化。处于温度梯度场中的粒子，其热面受到气体分子的作用力比冷面大，于是产生了对粒子的推力，推动粒子从高温侧向低温侧移动。粒子移动过程中与捕尘体相遇即被捕集。这种由于温度梯度对粒子所产生的推力称为热泳力。

沃尔德曼（Waldman）和施密特（Schmitt）给出的在多种原子理想气体中，处于自由分子体系的球形粒子（$K_n>10$）的热泳速度 v_T 为

$$v_T \approx -\frac{6\mu}{(8+\pi)}\frac{\Delta T}{T\rho\Delta x_T} \tag{3-74}$$

$$\Delta x_T = \frac{D_c}{2+0.557Re_D^{0.5}Pr^{0.375}}$$

式中 T——粒子表面温度；

Δx_T——热泳能够通过其发生的有效边界层厚度；

ΔT——通过 Δx_T 的温差，即冷面温度减热面温度；

Pr——普朗特（Prandtl）数，$Pr = c_p\mu/\lambda$，λ 为气体热导率；c_p 为气体比定压热容。

v_T 为正值时，表示粒子向冷侧迁移。

对粒径大于自由分子体系的较大粒子（$K_n<10$）和热导率较大的粒子（如金属粒子），热泳速度可用含有瓦赫曼（Wachmann）传热系数值的布鲁克（Brock）公式估算，即

$$v_T \approx -\frac{6.6\lambda\mu\,\Delta T}{\rho d_p T\,\Delta x_T} \tag{3-75}$$

式中 λ——气体分子平均自由程。

在过滤式或湿式除尘器中，捕尘体虽然可通过多种机制捕集粒子，但很少有全部机制同

时起作用的情况，通常只有两、三种机制是重要的。在一种除尘器中，两、三种机制常联合作用。一般，根据某一粒子被某一机制捕集后不再被捕集的原则，可按下式计算单个捕尘体多种捕尘机理的联合捕集效率 η_T，即

$$\eta_T = 1 - (1-\eta_{st})(1-\eta_{DI})(1-\eta_{BD})\cdots \tag{3-76}$$

3.5 除尘器的分类与性能

3.5.1 除尘器的分类

从含尘气流中将粉尘分离出来并加以捕集的装置称为除尘装置或除尘器。除尘器是除尘系统中的主要组成部分，其性能好坏对全系统的运行效果有很大影响。

按照除尘器分离捕集粉尘的主要机理，可将其分为如下四类：

（1）机械式除尘器　它是利用质量力（重力、惯性力和离心力等）的作用使粉尘与气流分离沉降的装置，包括重力沉降室、惯性除尘器和旋风除尘器等。

（2）电除尘器　它是利用高压电场使尘粒荷电，在库仑力作用下使粉尘与气流分离沉降的装置。

（3）过滤式除尘器　它是使含尘气流通过织物或多孔填料层进行过滤分离的装置，包括袋式除尘器、颗粒层除尘器等。

（4）湿式除尘器　亦称湿式洗涤器，它是利用液滴、液膜或液层洗涤含尘气流，使粉尘与气流分离沉降的装置。它可用于气体除尘，亦可用于气体吸收。

实际应用的某些除尘器中，常常同时利用了几种除尘机理。

按照除尘器效率的高低，可把除尘器分为高效除尘器（电除尘器、袋式除尘器和高能文丘里洗涤器）、中效除尘器（旋风除尘器和其他湿式除尘器）和低效除尘器（重力沉降室和惯性除尘器）三类。低效除尘器一般作为多级除尘系统的初级除尘。

此外，还按除尘过程中是否用水而把除尘器分为干式除尘器和湿式除尘器两大类。

近年来各国十分重视研究新的微粒控制装置，如通量力/冷凝洗涤器、高梯度磁分离器、荷电袋式过滤器、荷电液滴洗涤器等，它们一般同时利用了几种沉降机理。

3.5.2 净化装置的性能指标

净化装置（除尘器和气态污染物净化装置）的性能指标主要有两个方面：

（1）经济指标　包括设备的投资和运行费用、占地面积或占用空间的体积、设备的可靠性和使用年限等三项。

（2）性能指标　包括处理含尘气体的量、净化效率和压力损失等三项。

1）净化装置的处理气体量 Q，是代表装置处理含污染物气体能力大小的指标，用通过除尘器的体积流量（m^3/s 或 m^3/h）表示，在净化装置设计中一般为给定值。当装置存在漏气时，标准状态下的处理气体量 Q_N（m^3/s）用进口流量 Q_{1N} 和出口流量 Q_{2N} 的平均值代表，即

$$Q_N = (Q_{1N} + Q_{2N})/2 \tag{3-77}$$

装置的漏风率

$$\delta = \frac{Q_{1N} - Q_{2N}}{Q_{1N}} \times 100\% \tag{3-78}$$

2）压力损失（阻力）Δp，是指净化装置进口和出口断面上气流平均全压（全压 = 静压 + 动压）之差。不同种类净化装置 Δp 的计算方法和公式一般是不相同的。旋风除尘器的压力损失 Δp 一般与其入口速度 v_i（m/s）的平方成正比，即

$$\Delta p = \xi \frac{\rho v_i^2}{2} \tag{3-79}$$

式中 ρ——气体的密度（kg/m^3）；

ξ——旋风除尘器的阻力系数。

净化装置的压力损失实质上代表了气流通过装置时所消耗的机械能，它与通风机所耗功率成正比。所以 Δp 既是技术指标，也是经济指标。工业废气净化技术中总希望装置的能耗低、效率高，即所谓的"低阻高效"。

3.5.3 除尘器的除尘效率

除尘器的除尘效率代表除尘器捕集粉尘效果的好坏，有以下几种表示方法：

1. 总除尘效率的表示方法

（1）总除尘效率 η　若通过除尘器的气体流量为 Q（m^3/s，标准状态）、粉尘流量为 S（g/s）、含尘浓度为 C（g/m^3，标准状态），相应于除尘器进口、出口和捕集的粉尘流量用下标 i、o 和 c 表示，粉尘进口流量 S_i、捕集流量 S_c 和出口流量 S_o（见图 3-11）之间的关系为

$$S_i = S_c + S_o$$

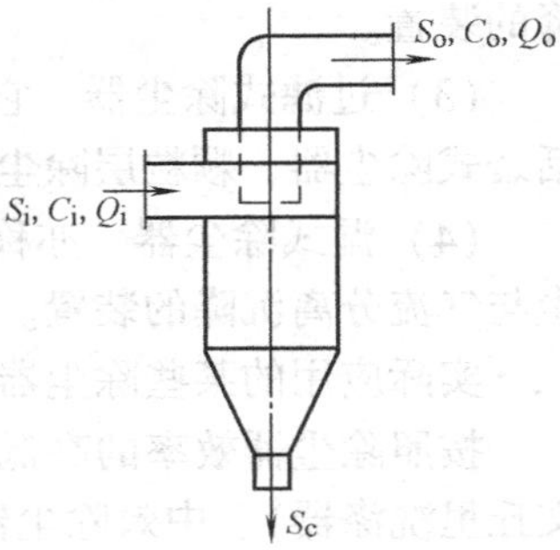

图 3-11　除尘效率计算式中符号的意义

除尘器的总除尘效率系指同一时间内除尘器捕集的粉尘质量与进入的粉尘质量之百分比，即

$$\eta = \frac{S_c}{S_i} \times 100\% = \left(1 - \frac{S_o}{S_i}\right) \times 100\% \tag{3-80}$$

因为 $S = CQ$，则 $\eta = \left(1 - \dfrac{C_o Q_o}{C_i Q_i}\right) \times 100\%$ （3-81）

由于气体的体积流量与其状态有关，所以除尘技术中一般用标态（273K，101.325kPa）下的气体流量（或体积），则式（3-81）变为

$$\eta = \left(1 - \frac{C_{oN} Q_{oN}}{C_{iN} Q_{iN}}\right) \times 100\% \tag{3-82}$$

若除尘器本体不漏气，则 $Q_{iN} = Q_{oN}$，则上式简化为

$$\eta = \left(1 - \frac{C_{oN}}{C_{iN}}\right) \times 100\% \tag{3-83}$$

（2）通过率 P　在一些高效除尘器中，如袋式过滤器和电除尘器等，除尘效率可达 99% 以上。若表示成 99.9% 或 99.99%，在表达除尘器性能差别上不明显，也不方便，因此有时采用通过率 P（%）来表示除尘器性能。它指从除尘器出口逃逸的粉尘流量与进口粉尘流量之百分比，即

$$P=\frac{S_o}{S_i}\times 100\% = 1-\eta \tag{3-84}$$

例如，某除尘器的 $\eta=99.0\%$ 时，$P=1.0\%$；另一除尘器的 $\eta=99.9\%$，$P=0.1\%$；则前者的通过率为后者的10倍。

（3）净化系数 f_d 与净化指数　除尘器的净化系数 f_d 指进口含尘浓度 C_i 与出口含尘浓度 C_o 之比，即

$$f_d=\frac{C_i}{C_o}\times 100\% = \frac{1}{1-\eta} \tag{3-85}$$

f_d 的常用对数值称为净化指数。例如某除尘器的 $\eta=99.99\%$，则 $f_d=1/(1-0.9999)=10^4$，净化指数为4。

（4）串联运行时的总除尘效率　当气体含尘浓度较高，一级除尘器的出口浓度达不到排放要求，或者即使能达到排放要求，但因粉尘负荷过大，会引起装置性能不稳定或堵塞。这时应考虑采用两级或多级多种除尘器串联使用。

设 η_1，η_2，…，η_n 为第1，2，…，n 级除尘器的除尘效率，则 n 级除尘器串联后的总除尘效率为

$$\eta=1-(1-\eta_1)\cdot(1-\eta_2)\cdot\cdots\cdot(1-\eta_n) \tag{3-86}$$

应当指出，由于进入各级除尘器的粉尘粒径越来越小，所以每级除尘器的除尘效率一般也越来越低。

（5）排出口浓度及排放量　由式（3-82）得排出口含尘浓度为

$$C_{oN}=C_{iN}\left(\frac{Q_{iN}}{Q_{oN}}\right)(1-\eta) \tag{3-87}$$

无漏气时，$Q_{iN}=Q_{oN}$，上式可简化为

$$C_{oN}=C_{iN}(1-\eta) \tag{3-88}$$

除尘器出口的粉尘排放量为

$$S_o=C_{oN}Q_{oN} \tag{3-89}$$

2. 分级除尘效率

（1）分级除尘效率　上述除尘效率是指在一定条件下运行的除尘器对某种粉尘的总除尘效率。但是，同一除尘装置在相同运行条件下，对粒径分布不同的粉尘，以及对同一粉尘中不同粒径的粒子，其捕集效率都是不同的。为表示除尘效率与粉尘粒径分布的关系，而引入分级除尘效率的概念。

分级除尘效率是指除尘器对某一粒径 d_p 或粒径 $d_p\sim d_p+\Delta d_p$ 范围内粉尘的除尘效率。除尘器对 $d_p\sim d_p+\Delta d_p$ 范围内粉尘的分级效率 η_d 为

$$\eta_d=\frac{\Delta S_c}{\Delta S_i}\times 100\% \tag{3-90}$$

式中　ΔS_i，ΔS_c——粒径为 $d_p\sim d_p+\Delta d_p$ 范围内除尘器进口和捕集的粉尘流量（g/s）。

若以 ΔD_i 和 ΔD_c 分别表示除尘器入口和捕集的粉尘的相对频数分布，由于 $\Delta S=S\Delta D$ 所以

$$\eta_d=\frac{\Delta S_c}{\Delta S_i}=\frac{S_c\Delta D_c}{S_i\Delta D_i}=\eta\frac{\Delta D_c}{\Delta D_i} \tag{3-91}$$

式（3-91）是分级效率与总效率及粉尘粒径相对频数分布之间的关系，它是除尘器实验时根据实测的总除尘效率 η 及分析出的除尘器入口和捕集的粉尘粒径频数分布 ΔD_i 和 ΔD_c 来计算分级效率的公式。

如对式（3-91）右边分子、分母同除以 Δd_p，由于 $f=\Delta D/\Delta d_p$，可得由 f_i 和 f_c 计算分级效率 η_d 的公式

$$\eta_d=\eta\frac{f_c}{f_i} \tag{3-92}$$

式中 f_i、f_c——除尘器进口和捕集粉尘的粒径频度分布。

分级效率还可以根据除尘器进口和出口粉尘的频度分布 f_i 和 f_o 计算。对于粒径 $d_p \sim d_p+\Delta d_p$ 范围的粒子有

$$S_o f_o=(S_i-S_c)f_o=S_i f_i-S_c f_c$$

等式两边同除以 S_i 有

$$\left(1-\frac{S_c}{S_i}\right)f_o=f_i-\frac{S_c}{S_i}f_c$$

即
$$(1-\eta)f_o=f_i-\eta f_c$$

将式（3-92）代入上式，整理后得由 f_i 和 f_o 计算 η_d 的计算式

$$\eta_d=1-(1-\eta)\frac{f_o}{f_i} \tag{3-93}$$

从式（3-93）和式（3-92）中消去 f_i，整理后得由 f_c 和 f_o 计算 η_d 的计算式

$$\eta_d=\frac{\eta}{\eta+(1-\eta)f_o/f_c} \tag{3-94}$$

这样，在测出了除尘器的总除尘效率 η，分析出除尘器入口、出口和捕集的粉尘频度分布 f_i、f_o 和 f_c 中的任意两项，即可按式（3-92）、式（3-93）和式（3-94）之一计算出分级效率 η_d。

分级效率 η_d 与除尘器的种类、气流状况、粉尘的密度和粒径等因素有关。分级效率 η_d 与粒径 d_p 的关系一般呈指数函数形式，可表示为

$$\eta_d=1-e^{\alpha d_p^m} \tag{3-95}$$

式中右端第二项表示逃逸粉尘的比例。α 和 m 均为常数，其值随除尘装置不同而异，由实验确定。α 值愈大，粉尘逃逸量愈小，装置的分级效率 η_d 愈高。m 值愈大，则 d_p 对 η_d 的影响愈大。m 值的范围一般为 0.33 ~ 1.2。旋风除尘器和洗涤器的 m 值较大，它们的分级效率受粒径的影响较明显。图 3-12 示出各种除尘装置的 η_d 与 d_p 的关系。图中表明，除旋风除尘器和洗涤器外，其他除尘器粉尘粒径对分级效率的影响不明显。

（2）质量频度分布　质量频度分布系指某一粒径 d_p 的粒子所具有的质量流量 [g/（s · μm）]。若 Δd_p 范围内粉尘的质量流量为 ΔS，则根据定义有

$$质量频度分布=\Delta S/\Delta d_p=S\Delta D/\Delta d_p=Sf$$

质量频度分布曲线示于图 3-13，由图可见，该曲线形状与频度分布曲线完全相同，即

$$S=\int_0^{d_{max}} Sf\mathrm{d}d_p$$

（3）粒径分布与分级效率和总效率的关系　在图 3-13 中，i 曲线和 c 曲线与横坐标围成

的面积分别代表除尘器入口和捕集的尘流量 S_i 和 S_c，i 曲线和 c 曲线之间的面积则代表除尘器逃逸的粉尘流量 S_o。根据总效率 $\eta=S_c/S_i$ 及式（3-92）可得

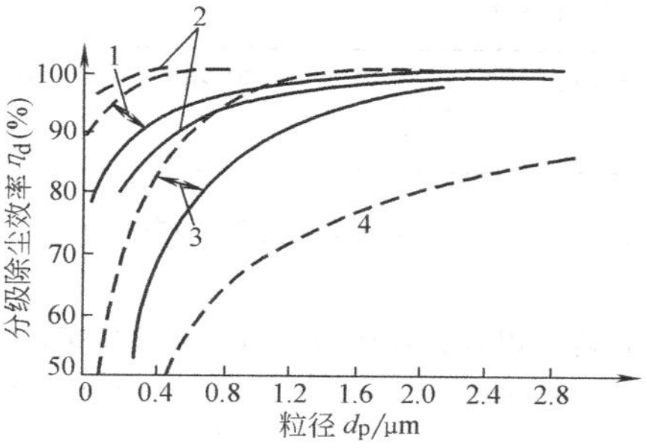

图3-12　各种除尘器的 η_d 与 d_p 的关系

1—电除尘（$\alpha=3.22$，$m=0.33$）

2—过滤除尘（$\alpha=2.74$，$m=0.33$）

3—洗涤除尘（$\alpha=2.04$，$m=0.67$）

4—小型旋风除尘（$\alpha=1.07$，$m=0.58$）

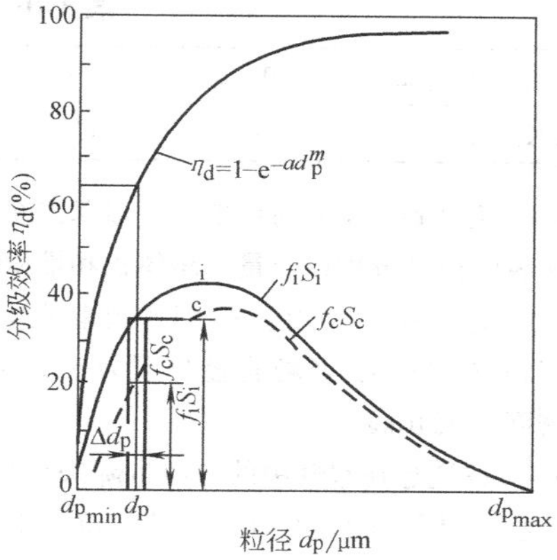

图3-13　总效率与粒径分布关系式的推导

$$\eta=\int_0^{\infty} f_i\eta_d \mathrm{d}d_p \tag{3-96}$$

由此，当给出某除尘器的分级效率 η_d 和要净化的粉尘的频度分布 f_i 时，便可按上式计算出能达到的总除尘效率 η。这是设计新除尘器时常用的计算方法。

实际上，若给出粒径范围 Δd_p 内的频数分布 ΔD_i，由 $f_i=\Delta D_i/\Delta d_p$，可将式（3-96）改成求和的形式，即

$$\eta=\sum_{d_{\min}}^{d_{\max}}\Delta D_i\eta_d \tag{3-97}$$

习　题

3-1　已知某粉尘的粒径分布符合对数正态分布，其测定数据见表3-8，试确定：

（1）几何平均粒径和几何标准差。

（2）绘制频率密度分布曲线。

表3-8　粉尘粒径分布测定数据表

粉尘粒径 d_p/μm	0～10	10～20	20～40	>40
筛下累积频率分布 D（%）	36.9	56.0	74.0	100.0

3-2　根据下列四种污染源排放的烟尘的对数正态分布数据（见表3-9），在对数概率坐标纸上绘出它们的筛下累积频率曲线。

表3-9　烟尘对数正态分布数据表

污染源	平炉	飞灰	水泥窑	化铁炉
质量中位粒径/μm	0.36	6.8	16.5	60.0
几何标准差	2.14	4.54	2.35	17.65

3-3　某粉尘粒径分布数据见表3-10，请

（1）判断该粉尘的粒径分布是否符合对数正态分布。

（2）如果符合，求其几何标准差、质量中位径、个数中位径、算术平均径及表面积－体积平均粒径。

表 3-10 粉尘粒径分布测定数据表

粉尘粒径/μm	0～2	2～4	4～6	6～10	10～20	20～40	>40
浓度/$\mu g \cdot m^{-3}$	0.8	12.2	25	56	76	27	3

3-4 对于题3-3中的粉尘，已知真密度为$1900kg/m^3$，粒子形状系数为0.65，填充空隙率为0.7，试确定其比表面积（分别以质量、净体积和堆积体积表示）。

3-5 计算粒径不同的三种飞灰颗粒在空气中的重力沉降速度，以及每种颗粒在30s内的沉降高度。假定飞灰颗粒为球形，颗粒直径分别为0.4μm、40μm、400μm，空气温度为387.5K，压力为101325Pa，飞灰真密度为$2310kg/m^3$。

3-6 欲通过在空气中的自由沉降来分离石英（真密度为$2.6g/cm^3$）和角闪石（真密度为$3.5g/cm^3$）的混合物，混合物在空气中的自由沉降运动处于牛顿区。试确定完全分离时所允许的最大石英粒径与最小角闪石粒径的最大比值。

3-7 直径为200μm、真密度为$1850kg/m^3$的球形颗粒置于水平的筛子上，用温度293K和压力101325Pa的空气由筛子下部垂直向上吹筛上的颗粒，试确定：

（1）恰好能吹起颗粒时的气速。

（2）在此条件下的颗粒雷诺数。

（3）作用在颗粒上的阻力和阻力系数。

3-8 欲将流在吸附器中多孔分节板上置放的粒径为0.841mm的吸附剂吹起，不考虑吸附剂料层阻力和颗粒间的影响。试问刚好能将粒子吹起的最小气速。吸附床的温度为120℃，压力为1.013×10^5Pa，吸附剂为球形，真密度为$3300kg/m^3$。

3-9 试确定某水泥粉尘排放源下风向无水泥沉降的最小距离。水泥粉尘是从离地面4.5m高处的旋风除尘器出口垂直排出的，水泥粒径范围为25～500μm，真密度为$1960kg/m^3$，风速为1.4m/s，气温为293K，气压为101325Pa。不计粉尘垂直排出除尘器所造成的抬升高度。

3-10 某种粉尘真密度为$2700kg/m^3$，气体介质（近于空气）温度为473K，压力为101325Pa，试计算粒径为10μm和500μm的尘粒在离心力作用下的末端沉降速度。已知离心力场中颗粒的旋转半径为200mm，该处的气流切向速度为16m/s。

3-11 球形粒子的粒径分别为0.25μm和1.0μm，真密度为$2250kg/m^3$，在298K和101325Pa的静止空气中自由沉降。已知298K和101325Pa时，空气分子的平均自由程$\lambda=0.0667\mu m$，动力粘度$\mu=1.84\times10^{-5}Pa\cdot s$，密度$\rho=1.185kg/m^3$。

（1）计算两种粒径粒子的沉降速度。

（2）比较两种粒子在1.0s内的重力沉降距离和布朗运动的均方根距离$\sqrt{\Delta x^2}$。

3-12 实测某旋风除尘器的进口气体流量为$10000m^3/h$（标准状态），含尘浓度为$4.2g/m^3$（标准状态）；除尘器出口的气体流量为$12000m^3/h$（标准状态），含尘浓度为$340mg/m^3$（标准状态）。试计算该除尘器的处理气体流量、漏风率及考虑漏风和不考虑漏风两种情况下的除尘效率。

3-13 对于题3-12中给出的条件，已知旋风除尘器进口面积为$0.24m^2$，除尘器阻力系数为9.8，进口气流温度为423K，气体静压为－490Pa，试确定该除尘器运行时的压力损失（假定气体成分接近空气）。

3-14 粉尘由$d_p=5\mu m$和$d_p=10\mu m$的粒子等质量组成。除尘器A的处理气体量为$3Q$，对应的分级效率分别为70%和80%；除尘器B的处理气体量为Q，其分级效率分别为68%和85%。试求：

（1）并联处理气体量为$4Q$时的总除尘效率。

（2）总处理气体量为$3Q$，除尘器A在前、3台B并联在后串联的总效率。

3-15 某燃煤电厂除尘器进口和出口的烟尘粒径分布数据见表3-11，若除尘器总除尘效率为98%，试绘出分级效率曲线。

表3-11 烟尘粒径分布数据表

粉尘间隔/μm		<0.6	0.6~0.7	0.7~0.8	0.8~1.0	1~2	2~3	3~4
质量频数 ΔD_i（%）	进口	2.0	0.4	0.4	0.7	3.5	6.0	24.0
	出口	7.0	1.0	2.0	3.0	14.0	16.0	29.0
粉尘间隔/μm		4~5	5~6	6~8	8~10	10~12	20~30	
质量频数 ΔD_i（%）	进口	13.0	2.0	2.0	3.0	11.0	8.0	
	出口	6.0	2.0	2.0	2.5	8.5	7.0	

3-16 某种粉尘的粒径分布和分级除尘效率数据见表3-12，试确定总除尘效率。

表3-12 某种粉尘的粒径分布和分级除尘效率数据

平均粒径/μm	0.25	1.0	2.0	3.0	4.0	5.0	6.0	7.0
质量频数 ΔD（%）	0.1	0.4	9.5	20.0	20.0	15.0	11.0	8.5
分级效率 η_i（%）	8	30	47.5	60	68.5	75	81	86
平均粒径/μm	8.0	10.0	14.0	20.0	>23.5			
质量频数 ΔD_i（%）	5.5	5.5	4.0	0.8	0.2			
分级效率 η_i（%）	89.5	95	98	99	100			

第 4 章 机械式除尘器

4.1 重力沉降室

重力沉降室是通过尘粒自身的重力作用使其从气流中分离的简单除尘装置。如图 4-1 所示，含尘气流进入沉降室后，由于扩大了过流面积，流速迅速下降，其中较大的尘粒在自身重力作用下缓慢向灰斗沉降。

4.1.1 层流沉降原理

假设除沉降室前后扩大、缩小段外，气流速度在室内处处相等，尘粒在入口断面均匀分布，忽略颗粒在沉降过程中的相互干扰，欲使沉降速度为 v_s 的尘粒在沉降室内完全沉入料斗，则必须使尘粒由沉降室顶部沉降到沉降室底部的时间 $t_s = H/v_s \leqslant$ 气体通过沉降室的时间 $t = L/v$，即

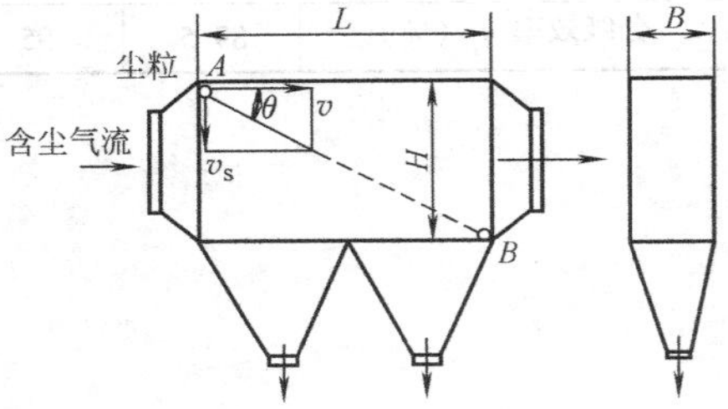

图 4-1 重力沉降室

$$\frac{H}{v_s} \leqslant \frac{L}{v} \tag{4-1}$$

式中 L、H——沉降室的长度和总高度（m）；

v_s——尘粒沉降速度（m/s）；

v——沉降室内气流水平运动速度（m/s）。

室内气速 v 一般取 0.2 ~ 2.0m/s，依粒子大小和密度定。v 取定后，当高度 H 已定，可由式（4-1）求出最小长度 L；反之，若 L 已定，可求出最大高度 H。沉降室的宽度 B 可由处理气体流量 Q 确定，即

$$Q = BHv = BLv_s \tag{4-2}$$

式（4-2）表明，理论上 Q 仅与沉降室的水平面积（BL）和尘粒的沉降速度 v_s 有关。

在时间 t（$=L/v$）内，沉降速度为 v_s、粒径为 d_p 的尘粒的垂直沉降高度为 $h = v_s t$。显然 $h \geqslant H$ 的粒子可全部降落至室底，其分级除尘效率 $\eta_d = 100\%$；而 $h \leqslant H$ 的粒子不能全部捕集，即 $\eta_d \leqslant 100\%$。不同粒径 d_p 的粒子具有不同的沉降速度 v_s，因而在时间 t 内沉降的高度 h 也不同。因此可用 h/H 表示沉降室对某一粒径粉尘的分级效率 η_d，即

$$\eta_d = \frac{h}{H} = \frac{Lv_s}{Hv} = \frac{BLv_s}{Q} \tag{4-3}$$

令 $\eta_d = 100\%$，由式（4-3）得

$$L = Hv/v_s = Q/Bv_s \tag{4-4}$$

将斯托克斯（层流）区域沉降速度式（3-49）带入式（4-1）中，可得到沉降室能100%捕集的最小尘粒粒径 d_{min}

$$d_{min} = \sqrt{\frac{18\mu Hv}{\rho_p Lg}} = \sqrt{\frac{18\mu Q}{\rho_p BLg}} \tag{4-5}$$

式中 μ——流体动力粘度（Pa·s）；

ρ_p——粉尘真密度（kg/m^3）。

由式（4-5）可见，降低沉降室高度 H（因而设计了图4-2a所示的多层沉降室）和气流速度 v，或增加沉降室长度 L（因而设计了图4-2b所示的带挡板的沉降室）都可使 d_{min} 减小，从而使沉降室的除尘效率提高。气流速度 v 过低，沉降室体积会很庞大，故多采用图4-2所示两项措施。显然，具有 n 个通道多层沉降室的分级效率是单层沉降室的 n 倍，而能100%捕集的最小尘粒粒径 d_{min} 则是单层沉降室的 $\sqrt{1/n}$ 倍。

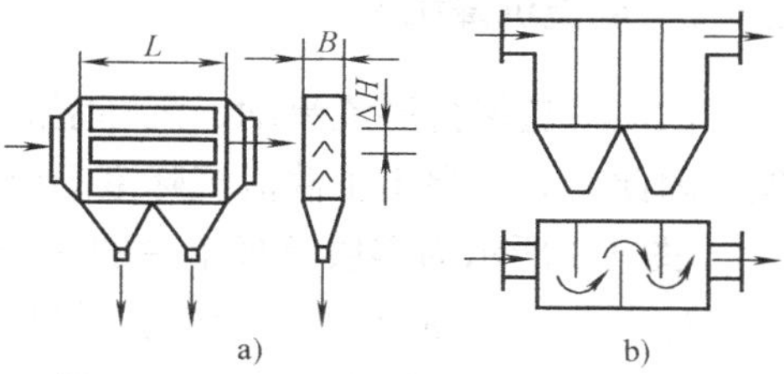

图4-2 不同形式的重力沉降室

a）多层沉降室 b）带挡板的沉降室

根据流体力学原理，当沉降室内流体雷诺数 $Re < 2300$ 时，流体处于层流状态。矩形沉降室的流体雷诺数 Re 由下式计算

$$Re = \frac{2Q}{\nu(nB + H)} \tag{4-6}$$

式中 n——多层沉降室的通道数；

ν——流体的运动粘度（m^2/s）。

计算结果表明，除非沉降室体积非常庞大，一般沉降室内气流很难处于层流状态。沉降室内存在的气流扰动会引起粒子运动速度和方向发生偏差，同时还存在返混现象，工程上常用式（4-3）计算值的一半取为分级效率，或用36代替式（4-5）中的18进行计算。

例4-1 （1）设计一锅炉烟气重力沉降室，已知烟气量 $Q = 2800m^3/h$，烟气温度150℃，此温度下烟气动力粘度 $\mu = 2.4 \times 10^{-5}$ Pa·s，运动粘度 $\nu = 2.9 \times 10^{-5} m^2/s$（近似取空气的值），烟尘真密度 $\rho_p = 2100kg/m^3$，要求能去除 $d_p \geqslant 30\mu m$ 的烟尘。

（2）计算所设计沉降室的流体雷诺数 Re，判断该沉降室是否属于层流沉降室。

解 （1）由式（3-49）计算30μm烟尘的沉降速度 v_s

$$v_s = \frac{d_p^2 \rho_p g}{18\mu} = \frac{(30 \times 10^{-6})^2 \times 2100 \times 9.8}{18 \times 2.4 \times 10^{-5}} m/s = 0.0428m/s$$

取沉降室内气速 $v = 0.25m/s$，$H = 1.5m$，则由式（4-4）计算沉降室最小长度

$$L = Hv/v_s = 1.5 \times 0.25/0.0428m = 8.8m$$

由于沉降室过长，可采用三层水平隔板，即4通道（$n = 4$）沉降室，取每层高 $\Delta H = 0.4m$，总高调整为1.6m，则此时所需沉降室长度

$$L = \Delta Hv/v_s = 0.4 \times 0.25/0.0428m = 2.34m$$

若取 $L=2.5\text{m}$，则沉降室宽度 B 为

$$B=Q/(3600n\Delta Hv)=2800/(3600\times4\times0.4\times0.25)\ \text{m}=1.94\text{m}\approx2.0\text{m}$$

因此沉降室的尺寸为 $L\times B\times H=2.5\text{m}\times2.0\text{m}\times1.6\text{m}$，其能100%捕集的最小粒径为

$$d_{\min}=\sqrt{\frac{18Q\mu}{\rho_p gBLn}}=\sqrt{\frac{18\times(2800/3600)\times(2.4\times10^{-5})}{2100\times9.8\times2.0\times2.5\times4}}\text{m}=2.86\times10^{-5}\text{m}=28.6\mu\text{m}$$

（2）所设计沉降室的流体雷诺数为

$$Re=\frac{2Q}{\nu(nB+H)}=\frac{2\times2800/3600}{2.9\times10^{-5}\times(4\times2+1.6)}=5587>2300$$

计算结果表明，尽管该沉降室气速取得较小，流体雷诺数 Re 仍大于2300，室内并非处于层流状态，因而能全部捕集的最小粒径大于28.6μm，或对28.6μm尘粒的 $\eta_d<100\%$。

4.1.2 湍流沉降机理

欲使气流保持层流流动，沉降室的体积将很庞大，否则隔板数必须很多，其设计均不合理。因此，有人提出了湍流沉降室的设计方法。

图4-3所示为多层沉降室中的一个通道，气流从图示方向流过由上、下隔板构成的空间。根据边界层理论可作如下假设：①紧贴底板处有一层流边界层，其厚度为 dy，进入该边界层的粉尘均被捕集；②由于紊流作用，边界层以上流动区内的粉尘分布均匀。

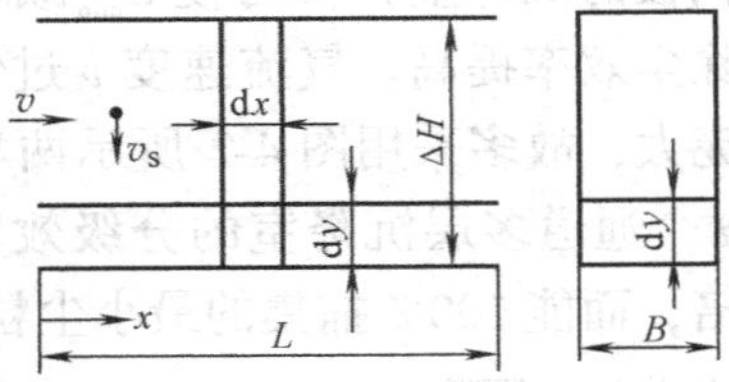

图4-3 湍流沉降室粒子分离示意图

设颗粒在 x 方向移动距离为 $dx=vdt$，同时在 y 方向移动距离为 $dy=v_s dt$，消去 dt 后，得到

$$dy=\frac{v_s}{v}dx \tag{4-7}$$

根据前述假设，对于某一粒径被捕集颗粒的数目（$-dN$）与总颗粒数目（N）的比值恰为边界层断面积与总断面积之比，即

$$-\frac{dN}{N}=\frac{Bdy}{B\Delta H}=\frac{v_s}{v\Delta H}dx$$

式中负号表示随 x 增加粒子数目减少。将上式积分后得到

$$N=C\exp(-v_s x/v\Delta H) \tag{4-8}$$

当 $x=0$ 时，$N=N_0$，故 $C=N_0$；当 $x=L$ 时，$N=N_L$，故 $N_L=N_0\exp(-v_s L/v\Delta H)$。在 x 方向气流流经 L 后粒径为 d_p 的粒子的分级效率为

$$\eta_d=1-\frac{N_L}{N_0}=1-\exp\left(-\frac{v_sL}{v\Delta H}\right)=1-\exp\left(-\frac{v_sLBH}{Q\Delta H}\right) \tag{4-9}$$

将 $\Delta H=H/n$ 代入上式，得

$$\eta_d=1-\exp(-nBLv_s/Q) \tag{4-10}$$

将层流边界层中颗粒沉降速度式（3-49）代入上式，得

$$\eta_d=1-\exp(-Kd_p^2) \tag{4-11}$$

式中

$$K=\frac{nBL\rho_p g}{18\mu Q} \tag{4-11'}$$

根据以上两式，在其他条件不变时，分级效率 η_d 与通道数 n 之间的关系为 $\ln(1-\eta_{d1})/\ln(1-\eta_{d2})=n_1/n_2$。

例 4-2 根据湍流沉降室的公式，计算例 4-1 中按层流沉降室公式计算出的能 100% 捕集的最小粒径 28.6μm 的实际捕集效率和该粒径尘粒分级效率达到 99% 所需的沉降室长度。

解 $d_p=28.6\mu m$ 粒子的沉降速度为

$$v_s=\frac{d_p^2\rho_p g}{18\mu}=\frac{(28.6\times10^{-6})^2\times2100\times9.8}{18\times2.4\times10^{-5}}\text{m/s}=0.039\text{m/s}$$

由式（4-10）得 $d_p=28.6\mu m$ 粒子的分级效率为

$$\eta_d=1-\exp\left(-\frac{nBLv_s}{Q}\right)=1-\exp\left(-\frac{4\times2\times2.5\times0.039}{2800/3600}\right)=63.3\%$$

由式（4-10）得 $d_p=28.6\mu m$ 粒子的分级效率 $\eta_d=99\%$ 所需的沉降室长度为

$$L=-\frac{Q}{nBv_s}\ln(1-\eta_d)=-\frac{2800/3600}{4\times2\times0.039}\times\ln(1-0.99)\text{m}=9.18\text{m}$$

4.1.3 经济沉降室尺寸的确定

在计算 η_d 的式（4-3）的最右端和（4-10）中，η_d 与 H 无关，式中都有 Q 和 v_s，还有因素 nBL（式（4-3）中 $n=1$）。不但 H 可任意选择，而且 n、B、L 也可任意选择，只要 nBL 乘积不变，设计的 η_d 也保持不变，因此设计者面临的问题是选择合理的 n、B、L 和 H 值，在效率相同下使投资最小。

沉降室的费用大致与它耗用的材料体积成正比，当厚度相同时，则与沉降室的表面积成正比。根据这一概念，可推导出求最小 n、B、L 和最小面积 A_m 的公式

$$\begin{cases}B=\left(\dfrac{nBL}{n}\right)^{\frac{1}{2}}\\ n=\dfrac{(nBL)^{1/3}}{(2\Delta H)^{2/3}}\\ L=(nBL)^{1/3}(2\Delta H)^{1/3}=B\\ A_m=nBL+3(2n\Delta HBL)^{2/3}=nBL+3B^2\end{cases}\tag{4-12}$$

以上公式中，nBL 为三个参数的乘积值。

重力沉降室的优点是阻力小（50～130Pa），动力费用低；结构简单，投资少；性能可靠，维修管理容易。缺点是设备庞大，效率低。适于净化密度和粒径大的粉尘，特别是磨损强的粉尘。设计好时，能捕集 50μm 以上粉尘，不适用净化 20μm 以下粉尘。一般作为多级除尘系统的第一级处理设备。

4.2 惯性除尘器

惯性除尘器是使含尘气流冲击在挡板上，或让气流方向急剧转变，借助尘粒本身的惯性力作用使其与气流分离的一种除尘装置。

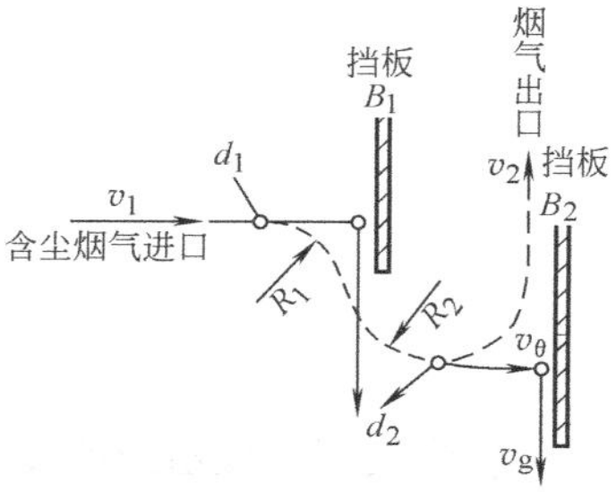

图 4-4 惯性除尘器工作原理

惯性除尘器的工作原理如图 4-4 所示。当含尘气流冲击到挡板 B_1 上时，惯性力大的粗粒 d_1 首先被分离下来，而被气流带走的尘粒（如 d_2，$d_2<d_1$）由于挡板 B_2 使气流方向改

变，借助离心力的作用又被分离下来，烟气中带走的尘粒 $d_3 < d_2$。假设气流的旋转半径为 R_2，切线速度为 v_θ，则根据式（3-55），尘粒 d_2 所具有的离心分离速度 v_{R2} 为

$$v_{R2} = \frac{d_p^2 \rho_p}{18\mu} \frac{v_\theta^2}{R_2} \tag{4-13}$$

可见，这类除尘器不仅依靠惯性力分离粉尘，还利用了离心力和重力的作用。

惯性除尘器有多种结构形式，大致可分为碰撞式和回转式两类。图 4-5 所示三种碰撞式惯性除尘器中，图 4-5a、b 分别为单级型和多级型，其原理是使含尘气流撞击到挡板后，尘粒丧失惯性力而靠重力沿挡板落下；图 4-5c 为迷宫型，可有效防止已捕集粉尘被气流冲刷而再次飞扬，安装的喷嘴可增加气体的撞击次数，提高除尘效率。

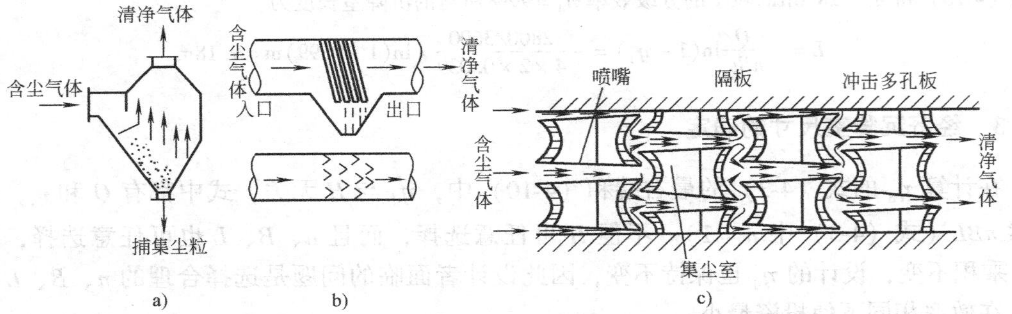

图 4-5 碰撞式惯性除尘器示意图

a）单级型 b）多级型 c）迷宫型

图 4-6 为三种回转式惯性除尘器示意图，都是在含尘气流进入后，粗尘粒靠惯性力和重力直接冲入灰斗中，较小尘粒则在与气体一起改变方向时被去除。

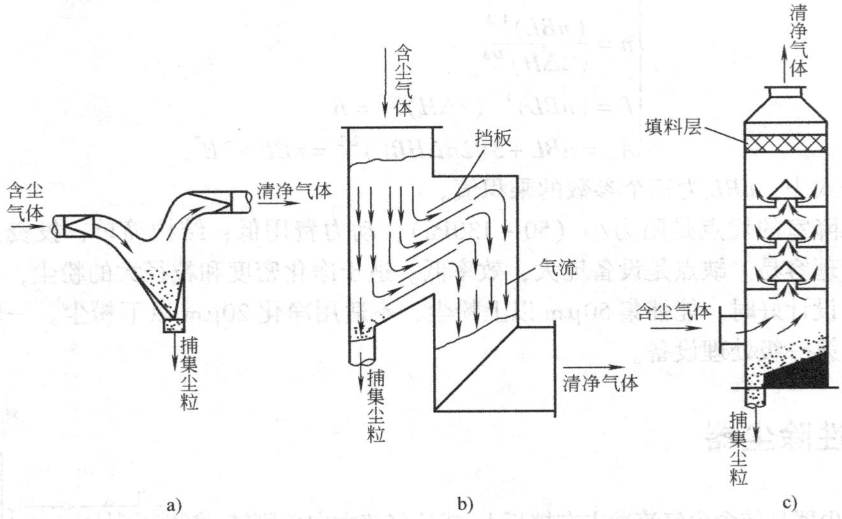

图 4-6 回转式惯性除尘器示意图

a）弯管型 b）百叶窗型 c）多层隔板塔型

含尘气流在撞击或改变方向前的速度愈高，方向转变的曲率半径愈小，转变次数愈多，则净化率愈高，但压力损失也愈大。

惯性除尘器宜用于净化密度和粒径较大的金属或矿物粉尘，对于粘结性和纤维性粉尘，因易堵塞，不宜采用。由于气流方向改变的次数有限，净化效率不高，也多用于多级除尘的第一级，捕集10～20μm以上的粗尘粒。其压力损失依型式而异，一般为100～1000Pa。

4.3 旋风除尘器

旋风除尘器是利用旋转气流的离心力使尘粒从气流中分离的装置，又称离心式除尘器。它结构简单，体积小，不需特殊的附属设备，因而造价低，适应粉尘负荷变化性能好，无运动部件，运行管理简便，广泛用于各工业部门。它通常用于分离粒径大于5～10μm的尘粒。普通旋风除尘器的效率一般在90%左右，当要求很高效率时，须与其他除尘器配合使用。

4.3.1 工作原理

1. 旋风器内气流与尘粒的运动

如图4-7a所示，普通旋风除尘器是由进气管、筒体、锥体和排气管组成的。含尘气流从切线进口进入除尘器后，沿筒体内壁由上向下作旋转运动，它的大部分到达锥体底部附近时折转向上，在中心区边旋转边上升，最后经排气管排出。一般将旋转向下的外圈气流称为外旋流，它同时有向心的径向运动；将旋转向上的内圈气流称为内旋流，它同时有离心的径向运动。外、内旋流的旋转方向相同。外旋流转为内旋流的顶锥附近区域称为回流区。尘粒在外旋流离心力的作用下移向外壁，并在气流轴向推力和重力的共同作用下，沿壁面落入灰斗。

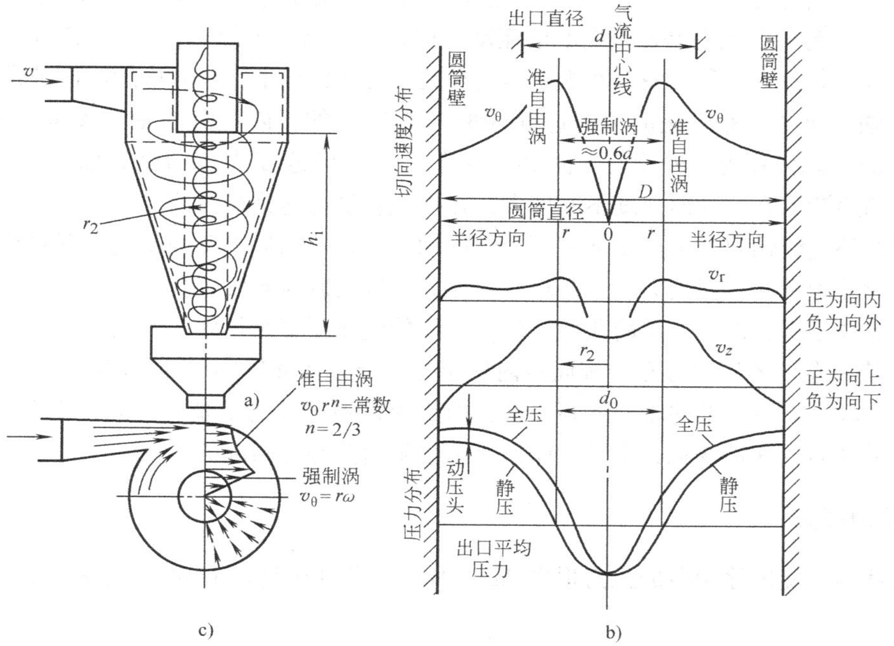

图4-7 旋风除尘器内的流场

a）旋风除尘器 b）旋风器内流场 c）v_θ 沿径向分布曲线

气流从除尘器顶部向下高速旋转时，顶部压力下降，致使一部分气流会带着细小的尘粒沿筒体内壁旋转向上，到达顶盖后再沿排气管外壁旋转向下，最后到达排气管下端附近，被上升的内旋流带走。通常将这股气流称为上旋流。细小尘粒在上旋流及其向上的轴向分速的作用下在顶盖处形成上灰环。上灰环造成的细尘逃逸和锥底回流区造成的细尘二次返混，都影响除尘效率的提高，因而是旋风除尘器结构设计时应注意的问题。

2. 旋风器内的速度场和压力分布

旋风除尘器内的速度场是一个三元流场，通常把内、外旋流的全速度分解成为三个速度分量：切向速度 v_θ、径向速度 v_r 和轴向速度 v_z。

（1）切向速度　旋风除尘器内气流的切向速度分布如图 4-7b 上部曲线所示。器内某断面上切向速度分量 v_θ 沿半径 r 的分布可概括为

$$v_\theta r^n = k = \text{常数} \tag{4-14}$$

式中　n——由流型决定的常数，$n = -1 \sim 1$，通过实验确定。

当 $n = +1$ 时，为理想流体的有势的自由涡旋；当 $n = 0.5 \sim 0.9$ 时，v_θ 随半径 r 的减小而增加，为外旋流的实际流动，即准自由涡旋（由于实际气体具有粘性，旋转气流与尘粒之间存在着摩擦损失，故外旋流不是理想流体的自由涡旋，而是所谓的准自由涡旋）；$n = 0$ 时，$v_\theta =$ 常数，即处于内外旋流交界面（大约 $d_0 = (0.6 \sim 0.65)\ d$，d 为排气管直径）上，v_θ 到达最大值；当 $n = -1$ 时，流体的旋转类同于刚体的转动，是内旋流的强制涡旋，并有 $v_\theta = r\omega$（ω 为旋转角速度）。

（2）径向速度　旋风除尘器内的径向速度分量 v_r 在中心部（内旋流）区域是由里向外的流动，与源流（在平面流中，从中心点径向向外的流动称为源流）类似，称为类源流；在外层（外旋流）区域则是由外向心的流动，称为类汇流（见图 4-7c）。前者对分离粉尘有利，后者对分离粉尘不利，使有些细小粉尘在类汇流的作用下，进入内旋流而被带走。

（3）轴向速度　外旋流的轴向速度分量 v_z 是向下的，内旋流的轴向速度 v_z 是向上的（见图 4-7b），因而在内、外旋流之间必然存在一个轴向速度为零的交界面。在内旋流中，随着气流的逐渐上升，轴向速度不断增大，在排气管底部达到最大值。

向下的外旋流轴向分速产生下灰环，它推动已分离在筒体内壁的粉尘向下移动，最后进入灰斗，对除尘有利。正因为有下灰环的存在，可以使旋风器卧装。

以上流场分析是作了许多简化假设的，实际的流场要复杂得多。

（4）旋风器内的压力分布　旋风器内的压力分布如图 4-7b 下部曲线所示，全压和静压沿径向变化较大，由外壁向轴心逐渐降低，内旋流区域静压为负值，并且一直延伸至灰斗。气流压力沿径向的这种变化，不是因摩擦而主要是由离心力引起的。

4.3.2 压力损失

一般认为，旋风除尘器的压力损失 Δp（Pa）与进口气速 v_i（m/s）的平方成正比，即

$$\Delta p = \zeta \frac{\rho v_\mathrm{i}^2}{2} \tag{4-15}$$

式中　ζ——旋风器的阻力系数，无因次。

在缺乏实验数据时，ζ 值可用井伊谷冈一提出的公式估计

$$\zeta = K\left(\frac{bh}{d^2}\right)\left(\frac{D}{L+H}\right)^{0.5} \tag{4-16}$$

式中 K——常数，20～40，可近似取30；

b、h——进口管的宽度和高度（m）；

D、L——筒体的直径和长度（m）；

d——排气管直径（m）；

H——锥体长度（m）。

另外，当气体温度、湿度和压力变化较大时，将引起气体密度的较大变化，此时须对旋风器的压力损失按下式进行修正

$$\Delta p = \Delta p_N \frac{\rho}{\rho_N} \tag{4-17}$$

不同温度、压力和湿度下的气体密度ρ须按1.6.2介绍的有关公式进行计算。当为干气体（湿度为0）时，Δp的修正公式为

$$\Delta p = \Delta p_N \frac{T_N p}{T p_N} \tag{4-18}$$

式中 ρ、p、T——气体密度（m^3/kg）、压力（Pa）和热力学温度（K），下标N表示标准状况，无下标的量表示实际状况。

根据以上理论分析和实验研究，影响旋风器压力损失的主要因素有：

1）同一结构型式旋风除尘器的相似放大或缩小，ζ值相同。若进口气速v_i相同，压力损失基本不变。

2）因$\Delta p \propto v_i^2$，故处理气量Q增大时，Δp随之增大。

3）由式（4-16）知，Δp随进口断面$A=hb$的增大和排气管直径d的减少而增大，随筒体长L和锥体长H的增加而减少。

4）Δp随气体密度的增大而增大，即随气体温度的降低或压力的增高而增大。

5）除尘器内部有叶片、突起和支持物等障碍物时，使气体旋转速度降低，离心力减少，从而使压损降低；但除尘器内壁粗糙会使Δp增大。

6）由于气体与尘粒间的摩擦作用可使气流的旋转速度降低，因而Δp随进口气体含尘浓度C_i增大而降低。

4.3.3 除尘效率

旋风除尘器能捕集分离到的具有50%或100%分级效率的最小粒径称为临界粒径或分割粒径，分别记为d_{c50}和d_{c100}。有多种计算旋风除尘器临界粒径的理论和方法，本书简单介绍转圈理论和假想圆筒理论。

1. 转圈理论

在重力沉降室中，粒子一边以重力沉降速度沉降，一边随气流作水平运动。只要沉降室足够长，则粒子就能被分离捕集。旋风除尘器内有径向向外的离心沉降速度v_r，也有切向分速度v_θ，如果旋转圈数足够，即展开后的长度相当于沉降室的长度L，则粒子就能达到筒体边壁而被分离捕集。

如图4-8所示，若旋风除尘器的进口断面$A=hb$，筒体高度为L，筒体半径为r_w，排

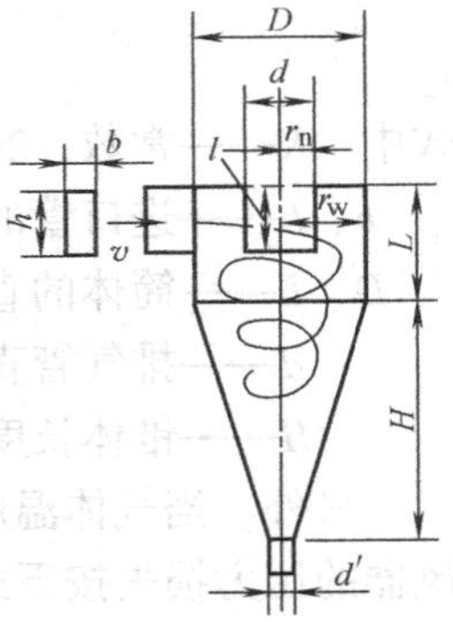

图 4-8 转圈理论推导

气管半径为 r_n，进口气速为 v_i，假设外旋流的旋转速度 $v_0=v_i$，外旋流在旋风器内旋转 N 圈，根据式（3-55）、式（4-14），采用推导式（4-5）的方法，可导出 d_{c100} 积分式

$$d_{c100}=\left[\frac{18\mu}{(\rho_p-\rho)k^2}\frac{v_i}{2\pi r_w N}\int_{r_n}^{r_w}r^{2n+1}\mathrm{d}r\right]^{1/2} \tag{4-19}$$

式中 n、k——式（4-14）中的指数和常数。

不同学者假定的 n 值不同，积分上式的结果也不完全相同。罗辛-拉姆勒-英特曼（Rosin-Rammler-Intelmann）假设进口断面速度分布均匀，切向速度 v_θ = 常数 = k，即 $n=0$，得

$$d_{c100}=\left[\frac{9\mu(r_w^2-r_n^2)}{2\pi(\rho_p-\rho)r_w N v_i}\right]^{1/2} \tag{4-20}$$

拉泊尔（Lapple）根据他的假设，提出一个广为人们接受的捕集效率为 50% 的临界粒径 d_{c50} 的计算式

$$d_{c50}=\left[\frac{9\mu b}{2\pi N_e v_i(\rho_p-\rho)}\right]^{1/2} \tag{4-21}$$

式中 N_e——外旋流的有效旋转圈数，对标准旋风除尘器为 5～10 圈。

若无足够的资料，可近似取

$$N_e=\frac{L+H/2}{h} \tag{4-22}$$

转圈理论没有考虑汇流场的影响，显然是不够全面的。

例 4-3 某旋风除尘器的进口宽度为 0.12m，气流在器内旋转 4 圈，入口气速为 15m/s，颗粒真密度为 1700kg/m³，载气为空气，温度为 350K。试计算在该条件下，此旋风除尘器的分割粒径 d_{c50}。

解 忽略空气密度，并从手册中查得空气在 350K 时的动力粘度 $\mu=2.08\times10^{-5}$Pa·s，则

$$d_{c50}=\left[\frac{9\times2.08\times10^{-5}\times0.12}{2\pi\times4\times15\times1700}\right]^{0.5}\text{m}=5.92\times10^{-6}\text{m}=5.92\mu\text{m}$$

2. 假想圆筒理论

如图 4-7b 所示，在内外旋流的交界面附近，气流的切向速度 v_θ 最大，尘粒在此处所受离心力也最大，其位置在排气管下面以虚线表示的半径为 r_2 的假想圆筒侧面上（见图 4-7a）。在该处，尘粒受到方向相反的两个力 – 离心力 F_c 和阻力 F_d 的作用。当 $F_c=F_d$ 时，尘粒受力平衡，理论上尘粒将在半径为 r_2 的圆周上不停地旋转。实际上由于气流处于紊流状态，尘粒受力有时 $F_c>F_d$，有时 $F_c<F_d$。若将该过程看成一个随机过程，作为时间的平均值有 $F_c=F_d$。因而从概率统计观点可以认为，粒径为 d_c 的粒子有 50% 可能进入中心随气流带走，有 50% 可能移向壁面沉降分离。因此，在 $F_c=F_d$ 时，粒径为 d_c 的粒子群的分级效率为 50%，此 d_c 即为临界粒径 d_{c50}。

一般认为，进入旋风器的气体流量 Q 的 80%（外旋流）是通过高度为 h_i、半径为 r_2 的假想圆筒界面进入内旋流的；假想圆筒的直径 d_0（$d_0=2r_2$）约等于出气管径 d 的60%～70%。在这些假定下，根据式（4-14）、$F_c=F_d$ 及木村典夫提出的计算 r_w 处的切向速度 $v_{\theta w}$ 的经验式

$$v_{\theta w}=3.47\frac{\sqrt{A}}{D}v_i \tag{4-23}$$

可以导出旋风除尘器临界粒径 d_{c50} 的计算式为

$$d_{c50}=\left[\frac{0.596(0.7)^{2n}\mu}{\pi h_i\rho_p v_i}\right]^{\frac{1}{2}}\frac{d^n}{D^{n-1}} \tag{4-24}$$

式中 n——速度指数，可用亚历山大（Alexander. R. Mck）推荐的公式计算

$$n=1-(1-0.669D^{0.14})(T/283)^{0.3} \tag{4-25}$$

式中 T——旋风器内含尘气体的平均温度（K）。

池森龟鹤取 $v_{\theta w}=v_i$，$n=0.5$，导得

$$d_{c50}=\left[\frac{5.03\mu A}{\pi\rho_p v_i h_i}\frac{d}{D}\right]^{1/2} \tag{4-26}$$

3. 除尘效率的计算

水田一和木村典夫根据许多实验结果归纳出由 d_{c50} 计算旋风器分级效率的经验式为

$$\eta_d=1-\exp[-0.693(d_p/d_{c50})] \tag{4-27}$$

由上述公式算出 d_{c50} 后，根据已知的粉尘粒径分布得到含尘气流中某一实际的粉尘粒径 d_p（或某一粒径范围内的平均粒径 d_p），可算出 d_p/d_{c50} 之比值，则可依此比值按式（4-27）计算出或在图4-9上查出旋风器对粒径为 d_p 的尘粒（或某一粒径范围内平均粒径 d_p 的尘粒）的分级效率 η_d，最后可按式（3-97）算出总除尘效率。

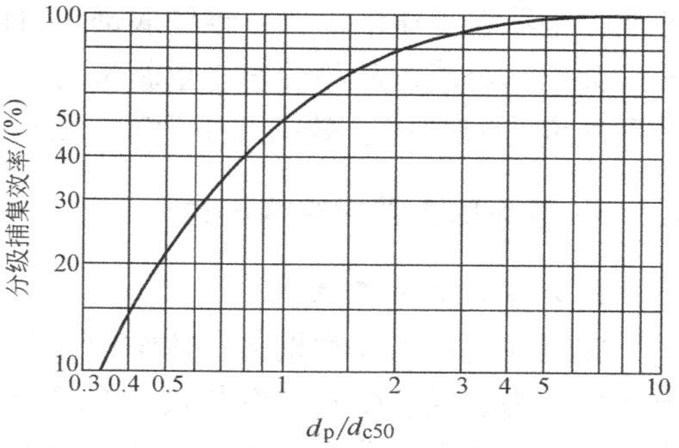

图4-9 分级效率与 d_p/d_{c50} 的关系

例4-4 用XLP/B-7.0型旋风除尘器净化20℃的含尘气体，除尘器的进口速度 $v_i=15.2\text{m/s}$，粉尘的真密度 $\rho_p=2000\text{kg/m}^3$，试求该旋风除尘器的临界粒径 d_{c50}。由XLP/B型旋风除尘器国家标准图纸知，该除尘器有关参数如下，$D=0.7\text{m}$，$d=0.42\text{m}$，$h=0.42\text{m}$，$b=0.21\text{m}$，$A=0.0882\text{m}^2$，$h_i=2.81\text{m}$。

解 外旋流速度分布指数 n 由式（4-25）计算

$$n=1-(1-0.669D^{0.14})(T/283)^{0.3}=1-(1-0.669\times0.7^{0.14})(293/283)^{0.3}=0.633$$

未指明载气性质，近似按空气处理，20℃空气的粘度 $\mu=1.815\times10^{-5}\text{Pa}\cdot\text{s}$，将有关数据代入式（4-24），得

$$d_{c50}=\left[\frac{0.596\times0.7^{2n}\mu}{\pi\rho_p v_i h_i}\right]^{1/2}\frac{d^n}{D^{n-1}}=\left[\frac{0.596\times0.7^{2\times0.633}\times1.815\times10^{-5}}{\pi\times2000\times15.2\times2.81}\right]^{1/2}\times\frac{0.42^{0.633}}{0.7^{0.633-1}}\text{m}$$

$$=2.63\times10^{-6}\text{m}=2.63\mu\text{m}$$

若按式（4-26）计算，则得

$$d_{c50}=\left[\frac{5.03\mu A}{\pi\rho_p v_i h_i}\frac{d}{D}\right]^{1/2}=\left[\frac{5.03\times1.815\times10^{-5}\times0.0882\times0.42}{\pi\times2000\times15.2\times2.81\times0.7}\right]^{1/2}\text{m}=4.24\times10^{-6}\text{m}=4.2\mu\text{m}$$

按式（4-26）计算的结果比按式（4-24）计算的大60%，原因在于两式的推导条件不同。

4. 影响旋风除尘器除尘效率的因素

（1）入口风速 由临界粒径计算式可见，入口风速 v_i 增大，d_{c50} 降低，因而除尘效率提高。但风速过大时，器内气流过于强烈，会把已分离下来的部分粉尘重新带走，影响效率的提高。实验证明，入口速度超过12m/s以后，效率变化不大，而阻力却增加很多（$\Delta p\propto v_i^2$）。因此，实用的入口风速一般为12~20m/s，不宜低于10m/s，以防入口管道积灰。

（2）除尘器的结构尺寸 由式（3-54）知，在其他条件相同时，筒体直径愈小，尘粒所

受离心力愈大，除尘效率愈高。筒体高度的变化，对除尘效率影响不明显；适当增大锥体长度，有利于提高除尘效率。减小排气管直径，对提高效率有利。若将旋风除尘器各部分的尺寸进行几何相似放大时，除尘效率会有降低。

(3) 粉尘粒径与密度　因为 $F_c \propto d_p^3$，$F_d \propto d_p$，所以大粒子受离心力 F_c 大，捕集效率高。又由于 $d_{c50} \propto (1/\rho_p)^{1/2}$，所以 ρ_p 愈小，愈难分离。

(4) 气体温度　温度会引起气体密度和粘度的变化。气体密度变化对除尘效率的影响可忽略不计，但温度增加时，气体粘度增大，而 $d_{c50} \propto \mu^{1/2}$，故温度升高，$d_{c50}$ 增大，除尘效率降低。

(5) 灰斗的气密性　由图 4-7b 可知，除尘器内部静压是从筒体壁向中心逐渐降低的，即使除尘器在正压下工作，锥体底部也可能处于负压状态。若除尘器下部密封不严，漏入空气，会把已经落入灰斗的粉尘重新带走，使效率直线下降。实验证明，当漏气量达到除尘器处理气量的 15% 时，效率几乎为零。因此旋风除尘器应在不漏气的情况下进行正常排灰。

4.3.4 旋风除尘器的结构形式

1. 种类和入口形式

旋风除尘器的种类繁多，按结构外形分为长锥体、长筒体、扩散式、旁通式等；按安装方式可分为立式、卧式与倒装式；按组合情况又分为单筒与多筒等等。工业上更多的是按含尘气流的导入方式分为切向进入与轴向进入两类（见图 4-10）。

切向进入式又分为直入型和蜗壳型，前者是入口管外壁与筒体相切，后者则是入口管内壁与筒体相切，入口管外壁采用渐开线形式，渐开角有 180°（见图 4-10b）、270°及 360°等。直入型进口设计与制造方便，且性能稳定。蜗壳型入口增大进口面积容易，并因入口有一环状空间，使入口气流距筒体外壁更近。这样，既缩短了尘粒向筒壁的沉降距离，又可减少入口气流与内旋流间的相互干扰，对提高除尘效率有利，但却使除尘器体积有所增大。切向进入式旋风器的阻力约 1000Pa 左右，其中蜗壳型比直入型要小一些。

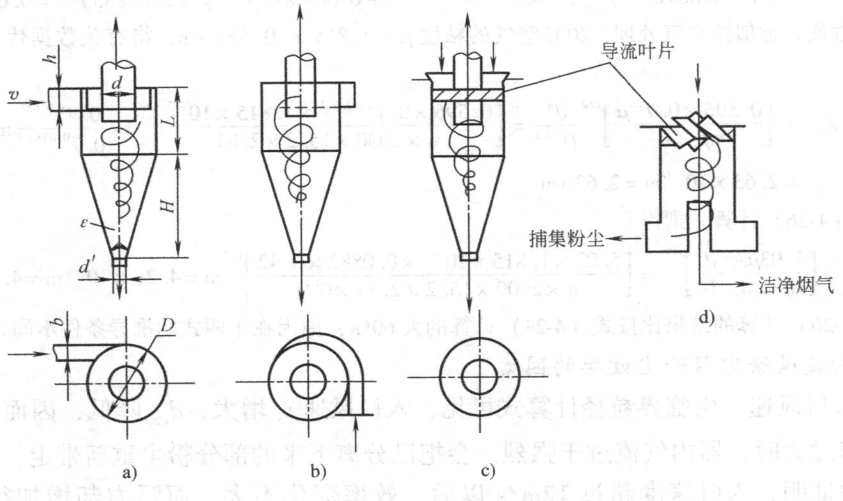

图 4-10　旋风除尘器的几种型式

a）切向直入型　b）切向蜗壳型　c）轴向逆转型　d）轴向正交型

轴向进入式是利用固定的导流叶轮使气流旋转的，导流叶轮有花瓣式、螺旋式等各种形式。与切向进入式相比，在相同阻力下，能处理约3倍的气体量，且气流分配均匀。因此主要用其组成多管旋风除尘器，并用于处理大气量的场合。按气流出口不同，轴向进入式又分为逆转型和正交型。前者压损约800~1000Pa，效率与切向进入式无显著差别；后者约400~500Pa，效率较低。正交型组成多管除尘器时安装面积小，容易配置，但应注意积灰问题和内部压力不平衡而引起效率降低。

2. 各部分尺寸比例

（1）筒体直径 D　D 愈小，愈能分离细小尘粒，但过小易引起粉尘堵塞。为避免这一点，有人用进气速度的平方 v^2 与筒体半径 R 表示的旋转气流离心加速度（v^2/R）$<500\text{m/s}^2$ 加以限制。D 一般不宜小于150~250mm，但不宜大于800~1100mm。当处理气量大时，可将几个旋风器并联使用，或采用多管式旋风除尘器。

（2）入口尺寸　旋风器的入口多采用矩形。设矩形入口宽度为 b，高度为 h，面积为 A，则可用旋风除尘器类型系数 K 表示入口特征，$K=A/D^2=hb/D^2$，K 值范围一般为0.07~0.30。蜗壳型入口的 K 值较大，筒体直径 D 较小，处理气体能力较大。比值 h/b 一般为2.0~4.0，即入口断面多为狭长形。

（3）排气管　排气管多为圆管，与筒体同心。一般取 $d=(0.4\sim0.6)D$。排气管插入深度与除尘器结构形式有关。一般切向进入式旋风器，排气管插入筒体愈短，压损愈小，但效率也愈低。实验证明，排气管插入筒体的最佳长度大约等于排气管直径，或稍低于入口管底部为宜。

（4）筒体与锥体长度　在一定范围内增大锥体高度 H，有利于降低压损和提高效率。一般取 $H=(1\sim3)D$，多为 $2D$ 左右。要将锥体高度 H 与筒体长度 L 综合考虑，多取 $L+H=(3\sim4)D$，不超过 $5D$，并认为 $L=1.5D$，$H=2.5D$ 左右为宜。

（5）圆锥角 ξ　ξ 应与 H 结合考虑。ξ 过小时，将使 H 增加；而 ξ 过大时，气流旋转半径很快变小，切线速度急剧增加，导致锥体内壁磨损加快，并使已分离至锥体壁面上的尘粒难以下落，所以，ξ 一般取20°~30°为宜。

（6）排尘口 d'　d' 一般为（1/3~1/2）D。d' 过小时，粉尘易堵塞；d' 过大时，灰斗中的粉尘易被进入灰斗的旋转气流卷走。一般 $d'\geq70\text{mm}$。

上述旋风器各部分的尺寸比例，仅对一般常见结构形式而言，对少数结构特殊的旋风器，有的尺寸比例往往差别很大。

几种国产旋风器的主要尺寸比例见表4-1，都是以筒体直径 D 为基准的。

表4-1　几种除尘器和主要尺寸比例

项　目	XLP/A	XLP/B	XLT/A	XLT	直入型	蜗壳型
入口管宽度 b	$\sqrt{A/3}$	$\sqrt{A/2}$	$\sqrt{A/2.5}$	$\sqrt{A/1.75}$	$D/5$	$D/5$
入口管高度 h	$\sqrt{3A}$	$\sqrt{2A}$	$\sqrt{2.5A}$	$\sqrt{1.75A}$	$3b$	$2b$
筒体直径 D	上 $3.85b$ 下 $0.7D$	$3.33b$ $(b=0.3D)$	$3.85b$	$4.9b$	D	D
排气管直径 d	$0.6D$	$0.6D$	$0.6D$	$0.6D$	$D/2$	$D/2$
排气管插入长 l					$L>l>h$	$L>l>h$

（续）

项　目	XLP/A	XLP/B	XLT/A	XLT	直入型	蜗壳型
筒体长度 L	上 1.35D 下 1.0D	1.7D	2.26D	1.6D	D	D
锥体长度 H	上 0.5D 下 1.00D	2.3D	2.0D	1.3D	2D	2D
排灰口直径 d'	0.296D	0.43D	0.3D	0.145D	$d > d' > 0.6d$	$d > d' > 0.6d$

3. 几种常用旋风器的结构特点

通常，国内多是根据旋风除尘器的结构特点用拼音字母对其命名。如 XLP/B—4.2（CLP/B—4.2）型旋风除尘器，X（或 C）表示除尘器，L 表示离心式，P 表示旁路式，B 表示该型除尘器中的 B 类，4.2 是以分米数（dm）表示的筒体直径。还根据在系统中安排的位置不同分为两种型式：X 型为吸入式，Y 型为压出式。另外，又考虑使用时联接上的方便，在 X 型和 Y 型中各设有 S 型和 N 型两种型式。从除尘器顶部看，进入气流按顺时针旋转者为 S 型，逆时针旋转者为 N 型。生产中使用的旋风除尘器类型很多，有 100 多种。常见的有 XLT/A、XLP/A、XLP/B、XLK、XZT 等多种型式。

（1）XLT/A 型　结构型式如图 4-11a 所示，图中 $b = 0.26D$，$Re = (D + b)/2$。其特点是具有螺旋下倾顶盖的直入式进口，类型系数 $K = 0.172$，螺旋下倾角 15°，筒体和锥体均较长。下倾螺旋进口不仅减少了入口阻力，而且有助于消除上灰环的带灰问题，加上较长的筒体和锥体，效率高，阻力小。入口速度 12～18m/s。阻力系数：X 型（带有出口蜗壳）$\zeta = 6.5$，Y 型 $\zeta = 5.5$，适用于干的非纤维性粉尘和烟尘等的净化，除尘效率80%～90%。国家标准图中有从 XLT/A—1.5 到 XLT/A—8.0 型的 14 种规格，还有双筒、四筒及六筒等

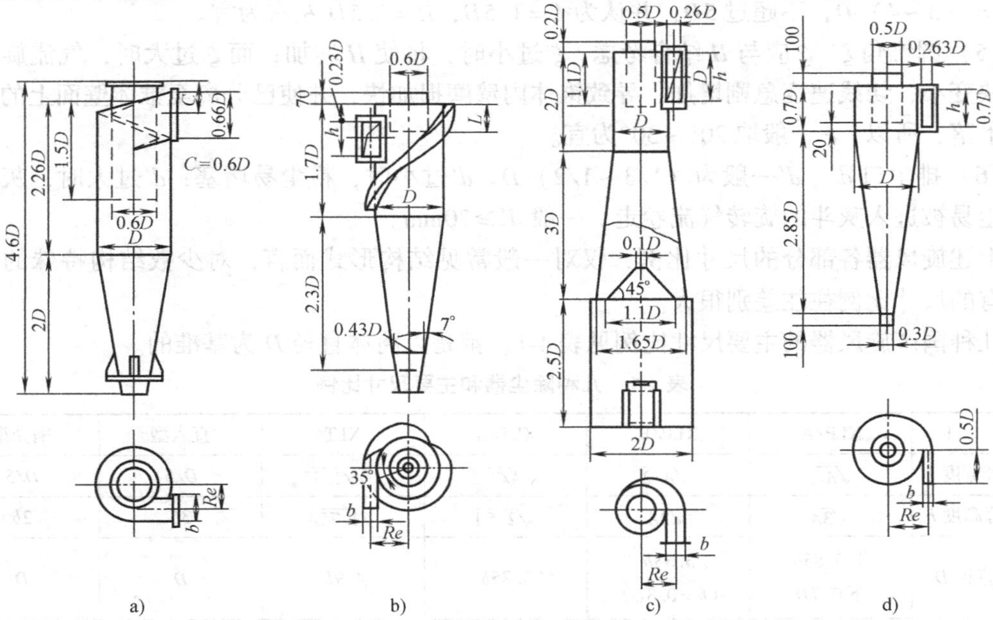

图 4-11　几种常用旋风除尘器

a）XLT/A 型　b）XLP/B 型　c）XLK 型　d）XZT 型

并联组合型式。

（2）XLP/B型 结构型式如图4-11b所示，图中 $L=0.28D+0.3h$，$h=(2A)^{1/2}$，$b=(A/2)^{1/2}$，$Re=(D/2+\delta)\cos35°+b/2$（$\delta$ 为钢板厚度），$b=0.3D$。特点是进气管上缘距顶盖有一定距离，180°蜗壳入口，$K=0.175$。排气管插入深度距进口上缘1/3处，筒体上带有半螺旋或整螺旋线形的粉尘旁路分离室，上旋流产生的上灰环在筒体上部特设的缝口经旁路分离室引至锥体部分，以除掉这部分较细的尘粒。效率比XLT/A稍高。阻力系数：X型（带有出口蜗壳）为5.8，Y型为4.8（国标T504）。共有从XLP—3.0到XLP—10.6型的7种规格，进口气速12～17m/s。

（3）XLK扩散式 结构型式如图4-11c所示，图中 $h=(3.85A)^{1/2}$，$b=(A/13.85)^{1/2}$，$Re=(D+b)/2$。其特点是180°蜗壳入口，$K=0.26$，锥体倒置，锥体下部有一圆锥形反射屏以减少二次返混。外旋流大部分在圆锥屏上部转变为内旋流，少量下旋气体和分离下来的粉尘经屏周边与器壁的环隙进入尘斗，分离尘粒后的气体从屏中心孔排出。屏的挡灰作用使粉尘沉降很好，因而效率略高于XLT/A和XLP型，对气体量变化的适应性也好些。由于锥体向下渐扩，磨损较轻。共有从XLK—1.5到XLK—7.0型10种规格，进口气速10～16m/s。

（4）XZT型 结构型式如图4-11d所示，图中 $h=(3.8A)^{1/2}$，$b=(A/3.8)^{1/2}$，$Re=(D+b)/2$。特点是180°蜗壳入口，$K=0.184$，锥体较长，约为 $2.85D$，故称为长锥体旋风除尘器。筒体较短，为 $0.7D$。阻力与XLK型接近，$\zeta=10.7$。效率比XLP型和XLK型都高约6%。进口气速10～16m/s，以13～14m/s为好。共有从XZT—3.9到XZT—9.0型的6种规格。

（5）组合式多管旋风除尘器

1）串联式组合。图4-12是同直径不同锥体长度的三级串联式旋风除尘器组。第一级锥体较短，净化粗尘，第二、三级锥体逐次加长，净化较细的粉尘，因而总效率比单级旋风器的高。处理气量决定于第一级的处理气量；总阻力等于各除尘器及连接件的阻力之和，再乘以系数1.1～1.2。旋风除尘器串联组合使用的情况不多。

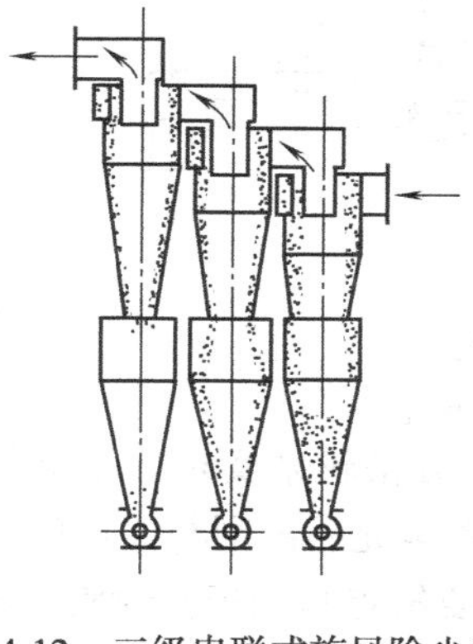

图4-12 三级串联式旋风除尘器

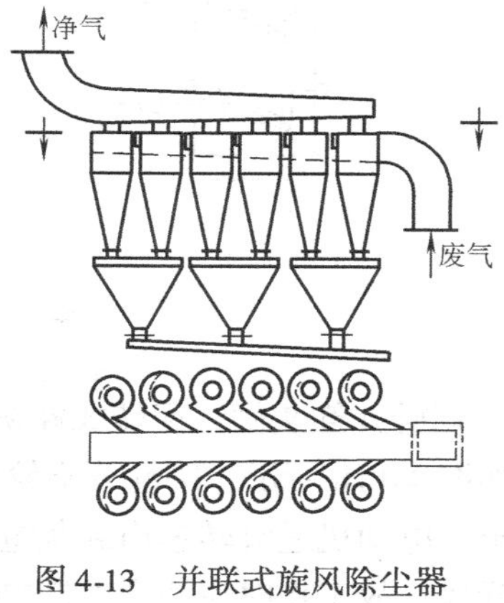

图4-13 并联式旋风除尘器

2）并联式组合。并联式旋风除尘器组合可增加处理气体量，但在处理气量相同的情况下，以小直径的旋风器代替大直径的旋风器，可以提高净化效率。为了便于组合且均匀分配气量，通常采用同直径的旋风除尘器并联。组合方式有双筒并联、单支多筒、双支多筒（见

图4-13）和多筒环形组合等几种。并联除尘器的压损为单体压损的1.1倍，气体量为各单体气量之和。

除了单体并联使用外，还可将许多小型旋风器（称旋风子）组合在一个壳体内并联使用，称多管除尘器。多管除尘器布置紧凑、外形体积小、效率高、处理气量大，但金属耗量大，制造较难，所以仅在效率要求高和处理气体量大时才选用。

4.3.5 旋风除尘器的卸灰装置

旋风除尘器一般都装有卸灰装置，其作用是保证已分离粉尘的顺利下卸及除尘器运行中卸灰时锥底的气密性。

旋风除尘器多采用干式卸灰装置，该装置主要依靠灰柱进行密封，其灰柱高度 H 可按下式进行计算

$$H=\frac{\Delta p}{9.8\rho_b}+0.1\text{m} \tag{4-28}$$

式中 H——灰柱高度（m）；

ρ_b——粉尘的堆积密度（kg/m^3）；

Δp——卸灰装置密封口两侧流体静压差（Pa）。

目前常用的连续卸灰装置主要有以下几种：

（1）翻板式卸灰阀 翻板式卸灰阀是利用加在平衡杆上的重锤及作用在翻板上灰柱的重力形成的力矩平衡关系来进行密封及卸灰的。当灰柱形成的力矩大于重锤及压差形成的力矩时，翻板阀打开，粉尘下卸。反之，翻板阀处于密封状态。灰柱高度可根据调节重锤力矩来实现，以适应不同压差的情况。图4-14a为双层翻板式卸灰阀，由于工作时上下层翻板交替动作，故较单层翻板阀具有更好的密封性能。

与翻板阀工作原理类似的卸灰装置还有圆锥式卸灰阀等。

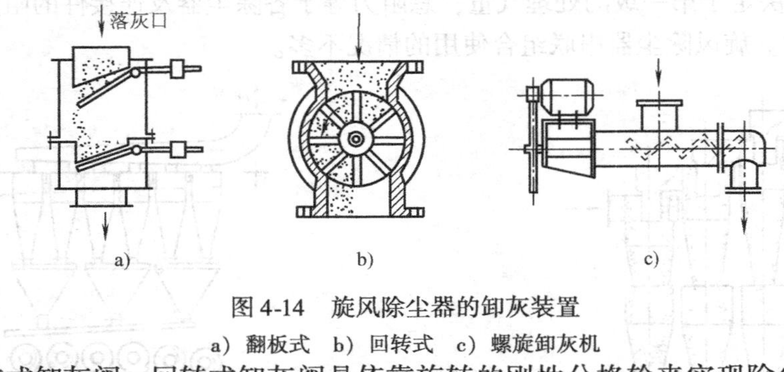

图4-14 旋风除尘器的卸灰装置

a）翻板式 b）回转式 c）螺旋卸灰机

（2）回转式卸灰阀 回转式卸灰阀是依靠旋转的刚性分格轮来实现除尘器的卸灰和密封的。如图4-14b所示，刚性分格轮由电动机带动旋转，粉尘充满由刮板组成的扇形空间后连续排出，电动机适宜转速由卸灰量的大小来确定。其主要缺点是刮板密封胶条易磨损，造成锥底漏风，故工作时应注意控制电动机转速，保持卸灰阀上部具有一定灰封高度。

回转式卸灰阀的排灰量 G（kg/h）可按下式进行计算

$$G=KV\rho_b n \tag{4-29}$$

式中 V——卸灰阀有效储灰容积（m^3）；

n——刚性分格轮转子转速，一般 $n=(10\sim60)$ r/min；

K——系数，一般 $K=40\sim50$。

（3）螺旋卸灰机 如图4-14c所示，螺旋卸灰机主要由焊有螺旋叶片的螺旋轴、卧置筒体（两者组成螺旋体）及电动驱动装置等组成，多用于排灰量较大的除尘器。工作中螺旋体内应充满一定量的粉尘，以防止漏风。卸灰量用调节电动机转速来控制，可连续排灰也可间断排灰。该卸灰机密封性能较好，但螺旋体有一定磨损。螺旋卸灰机的排灰量 G（t/h）可按下式计算

$$G=47KD^2Sn\rho_b \tag{4-30}$$

式中 D——螺旋叶片直径（m）；

S——螺旋叶片的螺距（m），一般取 $S=0.8D$；

n——螺旋轮转速（r/min）；

K——充填系数，一般 $K=7$。

4.3.6 选型设计

1. 搜集有关设计资料

进行旋风除尘器的选型设计时，应搜集的设计资料主要包括：①气体特性（成分、温度、湿度、压力、腐蚀性、流量及其波动范围等）；②粉尘特性（浓度、成分、密度、粒径分布、粘附性、含水率、纤维性和爆炸性等）；③净化要求（除尘效率和压力损失）；④粉尘的回收利用价值与方式；⑤各种除尘器的特性（效率、压损、投资、金属耗量、运行费用及维护管理难易程度等）；⑥其他资料（通风机、冷却装置以及其他有关装置与材料的供应情况、水源、电源和其他现场情况）。

上述搜集的设计资料内容适用于其他类型除尘器的选型。

2. 旋风除尘器的选型计算

根据上述已知条件选择除尘器时，一般采用计算法或经验法。计算法的大致步骤是：

1）由入口含尘浓度 C_i 和要求的出口浓度 C_o（或排放标准）计算出要求达到的除尘效率 η。

2）选择确定旋风除尘器的结构型式。

3）根据所选除尘器的分级效率 η_d（或分级效率曲线）和净化粉尘的粒径频度分布 f_i 计算出除尘器能达到的总效率 η'，若 $\eta'\geqslant\eta$，说明设计满足要求，否则需要重新选定高性能的除尘器或改变运行参数。

4）确定除尘器规格尺寸，若选定的规格大于实验除尘器（即已知 η_d）的规格，则需计算出相似放大后的除尘效率 η''，如仍满足 $\eta''\geqslant\eta$，表明确定的除尘器的规格符合要求，否则需按2）、3）、4）步骤重新进行计算。

5）计算运行条件下的压力损失。

经验法的选择步骤大致是：①计算要求的除尘效率 η。②选定除尘器的结构型式。③根据所选除尘器的 η-v 实验曲线或允许的压损 Δp 确定入口风速 v_i。④根据处理气量 Q 和入口风速 v_i 计算出所需除尘器的进口面积 A。⑤由旋风除尘器类型系数 $K=A/D^2$ 求出除尘器筒体直径 D，然后便可从手册中查到所需除尘器的型号规格。

3. 旋风除尘器的特点及选用注意事项

1）旋风除尘器一般适于净化密度大、粒度较粗的非纤维性粉尘，其中高效旋风器对细尘也有较好的净化效果。旋风器对入口粉尘浓度变化适应性较好，可处理含尘浓度高的气体。

2）旋风除尘器一般只适于温度在400℃以下的非腐蚀性气体。对腐蚀性气体，旋风器需用防腐材料制作，或采取防腐措施。对高温气体，应采取冷却措施。

3）风量波动时将引起入口风速的波动，对除尘效率和压力损失影响较大，因而旋风器不宜用于气量波动大的场合。

4）用于净化粉尘浓度高或磨损性强的粉尘时，宜对易磨部位采用耐磨衬里。

5）旋风除尘器不宜净化粘结性粉尘；当处理相对湿度较高的含尘气体时，应注意避免因结露而造成粘结。

6）设计和运行中应特别注意防止旋风除尘器底部漏风，以免效率下降，因而必须采用气密性好的卸尘装置或其他防止底部漏风的措施。

7）旋风除尘器一般不宜串联使用，当必须串联使用时，应采用不同尺寸和性能的旋风器，并将效率低者作为前级预净化装置。

8）当必须并联使用旋风除尘器时，应合理地设计联接各除尘器的分风管和汇风管，尽可能使每台除尘器的处理风量相等，以免除尘器之间产生串流，使总效率降低，因而宜对各除尘器单设灰斗。

例4-5 已知处理气量 $Q=5000\text{m}^3/\text{h}$，烟气密度 $\rho=1.2\text{kg/m}^3$，允许压降 $\Delta p=900\text{Pa}$，选用XLP/B型旋风除尘器，试求出其各部分尺寸。

解 由前已知XLP/B型旋风器阻力系数 $\zeta=5.8$，则由式（4-15）可计算出进口气速 v_i

$$v_i=\sqrt{2\Delta p/\zeta\rho}=\sqrt{2\times900/5.8\times1.2}\text{m/s}=16.08\text{m/s}$$

进口截面 $A=Q/3600v_i=5000/(3600\times16.08)\text{m}^2=0.0864\text{m}^2$

根据表4-1，XLP/B型旋风器进口管高度为 $h=\sqrt{2A}=\sqrt{2\times0.0864}\text{m}=0.416\text{m}$

进口管宽度为 $b=\sqrt{A/2}=\sqrt{0.0864/2}\text{m}=0.208\text{m}$

筒体直径 $D=3.33b=3.33\times208\text{mm}=693\text{mm}$

取 $D=700\text{mm}$，即选择CLP/B—7.0型旋风除尘器，参数如下：

排气管直径 $d=0.6D=0.6\times700\text{mm}=420\text{mm}$

筒体长度 $L=1.7D=1.7\times700\text{mm}=1190\text{mm}$

锥体长度 $H=2.3D=2.3\times700\text{mm}=1610\text{mm}$

排灰口直径 $d'=0.43D=0.43\times700\text{mm}=301\text{mm}$

习 题

4-1 一简单重力沉降室长 $L=6\text{m}$，宽 $B=3\text{m}$，气体压力 $p=1.013\times10^5\text{Pa}$，温度 $T=298\text{K}$，动力粘度 $\mu=1.85\times10^{-5}\text{Pa}\cdot\text{s}$，粉尘真密度 $\rho_p=2500\text{kg/m}^3$，试计算保持水平流速 $v=1.5\text{m/s}$，但高度 H 分别为1m、2m和3m的分级效率，并绘出分级效率曲线。

4-2 在298K空气中的NaOH飞沫用重力沉降室收集，其大小为：宽914cm，高457cm，长1219cm，空气的体积流率为 $1.2\text{m}^3/\text{s}$。计算能被100%捕获的最小雾粒的直径。假设雾滴的密度为 1.21g/m^3。

4-3 一直径为 $1.09\mu\text{m}$ 的单分散气溶胶通过一重力沉降室，宽20cm，长50cm，共18层，层间距0.124cm，气体流率为8.61 L/min，并测得其操作效率为64.9%。问需要放置多少层才能达到80%的操作效率。

4-4 有一沉降室长7.0m，高1.2m，气速30cm/s，空气温度为300K，尘粒密度2.5g/cm^3，空气动力粘度$\mu = 1.86 \times 10^{-5}$Pa·s，求该沉降室能100%捕集的最小粒径。

4-5 一气溶胶含有粒径为0.63μm和0.83μm的粒子，以3.61 L/min的流量通过多层沉降室，给出下列数据，运用斯托克斯定律和肯宁汉校正系数计算沉降效率。$L = 50$cm，$B = 20$cm，$\rho_p = 1.05$g/cm^3，$\Delta H = 0.129$cm，$n = 19$层，$\mu = 1.82 \times 10^{-5}$Pa·s。

4-6 某沉降室处理流量$Q = 10$m^3/s、20℃下的含尘气体，捕集粒径为50μm、$\rho_p = 2000$kg/m^{3}的粉尘，如$B = 1.5$m，$H = 1.5$m，共9个通道。

(1) 如果要求$\eta_d = 100\%$，沉降室应为多长（假定室内气流处于层流状态）？

(2) 计算雷诺数，看原假定层流是否正确，若不是层流，则应有多少层才能使流动成为层流？在此条件下重新计算L。

(3) 按(2)计算的沉降室，求捕集$d_p = 25$μm粉尘的分级效率。

4-7 应用习题4-6中数据($B = H = 1.5$m，$n = 9$)，对50μm颗粒，要达到的效率为90%，计算沉降室的长度？若效率为99.9%，又需要多长？对应于第一个长度，25μm颗粒的捕集效率为多少？

4-8 研究习题4-6和习题4-7，假设除了B和n值未给定外，其余数据不变，但必须确定B和n，以使A_m最小，并对50μm粒子计算层流和湍流两种情况下的n、B、L。

4-9 试确定旋风除尘器的分割粒径和总效率，给定粉尘的粒径分布见表4-2。

表4-2 粉尘的粒径分布表

平均粒径 d_p/μm	1	5	10	20	30	40	50	60	>60
质量分数（%）	3	20	15	20	16	10	6	3	7

已知气体动力粘度为2×10^{-5}Pa·s，颗粒相对密度为2.9，旋风除尘器气体入口速度为15m/s，气体在旋风除尘器内的有效旋转圈数为5圈，旋风除尘器直径为3m，入口管宽度为76cm。

4-10 某旋风除尘器处理含4.58g/m^{3}灰尘的气流($\mu = 2.5 \times 10^{-5}$Pa·s)，其除尘总效率为90%，粉尘分析试验结果见表4-3。

表4-3 粉尘分析表

粒径范围（μm）	捕集粉尘的质量分数（%）	逸出粉尘的质量分数（%）
0~5	0.5	76.0
5~10	1.4	12.9
10~15	1.9	4.5
15~20	2.1	2.1
20~25	2.1	1.5
25~30	2.0	0.7
30~35	2.0	0.5
35~40	2.0	0.4
40~45	2.0	0.3
>45	84.0	1.1

(1) 作出分级效率曲线。

(2) 确定分割粒径。

4-11 某旋风除尘器的阻力系数$\zeta = 9.8$，进口速度为15m/s，试计算标准状态下的压力损失。

第5章 电除尘器

5

5.1 电除尘器的工作原理、分类和特点

电除尘器是利用静电力实现粒子（固体或液体粒子）与气流分离沉降的一种除尘装置。

1. 电除尘器的工作原理

电除尘器的除尘过程可分以下四个阶段（见图5-1）。

（1）电晕放电和空间电荷的形成　在电晕极（又称放电极，若为负电晕则接电源负极）与集尘极（又称收尘极，接地为正极）之间施加直流高电压，使放电极发生电晕放电，气体电离，生成大量自由电子和正离子。正离子被电晕极吸引而失去电荷。自由电子和气流中负电性气体分子俘获自由电子后形成的气体负离子，在电场力的作用下向集尘极（正极）移动便形成了空间电荷。

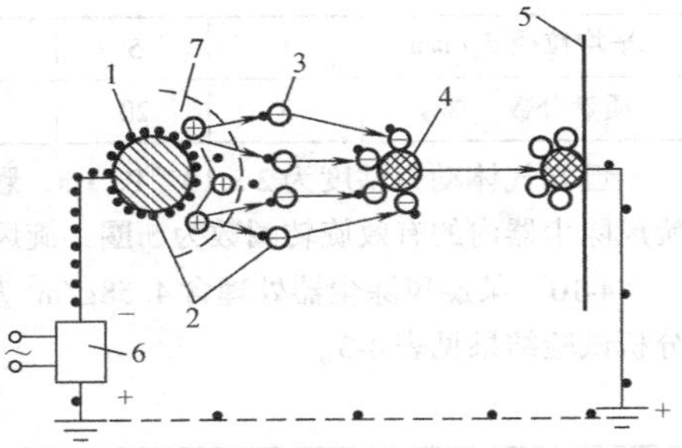

图5-1　电除尘器工作原理示意

1—电晕极　2—电子　3—离子　4—粒子　5—集尘极　6—供电装置　7—电晕区

（2）粒子荷电　通过电场空间的气溶胶粒子与自由电子、气体负离子碰撞附着，便实现了粒子荷电。

（3）粒子沉降　在电场力的作用下，荷电粒子被驱往集尘极，在集尘极表面放出电荷而沉集其上。在电晕区内，由电晕放电产生的气体正离子向电晕极运动的路程极短，只能与极少数的尘粒相遇，使其荷正电，它们也将沉集在截面很小的电晕极上。

（4）粒子清除　用适当方式（振打或水膜等）清除电极上沉集的粒子。

为保证电除尘器在高效率下运行，必须使以上四个过程十分有效地进行。

2. 电除尘器的分类

根据电除尘器的结构特点，可作不同的分类：

1）按集尘极的型式，可分为管式（见图5-2a）和板式（见图5-2b）电除尘器。管式电除尘器的集尘极一般为多根并列的金属圆管或六角形管，适用于气体量较小的情况。板式电除尘器采用各种断面形状的平行钢板作集尘极，极间均布电晕线。板式电除尘器的规格以其横断面积表示，可从几平方米到几百平方米，处理气体量很大。

2）按粒子荷电和沉降的空间位置，可分为单区和双区电除尘器。粒子的荷电和分离沉

降皆在同一空间区域的称为单区（亦称一段式）电除尘器（见图5-2），而将荷电和沉降分离设在两个空间区域的称为双区（亦称两段式）电除尘器（见图5-3）。工业除尘以单区电除尘器应用最广，本书介绍的有关电除尘器的理论，均指单区电除尘器。典型的双区电除尘器一般用在空气调节方面，但含尘量少、气量小的工业尘源也有采用双区电除尘器的。

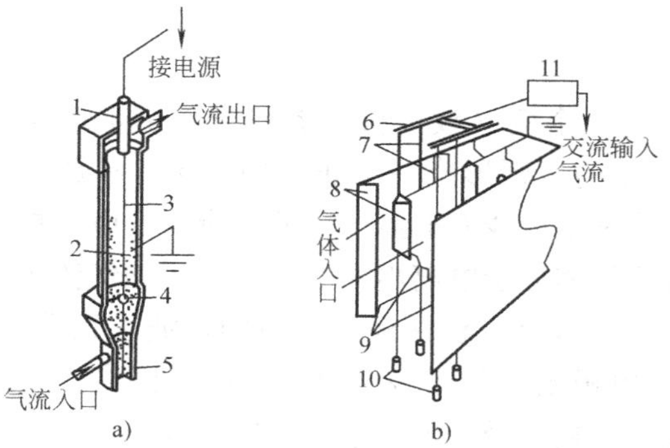

图5-2 单区电除尘器示意图

a）管式 b）板式

1—绝缘瓶 2—集尘极表面上的粉尘 3、7—放电极 4—吊锤 5—捕集的粉尘 6—高压母线 8—挡板 9—收尘极板 10—重锤 11—高压电源

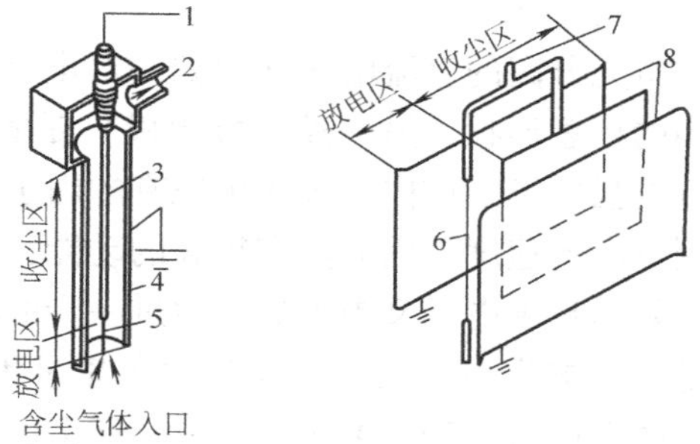

图5-3 双区电除尘器示意图

1—连接高压电源 2—洁净气体出口 3—不放电的高压电极 4—收尘极 5—放电极 6—放电极线 7—连接高压电源 8—收尘极板

3）按气体流动方向分，可分为立式和卧式电除尘器。管式电除尘器都是立式的；板式电除尘器多为卧式，也有采用立式的。工业废气除尘中，卧式的板式电除尘器应用最广。卧式电除尘器可根据需要的除尘效率，沿气流方向分设2～4个电场，可以分场供电。

4）按沉集粒子的清灰方式，可分为干式和湿式电除尘器。湿式电除尘器是利用喷雾或溢流水等方式使集尘极表面形成一层水膜，将沉集到其上的尘粒冲走。管式电除尘器常采用湿式清灰，可避免二次扬尘，效率很高，但存在腐蚀和污水、污泥处理问题。板式电除尘器大多采用干式清灰，回收的干粉尘便于处置和利用，但振打清灰时存在二次扬尘等问题。

3. 电除尘器的特点

电除尘器实现粒子与气体分离所需的力（库仑力）是直接作用在粒子上的（在惯性、离心等除尘器中，粒子与气流同时受机械力的作用），因此实现粒子与气流分离消耗的能量比其他除尘器小得多。电除尘器的压力损失仅100～200Pa。

电除尘器的除尘效率高达99.99%，能捕集1μm以下的细微粉尘，但从经济方面考虑，一般控制一个合理的除尘效率。

电除尘器的处理气量大，可用于高温（可高达500℃）、高压和高湿（相对湿度可达100%）的场合，能连续运行，并能完全实现自动化。

由于电除尘器具有高效低阻的特点，应用十分广泛。

电除尘器的主要缺点是设备庞大，耗钢多，需高压变电和整流设备，故投资高；要求制造、安装和管理的技术水平高；除尘效率受粉尘比电阻影响较大，一般对比电阻小于10^4～$10^5\Omega\cdot cm$或大于10^{10}～$10^{11}\Omega\cdot cm$的粉尘，若不采用一定措施，除尘效率将受到影响；此外，初始浓度大于$30g/m^3$的含尘气体需设置预处理装置。

5.2 电晕放电

5.2.1 电晕的发生和空间电荷的形成

1. 电晕的发生

将充分高的直流电压施加到一对电极上，其中一个极（放电极）是细导线或曲率半径很小的任意形状，另一极（集尘极）是管状或板状的，则形成一个非均匀电场。在放电极附近的强电场区域内，气体中原有的因宇宙射线或其他射线而电离产生的少量自由电子被加速到很高的速度，因而具有很高的动能，足以碰撞气体分子电离出新的自由电子和气体正离子，新的自由电子又被加速产生进一步的碰撞电离。这个过程在极短的瞬间重演了无数次，于是形成被称为“电子雪崩”的积累过程，在放电极附近的很小区域——电晕区内产生了大量的自由电子和正离子，这就是所谓的电晕放电。在电晕区外，电场强度迅速减小，不足以引起气体分子碰撞电离，因而电晕放电停止。

当供电电压高到一定值后，也会产生火花放电，即在两电极之间（不仅在放电极附近）有若干条狭窄的电击穿，在一瞬间引起电流急剧增大，气体温度和压力急剧增加。如果电压再继续升高，会使两极间的整个空间被击穿，发生弧光放电，这时两极间电压降低，气流很大，并产生很高的温度和强烈的弧光，能烧坏电极或供电设备。电除尘器运行时要避免出现弧光放电。

2. 电子的附着和空间电荷的形成

若放电极是负极，即所谓负电晕，电晕区内产生的自由电子会在电场力的作用下向接地极（正极）迁移。在电晕区外，由于电场强度减弱，电子减速到小于碰撞电离所需的速度，遇上电负性气体分子便附着在上面，形成气体负离子并向接地极运动，构成电晕区外整个空间的惟一电流。

电子附着对保持稳定的负电晕是很重要的。因为气体离子的迁移速度约为自由电子的1/1000，若没有电子附着形成大量负离子，迁移速度极高的自由电子就会瞬间流至接地极，便不能在两极间形成稳定的空间电荷，几乎在开始电晕放电的同时就产生了火花放电。不过，电除尘所遇到的气体中，一般都存在着数量足够的电负性气体，如 O_2、Cl_2、CCl_4、HF、SO_2 等，因而有良好的电子附着性质，也有良好的负电晕特性。

电晕放电产生的正离子被加速引向负极，使放电极表面被撞击而释放出维持放电所必需的二次电子。同时，电晕区电子与气体分子碰撞，激发分子产生紫外线辐射而使放电极周围出现光点、光环或光带。

当放电极为正极时，则产生正电晕。由于电场方向与负电晕相反，电子雪崩产生的自由电子向放电极运动，正离子则沿电场强度降低的方向移至接地极，并形成电晕区外的空间电流。因此，正电晕不依靠电子附着形成空间电荷。

通常负电晕产生的负离子的迁移率（即电场强度为 1V/m 时离子的迁移速度）比正电晕产生的正离子的高。高离子迁移率形成的离子电流也高；而且离子迁移率愈高，在电场中与粉尘碰撞的机会也愈多，对粉尘的荷电有利。此外，负电晕的起始电晕电压低而击穿电压高，因而负电晕的有效工作电压范围比正电晕大，有利于电除尘器的运行。一般气体中有足够的电负性气体分子以形成负离子，所以工业电除尘器一般都采用负电晕。但负电晕放电时，产生速度很高的自由电子和负离子，在碰撞电离过程中会产生比正电晕多得多的臭氧（O_3）和氮氧化物（NO_x），所以空气调节中的微粒净化装置不采用负电晕而采用正电晕。

3. 离子迁移率

根据分析和测定，荷电离子在电场中的运动速度 v_i 与电场强度 E 成正比，即

$$v_i = K_i E \tag{5-1}$$

式中 K_i——离子迁移率 [$m^2/(s \cdot V)$]。

K_i 与气体热力学温度 T（K）和压力 p（Pa）的关系为

$$K_i = K_{i0}\frac{Tp_N}{T_N p} \tag{5-2}$$

式中 K_{i0}——标准状态（$T_N = 273K$，$p_N = 1.013\times10^5 Pa$）下的离子迁移率。

不同气体离子的 K_{i0} 值见表5-1。表中（+）、（-）代表电晕电极的极性，在负电晕中有“—”者，说明此种纯气体不能吸附自由电子。

表5-1 不同气体在标态下的离子迁移率 K_{i0}

迁移率/（$m^2 \cdot s^{-1} \cdot V^{-1}$）			迁移率/（$m^2 \cdot s^{-1} \cdot V^{-1}$）		
气体	K_{i0}（-）	K_{i0}（+）	气体	K_{i0}（-）	K_{i0}（+）
He	—	10.4×10^{-4}	C_2H_2	0.83×10^{-4}	0.78×10^{-4}
Ne	—	4.2×10^{-4}	C_2H_5Cl	0.38×10^{-4}	0.36×10^{-4}
Ar	—	1.6×10^{-4}	C_2H_5OH	0.37×10^{-4}	0.36×10^{-4}
Kr	—	0.9×10^{-4}	CO	1.14×10^{-4}	1.10×10^{-4}
Xe	—	0.6×10^{-4}	CO_2（干燥）	0.98×10^{-4}	0.84×10^{-4}
空气（干燥）	2.1×10^{-4}	1.36×10^{-4}	HCl	0.62×10^{-4}	0.53×10^{-4}
空气（非干燥）	2.5×10^{-4}	1.8×10^{-4}	H_2O（372K）	0.95×10^{-4}	1.1×10^{-4}
N_2	—	1.8×10^{-4}	H_2S	0.56×10^{-4}	0.62×10^{-4}
O_2	2.6×10^{-4}	2.2×10^{-4}	NH_3	0.66×10^{-4}	0.56×10^{-4}
H_2	—	12.3×10^{-4}	N_2O	0.90×10^{-4}	0.82×10^{-4}
Cl_2	0.74×10^{-4}	0.74×10^{-4}	SO_2	0.41×10^{-4}	0.4×10^{-4}
CCl_4	0.31×10^{-4}	0.30×10^{-4}	SF_6	0.57×10^{-4}	—

5.2.2 起晕电压和伏安特性

对于管式电除尘器，可由高斯定理导出电晕放电前圆管内任一半径 r 处的电场强度 $E(r)$与极间电压 V 的关系为

$$E(r) = \frac{V}{r\ln(r_2/r_1)} \tag{5-3}$$

式中 r_1、r_2——电晕线和集尘圆管的半径（m），如图5-4所示；

r——从电晕线中心到电场中任一点的半径（m）。

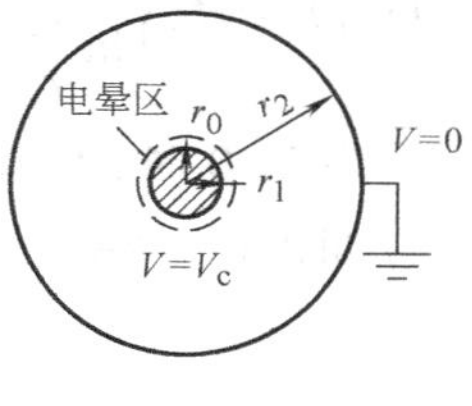

图5-4 管式除尘器电场

极间电压升到开始发生电晕放电时的电压称为起晕电压 V_c，与之相应的电场强度称为起晕场强 E_c。由式（5-3），当 $r=r_1$ 时，有

$$V_c = r_1 E_c \ln \frac{r_2}{r_1} \tag{5-4}$$

起晕场强 E_c 的高低决定于气体的性质、电晕线的尺寸及其表面粗糙度。对空气中圆极线的负电晕，皮克（Peek）提出了计算起晕场强的经验公式，即

$$E_c = 3\times10^6 m\left[\frac{T_0 p}{T p_0} + 0.03\sqrt{\frac{T_0 p}{T p_0 r_1}}\right] \tag{5-5}$$

式中 T、p——运行工况下的空气温度和压力，$T_0 = 298\mathrm{K}$，$p_0 = 1.013\times10^5\mathrm{Pa}$；

m——电晕线表面的粗糙度系数，光洁电晕线 $m=1$，实际中所遇到的电晕线可取 $m = 0.6 \sim 0.7$。

例 5-1 若管式电除尘器的电晕线半径为 1mm，集尘管直径为 200mm，运行时的空气压力为 $1.013\times10^5\mathrm{Pa}$，温度为 300℃，试计算起晕场强和起晕电压。

解 取 $m=0.7$，由式（5-5）得

$$E_c = 3\times10^6\times0.7\times\left(\frac{298\times1.013\times10^5}{573\times1.013\times10^5} + 0.03\times\sqrt{\frac{298\times1.013\times10^5}{573\times1.013\times10^5\times0.001}}\right)\mathrm{V/m}$$

$$= 2.505\times10^6\mathrm{V/m}$$

代入式（5-4）得

$$V_c = 0.001\times2.505\times10^6\times\ln(0.1/0.001)\ \mathrm{kV} = 11.54\mathrm{kV}$$

利用描述电场分布规律的泊松方程，可以导出管式电除尘器中任一点场强 $E(r)$ 与电流 i 的关系

$$E(r) = -\frac{\mathrm{d}V}{\mathrm{d}r} = -\left[\left(\frac{r_0 E_c}{r}\right)^2 + \frac{i}{2\pi\varepsilon_0 K_i}\left(1 - \frac{r_0^2}{r^2}\right)\right]^{1/2} \tag{5-6}$$

式中 ε_0——真空介电常数，$\varepsilon_0 = 8.85\times10^{-12}\mathrm{C^2/(N\cdot m^2)}$；

K_i——离子迁移率 $[\mathrm{m^2/(V\cdot s)}]$；

i——电流线密度，即每米长电晕线发出的电流（A/m）；

r_0——电晕区边界处的半径（m），如图 5-4 所示。

由于电晕区很小，可认为 $r_0 \approx r_1$，上式中 r_0 可用 r_1 代替。当 i 值较大，以及 $r \gg r_0$ 时，例如在集尘极表面附近，上式可近似写成

$$E_p \approx -\left(\frac{i}{2\pi\varepsilon_0 K_i}\right)^{1/2} \tag{5-7}$$

为了得到管式电除尘器的伏安特性（电压－电流关系），用 r_1 代替式（5-6）中 r_0 后，再将它由电晕线表面（$r=r_1$）到集尘极表面（$r=r_2$）积分，得 $r=r_1$ 处的电压 $V(r_1)$

$$V(r_1) = r_1 E_c\left\{\ln\frac{r_2}{r_1} + 1 - \left[1 + \left(\frac{r_2}{E_c r_1}\right)^2\frac{i}{2\pi\varepsilon_0 K_i}\right]^{1/2} + \ln\frac{1 + \left[1 + \left(\frac{r_2}{E_c r_1}\right)^2\frac{i}{2\pi\varepsilon_0 K_i}\right]^{1/2}}{2}\right\}V \tag{5-8}$$

当 $i=0$ 时，$V(r_1) = V_c$，式（5-8）即变为式（5-4）。

如将式（5-8）中的对数项近似地取用

$$\ln\frac{1 + \left[1 + \left(\frac{r_2}{r_1 E_c}\right)^2\frac{i}{2\pi\varepsilon_0 K_i}\right]^{1/2}}{2} \approx \frac{\left[1 + \left(\frac{r_2}{r_1 E_c}\right)^2\frac{i}{2\pi\varepsilon_0 K_i}\right]^{1/2}}{2}$$

时，即可得到简化的电流 i—电压 V 关系式为

$$i=\frac{8\pi\varepsilon_0 K_i}{r_2^2\ln(r_2/r_1)}V(V-V_c) \tag{5-8'}$$

例5-2 与例5-1条件相同，已知施加在两极间的工作电压 $V=50\text{kV}$，工作状态下的离子迁移率 $K_i=1.824\times10^{-4}\text{m/(V·s)}$，介电常数 $\varepsilon_0=8.85\times10^{-12}\text{C/(N·m}^2)$，试计算该电除尘器的起始电晕电流、距放电极中心 $r=50\text{mm}$ 及集尘极附近的场强。

解 利用式（5-8a）计算起始电晕电流，即

$$\begin{aligned}i&=\frac{8\pi\varepsilon_0 K_i}{r_2^2\ln(r_2/r_1)}V(V-V_c)\\&=\frac{8\pi\times8.85\times10^{-12}\times1.824\times10^{-4}}{0.1^2\ln(0.1/0.001)}\times50\times10^3(50\times10^3-11.54\times10^3)\ \text{A/m}\\&=0.001694\text{A/m}=1.694\text{mA/m}\end{aligned}$$

$r=50\text{mm}$ 处等电场面的场强用式（5-6）计算（令 $r_0\approx r_1$），即

$$\begin{aligned}E_{(r=0.05)}&=\left[\left(\frac{r_0E_c}{r}\right)^2+\frac{i}{2\pi\varepsilon_0K_i}\left(1-\frac{r_0^2}{r^2}\right)\right]^{1/2}\\&=\left[\left(\frac{0.001\times2.505\times10^6}{0.05}\right)^2+\frac{0.001694}{2\pi\times8.85\times10^{-12}\times1.824\times10^{-4}}\times\left(1-\frac{0.001^2}{0.05^2}\right)\right]^{1/2}\ \text{V/m}\\&=4.117\times10^5\text{V/m}\end{aligned}$$

集尘极附近的场强 E_p 用式（5-7）计算，即

$$E_p=\left(\frac{i}{2\pi\varepsilon_0K_i}\right)^{1/2}=\left(\frac{0.001694}{2\pi\times8.85\times10^{-12}\times1.824\times10^{-4}}\right)^{1/2}\text{V/m}=4.087\times10^5\text{V/m}$$

板式电除尘器比管式电除尘器的几何形状复杂得多，因而推导其电流－电压的理论公式也远为复杂。但是，如果假定是低电流，应用微扰理论（Perturbation Theory），则可得到相当简化的电晕放电时电流线密度 i（A/m）与供电电压 V（V）之间的关系（无尘粒情况）为

$$i=4Cj=\frac{4\pi\varepsilon_0K_i}{S_x^2\ln(\alpha/r_1)}V(V-V_c) \tag{5-9}$$

式中 C——两根极线中心距离的一半（m）；

j——集尘极板的平均电流密度（A/m^2）；

S_x——两块平行极板之间距离的一半（m）；

α——参数（m）。

α 值根据 S_x/C 确定：$S_x/C\leqslant0.6$ 时，$\alpha=4S_x/\pi$；$S_x/C\geqslant2.0$ 时，$\alpha=(C/\pi)\exp(\pi S_x/2C)$；$0.6<S_x/C<2.0$ 时，由图5-5确定。

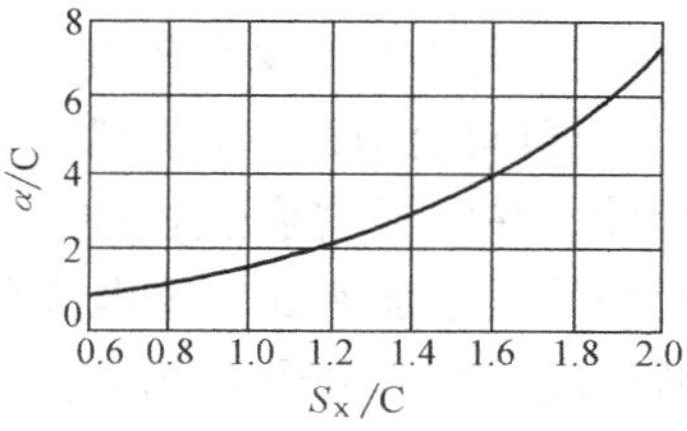

图5-5 决定式（5-9）中参数 α 的曲线

5.2.3 影响电晕放电的因素

1. 气体组成

气体组成的影响表现在以下两个方面：

（1）不同气体分子形成气体负离子的能力不同 氢、氩、氮等惰性气体，对电子没有亲和力，不能使电子附着形成负离子；很多工业废气中存在的氧、二氧化硫等电负性气体，能很快俘获电子，形成稳定的负离子；另外一些气体，最明显的是二氧化碳和水蒸气，对电子也没有亲和力，但当其与高速电子碰撞时首先电离出一个氧原子，然后电子附着在氧原子

上，也形成负离子。

(2) 不同种类气体离子的迁移率是不同的　因此，在气体组成不同时，电晕放电时的伏安特性不同，火花电压也不同。图5-6给出 SO_2 和 N_2 不同混合比的伏安特性曲线。由图可见，纯 N_2 不能俘获电子，电晕区产生的自由电子向极板运动时具有极高的迁移速率，因而火花电压最低；纯 SO_2 气体离子的迁移率 $[0.41\times10^{-4}m^2/(s\cdot V)]$ 比纯 CO_2 气体离子的迁移率 $[0.98\times10^{-4}m^2/(s\cdot V)]$ 低，所以火花电压最高。从图5-7可以看到，水蒸气对提高空气中的火花电压有重要影响，空气中的水蒸气的质量分数从0增加到40%时，火花电压大约增加25%～30%。

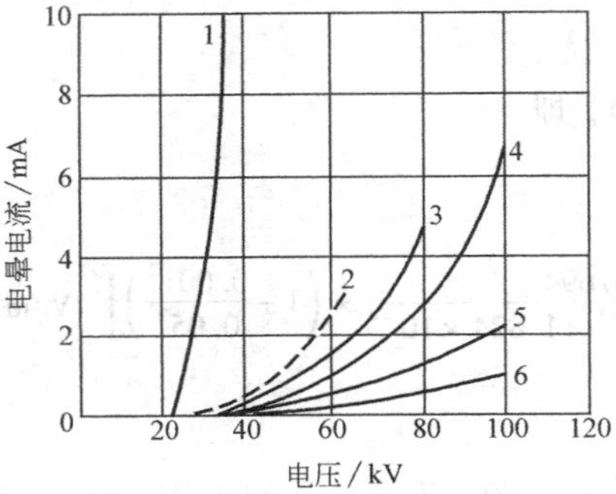

图5-6　N_2 和 SO_2 混合物的伏安特性曲线

（150mm 圆管，2.7mm 极线）

1—100% N_2，37kV、16mA 时火花放电

2—100% CO_2，火花放电　3—1.7% SO_2，火花放电

4—5% SO_2　5—40% SO_2　6—100% SO_2

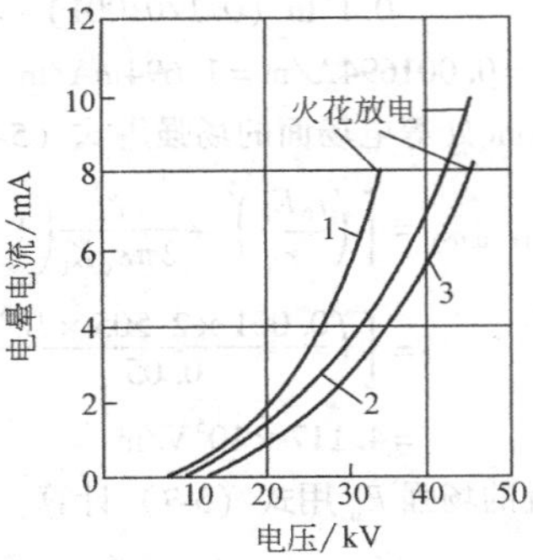

图5-7　200℃、1×10^5Pa 下空气和水蒸气混合物的伏安特性曲线

（75mm 圆管，0.25mm 极线）

1—100%空气　2—40% H_2O　3—100% H_2O

可见，气体中有对电子亲和力高的气体和迁移率低的气体，可以施加更高的电压，即更强的电场，对改善电除尘器的性能有利。

2. 气体的温度和压力

气体的温度和压力既能改变起晕电压，又能改变伏安特性。在电子雪崩过程中，两次碰撞之间必须要有足够的时间使电子加速到气体电离的速度，这与气体的密度有关。若密度增加，分子互相靠近，平均自由程缩短，平均自由时间减少，这就要求更高的电场强度，才能使电子加速到气体电离的速度。因此，气体压力降低或温度升高时，气体密度减小，起晕电压降低。温度和压力的变化也影响离子的迁移率，从而改变了伏安特性。由图5-8可见，随着温度的升高，起晕电压减小，火花电压降低。

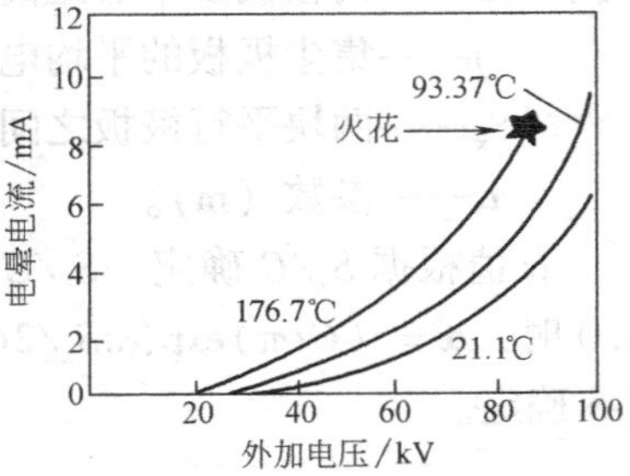

图5-8　气体温度对伏安特性的影响

3. 放电极的形状和尺寸

起晕电压随放电极的几何形状和尺寸而变化。例如，在相同条件下的试验表明，圆芒刺极线的电压为20kV，ϕ2mm 圆形极线为25kV，星形极线为32.5kV。由式（5-4）可见，极线愈细，起晕电压愈低。

此外，管式电除尘器的圆管直径，板式电除尘器的极板间距，电源电压的波形和电极上的粉尘层等也对电晕放电产生一定的影响。

5.3 粒子荷电

在电除尘器中，气溶胶粒子与气体离子相碰，离子附着在粒子上而实现了粒子荷电。有两种不同的荷电机制——电场荷电和扩散荷电。

5.3.1 电场荷电

粒子的电场荷电过程大致如下：粒径大于1.0μm左右的较大粒子在电场中被极化，引起电场局部变形，电力线被粒子遮断（见图5-9a）。图中沿电力线运动的离子如果在电场极限内就会和未荷电的粒子碰撞而被粒子俘获。粒子荷电后形成的电场与外加电场方向相反，产生斥力，使粒子附近的电力线变形（见图5-9b），这时粒子只能从电场的较小部分接受电荷，荷电速率相应减慢。粒子继续荷电后，在面向离子流过来的一侧进入粒子的电力线继续减少，最终荷电粒子本身产生的电场和外加的电场正好平衡，粒子上的电荷达到饱和状态（见图5-9c）。

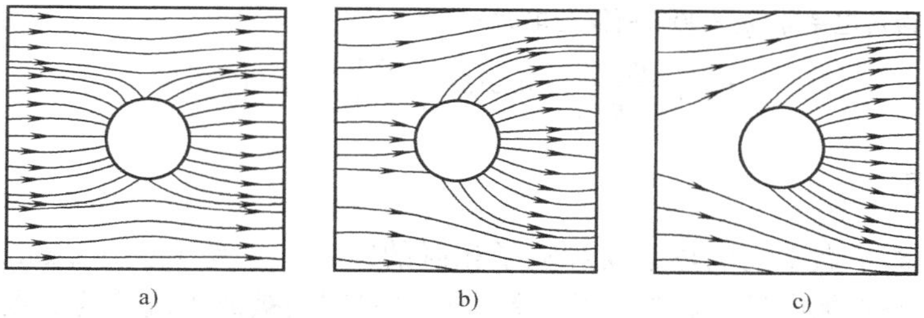

图5-9 电场荷电过程

a）未荷电 b）部分荷电 c）荷电饱和

假定相邻粒子的电场互不影响，粒子引入前外电场是均匀的，可以导出球形粒子的饱和荷电量 q_s 为

$$q_s = \frac{3\pi\varepsilon_0\varepsilon_p d_p^2 E_0}{\varepsilon_p + 2} \tag{5-10}$$

式中 d_p——粒径（m）；

E_0——两极间的平均场强（V/m）；

ε_p——粒子的相对介电系数（无因次）。

ε_p 的范围为1～∞，如硫黄约为4.2，石膏约为5，石英玻璃为5～10，金属氧化物为12～18，金属约为∞。

由式（5-10）可见，粒子的饱和荷电量主要决定于粒径和场强的大小，尤以粒径影响最大。

设 q_t 为粒子经时间 t 后的瞬时荷电量，q_t/q_s 即为粒子的荷电率，它与荷电时间 t 的关系为

$$q_t = q_s \frac{t}{t + t_0} \tag{5-11}$$

式中 t_0——电场荷电时间常数，即荷电率 $q_t/q_s=50\%$ 的荷电时间，由下式确定

$$t_0=\frac{4\varepsilon_0}{N_0eK_i} \tag{5-12}$$

或

$$t_0=\frac{8\pi\varepsilon_0rE}{i} \tag{5-13}$$

式中 K_i——离子迁移率［$m^2/(s\cdot V)$］；

e——电子电量，$e=1.6\times10^{-19}C$；

N_0——电场中离子的密度，在运行条件下（150～400℃）约为 $10^{14}\sim10^{15}$ 个/m^3。

电场荷电过程最初速率很快，在0.1～1.0s内荷电率可达99%，若维持高的电晕电流，荷电时间还会缩短。但若粒子比电阻高或其他原因使电流增大受到限制时，粒子荷电速率将很低。当接近饱和时，荷电速率也就很慢。理论上，达到饱和荷电量所需时间为无穷大，但习惯上将接近饱和荷电称为饱和荷电。

例5-3 若管式电除尘器的电晕电流密度 $i=1.0mA/m$，距电晕线中心 $r=3.0cm$ 处的场强 $E=2\times10^6V/m$。试计算粒子荷电时间常数 t_0 及荷电率达90%时所需的荷电时间 t。

解 $t_0=\frac{8\pi\varepsilon_0rE}{i}=\frac{8\times3.14\times8.85\times10^{-12}\times0.03\times2\times10^6}{0.001}s=0.0133s$

由式（5-11）得荷电率 $q_t/q_s=90\%$ 所需荷电时间为

$$t=t_0\frac{q_t/q_s}{1-q_t/q_s}=0.0133\times\frac{0.9}{1-0.9}s=0.1197s$$

5.3.2 扩散荷电

扩散荷电是离子做不规则热运动和粒子相碰的结果。它是小于0.2μm左右粒子的主要荷电机制。若忽略外加电场的影响，某一粒子单位时间内被离子碰撞的次数取决于粒子附近离子的数密度和离子的平均热运动速度，后者又取决于温度和离子的质量。怀特（White）导出不考虑电场影响的扩散荷电电量计算公式为

$$q_t=\frac{2\pi\varepsilon_0kTd_p}{e}\ln\left(1+\frac{d_pN_0e^2t}{2\varepsilon_0\sqrt{2\pi mkT}}\right) \tag{5-14}$$

式中 k——玻耳兹曼常数，$k=1.38\times10^{-23}J/K$；

T——气体热力学温度（K）；

m——离子质量（kg）；

t——时间（s）。

包杉尼（Pauthenier）提出了考虑外加电场时的扩散荷电量计算公式，即

$$q_t=\frac{2\pi\varepsilon_0kTd_p}{e}\ln\left(\frac{(8\pi)^{1/2}}{3}\frac{d_pN_0e^2t}{2\varepsilon_0\sqrt{2\pi mkT}}\frac{\sinh(E_0ed_p/2kT)}{E_0ed_p/2kT}+1\right) \tag{5-15}$$

对很细的粒子，$\sinh(E_0ed_p/2kT)/(E_0ed_p/2kT)$ 接近于1。式（5-15）不包括由于电场荷电获得的电荷。

粒子荷电后，将排斥后来的离子。但由于热运动的不规则性，总会有些离子具有能够克服排斥力的扩散速度，因而扩散荷电不存在理论上的饱和荷电，但随着粒子上电荷量的增加，荷电速度越来越低。

实际电除尘器中的电晕荷电，既不是没有扩散的离子定向运动和没有电场影响的离子扩

散，也不是两者的简单相加。应考虑离子在电场力作用下扩散到粒子上，使粒子荷电，该理论较复杂，不在此介绍。

实验证明，小于0.2μm左右的粒子可仅考虑扩散荷电；大于1.0μm的粒子可仅考虑电场荷电；对0.2~1.0μm的粒子，其总荷电量可近似取电场荷电量与扩散荷电量之和。

当荷电时间 $t \geqslant 10t_0$ 时，电场荷电量按饱和荷电量公式（5-10）计算。

例5-4 近似计算电除尘器中粒径为0.5μm和1.0μm的尘粒在0.1s、1.0s和10s时的荷电量。已知 $\varepsilon_p=5$，$E_0=3\times10^6$V/m，$T=300$K，$N_0=2\times10^{15}$个/m³，$m=5.3\times10^{-26}$kg。

解 首先按空气负离子的迁移率 $K_i=2.1\times10^{-4}\text{m}^2/(\text{s}\cdot\text{V})$ 计算时间常数 t_0，由式（5-12）得

$$t_0=\frac{4\varepsilon_0}{N_0eK_i}=\frac{4\times8.85\times10^{-12}}{2\times10^{-15}\times1.6\times10^{-19}\times2.1\times10^{-4}}\text{s}=0.000503\text{s}$$

由于要计算的粒子粒径属于中间范围，且题目中给定的荷电时间大于 $10t_0$，所以粒子的总荷电量近似取电场荷电的饱和荷电量与扩散荷电量之和。忽略电场对扩散荷电的影响，则粒子总荷电量为

$$\begin{aligned}q'_t&=\frac{3\pi\varepsilon_0\varepsilon_p d_p^2E_0}{\varepsilon_p+2}+\frac{2\pi\varepsilon_0kTd_p}{e}\ln\left(1+\frac{d_pN_0e^2t}{2\varepsilon_0\sqrt{2\pi mkT}}\right)\\&=\frac{3\times5}{7}\times3.14\times8.85\times10^{-12}\times3\times10^6d_p^2+\\&\frac{2\times3.14\times8.85\times10^{-12}\times1.38\times10^{-23}\times300d_p}{1.6\times10^{-19}}\times\\&\ln\left(1+\frac{(1.6\times10^{-19})^2\times2\times10^{15}td_p}{2\times8.85\times10^{-12}\sqrt{2\times5.3\times10^{-26}\times3.14\times1.38\times10^{-23}\times300}}\right)\\&=178.7\times10^{-6}d_p^2+1.438\times10^{-12}d_p\ln(1+7.79\times10^{10}td_p)\end{aligned}$$

计算结果见表5-2。

表5-2 例5-4计算结果

d_p/μm	$q'_{0.1s}$/C	$q'_{1.0s}$/C	q'_{10s}/C
0.5	50.62×10^{-18}	52.28×10^{-18}	57.55×10^{-18}
1.0	191.59×10^{-18}	194.90×10^{-18}	198.21×10^{-18}

5.4 粒子的捕集

5.4.1 捕集效率方程

1922年多依奇（Deutsch）根据一些假设导出了电除尘器捕集效率的方程——多依奇方程。这些假设是：①电除尘器中的气流为紊乱状态，通过除尘器任一断面的气流速度（除器壁边界层外）和粒子浓度都是均匀分布的；②进入电除尘器的粒子立刻达到了饱和荷电；③集尘极表面附近的所有粉尘的驱进速度相同，与气流速度相比是很小的；④不考虑冲刷、二次扬尘、反电晕、粉尘凝聚等的影响。

多依奇方程的一般形式为

$$\eta=1-\exp\left(-\frac{A}{Q}w\right)\tag{5-16}$$

式中 A——集尘极面积（m²）；

Q——气流量（m³/s）；

w——粒子的驱进速度（m/s）。

对线管式电除尘器，当集尘圆管半径为 r_2、管长为 L、管内气速为 v 时，捕集效率方程为

$$\eta = 1 - \exp\left(-\frac{2L}{r_2 v}w\right) \tag{5-17}$$

对线板式电除尘器，当电晕线与极板相距 S_x、极板长度为 L、通道气速为 v 时，效率方程为

$$\eta = 1 - \exp\left(-\frac{L}{S_x v}w\right) \tag{5-17a}$$

多依奇方程描述了捕集效率与集尘板面积、气流量及粒子驱进速度之间的关系，指明了提高捕集效率的途径，因而广泛用于电除尘器的性能分析和设计中。

5.4.2 粒子驱进速度

1. 理论粒子驱进速度

电场中运动着的荷电粒子所受库仑力 $F_e = qE_p$ 和斯托克斯阻力 $F_d = 3\pi\mu d_p w$ 达到平衡时，荷电粒子便达到了一个极限速度或终末沉降速度——驱进速度 w（m/s），其值为

$$w = \frac{qE_p}{3\pi\mu d_p} \tag{5-18}$$

式中 E_p——集尘极附近场强（V/m）；

q——粒子的荷电量。

可见，荷电粒子驱进速度的大小与其荷电量、粒径、集尘极附近场强及气体粘度有关；其方向与电场方向一致，垂直于集尘极表面。对较大粒子，以电场荷电为主，可用饱和荷电量计算驱进速度，将式（5-10）代入式（5-18）得

$$w = \frac{\varepsilon_0 \varepsilon_p d_p E_0 E_p}{(\varepsilon_p + 2)\mu} \tag{5-19}$$

对于小于 0.2μm 的小粒子，以扩散荷电为主，荷电量可按式（5-14）或式（5-15）计算。

若粒子粒径小于 1.0μm，计算出的驱进速度应乘以肯宁汉修正系数 C_u。

按式（5-18）计算的粒子驱进速度称为理论驱进速度，它仅是粒子平均驱进速度的近似值，因为电场中各点的场强并不相同，粒子荷电量的计算也是近似的。此外，气流和粒子特性的影响也未考虑进去。

例 5-5 在 1×10^5Pa 和 20℃下运行的管式电除尘器，集尘圆管直径 $D = 0.25$m，长 $L = 2.5$m，含尘气体流量 $Q = 0.085\text{m}^3/\text{s}$，若集尘极附近的平均场强 $E_p = 100$kV/m，粒径为 1.0μm 的粉尘荷电量 $q = 0.3\times10^{-15}$ C，计算该粉尘的理论分级效率（1×10^5Pa 和 20℃下，空气动力粘度 $\mu = 1.82\times10^{-5}$Pa·s）。

解 理论驱进速度为

$$w = \frac{qE_p}{3\pi\mu d_p} = \frac{0.3\times10^{-15}\times100\times10^3}{3\times3.14\times1.82\times10^{-5}\times1\times10^{-6}}\text{m/s} = 0.175\text{m/s}$$

$$A = 3.14\times0.25\times2.5\text{m}^2 = 1.963\text{m}^2$$

$$\eta_d = 1 - \exp\left(-\frac{1.963}{0.085}\times0.175\right) = 98.2\%$$

例 5-6 已知一电除尘器对 10μm 粒子的理论捕集效率为 99%，试按多依奇方程计算在相同工况条件运

行时，该电除尘器对5μm粒子的理论捕集效率。

解 由于$d_p>1.0\mu m$，w由式（5-19）确定。将式（5-19）代入式（5-16）得

$$\eta=1-\exp\left[-\frac{A}{Q}\frac{\varepsilon_0\varepsilon_p E_0 E_p}{(\varepsilon_p+2)\mu}d_p\right]$$

工况相同时，可以认为ε_0、ε_p、E_0、E_p、A、Q、μ不变，于是可令上式中$\frac{A}{Q}\frac{\varepsilon_0\varepsilon_p E_0 E_p}{(\varepsilon_p+2)\mu}=K$，上式变为

$$\eta=1-\exp(-Kd_p) \tag{5-20}$$

$$d_p=-\frac{\ln(1-\eta)}{K}$$

$$\frac{5}{10}=\frac{\ln(1-\eta_{d_p=5\mu m})}{\ln(1-0.99)}$$

解上式得该电除尘器对5μm粒子的理论捕集效率为

$$\eta_{d_p=5\mu m}=90\%$$

2. 有效驱进速度

由于单纯从理论上准确计算粒子驱进速度的困难，以及多依奇方程和理论驱进速度计算式中未加考虑的各种因素的影响，使得按这些理论公式计算的捕集效率比实测值高得多。为了能够应用多依奇方程进行计算，引入一个有效驱进速度w_p的概念，它是根据一定结构型式的电除尘器实测的除尘效率η、集尘极总面积A和含尘气体流量Q利用多依奇方程反算出的驱进速度值。这样便可用有效驱进速度w_p来描述除尘器的性能，并作为类似的新除尘器设计时确定其尺寸的基础。一般将用w_p表达的捕集效率方程称为多依奇－安德森方程式，即

$$\eta=1-\exp\left(-\frac{A}{Q}w_p\right) \tag{5-21}$$

式（5-21）中的w_p与推导多依奇方程（5-16）所用理论驱进速度w的意义不同。这里，w_p实际上已成为一个把集尘极总面积和气体处理量以外的各种影响捕集效率的因素包括在内的参数。据估计，理论计算的驱进速度一般比实测的有效驱进速度大2～10倍左右。

5.4.3 影响捕集效率的因素

1. 粉尘比电阻

电除尘器运行的最佳比电阻范围一般为$10^4\sim2\times10^{10}\Omega\cdot cm$。若粒子比电阻过低，带负电的粒子到达集尘极后，不仅立刻放出所带电荷，而且立刻因静电感应获得与集尘极同极性的正电荷。如果正电荷产生的斥力大于粒子的粘附力，则沉积的粒子会被排斥到气流中。而后，粒子在空间重新荷电，重新沉积到极板上，再次丧失电荷而重返气流。结果造成粒子沿着极板表面跳动着前进，最后被气流带出除尘器。在采用电除尘器捕集石墨、炭黑和金属粉末时，都可以看到这种现象。反之，若粒子比电阻很高，则到达集尘极的粒子释放电荷很慢，并残留着部分电荷。这不但会排斥随后而至的带有同性电荷的粒子，影响其沉降，而且随着极板上沉积粉尘层的不断增厚，在粉尘层和极板之间造成一个很大的电压降，以致

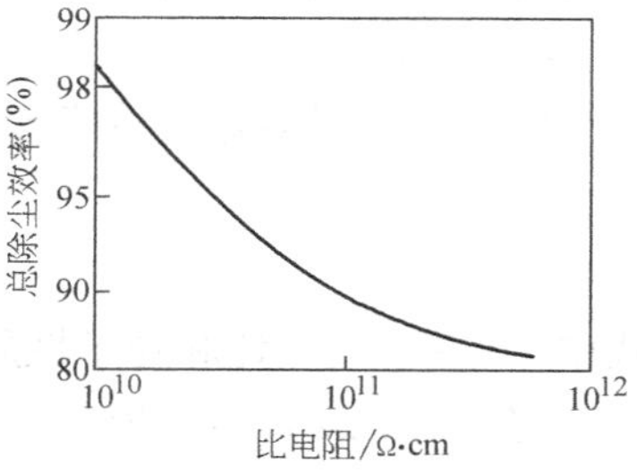

图5-10 飞灰比电阻对电除尘器效率的影响

引起粉尘层空隙中的气体电离，发生电晕放电。这种在集尘极上产生的电晕放电称为反电晕，也产生正离子和电子。正离子穿过极间区域向放电极运动，结果使集尘场强减弱，粒子所带负电荷部分被正离子中和，粒子荷电量减少，削弱了粒子的沉降，捕集效率显著降低。图 5-10 示出比电阻超过 $1\times10^{10}\Omega\cdot cm$ 后，随比电阻增加捕集效率降低的情况。

解决比电阻过高粉尘的电除尘办法有：①调节烟气温度（见图 3-1），使除尘器在适宜的比电阻范围内运行；②较低温度运行时，在烟气中添加比电阻调节剂，如 SO_3、NH_3 和水雾等（见图 3-1）。加入 SO_3 后其体积分数一般不超过 20×10^{-6}，特殊时可达 40×10^{-6}；③设计比正常情况更大的电除尘器，以弥补比电阻过高对除尘效率的影响。此外，还可以开发新型电除尘器，如超高压宽间距电除尘器、双区脉冲电除尘器、冷壁面电除尘器等。也可采用湿式电除尘器解决过高、过低比电阻对效率的影响。

2. 粒径

粒径不同时，粒子荷电的机制（电场荷电和扩散荷电）和荷电量不同，理论驱进速度显著不同，因而在相同条件下的除尘效率也不一样。图 5-11 示出了三种流动情况下理论捕集效率与粒径的关系。图中表明，$d_p>1.0\mu m$ 以后，效率随粒径迅速增加，这是因为较大粒子以电场荷电为主，驱进速度随粒径而增大的缘故。因此，当含尘浓度不是太高时，不希望在电除尘器前设置机械除尘装置以除去粗尘。$d_p<1.0\mu m$ 的粒子，一方面由于荷电量随粒径减小，w 降低；另一方面，由于肯宁汉修正系数随粒径减少迅速增大，使驱进速度有所增加。综合作用的结果，随粒径的减少效率变化不大。图中还示出了气速增大，即比集尘面积 A/Q 减少时，除尘效率降低的情况。

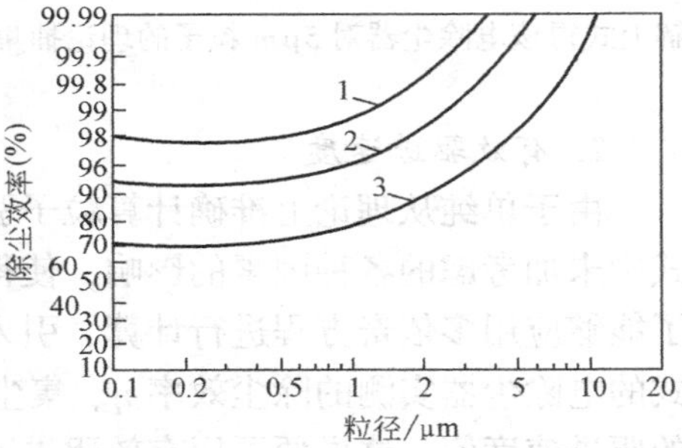

图 5-11　理论捕集效率与粒径的关系

1—$A/Q=300$　2—$A/Q=200$　3—$A/Q=100$

3. 粉尘浓度

进口气体含尘浓度不高时，粉尘浓度增加，电除尘器效率会有所提高。但如进口浓度过高，电场中的气体离子大量沉积到尘粒上，由于荷电尘粒的运动速度远比气体离子运动速度小，所以电流减弱。当含尘浓度高到一定程度时，气体离子都沉积到尘粒上，电流几乎减弱到零，电除尘器失效，这种现象称为电晕阻塞。为防止电晕阻塞，对浓度很高的含尘气体，应进行适当预处理，使含尘浓度降到 $30g/m^3$ 以下再进入电除尘器。

4. 供电参数

供电参数对电除尘性能影响很大。尘粒的有效驱进速度 w_p 与电晕功率 P_c 的关系为

$$w_p=K\frac{P_c}{A} \tag{5-22}$$

式中　K——与气体和粒子性质及除尘器规格有关的参数。

将式（5-22）与多依奇方程合并可得

$$\eta=1-\exp(-K\frac{P_c}{Q}) \tag{5-23}$$

可见，效率随电晕功率而增加。通常，电晕功率和电流随极间电压升高而急剧增大，所以当电晕电压接近最佳工作电压时，即使数值变化不大，也会对效率产生明显的影响。

5. 其他

由于较大颗粒撞击集尘面产生回弹，某些微粒接触极板失去电荷后因感应而带上与极板同性电荷所产生的斥力作用、紊乱气流的冲刷、火花放电及振打电极等均可能引起粒子重返气流，影响捕集效率。

5.5 电除尘器的基本结构与选择设计

5.5.1 电除尘器的基本结构

板式电除尘器和立式多管电除尘器结构分别如图5-12和图5-13所示，虽然型式不同，但其基本结构一般包括放电极、集尘极和它们的清灰装置、气流分布装置、壳体、输灰装置和供电装置等。

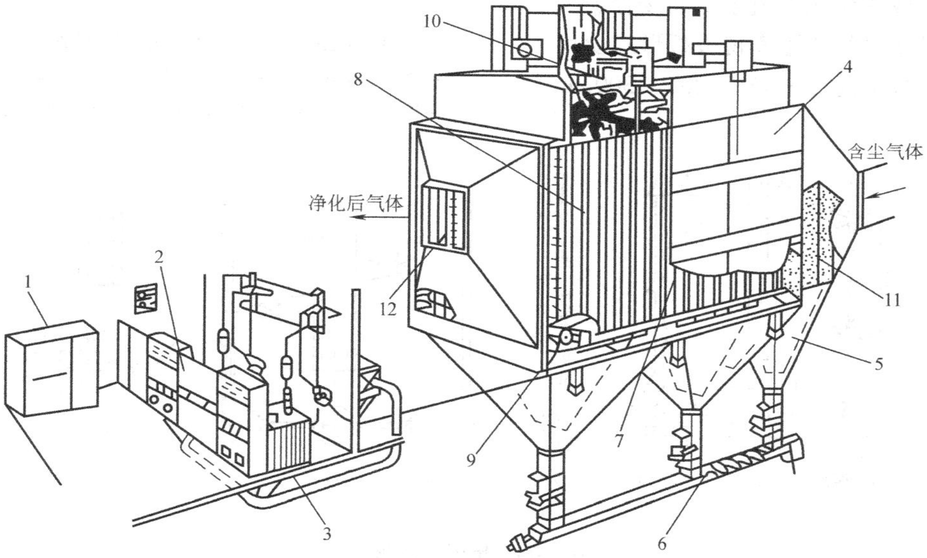

图5-12 板式电除尘器示意

1—低压电源控制柜 2—高压电源控制柜 3—电源变压器 4—电除尘器本体 5—下灰斗 6—螺旋除灰机 7—放电极 8—集尘极 9—集尘极振打清灰装置 10—放电极振打清灰装置 11—进气气流分布板 12—出气气流分布板

1. 放电极

对放电极的要求是：①起晕电压低，放电强度高，电晕电流大；②机械强度高，刚性好，不易变形，能维持准确的极间距；③易清灰。

放电极的形状对起晕电压和放电强度有很大的影响。常见的电晕线型式有光圆线、星形线、螺旋形线、芒刺线、锯齿线、麻花线和蒺藜丝线等（见图5-14）。电晕线的固定方式有重锤悬吊式、管框绷绕式和桅杆式等。

光圆线愈细，起晕电压愈低，放电强度愈高。但考虑到振打作用和火花放电的损伤，又不能太细，一般采用1.5~3.8mm的耐热合金钢钢丝，固定方式一般采用重锤悬吊刚性框架式结构。

星形线制作容易，耐用，应用广泛。由于四边带有尖角，起晕电压低，放电强度高，电晕电流大，多采用框架式结构固定，适用于含尘浓度较低的场合。

芒刺线有芒刺角钢、锯齿形、RS形线等多种形式，它用尖端放电代替沿极线全长放电，所以放电强度高，起晕电压低，电晕电流大（相同情况下比星形线高一倍）。而且刺尖会产生强烈的离子流，增大了电除尘器内的电风，可以减弱或防止电晕封闭，更适用于含尘浓度高或粉尘比电阻较高的场合。

电晕线之间的距离视极板形式及尺寸配置情况而定，一般为200～300mm左右。

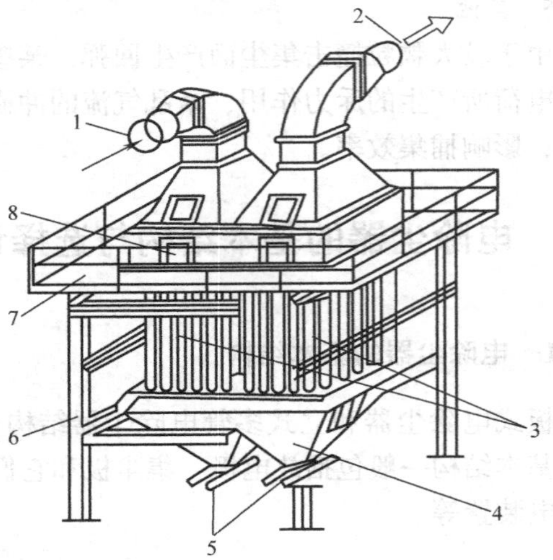

图5-13 立式多管电除尘器构造
1—含尘气体入口 2—净化出口 3—管状电除尘器 4—灰斗 5—排灰口 6—机架 7—平台 8—人孔

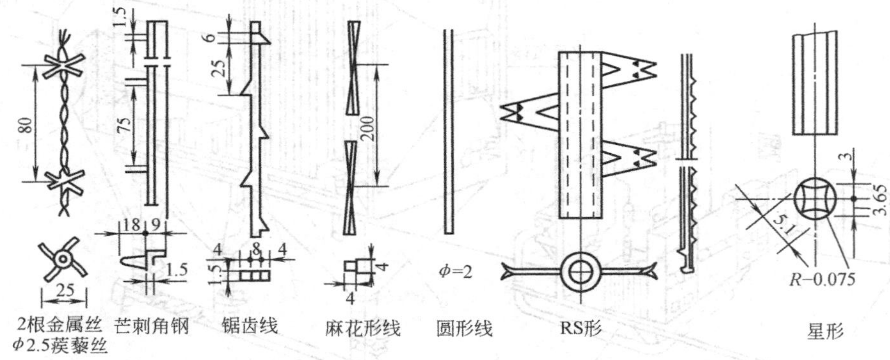

图5-14 电晕线的形式

2. 集尘极

对集尘极的要求是：①极板表面的电场强度和电流分布均匀，火花电压高；②有利于粒子沉积，能有效防止二次扬尘；③振打性能好，有利于将振打均匀地传到整个板面，清灰效果好；④对气流阻力小，刚度好，节省材料，便于制造。

板式电除尘器的集尘极有平板式、袋式（郁金式）和型板式等。平板式清灰时二次扬尘严重，刚度较差（见图5-15a）。型板式包括Z形、C形、CS形和波浪型等（见图5-15）。型板两面皆冲有沟槽，以增大极板刚度，同时在极板附近形成涡流区，以利于粒子沉降，减少二次扬尘。由于型板在捕集效率、钢耗、振打清灰等方面的优良

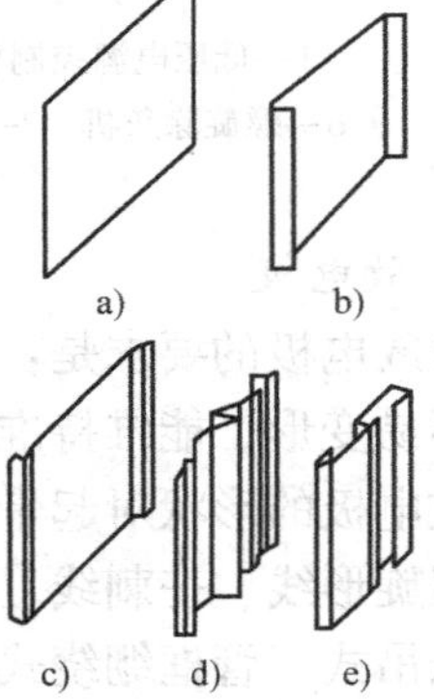

图5-15 几种集尘电极的形式
a) 平板 b)、c)、d)、e) 型板

性能，使用最多。板式电除尘器几种常用集尘极的断面形状和尺寸如图5-16所示。

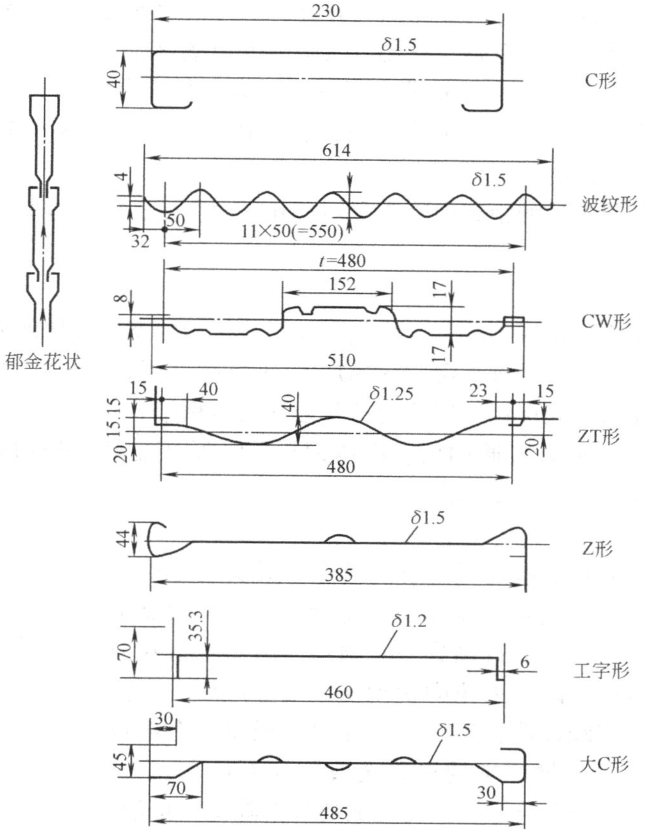

图5-16 常用的几种集尘极板的尺寸

极板的间距太小（200mm以下），电压升不高，影响除尘效率；间距太大（大于400mm），电压的升高又受供电设备容量的限制。在通常60～72kV供电压时，板间距一般取200～350mm。含尘浓度大，比电阻高和大型电除尘器，板间距可取大些。

3. 电极清灰装置

在连续运转的电除尘器中，对电晕极和集尘极都必须及时清灰。否则，当极板上粉尘沉积较厚时，将导致火花电压降低，电晕电流减小，除尘效率降低。

干式电除尘器清灰的方法是振打电极，通常振打方式有以下三种：

（1）捶击振打　用重锤敲击极板连杆和放电极吊杆，重锤一般5～8kg。

（2）跌落振打　将电极提升到一定高度后骤然放下，使之产生剧烈振动而使积尘落下。此方式多用于放电极。

（3）电磁振动　用电磁振动器使放电极或集尘极产生较高频率的振动而使积尘落下。

振打清灰的效果决定于振打强度和振打制度。要求各点的振打强度均匀而适当。振打制度有连续和间歇等方式，视具体情况而定。电晕极一般采取电磁振动器连续清灰，使积尘及时清除，以保证电晕放电的正常进行。

4. 气流分布装置

电除尘器中，当气流分布不均匀时，在低速区增加的效率远不足以补偿高速区降低的效率，因而导致总效率下降。

气流分布的均匀性决定于除尘器断面与其进口管道断面的比例和形状，以及在扩散管内设置气流分布装置的情况。一般是在气流进入除尘器电场之前设置1~3块气流分布板。气流分布板有圆孔板、方孔板和格栅式分布板等，后者的优点是可根据气流分布情况进行调节。分布板的开孔率（开孔面积与分布板总面积之比）一般为25%~50%，相邻分布板的间距为板高的0.15~0.2倍。

若在进口扩散管前不远的距离内管道有转弯和断面突变，应在这些地方加导流叶片，以促进气流分布均匀。

5. 外壳

电除尘器的壳体应尽量避免漏气。漏气不仅影响运转状态、降低效率，而且可能造成局部冷却结露，引起腐蚀。在处理高湿和含SO_3的烟气时，电除尘器内的烟气温度应高于露点20℃以上。必要时要求外壳保温，以防凝结腐蚀和粉尘粘结。

电除尘器的外壳材料有普通钢板、不锈钢板、铅板（捕集硫酸物）、钢筋混凝土及砖等，可根据烟气性质和操作温度选择。

6. 供电设备

电除尘器的供电装置应能提供足够高的电压并具有足够的功率。因为供电压升高，电晕电流和功率急剧增大，有效驱进速度和效率迅速提高。但电压升高到一定值后，将产生火花放电，在一瞬间极间电压下降，火花的扰动使极板上产生二次扬尘，导致效率降低。实践证明，每一台电除尘器或每一个电场都有一最佳火花率（每分钟产生的火花次数称为火花率），这时电压升高使得效率的提高恰好与火花造成的效率降低相抵消。高比电阻粉尘的最佳火花率为每分钟几百次，中等比电阻粉尘的最佳火花率为每分钟10~100次。电除尘器在最佳火花率下运行时，时均电压最高，除尘效率也最高（见图5-17）。因此借助测量平均电压的仪表，就能方便地将电除尘器调整到最佳运行工况。

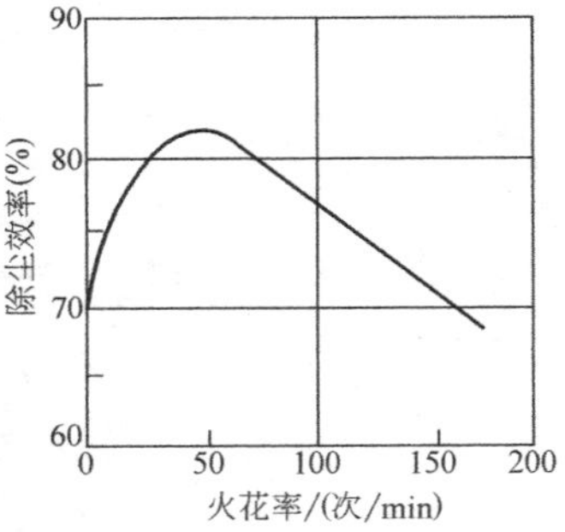

图5-17 某电除尘器某一电场的最佳火花率

电除尘器的供电设备包括升压变压器、整流器和电压控制系统等几部分。目前广泛应用晶闸管控制和火花跟踪自动调压的高压硅整流器。这种自动控制装置可根据最佳火花率在任何时间都把除尘器的功率输入，保持在可能达到的最大值。

实验表明，整流后不加电容器滤波得到的脉冲电压比滤波的平稳直流电压更有利于高压电除尘器的运行。因为电压的峰值可以提高除尘效率，波谷则有利于抑制火花放电和电弧的连续产生。用于单区电除尘器的脉冲电压有单相半波和全波两种。图5-18为全波和半波硅整流电路及其电压、电流波形。双区电除尘器一般在较低电压下工作，没有火花放电，常用滤波后的平稳直流电压。

5.5.2 电除尘器的选择设计

选择设计电除尘器所需原始资料与旋风除尘器相同，此外还应特别注意粉尘比电阻及其随运行条件的变化情况。

电除尘器选择设计的步骤是：①确定或计算有效驱进速度w_p；②根据给定的含尘气体

流量 Q 和要求的除尘效率 η，按式（5-21）计算所需的集尘板面积 A；③在手册上查出与集尘面积 A 相当的电除尘器规格；④验算气速 v。验算结果，如 v 在所选的除尘器允许范围内，则符合要求，否则应重新选择。

确定有效驱进速度 w_p 的方法有如下两种：

1）根据小型电除尘器系统的试验或类似烟气、烟尘的电除尘实践中积累的数据（η、A、Q 等）按式（5-21）反算出 w_p。因为小型试验除尘器总是比实际的大型电除尘器运行得好，能在比实际电除尘器高得多的电压和电流密度下运行，由小型试验电除尘器测得的有效驱进速度要除以系数 2～3 才能用于工业设备设计。

2）根据有关资料，结合影响因素的分析选定 w_p。表 5-3 列出一些粉尘的 w_p 值，可供参考。

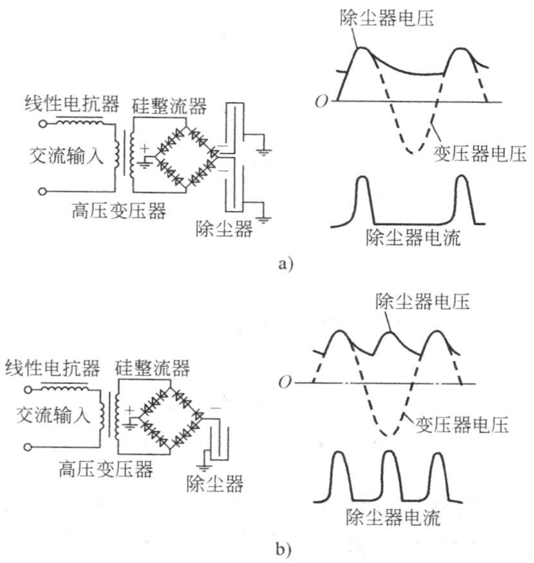

图 5-18　带电抗器的硅整器及其电压、电流波形
a）全波　b）半波

表 5-3　粉尘的有效驱进速度　（单位：cm/s）

粉尘名称	范　围	平 均 值	粉尘名称	范　围	平 均 值
电站锅炉飞灰	4～20	13	熔炼炉		2.0
粉煤炉飞灰	10～14	12	立炉	5～14	
纸浆及造纸锅炉	6.5～10	7.5	平炉	5～6	
石膏	16～20	18	闪烁炉		7.6
硫酸	6～8.5	7.0	冲天炉	3.0～4.0	
热磷酸	1～5	3.0	多膛焙烧炉		8.0
水泥（湿法）	9～12	11.0	高炉	6～14	11.0
水泥（干法）	6～7	6.5	催化剂粉尘		7.6

影响 w_p 值的因素很多，如粒径、比电阻、电晕电流和电压、二次扬尘、捕集效率、电除尘器的结构型式和运行条件等等。

图 5-19 是美国应用的电除尘器有效驱进速度的变化范围。图中表明，w_p 随平均粒径增加而增大；对一定的应用场合，w_p 有一变化范围。

由于电除尘器捕集小粒子时需较高的捕集效率，故需大的集尘面积，并应选取较小的 w_p 值。

若粉尘比电阻高，则容许的电晕电流密度值减少，导致荷电强度减弱，粒子的荷电量减少，荷电时间增长，应选取较小的 w_p 值。图 5-20 中的实验曲线表示 w_p 与比电阻的关系，它是对质量中位径为 10μm 左右的飞灰在 90%～95% 的中效电除尘器中测得的，可供在给定效率范围内选取 w_p 值时参考。图中表明，在比电阻小于 $5\times10^{10}\Omega\cdot cm$ 左右时，w_p 值几乎与比电阻无关。

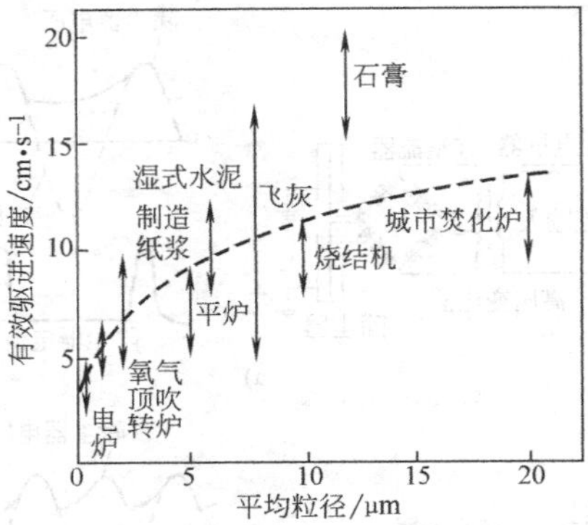

图 5-19 w_p 值变化范围及 w_p 和粉尘粒径的关系

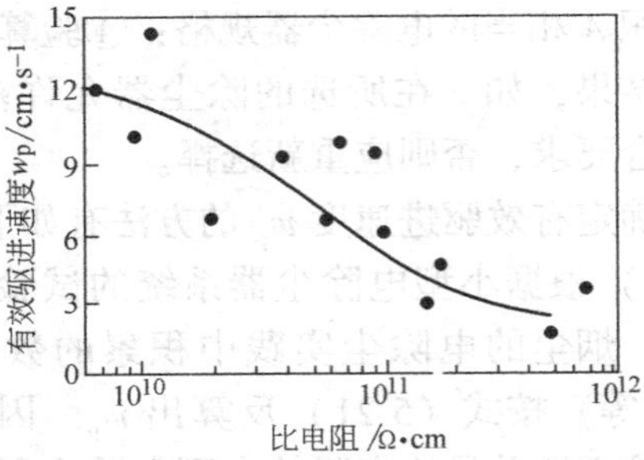

图 5-20 有效驱进速度随飞灰比电阻的变化（怀特）

电场中气流速度 v 增大时，w_p 有一最佳范围，过低过高都是不利的。气速的选取要考虑粉尘性质、除尘器结构及经济因素等，一般为 0.5 ~ 2.5m/s。板式电除尘器多选 0.6 ~ 1.5m/s。

例 5-7 单通道板式电除尘器的通道高 5m，长 6m，集尘板间距 300mm，实测气量为 6000m³/h，入口含尘浓度为 9.3g/m³，出口含尘浓度为 0.5208g/m³。试计算其他条件相同时，相同的烟气气量增加到 9000m³/h 时的效率。

解 气量为 6000m³/h 时的除尘效率

$$\eta_1 = 1 - \frac{C_o}{C_i} = 1 - \frac{0.5208}{9.3} = 94.4\%$$

$$w_p = -\frac{Q}{A}\ln(1-\eta_1) = -\frac{6000/3600}{2\times5\times6}\times\ln(1-0.944)\ \text{m/s} = 0.08\text{m/s}$$

断面风速 $v_1 = 6000/(5\times0.3\times3600)\ \text{m/s} = 1.1\text{m/s}$

气量增加到 9000m³/h 时，w_p 仍取 0.08m/s，则

$$\eta_2 = 1 - \exp\left(-\frac{A}{Q}w_p\right) = 1 - \exp\left(-\frac{2\times5\times6}{9000/3600}\times0.08\right) = 85.3\%$$

断面风速 $v_2 = 9000/(5\times0.3\times3600)\ \text{m/s} = 1.67\text{m/s}$

可见，由于气量增加，气速增大，效率降低。

例 5-8 计算一处理含石膏粉尘气体电除尘器的主要参数。处理气量为 130000m³/h，入口气体含尘浓度为 38.5g/m³，要求出口气体含尘浓度降至 100mg/m³。

解 由表 5-2 查得石膏粉尘的 w_p = 0.18m/s。要求的除尘效率为

$$\eta = (38.5 - 0.1)/38.5 = 0.9974$$

$$A = -\frac{Q}{w_p}\ln(1-\eta) = -\frac{130000/3600}{0.18}\times\ln(1-0.9974)\ \text{m}^2 = 1190\text{m}^2$$

若取除尘器内断面风速 v = 1.0m/s，则所需断面为

$$F = \frac{130000/3600}{1.0}\text{m}^2 = 36\text{m}^2$$

取通道宽（两集尘板之间距）为 300mm，高 H = 6m，则所需通道数为

$$n = 36/(0.3\times6) = 20$$

所需除尘器有效长度 L 由 $A = n(2HL)$ 计算，即

$$L = A/(2nH) = 1190/(2\times20\times6)\text{m} = 4.958\text{m} \approx 5.0\text{m}$$

取两电场，每一电场长度为2.5m，气流的停留时间为

$$t=5/1.0\text{s}=5\text{s}$$

据上参数，可在手册中查选合适的电除尘器。

习　　题

5-1　如果管式电除尘器中，压力 $p=1.0\times10^5\text{Pa}$，温度 $T=300℃$，电晕线半径 $r_1=2\text{mm}$，集尘管半径 $r=200\text{mm}$，并假定 $m=0.7$，试求起晕电场强度和起晕电压。

5-2　管式电除尘器的电晕线半径为1mm，集尘圆管直径为200mm。运行时空气的压力为 $1.013\times10^5\text{Pa}$，温度为300℃，起晕电压 $V_c=11.4\text{kV}$，起晕场强 $E_c=2.48\times10^6\text{V/m}$。试确定当电晕电流 $i=0.3\text{mA/m}$ 时的电晕极电压和集尘极表面的场强。已知离子迁移率 $K_i=2.1\times10^{-4}\text{m}^2/(\text{s}\cdot\text{V})$。

5-3　在气体压力为 $1.013\times10^5\text{Pa}$，温度为293K下运行的管式电除尘器，集尘圆管直径为0.3m，$L=2.0\text{m}$，气体流量 $0.075\text{m}^3/\text{s}$。若集尘极附近的场强 $E_p=100\text{kV/m}$，粒径为1.0μm的粉尘荷电量 $q=0.3\times10^{-15}\text{C}$，计算该粉尘的理论驱进速度和分级效率。

5-4　图5-21给出了因流速分布不均匀导致电除尘器通过率增大的校正系数 F_V。气流均匀分布时，除尘器的通过率为 P_0，气流分布不均匀时，通过率约为 P_0F_V。因此要求器内任一点的流速不得超过该断面平均流速的±40%；在任一测定断面上，85%以上的测点流速与平均流速不得相差±25%。某单电场电除尘器由四块集尘板组成，有三个通道，板高和板长均为366cm，板间距24.4cm，烟气体积流量为 $2\text{m}^3/\text{s}$，压力为 $1.013\times10^5\text{Pa}$，设粒子的驱进速度为12.2cm/s，试确定：

(1) 烟气流速均匀分布时的除尘效率。

(2) 当供入某一通道的烟气量为烟气总量的50%，而另外两烟道各供入25%时的除尘效率。

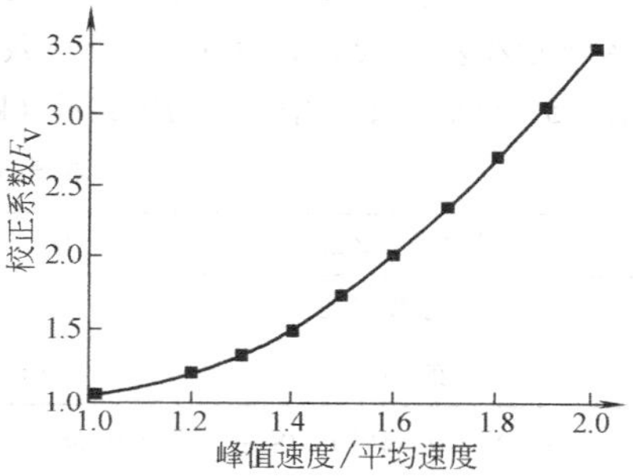

图5-21　气速分布不均匀时，电除尘器通过率的校正系数 F_V

5-5　板间距为25cm的板式电除尘器的分割直径为0.9μm，使用者希望总效率不小于98%，有关法规规定排气中含尘浓度不得超过 0.5g/m^3。假定电除尘器入口处粉尘浓度为 30g/m^3，且粒径分布见表5-4。并假定多依奇方程的形式为 $\eta=1-\exp(-Kd_p)$，其中 η 为捕集效率；K 为经验常数；d 为颗粒直径（μm）。试确定：

(1) 该除尘器效率是否等于或大于98%。

(2) 出口处烟气中粉尘浓度是否满足环保规定。

表5-4　粉尘粒径分布

质量分数	0~20	20~40	40~60	60~80	80~100
平均粒径/μm	3.5	8.0	13.0	19.0	45.0

5-6　某板式电除尘器的平均电场强度 $E_0=3.4\text{kV/cm}$，烟气温度为423K，电场中离子密度为 10^8 个/cm^3，离子质量为 $5\times10^{-26}\text{kg}$，粉尘在电场中的停留时间为5s。假定烟气性质近似于空气，离子迁移率 $K_i=2.4\times10^{-4}\text{m}^2/(\text{s}\cdot\text{V})$，粉尘的相对介电系数 $\varepsilon_p=1.5$。试计算：

(1) 粒径为5μm和0.2μm的粉尘的荷电量。

(2) 计算上述两种粒径粉尘的驱进速度。

5-7　对某电除尘器进行现场实测的数据如下：处理风量 $Q=55\text{m}^3/\text{s}$，集尘板总面积 $A=25\text{m}^2$，除尘效率 $\eta=99\%$，试计算有效驱进速度 w_p。

5-8　某电除尘器处理风量 $Q=80\text{m}^3/\text{s}$，烟气入口含尘浓度为 $c_i=15\text{g/m}^3$，要求排放浓度 $c_o\leqslant$

150mg/m³，计算必须的集尘面积（设有效驱进速度 $w_p=0.1\text{m/s}$），如果按上面计算的集尘面积和入口烟气含尘浓度不变，处理风量增加一倍，这时排气中含尘浓度将为多少？

5-9　一个板式电除尘器，板间距为20cm，有效驱进速度为0.1m/s，供电电压为40kV，气速为2m/s，载气类似于25℃的空气，试计算效率 $\eta=99\%$ 所需的电极长度。

5-10　一个燃煤火力发电厂使用一台电除尘器以除去97%的飞灰。为提高除尘效率，有人建议在原有基础上再并联一台同样的电除尘器，每个除尘器的处理风量为原气量的一半，试计算新除尘系统的总效率。

5-11　某厂卧式电除尘器实测结果如下：风量 $Q=1.2\times10^5\text{m}^3/\text{h}$，入口粉尘浓度 $c_i=13.325\text{g/m}^3$，出口粉尘浓度 $c_o=0.33\text{g/m}^3$，效率 $\eta=97.5\%$，集尘板总面积 $A=1180\text{m}^2$，断面积为25m²。

（1）计算该电除尘器的断面风速 v、比面积 A/Q 和有效驱进速度 w_p；

（2）参考上述电除尘器的数据，计算下述除尘系统所需电除尘器的集尘板面积 A。对于新系统，选用两台断面积为25m² 的卧式电除尘器并联能否满足要求（每台集尘板面积为1180m²）？

新系统有关参数如下：风量 $Q=2.0\times10^5\text{m}^3/\text{h}$，入口粉尘含量 $c_i=10\text{g/m}^3$，$T=100℃$，粉尘比电阻 $10^4\sim10^6\Omega\cdot\text{cm}$，允许排放浓度 $c_o=150\text{mg/m}^3$，气体相对湿度为50%（有的参数仅供选用除尘方式参考）。

5-12　某燃煤电厂发电量为1000MW，热利用率为40%，煤中灰分的质量分数为12%，煤的热值为26700kJ/kg。假设灰分的50%成为飞灰随烟气逸出，烟气用电除尘器除尘，除尘器对不同粒径捕集效率见表5-5。试确定烟气中飞灰的排放量（kg/s）及电除尘器的总除尘效率。

表5-5　除尘器对不同粒径的捕集效率表

粒径范围/μm	0~5	5~10	10~20	20~40	>40
质量分数（%）	14	17	21	23	25
除尘效率（%）	70	92.5	96	99	100

5-13　某钢铁厂90m² 烧结机烟气的电除尘器的实测结果如下：电除尘器入口含尘浓度 $c_i=26.8\text{g/m}^3$，出口含尘浓度 $c_o=0.133\text{g/m}^3$，进口烟气流量 $Q=16\times10^4\text{m}^3/\text{h}$，该电除尘器采用Z形极板和星形电晕线，横断面积 $F=40\text{m}^2$，集尘板总面积 $A=1982\text{m}^2$（两个电场）。试参考以上数据设计另一新建130m² 烧结机烟气的电除尘器，要求除尘效率 $\eta=99.8\%$，130m² 烧结机的总烟气量为 $25\times10^4\text{m}^3/\text{h}$。

第6章

6

过滤式除尘器

过滤式除尘器有内部过滤和表面过滤两种方式。内部过滤是把松散的滤料（如玻璃纤维、金属绒、硅砂和煤粒等）以一定体积填充在框架或容器内作为过滤层，对含尘气体进行净化。尘粒是在过滤材料内部进行捕集的。颗粒层过滤器和作为空调用的纤维填充床过滤器属内部过滤器。表面过滤是采用织物等薄层滤料，将最初粘附在织物表面的粉尘初层作为过滤层，进行微粒的捕集。由于织物一般作成袋形，故又称袋式过滤器。

6.1 袋式除尘器的除尘过程

织物滤料本身的网孔一般为10~50μm，表面起绒滤料的网孔也有5~10μm，因而新鲜滤料开始使用时滤尘效率很低。但由于粒径大于滤料网孔的少量尘粒被筛滤阻留，并在网孔之间产生“架桥”现象；同时由于碰撞、拦截、扩散、静电吸引和重力沉降等作用，一批粉尘很快被纤维捕集。随着捕尘量不断增加，一部分粉尘嵌入滤料内部，一部分覆盖在滤料表面上形成粉尘初层（见图6-1）。由于粉尘初层及随后在其上继续沉积的粉尘层的捕尘作用，过滤效率剧增，阻力也相应增大。袋式除尘器之所以效率高，主要是靠粉尘层的过滤作用，滤布只起形成粉尘层和支撑它的骨架作用。随着集尘层不断加厚，阻力愈来愈大，这时不仅处理风量将按所用风机和系统的压力—风量特性下降（见图6-2），能耗急增，而且由于粉尘堆积使孔隙率变小，气流通过的速度增大，增大到一定程度后，会使粉尘层的薄弱部分发生“穿孔”，以致造成“漏气”现象，使除尘效率降低；阻力太大时，滤布也容易损坏。因

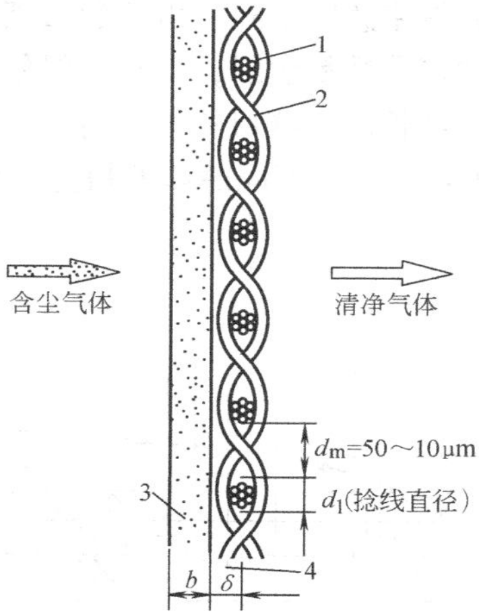

图6-1 滤料的滤尘过程

1—纬线 2—经线

3—可脱落的粉尘（粗细尘粒附着）

4—初尘层（主要为粗粒“搭桥”）

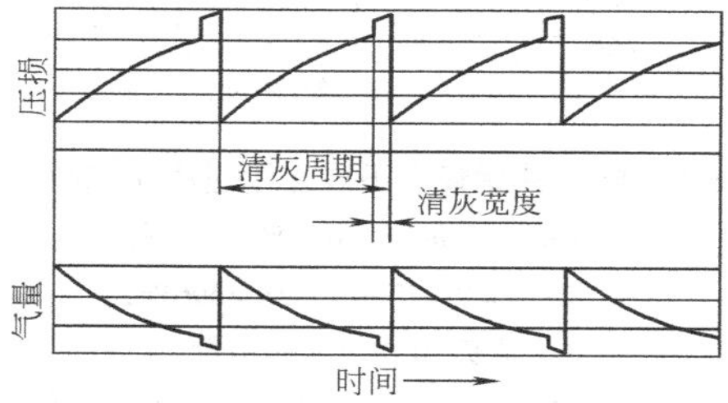

图6-2 袋式除尘器压力损失与气体流量的变化

此，当阻力增大到一定值时，必须清除滤料上的集尘。但由于部分尘粒进入织物内部和纤维对粉尘的粘附及静电吸引等原因，滤料上仍有部分剩余粉尘，所以清灰后的剩余阻力（一般为700~1000Pa）比新鲜滤料的阻力大，效率也比新鲜滤料的高。为保证清灰后的效率不致过低，清灰时不应破坏粉尘初层。清灰以后，又开始下一周期的过滤。

6.2 袋式除尘器的性能

6.2.1 影响过滤效率的主要因素

袋式除尘器在正常运行下的除尘效率一般达99%以上，但受以下因素的影响：

（1）滤布的积尘状态 如图6-3所示，清洁滤料（新的或清洗后的）滤尘效率最低，积尘后效率最高，振打清灰后效率有所下降。图中表明，在不同的积尘状态下，0.2~0.4μm粉尘的过滤效率皆最低。这是因为这一粒径范围内的尘粒正处于碰撞和拦截作用的下限、扩散捕集作用的上限。

（2）滤料结构 不同的滤料结构其滤尘效率是不同的。不起绒的素布滤尘效率最低，且清灰后效率急剧下降。由于起绒滤料（如呢料，毛毡等）的容尘量大，能够形成强度高和较厚的多孔性粉尘层，且有一部分粉尘成为永久性容尘，因而滤尘效率高，清灰后效率降低不多。绒长的比绒短的效率高。

图6-4所示为不同滤料的粉尘负荷 m（单位面积滤料上粘附的粉尘量，kg/m^{-3}）与除尘

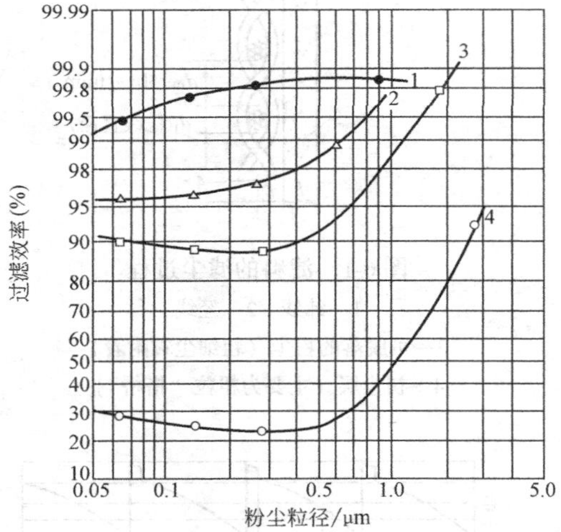

图6-3 同一种滤料在不同滤尘过程中的分级效率

1—v=0.026m/s，Δp=892Pa，积尘后

2—v=0.029m/s，Δp=696Pa，清灰10次（正常运行）

3—v=0.031m/s，Δp=598Pa，清灰35次

4—v=0.036m/s，Δp=186Pa，新滤布

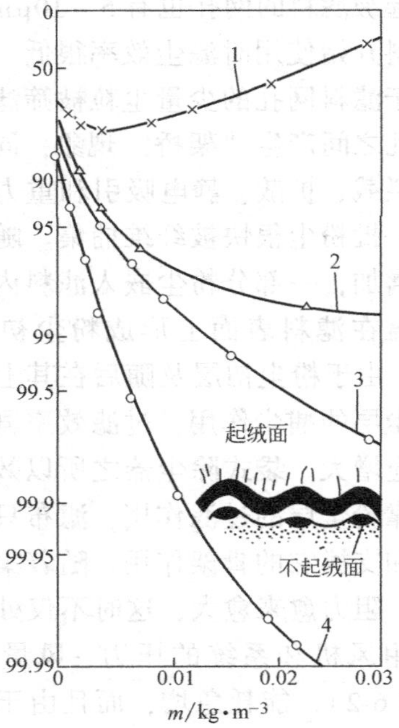

图6-4 滤料种类、粉尘负荷与捕尘效率的关系

1—不起绒的素布 2—轻微起绒滤布，含尘气体由轻微起绒侧流入 3—单面绒布，含尘气体由起绒侧流入 4—单面绒布，由不起绒侧流入

效率的实验曲线。由图6-4可知，除尘效率随粉尘负荷 m 值的增大而提高；绒布效率比素布高，长绒滤料比短绒滤料的效率高。但对单面起绒滤布，从无绒面过滤时效率反而较高，在理论上还不好解释。

（3）过滤风速　袋式除尘器的过滤风速是指含尘气体通过滤料的平均速度。若以 Q（m^3/h）表示通过滤布的含尘气体的流量，A（m^2）表示滤布面积，则过滤速度 v_F（m/min）为

$$v_F = \frac{Q}{60A} \tag{6-1}$$

工程上还使用比负荷 q_F 的概念，它是指每平方米滤布每小时所过滤的含尘气体量，单位为 m^3（气体）/［m^2（滤布）·h］，因此

$$q_F = \frac{Q}{A} \tag{6-2}$$

显然

$$q_F = 60v_F \tag{6-3}$$

过滤速度或比负荷是表征袋式除尘器处理气体能力的重要技术经济指标，它的选取决定着袋式除尘器的一次性投资和运转费用，也影响袋式除尘器的过滤效率。图6-5表示随过滤速度增加捕集效率降低的情况，图中也表示了粉尘负荷 m 对效率的影响。

过滤速度的大小主要影响惯性碰撞和扩散作用。对粒径小于1μm的微尘或烟雾，扩散起主导作用，粒子必须有一段足够的时间通过扩散以靠近捕集物，为增大 η，须减少 v_F。对大于1μm的较大粒子，惯性碰撞占主导地位，为提高 η，须增大 v_F。所以，一般建议对细 v_F 取0.6～1.0m/min，对粗尘 v_F 取2.0m/min左右。此外，v_F 的选取还与滤料的性质、清灰方式、含尘浓度等因素有关。

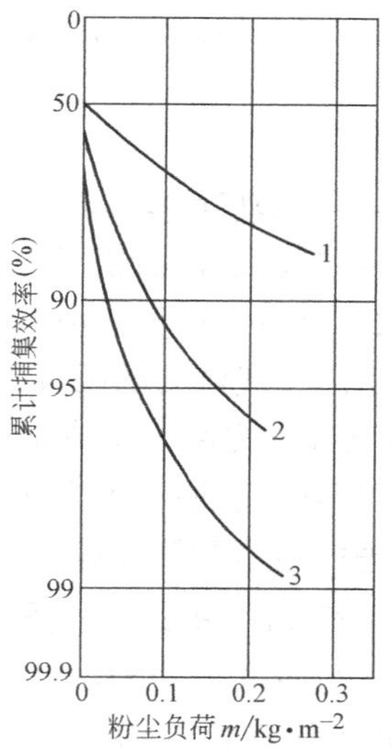

图6-5　累计捕集效率的实测例

1—v=5cm/s　2—v=3cm/s

3—v=2cm/s

注：台特伦T—3335滤布；

炭粉（d_{es}=1.7μm）。

6.2.2　袋式除尘器的压力损失

袋式除尘器的总阻力 Δp 由除尘器的结构阻力 Δp_c、清洁滤料阻力 Δp_o 及滤料上粉尘层阻力 Δp_d 三部分组成，即

$$\Delta p = \Delta p_c + \Delta p_o + \Delta p_d$$

结构阻力 Δp_c 包括气体通过进、出口和灰斗内挡板等部位所消耗的能量，在正常过滤风速下，Δp_c 一般为200～500Pa。

由于过滤速度很低，气体流动属粘性流，清洁滤料的阻力 Δp_o 与过滤速度 v_F 成正比，即

$$\Delta p_o = \zeta_o \mu v_F \tag{6-4}$$

式中　ζ_o——清洁滤料的阻力系数（m^{-1}），各种滤料的 ζ_o 值由实验测定。

一般 $\Delta p_o = 50 \sim 200\text{Pa}$。

粉尘层阻力 Δp_d 的大小与粉尘层的性质有关，可用下式计算

$$\Delta p_d = \alpha \mu c_i v_F^2 t = \alpha m \mu v_F = \zeta_d \mu v_F \tag{6-5}$$

式中　ζ_d——粉尘层的阻力系数，$\zeta_d = \alpha m$。

一般 $\Delta p_d = 500 \sim 2500\text{Pa}$。

当忽略 Δp_c 时，总阻力为

$$\Delta p = \Delta p_o + \Delta p_d = (\zeta_o + \zeta_d)\mu v_F = (\zeta_o + \alpha m)\mu v_F \tag{6-6}$$

式中　m——滤布上的粉尘负荷（kg/m^2），可用下式计算

$$m = c_i v_F t = M/A \tag{6-7}$$

c_i——粉尘进口浓度（kg/m^3）；

t——过滤时间（min）；

M，A——滤料上粉尘的总质量（kg）和滤料总面积（m^2）；

α——粉尘层的平均比阻力（m/kg），可由 Kozeny Carman 的理论公式计算

$$\alpha = \frac{180(1-\varepsilon)}{\rho_p \overline{d_{vs}^2} \varepsilon^3} \tag{6-8}$$

ε——粉尘层的空隙率，一般长纤维滤布约为 0.6 ~ 0.8，短纤维滤布约为 0.7 ~ 0.9；

$\overline{d_{vs}}$——尘粒的体面积平均粒径（m）。

由式（6-6）可见，由于过滤速度很低，气体流动呈层流状态，气体的动压可以忽略，因而 Δp 与过滤速度 v_F 和气体动力粘度 μ 成正比，与气体密度无关。

式（6-8）表明，粉尘愈细，ε 愈小，Δp_d 就愈大。但当处理的粉尘和气体确定以后，ρ_p、d_p、ε 和 μ 均为定值，于是 Δp_d 决定于过滤速度 v_F、气体含尘浓度 c_i 和连续运行时间 t。当操作过程中 Δp_d 已人为确定时，c_i、v_F 和 t 是互相制约的。当 c_i 低时，清灰时间间隔（即滤袋的连续过滤时间 t）可适当加长；c_i 高时，清灰周期需相应缩短；对 c_i 低的含尘气体，若采用清灰周期短、清灰效果好的除尘器，就可选用较高的过滤速度，反之则采用较低的过滤速度。这就是不同清灰方式应选用不同过滤速度的原因。

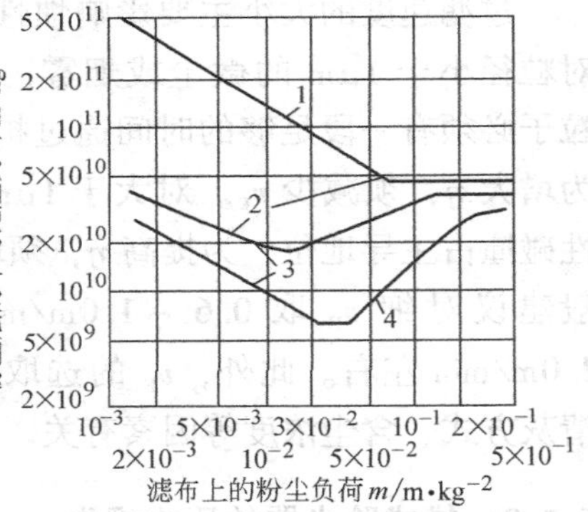

图 6-6　滤布上粉尘层平均比阻力的变化

1—长纤维滤布　2—表面不起绒滤布

3—短纤维滤布　4—起绒滤布

注：过滤风速 $v = 1 \sim 10\text{cm/s}$

在通常的情况下，α 值不是常数，它取决于粉尘负荷 m、粒径 d_p、孔隙率 ε 和滤料的特性等，图 6-6 为几种滤料的平均 α 值。可见，不同滤料的 α 分布差异很大，但当 $m > 0.2\text{kg/m}^2$ 时，α 值大致趋于稳定。α 值一般为 $10^9 \sim 10^{12}\text{m/kg}$，$m$ 值一般为 $0.02 \sim 1.0\text{kg/m}^2$（其中粗尘为 $0.3 \sim 1.0\text{kg/m}^2$，微细尘为 $0.02 \sim 0.3\text{kg/m}^2$）。

6.2.3　袋式除尘器的运行状态分析

将式（6-6）改写为

$$\Delta p = (BV_g + C)Q \tag{6-9}$$

式中 B、C——操作常数；

Q——气体流量（m^3/h）；

V_g——t时间内通过除尘器的总气体量（m^3）。

下面分析袋式除尘器的两种运行状态：

（1）定压降运行 即除尘器在恒定的压降下运行，流量Q随时间t而变化

$$Q(t)=dV_g/\mathrm{d}t \tag{6-10}$$

将式（6-10）代入式（6-9），分离变量，再取时间$0\to t$，气体量$0\to V_g$进行积分，得

$$t=\frac{BV_g^2}{2\Delta p}+\frac{CV_g}{\Delta p} \tag{6-11}$$

将式（6-11）两端同除V_g得

$$\frac{t}{V_g}=\frac{BV_g}{2\Delta p}+\frac{C}{\Delta p} \tag{6-12}$$

若以t/V_g对V_g作图可得一直线，其斜率为$B/(2\Delta p)$，截距为$C/\Delta p$，因此，当已知V_g及t两个参数后，即可求得B、C值。

对式（6-11）解方程可求得V_g对t的表达式

$$V_g=\sqrt{\frac{2\Delta pt}{B}+\left(\frac{C}{B}\right)^2}-\frac{C}{B} \tag{6-13}$$

将上式对t取微分，并利用式（6-11）得到

$$Q(t)=\frac{\mathrm{d}V_g}{\mathrm{d}t}=\frac{\Delta p}{B\sqrt{\frac{2\Delta pt}{B}+\left(\frac{C}{B}\right)^2}} \tag{6-14}$$

由式（6-14）可见，在恒压降操作条件下，气体流量Q随过滤时间t的增加而减少。

（2）定流量运行 即维持气体流量Q不变，压降发生变化的运行方式

$$Q(t)=\mathrm{d}V_g/\mathrm{d}t=\text{常数}$$

$$V_g=Qt \tag{6-15}$$

代入式（6-9）得

$$\Delta p=BQ^2t+CQ \tag{6-16}$$

若以Δp对t作图可得一直线，斜率为BQ^2，截距为CQ。

实际运行的袋式除尘器介于上两种运行状态之间，其压损与流量随时间的变化关系如图6-2所示。

例6-1 用于水泥窑的袋式除尘器，在恒定烟气流量下工作30min，此时间内过滤的总气量为$90m^3$，除尘器的初阻力为130Pa，终阻力为1300Pa。在此终阻力下再运行30min。计算此时间内过滤的气体量。

解 根据定流量运行的方程式 $\Delta p=BQ^2t+CQ$

当$t=0$时，$Q=90/30m^3/min=3m^3/min$，$130Pa=0+C\times 3m^3/min$

故 $C=130/3Pa\cdot min/m^3=43Pa\cdot min/m^3$

当$t=30min$时，$1300Pa=B\times 3^2\times 30+43\times 3Pa$

解得 $B=4.3Pa\cdot min/m^6$

因此，阻力方程式为 $\Delta p=4.3Q^2t+43Q$

在恒定压降下运行的方程为 $t=[B/(2\Delta p)]V_g^2+(D/\Delta p)V_g$

此处用D代替式（6-11）中的C，它代表滤料本身的阻力和在恒定流量下粉尘层的阻力。系数B保持

不变，因为在定压期间它仍然与粉尘量成比例。系数 D 按式（6-9）计算，即

$$\Delta p=(BV_g+D)Q$$

由于当 $V_g=0$ 时，$\Delta p=1300\text{Pa}$，得 $1300\text{Pa}=0+D\times 3\text{m}^3/\text{min}$，解得 $D=433\text{Pa}\cdot\text{min/m}^3$，在定压下过滤 30min，所通过的空气量 V_g 由式（6-11）计算，即

$$30\text{min}=\left(\frac{4.3\text{Pa}\cdot\text{min/m}^6}{2\times 1300\text{Pa}}\right)V_g^2+\left(\frac{433\text{Pa}\cdot\text{min/m}^3}{1300\text{Pa}}\right)V_g$$

解得 $V_g=68.2\text{m}^3$。总共过滤的空气量为（$90+68.2$）$\text{m}^3=158.2\text{m}^3$

6.3 袋式除尘器的结构形式

6.3.1 滤料

袋式除尘器的性能很大程度上取决于滤料的性能。对滤料的一般要求是：①容尘量大，使清灰后能在滤料上保留一定永久性容尘，以保证高效率；②透气性好，过滤阻力小；③抗皱折性、耐磨、耐温及耐腐蚀性能好，使用寿命长；④吸湿性小，容易清除粘附的粉尘；⑤成本低。这些要求难以同时满足，需要根据具体使用条件来选择滤料。

按所用材质不同，可将常用滤料分为天然滤料、合成纤维、无机纤维（含金属纤维）三类。

表 6-1 列出了各种滤料的物理化学特性，可供参考。其中玻璃纤维不适用于处理含 HF 的气体。不锈钢纤维滤料适用于处理高温含尘气体，但价格高、阻力大。

织物滤料的结构可分为编织物（平纹、斜纹和缎纹）和非编织物（毛毡）两类。

表 6-1 各种纤维的理化特性

纤维		物理特性						化学特性			备注
		强度	密度 /g·cm⁻³	含水率（%）	连续使用最高耐温/℃	耐磨损性能	断裂拉伸强度（%）	耐酸	耐碱	抗有机溶剂	
天然纤维	棉	强	1.5	7	80	中	6~10	弱	中	强	价廉
	羊毛	中	1.3	15	90	中	25~35	中	弱	强	
	纸	弱	1.5	10	80	弱	—	弱	中	强	空气过滤用
有机合成纤维	聚酰胺（尼龙）	强	1.1	4	90	强	30~50	中	强	酚和浓甲酸	清灰性能良好
	聚酯（涤纶）	强	1.4	0.4	130	强	20~40	强	中	酚	用途广
	丙烯酯（奥纶）	中强	1.2	1	120	中	30~50	强	强	热酮	
	聚烯烃（聚丙烯）	强	0.9	0	80	中	80~100	强	强	中	
	醋酸乙烯树脂（维尼龙）	强	1.3	5	110	强	15~25	中	强	弱	
	耐酸聚酰胺 聚四氯乙烯（特氟龙）	强 中	1.4 2.3	5 0	200 140	强 弱	20~40 15~30	中 强	强	苯磺酸 强	高温用，耐腐蚀性强，价贵
无机纤维	玻璃纤维 石墨化纤维 不锈钢纤维	弱 弱 强	2.5 2 8	0~10 0	250 300 400	弱 弱 强	3~5 2~5 1~2	中 中 强	中 强 强	强 强 强	高温用 高温用，价贵

6.3.2 袋式除尘器的分类

（1）按清灰方式分类 袋式除尘器的滤尘效率、压力损失、过滤风速及滤袋寿命等皆与清灰方式有关，故工业上多按清灰方式进行分类和命名。按清灰方式分类，袋式除尘器有简易清灰式、机械清灰式、逆气流反吹清灰式、移动气环反吹清灰式、脉冲喷吹清灰式、机械振动与反气流联合清灰式以及声波清灰式等。几种典型的清灰机理如图6-7所示，其中a、b、c为机械清灰式。

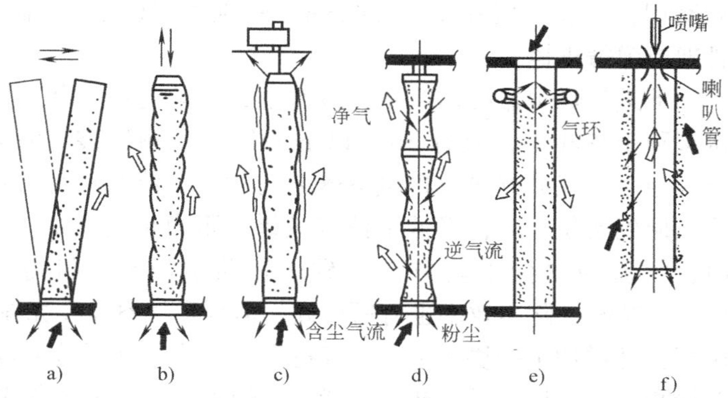

图6-7 典型清灰机理示意图

a）水平摆动 b）垂直抖动 c）扭曲振动
d）逆气流反吹风 e）气环反吹清灰 f）脉冲喷吹

机械振动式和逆气流反吹风式属于间歇清灰方式，即将除尘器分为若干个过滤室，逐室切断气路，依次清灰。间歇清灰没有伴随清灰而产生的粉尘外逸现象，除尘效率高。气环反吹式和脉冲喷吹式属连续清灰方式，可不切断气路，连续不断地对滤袋的一部分进行清灰。这种清灰方式压力损失稳定，适用于处理高浓度含尘气体。各种清灰方式的比较列于表6-2。

（2）按除尘器内压力分类 分为负压式与正压式袋式除尘器。

负压式除尘器设在风机的吸入段，为避免大量漏风，壳体要严格密封，并有足够的强度。壳体多用钢板制作，大型布袋室可用砖石或混凝土构筑。当处理高湿气体时，应对钢壳保温，以防水蒸气凝结。由于进入风机的气流已经净化，可防止风机磨损。

正压式除尘器设在风机的压出段，若处理的气体对人和物体无影响，除尘器外壳可不密闭，甚至敞开，这样可节省投资。由于粉尘通过风机而易磨损，不适用于处理浓度高（大于3g/m^3）、颗粒粗及硬度大、磨损强的粉尘。

表6-2 清灰方法的比较

清灰方法	清灰的均匀性	滤袋的磨耗	设备的耐用性	织物类型	过滤速度	装置的费用	动力费	灰尘负荷	最高温度
机械振动	一般	一般	一般	织造的	一般	一般	低	一般	中
反向气流，不缩袋	好	低	好	织造的	一般	一般	中~低	一般	高
反向气流，缩袋	一般	一般	好	织造的	一般	一般	中~低	一般	高
分隔室脉冲	好	低	好	毡合或织造	高	高	中	高	中
滤袋脉冲	一般	一般	好	毡合或织造	高	高	高	很高	中
气环反吹	很好	一般~高	低	毡合或织造	很高	高	高	高	中
高频振动	好	一般	低	织造的	一般	一般	中~低	一般	中
声波	一般	低	低	织造的	一般	一般	中	—	高
手工	好	高	—	毡合或织造	一般	低	—	低	中

注：1. 最高温度指受织物能承受最高温度的限值。
2. 不缩袋指具有支撑骨架的外过滤袋反向气流清灰时不会缩袋。

（3）按滤袋形状和进气方式分类　滤袋形状分为圆筒袋和扇袋，进气方式分为上进气和下进气，如图6-8所示。

圆筒袋结构简单，便于清灰，应用最广。其直径一般为100～300mm，最大不超过600mm；袋长一般为2.0～3.5m，最长可达12m。袋长与直径之比一般取10～25，最大达30～40，视清灰方式而异。

扁袋的优点是单位体积内可比圆袋多布置20%～40%的过滤面积，袋高一般600～1200mm，深300～500mm，扁袋内用骨架或弹簧支撑。

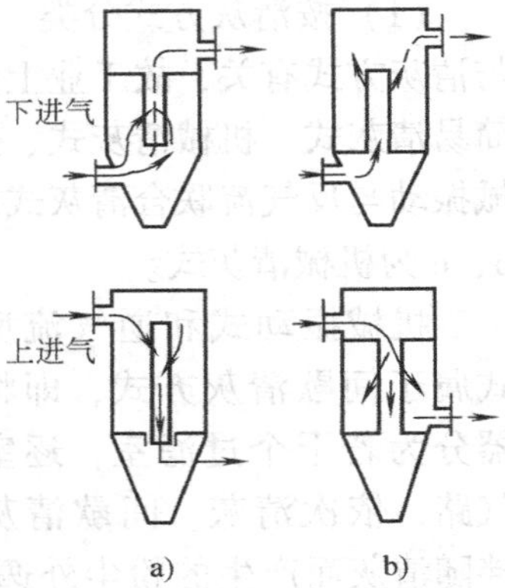

图6-8　袋式除尘器的结构型式
a）外滤式　b）内滤式

下进气除尘器结构简单，只有下部一块花板；粗尘粒可直接沉降于灰斗中，只有3μm以下的细尘接触滤袋，滤袋磨损小。但由于气流方向与粉尘下落方向相反，清灰后部分细尘会重新回到滤袋表面，降低了清灰效果，阻力也会增加。上进气时，气流与粉尘下落方向一致，有助于清灰，阻力可降低15%～30%，除尘效率也有所提高。但因配气室设在壳体上部，增加了除尘器的高度，并且由于上部增加了一块花板，不仅提高了造价，且不易调整滤袋张力。此外，上进气还会使灰斗滞积空气，增加了结露的可能。总的来看，下进气方式使用较多。

（4）按过滤方式分类　分为内滤式与外滤式（见图6-8）。内滤式可在不停止运行的情况下进入除尘室内部检修（高温和有害气体除外），滤袋不需设支撑骨架，但清灰时滤布受挠曲较大。外滤式的滤袋内要支撑骨架。内滤式一般适用于机械清灰和逆气流清灰的袋式除尘器，外滤式适用于脉冲喷吹、高压气流反吹和扁袋除尘器等。

6.3.3　袋式除尘器的结构形式

（1）简易清灰袋式除尘器　其结构如图6-9所示。图6-9a是借助滤袋上粉尘的自重和风机的起停使滤袋变形而清灰的袋式除尘器，有时辅以人工拍打清灰。图6-9b是用手摇振动机构使上部吊挂滤袋的框架作水平（或垂直）往复运动，使袋上粉尘脱落至灰斗中。这两种袋式除尘器皆属于正压内滤式。

简易清灰袋式除尘器的过滤风速比其他形式为低，大约取0.2～0.8m/min，压力损失控制在600～1000Pa以下，设计、使用得好时，效率可达99%。袋径一般取100～400mm，袋长2～6m，袋间距40～80mm。各滤袋组之间留有不小于600mm宽的检修或换袋通道。

这种袋式除尘器的特点是结构简单，安装操作方便，投资省，对滤料的要求不高，维修量少，滤袋寿命长。其主要缺点是过滤风速小，使其体积庞大，占地面积也大；正压运行时，人工清灰的工作环境差；不适宜处理含尘浓度过高的气体，进口气体含尘浓度一般不超过3～5g/m^3。

（2）机械振动清灰袋式除尘器　这是一种利用机械传动使滤袋振动，致使滤袋上的粉尘层落入灰斗的过滤器，图6-7a～c示出了三种机械振动方式，其中a是滤袋沿水平方向振动的方式，可分为上部摆动和腰部摆动两种；b是滤袋垂直振动方式，既可采用定期提升滤袋吊挂框架的办法，也可利用偏心轮振动框架的方式；c是扭转一定角度，使袋上粉尘层破碎而落入灰斗中。

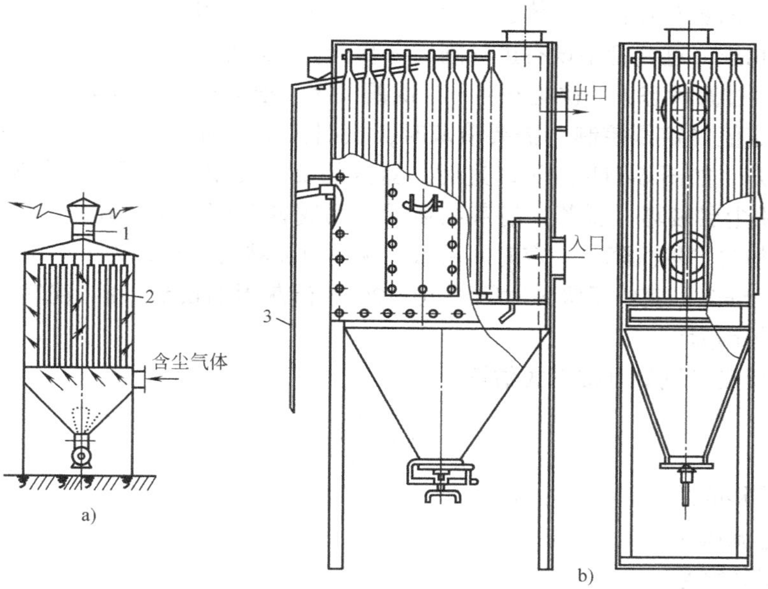

图6-9 简易清灰袋式除尘器

1—排风帽 2—滤袋 3—手柄机构

图6-10是利用偏心轮垂直振动清灰的袋式除尘器，它结构简单、清灰效果好、清灰耗电少，适用于含尘浓度不高、间歇性尘源的除尘，当采用多室结构、设阀门控制气路开闭时，也可用于连续性尘源的除尘。

机械振动清灰袋式除尘器的过滤风速一般取0.6～1.6m/min，压力损失约800～1200Pa。

（3）逆气流清灰袋式除尘器 逆气流清灰系指清灰时的气流方向与过滤时的气流方向相反，其形式有反吹风与反吸风两种。

图6-11所示为逆气流吸风清灰袋式除尘器，这种袋式除尘器常被分隔成若干个室，

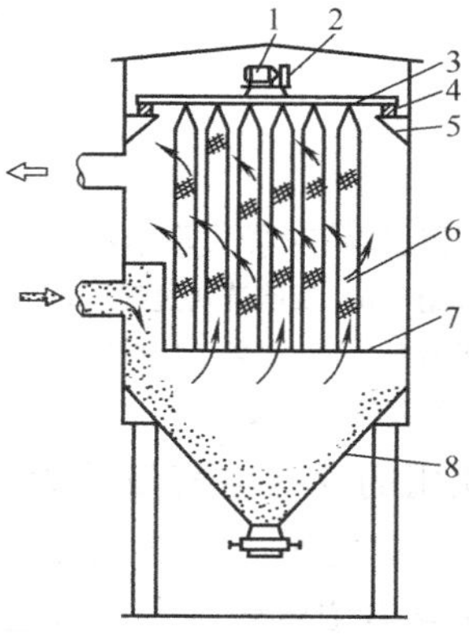

图6-10 机械清灰袋式除尘器

1—电动机 2—偏心块 3—振动架 4—橡胶垫 5—支座 6—滤袋 7—花板 8—灰斗

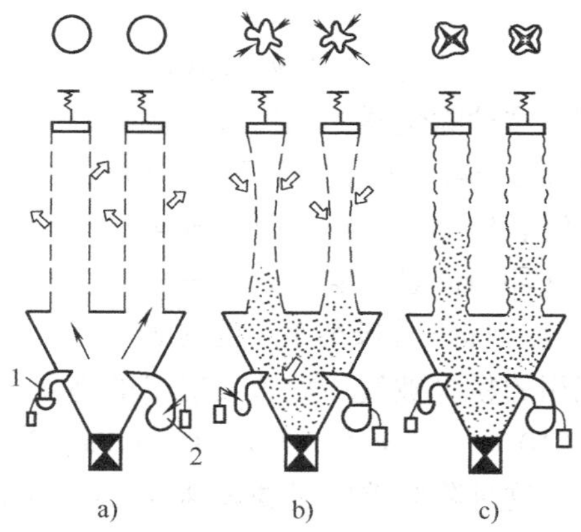

图6-11 反吸风清灰原理图

a）正常过滤状态 b）清灰状态 c）恢复状态

1—反吹风阀 2—进气阀

每个室都有单独的灰斗及含尘气体进口管，清洁气体出口管和反吸风管，并分别与进气总管和反吸风总管相连，进气管中设有进气阀（一次阀），反吸风管中设有反吸风阀（二次阀）。图6-11a为正常过滤状态，一次阀开启，二次阀关闭。根据预定的周期（定时控制）或除尘器压损达到预定值（定压控制）需要清灰时，控制仪发出指令，清灰机构开始动作，一次阀闭，二次阀开，如图6-11b所示。这时，器内的负压使空气从反吸风管吸入，滤袋变形（呈星形）使粉尘层破坏，脱落。清灰结束后，两阀皆关闭，如图6-11c所示，袋内无风，使袋内悬浮的粉尘自然沉降。一定时间后重新恢复过滤状态，再转为下一个过滤室清灰。清灰时间一般3～5min，其中反吸风时间约10～20s，清灰周期0.5～3h，视气体含尘浓度、粉尘及滤料特性等因素而定。

反吹风或反吸风风量可按下式估算

$$Q=\frac{kAv_F}{N} \tag{6-17}$$

式中 A——滤料的总表面积（m^2）；

v_F——过滤风速（m/min）；

N——滤袋室数；

k——反吹（吸）风系数，$k=0.2\sim0.5$。

逆气流清灰袋式除尘器的过滤风速一般为0.5～1.2m/min，压损控制在1000～1500Pa，其特点是结构简单、清灰效果好、维修方便、滤袋损伤少，特别适用于玻璃纤维袋。

实际上，气环反吹风式和脉冲喷吹式也属于逆气流清灰类型。

（4）气环反吹清灰袋式除尘器 这种除尘器的结构及清灰过程如图6-12所示，气环箱紧套在滤袋外部，可作上下往复运动。气环箱内紧贴滤袋处开有一条环缝（即气环喷管），袋内表面沉积的粉尘被气环喷管喷射出的高压气流吹掉。清灰耗用的反吹空气量约为处理气量的8%～10%，风压为3000～10000Pa。当处理潮湿或稍粘性粉尘时，反吹气需加热到40～60℃。这种除尘器的过滤风速高（4～6m/min），可以净化含尘浓度较高和较潮湿含尘气体；缺点是滤袋磨损快，气环箱及其传动机构有时发生故障。压损为1000～1200Pa。

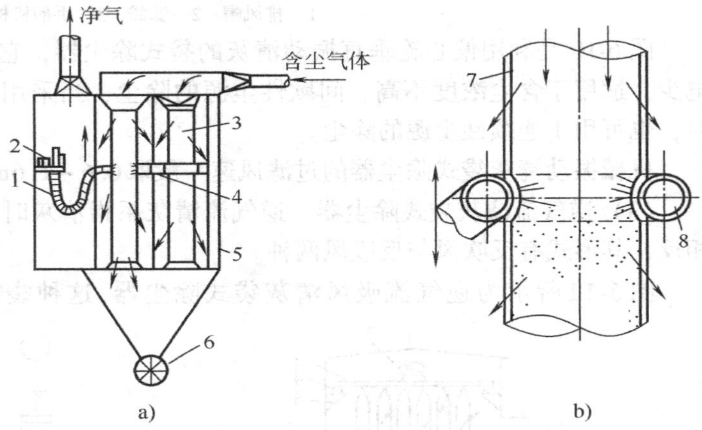

图6-12 气环反吹清灰袋式除尘器

a）除尘器结构示意 b）反吹清灰过程示意

1—软管 2—反吹风机 3—滤袋 4—气环箱 5—外壳体 6—卸灰阀 7—滤袋 8—气环

（5）脉冲喷吹袋式除尘器 构造原理如图6-13所示。当含尘气体通过滤袋时粉尘被阻留于滤袋外表面上，净化后的气体由袋内经文氏管进入上部净气箱，然后由出气口排走。每排滤袋上方装一根喷吹管，喷吹管下面与每个滤袋相对应开喷吹小孔（或装喷嘴），喷吹管前端与脉冲阀相连，通过程序控制机构控制脉冲阀的启闭。当需要清灰时，控制仪发出指令，触发排气阀，使脉冲阀背压室与大气相通，脉冲阀关闭后，气包中的压缩空气经喷吹管下小孔高速喷出，并诱导比自身体积大5~7倍的诱导空气一起经文氏管吹入袋内，使滤袋急剧膨胀，引起冲击振动，使积附在袋外的粉尘层脱落入灰斗。这种清灰方式具有脉冲的特征。清灰过程中每清灰一次，叫做一个脉冲；喷吹一次的时间称为脉冲宽度，约为0.1~0.2s。全部滤袋完成一个清灰循环的时间称为脉冲周期，一般为60s左右。所用压缩空气的喷吹压力为600~700kPa。

目前常用的脉冲控制仪有电动控制仪、气动控制仪和机械控制仪等，与之配套使用的排气阀相应为电磁阀、气动阀和机控阀。

脉冲喷吹袋式除尘器实现了全自动清灰，过滤负荷高，滤布磨损轻，寿命长，运行安全可靠，国内自20世纪70年代开始使用以来，得到了普遍应用。过滤风速为2~4m/min压损为1200~1500Pa。对含尘量高及含湿量大气体的净化效果欠佳，且需高压气源作清灰动力。

（6）回转反吹扁袋除尘器　其结构如图6-14所示。梯形扁袋沿圆筒呈放射状布置，反

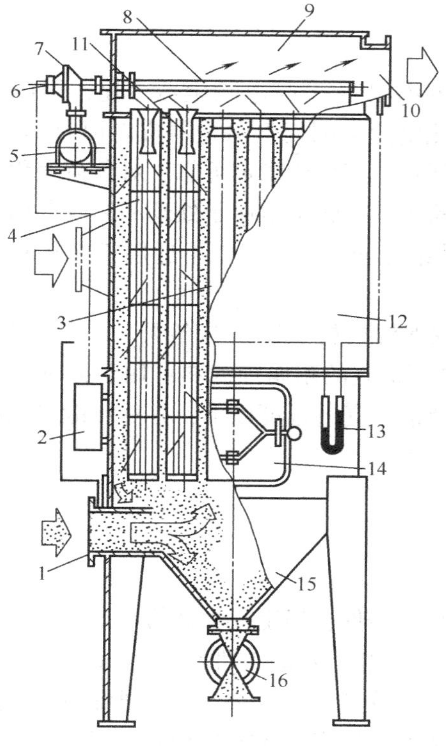

图6-13　脉冲喷吹袋式除尘器结构

1—进气口　2—控制仪　3—滤袋　4—滤袋框架　5—气包　6—排气阀　7—脉冲阀　8—喷吹管　9—净气箱　10—净气出口　11—文氏管　12—除尘箱　13—U形压力计　14—检修门　15—灰斗　16—卸尘阀

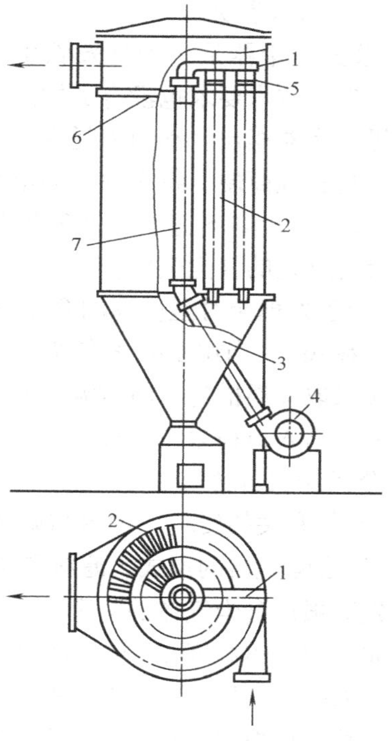

图6-14　回转反吹扁袋除尘器

1—悬臂风管　2—滤袋　3—灰斗　4—反吹风机　5—反吹风口　6—花板　7—反吹风管

吹风管由轴心向上与悬臂管连接，悬臂管下面正对滤袋导口设有反吹风口，悬臂管由专用电动机及减速机构带动旋转，转速为1~2r/min。当含尘气体切向进入过滤室上部空间时，大颗粒及凝聚尘粒在离心力作用下沿筒壁旋转落入灰斗，细微粉尘则弥散于袋间空隙，然后被

滤袋过滤阻留。净气穿过袋壁经花板上滤袋导口进入净气室，由排气口排走。

反吹风机构采用定阻力自动控制。当滤袋阻力达到控制上限时，由压差变送器发出信号，自动起动反吹风机工作，具有够动量的反吹风气流由悬臂管反吹风口吹入滤袋，阻挡过滤气流并改变滤袋压力工况，引起滤袋振动，抖落袋外积尘。依次反吹滤袋，当滤袋阻力下降到控制下限时，反吹风机自动停吹。反吹风的风压约为5kPa，风量约为过滤风量的5%~10%，每只滤袋的反吹时间约为0.5s。对粘性较大的细尘，过滤风速一般取1~1.5m/min，对粘性小的粗尘，v_F 可取2~2.5m/min。压损为800~1200Pa。

这种除尘器由于单位体积内过滤面积大，采用圆筒形外壳抗爆性能好，滤袋寿命长，清灰效果好并能自动化运行，安全可靠，维护简便，因而在国内发展很快。存在的主要问题是内、外圈滤袋的反吹时间不同，滤袋易损伤，各滤袋的阻力和负荷皆有差别等。

6.4 袋式除尘器的选择设计及应用

1. 应用注意事项

1）袋式除尘器是一种高效除尘器，效率可达99%以上。与电除尘器相比，附属设备少，投资省，技术要求也没有那样高，而且能捕集比电阻高因而电除尘器难以回收的粉尘；与文丘里洗涤器相比，动力消耗少，无泥浆处理等问题。其性能稳定可靠，对负荷变化适应性好，运行管理简便，特别适宜捕集细微而干燥的粉尘，所收干尘便于处理和回收利用。

2）袋式除尘器不适于净化含有油雾、水雾及粘结性强的粉尘，也不适用于净化有爆炸危险或带有火花的含尘气体。

3）用于处理相对湿度高的含尘气体时，应采取保温措施（特别是冬天），以免因结露而造成“糊袋”；当用于净化有腐蚀性气体时，应选用适宜的耐腐蚀滤料；用于处理高温烟气时，应采取降温措施，将烟温降到滤料长期运转所能承受的温度以下，并尽可能采用耐高温的滤料；当入口粉尘浓度过高时，宜设置预净化装置。

2. 袋式除尘器的选型

1）收集有关的资料（内容与旋风除尘器相同）。

2）确定除尘器的形式、滤料和清灰方式。

首先应根据含尘气体的物理、化学特性和其他现场条件，确定除尘器的形式和所用的滤料。例如，当气体温度在140~260℃时，可选用玻璃丝袋，对纤维性粉尘可选用表面光滑的滤料，如平绸，尼龙等；对一般工业粉尘，可采用涤纶布、棉绒布等；对很细粉尘可选用呢料等。然后再根据要求的压力损失和气体的含尘浓度等确定清灰方式和清灰制度。

3）计算过滤面积 A

$$A = Q/60v_F \tag{6-18}$$

过滤风速 v_F 可根据含尘浓度、粉尘特性、滤料种类及清灰方式等参考表6-3确定。除表中数据外，对玻璃纤维滤袋 v_F 可取0.5~1.0m/min，一般滤布 v_F 取1~2m/min。

4）根据处理风量 Q 和计算出的总过滤面积 A，根据有关手册选定除尘器的型号规格。

表6-3 袋式除尘器推荐的过滤风速 (单位：m/min)

等级	粉尘种类	清灰方式		
		振打与逆气流联合	脉冲喷吹	反吹风
1	炭黑㊀、氧化硅（白炭黑）；铅㊀、锌㊀的升华物以及其他在气体中由于冷凝和化学反应而形成的气溶胶；化妆粉；去污粉；奶粉；活性炭；由水泥窑排出的水泥㊀	0.45～0.6	0.8～2.0	0.33～0.45
2	铁㊀及铁合金㊀的升华物；铸造尘；氧化铝㊀；由水泥磨排出的水泥㊀；碳化炉升华物㊀；石灰㊀；刚玉；安福粉及其他肥料；塑料；淀粉	0.6～0.75	1.5～2.5	0.45～0.55
3	滑石粉；煤；喷砂清理尘；飞灰㊀；陶瓷生产的粉尘；炭黑（二次加工）；颜料；高岭土；石灰石㊀；矿尘；铝土矿；水泥（来自冷却器）㊀；搪瓷㊀	0.7～0.8	2.0～3.5	0.6～0.9
4	石棉；纤维尘；石膏；珠光石；橡胶生产中的粉尘；盐；面粉；研磨工艺中的粉尘	0.8～1.5	2.5～4.5	—
5	烟草；皮革粉；混合饲料；木材加工中的粉尘；粗植物纤维（大麻、黄麻等）	0.9～2.0	2.5～6.0	—

3. 袋式除尘器的设计

1）根据处理气体流量，按式（6-18）计算过滤面积 A。

2）确定滤袋直径 D 和长度 L。

3）计算每只滤袋的过滤面积 $a=\pi DL$。

4）计算滤袋数 $n=A/a$。

5）滤袋的布置及吊挂固定。滤袋数较多时，可根据清灰方式及运行条件，将滤袋分成若干组，每组内相邻两滤袋间净间距一般为50～70mm。组与组之间以及滤袋与外壳之间的距离，应考虑更换滤袋和检修的需要。对简易袋式除尘器，考虑人工清灰的需要，此间距一般取600～700mm。滤袋的固定和拉紧方法对其使用寿命影响较大，要考虑换袋、维修、调节方便，防止固紧处磨损、断裂等。

6）壳体设计，包括除尘器箱体（框架和外壁），进、排气管形式，灰斗结构，检修孔及操作平台等。

7）粉尘清灰机构的设计和清灰制度的确定。

8）卸灰装置的设计和粉尘输送、回收系统的设计。

例6-2 已知一水泥磨的废气量 $Q=6120\text{m}^3/\text{h}$，含尘浓度为 50g/m^3，气体温度为100℃，若该地区粉尘排放浓度标准为 150mg/m^3（标准状态），试设计该设备的袋式除尘系统（忽略流体在系统中的温度变化）。

解 1. 预除尘器的选型

由于磨机废气含尘浓度很大，考虑采用二级收尘系统。第一级选用CLG多管旋风收尘器。考虑到管道漏风，并假设其漏风率为10%，则旋风除尘器的处理风量为

$$Q_1=6120\times1.1\text{m}^3/\text{h}=6732\text{m}^3/\text{h}$$

查设计手册，选取CLG—12×2.5X型多管旋风除尘器。在正常工作时，其工作和性能参数为：除尘效

㊀ 指基本上为高温的粉尘，多采用反吹风清灰过滤器捕集。

率 $\eta = 80\% \sim 90\%$；阻力损失 Δp 约为 670Pa。

2. 袋式除尘器的选型设计

（1）处理风量的确定　考虑从旋风除尘器到袋式除尘器的管道漏风率为 10%，则进入袋式除尘器的风量为 $Q_2 = Q_1 \times 1.1 = 6732 \times 1.1\text{m}^3/\text{h} = 7405\text{m}^3/\text{h}$

（2）入口含尘量的确定　设旋风除尘器的除尘效率为 80%，则袋式除尘器的入口气体含尘浓度为

$$c_i = cQ(1-\eta)/Q_2 = 50 \times 6102 \times (1-0.8)/7405\text{g/m}^3 = 8.26\text{g/m}^3$$

（3）计算滤袋总过滤面积　由于水泥磨废气温度及湿度相对较高，滤料选用"208"工业涤纶绒布；初步考虑采用回转反吹清灰，由于温度、湿度及滤料的影响，过滤风速选择 1.2m/min，则滤袋总过滤面积为

$$A = Q/60v_F = 7405/(60 \times 1.2)\text{m}^2 = 102.8\text{m}^2$$

（4）确定袋式除尘器型号、规格　查设计手册及产品样品，初步确定采用 72ZC200 回转反吹扁袋除尘器。其基本工作及性能参数为：公称过滤面积 110m²；过滤风速 1.0～1.5m/min；处理风量；6600～9900m³；滤袋数量 72 个；本体总高 6030mm；筒体直径 2530mm；入口含尘浓度≤15g/m³；正常工作时阻力损失 Δp 约 780～1270Pa；除尘效率≥99%。

（5）计算袋式除尘器正常工作时的粉尘排放浓度　工况排放浓度为

$$c = c_i(1-\eta) = 8.26 \times (1-0.99)\text{g/m}^3 = 0.0826\text{g/m}^3 = 82.6\text{mg/m}^3$$

折算为标准状态的排放浓度 c_N 为

$$c_N = cT/T_N = 82.6 \times (273.15+100)/273.15\text{mg/m}^3 = 112.8\text{mg/m}^3$$

显然，该除尘系统满足当地大气污染粉尘排放浓度。

6.5 颗粒层除尘器

1. 颗粒层过滤器的特点和滤料

颗粒层除尘器是利用颗粒状物料（如硅石、砾石、矿渣、焦炭等）作填料层的一种内部过滤除尘装置，主要靠筛滤、惯性碰撞、拦截、扩散及静电力等多种捕尘机理，使粉尘附着于颗粒滤料及尘粒表面上。

颗粒层除尘器的优点是适于净化高温、易磨损、易腐蚀、易燃易爆的含尘气体；其过滤能力不受灰尘比电阻的影响，除尘效率高。其缺点是对相同设备断面的过滤器而言，在处理相同烟气量时，颗粒层除尘器的阻力比袋式除尘器高，所需设备的断面积比袋式除尘器大。

一般的颗粒层除尘器能耐 350℃的高温，短时间内可达 450℃，温度再高时，需要用锅炉钢板制造，可达到 450～550℃，其造价将比普通钢板高 20% 左右。

滤料应具有相应的耐高温、耐腐蚀性能，同时应具有一定的机械强度，避免在清灰过程中破碎而影响除尘效果。一般来说，颗粒越小，除尘效率越高，但阻力也会随之上升。颗粒的粒径一般为 2～4mm，粒度越均匀，空隙率越大，除尘性能越好。

可用做颗粒层除尘器的滤料很多，如石英砂、卵石、炉渣、陶粒、玻璃屑等，其中最常用的是石英砂。除尘效率随颗粒层厚度及其上沉积的粉尘层厚度的增加而提高，压力损失也随之增大。过滤层厚度一般为 100～150mm。

颗粒层除尘器的过滤风速常取 20～50m/min。

2. 颗粒层除尘器的分类

1）按颗粒床层的位置可分为垂直床层和水平床层两类颗粒层除尘器。垂直床层颗粒层除尘器是将颗粒滤料垂直放置，两侧用滤网或百叶片夹持（以防止颗粒滤料飞出），气流是水平

通过滤料层的。水平床层颗粒层除尘器是将颗粒滤料置于水平的滤网或筛板上，铺设均匀，保证一定的颗粒层厚度。气流一般由上而下，使床层处于固定状态，有利于提高除尘效率。

2）按颗粒床层的运动状态可分为固定床、移动床两种颗粒层除尘器。固定床颗粒层除尘器是在过滤过程中，其颗粒层固定不动的除尘器。颗粒层除尘器较多采用固定床。移动床颗粒层除尘器是在过滤过程中，颗粒床层不断移动的颗粒层除尘器，已粘附粉尘的滤料不断排出，而代之以新的颗粒滤料。含尘颗粒滤料经过清灰、再生后，可作为洁净滤料重新返回床层，对粉尘进行过滤。排出的滤料也有废弃或作他用的。移动床颗粒层除尘器又可分为间歇式和连续式。

3）按清灰方式可分为不再生（或器外再生）、振动反吹风清灰、梳耙反吹风清灰、沸腾反吹风清灰等颗粒层除尘器。机械振动、梳耙梳动、气流鼓动的目的是为了使颗粒层松动，加以反吹风，达到更好的清灰效果。

4）按床层的数目可以分为单层和多层颗粒层除尘器。

3. 几种常见的颗粒层除尘器

（1）耙式颗粒层除尘器　这是目前应用最广的一种颗粒层除尘器。图6-15为单层耙式颗粒层除尘器的一种形式。

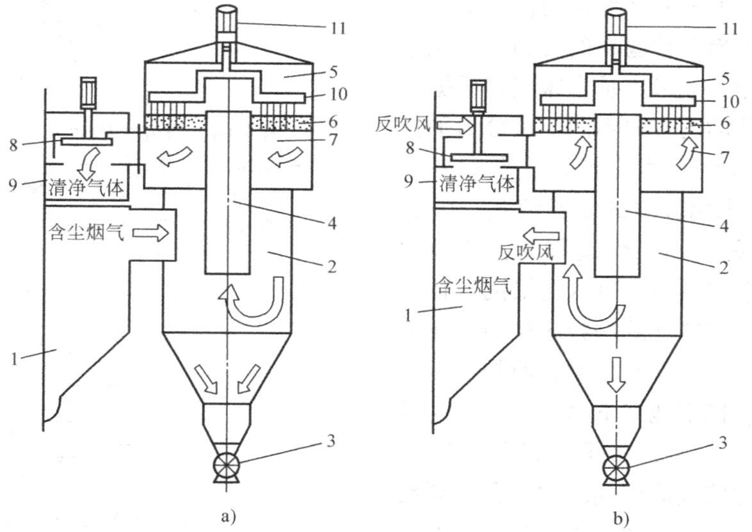

图6-15　单层耙式颗粒层除尘器

a）过滤　b）清灰

1—含尘气体总管　2—旋风筒　3—卸灰阀　4—插入管　5—过滤室　6—过滤床层　7—净气室　8—换向阀　9—净气总管　10—梳耙　11—电动机

图6-15a为正常过滤状态，含尘气体切向引入预分离器（旋风筒2），粗粉尘被分离下来。然后经插入管4进入过滤室5，由上而下地通过滤层，使细粉尘被阻留在颗粒表面或颗粒层空隙中。气体通过净气室7和打开的换向阀8进入净气排气总管9。当阻力达到给定值时，除尘器开始清灰。图6-15b为清灰状态，这时关闭换向阀8，使单筒和净气排气总管9切断，反吹空气便按相反方向鼓进颗粒层，使颗粒层处于流态化状态；与此同时，梳耙10旋转搅动颗粒层，以便将沉积粉尘吹走，颗粒层又被梳平。被反吹风带走的粉尘又通过插入

管4进入旋风筒2，由于气流速度突然降低和急转弯，使其中所含大部分粉尘沉降下来。含有少量细尘的反吹空气，汇入含尘气体总管1，进入其他单筒内净化。

这种过滤器一般采用多筒结构，有3～20个筒，筒径为1.3～2.8m，排列成单行或双行，用一根含尘气体总管、净气总管和反吹风总管连接起来。每个单筒可连续运行1～4h（视含尘浓度而定），反吹清灰时只有50%～70%的粉尘从颗粒层中分离出来，并在旋风筒中沉降。反吹风量约为总气量的3%～8%。处理高温、高湿含尘气体时，可用热气流反吹。比负荷一般为2000～3000 $m^3/(m^2 \cdot h)$，含尘浓度高时采用1500 $m^3/(m^2 \cdot h)$。进口含尘浓度可允许高达20g/m^3，一般为5g/m^3以下，其中约90%在旋风筒中被净化。这种过滤器的除尘效率在95%以上，压力损失约为1000～2000Pa。

（2）移动床颗粒层除尘器　移动床颗粒层除尘器利用颗粒滤料在重力作用下，向下移动以达到更换颗粒滤料的目的，因此这种形式的除尘器一般采用垂直床层。根据气流方向与颗粒移动的方向不同，可分为平行流式和错流式（气流水平流动，颗粒层垂直移动）。目前采用较多的是错流式，图6-16为其中的一种。其工作过程为：洁净的颗粒滤料装入上方料斗，进入在筛网或百叶窗夹持下保持一定厚度的颗粒床层中，通过下部排料器传送带的不断传动，使颗粒床层中的滤料均匀、稳定地向下移动。含尘气流经过气流分布扩大斗，水平通过颗粒床层时，粉尘被过滤使气流得到净化。含尘颗粒滤料不断被排出，经过滤料再生装置使含尘颗粒滤料得以再生、清灰，再生后的滤料可作为洁净滤料循环使用。

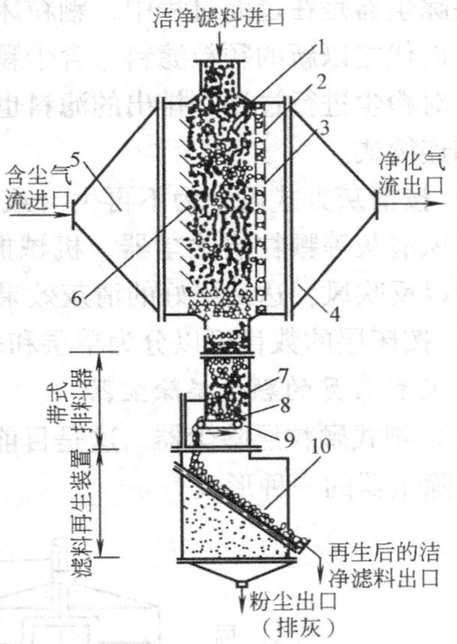

图6-16　错流式移动床颗粒层除尘器

1—颗粒滤料层　2—支撑轴　3—可移动式环状滤网　4—气流分布扩大斗（后侧）　5—气流分布扩大斗（前侧）　6—百叶窗式挡板　7—可调式挡板　8—传送带　9—转轴　10—过滤滤网

（3）沸腾清灰颗粒层除尘器　这种除尘器的清灰原理是：从颗粒床层的下部，将一定流速的反吹空气经分布板鼓入过滤层中，使颗粒呈流态化，颗粒间互相搓动、上下翻腾，从而使积于颗粒层中的灰尘被分离和夹带出去，以达到清灰的目的。反吹停止后，颗粒滤料层的表面应保持平整均匀，以保证过滤速度均匀。图6-17是这种颗粒层除尘器

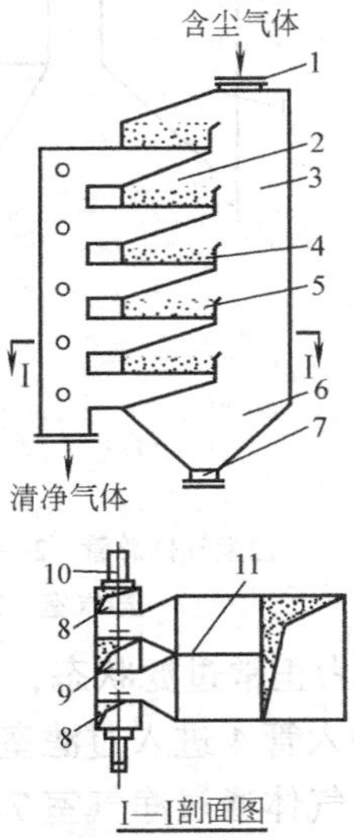

图6-17　沸腾清灰颗粒层除尘器

1—进风口　2—过滤室　3—沉降室　4—下筛板　5—过滤床层　6—灰斗　7—排灰口　8—反吹风口　9—净气口　10—阀门　11—隔板

的结构示意图。含尘气体由进气口1进入，粗尘粒在沉降室3中沉降；含细尘粒气体经过滤室2自上而下地穿过过滤床层。气体净化后经净气口排入大气。反吹清灰时，通过阀门开启反吹风口的侧孔，反吹气流由下而上经下筛板进入颗粒层，使颗粒滤料呈流化状态。反吹气流将已凝聚成大颗粒的粉尘团带到沉降室，粗颗粒在此沉降入灰斗，剩余的粉尘随气流进入其他过滤层净化。这种除尘器取消了搅拌梳耙，减少了传动机构，降低了设备费用，也简化了自控系统，使结构更加紧凑。

习　题

6-1　用脉冲喷吹式布袋除尘器净化20℃、1.013×10^5Pa气体，涤纶绒布过滤风速为3.0m/min，试估计除尘器压力损失（忽略除尘器的结构阻力），并估算$c_i=7.5\text{g/m}^3$，Δp_d不超过1200Pa时清灰周期的最大值。（$\zeta_0=4.8\times10^7\text{m}^{-1}$，$m=0.1\text{kg/m}^2$，$\alpha=1.5\times10^5\text{m/kg}$）

6-2　某工厂废气量为5200m^3/h（标准状态），含尘浓度为10g/m^3（工况），拟采用袋式除尘器回收废气中有价值的粉尘，用涤纶布做滤料。所用引风机的风压要求除尘器的阻力不超过1500Pa，废气温度120℃。假定清洁滤料的阻力与除尘器的结构阻力共300Pa，粉尘层的平均比阻力$\alpha=1\times10^{11}\text{m/kg}$，除尘效率$\eta\approx100\%$，过滤风速取2.0m/min，120℃下废气的动力粘度$\mu=2.33\times10^{-5}\text{Pa}\cdot\text{s}$，试计算：

（1）最大清灰周期t（min）。

（2）清灰时的粉尘负荷m（kg/m^2）。

（3）所需过滤面积A（m^2）。

（4）滤袋的直径、长度和滤袋条数。

6-3　用脉冲喷吹袋式除尘器过滤含尘气体，气体流量为1.35m^3/s，滤袋直径为120mm，长度为2000mm。计算所需滤袋数量，并按下式计算喷吹压缩空气用量：$Q_a=\alpha nQ_0/t$。式中，Q_a为喷吹压缩空气量（m^3/min）；n为滤袋总数；t为脉冲周期，一般为1min左右；Q_0为每条滤袋每次喷吹压缩空气耗量，一般为0.002～0.0025m^3；α为安全系数，一般取1.5。

6-4　含尘气流通过滤料或粉尘层的压降一般可表示为$\Delta p=xv_F\mu/K$（x和K分别为滤料或粉尘层的厚度和渗透率）。对于粉尘层，$x=v_Fc_it/\rho_c$，故粉尘层压降为$\Delta p_d=v_F^2c_it\mu/(K_d\rho_c)=v_F\mu M/(K_dA\rho_c)$，式中$K_d$为粉尘层渗透率（无因次），$\rho_c$为粉尘层的堆积密度（$\text{g/cm}^3$），$M$为滤料上的粉尘质量（kg），$A$为滤料面积，滤料上的粉尘负荷$m=M/A$。现利用清洁滤料进行实验，以测定粉尘的渗透率$K_d$。气体通过清洁滤袋的压降为250Pa，300K的气体以1.8m/min的速度通过滤袋，$\rho_c=1.2\text{g/cm}^3$，过滤面积为100cm^2，总压降（不含除尘器的结构阻力，下同）与沉积粉尘质量的关系见表6-4，求粉尘的渗透率K_d。

表6-4　总压降与沉积粉尘质量的关系表

总压降Δp/Pa	612	666	774	900	990	1062	1152
粉尘质量M/kg	0.002	0.004	0.01	0.02	0.028	0.034	0.042

6-5　粉尘层阻力也可表示为$\Delta p_d=R_dc_iv_F^2t$，式中粉尘的比阻力系数$R_d=\mu/K_d\rho_c$（其他符号意义同前），R_d［N·min/（g·m）］可用下式计算

$$R_d=\frac{\mu S_0^2}{6\rho_p C_u}=\frac{3+2\beta^{5/3}}{3-4.5\beta^{1/3}+4.5\beta^{5/3}-3\beta^2}$$

$$S_0=6\left(\frac{10^{1.151}\lg^2\sigma_g}{d_{50}}\right)$$

式中，S_0为比表面参数（cm^{-1}），d_{50}为粉尘颗粒的质量中位径（cm）；σ_g为尘粒粒径的几何标准差；ρ_p为粉尘的真密度（g/cm^3）；C_u为肯宁汉修正系数；$\beta=\rho_c/\rho_p$。

某除尘器系统的处理气量为10000m^3/h（标准状态），初始含尘浓度为6g/m^3，拟采用逆气流反吹风清

灰袋式除尘器（过滤风速 0.5 ~ 2.0m/min），选用涤纶布滤料，要求进入除尘器的气体温度不超过 393K，除尘器压力损失不超过 1200Pa，烟气性质近似于空气。滤饼密度 $\rho_c = 1.2\text{g/cm}^3$，粉尘真密度 $\rho_p = 1.78\text{g/cm}^3$。试确定：

（1）过滤速度（m/min）。

（2）粉尘负荷（kg/m^2）。

（3）除尘器的压力损失 Δp。

（4）最大清灰周期。

（5）滤袋面积。

（6）滤袋的尺寸（直径 d、长度 l）和条数 n。

6-6 某袋式除尘器有关运行参数为：$T = 400\text{K}$，$p = 1.013 \times 10^5\text{Pa}$，$v_F = 2.0\text{m/min}$，$\rho_c = 0.9\text{g/cm}^3$，清洁滤料的阻力为 120Pa，$c_i = 10\text{g/cm}^3$。

（1）若 6h 后的总压降为 800Pa，求 K_p（m^2）。

（2）若 $K_p = 5 \times 10^{-12}\text{m}^2$，求过滤 4h 后的总压降。

（3）若 $K_p = 7.7 \times 10^{-12}\text{m}^2$，利用题（6-5）给出的公式求总压降达 900Pa 所需的过滤时间。

6-7 某袋式除尘器在恒定的气速下运行 30min，此期间处理烟气量 70.8m^3。系统最初和最终的压降分别为 40Pa 和 400Pa，假如在最终压力下过滤器再操作 1h，计算另外的气体处理量。

第7章 湿式除尘器

7.1 湿式除尘器的分类与性能

7.1.1 湿式除尘器的分类

湿式除尘器是使含尘气体与液体（通常为水）密切接触，利用重力、惯性碰撞、拦截、扩散、静电力等作用捕集颗粒的装置，又称湿式气体洗涤器。

工程上使用的湿式除尘器型式很多，根据能耗可以分为低、中、高能耗3类。低能耗湿式除尘器如喷雾塔和旋风洗涤器等，压力损失为0.25～1.5kPa，对10μm以上尘粒的净化效率可达90%左右。中能耗湿式除尘器如冲击水浴除尘器、机械诱导喷雾洗涤器等，压力损失为1.5～2.5kPa。高能耗湿式除尘器，如文丘里洗涤器、喷射洗涤器等，除尘效率可达99.5%以上，压力损失为2.5～9.0kPa，排烟中的尘粒粒径可低于0.25μm。

根据湿式除尘器的净化机制，可将其分为图7-1所示的7类。湿式除尘器运行中气液接触表面及捕尘体的形式和大小，取决于一相进入另一相的方法不同。当含尘气体向液体中分散时，如在板式塔洗涤器中，将形成气体射流和气泡形式的气液接触表面，气泡和气体射流即为捕尘体。当液体向含尘气体中分散时，如在重力喷雾塔、离心式喷洒洗涤器、自激喷雾洗涤器、文丘里洗涤器和机械诱导喷雾洗涤器中，将形成液滴形式的气液接触表面，液滴为捕尘体。在填料塔、旋风水膜除尘器中，气液接触表面为液膜，气相中的粉尘由于惯性力、离心力等作用撞击到水膜中被捕集，液膜是这类湿式除尘器的捕尘体。

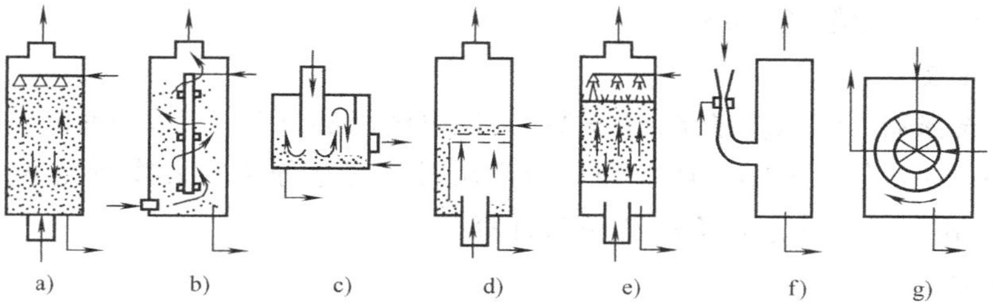

图7-1 湿式除尘器示意图

a）重力喷雾洗涤器 b）离心洗涤器 c）冲击水浴除尘器 d）泡沫除尘器（板式塔） e）填料塔 f）文丘里洗涤器 g）机械诱导喷雾洗涤器

7.1.2 湿式除尘器的特点及一般性能

湿式除尘器结构简单、造价低，可以有效地将直径为0.1～20μm的液滴或固体颗粒从气流中除去。同时，也能脱除部分气态污染物，还能起到气体降温的作用。湿式除尘器适宜净化非纤维性、非憎水性和不与水发生化学反应的各种粉尘，尤其适宜净化高温、易燃和易爆的含尘气体。但存在设备及管道的腐蚀、污水和污泥的处理、因烟温降低而导致的烟气抬升减小及冬季排气产生冷凝水雾等问题。在低温寒冷地区，湿式除尘器容易冻结，要有必要的防冻措施。

湿式除尘器的主要性能、操作指标摘要见表7-1。为简化起见，本书将只讨论应用广泛的四类湿式除尘器，即重力喷雾塔、离心式洗涤器、自激式洗涤器和文丘里洗涤器。

表7-1 主要湿式除尘器的性能和操作指标

装置名称	气流速度/（$m \cdot s^{-1}$）	液气比/（$L \cdot m^{-3}$）	压力损失/kPa	分割粒径/μm
重力喷雾洗涤器	0.1～2.0	2.0～3.0	0.1～0.5	3.0
填料塔	0.5～1.0	2.0～3.0	1.0～2.5	1.0
旋风洗涤器	15.0～45.0	0.5～1.5	1.2～1.5	1.0
转筒洗涤器	5.0～12.5	0.7～2.0	0.5～1.5	0.2
冲击式洗涤器	10.0～20.0	10.0～50.0	0～0.15	0.2
文丘里洗涤器	60.0～90.0	0.3～1.5	2.5～9.0	0.1

7.1.3 湿式除尘器的除尘效率

湿式除尘器的总效率与气液两相的接触方式、形成捕尘体的类型、捕尘体的流体力学状态及粉尘粒子的粒径分布等多种因素有关。各种因素对效率的影响较为复杂，因此到目前为止仍不能用数学分析方法计算湿式除尘器的除尘性能，多采用实验或经验公式进行计算。常见的计算方法有如下两种。

（1）应用卡尔弗特法计算湿式除尘器的效率　卡尔弗特（CalvertS.）等人运用统一的方法研究了各类湿式除尘器除尘效率的推算式。对于粒径分布遵从对数正态分布的大多数工业粉尘，在各类湿式除尘器中的分级通过率P_d可表示为

$$P_d = 1 - \eta_d = \exp(-Ad_a^B) \tag{7-1}$$

式中　d_a——空气动力粒径（μmA）；

A、B——常数。

对填料床洗涤器、泡沫洗涤器，$B=2$；文丘里洗涤器（当$0.5 \leq St \leq 5$时），$B \approx 2$；旋风洗涤器$B \approx 0.67$。在$d_p > 1\mu m$或粒径分布遵从对数正态分布的某些情况下，可用实际的粒径d_p代替上式中空气动力粒径d_a作近似计算。

总通过率P为

$$P = \int_0^{\infty} P_d \mathrm{d}R_d \tag{7-2}$$

式中　R_d——粒径为d的粉尘的筛上累积分布（%）。

当粒子粒径为对数正态分布时，联解式（7-1）和式（7-2）可得图7-2和图7-3，前者示

出参数 B 为不同值时总通过率 P 与（d_{ac}/d_g）^{B} 的关系曲线，后者示出了 $B=2$ 时 P 与（d_{ac}/d_g）的关系曲线。图中除尘器的空气动力分割粒径 d_{ac} 与实际分割粒径 d_c 的关系为

$$d_{ac} = d_c(\rho_p C_u)^{1/2} \tag{7-3}$$

式中 ρ_p——粉尘粒子的真密度（g/cm^3）；

C_u——肯宁汉修正系数。

例 7-1 设粉尘的几何平均粒径 $d_g=d_{a50}=10\mu m$（d_{a50} 为空气动力中位径），$\rho_p=3g/cm^3$，几何标准差 $\sigma_g=3$，要求总通过率 $P=2\%$。如果使用 $B=2$ 的填料塔、筛板塔或文丘里洗涤器之类的湿式除尘器，在 293K 和 1.013×10^5Pa 状态下，求其分割粒径。

解 由图 7-3 查得 $P=2\%$ 时的 $d_{ac}/d_g=0.09$，则 $d_{ac}=0.09d_g=0.09\times10=0.9\mu m$。先不考虑肯宁汉修正系数，按 $d_c=d_{ac}/\rho_p^{1/2}$ 计算得 $d_c=0.52\mu m$。考虑肯宁汉修正系数以后，d_c 将小于 $0.52\mu m$，估计 $d_c=0.44\mu m$，代入式（3-45）计算得 $C_u=1.414$，则

$$d_c = \frac{d_{ac}}{(\rho_p C_u)^{1/2}} = \frac{0.9}{(3\times1.414)^{1/2}}\mu m = 0.44\mu m$$

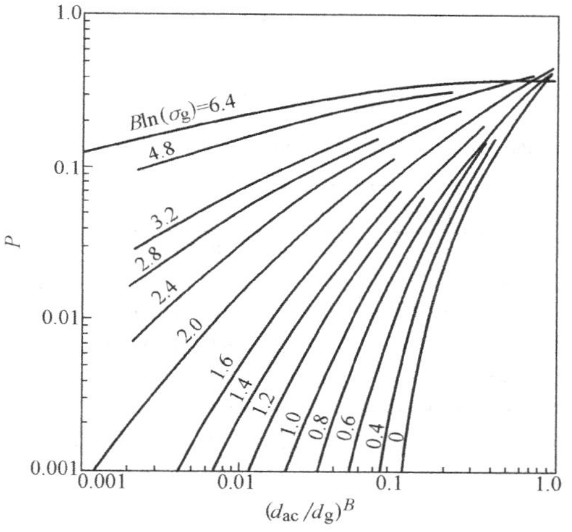

图 7-2 P 与（d_{ac}/d_g）^{B} 的关系曲线

$P_d=\exp(-Ad_a^B)$

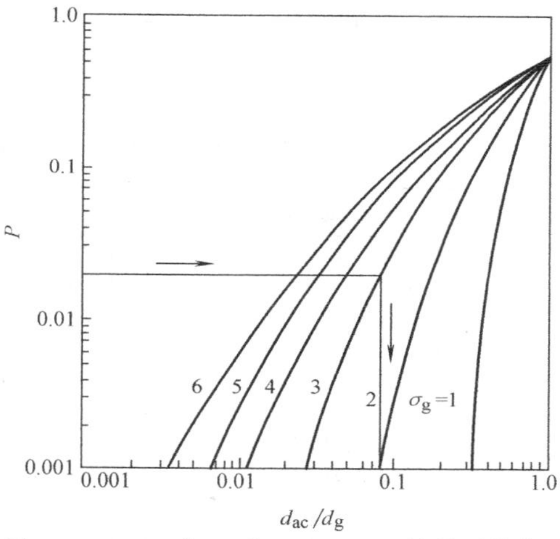

图 7-3 $B=2$ 时，P 与（d_{ac}/d_g）的关系曲线

$P_d=\exp(-Ad_a^2)$

（2）根据能量消耗计算湿式除尘器的效率 湿式除尘器的总净化效率是气液两相之间接触率的函数，且可用气相总传质单元数 N_{OG} 表示

$$N_{OG} = -\int_{c_i}^{c_o}\frac{dc}{c} = -\ln\frac{c_o}{c_i} \tag{7-4}$$

式中 c_i、c_o——洗涤器进口和出口的粉尘浓度。

在很多情况下，将传质单元数 N_{OG} 和洗涤器总能耗 E_t 的值画在双对数坐标中为一直线，故可用如下经验方程式表示

$$N_{OG} = \alpha E_t^{\beta} \tag{7-5}$$

式中 α、β——特性参数，取决于粉尘的特性和洗涤器的形式，一些典型值给于图 7-4 中。

因此，洗涤器的总净化效率可表示为

$$\eta = 1-\frac{c_o}{c_i} = 1-\exp(-N_{OG}) = 1-\exp(-\alpha E_t^{\beta}) \tag{7-6}$$

洗涤器的总能耗 E_t 等于气体的能耗 E_G 和液体的能耗 E_L 之和，即

$$E_t = E_G + E_L = \frac{1}{3600}\left(\Delta p_G + \Delta p_L \frac{Q_L}{Q_G}\right) \tag{7-7}$$

式中 Δp_G——气体通过洗涤器的压力损失（Pa）；

Δp_L——加入液体的压力损失（Pa）；

Q_L、Q_G——液体和气体的体积流量（m^3/s）。

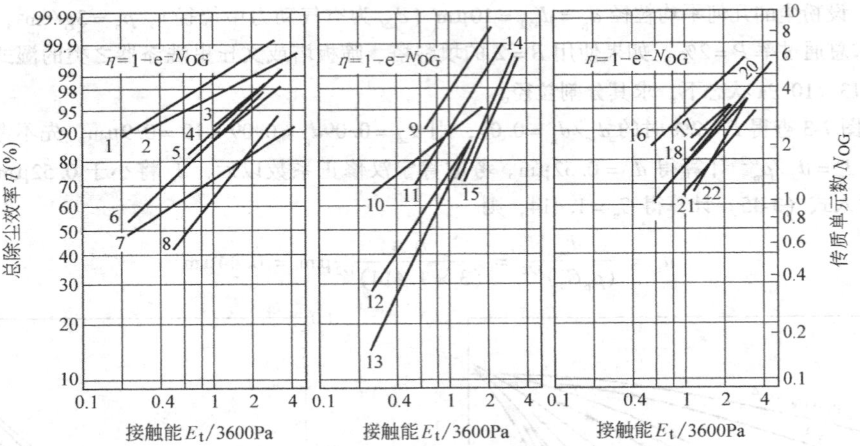

No.	粉尘或尘源的类型	α	β	No.	黑液回收，各种洗涤液	α	β
1	L-D转炉烟尘	4.450	0.4663	16	冷水	2.880	0.6694
2	滑石粉	3.626	0.3506	17	45%和60%黑液，蒸汽处理	1.900	0.6494
3	磷酸雾	2.324	0.6312	18	45%黑液	1.640	0.7757
4	化铁炉烟尘	2.255	0.6210	19	循环热水	1.519	0.8590
5	炼钢平炉烟尘	2.000	0.5688	20	45%和60%黑液	1.500	0.8040
6	滑石粉	2.000	0.6566	21	两级喷射，热黑液	1.058	0.8628
7	硅钢炉升华的烟尘	1.266	0.4500	22	60%黑液	0.840	1.248
8	鼓风炉烟尘	0.955	0.8910				
9	石灰窑粉尘	3.567	1.0529				
10	黄铜熔炉排出的氧化锌	2.180	0.5317				
11	石灰窑排出的碱	2.200	1.2295				
12	硫酸铜气溶胶	1.350	1.0679				
13	肥皂生产排出的雾	1.169	1.4146				
14	吹氧平炉升华的烟尘	0.880	1.6190				
15	不吹氧的平炉烟尘	0.795	1.5940				

图 7-4 洗涤器的总除尘效率与总能耗的关系（Semrau K. T.）

7.2 重力喷雾塔与离心式洗涤器

7.2.1 重力喷雾塔

重力喷雾塔又称喷雾洗涤器，是湿式除尘器中最简单的一种。它们压损小（一般小于0.25kPa），操作稳定方便，但净化效率低，耗水量及占地面积均较大。常用于净化50μm以上的粉尘，对小于10μm的尘粒效果较差。通常与高效洗涤器联用，起预净化、降温和增湿等作用。

根据除尘器中含尘气流与洗涤液运动方向的不同，重力喷雾塔可以分为逆流（见图7-5）、错流（见图7-6）和并流三种形式。在实际应用中，多用气液逆流型，错流型较少，并流型喷雾塔主要用于气体降温和加湿等过程。

如图7-5所示，逆流喷雾塔的含尘气体从塔体下部进入，经气流分配板沿塔截面均匀上升，随气流上升的粉尘粒子与向下喷出的液滴发生惯性碰撞、拦截和凝聚作用而被捕集。通常在塔的顶部安装除雾器，除去被气流夹带的液滴。塔内喷雾器安装的位置，应保证雾化液滴与粉尘粒子接触的概率最大、捕集效率最高。喷雾器一般多分层（排）布置，最多达16层。

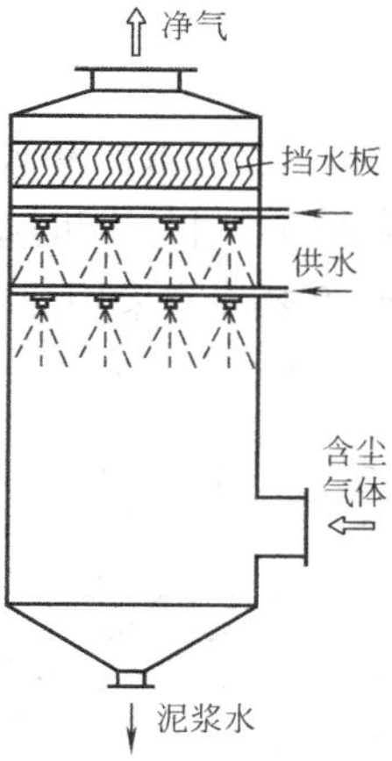

图7-5　逆流喷雾塔

根据惯性碰撞和拦截机理，减小水滴直径 D_L 将使惯性碰撞与拦截作用增强，但 D_L 过小时，水滴的自由沉降速度缓慢，甚至被气流托起或带走，相对速度大大降低，碰撞参数 St 反而减小，效率降低。因此存在一个最佳水滴直径范围。斯台尔曼（Stairmand）研究过尘粒和水滴直径对喷雾塔除尘效率的影响，当尘粒密度为 $2g/cm^3$ 时的结果如图7-7所示。可以看出，对各种粒径粒子除尘效率最高的液滴直径范围是0.5~1.0mm，尤以0.8mm左右为最佳。用碰撞式喷嘴在喷水压力为 $(1.5\sim8)\times10^5Pa$ 时能产生比1mm稍小的水滴，最为合适。

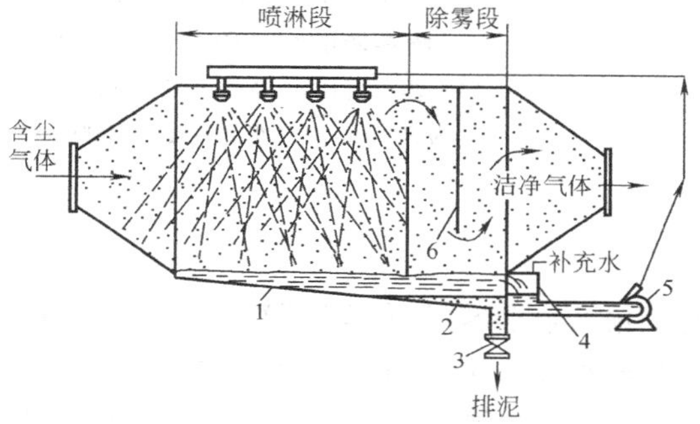

图7-6　错流喷淋塔

1—水池　2—泥浆　3—阀　4—溢流堰箱

5—泵　6—除雾挡板

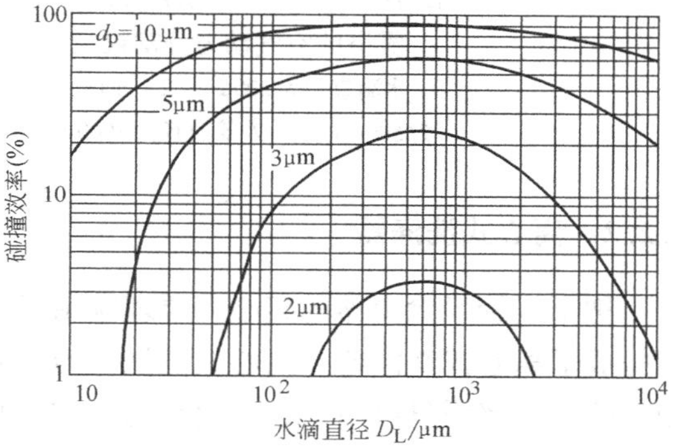

图7-7　喷雾塔中的碰撞效率

立式逆流洗涤器靠惯性碰撞捕集粉尘的效率，可以用卡尔弗特给出的通过率推算式表示

$$\eta = 1 - \exp\left[-\frac{3Q_L v_L H \eta_T}{2Q_G D_L (v_L - v_G)}\right] \tag{7-8}$$

式中　v_L——水滴的重力沉降速度（m/s）；

v_G——空塔断面气流速度（m/s）；

Q_L，Q_G——液体（水）和气体的流量（m^3/s）；

H——气液接触的总塔高度（m）；

η_T——单个液滴的碰撞效率；

D_L——水滴粒径（m）。

喷雾塔的空塔断面气流速度 v_G 大致取为水滴沉降速度的50%较合适。直径为0.5mm水滴的沉降速度约为1.8m/s，则 v_G 取0.9m/s左右。实际空塔断面气流速度一般采用

0.6~1.2m/s。水气比0.4~1.35L/m³。

在错流式喷雾塔中，液体由塔的顶部喷淋下来，含尘气流水平通过喷雾塔，可用下式估算其粒子的惯性捕集效率

$$\eta = 1 - \exp\left(-\frac{3Q_L H \eta_T}{2Q_G D_L}\right) \tag{7-9}$$

式（7-8）和式（7-9）的一些解以空气动力分割粒径 d_{ac} 对塔高 H 的关系标绘在图7-8和图7-9中。同时给出水滴直径 D_L、空塔气速 v_G 及水气比 L（$=Q_L/Q_G$）等参数。空气和水的参数均采用20℃、1.013×10⁵Pa下的数值，并假定塔壁上无液流。

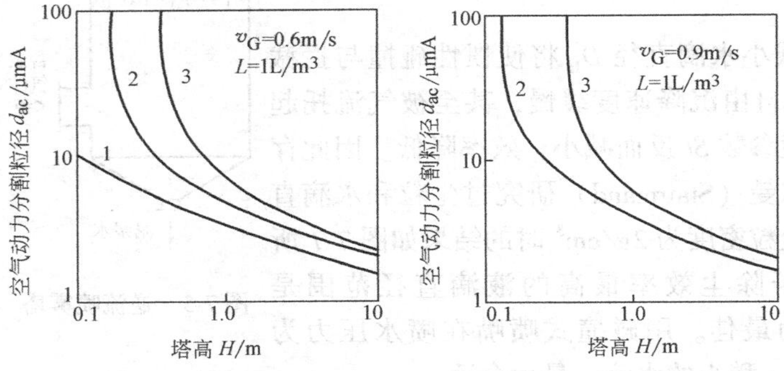

图7-8 推算典型的立式逆流喷雾塔的空气动力分割粒径

1—水滴直径为200μm 2—水滴直径为500μm 3—水滴直径为1000μm

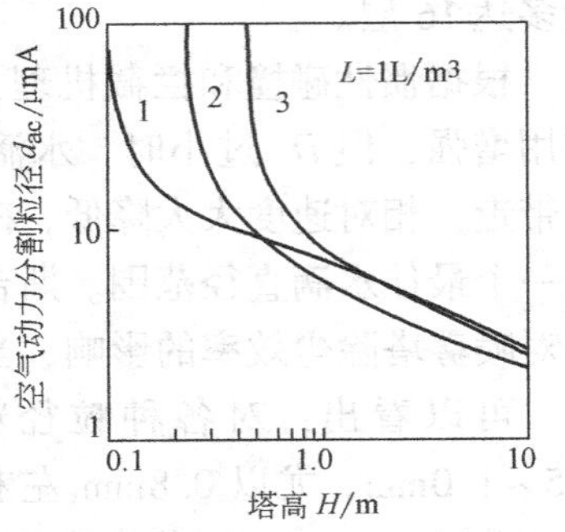

图7-9 推算典型的错流式逆流喷雾塔的空气动力分割粒径

1—水滴直径为200μm 2—水滴直径为500μm 3—水滴直径为1000μm

7.2.2 离心式洗涤器

把干式旋风除尘器的离心力原理应用于具有喷淋或在器壁上形成液膜的湿式除尘器中，就构成了离心式洗涤器。离心式洗涤器与旋风除尘器相比，由于附加了水滴或水膜的捕集作用，除尘效率明显提高。它采用较高（15~45m/s）的入口气速，并从逆向或横向对旋转气流喷雾。比重力大得多的离心力把水滴甩向外壁形成壁流，减少了气流带水，增加了气液间的相对速度，不仅可以提高碰撞效率，采用更细的喷雾，壁流还可以将离心力甩向外壁的粉尘立即冲下，有效地防止了二次扬尘。气流的旋转运动用切向进口或加导向叶片形成，如图7-10所示。

离心式洗涤器适于净化5μm以上的粉尘。在净化亚微米范围的粉尘时，常将它串接在文丘里洗涤器之后，作为凝聚水滴的脱水器。

离心式洗涤器效率一般可达90%以上，压损为0.25~1.0kPa，特别适用于气量大和含尘浓度高的场合。

下面重点介绍几种应用比较广泛的离心式洗涤器的结构、性能和特点。

1. 中心喷水切向进气离心式洗涤器

其结构如图7-10所示。图7-10a所示离心式洗涤器可通过入口管上的导流调节板调节入口风速和压损，进一步控制则靠调节喷雾压力来实现。为防止雾滴被气体带出，在中心喷雾器的顶部装有挡水圆盘，在洗涤器的顶部装有整流叶片，用以降低洗涤器的压力损失。入口

气速一般在15m/s以上，器内断面气速一般为1.2～2.4m/s，耗水量为0.4～1.3L/m^3。对各种粉尘的净化效率可达95%～98%，阻力为0.5～1.5kPa。其净化烟气时的性能如表7-2所示。中心喷水切向进气离心式洗涤器也适于吸收锅炉烟气中的SO_2，当用弱碱液洗涤时，SO_2吸收效率达94%以上。

有计算表明，当气体在半径为0.3m处以17m/s的切线速度旋转时，粉尘粒子受到的离心力比其受到的重力大100倍以上。图7-11所示为在100g的离心力作用下，单个液滴对不同粒径粒子因受惯性碰撞的捕集效率η_1。图中曲线表明，液滴尺寸在40～200μm的范围内捕尘效果比较好，100μm时效果最佳。此时其单个液滴对5μm粒子的捕集效率几乎达100%。实际中一般采用100～200μm的水滴。螺旋形喷嘴、旋转圆盘、喷溅形喷嘴和超声喷嘴等均可获得这样细的水滴。

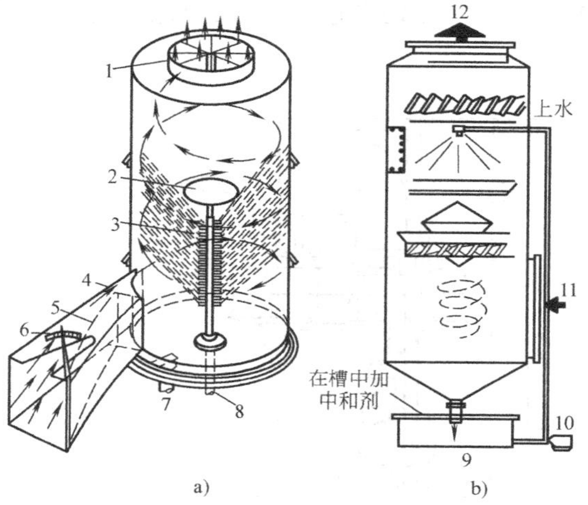

图7-10 离心式洗涤器的两种致旋形式

1—消旋叶片 2—圆盘 3—喷嘴 4—切向气体入口 5—入口风门 6—手柄 7—排水管 8—上水管 9—循环槽 10—泵 11—烟气入口 12—洁净气体出口

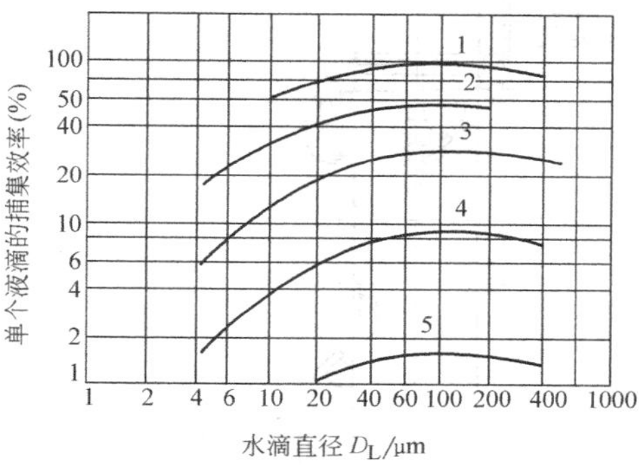

图7-11 在100g离心力下惯性碰撞效率与水滴直径的关系

1—d_p=5μm 2—d_p=2μm 3—d_p=1μm 4—d_p=0.5μm 5—d_p=0.2μm

表7-2 中心喷水切向进气离心式洗涤器的主要性能

粉尘来源	粒径/μm	气体中粉尘浓度/（g/m^3）		效率（%）
		进气口	出气口	
锅炉飞灰	>2.5	1.12～5.9	0.046～0.106	88.0～98.8
铁矿石、焦炭尘	0.5～20	6.9～55.0	0.069～0.184	99
石灰窑尘	1～25	17.7	0.576	97
生石灰尘	2～40	21.2	0.184	99
铝反射炉尘	0.5～2	1.15～4.6	0.053～0.92	95.0～98.0

2. 立式旋风水膜洗涤器

这类除尘器中心不向气流喷雾，只在器壁由壁流形成水膜。当尘粒借离心力甩向器壁时，立即被下流的水膜捕获。国内常用的立式旋风水膜除尘器有以下两种：

（1）CLS型旋风水膜除尘器 其结构如图7-12所示，外壳用金属材料制作，下流水膜依靠切向喷向筒壁的水雾形成，旋转上升气流甩向壁面的粉尘被水膜粘附并随水冲下。其除尘效率一般在90%以上。入口气速一般为15~22m/s，不能过大，否则压力损失激增，还会破坏水膜，造成尾气严重带水，使除尘效率降低。筒体的高度不小于5倍筒体直径，以保证旋转气流在洗涤器内的停留时间。按规格不同在筒体上部设有3~6个喷嘴，喷水压力30~50kPa，耗水量0.1~0.3L/m^3。这种除尘器的压力损失为0.5~0.75kPa，最高允许进口含尘浓度为2g/m^3，浓度过高时应设预处理装置。洗涤器筒体内壁保持稳定、均匀的水膜是保证正常工作的必要条件。为此，除保持洗涤器的供水压力恒定外，筒体内表面不得有突出的焊缝或其他凸凹不平的地方，以免水膜流过这些部位时，造成飞溅。

（2）麻石旋风水膜除尘器　其结构如图7-13所示，其外壳由耐磨耐腐蚀的麻石（花岗岩）砌筑而成，下流水膜一般由溢水槽形成。溢水槽靠环形水管供水。为防止空气吸入，底部设有灰水溢流水封。下部进气管以16~23m/s的速度切向进入筒体，形成急剧上升的旋转气流，以将尘粒甩向筒壁。

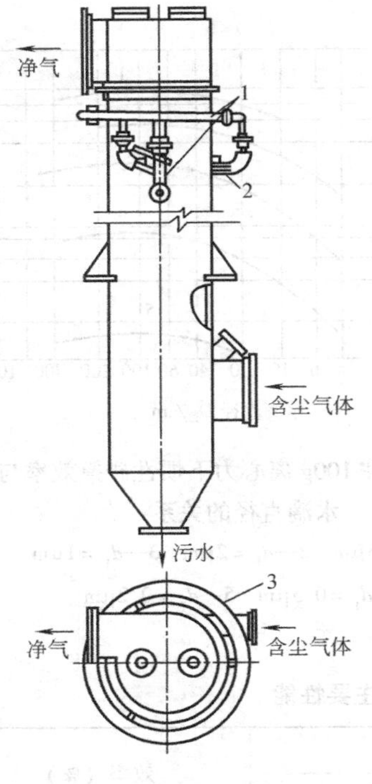

图7-12　旋风水膜（CLS型）除尘器
1—水管　2—喷嘴　3—水管

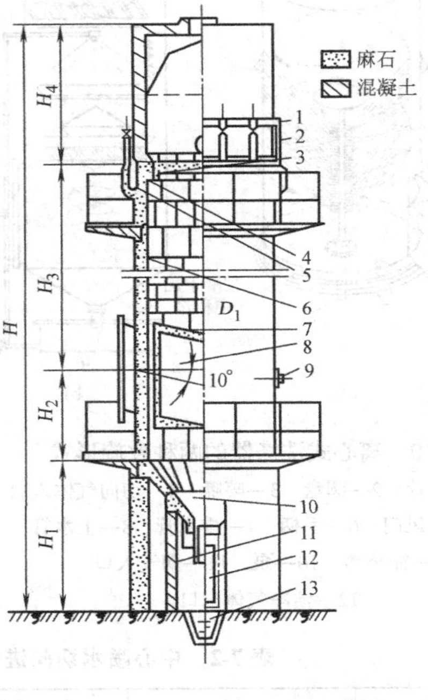

图7-13　麻石旋风水膜除尘器结构图
1—环形集水管　2—扩散管　3—挡水檐　4—水越入区　5—溢水槽　6—筒体内壁　7—烟气进口　8—挡水槽　9—通灰孔　10—锥形灰斗　11—水封池　12—插板门　13—灰沟

锅炉烟气除含有大量烟尘外，还含有SO_2、NO_x等腐蚀性气体。我国中小型锅炉烟气的除尘很多都采用了麻石旋风水膜除尘器，其优点是耐磨、耐腐蚀，寿命可达20年以上；能净化沸腾炉、煤粉炉等含尘浓度很高（最高达60~70g/m^3）的烟气；除尘效率高达90%左右；耗钢少，造价较低。其缺点是除尘效率仍不够高，烟尘排放浓度难以达到国家标准；耗水量大，且酸性灰水需处理后才能排放。

图7-13所示为国内较早建造的麻石水膜除尘器结构图，后来做了以下几方面的改进：①在图7-13所示水膜除尘器主筒（塔）之后增设了副筒（塔），烟气经二筒上部之间的水平

烟道进入副筒，并从副筒下部经引风机和烟囱排放，副筒除作为烟管外，还有一定的脱水作用；②主筒直接从混凝土基础上砌筑，底部设有灰水出口和溢流堰以实现水封，而不像图7-13那样下部设锥体、支承和工作平台；③为提高除尘效率，在主筒前增设卧式麻石低阻文丘里洗涤器，将文丘里-水膜除尘器的总除尘效率提高到95%～97%。

干式旋风除尘器的除尘效率公式都是假定所有到达除尘器壁面的粒子全部被捕集的，故这些公式也适用于内部空间不喷雾，只在壁面有水膜的离心式除尘器，而且比干式的更接近实际情况。

3. 卧式旋风水膜除尘器

其结构如图7-14所示，由内筒、外壳、螺旋导流叶片、集尘水箱和排水设施等组成。内外筒间装设的螺旋形导流叶片，使外壳与内筒之间的间隙被分隔成一个螺旋形气体通道。

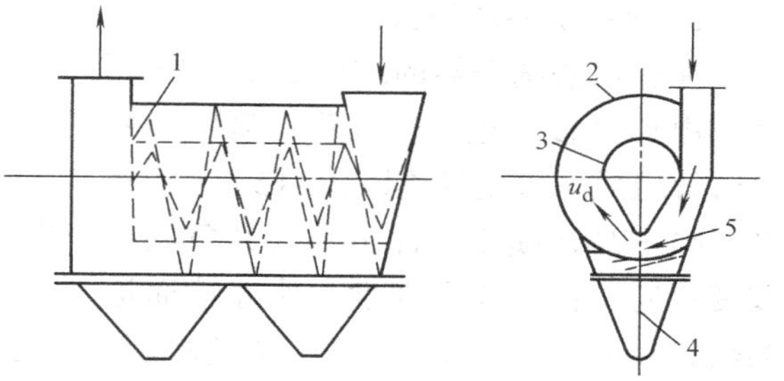

图7-14 卧式旋风水膜除尘器

1—螺旋导流叶片 2—外壳 3—内筒 4—水槽 5—气体通道

当气流以高速冲击到水箱内的水面上时．一方面尘粒因惯性作用而落入水中；另一方面气流冲击水面激起的水滴与尘粒相碰，也将尘粒捕获；同时，气流携带着水滴继续作螺旋运动，水滴被离心力甩向外壁，在外筒内壁形成一层3～5mm厚的水膜，将沉降到其上的尘捕获。可见，旋筒式水膜除尘器综合了旋风、冲击水浴和水膜三种除尘机制，从而达到较高的除尘效率。对各种粉尘的净化效率达90%以上，有的高达98%，压损0.8～1.2kPa。

实验表明，保持效率高和压损低的关键在于各圈形成完整的和强度均匀的水膜。为此，螺旋通道高度（由内筒底至水面的高度）应保持100～150mm，通道内平均气流速度控制在11～17m/s，连续供水量为0.06～0.15L/m³，气量允许波动范围宜20%左右。

4. 旋流板塔洗涤器

旋流板塔洗涤器有较高的除尘效果和良好的传质性能，国内很多中小型锅炉用它同时除尘和脱硫。其塔体常用麻石制作，或用碳钢外壳内衬耐磨耐腐材料。塔内安装旋流塔板（见图7-15），其塔板形状如固定的风车叶片。气流通过叶片时产生旋转和离心运动，液体通过中间盲板被分配到各叶片，形成薄液层，与旋转上升的气流形成搅动，喷成细小液滴，甩向塔壁后，液滴受重力作用集流至集液槽，并通过溢流装置流到下一塔板的盲板区。主要除尘机制是尘粒与液滴的惯性碰撞、离心分离和液膜粘附等。这种塔板由于开孔率较大，允许高速气流通过，因此负荷较高，处理能力较大，操作弹性亦较大。但由于板上气液接触时间短，效率一般较低，除尘、除雾的单板效率为90%左右。

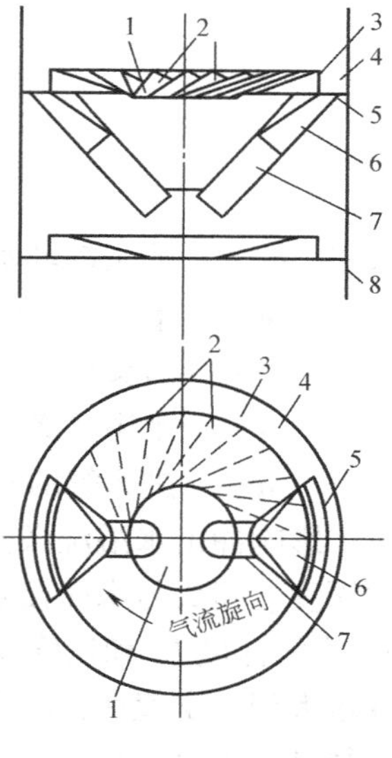

图7-15 旋流塔板

1—盲板 2—旋流叶片（共24片） 3—罩筒 4—集液槽 5—溢流口 6—异形接管 7—圆形溢流管 8—塔壁

7.3 自激式洗涤器

自激式洗涤器是将具有一定动能的含尘气流直接冲击液面以形成雾滴，使尘粒从气流中分离，达到除尘的目的。它的优点是在高含尘浓度时能维持高的气流量，耗水量小，一般低于0.13L/m³，压力损失0.5~4kPa，净化效率一般可达85%~95%。下面介绍两种常见的自激式洗涤器。

1. 冲击水浴洗涤器

冲击水浴洗涤器的结构如图7-16所示，由挡水板，进、排气管，喷头和溢流管等组成。含尘气流以8~12m/s的速度经喷头高速喷出，冲击水面并急剧地改变流向，粗尘粒靠惯性与水碰撞而被捕获；接着气流以细流方式穿过水层，激发出大量泡沫和水花，细小的尘粒在上部空间和水滴碰撞后，由于凝聚、增重而被捕集。

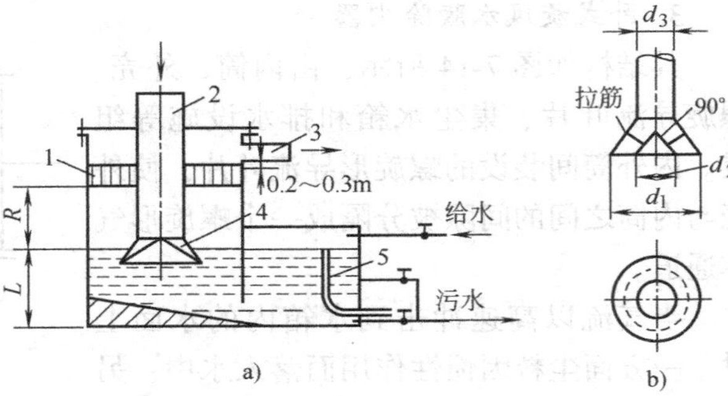

图7-16 冲击水浴洗涤器

a) 除尘器 b) 喷头

1—挡水板 2—进气管 3—排气管 4—喷头 5—溢流管

水浴洗涤器阻力 Δp (Pa) 可按下式计算

$$\Delta p = h_0 g + \frac{v^2}{2}\rho + B\left(\frac{v^2}{2}\rho\right)^C \tag{7-10}$$

$$B = 37 - 1.05\frac{A}{a} \tag{7-11}$$

$$C = 0.4 - 0.004\frac{A}{a} \tag{7-12}$$

式中 h_0——喷头的埋水深度（mm）；

g——重力加速度（m/s²）；

v——喷头出口气速（m/s）；

A——水浴洗涤器的净横断面积（m²）；

a——进风管的横截面积（m²）。

影响冲击水浴洗涤器效率和压损的主要因素有：气体经喷头的喷射速度、喷头被水淹没的深度、喷头与水面接触的周长 S 与气流量 Q 之比值 S/Q 等。一般情况下，随着喷射速度 v、淹没深度 h_0 和比值 S/Q 的增大，除尘效率提高，压力损失也增大。当喷射速度和淹没深度增大到一定值后，除尘效率几乎不变，而压损却急剧增大。因此提高除尘效率的经济有效途径是改进喷头形式，增大比值 S/Q。圆管喷头最简单，但效果不好。喷头一般采用图7-16b所示的形式，气流是从环形窄缝喷出的。水浴洗涤器喷头的埋水深度一般为0~30mm，喷射速度为8~14m/s，除尘效率达85%~95%，压力损失约为1.5kPa。

水浴洗涤器可在现场用砖或钢筋混凝土构造，适合中小型工厂采用。它的缺点是泥浆清理比较困难。

例7-2 有一水浴洗涤器，除尘器断面尺寸为1.5m×2m，进风管直径 $d=0.5$m，喷头出口风速 $v=$

12m/s，喷头埋水深度 $h_0=20\text{mm}$，气体密度 $\rho=1.293\text{kg/m}^3$，计算该水浴洗涤器的阻力。

解 水浴洗涤器进风管面积 $a=\frac{\pi}{4}d^2=\frac{\pi}{4}\times(0.5)^2\text{m}^2=0.196\text{m}^2$

洗涤器净横断面积 $A=(1.5\times2-0.196)\ \text{m}^2=2.804\text{m}^2$

$$B=37-1.05\frac{A}{a}=37-1.05\times\frac{2.804}{0.196}=21.98$$

$$C=0.4-0.004\frac{A}{a}=0.4-0.004\times\frac{2.804}{0.196}=0.343$$

$$\Delta p=h_0g+\frac{v^2}{2}\rho+B\left(\frac{v^2}{2}\rho\right)^C=20\times9.8\text{Pa}+\frac{12^2}{2}\times1.293\text{Pa}+21.98\times\left(\frac{12^2}{2}\times1.293\right)^{0.343}\text{Pa}=393.2\text{Pa}$$

2. 冲激式洗涤器

冲激式洗涤器如图7-17所示。其主要结构部件有进气管、排气管、S形通道、挡水板、溢流箱、溢流口、泥浆斗、刮板运输机等。含尘气流进入洗涤器后转弯向下冲击水面，粗尘粒被水捕获，细尘粒随气流进入两叶片间的S形精净化室，由于高速气流冲击水面激起的水滴的碰撞及离心力作用使细尘被捕集下来。被捕获的粗、细尘粒，在水中由于重力作用，沉积于泥浆斗底部形成泥浆，再由刮板运输机自动刮出。这种洗涤器的特点是随着入口含尘浓度增大，除尘效率有所提高，处理气量变化在±20%时，对除尘效率几乎没有影响。

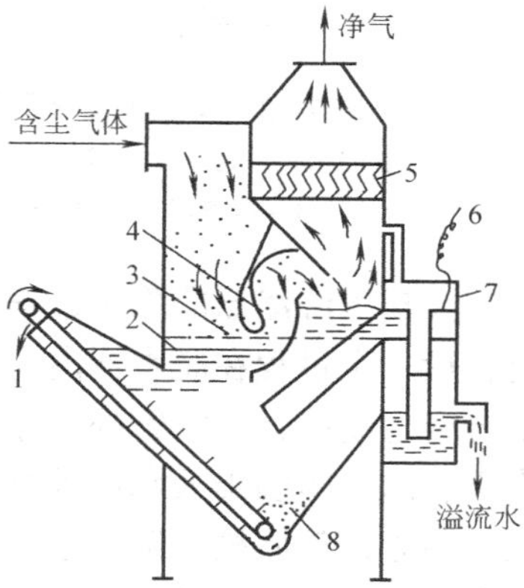

图7-17 冲激式除尘器结构示意图
1—泥浆出口 2—运行水位
3—静水位 4—S形通道
5—挡水板 6—水位控制装置
7—溢流箱 8—泥浆

我国生产的冲激式除尘器将通风机、洗涤除尘室、水位控制装置和清理泥浆装置等组成的冲激式除尘机组，结构紧凑，占地小，便于安装和管理。其中CCJ型采用机械耙清理泥浆和自控供水方式，耗水量约为0.04L/m³；CCJ/A型采用橡胶排污阀排泥浆，供水无自控，耗水量约为0.17L/m³。对一般除尘系统，控制溢流堰水位高出上叶片底缘50mm。通过S形通道的气流速度为18~35m/s，除尘效率可达99%，压力损失为1~1.6kPa。单位长度叶片的处理气量一般为5000~7000m³/(h·m)，处理大气量时可采用双叶片的结构形式。

与其他湿式除尘器相比，冲激式洗涤器的缺点是金属消耗量大，阻力高，价格较贵。

7.4 文丘里洗涤器

湿式除尘器要想得到较高的除尘效率，必须实现较高的气液相对运动速度和非常细小的液滴，文丘里洗涤器就是基于这个原理而发展起来的。

文丘里洗涤器是一种高效湿式洗涤器，常用于除尘和高温烟气降温，也可以用于吸收气态污染物。对0.5~5μm的尘粒，除尘效率可达99%以上。但阻力较大，运行费用较高。

1. 文丘里洗涤器的结构和原理

文丘里洗涤器由文丘里管（又称文氏管）和脱水器（分离器）两部分组成，如图7-18所示。文氏管由进气管、收缩管、喷嘴、喉管、扩散管和连接管组成，如图7-19所示。

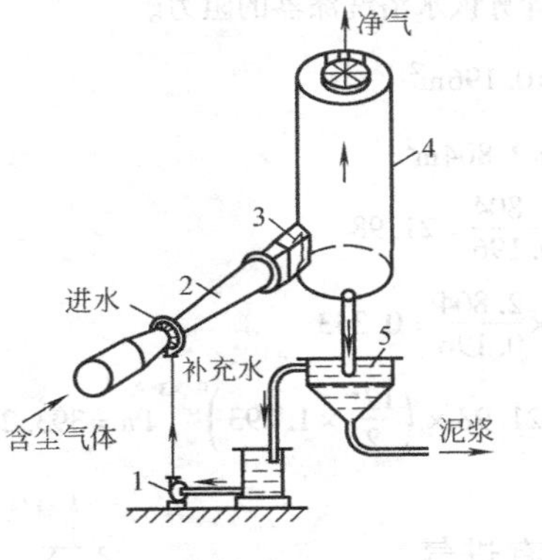

图 7-18 文丘里洗涤器简图

1—循环泵 2—文氏管 3—调节板 4—分离器 5—沉淀池

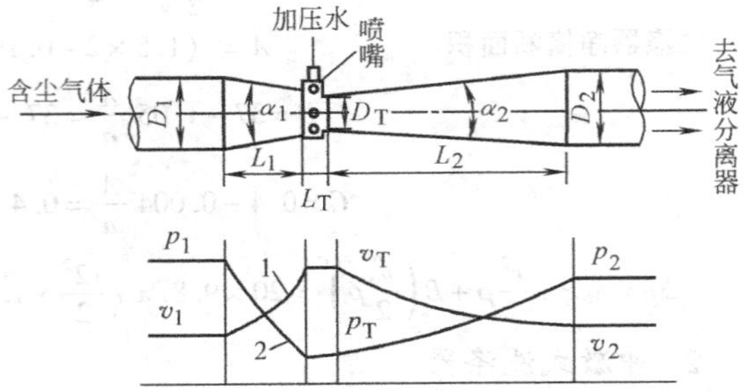

图 7-19 文丘里洗涤器的主要结构及形状

1—气流速度沿长度方向变化曲线

2—气流静压沿长度方向变化曲线

文丘里洗涤器的除尘过程，分为雾化、凝聚和脱水三个过程，前两个过程在文氏管内进行，后一个过程在脱水器内完成。含尘气体进入收缩管后，气速逐渐增大，气流的压力能逐渐转变为动能，在喉管处气速达到最大（50～180m/s），气液相对速度很高。在高速气流冲击下，从喷嘴喷出的水滴被高度雾化。喉管处的高速低压使气体湿度达到过饱和状态，尘粒表面附着的气膜被冲破，尘粒被水湿润。在尘粒与液滴或尘粒之间发生着激烈的惯性碰撞和凝聚。进入扩散管后，气速减小，压力回升，以尘粒为凝结核的过饱和蒸汽的凝聚作用加快。凝聚有水分的颗粒继续碰撞和凝聚，小颗粒凝并成大颗粒，易于被其他除尘器或脱水器捕集，使气体得到净化。

文氏管的结构形式有多种，如图 7-20 所示。从断面形状上分，有圆形和矩形两类；从组合方式分，有单管与多管组合式；从喉管构造上分，有喉口部分无调节装置的定径文氏管及喉口部分装有调节装置的调径文氏管，调径文氏管要严格保证净化效率时，需要随气流量变化调节喉径以保持喉管气速不变，喉径的调节方式，圆形文氏管一般采用重砣式，矩形文氏管可采用翼板式、滑块式和米粒式（R—D 型）；按水的雾化方式分，有预雾化（用喷嘴喷成水滴）和不预雾化（借助高速气流使水雾化）两类方式；按供水方式分，有径向内喷、径向外喷、轴向喷雾和溢流供水四类。溢流供水是在收缩管顶部设溢流水箱，使溢流水沿收缩管壁流下形成均匀水膜。这种溢流文氏管可以起到消除干湿交界面上粘灰的作用。各种供水方式皆以利于水的雾化并使水滴布满整个喉管断面为原则。

2. 文丘里洗涤器的压力损失

文丘里洗涤器的压力损失包括文氏管和脱水器的压力损失。文氏管的压力损失一般较高，要准确测定某一操作状况下文氏管的压损是很容易的，但在设计时要想准确推算往往是困难的。这是因为影响文氏管压力损失的因素很多，如结构尺寸（特别是喉管尺寸）、各段管道的加工及安装精度、喷水方式和喷水压力、水气比、气体流动状况等。各研究者根据实验给出的经验公式都是在特定条件下得到的，因而都有一定的局限性。这里给出三种推算公式，供设计时参考。

为了计算文氏管的压力损失，卡尔弗特等人假定气流的全部能量损失仅用于在喉管处将液滴加速到气流速度，并由此导出文氏管压力损失的近似表达式为

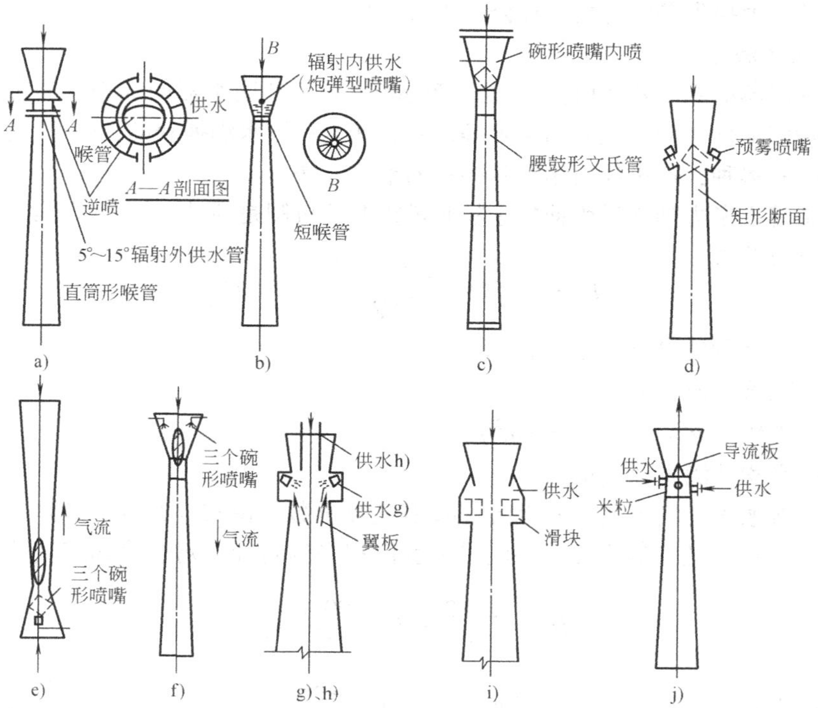

图7-20 文丘里管结构形式

a) ~c) 圆形定径 d) 矩形定径 e)、f) 重砣式定径（倒装和正装）

g) ~j) 矩形调径（翼板式、滑块式、米粒式）

$$\Delta p = \rho_L v_T^2 \frac{Q_L}{Q_G} \tag{7-13}$$

式中 Δp——文氏管的压力损失（9.8Pa）；

ρ_L——液体密度（kg/m^3）

v_T——喉管气速（cm/s）；

Q_L、Q_G——液体、气体流量（m^3/s）。

海斯凯茨（Hesketh）提出了如下计算 Δp（Pa）的经验方程式

$$\Delta p = 0.863\rho_G A_T^{0.133} v_T^2 L^{0.78} \tag{7-14}$$

式中 A_T——喉管横断面积（m^2）；

ρ_G——含尘气体密度（kg/m^3）。

L——液气体积比（L/m^3）。

木村典夫给出径向喷雾时计算压损的公式为

$$\Delta p = (0.42 + 0.79L + 0.36L^2)\frac{\rho_G v_T^2}{2} \tag{7-15}$$

或

$$\Delta p = \left(\frac{0.033}{\sqrt{R_{HT}}} + 3.0R_{HT}^{0.30}L\right)\frac{\rho_G v_T^2}{2} \tag{7-16}$$

式中 R_{HT}——喉管水力半径（m），$R_{HT} = D_T/4$；

D_T——喉管直径（m）。

在处理高温气体（700~800℃）时，按上式计算的压损应乘以温度修正系数 K，即

$$K = 3(\Delta t)^{-0.28} \tag{7-17}$$

式中 Δt——文氏管进、出口气体的温度差（℃）。

脱水器的压力损失参照有关计算公式进行计算。

3. 文丘里洗涤器的除尘效率

文丘里洗涤器的除尘效率取决于文氏管的凝聚效率和脱水器的效率。通常只计算前者。凝聚效率系指因惯性碰撞、拦截和凝聚等作用，使尘粒被水滴捕获的百分率。推算文氏管凝聚效率的公式有多种，这里仅引用卡尔弗特的推算方法。

卡尔弗特等人考虑到文氏管捕集尘粒时最重要的机制是惯性碰撞，因而给出了如下简明的凝聚效率推算公式

$$\eta_1 = 1 - \exp\left[\frac{2Q_L v_T \rho_L D_L}{55 Q_G \mu_G} F(St, f)\right] \tag{7-18}$$

式中 η_1——文氏管的凝聚效率（%）；

v_T——喉管气速（m/s）；

ρ_L——液体（水）密度（kg/m^3）；

D_L——平均液滴直径（m）；

St——按喉管内气流速度 v_T 确定的斯托克斯准数，由式（3-59）计算。

被高速气流雾化的液滴直径，一般采用表面积平均直径，对于水-空气系统，在20℃和常压下，有

$$D_L = \frac{5000}{v_T} + 29\left(\frac{1000Q_L}{Q_G}\right)^{1.5} \tag{7-19}$$

$$F(St, f) = \frac{1}{2St}\left[-0.7 - 2St \cdot f + 1.4\ln\left(\frac{2St \cdot f + 0.7}{0.7}\right) + \frac{0.49}{0.7 + 2St \cdot f}\right] \tag{7-20}$$

式中 f——经验系数。

f 综合了没有明确包含在式中的各种参数的影响，包括除碰撞以外的其他捕集作用、流至文氏管壁上的液体损失、液滴不分散及其他影响等。对疏水性粉尘，取 $f=0.25$；对亲水性气溶胶，如可溶性化合物、酸类及含有二氧化硫和三氧化硫的飞灰等，$f=0.4 \sim 0.5$；在液气比低于 $0.2L/m^3$ 以后，f 值逐渐增大。大型洗涤器的实验表明 $f=0.5$。

卡尔弗特等经过一系列简化后，文丘里洗涤器除尘效率的公式为

$$\eta_1 = 1 - \exp\left(\frac{-6.1 \times 10^{-9} \rho_p \rho_L d_p^2 f^2 \Delta p C_u}{\mu_G^2}\right) \tag{7-21}$$

式中 ρ_p——粉尘粒子的密度（g/cm^3）；

ρ_L——液体密度（g/cm^3）；

d_p——粉尘粒子的粒径（μm）；

μ_G——含尘气体动力粘度（$10^{-1}Pa \cdot s$）；

Δp——文丘里洗涤器的压力损失（9.8Pa）；

C_u——肯宁汉修正系数。

对于5μm以下粉尘粒子的除尘效率，可按海斯凯茨公式计算

$$\eta = (1 - 4525.3\Delta p^{-1.3}) \times 100\% \tag{7-22}$$

式中 Δp——文丘里洗涤器的压力损失（Pa）。

从上面凝聚效率推算公式可以看到，文氏管的凝聚效率与喉管内气流速度 v_T、粉尘粒径 d_p、液滴直径 d_L 及液气比 L 等因素有关。v_T 愈高，液滴被雾化得愈细，尘粒的惯性力也愈大，则尘粒与液滴的碰撞、拦截的概率愈大、凝聚效率也愈高。要达到同样的凝聚效率

η_1，对粒径和密度都较大的粉尘，v_T 可取小些；反之则要取较大的 v_T 值。气流量波动较大时，采用调径文氏管可随气量变化调节喉径，保持喉管内气速 v_T 不变，以得到稳定的除尘效率。

图7-21示出了喉管内气速 v_T 和空气动力粒径 d_a 与捕集效率的关系。该图表明，不论选择多大的 v_T 和 L 值，对 $d_a<0.5\mu m$ 粒子的捕集效率都很低；当 $d_a=1\sim10\mu m$ 时，效率急速提高；在 $d_a>10\mu m$ 后，效率变化不大。这时，每个水滴的单个捕集效率都几乎达到100%。进一步提高效率的惟一途径是提高液气比 L，以提供更多的水滴，但液气比必须与喉管内气流速度相应增大，否则当 v_T 很小而 L 很大时会导致液滴增大，反而对凝结不利。根据计算，最佳水滴直径约为 d_a 的150倍左右，而 L 取值范围一般是0.3～1.5L/m³，以选用0.7～1.0L/m³的为多。

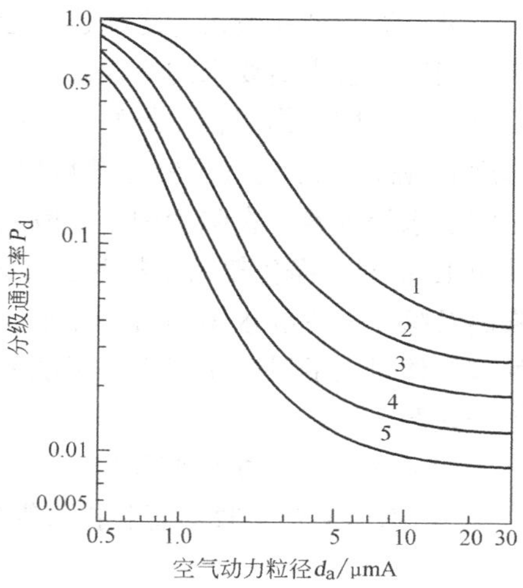

图7-21 推算文丘里除尘器的分级通过率

（$L=1L/m^3$ $f=0.25$）

1—$v_T=50m/s$，$\Delta p=2.5kPa$

2—$v_T=75m/s$，$\Delta p=5.7kPa$

3—$v_T=100m/s$，$\Delta p=10kPa$

4—$v_T=125m/s$，$\Delta p=10kPa$

5—$v_T=150m/s$，$\Delta p=23kPa$

图7-22是斯泰尔曼给出的关系曲线，表明了在一定压损下，已知最佳水气比时的最高总除尘效率。

4. 文丘里洗涤器的设计计算

文丘里洗涤器设计计算的内容为文丘里管主要尺寸的确定。

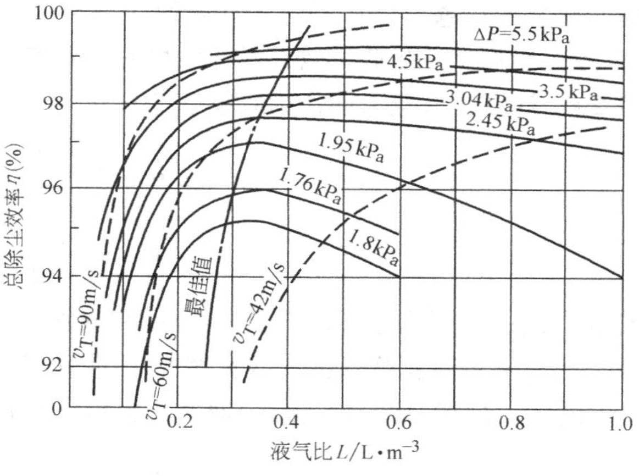

图7-22 文氏管除尘器的最佳操作条件

（粉尘：M.S.C二氧化硅；粉尘浓度2.8g/m³）

确定文丘里管几何尺寸的基本原则是保证净化效率和减小流体阻力。需要确定的尺寸包括收缩管、喉管和扩散管的直径和长度，以及收缩管和扩散管的张角等。

（1）文氏管进、出口管和喉管的管径或高度宽度计算 圆形进、出口管和喉管的直径 D（m）均可按下式计算

$$D=0.0188\sqrt{Q/v} \tag{7-23}$$

式中 Q——气体通过计算段的实际流量（m³/h）；

v——气体通过计算段的流速（m/s）。

矩形截面进、出口管和喉管的高度和宽度可按下式计算

$$h=\sqrt{(1.5\sim2.0)A}=(0.0204\sim0.0235)\sqrt{Q/v} \tag{7-24}$$

$$b=\sqrt{A/(1.5\sim2.0)}=(0.0136\sim0.0118)\sqrt{Q/v} \tag{7-25}$$

式中 A——进、出口管或喉管的截面积（m²）；

h、b——进、出口管或喉管的高度和宽度（m）；

1.5～2.0——高宽比的经验数值。

进口管管径一般按与之相连的管道大小确定，v_1 一般取 16 ~ 22m/s。出口管管径一般按其后相连的脱水器要求的气速确定，v_2 一般为 18 ~ 22m/s。由于扩散管后面的直管道还具有凝聚和压力恢复作用，故最好设 1 ~ 2m 的直管段，再接脱水器。喉管直径 D_T 按喉管内气流速度 v_T 确定，v_T 的选择要考虑粉尘、气体和液体（水）的物理化学性质，对除尘效率和阻力的要求等因素。在除尘中，一般 v_T = 40 ~ 120m/s；净化亚微米的尘粒，v_T = 90 ~ 120m/s，甚至 150m/s；净化较粗尘粒时，v_T = 60 ~ 90m/s，有些情况下，v_T = 35m/s 也能满足。用于降温及除尘效率要求不高时，v_T 取 40 ~ 60m/s。在气体吸收中，v_T 一般取20 ~ 23m/s。对于处理气体量大的卧式矩形文丘里洗涤器，其喉管宽度 b_T 不应大于 600mm，而喉管的高度 h_T 不受限制。

（2）收缩管和扩张管长度

1）圆形文丘里收缩管和扩张管的长度按下式计算

$$L_1 = \frac{D_1 - D_T}{2}\cot\frac{\alpha_1}{2} \tag{7-26}$$

$$L_2 = \frac{D_2 - D_T}{2}\cot\frac{\alpha_2}{2} \tag{7-27}$$

式中　L_1、L_2——圆形收缩管和扩张管的长度（m）。

收缩管的收缩角 α_1（见图 7-19）越小，文丘里管洗涤器的气流阻力越小，通常取 α_1 = 23° ~ 30°。当文丘里洗涤器用于气体降温时，取 α_1 = 23° ~ 25°；用于除尘时，取 α_1 = 23° ~ 28°，最大可达 30°。扩张管的扩张角 α_2（见图 7-19）的取值一般与 v_2 有关。v_2 越大，α_2 越小；反之，v_2 越小，α_2 越大。一般取 α_2 = 6° ~ 7°。

2）矩形文丘里收缩管和扩张管的长度计算。矩形收缩管长度 L_1 可以按式（7-28）和式（7-29）计算，取较大值作为收缩管的长度。

$$L_{1h} = \frac{h_1 - h_T}{2}\cot\frac{\alpha_1}{2} \tag{7-28}$$

$$L_{1b} = \frac{b_1 - b_T}{2}\cot\frac{\alpha_1}{2} \tag{7-29}$$

式中　L_{1h}——用收缩管进气端高度 h_1 和喉管高度 h_T 计算的收缩管长度（m）；

　　　L_{1b}——用收缩管进气端宽度 b_1 和喉管宽度 b_T 计算的收缩管长度（m）。

同理，矩形扩张管长度 L_{2h} 取式（7-30）和式（7-31）的较大值。

$$L_{2h} = \frac{h_2 - h_T}{2}\cot\frac{\alpha_2}{2} \tag{7-30}$$

$$L_{2b} = \frac{b_2 - b_T}{2}\cot\frac{\alpha_2}{2} \tag{7-31}$$

式中　L_{2h}——用扩张管出口端高度 h_1 和喉管高度 h_T 计算的扩张管的长度（m）；

　　　L_{2b}——用扩张管出口端宽度 b_1 和喉管宽度 b_0 计算的扩张管的长度（m）。

（3）喉管长度　喉管长度取 L_T = (0.8 ~ 1.5) d_{0T}（d_{0T} 为喉管的当量直径）。喉管截面为矩形时，喉管的当量直径按下式计算

$$d_{0T} = 4A_T/q \tag{7-32}$$

式中　A_T——喉管的截面积（m^2）；

q——喉管的周长（m）。

通常喉管长度为200～350mm，最长不超过500mm。

例7-3 某文丘里洗涤器的喉部气流速度为122m/s，水气比为1.0L/m^3，气体动力粘度为2.08×10^{-5} Pa·s，实验系数f取为0.25，尘粒密度为1.50g/cm^3，求洗涤器的压力损失Δp和$d_p=1.0\mu m$尘粒的除尘效率η_1。

解 由式（7-13）得

$$\Delta p=1.03\times10^{-6}v_T^2L=1.03\times10^{-6}\times12200^2\times1.0\times9.8Pa=153.3\times9.8Pa=1.502kPa$$

当空气温度$t=20℃$，大气压力$p=101.325kPa$时

$$C_u=1+0.172/d_p=1+0.172/1.0=1.172$$

由于式（7-21）中μ_G的单位为10^{-1}Pa·s，所以应以2.08×10^{-4}Pa·s代入式（7-21），有

$$\eta_1=1-\exp\left(\frac{-6.1\times10^{-9}\rho_p\rho_L d_p^2 f^2\Delta pC_u}{\mu_G^2}\right)$$

$$=1-\exp\left(\frac{-6.1\times10^{-9}\times1.5\times1.0\times1.0^2\times0.25^2\times153.3\times1.172}{(2.08\times10^{-4})^2}\right)$$

$$=90.7\%$$

习　　题

7-1 已知泡沫除尘器的空气动力分割粒径为1.0μm，粉尘粒径分布呈对数正态分布，中位径为6.9μm，几何标准差为2.72，粉尘密度为2100kg/m^3，估算总通过率。

7-2 对于粉尘颗粒在液滴上的捕集，一个近似的表达式为

$$\eta=\exp[-(0.018M^{(0.5+R)}/R-0.6R^2)]$$

其中M是惯性碰撞参数的平方根，即$M=St^{0.5}$，拦截参数$R=d_p/D_L$，D_L是平均液滴直径。对于$\rho_p=2g/cm^3$的粉尘与液滴之间的相对运动速度为30m/s，流体温度297K，试计算粒径为10μm和50μm的两种粉尘在直径为50μm、100μm、500μm液滴上的捕集效率。

7-3 一个文丘里洗涤器用来净化含尘气体，操作条件如下：$L=1.36L/m^3$，喉管气速为83m/s，粉尘密度为0.7g/cm^3，烟气动力粘度为2.23×10^{-5}Pa·s。取经验系数$f=0.2$，肯宁汉修正系数$C_u=1$，计算除尘器压力损失Δp和总除尘效率η。烟气中粉尘的粒度分布见表7-3

表7-3 烟气中粉尘的粒度分布表

d_p/μm	<0.1	0.1～0.5	0.5～1.0	1.0～5.0	5.0～10.0	10.0～15.0	15.0～20.0	>20.0
质量分数（%）	0.01	0.21	0.78	13.0	16.0	12.0	8.0	50.0

7-4 水以液气比1.2L/m^{3}的速率进入文氏管，喉管气速116m/s，气体动力粘度为1.845×10^{-5}Pa·s，粉尘粒子密度为1.78g/cm^3，粉尘平均粒径为1.2μm，f取0.22。求文丘里洗涤器的压力损失Δp和通过率p。载气为空气，温度为293K，压力1.013×10^5Pa。

7-5 设计一带旋风分离器的文丘里洗涤器，用来处理锅炉在1atm和510.8K的条件下排出的烟气。其流量为71m^3/s，要求压力损失为1493.5Pa以达到要求的处理效率，试估算洗涤器的尺寸。

第 8 章 气态污染物吸收净化法

吸收净化法是利用气态污染物中各组分在吸收剂中溶解度不同，将其中的一个或几个污染物组分溶于吸收剂内，达到净化的目的。它是净化气态污染物的重要手段之一。

吸收过程是气相中某些组分在气液相界面上溶解，并在气相和液相内由各组分浓度差推动或同时伴有化学反应的传质过程。气态污染物的吸收操作一般采用填料塔、喷雾塔、板式塔和鼓泡塔等塔器。吸收设备的主要功能是造成足够的相界面使两相充分接触。

若吸收过程溶质与吸收剂不发生显著的化学反应，可视为单纯的气态污染物溶于吸收剂的物理吸收过程；若溶质与吸收剂有显著的化学反应发生，则为化学吸收过程。用水吸收二氧化碳属物理吸收；用氢氧化钠溶液吸收二氧化碳则属化学吸收。一般而言，吸收过程中伴有的化学反应能大大提高单位体积液体所能吸收气态污染物的量并加快吸收速率，有时还可以将废气中的污染物转化为有用的副产物，例如用纯碱吸收处理含 NO_x 的废气，可获取亚硝酸钠副产物。

与化工生产的吸收过程相比较，吸收净化废气的特点是废气量往往较大，气态污染物含量较低，要求净化程度高，因而具有吸收效率高、吸收速率快等特点的化学吸收常常成为首选的手段。例如，含 SO_2、H_2S 和 NO_x 等污染物的废气，就常用化学吸收法处理。

8.1 气体的溶解与相平衡

气体和液体接触时，会发生气相中可溶组分向液体中转移的溶解过程和溶液中已溶解的溶质从液相向气相逃逸的解吸过程。过程开始时以溶解为主，随后，溶解速率逐渐下降，解吸速率逐渐上升，经过足够长的时间后，两种速率相等，气液两相间传质达到动平衡状态，简称为相平衡或平衡。

8.1.1 溶解度曲线

若在一定温度下，将平衡时溶质在气相中的分压 p^* 与其在液相中的摩尔分数 x 相关联，即得溶解度曲线。曲线的溶质含量也可用其他单位表示。例如，气相以摩尔分数 y 表示，液相用摩尔分数 x 或浓度 c（kmol/m^3）表示。

图 8-1 为 SO_2 1atm（1.013×10^5Pa）下在水中的溶解度曲线。由图可见，温度升高，气体溶解度降低。

8.1.2 亨利定律

亨利定律是描述达到平衡的气、液两相间组成关系的重要定律。由于相组成可有多种表示方法，因此亨利定律有多种表达式。

当用可溶组分（溶质）的摩尔分数与其气相的平衡分压 p^* 之间建立关系式时，亨利定律表示为

$$p^* = Ex \tag{8-1}$$

式中 E——亨利系数（Pa）。

当以其他单位表示可溶组分在两相中的浓度时，亨利定律也可表示为

$$p^* = \frac{c}{H} \tag{8-2}$$

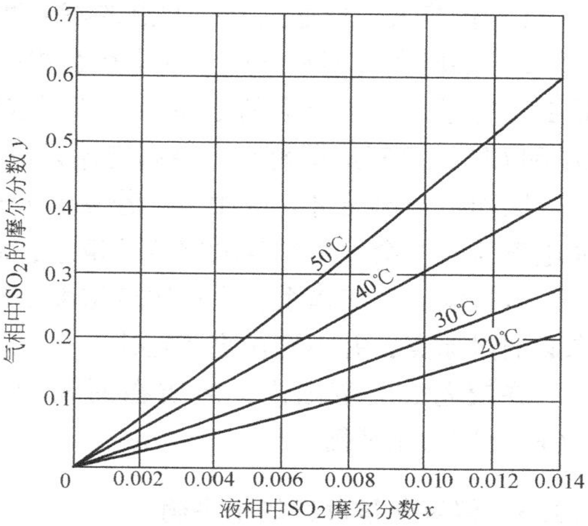

图 8-1 1atm 下 SO_2 溶解度曲线

$$y^* = mx \tag{8-3}$$

式中 H——溶解度系数 [kmol·（m^3·kPa）$^{-1}$]；

m——相平衡常数（或分配系数）。

比较式（8-1）~式（8-3），可得三个比例常数之间的关系为

$$y^* = \frac{Ex}{P} \tag{8-4}$$

$$E = \frac{c_M}{H} \tag{8-5}$$

式中 P——总压（Pa）；

c_M——吸收混合液的总浓度（$kmol/m^3$）。

溶液中溶质的浓度 c 与摩尔分数 x 的关系为

$$c = c_M x \tag{8-6}$$

溶液的总浓度 c_M 可用 $1m^3$ 溶液为基准来计算，即

$$c_M = \frac{\rho_m}{M_m} \tag{8-7}$$

式中 ρ_m——混合液的平均密度（kg/m^3）；

M_m——混合液的平均摩尔质量（kg/kmol）。

对稀溶液，式（8-7）可近似为 $c_M = \rho_s / M_s$

式中 ρ_s——溶剂密度（kg/m^3）；

M_s——溶剂的摩尔质量（kg/kmol）。

将上式代入式（8-5）可得

$$E \approx \frac{\rho_s}{HM_s} \tag{8-8}$$

常见物系的气液溶解度数据及亨利常数可在有关手册中查到。

亨利定律是关于理想状态的气液平衡关系的描述，因此有其适用的范围：

1）稀溶液，即通过坐标原点的溶解度曲线低浓度端呈直线的部分。

2）溶质在气相和溶液中分子状态相同时，例如用苯吸收 HCl，溶质在气相与液相中都是 HCl 分子，适用于亨利定律；但若用水吸收废气中 HCl，由于大部分 HCl 在液相离解为 H^+ 和 Cl^-，离解达平衡时，亨利定律只适用于少量未离解的 HCl 分子。

因而，当溶质进入液相后，若发生了离解或化学反应，或溶质进入的液相存在电解质或非电解质时，会发生对亨利定律的偏差，需予以修正，将在 8.1.3 节中予以介绍。

有些实际气液体系，在有限的浓度范围内，溶解度曲线可近似取为直线，但此直线一般未必通过原点，并不遵循亨利定律。

在较宽浓度范围内，溶质在两相中浓度的平衡关系也可写成某种函数形式，$y^* = f(x)$，称为相平衡方程。

8.1.3 伴有化学反应的相平衡

若溶质与溶剂在吸收过程中发生了显著的化学反应，则称之为伴有化学反应的吸收（或化学吸收）。气态污染物的吸收净化很多是化学吸收过程，例如用石灰乳液吸收炉窑烟气中的 SO_2，用 NaOH 溶液吸收处理含 NO_x 尾气等。

在化学吸收过程中，由于发生了某种化学反应或离解、聚合等，溶质在气、液相间的平衡关系既受到气液相平衡的约束，又受化学平衡的约束。表现在宏观上，会产生对亨利定律的偏差。化学反应的存在，往往增大了气体的溶解度。另一方面吸收剂中含有电解质时，电解质对气体的溶解度有显著影响，称盐效应。绝大多数情况下，盐效应将降低气体的溶解度，称盐析效应；极少数情况下，会增大气体的溶解度，称盐溶效应。

8.1.3.1 相平衡与化学平衡的关联

设气相组分 A 进入液相后，与液相中组分 B 发生可逆反应，生成了 M 和 N，则气、液相间平衡与化学反应平衡可表示为

$$\begin{array}{ccc} aA(液)+bB & \xrightleftharpoons{\text{化学平衡}} & mM+nN \\ \Big\updownarrow \text{气液相平衡} & & \\ aA(气) & & \end{array} \tag{8-9}$$

化学平衡常数为

$$K = \frac{a_M^m a_N^n}{a_A^a a_B^b} = \frac{c_M^m c_N^n}{c_A^a c_B^b} \cdot \frac{\gamma_M^m \gamma_N^n}{\gamma_A^a \gamma_B^b} \tag{8-10}$$

式中 a_M、a_N、a_A、a_B——各组分活度；

c_M、c_N、c_A、c_B——各组分浓度；

γ_M、γ_N、γ_A、γ_B——各组分活度系数；

a、b、m、n——各组分计量系数。

如果令 $K_\gamma = \dfrac{\gamma_M^m \gamma_N^n}{\gamma_A^a \gamma_B^b}$（理想溶液的 $K_\gamma = 1$），则

$$K' = \frac{K}{K_\gamma} = \frac{c_M^m c_N^n}{c_A^a c_B^b} \tag{8-11}$$

因此

$$c_A = \left(\frac{c_M^m c_N^n}{K' c_B^b}\right)^{\frac{1}{a}}$$

由于溶质在液相中有化学反应发生，进入液相的溶质 A 转变成了游离的 A 与化合态的 A 两部分。设该气液体系气相为理想气体，液相为稀溶液，则与游离态 A 的浓度 c_A 平衡的气相分压为

$$p_A^* = \frac{1}{H} c_A = \frac{1}{H}\left(\frac{c_M^m c_N^n}{K' c_B^b}\right)^{\frac{1}{a}}$$

可以看出，游离态 A 的浓度 c_A 的大小同时受相平衡与化学平衡关系的影响。显然游离态 A 的浓度 c_A 只是进入液相的 A 的一部分，与物理吸收相比，在 $1/H$ 相同时，组分 A 在气相中的平衡分压相对较低。或者说，气相分压相同时，发生化学反应后，组分 A 的溶解度增加，如 SO_2-H_2O 体系。

下面具体介绍几种化学吸收相平衡与化学平衡的关联类型

1. 溶质与溶剂相互作用

$$\begin{array}{l} \text{A(液)+B(液)} \rightleftharpoons \text{M(液)} \\ \quad\Updownarrow \\ \text{A(气)} \end{array}$$

设溶质 A 在液相中的总浓度为溶剂化产物 M 和未溶剂化 A 的浓度之和，即 $c_A^o = c_A + c_M$，由式（8-11）可得

$$K' = \frac{c_M}{c_A c_B} = \frac{c_A^o - c_A}{c_A c_B}$$

$$c_A = \frac{c_A^o}{1 + K' c_B}$$

对于常压或者低压下的稀溶液，由亨利定律得

$$p_A^* = \frac{1}{H} c_A = \frac{1}{H(1 + K' c_B)} c_A^o \tag{8-12}$$

由于稀溶液中溶剂是大量的，c_B 可视为常数，K' 也不随溶质浓度而变，式（8-12）中分母可视为常数，表观上亨利定律仍然适用，但表观上的亨利系数值却缩小了（$1+K'c_B$）倍，成为 $1/[H(1+K'c_B)]$，即 A 的溶解度增大了。浓溶液时，由于 K' 与溶质浓度有关，不遵循亨利定律。

2. 溶质在溶液中离解

$$\begin{array}{l} \text{A(液)} \rightleftharpoons \text{M}^+ + \text{N}^- \\ \quad\Updownarrow \\ \text{A(气)} \end{array}$$

离解平衡常数为

$$K' = \frac{c_{M^+} c_{N^-}}{c_A} \tag{8-13}$$

当溶液中没有同离子存在时，$c_{M^+}=c_{N^-}$，由式（8-13）得

$$c_{N^-}=\sqrt{K'c_A}$$

进入液相中的 A 的总浓度为

$$c_A^o=c_A+c_{N^-}=c_A+\sqrt{K'c_A} \tag{8-14}$$

由亨利定律 $p_A^*=c_A/H$ 得

$$c_A^o=Hp_A^*+\sqrt{K'c_A}$$

式（8-14）表示溶质 A 在液相中离解后，进入液相的 A 组分为物理溶解量与离解溶解量之和。用水吸收 SO_2 即属于此类型，SO_2 溶于水后生成的 H_2SO_3 又进一步离解为 H^+ 与 HSO_3^-。

例 8-1 求 20℃ 下，SO_2 在水中的溶解度。已知混合气体中 SO_2 平衡分压为 5kPa，1/H 为 $62\text{kPa}\cdot\text{m}^3\cdot(\text{kmol})^{-1}$，离解平衡常数 $K'=c_{HSO_3^-}\cdot c_H^+/c_{SO_2}=1.7\times10^{-2}\text{kmol}\cdot\text{m}^{-3}$。

解 SO_2 溶于水中，通常发生如下反应：$SO_2+H_2O \rightleftharpoons H_2SO_3$，$H_2SO_3 \rightleftharpoons H^+ + HSO_3^-$

将以上两式合并，得 $SO_2+H_2O \rightleftharpoons HSO_3^- + H^+$，该反应平衡常数 $K'=c_{HSO_3^-}\cdot c_H^+/c_{SO_2}$

如果液相无其他同离子，则 $c_{HSO_3^-}=c_{H^+}=\sqrt{K'c_{SO_2}}$

进入液相的 SO_2 总浓度

$$c_{SO_2}^o=c_{SO_2}+c_{HSO_3^-}=p_{SO_2}H_{SO_2}+\sqrt{K'p_{SO_2}H_{SO_2}}=\frac{5}{62}\text{kmol}\cdot\text{m}^{-3}+\sqrt{\frac{1.7\times10^{-2}\times5}{62}}\text{kmol}\cdot\text{m}^{-3}$$

$$=(0.0807+0.037)\ \text{kmol}\cdot\text{m}^{-3}$$

$$=0.1177\text{kmol}\cdot\text{m}^{-3}$$

该计算值与 SO_2 的溶解度数据一致。上述计算中，第二项占的比例约为 31.5%，不可忽略。

3. 溶质与溶剂中活性组分作用

$$\begin{array}{l}\text{A(液)+B(溶剂)} \rightleftharpoons \text{M(液)}\\ \quad\Updownarrow\\ \text{A(气)}\end{array}$$

设溶剂中活性组分 B 的起始浓度为 c_B^o，平衡转化率为 R，无副反应，则溶液中活性组分的平衡浓度为 $c_B=c_B^o(1-R)$，生成物 M 的平衡浓度 $c_M=c_B^oR$，化学平衡常数 K'为

$$K'=\frac{c_M}{c_Ac_B}=\frac{c_B^oR}{c_Ac_B^o(1-R)}=\frac{R}{c_A(1-R)} \tag{8-15}$$

$$R=\frac{K'c_A}{1+K'c_A}$$

溶液中 A 组分的总浓度 c_A^o 为

$$c_A^o=c_A+c_B^oR=c_A+c_B^o\frac{K'c_A}{1+K'c_A}=Hp_A^*+c_B^o\frac{K'Hp_A^*}{1+K'Hp_A^*}$$

因物理溶解量 c_A 很小，可忽略不计，则

$$c_A^o=c_B^oR=c_B^o\frac{ap_A^*}{1+ap_A^*} \tag{8-16}$$

其中，$a=HK'$为溶解度系数与化学平衡常数之积。

由式（8-16）可见，液相吸收能力 c_A^o 与气相中 A 组分分压 p_A 的关系既与亨利系数 $1/H$有关，也与化学平衡常数 K'有关。其次，溶液的吸收能力 c_A^o 随 a 及 p_A 增加而增大，

但 c_A^o 只能趋近于而不能大于 c_B^o。第三，还可看出，溶质在吸收剂中的浓度与其气相分压间呈曲线变化关系，这与亨利定律描述的两者呈直线关系是不同的，这也是伴有化学反应的吸收与物理吸收在气液平衡关系上的一个重要区别。

当吸收剂中活性组分与溶质间反应计量系数不为 1 时，其 c_A^o 的表达式会更复杂，但处理原则是一样的。

4. 部分气液平衡经验公式

（1）SO_2-H_2O 系统　在 $p_i>2.53$kPa 气相分压范围内，其实验值为

$$x_i = ap_i + bp_i^{0.5} \tag{8-17}$$

式中　p_i——SO_2 气相分压（MPa）；

a、b——常数，是热力学温度 T（K）的函数

$$\lg a = 1282/T - 4.945$$

$$\lg b = 1368/T - 6.735$$

（2）Cl_2-H_2O 体系

$$x_i = a'p_i + b'p_i^{0.5} \tag{8-18}$$

式中　p_i——Cl_2 气相分压（kPa）；

a'、b'——系数，见表 8-1。

表 8-1　不同温度下 a'、b' 值

温度/℃	0	10	20	30	40	50	60
a' (10^5)	3.26	1.91	1.30	0.926	0.681	0.533	0.415
b' (10^4)	1.17	1.15	1.17	1.17	1.14	1.11	1.08

在 $p_i=0.67\sim101.3$kPa 范围内，式（8-18）的计算值与实验值误差在 1% 以内。

（3）NH_3-H_2O 体系　在稀溶液（$x_i<0.01$）时，亨利定律可适用，其亨利系数 E_i 如表 8-2 所示。

表 8-2　不同温度下 E_i 值

温度/℃	0	10	20	30	40	50	60
E_i/kPa	27.4	46.6	77.0	123	193	286	426

（4）$NH_3-SO_2-H_2O$ 体系

$$p_{NH_3} = N\frac{c(c-S)}{2S-c} \tag{8-19}$$

$$p_{SO_2} = M\frac{(2S-c)}{c-S} \tag{8-20}$$

$$\lg N = 12.81 - 4987/T$$

$$\lg M = 4.99 - 2369/T$$

式中　c——NH_3 含量［mol（NH_3）·（100mol（H_2O））$^{-1}$］；

S——SO_2 含量［mol（SO_2）·（100mol（H_2O））$^{-1}$］；

T、p——温度（K）和分压（kPa）。

式（8-19）中，当 $2S=c$ 时，$p_{NH_3}=\infty$，式（8-20）中，$c=S$ 时，$p_{SO_2}=\infty$，此时可用下面修改过的计算式

$$p_{SO_2} = \frac{3207.6MS^{1.1}}{\exp[7.2(S^{-0.987})c]}$$

$$p_{NH_3} = \frac{250.9N(c^{1.207})}{\exp[11.11(c^{-0.979})S]}$$

以上两个计算式假定液体温度为40℃。

8.1.3.2 电解质溶液中气体的溶解度估算

化学吸收中，如果溶液中存有电解质，通常要降低气体的溶解度（也有极少数例外），影响了气液平衡关系。气体在电解质中的溶解度除少数可查手册外，大多数要实测或估算。VanKrevelen 和 Hoftijzer 提出下面的关系式关联电解质溶液的亨利系数

$$\lg(E/E_w) = \lg(H_w/H) = \sum hI \tag{8-21}$$

$$I = \frac{1}{2}\sum c_i Z_i^2$$

$$h = h_+ + h_- + h_G$$

式中 E_w、H_w——溶质在水中的亨利系数和溶解度系数（相同温度下）；

E、H——溶质在电解质溶液中的亨利系数和溶解度系数（相同温度下）；

I——溶液中各种电解质离子强度（$kmol \cdot m^{-3}$）；

c_i——离子浓度（$kmol \cdot m^{-3}$）；

Z_i——离子价数；

h_+，h_-——电解质正、负离子对总盐效应系数 h 的贡献［$m^3 \cdot (kmol)^{-1}$］；

h_G——溶质气体对总盐效应系数 h 的贡献［$m^3 \cdot (kmol)^{-1}$］。

h_+，h_- 及 h_G 值，可由实验测得，早期的数据由 VanKrevelen 和 Hoftijzer 提供，近年来，Onda 等人采用了更全面的溶解度数据，关联了更多物质的 h 值，详见表 8-3 和表 8-4。表中 h_+，h_- 是与温度、压力无关的常数；h_G 则与温度有关，在 20MPa 下与总压无关。

表 8-3 无机物离子的盐效应系数 h_+，h_- （单位：$m^3/kmol$）

离子	h_+	离子	h_+	离子	h_-	离子	h_-
H^+	-0.1110	Zn^{2+}	-0.0590	Cl^-	0.3416	CO_3^{2-}	0.3754
Na^+	-0.0183	Ca^{2+}	-0.0547	Br^-	0.3310	SO_4^{2-}	0.3446
K^+	-0.0362	Ba^{2+}	-0.0473	I^-	0.3124	SO_3^{2-}	0.3275
NH_4^+	-0.0737	Mn^{2+}	-0.0624	NO_3^-	0.3230	PO_4^{2-}	0.3265
Sr^+	-0.0445	Fe^{2+}	-0.0602	OH^-	0.3875	$C_6H_5O^-$	0.4084
Li^+	-0.0416	Co^{2+}	-0.0524	CNS^-	0.2612	MO_4^-	0.2600
Cs^+	-0.0584	Ni^{2+}	-0.0520	HSO_3^-	0.3869		
Rb^+	-0.0449	Cd^{2+}	-0.0062	HS^-	0.3718		
Mg^{2+}	-0.0568	Cr^{3+}	-0.0986	HCO_3^-	0.4286		

表 8-4 各种气体的盐效应系数 h_G （单位：$m^3/kmol$）

气体	T/℃						
	0	10	15	20	25	35	40
H_2	–	-0.2170	-0.2197	-0.2132	-0.2115	–	–
O_2	-0.1653	–	-0.1786	-0.1771	-0.1892	–	–
CO_2	-0.2110	–	-0.2222	–	-0.2277	–	-0.2327
N_2O	–	-0.2156	-0.2118	-0.2128	-0.2141	–	-0.2179
H_2S	–	–	–	–	-0.2551	–	–
NH_3	–	–	–	–	-0.2394	–	–

（续）

气体	T/℃						
	0	10	15	20	25	35	40
C_2H_2	–	–	-0.2124	–	-0.2240	–	–
C_2H_4	–	–	-0.2003	–	-0.1951	–	–
SO_2	–	–	–	–	-0.3154	-0.3122	–
N_2	–	–	–	–	-0.1904		
He	–	–	–	–	-0.2222		
Ne	–	–	–	–	-0.2240		
Ar	–	–	–	–	-0.1866		
Kr	–	–	–	–	-0.1762		
NO	–	–	–	–	-0.1852		

例8-2 计算 CO_2 在20℃、$1mol \cdot L^{-1}Na_2CO_3$ 和 $1mol \cdot L^{-1}NaOH$ 溶液中的溶解度系数，已知 CO_2 在20℃水中溶解度系数 H_w 为 $0.38 \times 10^{-3}kmol \cdot m^{-3} \cdot (kPa)^{-1}$。

解 查表8-3及表8-4得

$1mol \cdot L^{-1}Na_2CO_3$ 溶液 $h_1 = h_{1+} + h_{1-} + h_G = (-0.0183 + 0.3754 - 0.22495)m^3/kmol = 0.13215m^3/kmol$

$1mol \cdot L^{-1}NaOH$ 溶液 $h_2 = h_{2+} + h_{2-} + h_G = (-0.0183 + 0.3875 - 0.22495)m^3/kmol = 0.14425m^3/kmol$

上两式中，0.22495为 CO_2 的 h_G 值在15℃和25℃间的内插值。

$1mol \cdot L^{-1}Na_2CO_3$ 溶液的离子强度为 $I_1 = \frac{1}{2}\sum c_i Z_i^2 = \frac{1}{2} \times (2 \times 1^2 + 1 \times 2^2)kmol/m^3 = 3kmol/m^3$

$1mol \cdot L^{-1}NaOH$ 溶液的离子强度为 $I_2 = \frac{1}{2} \times (1+1)kmol/m^3 = 1kmol/m^3$

$$\lg(H_w/H) = h_1 I_1 + h_2 I_2 = 0.13215 \times 3 + 0.14425 \times 1 = 0.5407$$

$$H_w/H = 3.47$$

$$H = (0.38 \times 10^{-3}/3.47)kmol \cdot (m^3 \cdot kPa)^{-1} = 0.1095 \times 10^{-3}kmol \cdot (m^3 \cdot kPa)^{-1}$$

可见，在电解质溶液中，CO_2 的溶解度系数仅为水中的约1/3。

8.1.4 相平衡与吸收过程的关系

相平衡是吸收过程计算的主要依据之一，在吸收过程计算中具有如下作用：

1. 判别过程方向

当气、液两相接触时，可根据气-液相平衡关系确定一相与另一相呈平衡状态时的组成，将此平衡关系与实际相组成进行比较，可判断过程方向。

例如，设在101.3kPa、20℃下稀氨水的相平衡方程为 $y^* = 0.94x$，以 $y = 0.10$ 的含氨混合气和 $x = 0.05$ 的氨水接触。因实际气相摩尔分数 y 大于与实际溶液摩尔分数 x 成平衡的气相摩尔分数 $y^* = 0.047$，故两相接触时将有部分氨自气相转入液相，即发生吸收过程。

反之，若以 $y = 0.05$ 的含氨混合气与 $x = 0.1$ 的氨水接触，则因 $y < y^*$，吸收过程非但不会发生，而且将有部分氨由液相转入气相，即发生解吸过程。

2. 指明过程的极限

气液相达到平衡是吸收过程的极限，即若保持液相摩尔分数 x 不变，气相摩尔分数 y 最低只能降到与之相平衡的摩尔分数 y^*，即 $y_{min} = y^*$，而液相摩尔分数 x 只能升高到与气相摩尔分数 y 相平衡的摩尔分数 x^*，即 $x_{max} = x^*$。在工程实际中，往往不能达到极限状态，而用塔（板）效率来描述实际与理想（极限）间的差距。

3. 计算过程的推动力

平衡是过程的极限，只有不平衡的两相互相接触才会发生气体的吸收或解吸。实际两相摩尔分数偏离平衡两相摩尔分数越远，过程的推动力越大，过程的速率也越快。在吸收过程中，通常以实际两相摩尔分数与平衡两相摩尔分数的偏离程度来表示吸收的推动力。

8.2 气液传质理论

任何传质过程计算都需解决过程的极限和速率的问题。如上所述，相平衡关系解决了吸收过程的极限问题，而气液传质理论则涉及到过程的速率。

不论气相或液相，物质传递的机理不外两种：

(1) 分子扩散　在一相流体内部存在某一组分的浓度差时，因分子的无规则热运动使该组分由高浓度处传递至低浓度处，这种物质传递现象称为分子扩散。

(2) 对流传质　在流动的流体中不仅有分子扩散，而且流体的宏观流动也将导致物质的传递，这种现象称为对流传质。对流传质通常是指流体与某一界面（如气液界面）之间的传质。

8.2.1 分子扩散与菲克定律

分子扩散过程进行的快慢可用扩散通量来度量。分子扩散通量是单位传质面积上单位时间内扩散传递的物质的量，其单位为 kmol/(m^2·s)。当物质 A 在介质 B 中发生扩散时，任一点处的扩散通量与该位置上的浓度梯度成正比，即

$$N_A = -D_{AB}\frac{dc_A}{dz} \tag{8-22}$$

式中　N_A——物质 A 在扩散方向（z 方向）上的分子扩散通量［kmol·(m^2·s)$^{-1}$］；

$\frac{dc_A}{dz}$——物质 A 的浓度 c_A 在 z 方向上的浓度梯度（kmol·m^{-4}）；

D_{AB}——物质 A 在介质 B 中的分子扩散系数（m^2·s^{-1}）。

负号表示扩散是沿着物质 A 浓度降低的方向进行的。式（8-22）为菲克（Fick）定律的数学表达式，它是应用很多的描述物质分子扩散基本规律的定律。

8.2.2 扩散系数

分子扩散系数简称扩散系数，它系单位浓度梯度时的扩散通量，是物质的特性常数之一。同一物质的扩散系数随环境介质的种类、温度、压强及浓度的不同而变化。气相体系中的扩散系数，可忽略浓度的影响，液相体系中的扩散系数，则不可忽略浓度的影响，而压强的影响不显著。

物质的扩散系数一般由实验确定，或从有关手册中查找，有时也可由物质本身的基础物性数据及状态参数估算。例如，气体 A 在气体 B 中的扩散系数，可用下面的半经验公式估算（平均误差为 20% 左右）

$$D_{AB} = \frac{4.36\times10^{-5}T^{3/2}}{P(V_A^{1/3}+V_B^{1/3})^2}\sqrt{\frac{1}{M_A}+\frac{1}{M_B}} \tag{8-23}$$

式中 P——气体总压（kPa）；

T——热力学温度（K）；

M_A，M_B——气体 A、B 的摩尔质量（$g \cdot mol^{-1}$）；

V_A、V_B——气体 A、B 的摩尔体积（$cm^3 \cdot mol^{-1}$）。

由式（8-23）可见，扩散系数随温度的上升或压强的减小而增大，若已知在热力学温度 T_0 和压强 P_0 下的扩散系数 D_0，则可按下式计算它在温度 T 及压强 P 时的值

$$D = D_0 \frac{P_0}{P}\left(\frac{T}{T_0}\right)^{3/2}$$

对于气体在液体中的扩散，可用下式估算 20℃时扩散系数 D_{20}

$$D_{20} = \frac{0.00278}{AB\sqrt{\mu}(V_A^{1/3} + V_B^{1/3})}\sqrt{\frac{1}{M_A} + \frac{1}{M_B}}$$

式中 μ——溶剂的动力粘度（$10^{-3}Pa \cdot s$）；

A、B——对溶质和对溶剂的校正系数。

其他温度（t℃）下的扩散系数 D_t 可以以 20℃时的扩散系数数值为基础用下式估算

$$D_t = D_{20}[1 + b(t - 20)]$$

式中 b——温度系数，与溶剂的性质有关，可以用下式估算

$$b = \frac{0.2\sqrt{\mu}}{\sqrt[3]{\rho g}}$$

式中 ρ——溶剂的密度（$g \cdot cm^{-3}$）。

8.2.3 对流扩散

1. 涡流扩散

在湍流流体中，依靠流体质点的湍动与漩涡等来传递物质的现象，称为涡流扩散。湍流中发生的漩涡，引起各部流体间的剧烈混合，在有浓度差存在的条件下，物质便朝着浓度降低的方向进行传递。在湍流流体中，分子扩散与涡流扩散同时发挥着传质作用，但在湍流主体中，由于大量分子集群的质点的传递规模、速度远远大于单个分子的，因此涡流扩散的贡献占主要地位。物质 A 的扩散通量可表示为

$$N_A = -(D + D_e)\frac{dc_A}{dz}$$

式中 N_A——扩散通量 [$kmol \cdot (m^2 \cdot s)^{-1}$]；

D、D_e——分子扩散系数和涡流扩散系数（$m^2 \cdot s^{-1}$）。

涡流扩散系数 D_e 的单位虽然与分子扩散系数 D 的单位一致，但它不是物性常数，只与湍动程度和位置有关，湍流主体内 D_e 的值比固定壁面处大得多。因此，D 与 D_e 的相对大小随位置而变，固定壁面附近 D 占主要地位，湍流主体中 D_e 占主要地位。由于涡流扩散系数难于测定和计算，因而常将涡流扩散与分子扩散两种传质作用结合起来综合考虑。

2. 对流扩散

对流扩散是湍流主体与相界面之间的涡流扩散及分子扩散两种传质作用的总称。

流体作湍流流动时，湍流主体中溶质浓度是均匀的，浓度梯度和传质过程只存在于靠近

相界面的一层很薄的滞流层内，这就是“有效滞流膜层”模型。图8-2a表示一湿壁塔的气液逆流接触情况，图8-2b表示该塔任一横截面 $m-n$ 上相界面的气相一侧溶质A浓度分布的情况。图中横轴为离开相界面的距离 z，纵轴表示溶质A的分压 p。在靠近相界面处有一个滞流内层，其厚度以 z'_G 表示。气相主体湍动程度愈高，z'_G 愈小。

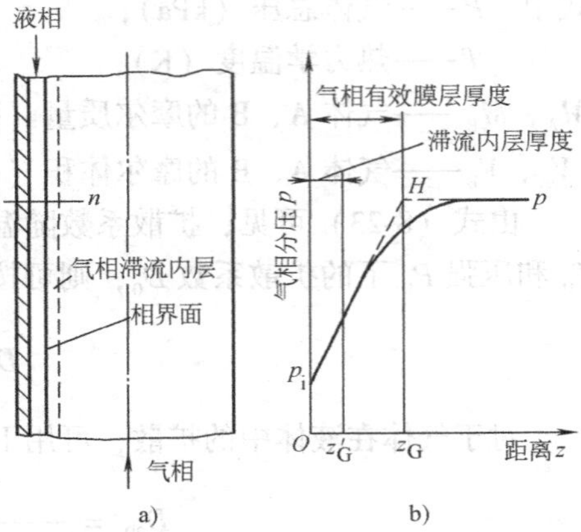

图8-2 传质的有效滞流膜层

由图8-2可见，溶质A自气相主体向相界面转移，气相中A的分压愈靠近相界面便愈低。在稳定状况下，$m-n$ 截面上不同 z 值各点处的传质速率应相同。在滞流内层里，由于A的传递单靠分子扩散作用，因而分压梯度较大，$p-z$ 曲线较为陡峭；在过渡区，由于开始发生涡流扩散的作用，故分压梯度逐渐变小，$p-z$ 曲线逐渐平缓；在湍流主体中，由于有强烈的涡流扩散作用，使得A的分压趋于一致，分压梯度几乎为零，$p-z$ 曲线为一水平线。

延长滞流内层的分压线使与气相主体的水平分压线相交于 H 点，此点与相界面的距离为 z_G。在厚度为 z_G 的纯滞流膜层内，物质传递形式纯属分子扩散。由图可见，整个有效膜层的传质推动力为A在气相主体与相界面处的分压差，即从气相主体到相界面处的全部传质阻力都集中在此有效滞流膜层中。可按有效滞流膜层内的分子扩散速率写出由气相主体到相界面（气相一侧）的对流扩散速率关系式，即

$$N_A = \frac{DP}{RTz_G p_{Bm}}(p_A - p_{Ai}) \tag{8-24}$$

式中 N_A——溶质A的扩散速率 [$kmol\cdot(m^2\cdot s)^{-1}$]；

z_G——气相有效滞流膜层厚度（m）；

P——系统总压（kPa）；

D——溶质A在气相介质中的扩散系数（$m^2\cdot s^{-1}$）；

p_A——溶质A在气相主体中的分压（kPa）；

p_{Ai}——溶质A在相界面处的分压（kPa）；

p_{Bm}——惰性组分B在气相主体中与相界面处的分压的对数平均值（kPa）。

同理，有效滞流膜层的概念也完全适用于相界面的液相一侧。在液相中的对流扩散速率关系式可以写为

$$N_A = \frac{D'c}{z_L c_{Sm}}(c_{Ai} - c_{LA}) \tag{8-25}$$

式中 z_L——液相有效滞流膜层厚度（m）；

D'——溶质A在溶剂S中的扩散系数（$m^2\cdot s^{-1}$）；

c——溶液总浓度（$kmol/m^3$）；

c_{LA}——液相主体中的溶质A浓度（$kmol\cdot m^{-3}$）；

c_{Ai}——相界面处的溶质A浓度（$kmol\cdot m^{-3}$）；

c_{Sm}——溶剂S在液相主体中与相界面处的浓度的对数平均值（$kmol\cdot m^{-3}$）。

8.3 吸收速率方程式

8.3.1 吸收过程机理

前面讨论了简单分子扩散，分析和处理了单相内传质问题，下面讨论溶质 A 从气相主体到液相主体整个两相间不伴有显著化学反应时的传质（吸收）过程。

由于影响吸收过程的因素很复杂，许多学者对吸收过程的机理提出了不同的简化模型，其中刘易斯（Lewis W. K.）和惠特曼（Whitman W. G.）提出的双膜理论一直占有重要的地位。双膜理论假设：

1）相互接触的气、液两流体间存在着稳定的相界面，界面两侧各有一个很薄的有效滞流膜层，吸收质以分子扩散方式通过此双膜层。

2）在相界面处，气、液两相达到平衡。

3）在膜层以外的气、液两相主体中，由于流体充分湍动，吸收质浓度是均匀的，即两相主体内浓度梯度皆为零，整个传质过程浓度变化集中在两个有效滞流膜层内。

通过以上假设，就把整个相际传质过程简化为经由气、液两膜的分子扩散过程。图 8-3 为双膜理论的示意图。

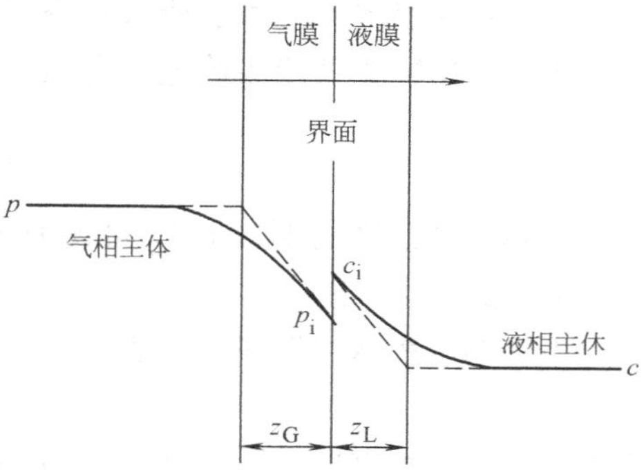

图 8-3 双膜理论示意图

双膜理论认为相界面上气液两相处于平衡状态，即图中 p_i 与 c_i 符合平衡关系。整个相际传质过程的阻力全部集中在两个有效膜层里。在两相主体浓度一定的情况下，两膜的阻力便决定了传质速率的大小。对于具有固定相界面的系统及流动速度不高的两流体间的传质，双膜理论与实际情况是相当符合的。根据这一理论的基本概念所确定的相际传质速率关系，至今仍是传质设备设计的主要依据，并对于生产实际具有重要的指导意义。

但是，双膜理论也有其局限性。例如，对具有自由相界面的系统，尤其是高度湍动的两流体间的传质，相界面已不再是稳定的，界面两侧存在稳定的有效滞流膜层及物质以分子扩散方式通过此双膜层的假设都很难成立，双膜理论表现出它的局限性。后来相继提出了一些新的理论，如溶质渗透理论、表面更新理论、界面动力状态理论等。这些理论对于相际传质过程的描述有所前进，但目前尚不足以解决实际问题。

8.3.2 吸收速率方程式

根据生产任务计算吸收设备的尺寸，或核算混合气体通过指定设备所能达到的吸收程度，都需知道吸收速率。所谓吸收速率是指单位相际传质面积上、单位时间内吸收溶质的量。通常将吸收速率方程式表示为“吸收速率 = 吸收系数 × 推动力”的形式。推动力是指浓度差，吸收系数的倒数称为吸收阻力。

稳态下，任一传质相界面两侧的气、液膜层中的传质速率应是相同的。因此，其中任何一侧有效膜中的传质速率都能代表该处的吸收速率。根据气膜（液膜）的推动力及阻力写出的速率关系式称为气膜（液膜）吸收速率方程式，相应的吸收系数称为气膜（液膜）吸收系数，可用 k_G（k_L）表示。由于吸收系数及其相应推动力的表达形式及范围不同，可以有多种形式的吸收速率方程。

1. 气膜吸收速率方程

前已介绍了气相主体到相界面的对流扩散速率方程式，即气相有效滞流膜层内的传质速率方程式（式（8-24））。令

$$\frac{DP}{RTz_G p_{Bm}} = k_G$$

则式（8-24）可写成

$$N_A = k_G(p_A - p_{Ai}) \tag{8-26}$$

式中 k_G——气膜吸收系数 [kmol·(m²·s·kPa)⁻¹]；

N_A——溶质 A 的气膜吸收速率 [kmol·(m²·s)⁻¹]。

式（8-26）为气膜吸收速率方程式，也可写成

$$N_A = \frac{(p_A - p_{Ai})}{1/k_G}$$

气膜吸收系数的倒数 $1/k_G$ 可视为溶质通过气膜的传递阻力，它的表达形式与气膜推动力（$p_A - p_{Ai}$）相对应。

当气相的组成以摩尔分数表示时，相应的气膜吸收速率方程式为

$$N_A = k_y(y_A - y_{Ai}) \tag{8-27}$$

式中 k_y——气膜吸收系数[kmol/(m²·s)]；

y_A——溶质 A 在气相主体中的摩尔分数；

y_{Ai}——溶质 A 在相界面处的摩尔分数。

$1/k_y$ 是与气膜推动力（$y_A - y_{Ai}$）相对应的气膜阻力。

当气相总压不很高时，根据分压定律可知

$$p_A = Py_A,\ p_{Ai} = Py_{Ai}$$

将此关系式代入式（8-26）并与式（8-27）相比较，可得

$$k_y = Pk_G$$

2. 液膜吸收速率方程

前已介绍了由相界面到液相主体的对流扩散速率方程式，即液相有效滞流膜层内的传质速率方程式（8-25）。令

$$\frac{D'c}{z_L c_{Sm}} = k_L$$

则由式（8-25）可得液膜吸收速率方程式

$$N_A = k_L(c_{Ai} - c_{LA}) \tag{8-28}$$

或

$$N_A = \frac{c_{Ai} - c_{LA}}{1/k_L}$$

式中 k_L——液膜吸收系数 [kmol·(m²·s·kmol/m³)⁻¹] 或 m·s⁻¹。

液膜吸收系数的倒数 $1/k_L$ 表示吸收质通过液膜的传递阻力，它的表达形式与液膜推动力（$c_{Ai} - c_{LA}$）相对应。

当液相的组成以摩尔分数表示时，相应的液膜吸收速率方程式为

$$N_A = k_x(x_{Ai} - x_{LA}) \tag{8-29}$$

因为

$$c_{Ai} = cx_{Ai}, c_{LA} = cx_{LA}$$

将此关系代入式（8-28）并与式（8-29）相比较，可知

$$k_x = ck_L$$

k_x 也称为液膜吸收系数，其单位与传质速率的单位相同，为 kmol·（m^2·s）$^{-1}$。它的倒数 $1/k_x$ 是与液膜推动力（$x_{Ai}-x_{LA}$）相对应的液膜阻力。

3. 界面摩尔分数

要应用膜吸收速率方程，须解决界面摩尔分数的确定问题。根据双膜理论，在稳定状况下，气液双膜中的传质速率应当相等，即

$$N_A = k_y(y - y_i) = k_x(x_i - x)$$

所以有

$$\frac{y - y_i}{x_i - x} = \frac{k_x}{k_y} \tag{8-30}$$

参照图8-4，a 点坐标为（y，x），b 点坐标为（y_i，x_i）故 ab 联线的斜率为（$-k_x/k_y$）。确定界面摩尔分数（y_i，x_i）的方法有二：

1）从气、液相的实际摩尔分数点 a 出发，以（$-k_x/k_y$）为斜率作一直线，此直线与平衡线交点 b 的坐标即为所求的界面摩尔分数。

2）当平衡线可用某种函数形式 $y^* = f(x)$ 表示时，则将其与式（8-30）联立求解，可得界面摩尔分数 y_i 与 x_i。

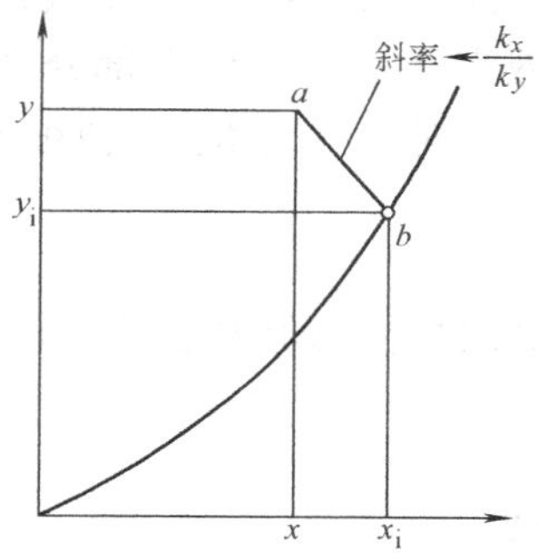

图8-4 界面浓度的求取

4. 总吸收速率方程

膜吸收速率方程式中的推动力，都涉及相界面处溶质A的浓度，但相界面摩尔分数却难以确定。为消去界面摩尔分数，可以用两相主体浓度的某种差值来表示推动力，并写出总吸收速率方程式，该方程式中的吸收系数称为总吸收系数，以 K 表示。总吸收系数的倒数 $1/K$ 即为总阻力，总阻力应当是两膜传质阻力之和。

吸收过程能进行的必要条件是两相主体浓度尚未达到平衡，因此吸收过程的总推动力应该用任何一相的主体浓度与其平衡浓度的差值来表示。

（1）以（$p-p^*$）表示总推动力的吸收速率方程式　令 p^* 为某溶质A的与液相主体浓度 c_{LA} 成平衡的气相分压，当气、液两相平衡服从亨利定律时，有

$$p_A^* = \frac{c_{LA}}{H_A}$$

根据双膜理论，相界面上两相互成平衡，则

$$p_{Ai} = \frac{c_{Ai}}{H_A}$$

将上两式分别代入液相吸收速率方程式（8-28），得

$$N_A = k_L H_A(p_{Ai} - p_A^*)$$

或者写成下面的形式

$$\frac{N_A}{H_A k_L} = p_{Ai} - p_A^*$$

气相吸收速率方程式（8-26）也可写成

$$\frac{N_A}{k_G} = p_A - p_{Ai}$$

上两式相加，得

$$N_A\left(\frac{1}{H_A k_L} + \frac{1}{k_G}\right) = p_A - p_A^* \tag{8-31}$$

令
$$\frac{1}{K_G} = \frac{1}{H_A k_L} + \frac{1}{k_G} \tag{8-32}$$

则
$$N_A = K_G(p_A - p_A^*) \tag{8-33}$$

式中　K_G——气相总吸收系数［kmol·（m^2·s·kPa）$^{-1}$］。

式（8-33）即为以（$p-p^*$）为总推动力的吸收速率方程式，也称为气相总吸收速率方程式。总系数 K_G 的倒数为两膜总阻力。由式（8-32）可以看出，总阻力是气膜阻力 $1/k_G$ 与液膜阻力 $1/H_A k_L$ 两部分之和。

对易溶气体，H 值很大，在 k_G 与 k_L 数量级相同或接近的情况下存在如下关系

$$\frac{1}{Hk_L} \ll \frac{1}{k_G}$$

此时传质总阻力主要集中在气膜之中，而液膜阻力可以忽略，式（8-32）可简化为

$$\frac{1}{K_G} \approx \frac{1}{k_G}$$

即
$$K_G \approx k_G$$

并且因为 $1/H$ 很小，所以 $p-p^* \approx p-p_i$，即气相传质推动力近似等于总推动力。吸收总推动力的绝大部分用于克服气膜阻力，如水对 HCl，NH_3 的吸收过程，通常被视为“气膜控制”的吸收过程。显然，如要提高其吸收速率，在设备选型及确定操作条件时应注意减小气膜阻力。

（2）以（c^*-c）表示总推动力的吸收速率方程式　以 c_{LA}^* 代表与气相分压 p_A 成平衡的液相浓度，类似可推出

$$N_A = K_L(c_{LA}^* - c_{LA}) \tag{8-34}$$

其中
$$\frac{1}{K_L} = \frac{H_A}{k_G} + \frac{1}{k_L} \tag{8-35}$$

式中　K_L——液相总吸收系数［kmol·（m^2·s·kmol/m^3）$^{-1}$］，即 m/s。

式（8-35）即为以（c^*-c）为总推动力的吸收速率方程式，也称为液相总吸收速率方程式。总系数 K_L 的倒数为两膜总阻力，由气膜阻力 H_A/k_G 与液膜阻力 $1/k_L$ 组成。

对难溶气体，H 值甚小，在 k_G 与 k_L 数量级相同或接近的情况下，有

$$\frac{H}{k_G} \ll \frac{1}{k_L}$$

此时传质阻力的绝大部分存在于液膜之中，气膜阻力可以忽略，因而式（8-35）可以简化为

$$\frac{1}{K_L} \approx \frac{1}{k_L}$$

即
$$K_L \approx k_L$$
并且因为 $1/H$ 很大，所以 $c^* - c \approx c_i - c$，吸收总推动力的绝大部分用于克服液膜阻力。如用水吸收 CO、H_2、O_2 等，称为“液膜控制”吸收过程。对于液膜控制的吸收过程，如要提高其速率，在设备选型及确定操作条件时，应特别注意减小液膜阻力。

一般情况下，对于具有中等溶解度的气体吸收过程，气膜阻力与液膜阻力均不可忽略。如水对 SO_2 的吸收，要提高过程速率，必须兼顾气、液两膜阻力的降低。

(3) 以气相主体摩尔比差（$Y-Y^*$）表示总推动力的吸收速率方程式　在吸收计算中常认为惰性组分不进入液相，当溶质浓度较低时，通常以溶质的摩尔比表示比较方便。因此，可以定义气相摩尔比 Y 和液相摩尔比 X 如下

$$X = \frac{\text{液相中溶质摩尔分数}}{\text{液相中溶剂摩尔分数}} = \frac{x}{1-x}$$

$$Y = \frac{\text{气相中溶质摩尔分数}}{\text{气相中惰性气体摩尔分数}} = \frac{y}{1-y}$$

可推得

$$N_A = K_Y(Y_A - Y_A^*) \tag{8-36}$$

其中
$$K_Y = \frac{k_G P}{(1+Y)(1+Y^*)}$$

式中　K_Y——以摩尔比差表示的气相传质总系数 [kmol·$(m^2 \cdot s)^{-1}$]。

式 (8-36) 是稳定吸收操作条件下，以气相主体摩尔比差（$Y-Y^*$）为推动力表示的吸收速率方程式。对易溶气体即气相摩尔比 Y 和 Y^* 都很小时，$(1+Y)(1+Y^*)$ 趋近于 1，故 $k_G P \approx K_Y$。

(4) 以液相主体摩尔比差（$X^* - X$）表示总推动力的吸收速率方程式

$$N_A = K_X(X_A^* - X_A) \tag{8-37}$$

其中
$$K_X = \frac{k_L c}{(1+X)(1+X^*)}$$

式中　K_X——以摩尔比差表示的液相传质总系数 [kmol·$(m^2 \cdot s)^{-1}$]。

式 (8-37) 是稳定吸收条件下，以液相主体摩尔比差（$X^* - X$）为推动力表示的吸收速率方程式。对于难溶气体，X^* 和 X 都很小，$(1+X^*)(1+X)$ 趋近于 1，故有 $k_L c \approx K_X$。

8.3.3 伴有化学反应的吸收速率

伴有化学反应的吸收过程的主要特点是溶质进入液相后，在扩散路径上不断被化学反应所消耗。设溶质 A 与吸收剂中的化学组分 B 发生如下反应：$A + B \longrightarrow C$，由于化学反应的存在，降低了溶质在液膜和液相主体中的浓度，即加大了相际间传质推动力（见图 8-5），因此，与物理吸收过程比较，化学吸收过程有较高的吸收速率和高的吸收效率，对于完成相同的气体净化任务，化学吸收过程所需设备体积将小于物理吸收过程。伴有化学反应吸收过程的速率同时受化学反应速率及传质速率的影响。

化学吸收速率式的推导，仍以双膜理论为理论依据。假定化学吸收过程按以下步骤

进行：

1）气相中溶质A从气相主体通过气膜向气液相界面传递。

2）溶质A自气液界面向液相主体传递。

3）溶质在液膜或液相主体中与活性组分B相遇，发生反应。

4）A与B反应生成的液相产物向液相主体扩散，留存在液相中，若生成气相产物则向相界面扩散，再穿过气膜向气相主体扩散。

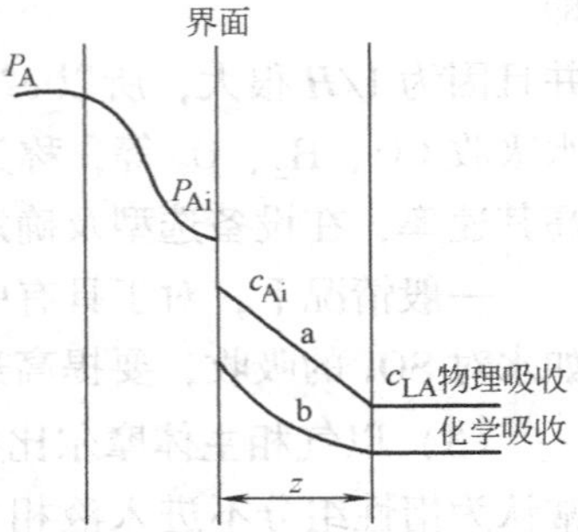

图8-5　物理吸收与化学吸收的浓度分布

可见，溶质A在气相传递过程中无化学反应，因而气膜传质分系数与物理吸收相同，但在液膜或液相主体中，扩散与反应交织在一起，液膜传质分系数要受到化学反应的影响。化学反应的快慢与类型，影响整个化学吸收的速率。

1. 瞬间不可逆反应

伴有瞬间不可逆反应的吸收是很多的，很多强碱性物质脱除酸性气体的吸收过程，可以认为是这类吸收的例子。在工业废气的净化中，往往要求能将气相中含量甚低的有害组分迅速吸收下来，常采用这类反应。

设反应 $A + qB \longrightarrow C$ 是一级不可逆的瞬间反应，当废气中的有害组分A与液相中的活性组分B在相界面接触后，立即发生反应，生成产物C。假若产物C不挥发，则在液膜中形成一个由产物C组成的产物层，在该产物层之外，在C向液相主体扩散的过程中，在液膜中形成了一个C的浓度梯度。

由于反应进行得非常迅速，在气液两相界面处，活性组分B迅速被消耗掉。随着过程的进行，反应面逐渐向右移，一直到由气膜扩散而来的溶质A的速率与从液相主体中扩散而来的活性组分B的速率相当（即A、B两组分根据反应的计量关系恰好完全反应）时，反应面才停留在液膜内某一平衡位置而保持不动（见图8-6），故反应面在液膜内的确定位置取决于液膜中A、B两组分向反应面扩散的速率的相对大小。由于反应瞬间完成，故在液膜内，A、B组分不能共存，反应只在液膜内某一面上进行，该反应面以外的液膜内，则无化学反应发生。因而在建立传质模型时，可将反应面以外的液膜内的传质视作类似于物理吸收的传递过程。

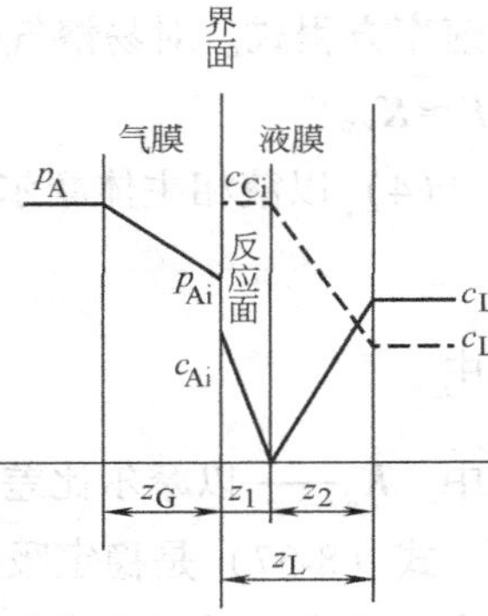

图8-6　瞬间反应浓度分布

在 $0 < z < z_1$ 液膜内取单位截面积微层dz对传递进出微元的A组分作物料衡算，可得

$$-D_{LA}\frac{dc_A}{dz} - \left[-D_{LA}\frac{d}{dz}\left(c_A + \frac{dc_A}{dz}dz\right)\right] = (-r_A)dz$$

（扩散进入量）　　（扩散出去量）　　（反应掉量）

整理后得

$$D_{LA}\frac{d^2c_A}{dz^2} = -r_A$$

式中　$(-r_A)$——以A组分分子数减少表示的化学反应速度 $[mol \cdot (m^3 \cdot s)^{-1}]$。

类似地，可在 $z_1<z<z_L$ 液膜内取单位截面积微层 dz 对传递进出微元的 B 组分作物料衡算，并考虑到反应面以外的液膜内可视为物理吸收过程，$-r_A=0$，则整理后得

$$\begin{cases} D_{LA}\dfrac{d^2c_A}{dz^2}=0 & (0<z<z_1) \\ D_{LB}\dfrac{d^2c_B}{dz^2}=0 & (z_1<z<z_L) \end{cases}$$

边界条件为

$$\begin{cases} z=0, c_A=c_{Ai} \\ z=z_L, c_B=c_{LB} \\ z=z_1, c_A=c_B=0 \\ \dfrac{D_{LA}dc_A}{dz}+\dfrac{D_{LB}dc_B}{qdz}=0 \end{cases}$$

解上述微分方程组，得溶质浓度 c_A 在液膜内随液膜内距离 z 变化的关系式

$$c_A=c_{Ai}\left[1-\frac{z}{z_L}\left(1+\frac{D_{LB}c_{LB}}{qD_{LA}c_{Ai}}\right)\right]$$

应用菲克定律可得相界面处的吸收速率方程式为

$$N_A=-D_{LA}\left(\frac{dc_A}{dz}\right)_{z=0}=c_{Ai}\left(\frac{D_{LA}}{z_L}\right)\left[1+\frac{D_{LB}c_{LB}}{qD_{LA}c_{Ai}}\right] \tag{8-38}$$

$$=\beta_\infty k_{LA}c_{Ai}=\beta_\infty k_{LA}(c_{Ai}-0)$$

其中 $\beta_\infty=1+\dfrac{D_{LB}c_{LB}}{qD_{LA}c_{Ai}}$ 为瞬间反应增强因子。与物理吸收液膜吸收速率式 $N_A=k_{LA}(c_{Ai}-c_{AL})=k_{LA}(c_{Ai}-0)$ 比较，β_∞ 反映了由于化学反应使得吸收速率增加的倍数。

由式（8-38）还可进一步得到

$$N_A=\frac{H_Ap_A+\left(\dfrac{D_{LB}}{D_{LA}}\right)\left(\dfrac{c_{LB}}{q}\right)}{\dfrac{1}{k_{LA}}+\dfrac{H_A}{k_{GA}}}=\frac{p_A+\dfrac{D_{LB}c_{LB}}{qH_AD_{LA}}}{\dfrac{1}{H_Ak_{LA}}+\dfrac{1}{k_{GA}}} \tag{8-39}$$

即

$$N_A=K_{GA}\left(p_A+\frac{D_{LB}c_{LB}}{qH_AD_{LA}}\right) \tag{8-40}$$

$$N_A=K_{LA}\left(c_{AL}^*+\frac{D_{LB}c_{LB}}{qD_{LA}}\right) \tag{8-41}$$

由式（8-40）可见，当气相分压 p_A 为常数、两膜状况不变时，N_A 与 c_{LB} 成直线关系变化，即随液相活性组分 B 浓度增加，吸收速率增加。c_{LB} 增加，也使反应面向气液相界面靠近。反应面与相界面重合时的 c_{LB} 称为临界浓度 $c_{LB临}$（见图 8-7），此时，反应面即为相界面，且界面处 $p_{Ai}=0$，$c_{Ai}=0$，$c_{Bi}=0$。若 c_{LB} 进一步增加，整个吸收过程转为气膜控制，吸收速率表达式变为

$$N_A=k_{GA}p_A \tag{8-42}$$

要进一步提高吸收速率，需增加 A 的气相分压，而不是增加 c_{LB}。

由式（8-39）及当 $p_{Ai}=0$ 时，可推出

$$c_{LB临} = \frac{qp_A k_{GA} D_{LA}}{k_{LA} D_{LB}} \tag{8-43}$$

可见，伴有瞬间不可逆反应的吸收过程，在活性组分浓度 $c_{LB} < c_{LB临}$时，过程速率随 c_{LB}增大而增大，反应面位于液膜内，在反应面处 $c_{Ai}=0$，$c_{Bi}=0$，吸收速率可用式（8-38）或式（8-39）计算；而当 $c_{BL} \geq c_{BL临}$时，过程转为气膜控制，吸收速率随 p_A 增加而增大，此时反应面位于气液相界面上。在相界面上有 $p_{Ai}=0$，$c_{Bi}=0$（$c_{BL}=c_{BL临}$时），或 $p_{Ai}=0$，$c_{Bi}>0$（$c_{BL}>c_{BL临}$时），吸收速率为 $N_A = k_{GA} p_A$。

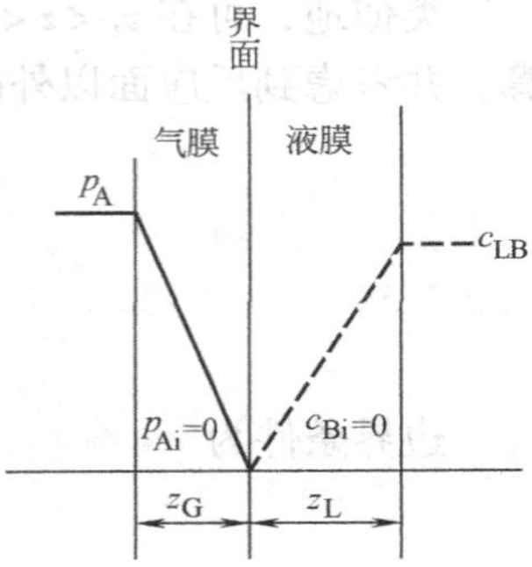

图 8-7 瞬间反应吸收浓度分布（$c_{BL}=c_{BL临}$）

例 8-3 用乙醇胺（MEA）溶液作吸收剂处理含 0.1% H_2S 的废气，废气压力为 2MPa，吸收剂中含 250mol/m³ 的游离 MEA。吸收在 20℃下进行，反应可视为瞬间不可逆反应

$$H_2S + CH_2OHCH_2NH_2 \longrightarrow HS^- + CH_2OHCH_2NH_3^+$$

已知：$k_{LA}a = 108h^{-1}$，$k_{GA}a = 2.13 \times 10^3 mol \cdot (m^3 \cdot h \cdot kPa)^{-1}$，$D_{LA} = 5.4 \times 10^{-6} m^2 \cdot h^{-1}$，$D_{LB} = 3.6 \times 10^{-6} m^2 \cdot h^{-1}$，求吸收速率 N_A。

解 先求出 $c_{LB临}$，以便判别过程是否属气膜控制

$$c_{LB临} = \frac{qp_A k_{GA} D_{LA}}{k_{LA} D_{LB}} = \frac{2 \times 10^3 \times 10^{-3} \times 2.13 \times 10^3 \times 5.4 \times 10^{-6}}{108 \times 3.6 \times 10^{-6}} mol \cdot m^{-3} = 59 mol \cdot m^{-3}$$

由于 $c_{LB} = 250\ (mol \cdot m^{-3}) > 59\ (mol \cdot m^{-3})$，过程属气膜控制，故

$$N_A = k_{GA} a p_A = 2.13 \times 10^3 \times 2 \times 10^3 \times 10^{-3} kmol \cdot (m^3 \cdot h)^{-1} = 4.26 \times 10^3 kmol \cdot (m^3 \cdot h)^{-1}$$

2. *慢速拟一级可逆反应*

若废气中组分 A 与液相中活性组分 B 发生的是慢速反应，由于反应速度慢，两组分接触后不是立即反应完毕，而是溶质 A 在液膜内边扩散边反应，故化学反应的区域不是一个面，而是一个区间。这个区间不仅存在于液膜内，还可能延续到液相主体中。在该区间内，组分 A 与 B 同时存在，如图 8-8 所示。如果反应速度进一步降低，为极慢反应时，则反应主要在液相主体中进行，且过程总速率取决于液相中的反应速度，属于气液反应范畴了。

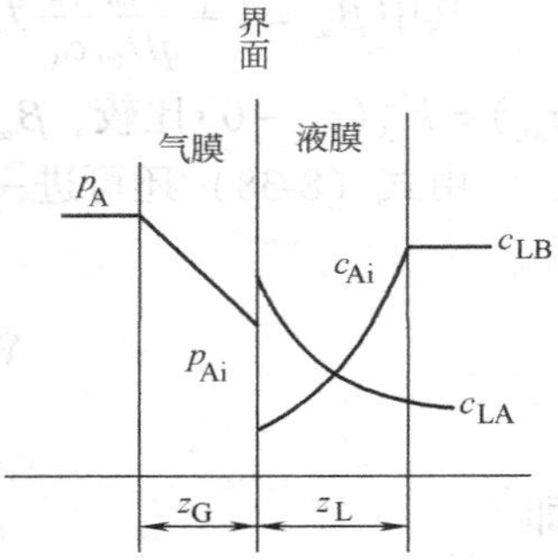

图 8-8 慢速反应浓度分布

设含有溶质 A 的废气与含有活性组分 B 的吸收剂发生下列慢速二级可逆反应：$A + B \rightleftharpoons C$，若液相主体中 B 的浓度 c_{LB}很高，以至于可将其视为常量，上述反应可视为一级可逆反应，称为拟一级可逆反应，正反应速度可表示为

$$-\frac{dc_A}{d\tau} = kc_A c_B = k_1 c_A$$

$$k_1 = kc_B$$

式中 k、k_1——二级及拟一级反应速度常数。

逆反应速度则可表示为

$$-\frac{dc_C}{d\tau} = k'_1 c_C$$

式中 k'_1——逆反应速度常数。

若假定，该化学反应在液相主体中达成平衡，活性组分 B 在液膜及液相主体中的浓度

很高且相等，并且在液膜及液相主体中逆反应速度相等。由此可以推出，液相主体中正逆反应速度相等，且液相主体中正逆反应速度与液膜中逆反应速度相等。

利用菲克定律，取液膜中单位截面积微层 dz 进行物料衡算，可推出液膜中进行可逆一级反应时组分 A 浓度沿扩散距离 z 的变化规律为

$$D_{LA}\frac{d^2c_A}{dz^2}=k_1c_A-k'_1c_C=k_1(c_A-c_{LA})$$

式中 c_A——液膜中组分 A 浓度；

c_{LA}——液相主体中组分 A 浓度；

c_C——液膜中产物 C 浓度；

D_{LA}——A 组分液相扩散系数。

边界条件为

$$\begin{cases}z=0, c_A=c_{Ai}\\ z=z_L, c_A=c_{LA}\end{cases}$$

令

$$\alpha=\sqrt{\frac{k_1}{D_{LA}}}$$

解上述微分方程，得 c_A 与 z 的关系式

$$c_A=c_{LA}+\frac{(c_{Ai}-c_{LA})\sinh[\alpha(z_L-z)]}{\sinh(\alpha z_L)}$$

在相界面上（$z=0$）处的吸收速率为

$$N_A=-D_{LA}\left(\frac{dc_A}{dz}\right)_{z=0}=\frac{D_{LA}\alpha(c_{Ai}-c_{LA})}{\tanh(\alpha z_L)}=k_{LA}\beta(c_{Ai}-c_{LA}) \qquad (8\text{-}44)$$

式中 $\beta=\dfrac{\alpha z_L}{\tanh(\alpha z_L)}$——增强因子，反映了由于化学反应使吸收速率增加的倍数。

进一步还可以推出

$$N_A=\frac{1}{\dfrac{H_A}{k_{GA}}+\dfrac{1}{\beta k_{LA}}}(c_A^*-c_{LA})=K_{LA}(c_A^*-c_{LA}) \qquad (8\text{-}45)$$

$$N_A=\frac{1}{\dfrac{1}{k_{GA}}+\dfrac{1}{H_A\beta k_{LA}}}(p_A-p_A^*)=K_{GA}(p_A-p_A^*) \qquad (8\text{-}46)$$

在 $z=z_L$ 处，A 组分的吸收速率为

$$N'_A=-D_{LA}\left(\frac{dc_A}{dz}\right)_{z=z_L}=\frac{D_{LA}\alpha(c_{Ai}-c_{LA})}{\sinh(\alpha z_L)}$$

在液膜中未反应且达到液相主体的 A 组分分率 F

$$F=\frac{N'_A}{N_A}=\frac{1}{\cosh(\alpha z_L)}$$

3. 快速拟一级不可逆反应

伴有快速反应吸收的反应能力低于瞬间反应，但它的反应能力仍比传质能力高。快速反应时，其化学吸收基本上在液膜中进行，但反应区域为一个区间，不是一个面，如图 8-9 所示。组分 A 在液相主体中浓度 $c_{LA}=0$，组分 A、B 仅在液膜内

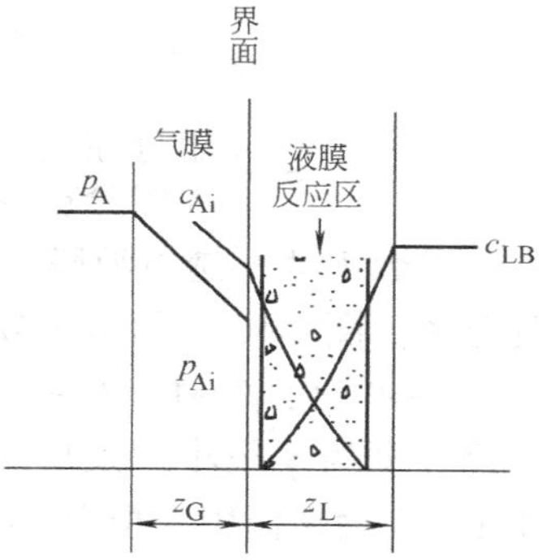

图 8-9 快速反应浓度分布

共存。

设有一伴有快速不可逆反应 A + B ⟶C 的吸收过程，液相中活性组分 B 浓度较高，其浓度在液相主体中几乎不变化，将其视为拟一级反应，由液膜内微元的物料衡算，

得

$$D_{LA}\frac{d^2c_A}{dz^2} = kc_Ac_B = k_1c_A$$

边界条件

$$\begin{cases} z = 0, c_A = c_{Ai} \\ z = z_L, c_A = 0 \end{cases}$$

解上述微分方程得

$$c_A = c_{Ai}\frac{\sinh[\alpha(z_L - z)]}{\sinh(\alpha z_L)}$$

$$N_A = -D_{LA}\left(\frac{dc_A}{dz}\right)_{z=0} = D_{LA}c_{Ai}\alpha\frac{\cosh(\alpha z_L)}{\sinh(\alpha z_L)} = k_{LA}c_{Ai}\frac{\alpha z_L}{\tanh(\alpha z_L)} = \beta k_{LA}c_{Ai} \tag{8-47}$$

其中

$$\alpha = \sqrt{\frac{k_1}{D_{LA}}}, \beta = \frac{\alpha z_L}{\tanh(\alpha z_L)}$$

还可以推得

$$N_A = \frac{p_A}{\dfrac{1}{k_{GA}} + \dfrac{1}{H_A\beta k_{LA}}} = K_{GA}p_A \tag{8-48}$$

4. 化学吸收速率式中的几个参数

由上述讨论可见，由于吸收过程中伴有化学反应，使得吸收速度增加，其增大的程度，采用增强因子 β 来表示。反应类型不同，β 也不同。

瞬间不可逆反应时

$$\beta_\infty = 1 + \frac{D_{LB}c_{LB}}{qD_{LA}c_{Ai}}$$

快速及慢速反应时

$$\beta = \frac{\alpha z_L}{\tanh(\alpha z_L)}$$

在快速及慢速反应吸收速率式的推导过程中，引进了一个参数 $\alpha = \sqrt{k_1/D_{LA}}$，它反映了反应速度常数 k_1 与扩散系数 D_{LA} 的相对大小，有人将 αz_L 一起用 γ 表示，并将 γ^2 称为膜内转化系数。它的大小反映了 A 组分在液膜内反应能力与传质能力的相对大小。

$$\gamma^2 = (\alpha z_L)^2 = \frac{k_1z_L^2}{D_{LA}} = \frac{kc_{LB}z_Lc_{Ai}}{k_{LA}c_{Ai}}$$

$$= \frac{\text{A 组分在液膜中可能反应的最大量}}{\text{A 组分扩散通过液膜的最大量}}$$

参数 F 表示透过液膜、未经反应到达液相主体的 A 组分的分率。图 8-10 表示出参数 β、F、γ 之间的变化关系：

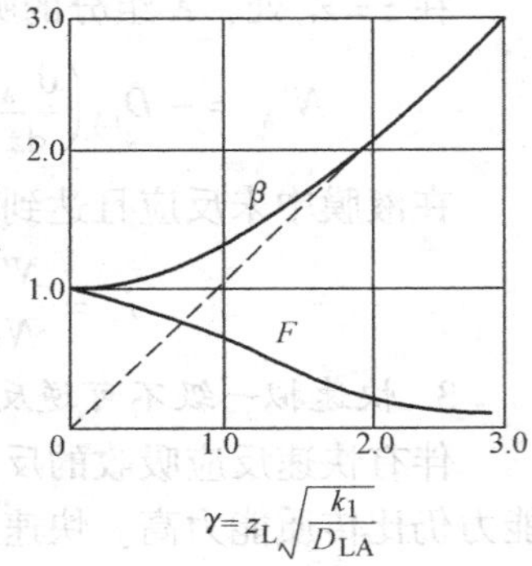

图 8-10　β、F 与 γ 关系曲线

$\gamma \to 0$ 时，$\beta \to 1$，$F \to 1$；$\gamma \geq 2$ 时，$\beta \approx \gamma$，F 随 γ 增大而下降；即当 γ 很小（反应速度很小或液膜很薄）时，β 趋近于 1，无增强作用，相当于物理吸收，吸收速率可按物理吸收计算；这时 F 也趋近于 1，几乎全体溶质 A 均穿透液膜在液相主体中进行反应。反之，当 γ 较大（反应速度较快或液膜

较厚）时，$\beta\approx\gamma$。可利用β与γ近似相等的关系，简化K_{GA}的计算，不必计算含有液膜厚度参数的β值

$$K_{GA}=\frac{1}{\frac{1}{k_{GA}}+\frac{1}{H_A\beta k_{LA}}}=\frac{1}{\frac{1}{k_{GA}}+\frac{1}{H_A z_L\sqrt{k_1/D_{LA}}k_{LA}}}=\frac{1}{\frac{1}{k_{GA}}+\frac{1}{H_A\sqrt{k_1D_{LA}}}}$$

其中

$$k_{LA}=D_{LA}/z_L$$

上式中$\frac{1}{H_A\sqrt{k_1D_{LA}}}$在系统及操作条件确定以后，可视为常数，则$K_{GA}$的大小仅取决于$k_{GA}$的值，与液膜厚度无关，即与液相流体流动无关，故液相中伴有快速反应时，过程可能转为气膜控制。

随着γ的增加，F下降，即未在液膜中反应、穿过液膜到达液相主体的组分 A 减少，在液膜中完成反应的组分 A 增加。

因而，由γ的大小，可以近似地判断化学吸收中化学反应的快慢程度及类型，以便采用相应的化学吸收速率式计算吸收速率。一般为：

1）$\gamma>2$，反应在液膜内进行，瞬间及快速反应。

2）$0.02<\gamma<2$，反应在液膜和液相主体内进行，慢速反应。

3）$\gamma<0.02$，反应在液相主体进行，极慢反应。

例 8-4 用碱性溶液吸收废气中某种酸性气体污染物反应 A + B ⟶ C，已知化学反应速度 $-\frac{dc_A}{d\tau}=kc_Ac_{BL}$，$c_{BL}=0.5\text{kmol/m}^3$ 在液膜内可视为不变，$k=5000\text{m}^3/(\text{kmol}\cdot\text{s})$，$k_{LA}=1.5\times10^{-4}\text{m/s}$，$D_{LA}=1.8\times10^{-9}\text{m}^2/\text{s}$，$D_{LB}=2D_{LA}$，$H_A=1.38\times10^{-4}\text{kmol}\cdot(\text{m}^3\cdot\text{kPa})^{-1}$，$p_{Ai}=1.013\text{kPa}$，试求化学吸收总速率$N_A$。

解 由于c_{LB}可视为常数，则$kc_{BL}=k_1$为常数。

$$k_1=kc_{BL}=5\times10^3\times0.5\text{s}^{-1}=2.5\times10^3\text{s}^{-1}$$

$$\gamma=\alpha z_L=\frac{D_{LA}}{k_{LA}}\sqrt{\frac{k_1}{D_{LA}}}=\frac{1.8\times10^{-9}}{1.5\times10^{-4}}\times\sqrt{\frac{2.5\times10^3}{1.8\times10^{-9}}}=14.14>2$$

可视为快速拟一级反应，故$\beta\approx\gamma=14.14$

$$\begin{aligned}N_A&=\beta k_{LA}c_{Ai}=\beta k_{LA}H_Ap_{Ai}=14.14\times1.5\times10^{-4}\times1.38\times10^{-4}\times1.013\text{kmol/(m}^2\cdot\text{s)}\\&=2.97\times10^{-7}\text{kmol/m}^2\cdot\text{s}\end{aligned}$$

8.4 吸收塔的计算

吸收塔的计算按给定条件、要求和任务的不同，可分为设计型和操作型两类。设计型计算是在给定的工艺条件下，设计计算能达到分离要求的吸收塔参数。操作型计算则是根据已有的吸收设备对其操作条件与吸收效果间的关系进行分析计算，可以由给定操作条件求算吸收效果；也可由给定吸收效果确定操作条件。本节着重讨论设计型计算。

吸收塔的设计通常需要首先确定以下条件：

1）待分离混合气中溶质 A 的组成（摩尔比）Y_1 及处理量 V(kmol(惰性气体)·s^{-1})。

2）吸收剂的种类及操作温度、压强及已知吸收相平衡关系。

3）吸收剂中溶质 A 的初始组成（摩尔比）X_2。

4）分离要求，即吸收率 E_A。

吸收塔设计计算的最基本的任务包括：

1）吸收剂用量 L（kmol（纯溶剂）$\cdot s^{-1}$），或液气比 L/V。

2）塔径计算。

3）填料层高度或塔板数的计算。

吸收塔的其他设计内容，如塔的总高度、流体力学计算及校核、部件设计等，可查有关工程手册。

8.4.1 吸收塔的基本计算

1. 全塔物料衡算

图 8-11 为一逆流连续接触式废气净化吸收塔示意图。以下标“1”代表塔底截面，下标“2”代表塔顶截面。对于稳定过程，单位时间进、出吸收塔的气态污染物量，可通过全塔物料衡算确定，即

$$VY_1+LX_2=VY_2+LX_1$$

若 G_A 为吸收塔的传质负荷，即废气通过吸收塔时，单位时间内气态污染物 A 被吸收剂吸收的量（$kmol\cdot h^{-1}$），则

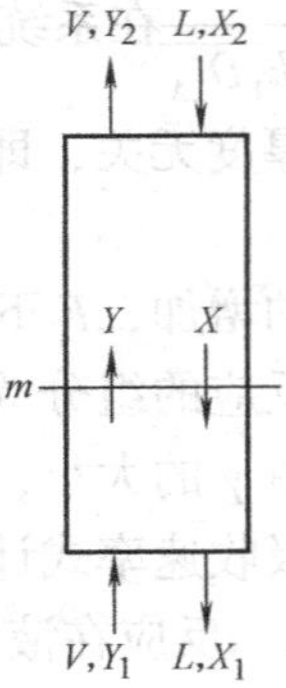

图 8-11 逆流吸收塔物料衡算

$$G_A = V(Y_1-Y_2) = L(X_1-X_2) \tag{8-49}$$

式中 V——单位时间通过吸收塔的惰性气体（B）量 [kmol（B）$\cdot h^{-1}$]；

L——单位时间内通过吸收塔的吸收剂（S）量 [kmol（S）$\cdot h^{-1}$]；

Y_1、Y_2——进塔及出塔废气中气态污染物 A 的摩尔比 [kmol（A）$\cdot$ kmol（B）$^{-1}$]；

X_1、X_2——出塔及进塔吸收剂中气态污染物 A 的摩尔比 [kmol（A）$\cdot$ kmol（S）$^{-1}$]。

式（8-49）中，进塔惰性气体的处理量 V（当被吸收物质含量较少时，通常假定 V 等于废气的处理量）和组成 Y_1 是净化吸收的要求所规定的；进塔吸收剂的初始组成 X_2 一般由工艺确定；出塔尾气组成（摩尔比）Y_2 则可由给定的吸收率 E_A 求出

$$Y_2 = Y_1(1-E_A)$$

因此，吸收剂用量 L 确定后，便可由式（8-49）求出塔底排出的吸收液组成（摩尔比）X_1。

2. 操作线方程与操作线

在逆流操作的吸收塔内，由塔中任一截面 $m-n$ 分别至塔 1 端或 2 端间对气态污染物 A 作物料衡算可得塔中任一截面处气相组成（摩尔比）Y 与液相组成（摩尔比）X 间的关系

$$Y=\frac{L}{V}X+\left(Y_1-\frac{L}{V}X_1\right) \tag{8-50}$$

和

$$Y=\frac{L}{V}X+\left(Y_2-\frac{L}{V}X_2\right) \tag{8-51}$$

式（8-50）与式（8-51）均为逆流吸收塔的操作线方程式，可见，在定态下，塔内任一横截面上 Y 与 X 之间呈直线关系。该直线的斜率为 L/V，称为液气比，其端点分别为塔底

端的液、气相组成所确定的点 B（X_1，Y_1）和塔顶端的液、气相组成（摩尔比）所确定的点 T（X_2，Y_2）（见图8-12），故操作线只决定于塔底和塔顶两端的气、液相组成（摩尔比）和液气比，其上任何一点 A，代表塔内相应截面上的液、气相组成（摩尔比）X、Y。

任一截面上气、液两相间的传质推动力为该截面上一相的组成（摩尔比）和另一相的平衡组成（摩尔比）之差，即（$Y-Y^*$）或（X^*-X），它们在图8-12中显示为操作线和平衡线的垂直距离或水平距离，两线相距越远传质推动力越大。

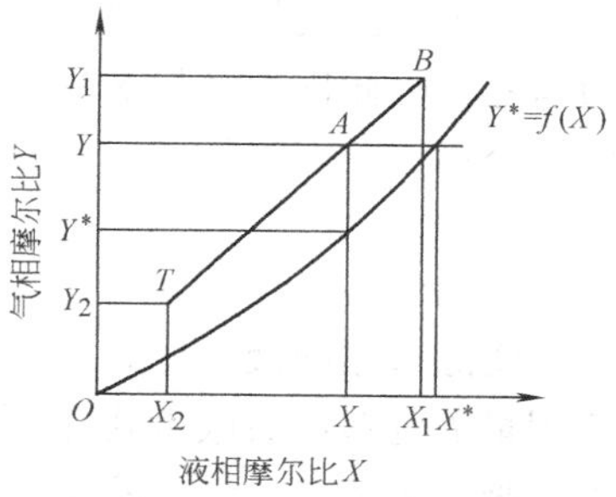

图8-12 逆流吸收塔的操作线

3. 最小液气比的确定

如图8-13a示，由于吸收剂的初始组成（摩尔比）X_2 是给定的，出塔尾气中气态污染物A的组成（摩尔比）Y_2 可由所要求的吸收率 E_A 求出，因此吸收操作线的低浓端（塔顶）T 的坐标（X_2，Y_2）是已知的。因操作线的高浓端（塔底）B 的坐标为（X_1，Y_1），B 点必在 $Y=Y_1$ 的水平线上，故从 T 点出发，以操作线斜率 L/V 作直线，该直线与 $Y=Y_1$ 水平线的交点即为操作线的高浓端 B。在 V 给定的条件下，若减小吸收剂用量 L，则操作线的斜率 L/V 变小，操作线向平衡线靠近，出塔吸收液中气态污染物A的组成（摩尔比）X_1 增大，吸收推动力随之减小，故达到尾气中气态污染物A的组成（摩尔比）Y_2 分离要求所需的塔高增加。当吸收剂用量减少到使操作线与平衡线相交时，操作线高浓端为 B^*，$X_1=X_1^*$。此时在塔的底端的推动力 $\Delta Y=0$，若要出塔尾气中气态污染物A的组成（摩尔比）降至 Y_2，所需塔高为无穷高。这是液气比的下限，此时的液气比称为最小液气比，以 $(L/V)_{min}$ 表示，相应的吸收剂用量为最小吸收剂用量，以 L_{min} 表示。当液气比小于最小液气比时，净化的要求将无法完成。

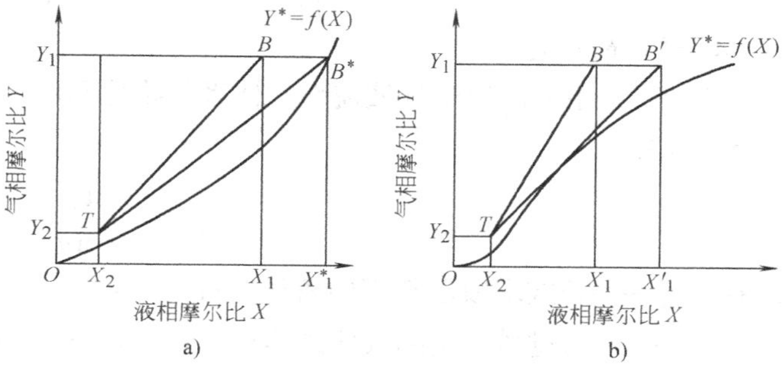

图8-13 吸收塔的最小液气比

最小液气比的确定与平衡线的形状有关，若平衡线符合图8-13a所示的一般情况，则 $Y=Y_1$ 的水平线与平衡线的交点 B^* 为最小液气比时的操作线高浓端，读出 B^* 的横坐标 X_1^*，于是得

$$(L/V)_{min}=\frac{Y_1-Y_2}{X_1^*-X_2} \tag{8-52}$$

式中 X_1^*——与入塔气体组成（摩尔比）Y_1 呈平衡的液相组成（摩尔比）。

若平衡关系符合亨利定律，则 $Y=Y_1$ 水平线和直线 $Y=mX$ 的交点 B^* 为最小液气比时操作线的高浓端，$X_1^*=Y_1/m$，将此关系代入式（8-52）得

$$(L/V)_{min}=\frac{Y_1-Y_2}{Y_1/m-X_2}$$

若平衡曲线如图 8-13b 中所示的形状，则由点 T 作平衡曲线的切线，切点处吸收的推动力为零，因此该切线与 $Y=Y_1$ 的水平线的交点 B'为最小液气比时的操作线高浓端，读出 B' 的横坐标 X'_1，于是

$$(L/V)_{\min} = \frac{Y_1 - Y_2}{X'_1 - X_2} \tag{8-53}$$

实际采用的液气比必须大于最小液气比，其具体大小由综合经济核算确定。显然当吸收剂用量 L 为最小吸收剂用量时，所需塔高为无穷大，设备费用无穷大；随着吸收剂用量增加，吸收剂的消耗量、液体的输送功率等操作费用增加，但塔高降低，设备费用随之减少。因此，应寻求包括操作费及设备费在内的总费用的最低点，选取适宜的液气比。根据经验，吸收剂用量为最小吸收剂用量的 1.1 ~2.0 倍，即

$$L/V = (1.1 \sim 2.0)(L/V)_{\min} \tag{8-54}$$

4. 塔径的确定

塔的直径主要决定于气液流率、体系的物性和所选塔板的性能或填料的种类和尺寸，可用下式计算

$$D_T = \sqrt{\frac{4V_s}{\pi u}} \tag{8-55}$$

式中 D_T——板式塔或填料塔的塔径（m）；

V_s——通过塔的实际气体的体积流量（$m^3 \cdot s^{-1}$）；

u——空塔气速（$m \cdot s^{-1}$）。

随着气相中的气态污染物逐步被吸收，气体压力逐渐降低，不同塔截面上的 V_s 有所不同，计算时一般取全塔中最大的体积流量。u 的选取与液气比、气液密度、液体的粘度以及塔板的结构或填料的种类和尺寸相关，可查有关工程手册参考选取。

8.4.2 填料吸收塔的计算

填料吸收塔计算的一项重要内容是确定填料层高度，有理论级法和传质速率法（后者又称传质单元数和传质单元高度法）。下面重点讨论物理吸收的传质单元高度法。

1. 基本关系式的导出

如图 8-14 所示，塔内某一微分段填料层 dH 中的传质面积 dA（m^2）为

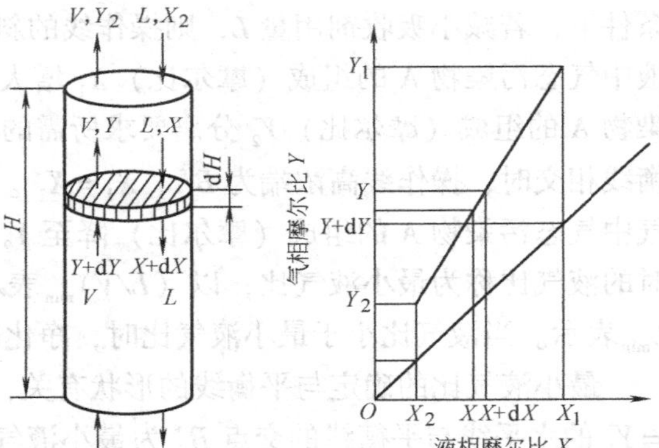

图 8-14 微元填料层的物料

$$dA = a\Omega dH \tag{8-56}$$

式中 Ω——塔截面积（m^2）；

a——单位体积填料层所提供的传质面积（称为有效比表面积）（$m^2 \cdot m^{-3}$）。

对微分段 dH 内的气态污染物作物料衡算，可得

$$dG = VdY = LdX = K_Y(Y - Y^*)dA = K_X(X^* - X)dA$$

式中 dG——dH 微分段内、单位时间气态污染物的传递量（kmol/s）。

整理后可得微分段高 dH 表达式

$$dH = \frac{V}{K_Y a\Omega} \frac{dY}{Y - Y^*} \tag{8-57}$$

$$dH = \frac{L}{K_X a\Omega} \frac{dX}{X^* - X} \tag{8-58}$$

以上两式中单位体积填料层内的有效接触面积 a 总小于单位体积填料层中的固体表面积（称为比表面积）。a 值不仅与填料的形状、尺寸及充填状况有关，而且受流体物性及流动状况的影响。a 的数值难于直接测定，为此常将它与吸收系数的乘积视为一体，作为一个完整的物理量看待，一并测定，称为体积吸收系数。$K_Y a$ 及 $K_X a$ 则分别称为气相总体积吸收系数及液相总体积吸收系数，其单位为 kmol·（m^3·s）$^{-1}$。其物理意义是在单位推动力、单位时间、单位体积填料层内吸收的气态污染物量。

对于稳定操作的吸收塔，Ω、V 为常数，将式（8-57）积分可得所需填料层高度 H(m)

$$H = \int_{Y_2}^{Y_1} \frac{V}{K_Y a\Omega} \frac{dY}{Y - Y^*} \tag{8-59}$$

当气相污染物含量较低时，Y 较小，可以认为包含气态污染物 A 在内的气体流量 V' 及液流量 L' 在全塔中基本上不变，并等于惰性气体流量 V 及 L，气、液相的物性变化也较小，因此各截面上的体积传质系数 $K_Y a$ 变化不大，可视为是一个和塔高无关的常数，可取平均值，于是

$$H = \frac{V}{K_Y a\Omega} \int_{Y_2}^{Y_1} \frac{dY}{Y - Y^*} \tag{8-60}$$

同理可得

$$H = \frac{L}{K_X a\Omega} \int_{X_2}^{X_1} \frac{dX}{X^* - X} \tag{8-61}$$

2. 低浓气体传质单元高度和传质单元数

由于式（8-60）等号右端式 $V/K_Y a\Omega$ 的单位为高度单位 m，故称其为气相总传质单元高度，以 H_{OG} 表示，即

$$H_{OG} = \frac{V}{K_Y a\Omega} \tag{8-62}$$

式（8-60）等号右端式 $\int_{Y_2}^{Y_1} dY/(Y - Y^*)$ 的积分是无因次数值，称为气相总传质单元数，以 N_{OG} 表示，即

$$N_{OG} = \int_{Y_2}^{Y_1} \frac{dY}{Y - Y^*} \tag{8-63}$$

故有

$$H = H_{OG} N_{OG} \tag{8-64}$$

同理可得

$$H = H_{OL} N_{OL} \tag{8-65}$$

及

$$H_{OL} = \frac{L}{K_X a\Omega} \tag{8-66}$$

$$N_{OL} = \int_{X_2}^{X_1} \frac{dX}{X^* - X} \tag{8-67}$$

式中 H_{OL}——液相总传质单元高度（m）；

N_{OL}——液相总传质单元数，量纲为1。

因此，填料层高度计算的通式为

填料层高度 = 传质单元高度 × 传质单元数

采用不同的吸收速率方程，可得到形式类似的不同的计算填料层高度的关系式。若所用的传质速率方程是膜速率关系式，如 $N_A = K_Y(Y_A - Y_{Ai})$ 或 $N_A = K_X(X_{Ai} - X_A)$，则可得

$$H = H_G N_G \tag{8-68}$$

$$H = H_L N_L \tag{8-69}$$

式中 H_G、H_L——气相传质单元高度 $V/K_Y a\Omega$ 及液相传质单元高度 $L/K_X a\Omega$；

N_G、N_L——气相传质单元数 $\int_{Y_2}^{Y_1}\frac{dY}{Y-Y_i}$ 及液相传质单元数 $\int_{X_2}^{X_1}\frac{dX}{X_i-X}$。

上述传质单元数 N_{OG}、N_{OL}、N_G、N_L 表达式中的分子为气相（或液相）组成（摩尔比）的变化，分母为过程的推动力，它综合反映了完成该吸收过程的难易程度。其大小决定于分离要求的高低和整个填料层平均推动力的大小，它与吸收的分离要求、平衡关系及液气比有关，与设备的型式和设备中气、液两相的流动状况等无关。吸收过程所需的传质单元数多，表明吸收剂的吸收性能差，或用量太少，或表明分离的要求高。

传质单元高度 H_{OG}、H_{OL}、H_G、H_L 表示完成一个传质单元分离效果所需的塔高，是吸收设备传质效能高低的反映，其大小与设备的型式、设备中气、液两相的流动条件有关。如 H_{OG} 可视为 V/Ω 和 $1/K_Y a$ 的乘积，V/Ω 为单位塔截面上惰性气体的摩尔流量，$1/K_Y a$ 反映传质阻力的大小。常用填料的 H_{OG}、H_{OL}、H_G、H_L 大致在 0.5 ~ 1.5m 范围内。

3. 传质单元数的计算

传质单元数的表达式中 Y^*（或 X^*）是液相（或气相）的平衡组成（摩尔比），需用相平衡关系确定。因此，根据平衡关系是直线还是曲线，传质单元数的计算有不同的方法。

(1) 平衡关系为直线时（平均推动力法） 当平衡关系为直线时，可用解析法求传质单元数。因操作线为直线，所以当平衡线也为直线时，操作线与平衡线间的垂直距离 $\Delta Y = Y - Y^*$（或水平距离 $\Delta X = X^* - X$）亦为 Y（或 X）的直线函数（见图 8-15），据此可由式(8-63)导出气相总传质单元数 N_{OG}

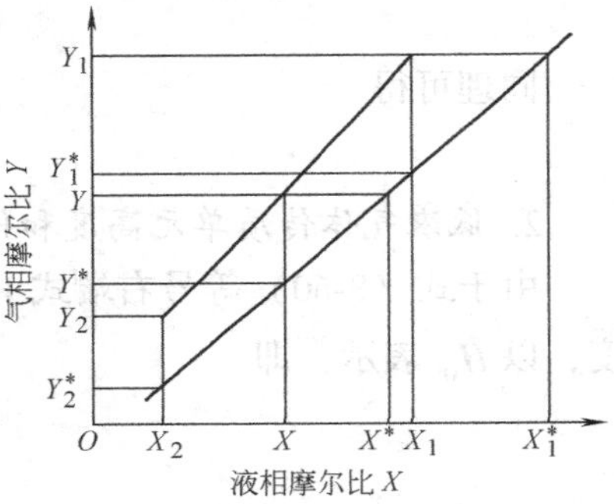

图 8-15 操作线与平衡线均为直线时的总推动力

$$N_{OG} = \frac{Y_1 - Y_2}{\Delta Y_m} \tag{8-70}$$

$$\Delta Y_m = \frac{\Delta Y_1 - \Delta Y_2}{\ln(\Delta Y_1/\Delta Y_2)} \tag{8-71}$$

式中 ΔY_1——塔底的气相总推动力，$\Delta Y_1 = Y_1 - Y_1^*$；

ΔY_2——塔顶的气相总推动力，$\Delta Y_2 = Y_2 - Y_2^*$

ΔY_m——过程平均推动力，等于吸收塔两端以气相组成差表示的总推动力的对数平均值。

类似的，对于液相有

$$N_{OL} = \frac{X_1 - X_2}{\Delta X_m} \tag{8-72}$$

式中 ΔX_m——平均推动力，吸收塔两端以液相组成（摩尔比）差表示的总推动力的对数平均值。

（2）平衡关系为曲线时（图解积分法） 当平衡关系为曲线时，难以用解析法求传质单元数，通常采用图解积分法求传质单元数

$$N_{OG} = \int_{Y_2}^{Y_1} \frac{dY}{Y - Y^*} \tag{8-73}$$

图解积分法的步骤为：

1）由操作线和平衡线求出与 Y 相应的 $Y - Y^*$，如图 8-16a 所示。

2）在 Y_1 到 Y_2 的范围内作 $Y \sim [1/(Y - Y^*)]$ 曲线，如图 8-16b。

3）在 Y_1 与 Y_2 之间，$Y \sim [1/(Y - Y^*)]$ 曲线和横坐标所包围的面积即为传质单元数，如图 8-16b 之阴影部分所示。

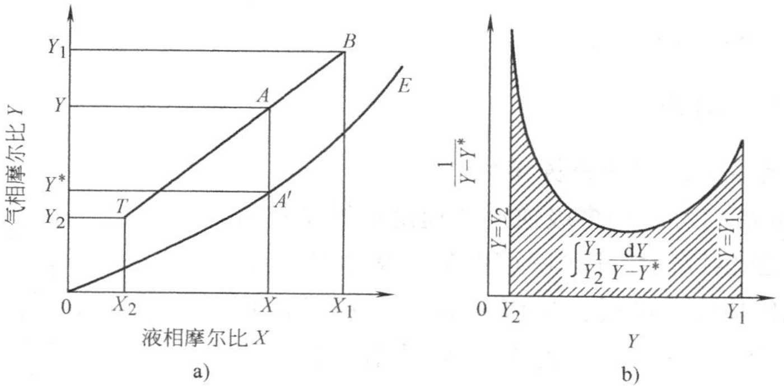

图 8-16 图解积分法求 N_{OG}

4. 传质单元高度和吸收系数

传质单元高度或吸收系数是反映吸收过程物料体系及设备传质动力学特性的参数，是吸收塔设计计算的必需数据，多通过实验测定获得；实验测定的数据又常被整理成适用于一定条件和范围的经验公式以供计算时选用，故也可从有关手册、资料中查取。通常，对同一种填料来说，传质单元高度变化不大。

实验测定吸收系数一般在中间试验设备上或生产装置上进行。用实际操作的物系，选定一定的操作条件实验，得出分离效果，应用相应的关系式便可求出相应的吸收系数或传质单元高度。

例如，在一填料层高度为 H，塔径为 D 的填料塔内，用一气态污染物含量（摩尔比）为 X_2 的吸收剂 S 吸收空气混合气中的溶质 A，吸收剂用量为 L，废气量为 V，其中气态污染物含量（摩尔比）为 Y_1。经实验可测得废气和吸收剂的出口组成（摩尔比）Y_2 和 X_1，当所设计的浓度范围内平衡关系为直线时，则根据平衡关系和已知的 Y_1、X_2、V、Ω 及测得的 X_1、Y_2，由下式

$$H = \frac{V}{K_Y a \Omega} \cdot \frac{Y_1 - Y_2}{\Delta Y_m} = H_{OG} N_{OG}$$

求出 $K_Y a$

$$K_Y a = \frac{V}{H\Omega} \frac{Y_1 - Y_2}{\Delta Y_m}$$

测定气膜或液膜吸收系数时，通常是设法在另一相的阻力可被忽略或可以推算的条件下进行实验。例如，可用以下步骤求出用水吸收低浓度氨气时的气膜体积吸收系数$(k_Ga)_{NH_3}$。

首先通过实验测出用水吸收低浓度氨气的气相总体积吸收总系数$(K_Ga)_{NH_3}$，由下式计算$(k_Ga)_{NH_3}$的值

$$\frac{1}{K_Ga}=\frac{1}{k_Ga}-\frac{1}{Hk_La} \tag{8-74}$$

为了求出式（8-74）中的$(k_La)_{NH_3}$，可选一种在水中溶解度很小的溶质，如O_2，在相同的条件下用水吸收，测得$(K_La)_{O_2}$。因为气膜阻力可以忽略，故$(K_La)_{O_2}\approx(k_La)_{O_2}$。然后，利用两种不同的溶质$NH_3$与$O_2$的吸收系数的关系，由$(k_La)_{O_2}$求出$(k_La)_{NH_3}$，即

$$(k_La)_{NH_3}=(k_La)_{O_2}\left(\frac{D'_{NH_3}}{D'_{O_2}}\right)^{0.5}$$

最后由式（8-74）求出$(k_Ga)_{NH_3}$。

8.4.3 板式吸收塔的计算

1. 吸收过程的多级逆流理论板模型

板式吸收塔的塔高可以用多级逆流的理论板模型进行描述和计算，如图8-17示。废气（组成（摩尔比）为Y_0）从塔底进入第1级理论板，从塔顶的第N级理论板流出。吸收剂（组成（摩尔比）为X_0）则从塔顶进入第N级理论板，从塔底第1级理论板流出。在塔中，在每一级理论板上，气体与上一级板流下的液体接触，气相中溶质A被吸收转入液相，气相中组分A浓度降低，液相中组分A浓度升高，最后A在两相间达平衡。之后，气体继续向上进入上级理论板，液体则流入下一级理论板，分别与该级上的液相（气相）传质并达相平衡……。最后从第N级理论板出去的气相组成（摩尔比）Y_N降低到要求的Y_{out}。此N即为此吸收过程所需的理论板数。

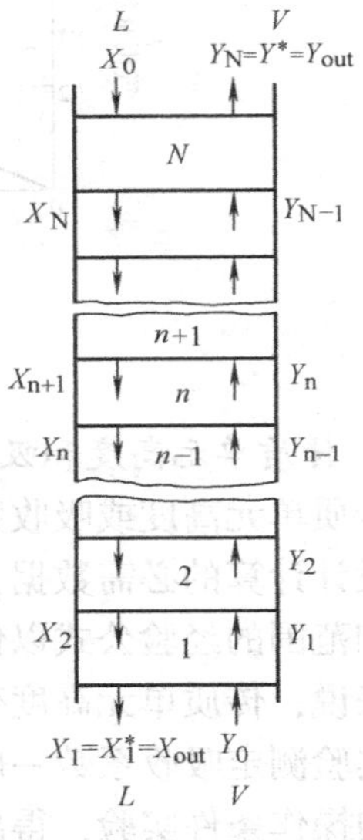

图8-17 多级逆流理论板模

但实际塔内，各板上气、液间并未达平衡，因而实际所需塔板数大于理论塔板数，实际所需塔板数N_P可用下式确定

$$N_P=N/\eta \tag{8-75}$$

式中 η——塔效率。

2. 理论板数的计算

（1）逐板计算法求理论板数 由塔的某一端开始，根据“离开同一个理论板的气、液相组成（摩尔比）呈平衡关系，相邻板间的气、液相组成（摩尔比）服从操作线方程的原则”，进行逐板计算，直至两相组成（摩尔比）达到塔的另一端点的组成（摩尔比）为止。在计算过程中，平衡线的使用次数即为理论板数。如从塔底端点开始进行逐板计算，其步骤如下：

1）由已知的气体初始组成（摩尔比）Y_0 和吸收分离要求 E_A，求出塔顶尾气组成（摩尔比）Y_{out}，$Y_{out}=(1-E_A)Y_0$。

2）由给定的操作条件确定高浓端（X_{out}，Y_0）和低浓端（X_0，Y_{out}），得出操作线方程。

3）从塔底（也可由塔顶）开始，作逐板计算。用平衡关系，由 X_1 求出 Y_1，用操作线方程。由 Y_1 求出 X_2；再用平衡关系，由 X_2 求出 Y_2，如此反复逐板计算，直至求出的 Y_N 等于（或刚小于）Y_{out}为止。运算过程中，使用吸收相平衡关系的次数 N，即为吸收所需的理论板数。

（2）图解法求理论板数　图解法的实质是根据逐板法求理论板的原理，用图解来进行逐板计算。其作法如下：

1）在 $X-Y$ 坐标图上绘出平衡线与操作线（见图 8-18）。

2）从操作线上的塔底高浓端（X_{out}，Y_0）开始（也可以从塔顶开始），向下作一垂直线，与平衡线交于点 1，然后由点 1 作水平线与操作线交于点 1′。再由点 1′作垂直线与平衡线相交于点 2 得 X_2，由点 2 作水平线与操作线交于点 2′得 X_3，如此反复作阶梯，直至 Y 等于或刚小于 Y_N 为止，绘出的阶梯数为理论板数，如图示为 5 块理论板。

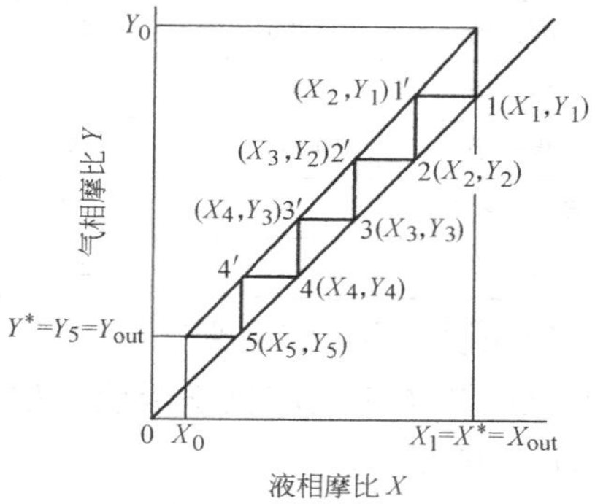

图 8-18　图解法求理论板数

8.4.4　伴有化学反应的吸收塔计算

伴有化学反应的吸收过程采用的设备与物理吸收类似，其设备的计算原则也基本相同，只是由于化学反应的存在，影响了过程推动力的大小，并进而影响到吸收速率及吸收设备的选择及计算。

1. 设备选择与强化

伴有化学反应吸收设备的选择往往与化学反应的类型密切相关。化学吸收中反应过程的快慢、反应能力与扩散传质能力的相对大小决定了吸收过程的控制过程或步骤。控制过程（步骤）不同，选择设备及强化过程的措施也有不同的考虑。

表 8-5 列出了伴有化学反应吸收几种主要设备的特性及适用范围。对于 β 与 γ 值较大的过程，由于反应速度快，过程往往由扩散控制，任何强化物质扩散的手段都会显著地增加过程的总速率。因而要选择气液比较大或气液相界面较大、有利于传质的设备，如喷雾塔、文丘里等。填料塔与淋降板式塔也常被用来处理瞬间反应与快速反应吸收过程，因为它们持液量少（气液比大）而生产强度大。强化该过程的措施也就是强化扩散、传质的措施，例如增加相际接触面、增加气相或液相湍动程度、增加过程推动力、降低吸收温度、提高吸收压力等。

对于 β 与 γ 值较小的反应速度较低的吸收过程，由于往往属于反应动力学控制体系，需要注意保证液相体积以及足够的反应空间。要选择气液比较小、液相体积较大的设备，如鼓泡塔、鼓泡搅拌釜等。由于鼓泡塔气速低，生产强度一般不高，也常采用具有溢流管的板式塔，例如泡罩塔、筛板塔、浮阀塔、浮动喷射塔等，在这些塔的多级塔盘上，气体鼓泡通过液体层，类似多个串联的鼓泡塔。强化过程的措施包括提高吸收剂中活性组分浓度、增加设备中储液量、保证反应温度等提高反应速率的措施。

表 8-5 伴有化学反应吸收几种主要设备形式的特性及其适用范围

形式	相界面积/液相体积 /（$m^2 \cdot m^{-3}$）	气液比	液相所占体积分率	液相体积/膜体积	适用范围
喷雾塔	1200	19	0.05	2～10	$\gamma>2$ 的极快反应和快反应
填料塔	1200	11.5	0.08	10～100	
板式塔	1000	5.67	0.15	40～100	$0.02<\gamma<2$ 的中速反应和慢反应，也适用于气相摩尔比高、气液比小的快反应
鼓泡搅拌釜	200	0.111	0.9	150～800	
鼓泡塔	20	0.0204	0.98	4000～10000	$\gamma<0.02$ 的极慢反应

一般来说，为了满足废气治理中对排放尾气的严格要求，多采用瞬间反应及快速反应化学吸收，如用 NaOH 溶液吸收含 H_2S、CO_2、SO_2 等的废气。

对于瞬间不可逆化学吸收过程而言，液相中活性组分浓度高低不同，可能发生过程由液膜控制或由气膜控制的区别，强化过程的措施也相应会有所不同。

2. 填料塔计算

图 8-19 为一逆流操作填料塔示意图，进行着伴有反应 $A+qB \longrightarrow C$ 的吸收过程。图中符号意义与 8.4 节及图 8-11 所设符号相同，但需另外增加如下定义：

c_{LB}、c_u——液相中 B 组分及惰性组分浓度（$mol \cdot m^{-3}$）；

p_u——惰性组分气体分压（kPa）；

P——气相总压（kPa）；

c_R——液相总浓度（$mol \cdot m^{-3}$）。

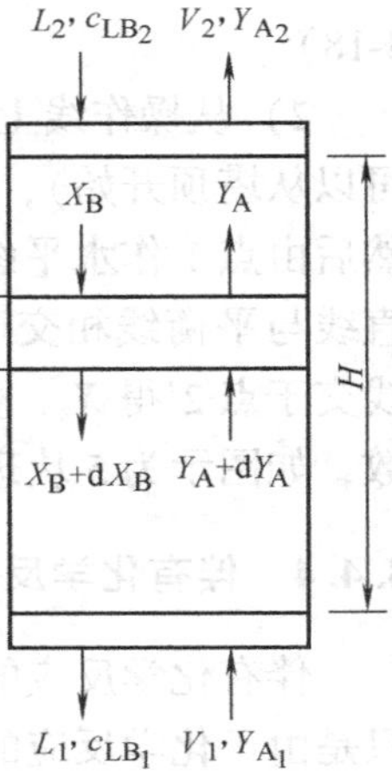

图 8-19 填料塔计算示意图

如图 8-19 所示，在填料塔中取一高度为 dH 的填料层微元作物料衡算得

$$VdY_A = -\frac{LdX_B}{q} = N_A a dH \tag{8-76}$$

对上式进行积分

$$H = V\int_{Y_{A_2}}^{Y_{A_1}} \frac{dY_A}{N_A a} = \frac{L}{q}\int_{X_{B_1}}^{X_{B_2}} \frac{dX_B}{N_A a} \tag{8-77}$$

还可以推得

$$H = VP\int_{p_{A_2}}^{p_{A_1}} \frac{dp_A}{(P-p_A)^2 N_A a} \tag{8-78}$$

废气中有害组分浓度很低时，$p_u \approx P$，$c_R \approx c_u$，则式（8-76）和式（8-77）可分别写成

$$\frac{V}{P}dp_A = -\frac{L}{qc_R}dc_{LB} \tag{8-79}$$

$$H = \frac{V}{P}\int_{p_{A_2}}^{p_{A_1}} \frac{dp_A}{N_A a} = \frac{L}{qc_R}\int_{c_{LB_1}}^{c_{LB_2}} \frac{dc_{LB}}{N_A a} \tag{8-80}$$

可见，伴有化学反应时填料层高度计算与物理吸收计算式（如式（8-77）与式（8-60）、式(8-61)）十分类似，不同的只是化学吸收的速率式 N_A 中，比物理吸收多了一个增强因子 β 或 β_∞。在式（8-76）~式（8-80）中，只要将不同反应类型的化学吸收速率式 N_A 代入，就可以计算相应的填料层高度 H 了。例如，伴有瞬间化学反应吸收过程，当 $c_{LB} \geqslant c_{LB临}$ 时，过程属于气膜控制，因此有

$$H_1 = V\int_{Y_{A_2}}^{Y_{A临}} \frac{dY_A}{N_A a} = V\int_{Y_{A_2}}^{Y_{A临}} \frac{dY_A}{k_{GA}p_A a} = V\int_{Y_{A_2}}^{Y_{A临}} \frac{dY_A}{k_{GA}Py_A a} \tag{8-81}$$

若 $k_{GA}a$ 可视为常数，低浓度废气吸收，则 $Y_A \approx y_A$，$y_A = p_A/P$。

$$H_1 = \frac{V}{k_{GA}Pa}\int_{y_{A_2}}^{y_{A临}} \frac{dy_A}{y_A} = \frac{V}{k_{GA}Pa}\ln\frac{y_{A临}}{y_{A_2}} \tag{8-82}$$

当 $c_{LB} < c_{LB临}$ 时，过程属于液膜控制，由式（8-80）及式（8-39）可得

$$H_2 = \frac{V}{P}\int_{p_{A临}}^{p_{A_1}} \frac{\dfrac{dp_A}{H_A p_A + \left(\dfrac{D_{LB}}{D_{LA}}\right)\left(\dfrac{c_{LB}}{q}\right)}}{\dfrac{1}{k_{LA}}a + \dfrac{H_A}{k_{GA}}a} \tag{8-83}$$

还可推出
$$H_2 = \frac{L}{qc_R}\int_{c_{LB_1}}^{c_{LB临}} \frac{dc_{LB}}{K_{LA}a\left(c_{LA}^* + \dfrac{1}{q}\dfrac{D_{LB}}{D_{LA}}c_{LB}\right)} = \frac{L}{qc_R K_{LA}a}\int_{c_{LB_1}}^{c_{LB临}} \frac{dc_{LB}}{c_{LA}^* + \dfrac{1}{q}\dfrac{D_{LB}}{D_{LA}}c_{LB}} \tag{8-84}$$

填料层总高 $H = H_1 + H_2$。

例8-5 采用逆流稳定操作的填料塔吸收净化尾气，使尾气中某有害组分A从0.1%降低到0.02%（体积分数），试比较用纯水吸收和采用不同浓度的B组分溶液进行化学吸收时的塔高。

（1）用纯水吸收，已知 $k_{GA}a = 320\text{mol}\cdot(\text{h}\cdot\text{m}^3\cdot\text{kPa})^{-1}$，$k_{LA}a = 0.1\text{h}^{-1}$，$1/H_A = 12.5\text{Pa}\cdot\text{m}^3\cdot\text{mol}^{-1}$，液体流量 $L = 7\times10^5\text{mol}\cdot(\text{h}\cdot\text{m}^2)^{-1}$，气体流量 $V = 1\times10^5\text{mol}\cdot(\text{h}\cdot\text{m}^2)^{-1}$，总压 $P = 10^5\text{Pa}$，液体总浓度 $c_R = 56000\text{mol}\cdot\text{m}^{-3}$。

（2）水中加入组分B，进行极快反应吸收，反应式为 $A + qB \longrightarrow C$，$q = 1.0$，采用B浓度高达 $c_{LB} = 800\text{mol}\cdot\text{m}^{-3}$，设 $D_{LA} = D_{LB}$。

（3）吸收剂中B组分采用低浓度，$c_{LB} = 32\text{mol}\cdot\text{m}^{-3}$，其余情况同(1)、(2)。

（4）吸收剂中B组分采用中等浓度，$c_{LB} = 128\text{mol}\cdot\text{m}^{-3}$，其余情况同（1）、(2)。

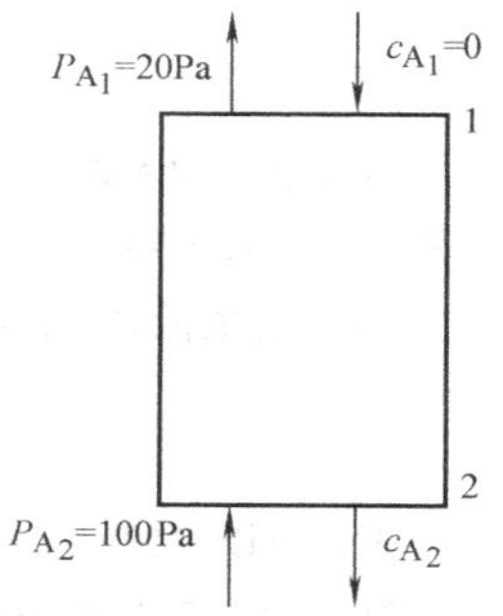

图8-20 例8-5示意图

解 （1）用纯水吸收 由于为贫气物理吸收，可采用简化计算式

$$\frac{V}{P}dp_A = \frac{L}{c_R}dc_A$$

对上式进行积分后得到
$$p_A - p_{A_1} = \frac{LP}{Vc_R}(c_A - c_{A_1})$$

代入已知条件得
$$p_A - 20 = \frac{7\times10^5\times1\times10^5}{1\times10^5\times56000}c_A$$

得到操作线方程
$$c_A = 0.08p_A - 1.6$$

故当 $p_{A_2} = 0.1\times10^3\text{Pa}$ 时，$c_{A_2} = 6.4\text{mol}\cdot\text{m}^{-3}$，

物理吸收速率为 $N_A = K_{GA}(p_A - p_A^*)$，其中

$$\frac{1}{K_{GA}a} = \frac{1}{k_{GA}a} + \frac{1}{H_A k_{LA}a} = \left(\frac{1}{320\times10^{-3}} + \frac{1}{0.08\times0.1}\right)\text{h}\cdot\text{m}^3\cdot\text{kPa}\cdot\text{mol}^{-1} = 128.13\text{h}\cdot\text{m}^3\cdot\text{kPa}\cdot\text{mol}^{-1}$$

因此得到 $K_{GA}a = 0.0078\text{mol}\cdot(\text{h}\cdot\text{m}^3\cdot\text{Pa})^{-1} = 7.8\text{mol}\cdot(\text{h}\cdot\text{m}^3\cdot\text{kPa})^{-1}$

填料层高度可按照下式计算

$$H = \frac{V}{P}\int_{p_{A_1}}^{p_{A_2}}\frac{dp_A}{N_A a} = \frac{V}{P}\int_{p_{A_1}}^{p_{A_2}}\frac{dp_A}{K_{GA}a(p_A - p_A^*)} = \frac{V}{PK_{GA}a}\int_{p_{A_1}}^{p_{A_2}}\frac{dp_A}{p_A - \frac{c_A}{H_A}} = \frac{V}{PK_{GA}a}\int_{p_{A_1}}^{p_{A_2}}\frac{dp_A}{p_A - \frac{0.08p_A - 1.6}{0.08}}$$

$$= \frac{1\times10^5}{1\times10^5\times0.0078}\int_{0.02\times10^3}^{0.1\times10^3}\frac{dp_A}{20}\text{m} = 512.8\text{m}$$

可见，用纯水吸收该尾气，所需塔的高度太高，需要采用化学吸收。由上述计算还知，传质阻力95%在液膜，组分A是难溶气体。

（2）采用瞬间反应进行尾气吸收，c_{LB}较高的情况 从塔顶到塔中任一截面作物料衡算，可以有

$$p_A - p_{A_1} = \frac{LP}{qc_R V}(c_{LB_1} - c_{LB})$$

即

$$p_A - 20 = \frac{7\times10^5\times1\times10^5}{56000\times1\times10^5}(800 - c_{LB})$$

得到
$$c_{LB} = 801.6\text{mol}\cdot\text{m}^{-3} - 0.08p_A$$

塔顶处 $c_{LB_1} = 800\text{mol}\cdot\text{m}^{-3}$，由上式得塔底处

$$c_{LB_2} = (801.6 - 0.1\times10^3\times0.08)\text{mol}\cdot\text{m}^{-3} = 793.6\text{mol}\cdot\text{m}^{-3}$$

临界浓度
$$c_{LB临} = \frac{qp_A k_{GA}aD_{LA}}{k_{LA}aD_{LB}} = 3.2p_A\text{mol}\cdot\text{m}^{-3}$$

塔顶处 $c_{LB临} = 3.2\times0.02\times10^3 = 64\text{mol}\cdot\text{m}^{-3} < c_{LB_1} = 800\text{mol}\cdot\text{m}^{-3}$

塔底处 $c_{LB临} = 3.2\times0.1\times10^3 = 320\text{mol}\cdot\text{m}^{-3} < c_{LB_2} = 793.6\text{mol}\cdot\text{m}^{-3}$

可见，全塔中c_{LB}值均大于临界浓度，吸收过程属于气膜控制，吸收速率式为$N_A = k_{GA}p_A$。

填料层高度可按下式计算

$$H = \frac{V}{P}\int_{p_{A_1}}^{p_{A_2}}\frac{dp_A}{k_{GA}ap_A} = \frac{1\times10^5}{1\times10^5}\int_{0.02\times10^3}^{0.1\times10^3}\frac{dp_A}{0.32p_A} = 5.03\text{m}$$

吸收液中加入高浓度组分B后，由于发生瞬间化学反应，塔高由512.8m下降为5.03m，过程由液膜控制转化为气膜控制。

（3）c_{LB}值低时 由物料衡算可以列出

$$p_A - p_{A_1} = \frac{LP}{qc_R V}(c_{LB_1} - c_{LB}) = \frac{7\times10^5\times1\times10^5}{1\times10^5\times56000}(32 - c_{LB})$$

因此可以得到
$$c_{LB} = 33.6\text{mol}\cdot\text{m}^{-3} - 0.08p_A$$

塔顶加入吸收剂中组分B的浓度$c_{LB_1} = 32\text{mol}\cdot\text{m}^{-3}$，由上式得塔底处B浓度为

$$c_{LB_2} = 33.6\text{mol}\cdot\text{m}^{-3} - 0.08\times1\times10^5\times0.001\text{mol}\cdot\text{m}^{-3} = 25.6\text{mol}\cdot\text{m}^{-3}$$

临界浓度
$$c_{LB临} = \frac{qp_A k_{GA}aD_{LA}}{k_{LA}aD_{LB}} = 3.2p_A$$

塔顶处 $c_{LB临} = 3.2\times0.02\times10^3\text{mol}\cdot\text{m}^{-3} = 64\text{mol}\cdot\text{m}^{-3} > c_{LB_1} = 32\text{mol}\cdot\text{m}^{-3}$

塔底处 $c_{LB临} = 3.2\times0.1\times10^3\text{mol}\cdot\text{m}^{-3} = 320\text{mol}\cdot\text{m}^{-3} > c_{LB_2} = 25.6\text{mol}\cdot\text{m}^{-3}$

可见，全塔中c_{LB}均小于临界浓度，反应在液膜中进行，填料层高度为

$$H = \frac{V}{P}\int_{p_{A_1}}^{p_{A_2}}\frac{dp_A}{N_A a} = \frac{V}{P}\int_{p_{A_1}}^{p_{A_2}}\frac{dp_A}{\dfrac{H_A p_A + c_{LB}}{\dfrac{H_A}{k_{GA}a} + \dfrac{1}{k_{LA}a}}} = \frac{1\times10^5}{1\times10^5}\int_{0.02\times10^3}^{0.1\times10^3}\frac{dp_A}{\dfrac{0.08p_A + 33.6 - 0.08p_A}{\dfrac{0.08}{0.32} + \dfrac{1}{0.1}}}$$

$$= \frac{10.25}{33.6} \times (0.1 - 0.02) \times 10^3 \text{m} = 24.4\text{m}$$

可见，c_{LB}低时，较c_{LB}高时所需塔高增加。

(4) c_{LB}中等值时　由物料衡算式

$$p_A - p_{A_1} = \frac{LP}{qc_R V}(c_{LB_1} - c_{LB})$$

可以写出

$$p_A - 0.02 \times 10^3 = \frac{7 \times 10^5 \times 1 \times 10^5}{1 \times 10^5 \times 56000}(128 - c_{LB})$$

因此可以得到

$$c_{LB} = 129.6\text{mol} \cdot \text{m}^{-3} - 0.08p_A$$

塔顶处c_{LB_1}

$$c_{LB_1} = 128\text{mol} \cdot \text{m}^{-3}$$

塔底处c_{LB_2}

$$c_{LB_2} = 129.6\text{mol} \cdot \text{m}^{-3} - 0.08 \times 0.1 \times 10^3 \text{mol} \cdot \text{m}^{-3} = 121.6\text{mol} \cdot \text{m}^{-3}$$

临界浓度

$$c_{LB临} = \frac{qp_A k_{GA} aD_{LA}}{k_{LA} aD_{LB}} = 3.2p_A$$

塔顶处

$$c_{LB临} = 3.2 \times 0.02 \times 10^3 \text{mol} \cdot \text{m}^{-3} = 64\text{mol} \cdot \text{m}^{-3} < c_{LB_1} = 128\text{mol} \cdot \text{m}^{-3}$$

塔底处

$$c_{LB临} = 3.2 \times 0.1 \times 10^3 \text{mol} \cdot \text{m}^{-3} = 320\text{mol} \cdot \text{m}^{-3} > c_{LB_2} = 121.6\text{mol} \cdot \text{m}^{-3}$$

可见，塔上部c_{LB}值大于临界浓度，属于气膜控制，化学反应发生在相界面处；在塔的下部c_{LB}值小于临界浓度，反应发生在液膜内。因此，塔高计算分两部分进行。

当$c_{LB} = c_{LB临}$时，有$129.6 - 0.08p_A = 3.2p_A$，因此可以得到$p_A = 39.5\text{Pa}$，对应的$c_{LB} = 129.6\text{mol} \cdot \text{m}^{-3} - 0.08 \times 39.5\text{mol} \cdot \text{m}^{-3} = 126.4\text{mol} \cdot \text{m}^{-3}$。

塔上部

$$H_1 = \frac{V}{P}\int_{20}^{39.5} \frac{\text{d}p_A}{k_{GA} ap_A} = \frac{1 \times 10^5}{1 \times 10^5}\int_{20}^{39.5} \frac{\text{d}p_A}{0.32p_A} = \frac{1}{0.32} \times \ln\frac{39.5}{20}\text{m} = 2.13\text{m}$$

塔下部

$$H_2 = \frac{V}{P}\int_{39.5}^{0.1\times10^3} \frac{\text{d}p_A}{N_A a} = \frac{V}{P}\int_{39.5}^{0.1\times10^3} \frac{\text{d}p_A}{\dfrac{H_A p_A + c_{LB}}{\dfrac{H_A}{k_{GA} a} + \dfrac{1}{k_{LA} a}}} = \frac{1 \times 10^5}{1 \times 10^5}\int_{39.5}^{0.1\times10^3} \frac{\text{d}p_A}{\dfrac{0.08p_A + 129.6 - 0.08p_A}{\dfrac{0.08}{0.32} + \dfrac{1}{0.1}}}$$

$$= \frac{10.25}{129.6} \times (100 - 39.5)\text{m} = 4.78\text{m}$$

总塔高

$$H = H_1 + H_2 = 6.91\text{m}$$

由本例可见，吸收塔内的反应对吸收塔完成吸收任务所需高度的影响很大，通过计算可以确定合适的c_{LB}值及相应的填料层高度。

以上简单介绍了填料层高度的计算。上述计算忽略了溶解热及化学反应热效应带来的吸收温度的变化。吸收温度的变化可能影响到气液间相平衡、反应速率、液体粘度等，最终会影响到吸收塔的高度。但考虑到废气中有害组分的浓度通常较低，上述简化是合理的。

3. 板式塔计算

化学吸收板式塔计算基本与物理吸收类似，是以理论板计算作基础，根据操作线方程及气液平衡关系，采用图解法或解析法进行计算。对于反应热效应大的吸收，还要进行热量衡算。

8.5 吸收设备

工业气态污染物吸收设备结构形式有多种，常用的有填料吸收塔、板式吸收塔、各种喷雾塔、喷射文丘里等，一些吸收设备在开发中，如超重力吸收器，机械喷洒吸收器等。下面简单介绍常用设备的结构。

8.5.1 填料吸收塔

普通填料吸收塔结构如图8-21所示。塔内充填的填料使气、液两相良好接触，达到良好传质效果。在塔内气、液两相并流或逆流过程中，液体将填料表面充分润湿，气体在填料空隙间的不规则通道中流动，气液两相在填料表面连续接触（也称微分接触），塔内气、液两相的浓度呈连续变化。为提高吸收效果，应使两相流体间有良好的、尽可能大的接触表面，而这是由流体流经填料表面时形成的，因而高性能的填料和液体的均匀分布是填料塔高效率的两个关键。性能优良的填料应具有比表面积大、空隙率大、压降小、耐腐蚀、耐用、重量轻等特点。从制作材料分，填料可分为实体填料和网体填料两大类，实体填料如拉西环、鲍尔环、鞍形填料、波纹填料等；网体填料则是由丝网制成的各种填料，如鞍形网、θ网环填料等。从装填方式分，可分为乱堆填料和规整填料两类，乱堆填料为各种颗粒型填料，如拉西环、鲍尔环、鞍形填料、θ环等；规整（整砌）填料如实体波纹板、栅格板、波纹网、平行板等。一般规整填料较乱堆填料压降低、阻力小。详细资料可查有关化工手册。液体喷淋装置及液体再分布装置的结构和性能，直接影响到吸收剂在填料塔内的分布情况，进而影响到填料表面的有效利用率及脱除污染物的效果。液体喷淋装置有多种，可分为管式、莲蓬式、盘式等。液体再分布装置可分为截锥式、升气管式等，详细资料可参考相关的化工手册。普通填料塔具有结构简单，阻力小，便于用非金属耐腐蚀材料制造，适于小直径等优点。但用于大直径时，往往效率低、造价高。一般来说，填料塔，尤其是乱堆填料塔不适用于气、液相中含有较多固体悬浮物的场合，如燃煤锅炉尾气中含有大量烟尘，直接进入填料吸收塔很易堵塞，造成压降过大。但规整填料中的栅格填料适用于气体通量大、要求阻力小、液体含有固体悬浮物的场合（如日本三菱重工的钙法脱硫即用栅格填料吸收塔），安装时要特别注意水平和液体的均匀分布。

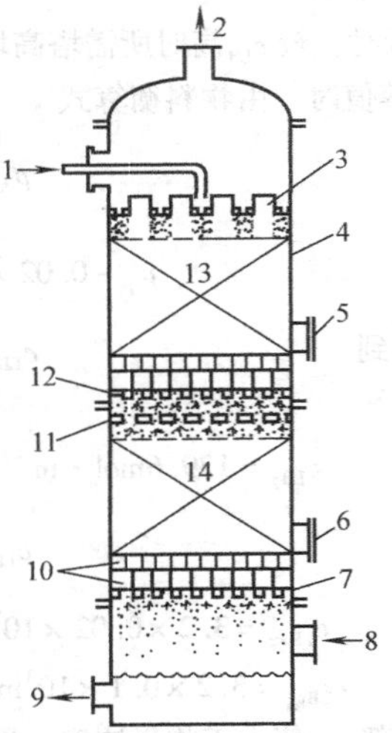

图8-21　填料塔结构示意图

1—液体入口　2—气体出口　3—液体分布器　4—外壳　5—填料卸出口　6—人孔　7—填料支承　8—液体出口　9—液体出口　10—防止支承板堵塞的大、中填料砌层　11—液再分布器　12—填料支承　13、14—填料（乱堆或整砌）

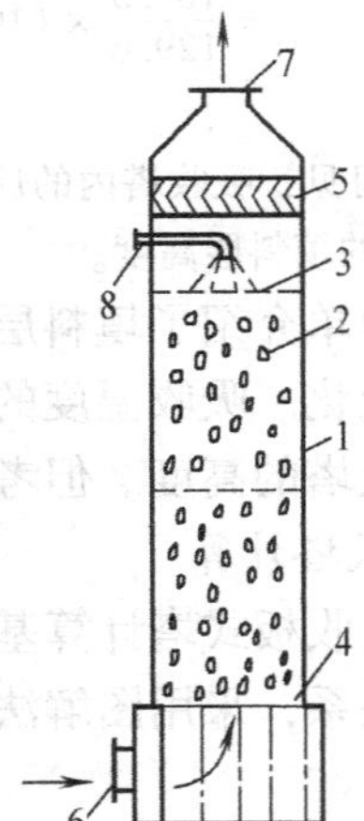

图8-22　湍球塔结构

1—塔身　2—球形填料　3—上栅板　4—下栅板　5—雾沫分离器　6—气体入口　7—气体出口　8—液体喷嘴　9—液体出口

湍球塔是一种特殊的填料吸收塔（见图8-22），塔内分层装有若干很轻的湍球。气体以很高的速度通过液层，使湍球处于流化状态，湍球表面的液膜是气液传质的主要场合，且处于不断更新的状态，因而塔内传质、传热效率高。它的优点是气、液分布均匀，不易堵塞，适用于快速反应化学吸收过程（如用水吸收氨，碱液吸收含 HCl 废气，NaOH 溶液吸收含 SO_2 废气等），以及除尘过程。与普通填料吸收塔相比，湍流塔塔径可缩小。其缺点是塔内有一定程度的返混，传质效果受到一定影响。此外，湍球材质的选择及防球的老化、破损等是长期操作要考虑的问题。

一种卧式填料吸收器如图 8-23 示，其中填料为规整丝网填料，气流与液流呈错流方式流动。当气流横向穿过垂直下流的液膜时，气、液间发生传质。与逆流填料吸收塔相比，它的压降较小，没有因填料层高度位置不同而变化的液流分配现象，巧妙布置内部隔板，可防止气体短路现象。国内有人用它来脱除烟气中的 SO_2。

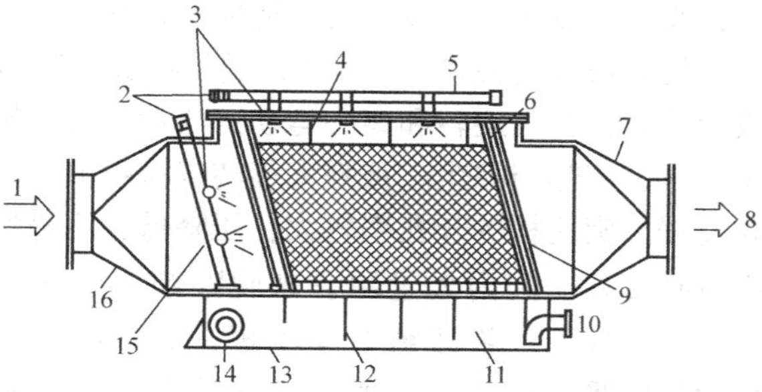

图 8-23 卧式填料吸收器

1—含污染物气体 2—液体进口 3—喷嘴 4—挡板 5—顶部总喷水管 6—填料床 7—出口逐步收缩区 8—净化的气体 9—填料支承栅 10—泵吸入口 11—液池 12—挡板 13—排放口 14—溢流口 15—前方总喷水管 16—进口逐步扩大区

8.5.2 板式吸收塔

板式吸收塔内沿塔高装有多块板式分离部件（塔板），板上开有不同形状的小孔。气液逆流操作时，液体靠重力作用逐板往下流动，并在各板上形成流动的液层。气体则靠压强差推动自下依次穿过塔板上的小孔及塔板上方的液层而向上流动，气、液两相在塔内逐级接触传质、传热和（或）化学反应，因此两相的组成沿塔高呈阶跃变化，而不是像填料吸收塔那样，呈连续性变化。与填料吸收塔相比，通常板式吸收塔空塔速度较高，因而处理能力较大，但压降也较大。大直径板式吸收塔较同直径填料吸收塔轻，造价低，检修清理容易。板式吸收塔放大时，塔板效率较为稳定。

板式吸收塔可分为有降液管及无降液管（穿流板）两类；依在塔板上气液两相的流动关系，可分为错流型（如一般单流型及双流型）、逆流型（如穿流板）及并流型（如气体提升管型的卧式塔）；依气液两相在塔板上的接触状态，可分为鼓泡状态、喷射状态和过渡状态三种。塔板的结构形式有多种，如筛板、导向筛板、斜孔筛板、浮动筛板、垂直筛板、旋流板、泡罩板、浮阀板、舌形板、浮动喷射板等。各种塔板结构和相应塔型的区别主要就在于板上开启的气体通道的形式不同，通道形式对板式吸收塔的性能影响较大。

筛板塔是最简单的一种板式吸收塔，塔板上根据设计开有若干 $\phi 2 \sim 8$mm 的圆孔。筛板塔具有结构简单、造价低、安装容易、清理方便的特点，应用较广。

泡沫塔的塔板结构类似于筛板塔，不同之处在于它的降液管设在塔外（见图 8-24），作成箱状，以破坏泡沫，便于

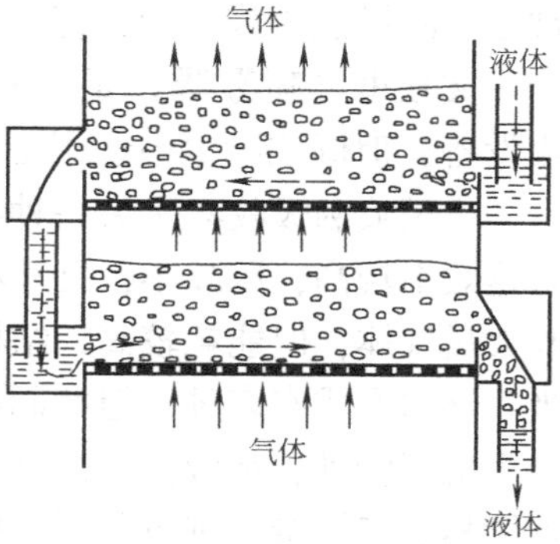

图 8-24 泡沫塔

溢流。由于塔板上有一层泡沫，气液间有巨大的接触面，有利于传质、传热。国内有采用泡沫塔进行烟气脱硫的报道。

穿流塔没有降液管，与普通板式塔相比，它开孔率大、处理能力大；其缺点是操作弹性小，废气流量过大、过小均会造成不正常操作，影响净化效果。

旋流塔板（见图7-15）由类似风机的叶片及中央盲板等组成，气流由下而上通过旋流板叶片时，产生旋转和离心运动，与加入盲板被分配流向各叶片的液体激烈碰撞、混合，实现传质、传热与除尘。被强大旋转气流喷散成液滴的液体，被甩向塔壁，气液分离，完成吸收过程。旋流板的开孔率较大，压降低，不易堵塞，操作弹性也较大，适合于除尘或快速反应吸收过程，国内大量用它来脱除烟气中 SO_2 及烟尘。由于板上气液接触时间很短，对于慢速或中速化学反应吸收过程，一般其净化效率比普通板式塔低些。

8.5.3 喷淋（雾）塔

在喷淋塔内，液体呈分散相，气体为连续相（见图8-25），一般气液比较小，适用于极快或快速化学反应吸收过程。

喷淋塔结构简单、压降低、不易堵塞、气体处理能力大、投资费用低。其缺点是效率较低、占地面积大，气速大时，雾沫夹带较板式塔重。目前国内外大型电厂锅炉烟气脱硫大部分采用直径很大（>10m）的喷淋塔，由于新的通道很大的大型喷头的使用，尽管钙法脱硫液中悬浮物的体积分数高达20%~25%以上，也不会堵塞。一般采用很大的液气比以弥补喷淋塔传质效果差的不足。

为保证净化效率，应注意使气、液分布均匀、充分接触。喷淋塔通常采用多层喷淋。旋流喷淋塔可增加相同大小的塔的传质单元数，卧式喷淋塔的传质单元数较少。喷淋塔的关键部件是喷嘴，它常常是喷淋塔能否成功的关键之一。

文丘里（喷雾器）是一种常用的湿式除尘、吸收设备，但湿式除尘中使用更多。

机械喷洒吸收器是另一种结构不同的吸收器，优点是效率较高，压降小，尺寸小，适用于少量液体吸收大量气体；但能耗较高，结构较为复杂。机械喷洒吸收器的形式有多种，但共同的特点是不用喷嘴，而是靠机械转动，将液体喷洒开来，形成大量雾滴，与连续相的气体接触进行传质。机械喷洒吸收器有浸入式转动锥体吸收器（见图8-26）和卧式机械喷洒吸收

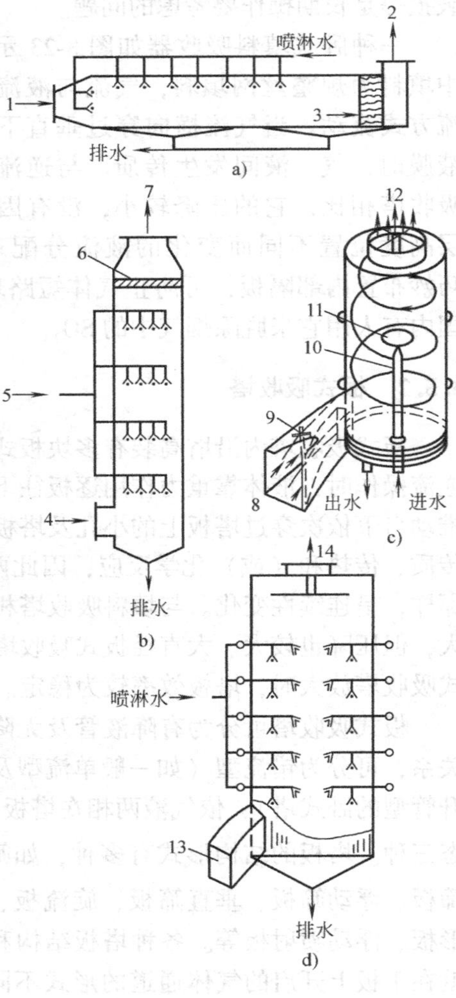

图8-25 各种类型的喷淋塔

a）卧式喷淋塔 b）简单的立式喷淋塔
c）旋流喷淋塔 d）旋流喷淋塔（外部喷嘴型）
1、4、8、13—气体进口 2、7、12、14—气体出口
3、6—除雾器 5—喷淋水 9—调节板
10—多管喷嘴 11—防爆盘

器等形式。

8.5.4 鼓泡塔

鼓泡塔是圆柱形塔内存有一定量液体，气体从下部多孔花板下方通入，穿过花板时被分散成很细的气泡，在花板上形成一鼓泡层，使气液间有很大的接触面。由于该塔型可以保证足够的液相体积和足够的气相停留时间，故它适于进行中速或慢速反应的化学吸收。鼓泡塔中易发生纵向环流，导致液体在塔内上下翻滚搅动、纵向返混，效率降低，可采用塔内分段或设置内部构件、加入填料等措施减少返混的影响。

鼓泡塔中液体可以流动，也可以不流动；液流与气流可以逆流，也可以并流（见图8-27）。鼓泡塔的空塔速度通常较小（一般 30 ~ 1000$m \cdot h^{-1}$），不适宜处理大流量气体；压力损失主要取决于液层高度，通常较大。国内有用鼓泡塔作气、液、固三相的反应场所，进行废气治理（如软锰矿浆处理含 SO_2 烟气）的报道，效果很好。

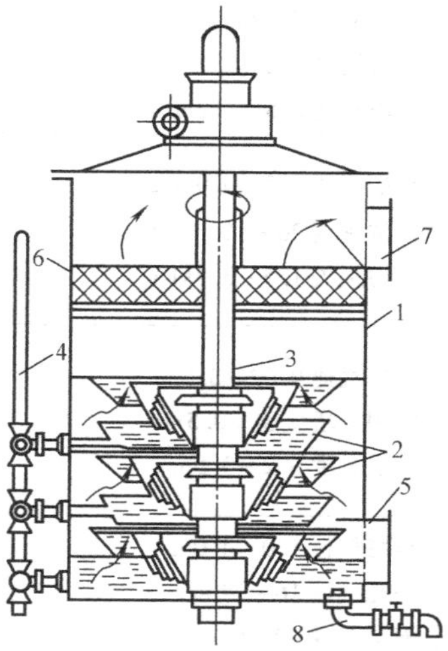

图 8-26 机械喷洒吸收器

1—外壳 2—盘形槽 3—有喷洒器的轴 4—液体进口 5—气体进口 6—除沫器 7—气体出口 8—液体出口

8.5.5 超重力吸收器

超重力吸收器是将逆流吸收的气液两相，置于大于重力加速度的加速度力场——离心力场中，使得液泛速度大大提高，从而大大提高了吸收器内的允许流速，减少了设备体积（即增大了处理能力）。由于吸收器内流速比常规塔大很多，气液强烈湍动，大幅度（成数量级）提高了传质能力，经国内外研究人员测定其传质系数可为一般相同大小填料塔的100倍。典型的超重力吸收器结构如图 8-28 所示。国内有人将其用于硫酸厂含高浓度 SO_2 尾气治理，效果良好。超重力吸收器用于锅炉烟气脱硫，效果较一般填料塔或板式塔高10%。

表8-6为常用吸收设备的操作参数及优缺点比较，仅供参考。

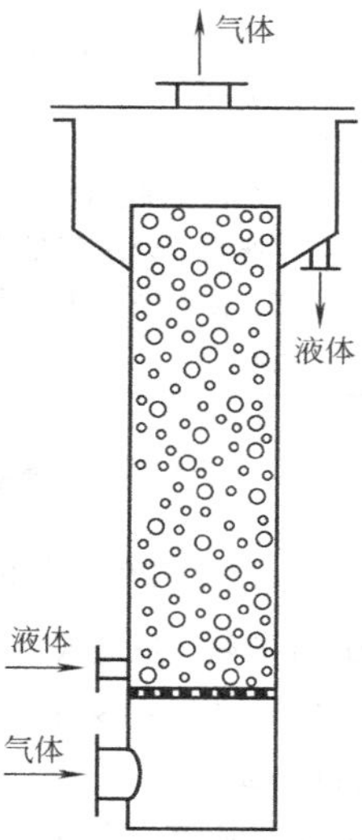

图 8-27 连续鼓泡层吸收器

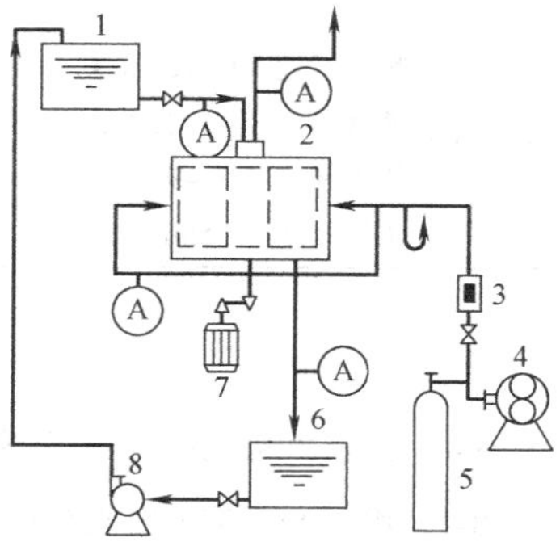

图 8-28 超重力吸收器

1—高位槽 2—旋转吸收器 3—转子流量计 4—鼓风机 5—钢瓶 6—低位槽 7—电动机 8—循环泵 A—采样点

表 8-6 常用吸收设备的操作参数及优缺点比较

名称	操作要点	优点	缺点
填料吸收塔	液气比 1 ~ 10L/m³ 喷淋密度 6 ~ 8m³/(m² · h) 压力损失 500Pa 空塔气速 0.5 ~ 1.2m/s	结构简单，制造容易；填料可用耐酸陶瓷，易解决防腐问题；流体阻力较小，能量消耗低；操作弹性大，运行可靠	气速过大会形成液泛，处理能力低；填料多、重量大，检修时劳动量大；直径大时，气液分布不均，传质效率下降
湍球塔	空塔气速 1.5 ~ 6.0m/s 喷淋密度 20 ~ 110m³/(m² · h) 压力损失 1.5 ~ 3.8kPa	气液接触良好，相接触面不断更新，传质系数较大；空塔气速大；球体湍动，互相碰撞，不易结垢与堵塞	气液接触时间短，不适宜吸收难溶气体；气速不够大时，小球不能浮起，不能运转；小球易损坏渗液，影响正常操作
鼓泡塔	空塔气速 0.02 ~ 3.5m/s 常用空塔气速 <0.5m/s 液层厚度 0.2 ~ 3.5m	装置简单，造价低，易于防腐蚀；塔内存液多，吸收容量大；气液接触时间长，利于慢速反应的化学吸收	空塔气速低，不适宜处理大气量废气；液层厚，压力损失大，能耗高
筛板塔	空塔气速 1.0 ~ 4.0m/s 小孔气速 16 ~ 22m/s 液层厚度 40 ~ 60mm 单板阻力 300 ~ 600Pa 喷淋密度 12 ~ 15m³/(m² · h)	结构较简单，空塔速度高，处理气量大；能够处理含尘气体，可以同时除尘、降温、吸收；大直径塔检修方便	安装要求严格，塔板要求水平；操作弹性较小，易形成偏流和漏液，致使吸收率下降
斜孔板塔	空塔气速 1.5 ~ 4.0m/s 液层厚度 30 ~ 40mm 单板阻力 270 ~ 340Pa	空塔气速高，处理能力大，气体交叉斜喷，加强了气液接触和传质，吸收效率高；可处理含尘气体，不易堵塞	结构比筛板塔复杂，制造也较困难；安装要求严格，容易偏流
喷淋塔	空塔气速 0.5 ~ 2.0m/s 液气比 0.6 ~ 1.0L/m³ 压力损失 100 ~ 200Pa	结构简单，造价低，操作容易；可同时除尘、降温、吸收，压力损失小	气液接触时间短，混合不易均匀，吸收率低；液体经喷嘴喷入，动力消耗大，喷嘴易堵塞产生雾滴，需设除雾器
文丘里	喉口气速 30 ~ 100m/s 液气比 0.3 ~ 1.2L/m³ 压力损失 0.8 ~ 9kPa 水压 0.2 ~ 0.5MPa	结构简单，设备小，占空间小；气速高，处理气量大，气液接触好，传质好，可同时除尘、降温、吸收	气液接触时间短，对于难溶气体或慢反应吸收率低；压力损失大，动力消耗多

习题

8-1 试求 303K 氢气的分压为 2×10^4Pa 时氢气在水中的溶解度。已知 $E_{H_2}=7.39\times10^7$Pa。

8-2 用 H_2SO_4 溶液吸收 0.005×10^6Pa 的氨，反应式为 $NH_3+1/2H_2SO_4=1/2(NH_4)_2SO_4$。已知 $k_{GA}=0.3\times10^{-6}$kmol/(m² · h · Pa)，$k_{LA}=3\times10^{-5}s^{-1}$，并设扩散系数 $D_{LA}=D_{LB}$。为使吸收过程不受液膜扩散过程控制，以最快的速度进行。试问：

1）此情况下吸收液 H_2SO_4 溶液浓度最低应该为多少？

2）此时的吸收速率为多少？

8-3 在一吸收塔中用大量的 NaOH 水溶液吸收混合气体中的 CO_2，试计算在下列条件下的化学吸收速率。

$c_{BL}=c_{NaOH}=0.4$kmol/m³，$k=4000$m³/(kmol · s)，$D_{LA}=D_{LB}=6.4\times10^{-6}$ m²/h，$k_{GA}=$

0.0015kmol/（$m^2 \cdot h \cdot kPa$），$k_{LA}=1.2m/h$，$1/H_A=330m^3 \cdot kPa/kmol$，$p_A=p_{CO_2}=0.05\times10^5Pa$，在 NaOH 水溶液上方的 CO_2 平衡分压 $p_A^*=p_{CO_2}^*\approx0$。反应主要按如下不可逆反应进行 $CO_2+NaOH\longrightarrow NaHCO_3$，$CO_2$ 的消耗速度可用下式表示

$$-\frac{dCO_2}{d\tau}=kc_{NaOH}c_{CO_2}$$

8-4　试计算以 Na_2CO_3 溶液吸收 CO_2 时的增强系数β。已知传质分系数 $k_{LA}=0.4\times10^{-4}m/s$，液膜扩散系数 $D_{LA}=1.5\times10^{-9}m^2/s$，拟一级反应速度常数 $k_1=16s^{-1}$（298K）。

8-5　用 HNO_3 吸收净化含 $NH_3$5%（体积分数）的尾气并产出副产物 NH_4NO_3 化肥，为使吸收过程以较快的速度进行，必须使吸收过程不受 HNO_3 在液相的扩散速率所限制，试计算吸收时 HNO_3 浓度最低不得低于多少？并求此时的吸收速率。已知 $k_{GA}=0.001kmol/(m^2\cdot h\cdot kPa)$，$k_{LA}=0.72m/h$，$D_{HNO_3}$和 D_{NH_3}在液相中相等，系统总压力为 1.013×10^5Pa。

8-6　试计算用 H_2SO_4 溶液从气相混合物中回收氨的逆流吸收塔的填料层高度。已知：进口气体混合物中 NH_3 的分压为 5kPa，出口处为 0.5kPa。吸收剂中 H_2SO_4 浓度，加入时为 $0.6kmol/m^3$，排出时为 $0.5kmol/m^3$，$k_{GA}=0.0035kmol/(m^2\cdot h\cdot kPa)$，$k_{LA}=0.05m/h$，气体流量 $V=45kmol/h$，总压为 1.013×10^5Pa，$a=100m^2/m^3$，$D_{NH_3}=D_{H_2SO_4}$。

8-7　某化学吸收脱硫过程，$k_{GA}=0.002kmol/(m^2\cdot h\cdot kPa)$，$k_{LA}=2\times10^{-4}m/s$，填料的比表面 $a=92m^2/m^3$，塔内气体的流率 $V=30kmol/(m^2\cdot h)$，入塔气硫含量为 $2.2g/m^3$，出塔气硫含量为 $0.04g/m^3$，操作压力 1.013×10^5Pa，若全塔平均增强因子$\beta=48$，$1/H_A=1200m^3\cdot kPa/kmol$，求塔高。

8-8　在填料塔中，用25℃的水逆流吸收混合气体中的 CO_2，已知 $k_{GA}a=0.8kmol/(m^3\cdot h\cdot kPa)$，$k_{LA}a=25h^{-1}$，$1/H_A=3000m^3\cdot kPa/kmol$，$D_{LB}=2D_{LA}$，$D_{LA}=1.0\times10^{-9}m^2/s$。

1）说明气、液膜的相对阻力，并列出吸收速率方程。

2）当 $p_{CO_2}=1kPa$，采用 $2mol\cdot L^{-1}$的 NaOH 溶液进行化学吸收，吸收速率及增强系数为多少？并求出液相临界浓度 $c_{BL临}$，反应为瞬间不可逆反应 $CO_2+2NaOH\longrightarrow Na_2CO_3+H_2O$（$A+2B\longrightarrow C+D$）

3）当 $p_{CO_2}=20kPa$，碱液浓度为 $0.2mol\cdot L^{-1}$，假定反应仍为瞬间不可逆反应。求吸收速率、增强系数和 $c_{BL临}$。

提示：当 $k_{LA}a\left(\frac{D_{LB}}{D_{LA}}\right)\left(\frac{c_{BL}}{q}\right)\geqslant k_{GA}ap_A$ 时，反应面与相界面重合，否则反应面在液膜内。p_{Ai}可用下式计算

$$p_{Ai}=\frac{k_{GA}ap_A-k_{LA}a\left(\frac{D_{LB}}{D_{LA}}\right)\left(\frac{c_{BL}}{q}\right)}{k_{GA}a+H_Ak_{LA}a}$$

第9章

气态污染物的吸附净化法

用多孔固体处理流体混合物，使其中所含的一种或几种组分浓集在多孔固体表面，而与其他组分分开的过程称为吸附。被吸附到固体表面的物质称为吸附质，吸附质附着于其上的物质称为吸附剂。由于吸附过程通常能有效地捕集浓度很低的有害物质，在环境保护方面的应用越来越广泛，如有机污染物的回收净化、低浓度二氧化硫和氮氧化物尾气的净化等。吸附过程既能使尾气达到排放标准，又能回收这些气态污染物，实现废物资源化。

本章在简要介绍吸附基本理论的基础上，着重讨论固定床吸附过程的计算和在废气治理中的应用。

9.1 吸附基本理论

9.1.1 物理吸附与化学吸附

吸附现象可分为物理吸附和化学吸附，其主要区别见表9-1。

表9-1 物理吸附和化学吸附的区别

	物理吸附	化学吸附
类似性质	蒸气凝结和气体液化	表面化学反应
作用力	范德华力，弱，吸附质分子结构变化小	化学键力，大，分子结构变化大
有无电子转移	无	有
吸附热	小，近似等于凝结热，小于几千焦/摩尔	大，近似等于化学反应热，大于42кд/μολ
选择性	不高	高
活化能	不需要	需要，又称活化吸附
速率及温度的影响	吸、脱附速率均快，瞬间达到平衡，速率不受温度影响，但温度升高吸附量下降	吸、脱附速率通常较小，较长时间达到平衡，温度升高，吸附、解吸速率都增加
解吸难易	易	难
吸附层	单分子层（低压）或多分子层（高压）	单分子层

注：范德华力是定向力、诱导力和逸散力的总称。

实际上的吸附过程往往是物理与化学吸附共同发生，不过，一般情况下，总是以某一种吸附方式为主。

有时温度可以改变吸附的性质。在低温时，化学吸附速率很低，因为此时具有足够高能量的分子很少，过程中主要是快速的物理吸附，而且很快达到平衡。由于吸附是放热过程，所以随温度的升高，吸附量下降，如图9-1中AB段所示。吸附量越过最低点后，温度已升至吸附分子的活化温度，开始化学吸附。由于温度升高，活化分子数目迅速增多，所以吸附量随温度上升而增加，达到最高点X，化学吸附达到平衡。又由于吸附是放热过程，故随温度的继续上升，吸附量又开始下降，平衡向脱附方向移动。

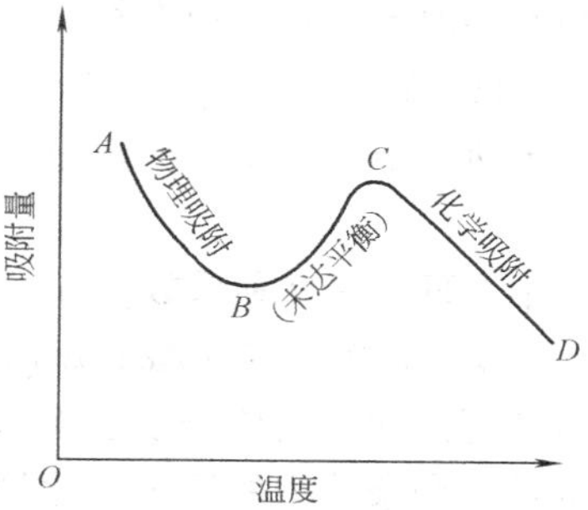

图9-1 吸附等压线

对于吸附过程而言，吸附效果取决于两方面的因素：由吸附剂与吸附质本身性质决定的吸附平衡因素，以及由于物质传递所决定的吸附动力学因素，也就是取决于吸附平衡和吸附速率两个方面。

吸附平衡是理想状态，是吸附剂与吸附质长期接触后达到的状态；而吸附速率则体现了吸附过程与时间的关系，它反映了吸附过程的操作条件（温度、浓度、压力等）及床层的结构，填充状况，吸附剂的形状、大小，流体在床层中流动情况等因素对吸附的影响。

要设计一吸附设备或欲强化一吸附过程，必须从这两方面着手。

9.1.2 吸附平衡

等温下，吸附达平衡时，吸附质在气、固两相中的浓度关系一般用吸附等温线表示。吸附等温线通常根据实验数据绘制，也常用各种经验方程式——吸附等温式来表示。经过多年研究，目前已观测到6种类型的吸附等温线，如图9-2所示。

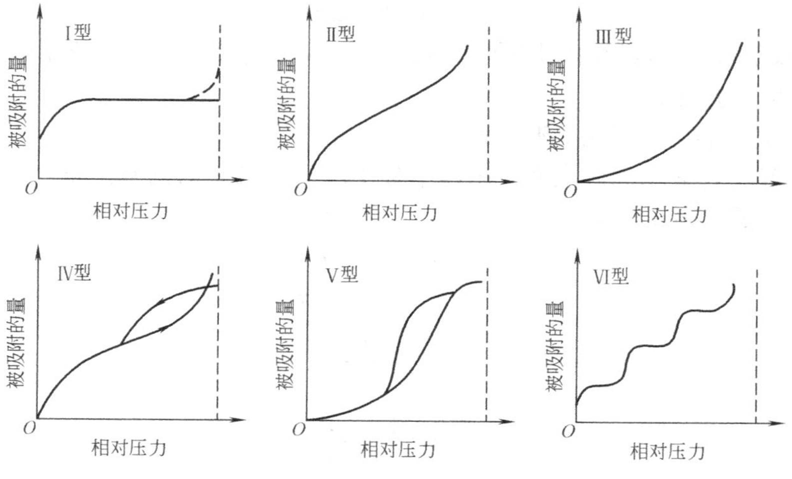

图9-2 6种类型吸附等温线

Ⅰ型—80K下N_2在活性炭上的吸附 Ⅱ型—78K下N_2在硅胶上的吸附

Ⅲ型—351K下溴在硅胶上的吸附 Ⅳ型—323K下苯在ΦεO上的吸附

Ⅴ型—373K下水蒸气在活性炭上的吸附 Ⅵ型—惰性气体分子分阶段多层吸附

对于变温吸附过程，由于过程规律较复杂，难于模型处理，但可以根据温度的变化情况将变温过程划分为若干等温段来处理。

目前，常用的吸附等温方程式有亨利方程、朗格缪尔等温方程、B. E. T. 方程、弗伦德利希等温方程及其他方程。

(1) 亨利（Hενρψ）方程　当气相压力很低，吸附剂表面最多只有10%的表面被吸附质分子所覆盖时，平衡吸附量 θ 与气体中吸附质浓度 χ 成线性关系

$$\theta = H\chi \tag{9-1}$$

式中　H——亨利系数。

(2) 朗格缪尔（Λανγμυιρ）等温方程　应用范围较广的实用方程式是朗格缪尔根据分子运动理论导出的单分子层吸附理论及其吸附等温式。朗格缪尔认为，固体表面均匀分布着大量具有剩余价力的原子，此种剩余价力的作用范围大约在分子大小的范围内，即每个这样的原子只能吸附一个吸附质分子，因此吸附是单分子层的。朗格缪尔假定：①吸附质分子之间不存在相互作用力；②所有吸附剂表面具有均匀的吸附能力；③在一定条件下吸附和脱附达到动态平衡；④气体的吸附速率与该气体在气相中的分压成正比。

令 θ 为吸附剂表面被吸附分子覆盖的百分数，则 $1-\theta$ 为未被吸附分子覆盖的百分数。因为只有当气体分子碰到空白部分才能被吸附，故气体的吸附速率与 $1-\theta$ 成正比，又因吸附速率与气相分压力成正比，所以

$$\text{吸附速率} = \kappa_1\pi(1-\theta)$$

脱附速率与 θ 成正比，故

$$\text{脱附速率} = \kappa_2\theta$$

κ_1 与 κ_2 都是比例常数。在等温下，当吸附达平衡时，吸附速率等于脱附速率，则

$$\kappa_1\pi(1-\theta) = \kappa_2\theta$$

整理得

$$\theta = \alpha\theta/(1+\alpha\pi) \tag{9-2}$$

式中　α——吸附系数，是吸附作用的平衡常数，$\alpha = \kappa_1/\kappa_2$，$\alpha$ 的大小代表了固体表面吸附气体能力的强弱。

式（9-2）即朗格缪尔吸附等温方程。

等温下，若以 s_μ 表示固体表面吸附满单分子层（$\theta=1$）时的吸附量，s 表示测量气体分压 π 时的吸附量，则 $\theta = s/s_\mu$，于是式（9-2）可变为

$$\theta = \frac{s}{s_\mu} = \frac{\alpha\pi}{1+\alpha\pi}$$

由上式可得

$$s = \frac{s_\mu\alpha\pi}{1+\alpha\pi} \tag{9-3}$$

或

$$\frac{\pi}{s} = \frac{1}{\alpha s_\mu} + \frac{\pi}{s_\mu} \tag{9-3'}$$

当压力很低或吸附很弱时，$\alpha\pi \ll 1$，式（9-3）成为

$$s = s_\mu\alpha\pi \tag{9-4}$$

当压力很高或吸附很强时，$\alpha\pi \gg 1$，式（9-3）成为 $s = s_\mu$。

式（9-4）类似于亨利方程，其中 $s_\mu\alpha$ 相当于亨利系数H。

朗格缪尔等温方程得到的结果与很多实验现象吻合，是目前常用的、基本的等温式。但在很多体系中，朗格缪尔等温方程不能在比较大的 θ 范围内吻合。

(3) B. E. T. 方程　1938年布鲁诺（Βρυναυερ）、埃麦特（Εμμεττ）及泰勒（Τελλερ）三

人提出了多分子层吸附理论，即被吸附的分子也具有吸附能力，在第一层吸附层上，由于被吸附分子间存在范德华力，还可以吸附第二层、第三层……形成多层吸附，各吸附层间存在动态平衡。这时的气体吸附量等于各层吸附量的总和，在等温下，可推得吸附等温方程式（B. E. T. 方程）为

$$\frac{\pi}{s(\pi_0-\pi)}=\frac{1}{s_\mu X}+\frac{(X-1)\pi}{s_\mu X\pi_0} \tag{9-5}$$

式中 s——被吸附气体分压为 π 时的吸附总量；

s_μ——吸附剂表面被单分子层铺满时的吸附量；

π_0——实际温度下被吸附气体的饱和蒸气压；

X——与吸附有关的常数。

若以 $\frac{\pi}{s(\pi_0-\pi)}$ 对 $\frac{\pi}{\pi_0}$ 作图，可得一直线，该直线斜率为 $\frac{X-1}{s_\mu X}$，截距为 $\frac{1}{s_\mu X}$。B. E. T. 方程在 $\pi/\pi_0=0.05\sim0.35$ 时较准确。

式（9-5）的重要用途是测定和计算固体吸附剂的比表面积，根据 $s_\mu=1/$（斜率 + 截距），吸附剂的比表面积为

$$\Sigma_\beta=\frac{1}{22400}\cdot\frac{s_\mu N_0}{22400}\cdot\frac{\sigma}{\Omega}$$

式中 Σ_β——吸附剂比表面积（μ^2/γ）；

σ——单个吸附质分子的截面积（μ^2）；

Ω——吸附剂质量（γ）；

N_0——阿伏加德罗常数，$N_0=6.023\times10^{23}$。

(4) 弗伦德利希（$\Phi\rho\varepsilon\nu\delta\lambda\iota\chi\eta$）等温方程 弗伦德利希根据大量实验，总结出如下指数方程

$$\theta=\frac{\xi}{\mu}=\kappa\pi^{\frac{1}{\nu}} \tag{9-6}$$

式中 ξ——被吸附组分的质量（$\kappa\gamma$）；

μ——吸附剂的质量（$\kappa\gamma$）；

θ——吸附剂的吸附量（$\kappa\gamma$（吸附质）/$\kappa\gamma$（吸附剂））；

π——平衡时被吸附组分的分压（$\Pi\alpha$）；

κ、ν——经验常数，与吸附剂和吸附质的性质及温度有关，通常 $\nu>1$，其值由实验确定。

弗伦德利希等温方程只适用于吸附等温线的中压部分，在使用中经常取它的对数形式，即

$$\lambda\gamma\theta=\lambda\gamma\kappa+\frac{1}{\nu}\lambda\gamma\pi \tag{9-7}$$

以 $\lambda\gamma\theta$ 对 $\lambda\gamma\pi$ 作图可得一直线。直线斜率 $1/\nu$ 若在 0.1 ~ 0.5 之间，吸附容易进行，大于 2 则难进行。

弗伦德利希等温方程是一个经验式，它所适用的 θ 范围比朗格缪尔等温方程要大些。弗伦德利希等温方程常用于低浓度气体的吸附（如用活性炭脱除低浓度的醋酸蒸气），未知组成物质的吸附（如有机物或矿物油的脱色）和活性炭吸附 XO 等。

还有其他形式的吸附等温线方程。由于吸附机理复杂，不同吸附体系，吸附本质不同，故至今还没有一个普遍适用的吸附等温方程。目前的各种理论都有它的适用条件和对象。例如，朗格缪尔等温方程和弗伦德利希等温方程既可用于物理吸附，又可用于化学吸附，而 B. E. T. 等温方程则适用于多层物理吸附。

例 9-1 在 303K、323K 和 368K 下，XO_2 在某活性炭上的吸附等温线如图 9-3α 所示。计算 323K 时弗伦德利希等温方程和朗格缪尔等温方程的常数。

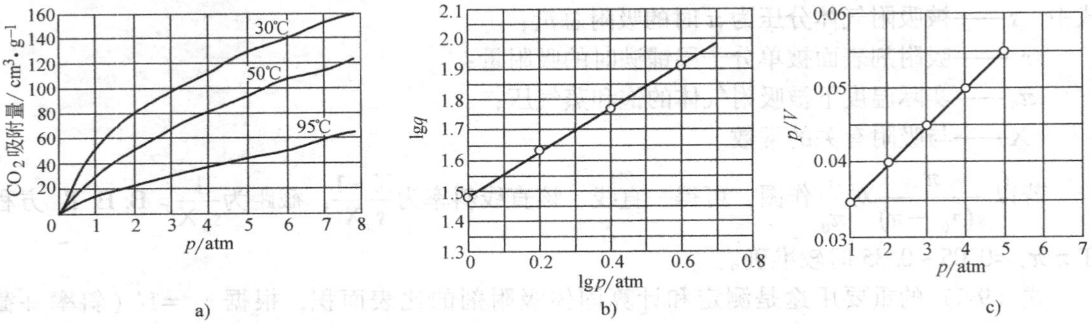

图 9-3　例 9-1 图

α) XO_2 在某活性炭上的吸附等温线　β) 弗伦德利希等温方程　χ) 朗格缪尔等温方程

解　(1) 由图 9-3α 查得有关数据，并按 $\lambda\gamma\theta = \lambda\gamma\kappa + \frac{1}{\nu}\lambda\gamma\pi$ 计算，结果见表 9-2。

表 9-2　按式 (9-7) 计算结果

$\theta/(\chi\mu^3/\gamma)$	30	51	67	81	93	104 6
$\pi/\alpha\tau\mu$	1	2	3	4	5	
$\lambda\gamma\theta$	1.477	1.708	1.826	1.909	1.969	2.017
$\lambda\gamma\pi$	0.000	0.301	0.477	0.602	0.699	0.778

$\lambda\gamma\theta$ 对 $\lambda\gamma\pi$ 作图 (见图 9-3β)，那么，弗伦德利希等温方程为 $\theta = \frac{\xi}{\mu} = 30\pi^{0.7}$

(2) $\frac{\pi}{s} = \frac{1}{\alpha s_\mu} + \frac{\pi}{s_\mu}$

π/s 对 π 作图 (见图 9-3χ)，那么朗格缪尔等温方程为

$$\pi/s = 35.7\pi/(1 + 0.168\pi)$$

表 9-3　按式 9-3′计算结果表

π/s	0.033	0.039	0.045	0.049	0.054	0.058
π	1	2	3	4	5	6

9.1.3　吸附速率

在吸附层内，吸附相与流动相间处于相对运动的状况，吸附剂上的吸附作用除受吸附平衡因素的影响外，还受吸附动力学因素的影响。吸附平衡只表明了吸附过程进行的极限。在实际的吸附操作中，两相接触时间是有限的，因此，吸附量仍取决于吸附速率，吸附速率又依吸附剂及吸附质性质的不同而有很大差异。

吸附床内的吸附过程可分为：

(1) 外扩散　气体组分从气相主体穿过颗粒周围的边界膜到达固体外表面。

(2) 内扩散　气体组分从固体外表面扩散进入微孔道内，在微孔道内扩散到微孔表面。

(3) 吸附　到达微孔表面的分子被吸附到吸附剂上，并逐渐达到吸附与脱附的动态平衡。

脱附的气体经内、外扩散到达气相主体。

以上几个步骤中，外扩散发生于包裹在吸附剂周围的气膜中，内扩散则发生在吸附剂颗粒内部微孔内，而吸附则主要发生在吸附剂内表面上。对于在固体表面上进行化学反应的化学吸附过程来说，在第三步吸附之后还有一步——化学反应。

因此，吸附速率将取决于外扩散速率、内扩散速率及吸附本身的速率。在物理吸附过程中，吸附剂内表面上进行的吸附与脱附速率一般较快，而“内扩散”与“外扩散”过程则慢得多。因此，物理吸附速率的控制步骤多为内、外扩散过程。对于化学吸附过程来说，其吸附速率的控制步骤可能是化学动力学控制，也可能是外扩散控制或内扩散控制。通常，较常见的情况是内扩散控制，而外扩散控制的情况则较少见。

对于物理吸附，吸附质A的外扩散速率为

$$\frac{\delta\theta_{\mathrm{A}}}{\delta\tau}=k_Y a_{\mathrm{p}}(Y_{\mathrm{A}}-Y_{\mathrm{Ai}}) \tag{9-8}$$

式中　$\mathrm{d}q_{\mathrm{A}}$——微元时间 $\mathrm{d}\tau$ 内吸附质组分A从气相扩散至单位体积固体表面的质量（$\mathrm{kg/m^3}$）；

k_Y——外扩散传质分系数[$\mathrm{kg/(h\cdot m^2)}$]；

a_{p}——单位体积床层固体颗粒外表面积（$\mathrm{m^2/m^3}$）；

Y_{A}、Y_{Ai}——组分A在气相中及固体外表面的含量（kg吸附质/kg无吸附质流体）。

当吸附过程稳定时，其内扩散速率亦为$\frac{\mathrm{d}q_{\mathrm{A}}}{\mathrm{d}\tau}$，内扩散速率式类似地可以表示为

$$\frac{\mathrm{d}q_{\mathrm{A}}}{\mathrm{d}\tau}=k_X a_{\mathrm{p}}(X_{\mathrm{Ai}}-X_{\mathrm{A}}) \tag{9-9}$$

式中　k_X——内扩散传质分系数[$\mathrm{kg/(h\cdot m^2)}$]；

X_{A}、X_{Ai}——组分A在吸附相内表面及外表面的含量（kg吸附质/kg吸附剂）。

由于吸附剂外表面的含量不易测定，吸附速率常用传质总系数来表示

$$\frac{\mathrm{d}q_{\mathrm{A}}}{\mathrm{d}\tau}=K_X a_{\mathrm{p}}(X_{\mathrm{A}}^*-X_{\mathrm{A}})=K_Y a_{\mathrm{p}}(Y_{\mathrm{A}}-Y_{\mathrm{A}}^*) \tag{9-10}$$

式中　K_X、K_Y——吸附相及气相传质总系数；

X_{A}^*、Y_{A}^*——吸附达到平衡时，组分A在吸附相内表面和气相中的含量。

设吸附达到平衡时，气相中吸附质的含量与吸附相中吸附质的含量有下面的平衡关系

$$Y_{\mathrm{A}}^*=\beta X_{\mathrm{A}}$$

式中　β——平衡线平均斜率。

类似气液传质过程，可导出总系数与分系数的关系为

$$\frac{1}{K_Y a_{\mathrm{p}}}=\frac{1}{k_Y a_{\mathrm{p}}}+\frac{\beta}{k_X a_{\mathrm{p}}} \tag{9-11}$$

$$\frac{1}{K_X a_{\mathrm{p}}}=\frac{1}{k_X a_{\mathrm{p}}}+\frac{1}{k_Y a_{\mathrm{p}}\beta} \tag{9-12}$$

一般吸附过程，开始时较快，随后变慢，且吸附过程涉及多个步骤，机理复杂，传质系数之值目前从理论上推导还有一定困难，故吸附器设计所需的速率数据多凭经验或模拟实验

所得的实验数据，对于一般粒度的活性炭吸附蒸气的吸附过程，总传质系数之值可由下面公式计算

$$K_Y a_p = 1.6 \frac{Du^{0.54}}{\nu^{0.54} d^{1.46}} \tag{9-13}$$

式中 D——扩散系数（m^2/s）；

u——气体混合物流速（m/s）；

ν——运动粘度（m^2/s）；

d——吸附颗粒直径（m）。

上式是在雷诺数 $Re<40$ 时，用活性炭吸附乙醚蒸气的实验数据归纳整理而得的经验式。

对于化学吸附过程，因需要考虑在吸附剂表面上进行的化学反应对整个过程的影响，情况要复杂得多。

9.2 吸附剂与吸附设备

9.2.1 吸附剂

1. 工业吸附剂必须具备的条件

虽然所有的固体表面，对于流体都或多或少地具有物理吸附作用，但合乎工业需要的吸附剂，必须具备下面几个条件：

1）要有巨大的内表面，其外表面仅占总表面积的极小部分，故可看作是一种极其疏松的固态泡沫体。例如，硅胶和活性炭的内表面均高达$500m^2/g$甚至$1000m^2/g$以上。

2）对不同气体组分具有选择性的吸附作用。例如，木炭吸附 SO_2 或 NH_3 的能力较吸附空气为大。一般地说，吸附剂对各种吸附组分的吸附能力随吸附组分沸点的升高而加大，在与吸附剂相接触的气体混合物中，首先被吸附的是高沸点的组分。在多数情况下，被吸附组分的沸点与不被吸附组分（即惰性组分）的沸点相差很大，因而惰性组分的存在基本上不影响吸附的进行。

3）吸附容量大。吸附容量是指在一定温度和一定的吸附质浓度下，单位质量或单位体积吸附剂所能吸附的最大吸附质质量。吸附容量除与吸附剂表面积有关外，还与吸附剂的孔隙大小、孔径分布、分子极性及吸附剂分子上官能团性质等有关。

4）具有足够的机械强度、热稳定性及化学稳定性。

5）来源广泛，价格低廉，以适应对吸附剂日益增长的需要。

2. 常用工业吸附剂

工业上常用的吸附剂主要有活性炭、活性氧化铝、硅胶、沸石分子筛和吸附树脂等。

（1）活性炭　活性炭由各种含碳物质在低温下（<773K）碳化，然后在高温下以蒸气活化而得。氯化锌、氯化锰、氯化钙和磷酸等可用来代替蒸气作活化剂。活性炭的主要成分是碳。活性炭常被用来吸附净化废气中的有机蒸气、恶臭物质和某些其他有害气体。

活性炭的品质取决于原料性质和活化条件。若原料中的灰分含量较高，往往会影响活性炭的品质，一般认为原料中灰分的质量分数小于6%为宜。活化程度的标志是烧去率，即烧去的碳占原料中碳的百分数。过高的烧去率会引起活性炭强度与堆密度的下降和总孔隙率及

微孔容积的提高。在一般情况下，烧去率在50%左右可以获得满意的活性炭。

活性炭按形状可分为粉状和颗粒状活性炭。按原料不同，可分为果实壳（椰子壳、核桃壳等）系、木材系、泥炭褐煤系、烟煤系和石油系等几个系统。碳分子筛是新近发展的一种孔径均一的分子筛型新品种，具有良好的选择吸附能力。孔径分布一般为：碳分子筛在10Å（$1Å=10^{-10}m$）以下，活性炭在50Å以下。

活性炭的优点是性能稳定，耐腐蚀；缺点是它可燃。因此，活性炭的使用温度一般不能超过200℃，个别情况下，在惰性气体保护下，操作温度可达500℃。

（2）活性氧化铝　将含水氧化铝在严格控制的加热速度下，将其中的水驱出，形成多孔结构，即得到活性氧化铝。活性氧化铝具有吸附容量大、比表面积大、强度高、热稳定性好等特点，可广泛应用于化工、石化、天然气和化肥等工业中作吸附剂（如石油气的脱硫、含氟废气脱氟）、干燥剂及催化剂载体等。

（3）硅胶　将水玻璃（硅酸钠）溶液用酸处理，得到硅酸凝胶，再经水洗后于398～403K下干燥脱水而得，其分子式为$SiO_2 \cdot nH_2O$。硅胶大量用于气体的干燥和烃类气体的回收。硅胶是极性吸附剂，难以吸附非极性物质。

（4）沸石分子筛　分子筛具有许多直径均匀的微孔和排列整齐的孔穴，有巨大的内表面积和高的吸附容量。根据有效孔径的大小，分子筛可用来筛分大小不同的流体分子。应用最广的沸石分子筛是具有多孔骨架结构的硅铝酸盐结晶体，化学通式为［M_2（Ⅰ）·M（Ⅱ）］$O \cdot Al_2O_3 \cdot nSiO_2 \cdot mH_2O$。其中M（Ⅰ）为1价金属，M（Ⅱ）为2价金属，$n$为硅铝比，$m$为结晶水分子数。与其他吸附剂比较，沸石分子筛有如下特征：①由于有很大内表面的孔穴，可吸附和储存大量的分子，故吸附容量大；②沸石分子筛孔径大小整齐均一，它又是一种离子型吸附剂，可以根据分子的大小和极性的不同进行选择性吸附；③沸石分子筛还能对一些极性分子在较高的温度和低分压下保持很强的吸附能力。

（5）吸附树脂　最初的吸附树脂是酚—醛类缩合高聚物，以后出现了一系列的交联共聚物，如聚苯乙烯、聚丙烯酯和丙烯酰胺类的高聚物。这些大孔吸附树脂，有带功能团的，也有不带功能团的，从非极性的到强极性的，种类很多。大孔吸附树脂除了目前价格较贵以外，比起活性炭来，它的物理化学性能稳定，品种多，能用于废水处理、维生素的分离及过氧化氢的精制等。

工业上使用的吸附剂还有白土、粉煤灰及一些纤维状的吸附剂，如碳纤维、玻璃纤维和氧化铝纤维等。常用吸附剂特性见表9-4。

表9-4　常用吸附剂特性

吸附剂类别	活性炭	活性氧化铝	硅胶	沸石分子筛		
				4A	5A	13X
堆积密度/（kg/m^3）	200～600	750～1000	800	800	800	800
热容/［$kJ/(kg \cdot K)$］	0.836～1.254	0.836～1.045	0.92	0.794	0.794	——
操作温度上限/K	423	773	673	873	873	873
平均孔径/$10^{-10}m$	15～25	18～48	22	4	5	13
再生温度/K	373～413	473～523	393～423	473～573	473～573	473～573
比表面积/（m^2/g）	600～1600	210～360	600	——	——	——

9.2.2 吸附设备及流程

工业上的吸附过程，按吸附操作的连续与否可分为间歇吸附和连续吸附；按吸附剂的移动方式和操作方式可分为固定床、移动床、流化床和多床串联吸附等；按照吸附床再生的方法又可分为升温解吸循环再生（变温吸附）、减压循环再生（变压吸附）和溶剂置换再生等。下面着重介绍应用较多的几种吸附器。

1. 固定床吸附器

固定床吸附器多为圆柱形立式，内置格板或孔板，其上放置吸附剂颗粒，废气由格板下通入，向上穿过吸附剂颗粒之间的间隙，净化后的气体由吸附器上部排出。一般是定期通入废气吸附，定期再生，用两台或多台固定床轮换进行吸附与再生操作。图9-4为活性炭回收苯的设备及流程。图中吸附器Ⅰ正在进行吸附，吸附器Ⅱ同时进行脱附、干燥与冷却。

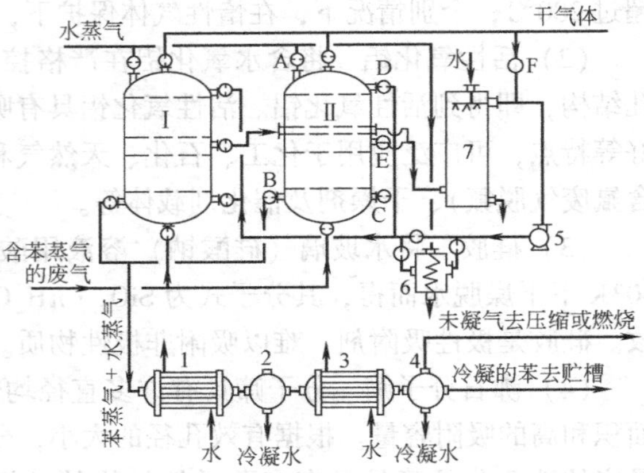

图9-4 活性炭吸附回收苯的设备及流程
Ⅰ、Ⅱ—吸附器 1、3—间接冷凝器 2、4—气水分离器
5—风机 6—预热器 7—直接冷凝器
A、B、C、D、E、F—阀门

含苯蒸气的空气从下方进入吸附器Ⅰ进行吸附，净化后的气体从顶部出口排出。此时在吸附器Ⅱ的系统中，用作解吸剂的水蒸气从顶部经阀A进入吸附器Ⅱ，脱附后的苯蒸气与水蒸气的混合物从吸附器Ⅱ底部经阀B出来，进入冷凝器1，大部分水蒸气冷凝，经分离器2排出，然后在冷凝器3中继续将苯及剩余的少量水蒸气冷凝下来。冷凝下来的苯引入贮槽，未冷凝的气体去压缩或燃烧。解吸完毕后，关闭A、B阀，打开C、D、E、F阀，起动风机5，同时往预热器6送加热蒸汽，干气体经阀F在预热器6内被加热后，经阀C、D进入吸附器Ⅱ。夹带着水蒸汽的气体由阀E流出吸附器Ⅱ，进入冷凝器7，冷凝后再由风机抽出。这样，经过一段时间，当吸附器Ⅱ中残余水蒸气排干净后，关阀F，让气体在5、6、Ⅱ、7间循环，水蒸气继续在7中冷凝。然后，不加热干气体，而将冷的干气体直接送入吸附器Ⅱ，对Ⅱ进行冷却循环。冷却终了，停风机5，再生完毕。

当吸附器Ⅰ失效后，起动相应阀门，用吸附器Ⅱ吸附，吸附器Ⅰ进行再生，如此轮换操作。

为减少气体混合物通过吸附器的动力消耗，可以采用卧式吸附器，其吸附剂厚度可以大大减小。但操作过程中容易产生吸附剂分布不均匀，引起沟流和短路，从而使吸附效率下降。

固定床吸附操作的优点是设备结构简单，吸附剂磨损小；其缺点是间歇操作，吸附和再生操作需周期变换，因而操作复杂，设备庞大，生产强度低，在分离连续流动的气体混合物时，需设计多台并联吸附器相互切换。

2. 移动床吸附器

移动床吸附器的结构如图9-5所示，它分为几段，最上段1是冷却器，用于冷却吸附剂。

冷却器之下是吸附段（Ⅰ）、增浓段（Ⅱ）、汽提段（Ⅲ），它们之间由分配板 3 分开。最下段是脱附器 2，它和冷却器一样，也是列管换热器。在它的下部，还装有吸附剂控制机构 6、固体料面控制器 7、封闭装置 8、出料阀门 9。

移动床吸附器的工作原理是，经脱附后的吸附剂从设备顶部进入冷却器 1，温度降低后，经分配板 3 进入吸附段Ⅰ，借重力作用不断下降；待净化气体从吸附段（Ⅰ）下面引入，自下而上与吸附剂逆流接触，将需吸附的组分吸附，净化后的气体从吸附段（Ⅰ）顶部引出。吸附剂在增浓段（Ⅱ）与上升气流逆流相遇，气体将吸附剂上易解吸的、不希望吸附的组分置换下来，固相上只剩下需脱除的部分，起到了“增浓作用”；吸附剂下降到汽提段（Ⅲ）时，与由底部上来的脱附气接触，进一步吸附，并将难吸附气体置换出来，使吸附剂上的组分更纯，最后进入脱附器 2，在这里用加热法使被吸附组分脱附出来，吸附剂得到再生；脱附后的吸附剂用气力输送到顶部，进入下一个循环操作。

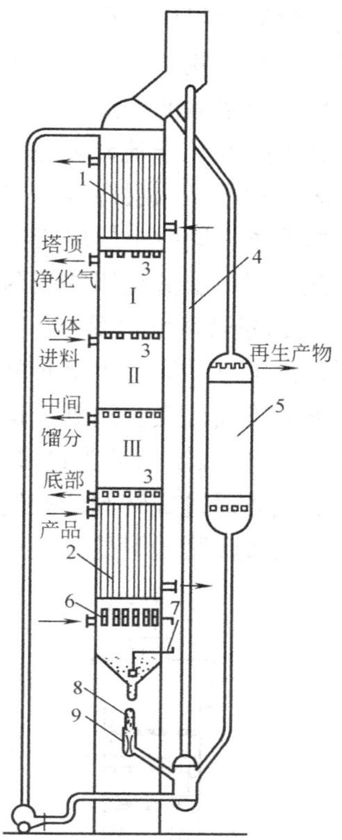

图 9-5 移动床吸附器

1—冷却器 2—脱附器 3—分配板 4—提升管 5—再生器 6—吸附剂控制机构 7—固体料面控制器 8—封闭装置 9—出料阀门

由上可以看出，吸附和脱附过程是连续完成的。由于需净化气体中可能含有难脱附的物质，它们在脱附器中不能释放，影响吸附能力，为此必须将部分吸附剂导入再生器 5 中进行再生。

移动床吸附器吸附剂的下降速度，由吸附剂控制机构 6 控制，分配板 3 的作用是使气体分布均匀。

对于稳定、连续、量大的气体净化，用移动床比固定床要好。

移动床吸附工艺流程，如图 9-6 所示。从料斗 1 借助重力加入吸附器的吸附剂，在向下移动的同时，与风机 3 送入的待净化气体错流接触进行吸附过程。控制吸附剂在床层中的移动速度，使净化后的气体达标排放。吸附污染物后的吸附剂，落入吸附器下面的传送带排出吸附器，送入脱附器中进行脱附。脱附后的吸附剂再送入吸附剂料斗中循环使用。在选用该种流程时要注意吸附剂在移动过程中的磨损问题。

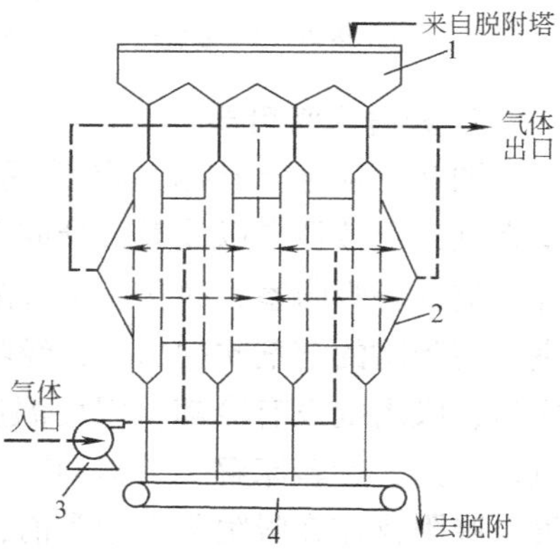

图 9-6 移动床吸附工艺流程图

1—料斗 2—吸附器 3—风机 4—传送带

3. 流化床吸附器

流化床吸附器的结构并不复杂，图 9-7 所示为气固流化床吸附器的一种形式，它由带溢流装置的多层吸附器和移动式脱附器所组成。在脱附器的底部直接用蒸气和再生气对吸附剂进行再生和干燥。此外，增设传输装置，在吸附与再生装置间传输吸附剂，就构成了基本的流化床吸附工艺。

流化床吸附器的优点是：①流体与固体的强烈搅动，大大强化了传质；②采用小颗粒吸附剂，且吸附剂处于流动状态，提高了界面的传质速率，使其适宜于净化大气量的废气；③吸附床体积小，床层温度分布均匀；④吸附与再生为连续操作。其缺点是吸附剂和容器的机械磨损严重，同时上层塔板上的吸附剂颗粒与出口气体保持平衡，单层流化床难以达标排放，因此，当单层流化床的吸附不能达到净化要求时，就要用多层流化床来实现。

4. 模拟移动床吸附器

所谓模拟移动床，也就是静止的移动床。对吸附剂来说是不动的固定床，但通过流体进出口位置的不断改变，达到流体与吸附剂相对运动的目的，以此来模拟移动床的作用，如图 9-8 所示。图中吸附器分为许多小段，每段是一个小的固定床，有进出口，床中装有静止的吸附剂。气体通过旋转阀的控制，依次连续地由下而上经过各段，从而改变气体与固体的相互关系，完成吸附脱附的分离过程。

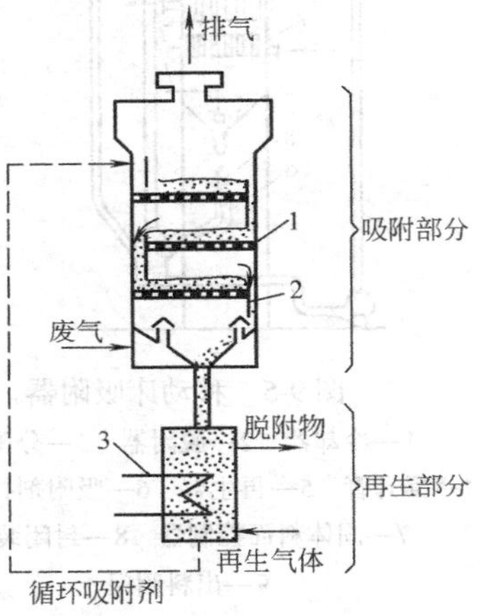

图 9-7 流化床吸附器

1—塔板 2—溢流堰 3—加热器

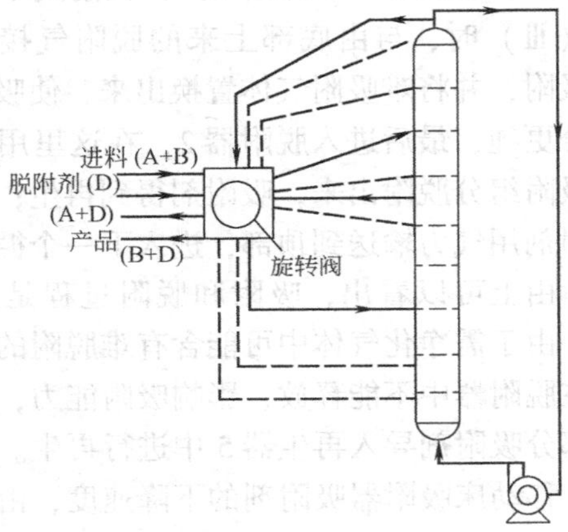

图 9-8 模拟移动床示意图

5. 旋转床吸附器

图 9-9 为旋转床吸附器结构示意图。旋转床吸附器可用来净化含有机溶剂的废气。此设备在圆鼓上按径向以放射形分成若干个吸附室，各室均装满吸附剂，待净化的废气从圆鼓外环室进入各吸附室，净化后不含溶剂的空气从鼓心引出。再生时，吹扫蒸气自鼓心引入吸附室，将吸附的溶剂吹扫出去，经收集、冷凝、油水分离后，有机溶剂可回收利用。蒸气吹扫之后，吸附剂没有冷却，因而温度可能较高，吸附程度可能受到一定的影响，这是一个缺点。但是，旋转床解决了移动床吸附剂移动时的磨损问题。为了保证废气净化达到要求的程度，吸附操作在吸附剂未饱和前，就应进入再生。

6. 浆液吸附

假如固体吸附剂在干燥状态和湿润状态下的吸附能力都一样，则可以将固体吸附剂混悬于不被吸附的中性（惰性）液体中，形成流动性好的浆液，这样就可以采用像处理液体一样的连续操作方法。已经发现，活性炭的浆液对甲烷、乙烷、丙烷和苯的吸附能力与干态时一样，分子筛的许多吸附性能，在干态时与湿态时没有什么差别。这就表明浆液吸附法有可能被广泛地采用。

由于浆液导热性能比单纯固体颗粒床层要好得多，所以不致造成因吸附热传导不出来而形成的局部过热现象。

浆液吸附时，有如下几个步骤：①气体中吸附质（强吸附组分）穿过气泡中的气膜；②吸附质在液相中扩散；③穿过包围在固体颗粒外面的液膜；④在固体颗粒内孔扩散而后被吸附。

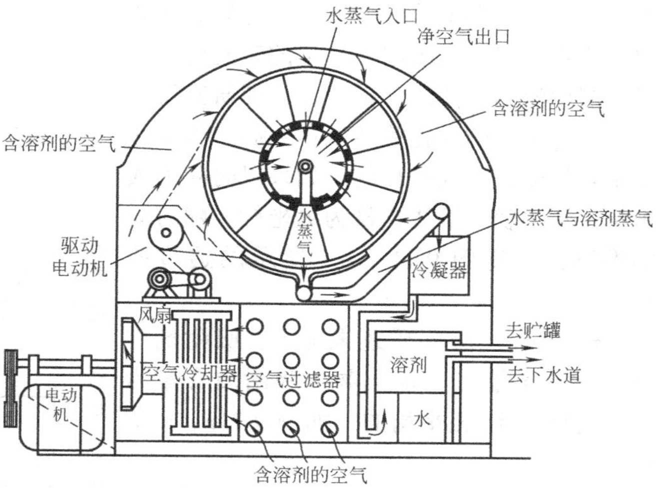

图9-9 旋转吸附器结构示意图

由于采用很微小的固体颗粒，其表面积大大增加，使后两个步骤的传质阻力减至最小。比如，沸石分子筛就可以采用小于5μm的微细颗粒。由于粒径很小，用液泵输送时，也不会造成进一步的破碎。由此可见，浆液吸附可在很大程度上克服固体吸附床存在的生产能力小、吸附剂磨损大、吸附热不易导出等缺点。

浆液吸附可以采用通常的鼓泡床、板式塔等设备，其流程如图9-10所示。在设备结构上应减少其堵塞的可能，减少流动的死角，以及考虑清理积渣等。此法可以连续生产，可以不停车更换吸附剂。

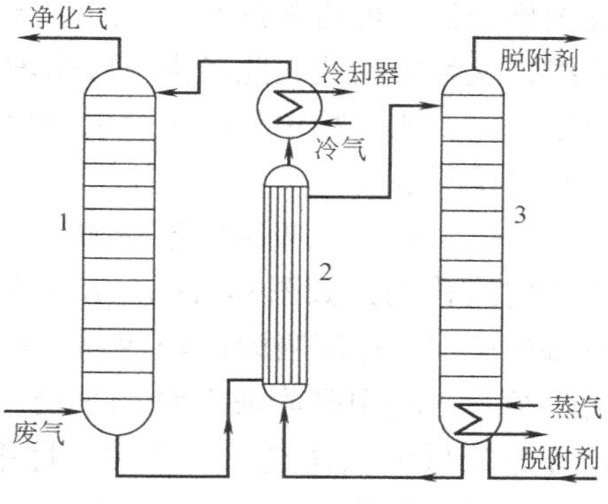

图9-10 浆液吸附示意图

1—吸附塔 2—热交换器 3—脱附塔

9.3 固定床吸附过程计算

9.3.1 吸附负荷曲线与透过曲线

当固定床吸附器填充以均一颗粒的吸附剂后，初始浓度为 c_0 的流体以流速 u 等速通过床层，由于不断地进行着吸附，床层固定相中吸附质的含量随时间的延伸与床层内位置的变化而不同。在流体流动情况下，表示吸附剂床层中吸附质含量随床层高度变化关系的曲线称为吸附负荷曲线。由于吸附剂中吸附质含量不易测定，故吸附负荷曲线也有用床层中流动相的含量来表示的。

假如以床层离进口端长度为横轴，床层中吸附剂的含量为纵轴，可以描绘出吸附质流过吸附床时，床层中吸附剂含量 X 随时间的推移在床层中的变化情况，如图9-11a～f所示。图中 X_0（反复再生过的吸附剂中残留的吸附质含量）为吸附剂原始含量，X_e 为吸附剂达到平衡时的含量，Z 为床层高度，τ_0 为床层开始吸附的时刻。

但是，从床层中各部位采出样品来分析吸附剂负荷，从而得到吸附负荷曲线是相当困难的，一方面采样困难，另一方面容易破坏床层的稳定。因此常改用在一定的时间内，分析床层中流出气体的含量变化，即研究流出物含量随时间的变化关系以达到研究吸附床层中含量变化情况的目的。如果以时间为横坐标，流出物中溶质含量为纵坐标，随时间的推移，可得图 9-11a′～f′所示的透过曲线。

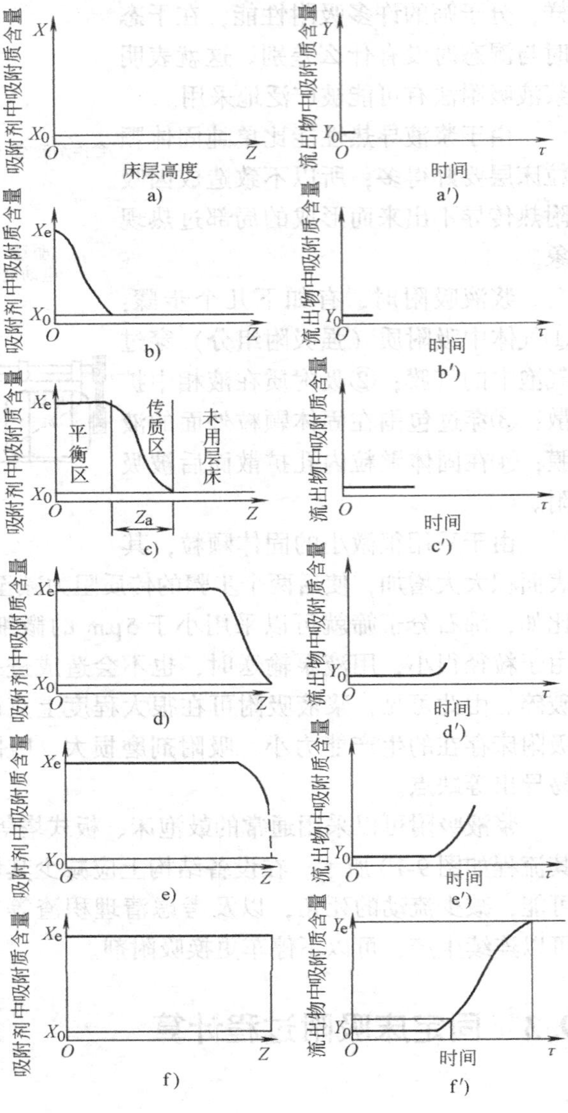

图 9-11　吸附过程分析图

a)、a′) $\tau<\tau_0$　b)、b′) $\tau=\tau$　c)、c′) $\tau=\tau+\Delta\tau$

d)、d′) $\tau=\tau_b$　e)、e′) $\tau>\tau_b$　f)、f′) $\tau\geqslant\tau_e$

$\tau<\tau_0$ 时，吸附质还未加入，吸附剂中具有原始含量 X_0，流出物中吸附质含量为 Y_0，它是与 X_0 相平衡的，如图 9-11a、a′所示。

$\tau=\tau$ 时，吸附质匀速进入床层，床层开始吸附，经过时间 τ 后，从床层中取吸附剂均匀样分析，可得如图 9-11b 所示吸附负荷曲线，又称吸附波。此时由于吸附波未达到床层末端，流出物中吸附质含量仍为 Y_0，如图 9-11b′所示。

$\tau=\tau+\Delta\tau$ 时，吸附质不断加入，吸附波不断向前移动，如图 9-11c 所示。在靠近入口端的床层，床层吸附已经达到饱和，其吸附负荷为进料中吸附质含量的平衡含量 X_e，这部分床层的吸附能力已为 0，称平衡区；在靠近出口端的床层，其床层负荷仍为初始含量 X_0，具备全部的吸附能力，这部分床层称未用床层；未用区与平衡区之间，床层负荷由 X_0 到 X_e 之间变化，形成 S 形吸附波，传质主要在这段床层内进行，称传质区。传质区长度为 Z_a。Z_a 越小，表示传质阻力越小，床层的利用率越高。当传质阻力为 0，传质速率无限大时，吸附负荷曲线就成一垂线，传质区长度为 0，成为理想波的形状。此时流出物中吸附质含量仍为 Y_0，如图 9-11c′所示。

$\tau=\tau_b$ 时，吸附波前沿刚刚到达床层末端，这时吸附波稍微再向前移动一点，就移出床层之外了。此时在流出物的分析中，就会发现有超过 Y_0 含量的吸附质漏出来，即产生了“透过现象”，如图 9-11d 所示，则认为床层已经失效，应停止进料。该点称为破点，到达破点的时间 τ_b 称为“透过时间”。此时，单位床层吸附剂所吸附的吸附质的量为床层的动活性。$\tau>\tau_b$ 时，吸附波移出床层，流出物中吸附质含量继续上升，如图 9-11e、e′所示。

$\tau=\tau_e$ 时，继续通入待净化气体，吸附波全部移出床层外，所需时间 τ_e 称为平衡时间。

此时床层中全部吸附剂与进料中吸附质含量达到平衡状态，床层完全失去吸附能力。这时，吸附剂具有的吸附容量为它的静活性。此时，流出物含量基本达到流体中吸附质的初始浓度 Y_e，如图9-11f、f′所示。

由时间 τ_b 到 τ_e，在 $Y-\tau$ 图上，也形成一个S形曲线，它的形状与吸附波相似，但与其方向相反，这条曲线称为“透过曲线”，如图9-11f′所示。

由于“透过曲线”的形状与吸附负荷曲线的形状很相似，所以也有人将“透过曲线”称为吸附波。它与吸附负荷曲线一样，当传质阻力比较小，传质速率比较大时，曲线比较陡，传质区较短。

9.3.2 影响透过曲线斜率的因素

吸附过程的很多因素都影响透过曲线的形状，如：

1）进料中吸附质含量越高，透过曲线向上凸度越大，传质区越短，如图9-12所示。

2）对球形吸附剂，其他条件相同时，粒度越小，透过曲线越陡，斜率越大，如图9-13所示。

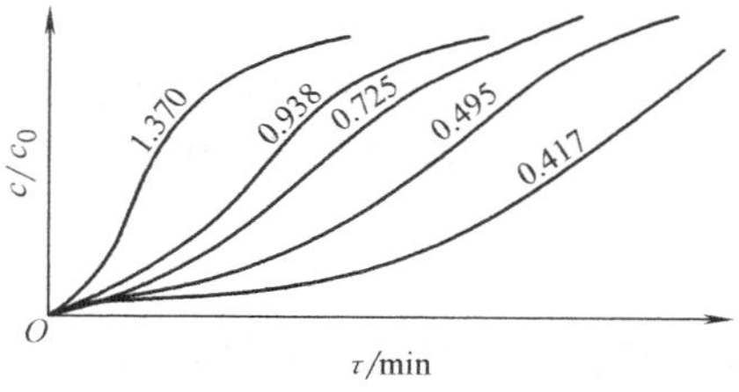

图9-12 吸附质含量对透过曲线的影响

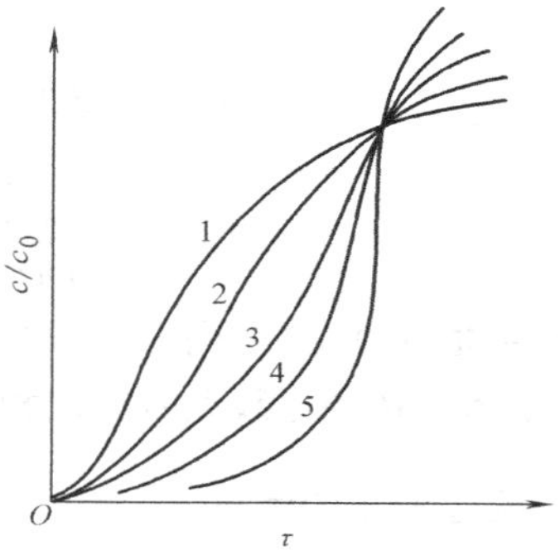

图9-13 床径 L/粒径 R 对透过曲线的影响

1—$L/R=0.5$ 2—$L/R=1.0$ 3—$L/R=2.0$ 4—$L/R=5.0$ 5—$L/R=10$

3）相同吸附质采用不同的吸附剂时，透过曲线不同，吸附能力强的陡些，如图9-14所示，用13X分子筛吸附 CO_2 比5A分子筛好。

4）吸附剂使用周期增加后，其透过曲线斜率逐渐变小，吸附性能变坏，如图9-15所示。图中虚线是使用周期过长，而需要更换的吸附剂的透过曲线。

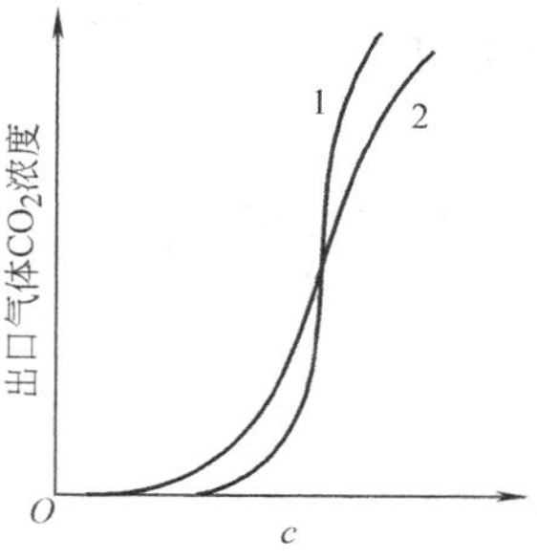

图9-14 吸附剂种类对透过曲线的影响

1—13X分子筛 2—5A分子筛

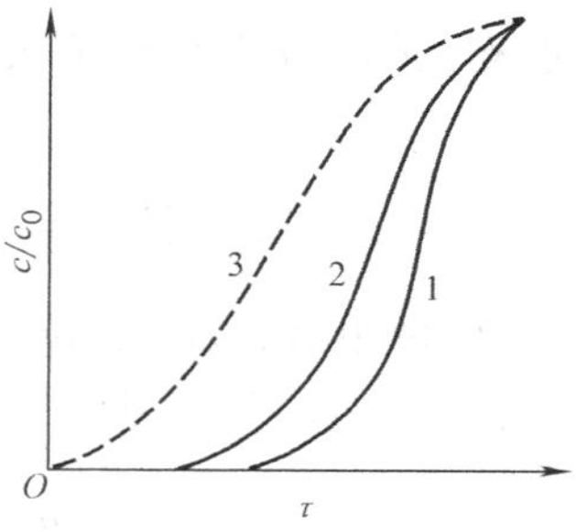

图9-15 吸附周期对透过曲线的影响

1—最初使用 2—使用数日后 3—使用数年后

总之，床层的性能、操作条件对透过曲线都有影响。反过来，透过曲线又可反映出床层的性能及操作情况好坏。通过对透过曲线的研究，可以评价吸附剂的性能，测取传质系数和了解床层的操作状况。

图9-16a、b为一组吸附负荷曲线与透过曲线。在图9-16a中，$\overline{abcd}$的面积表示传质区的总吸附容量，吸附波上方的面积$\overline{acd}$表示床层未吸附的容量，亦即吸附区内仍具有的吸附能力，它与传质区总吸附容量之比值称为传质区f值，即传质区仍具有的吸附能力的面积比率$f=\overline{acd}/\overline{abcd}$，吸附了吸附质的面积比率为$1-f=\overline{abc}/\overline{abcd}$。

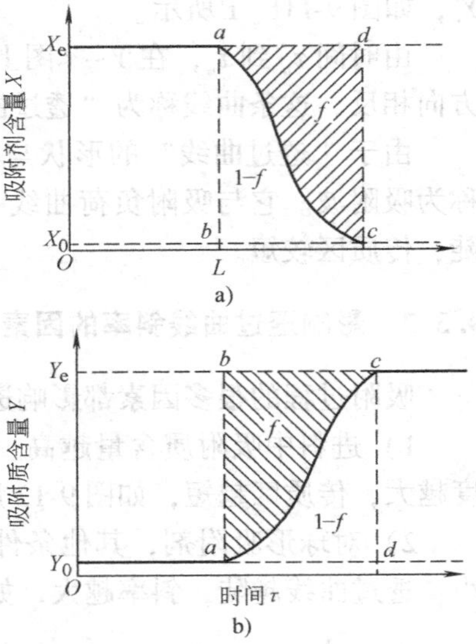

图9-16 吸附负荷与透过曲线
a）吸附负荷曲线 b）透过曲线

在图9-16b中，同样$\overline{abcd}$的面积大小表示传质区的总吸附容量，破点时，传质区内吸附剂仍具有的吸附能力由面积$\overline{abc}$来表示。所以，传质区内仍具有的吸附能力面积比率为

$$f=\frac{\overline{abc}}{\overline{abcd}}$$

而
$$1-f=\frac{\overline{acd}}{\overline{abcd}}$$

f的数值在0~1之间，一般在0.4~0.5左右。f的大小反映了床层在到达破点时的饱和程度。

9.3.3 透过曲线的计算

现在假设在理想操作条件下（如床层填充均匀，流体流型是活塞流等），来讨论吸附等温线的形状对透过曲线形状的影响。

图9-17中，设在一横断面为A、空隙率为ε的吸附床层中，一流体以平均线速度u流过，在到达Z截面时浓度为c，若取dZ微元床层进行物料衡算，则可导得在时间$d\tau$内，吸附质的变化量为

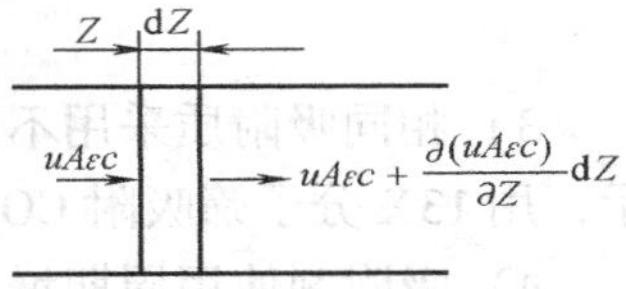

图9-17 固定床吸附物料衡算

$$\text{流入}-\text{流出}=\frac{-\partial\,(uA\varepsilon c)}{\partial\,Z}\mathrm{d}Z\mathrm{d}\tau \tag{9-14}$$

这部分吸附质应分别存在于该微元床层的流动相与固定相中，所以

$$\frac{-\partial\,(uA\varepsilon c)}{\partial\,Z}\mathrm{d}Z\mathrm{d}\tau=\frac{\partial\,[(1-\varepsilon)Ac_s\mathrm{d}Z]}{\partial\,\tau}\mathrm{d}\tau+\frac{\partial\,(A\varepsilon c\mathrm{d}Z)}{\partial\,\tau}\mathrm{d}\tau \tag{9-15}$$

式中 c_s——固定相中吸附质浓度。

式（9-15）经过简化整理得

$$u\frac{\partial\,c}{\partial\,Z}+\frac{\partial\,c}{\partial\,\tau}=-\frac{1-\varepsilon}{\varepsilon}\frac{\partial\,c_s}{\partial\,\tau} \tag{9-16}$$

因为$c_s=f(c)$表示吸附等温线，而流动相浓度c又是吸附时间τ与床层位置Z的函数，故有

$$\frac{\partial\,c_s}{\partial\,\tau}=\frac{\mathrm{d}c_s}{\mathrm{d}c}\frac{\partial\,c}{\partial\,\tau} \tag{9-17}$$

将式（9-17）代入式（9-16），可得

$$u\frac{\partial c}{\partial Z}+\frac{\partial c}{\partial \tau}\left[1+\frac{(1-\varepsilon)}{\varepsilon}\frac{\mathrm{d}c_s}{\mathrm{d}c}\right]=0 \tag{9-18}$$

设 $\mathrm{d}\tau$ 时间内，吸附波从 Z 截面移到 $Z+\mathrm{d}Z$ 截面，流动相浓度 c 为某一数值，而且吸附床层流动相浓度 c 是时间 τ 和床层位置 Z 的函数，故有 $c=f(\tau,Z)=$ 常数，对 c 求全微分得

$$\mathrm{d}c=\frac{\partial c}{\partial \tau}\mathrm{d}\tau+\frac{\partial c}{\partial Z}\mathrm{d}Z=0\Rightarrow-\frac{\mathrm{d}Z}{\mathrm{d}\tau}=\frac{\partial c/\partial \tau}{\partial c/\partial Z}\Rightarrow-\frac{\partial c}{\partial Z}=\frac{\partial c/\partial \tau}{\mathrm{d}Z/\mathrm{d}\tau} \tag{9-19}$$

将式（9-19）代入式（9-18），整理得

$$\left(\frac{\partial Z}{\partial \tau}\right)_c=\frac{u}{1+\frac{1-\varepsilon}{\varepsilon}\frac{\mathrm{d}c_s}{\mathrm{d}c}} \tag{9-20}$$

式中　$\left(\frac{\partial Z}{\partial \tau}\right)_c$ ——流动相浓度为 c 时吸附波移动的速度；

c_s——固定相中吸附质浓度；

$\frac{\mathrm{d}c_s}{\mathrm{d}c}$——吸附等温线的斜率。

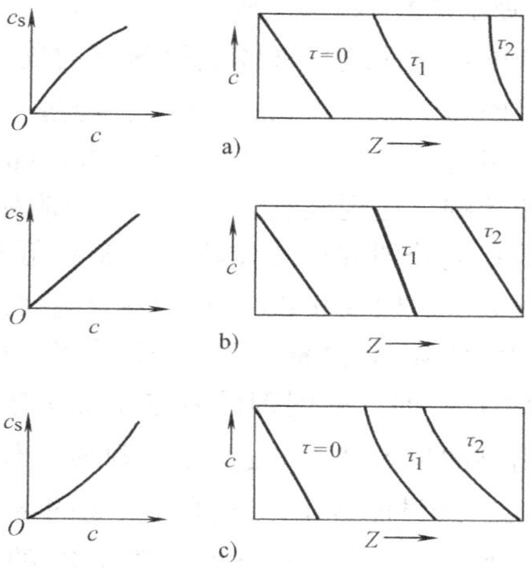

图 9-18　吸附等温线的形状对传质区长度的影响
a）优惠型等温线　b）线型等温线
c）非优惠型等温线

式（9-20）表明，对不同浓度 c，吸附波有不同的移动速度；对于 u、ε 为定值的床层而言，吸附波的移动速度取决于吸附等温线的斜率 $\frac{\mathrm{d}c_s}{\mathrm{d}c}$。当吸附等温线如图 9-18a 所示时，$\frac{\mathrm{d}c_s}{\mathrm{d}c}$ 随着 c 的增大而减小，吸附波高浓度一端的移动速度比低浓度一端快。随着流体不断地进入，吸附波逐渐向床层末端移动，但是由于吸附波高浓度端移动较低浓度端快，使吸附波形状逐渐变化，传质区变得越来越短，发生了吸附波的“缩短”现象。相反，当吸附等温线形状如图 9-18c 所示时，则发生吸附波的“延长”现象。图 9-18b 所示吸附等温线吸附波则既不会“延长”，也不会“缩短”。显然，为提高床层利用率，传质区缩短是我们所希望的。

通常把图 9-18a、b、c 所示形状的吸附等温线分别称作优惠型、线型和非优惠型吸附等温线。优惠型吸附等温线吸附剂在实际操作中，由于传质阻力的影响，传质区变得越来越短的“缩短”现象到一定时间后就停止了，此后吸附波以一定的波形向前移动，传质区高度恒定，成为所谓的“恒定模式”。吸附等温线为非优惠型时，开始吸附波呈线型，后逐渐成比例延长，成为所谓的“比例模式”，直至吸附波不再延长，成为一定波形的吸附负荷曲线，产生拖尾现象，从而使传质高度不能保持恒定。显然，具有线型等温线的吸附剂，其吸附波的形状不变（见图 9-18b）。因此，我们应选择具有优惠型吸附等温线或线型等温线的吸附剂，或在其优惠段、直线段操作。

9.3.4　等温固定床吸附器的计算

固定床吸附器的计算主要是从吸附平衡及吸附速率两方面来考虑。而固定床吸附速率及

吸附平衡的影响，又主要体现在传质区大小、透过曲线的形状、到达破点的时间和破点出现时床层内吸附剂的饱和度上，这些正是设计固定床吸附器不可缺少的数据。所以，下面主要就传质区高度 Z_a 的计算、全床层饱和度 S、传质区传质单元数进行讨论。

由于固定床吸附器中，存在饱和、传质及未利用三个区，传质区中的吸附质浓度随时间变化的同时，三个区的位置也不断改变，因而固定床操作处于不稳定状态，影响因素很多。为简化起见，我们假设：

1）吸附操作在等温下进行。

2）气相中吸附质含量是低的。

3）吸附等温线是线型或优惠型，即传质区以恒定模式通过床层。

4）床层高度要比传质区高度大得多。

在吸附计算中吸附剂及不可吸附的气体在吸附过程中是不变的。图 9-19 表示初始吸附质含量为 Y_0［kg（吸附质）/kg（无吸附质气体）］的废气通过吸附剂床层的透过曲线。气体通过床层时的速率为 G_s［kg（无吸附质气体）/（$m^2 \cdot h$）］，经过一段时间后，流出物总量为 W［kg（无吸附质气体）/m^2］，透过曲线是比较陡的，达到破点后，流出物吸附质含量迅速从基本上为 0 上升到进口气体浓度。某一低吸附质含量 Y_B［一般为（0.01～0.001）Y_0］视为破点含量，并认为流出物中吸附质含量升高到接近 Y_0 的某一值 Y_E（约为 $0.9Y_0$）时，吸附剂已基本上无吸附能力了。破点时流出物的量为 W_B［kg（无吸附质气体）/m^2］，流出物吸附质含量达到 Y_E 时流出物的量为 W_E，透过曲线出现区间流出物的量为 $W_a = W_E - W_B$，W_E 与 W_B 之间的透过曲线的形状是设计者所关心的。具有恒定高度 Z_a 的传质区是指从 Y_E 到 Y_B 变化的那一部分床层，在床层开始吸附至破点停止操作时止，这部分床层在任一时间里都存在于床层中。

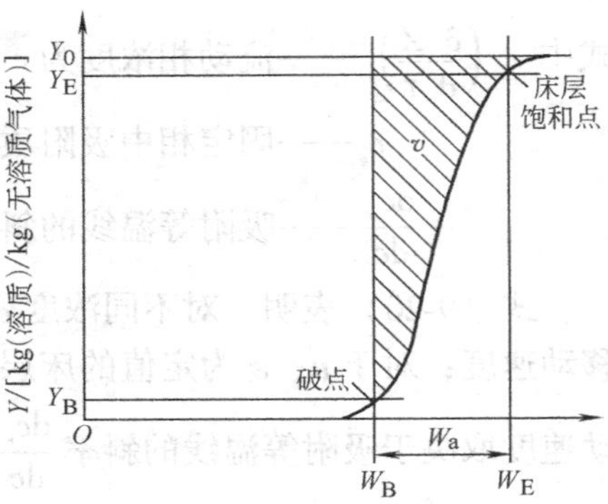

图 9-19 理想透过曲线

1. Z_a 的计算

令 τ_a 为传质区形成后在床层内向前移动一段距离 Z_a（等于传质区高度）所需的时间，在这段距离中，流出物量为 W_a，则

$$\tau_a = \frac{W_a}{G_s} = \frac{W_E - W_B}{G_s} \tag{9-21}$$

令 τ_E 为传质区形成并移出床层所需的时间，则

$$\tau_E = \frac{W_E}{G_s} \tag{9-22}$$

令 τ_F 为传质区形成所需的时间，则传质区移动等于床层总高度 Z 之距离所需时间为 $\tau_E - \tau_F$，因此，传质区高度 Z_a 为

$$Z_a = Z\frac{\tau_a}{\tau_E - \tau_F} \tag{9-23}$$

气体在传质区里，从破点到吸附剂基本上失去吸附能力，被吸附的吸附质量如图 9-19 中阴影部分所示，其量 U 为

$$U = \int_{W_B}^{W_E} (Y_0 - Y)\,dW \tag{9-24}$$

在传质区内全部为吸附质所饱和时，吸附量为 Y_0W_a。因此，破点时，传质区内仍具有吸附能力的面积比率 f 为

$$f = \frac{U}{Y_0W_a} = \frac{\int_{W_B}^{W_E}(Y_0 - Y)\,dW}{Y_0W_a} = \int_{W_B/W_a}^{W_E/W_a}\frac{Y_0 - Y}{Y_0}d\left(\frac{W}{W_a}\right) = \int_0^{1.0}\left(1 - \frac{Y}{Y_0}\right)d\left(\frac{W - W_B}{W_a}\right) \tag{9-25}$$

由于吸附波形成后尚有 f 这一部分面积未吸附，因此传质区形成时间 τ_F 要小于传质区移动 Z_a 距离的时间 τ_a。当 $f=0$ 时，则表示吸附波形成后，传质区已达到饱和，这样，传质区形成时间 τ_F 应基本上与传质区移动距离 Z_a 所需时间 τ_a 相同。而当 $f=1$ 时，表示传质区中吸附剂基本上不含吸附质，传质区形成的时间应很短，基本等于0，所以可得下式

$$\tau_F = (1 - f)\tau_a \tag{9-26}$$

将式（9-26）代入式（9-23），又因为 $\tau_a = \frac{W_a}{G_s}, \tau_E = \frac{W_E}{G_s}$，得

$$Z_a = Z\frac{\tau_a}{\tau_E - (1 - f)\tau_a} = Z\frac{W_a}{W_E - (1 - f)W_a} \tag{9-27}$$

2. 破点时全床层饱和度 S 的计算

设床层堆积密度为 γ_s（kg/m^3），X_T 为饱和吸附剂中吸附质的含量，则高度为 Z（m）、截面积为 $1m^2$ 的床层中吸附质的质量为（$Z\gamma_sX_T$）；破点时，截面积为 $1m^2$、高度为 Z_a 的传质区在床层底部，其余（$Z-Z_a$）的床层已被吸附质饱和，其量为（$Z-Z_a$）γ_sX_T，这时，床层中的吸附质质量为

$$(Z - Z_a)\ \gamma_sX_T + Z_a\ (1 - f)\ \gamma_sX_T$$

则破点时全床层的饱和度为

$$S = \frac{(Z - Z_a)\gamma_sX_T + Z_a(1 - f)\gamma_sX_T}{Z\gamma_sX_T} = \frac{Z - fZ_a}{Z} \tag{9-28}$$

3. 传质区传质单元数的计算

在固定床吸附器操作中，传质区沿气体流动方向向前移动，直至达到破点停止操作为止。假若我们设想吸附剂固体以足够的速度与气体呈逆向流动，而保持传质区在床层内一定高度上位置不变。如图9-20所示，在床层底部，加入基本不含吸附质的吸附剂，而该端出口的则是经净化后的气体。在床层顶部流出饱和了的吸附剂并进入需净化的气体。床层顶部不断移出的吸附剂与进口气体达到平衡，其吸附质含量为平衡含量 X_T。床层底部流出的气体已经被净化完全，其吸附质含量 $Y=0$。

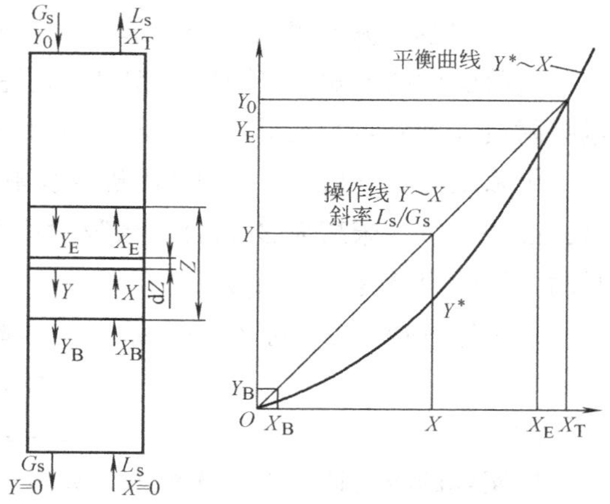

图9-20 固定床吸附的物料衡算图

假设固体吸附剂通过床层的速率为 L_s [kg（无吸附质固体）/（m^2·h）]，对吸附塔的吸附层作物料衡算，则

$$G_s(Y_0-0)=L_s(X_T-0)$$

或

$$Y_0=\frac{L_s}{G_s}X_T \tag{9-29}$$

在床层的任一截面上，吸附质在气相中的含量 Y 和固相中的含量 X 之间有下列关系

$$YG_s=XL_s$$

上式为一条通过原点及（Y_0，X_T）点，斜率为 L_s/G_s 的操作线，如图 9-20 所示。

若在床层内取微元高度 dZ 作物料衡算，则在单位时间、单位面积的 dZ 高度内，气相中吸附质的减少量应等于从气相中传递到固相中的量

$$G_s dY=K_Y a_p(Y-Y^*)dZ \tag{9-30}$$

式中 K_Y——气相传质总系数 [kg/(h·m^2)]；

a_p——单位体积内吸附剂的表面积（m^2/m^3）；

Y^*——与 X 平衡的气相中吸附质含量（kg/kg）。

故传质区内传质单元数为

$$N_{OG}=\int_{Y_B}^{Y_E}\frac{dY}{Y-Y^*}=\frac{Z_a}{G_s/K_Y a_p}=\frac{Z_a}{H_{OG}} \tag{9-31}$$

式中 H_{OG}——传质区内气相总传质单元高度。

设在任何小于 Z_a 的床层高度 Z 内，H_{OG} 不随吸附质含量而变化，z 所对应的气相中吸附质含量为 Y，则有

$$\frac{Z}{Z_a}=\frac{W-W_B}{W_a}=\frac{\int_{Y_B}^{Y}\frac{dY}{Y-Y^*}}{\int_{Y_B}^{Y_E}\frac{dY}{Y-Y^*}} \tag{9-32}$$

式（9-32）可用图解积分法求得，也可按上式绘制透过曲线。

计算中假定在传质区内 $K_Y a_p$ 及 H_{OG} 为常数，也就是说，假定在固相微孔内的传质阻力不变，这是很重要的。

4. *间歇固定床持续时间的计算——希洛夫方程式*

由前面讨论可知，吸附床工作时，是逐段饱和的。从开始吸附到吸附床底部开始出现微量吸附质（即破点）时止，这一段时间又称为吸附剂的保护作用时间，或实际持续时间。

设浓度为 c_0（kg/m^3）的气流进入吸附床，床层截面积为 A，吸附剂的平衡静活性为 a_m（kg/m^3 床层），床高为 Z（m），当吸附速率为无穷大时，进入吸附床的吸附质瞬间被完全吸附，则吸附量为 $Q=Aa_mZ$。

若床层气速为 u [m^3/（h·m^2）]，吸附时间为 τ'，则吸附量又可写为 $Q=Au\tau'c_0$，则有

$$AZa_m=Auc_0\tau'$$

故

$$\tau'=Za_m/(uc_0)$$

但实际的吸附速率不是无穷大，吸附也不是瞬间完成的，因此，在床层中形成一个传质区。所以，吸附床层实际操作时间要小于 τ'，为 τ，其差值称为保护作用时间损失，用 τ_m 表示，即

$$\tau = \frac{a_m Z}{u c_0} - \tau_m \tag{9-33}$$

令
$$K = \frac{a_m}{u c_0}$$

则
$$\tau = KZ - \tau_m \tag{9-34}$$

或
$$\tau = K(Z - Z_m) \tag{9-34'}$$

式（9-34）、(9-34′）为希洛夫方程，式中 Z_m 为与保护作用时间损失相对应的被看作完全没有吸附的一段“死层”。

利用希洛夫方程只能近似地确定吸附的实际持续时间，但由于简单、方便，也常被采用。

实验证明，对于同一吸附质与吸附剂，在气流浓度不变和恒温的情况下，还存在下列关系

$$K_1 u_1 = K_2 u_2 = K_3 u_3 = \text{常数} \tag{9-35}$$

$$\frac{\tau_{m1}\sqrt{u_1}}{d_1} = \frac{\tau_{m2}\sqrt{u_2}}{d_2} = \frac{\tau_{m3}\sqrt{u_3}}{d_3} = \text{常数}$$

式中 τ_m——保护作用时间损失；

d——吸附剂颗粒直径。

对于同一吸附质与吸附剂，在变更气流浓度或速度时，实验证明还存在下列关系

$$\tau u^n = \text{常数} \tag{9-36}$$

$$\tau c^m = \text{常数} \tag{9-37}$$

式中 τ——吸附持续时间；

u——空塔气速；

c——气流浓度。

指数 n 和 m 对常用的炭类吸附剂来说，近似等于1。

式（9-35）~式（9-37）为经验公式，便于实际计算，但应注意，这些公式只能给出近似值。

例9-2 用活性炭固定床吸附器吸附净化含四氯化碳废气。常温常压下废气流量为1000m^3/h，废气中四氯化碳初始浓度为2000mg/m^3，选定空床气速为20m/min。活性炭平均粒径为3mm，堆积密度 ρ_c 为450kg/m^3，操作周期为40h。在上述条件下，进行动态吸附实验取得的数据见表9-5。

表9-5 动态吸附试验数据表

床层高度 Z/m	0.1	0.15	0.2	0.25	0.3	0.35
透过时间 τ/min	109	231	310	462	550	650

请计算：(1）固定床吸附器的直径、高度和吸附剂用量。

(2）在此操作条件下，活性炭对 CCl_4 的吸附容量。

(3）吸附波在床层中的移动速度。

解 (1）以 Z 为横坐标、τ 为纵坐标将上述实验数据描绘在坐标图上，得一直线（见图9-21），由图求出直线的斜率即为 K，截距即为 $-\tau_m$，得

$$K = 2143\text{min/m};\ \tau_m = 95\text{min}$$

将 K、τ、τ_m 代入希洛夫方程得

$$Z=\frac{\tau+\tau_{\mathrm{m}}}{K}=\frac{40\times 60+95}{2143}\mathrm{m}=1.164\mathrm{m}$$

取 $Z=1.20\mathrm{m}$。采用立式圆柱床进行吸附，计算出吸附床直径

$$D=\sqrt{\frac{4V}{\pi u}}=\sqrt{\frac{4\times 1000}{\pi\times 20\times 60}}\mathrm{m}=1.03\mathrm{m}$$

可取 $D=1.0\mathrm{m}$。

所需吸附剂量为

$$W=AZ\rho_{\mathrm{c}}=\frac{\pi}{4}\times 1^2\times 1.164\times 450\mathrm{kg}=423.9\mathrm{kg}$$

考虑装填损失，所需吸附剂量 W 为

$$423.9\times 1.1\mathrm{kg}=466\mathrm{kg}$$

（2）活性炭对四氯化碳的吸附容量为

$$a_{\mathrm{m}}=Kuc_0=2143\times 20\times 2000\times 10^{-6}\mathrm{kg/m^3}=85.72\ (\mathrm{kg/m^3})$$

平衡静活性为 85.72/450 = 0.19

（3）吸附波在床层中的移动速度等于 $1/K$，即 1/2143m/min = 0.467mm/min

例 9-3 图 9-22 为一有机蒸气（相对分子质量 $M=58$）吸附于活性炭上的透过曲线。试确定传质区高度 Z_{a} 与传质区中吸附质平均含量 X_{a}。有关数据如下：总压 $P=0.344\times 10^5\mathrm{Pa}$，温度 $T=320\mathrm{K}$，气体体积流量 $V=0.223\times 10^{-3}\mathrm{m^3/min}$（在 34.4kPa 下），有机蒸气初始含量为 $c_0=65\mu\mathrm{L/L}$（在 34.4kPa 下），吸附剂总量为 0.6g，床层高为 $Z=2.5\mathrm{cm}$，床层面积 $A=0.5\mathrm{cm}^2$。

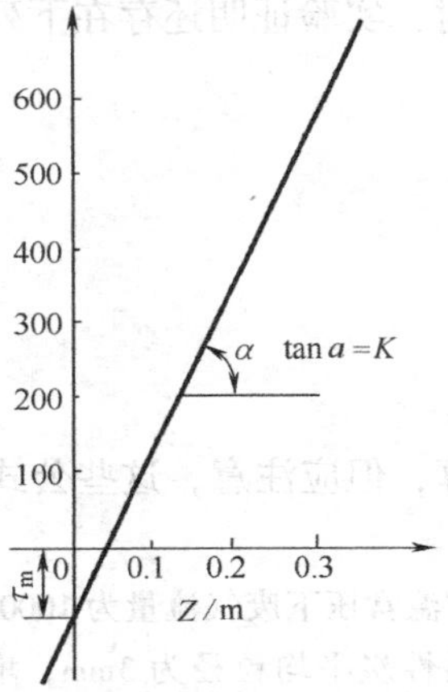

图 9-21 例 9-2 图

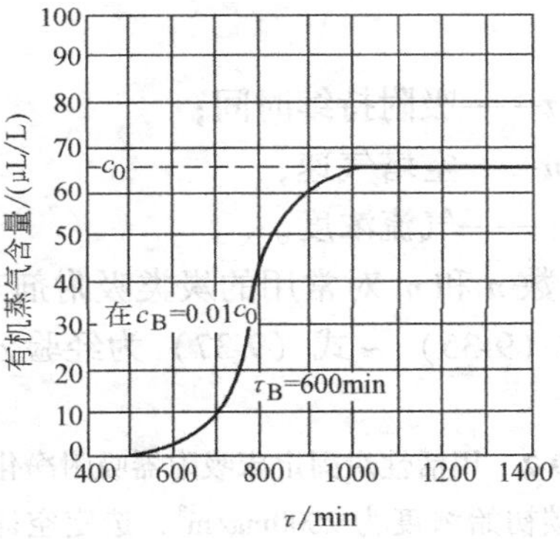

图 9-22 例 9-3 的透过曲线

解 依据透过曲线可以用加和的办法计算传质区内被吸附的有机蒸气量。加和 $c_{\mathrm{B}}=0.01c_0$ 到 $c=c_0$ 的有机蒸气量就相当于传质区内被吸附的有机蒸气量（参照图 9-16b 中（1 − f）部分）。在增量 $\Delta\tau$ 为 50min 的时间间隔下，根据透过曲线加和见表 9-6。

表 9-6 透过曲线加和

$\Delta\tau$/min	600 ~ 650	650 ~ 700	700 ~ 750	750 ~ 800	800 ~ 850	850 ~ 900	900 ~ 950	950 ~ 1000	
平均含量 $\bar{c}$/（μL/L）	3	7	14.5	32.5	49.5	56.5	61	64	Σ = 288
	$\Sigma\Delta\tau\bar{c}=50\times 288=14400$								

将 $\Sigma\Delta\tau\bar{c}$ 转换成透过的有机蒸气质量，需乘以因子

$$[P/(1.013\times10^5)](273/T)[V/(22.4\times10^{-3})]M\times10^{-6}$$
$$=(0.344/1.013)\times(273/320)\times(0.223/22.4)\times58\times10^{-6}\text{g/min}=1.675\times10^{-7}\text{g/min}$$

所以 $\Sigma\Delta\tau c\times1.675\times10^{-7}=14400\times1.675\times10^{-7}\text{g}=0.0024\text{g}$

在 $\tau=600\sim1000\text{min}$ 之间通入活性炭床层的有机蒸气质量为

$$(1000-600)\times c_0\times1.675\times10^{-7}\text{g}=400\times65\times1.675\times10^{-7}\text{g}=0.00436\text{g}$$

破点时，传质区内仍具有的吸附能力，或 600 ~ 1000min 内被吸附的量为 $(0.00436-0.0024)\text{g}=0.00196\text{g}$

在 $\tau=0\sim1000\text{min}$ 内通入的蒸气量为 $1000\times c_0\times1.675\times10^{-7}\text{g}=0.01089\text{g}$

吸附总量等于 0 ~ 1000min 内通入的蒸气量减去 600 ~ 1000min 间流出的蒸气量，即

$$(0.01089-0.0024)\text{g}=0.00849\text{g}$$

则活性炭的吸附容量为 $0.00849/0.6=0.014$

饱和床层高度 Z_{st} 内的吸附量，等于床层的总吸附能力减去传质区内仍具有的吸附能力和已吸附的量，即

$$0.00849\text{g}-(0.0024+0.00196)\text{g}=0.00413\text{g}$$

饱和床层高度 $Z_{st}=(0.00413/0.014)\times(2.5/0.6)\text{cm}=1.23\text{cm}$

传质区高度 $Z_a=(2.5-1.23)\text{cm}=1.27\text{cm}$

传质区平均吸附质含量为 $X_a=\dfrac{0.0024}{Z_aA}=\dfrac{0.0024}{1.27\times0.5}\text{g/cm}^3=0.0038\text{g/cm}^3$

例 9-4 在 305K 及 101.3kPa 下，湿度为 10% 的空气通过硅胶固定床进行等温干燥。若固定床出口空气中水分含量达 125×10^{-6}（质量分数）时被认为达到破点，出口气体中水分含量达 2250×10^{-6}（质量分数）时，则认为床层已失去吸附能力。床层的气相传质系数为 $k_Ya_p=1260G^{0.55}$ [kg/(h·m³)]，式中 G [kg/(h·m²)] 为气体质量流速，平衡关系示于图 9-23 中。求：

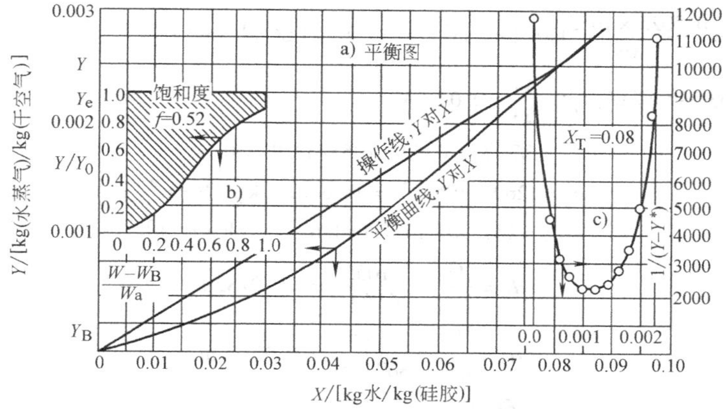

图 9-23 例 9-4 的计算图解

(1) 传质单元数。

(2) 空气质量流速为 1055kg/(h·m²)时，需不含吸附质的吸附剂的质量流速 L_s。

(3) 假定 k_sa_p 近似等于 k_Ya_p 的 15%，求总气相传质单元数。

(4) 破点时床层饱和度达 90%，求此时床层高度。

(5) 床层堆积密度为 720kg/m³，求破点发生时间。

解 $Y_0=10\%$ 的湿度 $=0.0025\text{kg}$（水分）/kg（干空气）

$$Y_B=125\times10^{-6}=0.000125\text{kg（水分）/kg（干空气）}$$
$$Y_E=2250\times10^{-6}=0.00225\text{kg（水分）/kg（干空气）}$$

（1）采用 $N_{OG}=\int_{Y_B}^{Y_E}\frac{dY}{Y-Y^*}$ 计算，见表9-7。由式（9-32）将第四栏各值除以8.735，即得第五栏各值，故 $N_{OG}=8.735$。

表9-7 传质单元数计算表格

Y	Y^*	$\frac{1}{Y-Y^*}$	$\int_{Y_B}^{Y}\frac{dY}{Y-Y^*}$	$\frac{W-W_B}{W_a}$	$\frac{Y}{Y_0}$
$0.000125=Y_B$	0.000040	11.765	0.000	0.0000	0.05
0.0002	0.000075	8.000	0.741	0.0848	0.08
0.0004	0.000180	4.545	1.996	0.2285	0.16
0.0006	0.000300	3.333	2.784	0.3187	0.24
0.0008	0.000425	2.667	3.384	0.3874	0.32
0.0010	0.000575	2.353	3.886	0.4449	0.40
0.0012	0.000770	2.326	4.354	0.4985	0.48
0.0014	0.001000	2.500	4.837	0.5537	0.56
0.0016	0.001260	2.941	5.381	0.6160	0.64
0.0018	0.001530	3.704	6.046	0.6922	0.72
0.0020	0.001800	5.000	6.916	0.7918	0.80
0.0022	0.002080	8.333	8.249	0.9444	0.88
$0.00225=Y_E$	0.002160	11.111	8.735	1.000	0.90

（2）$L_s=\frac{Y_0G_s}{X_T}=\frac{0.0025\times1055}{0.08}\text{kg/（h·m}^2\text{）}=32.97\ [\text{kg/（h·m}^2\text{）}]$

（3）平衡曲线的平均斜率为 $\beta=\frac{\Delta Y}{\Delta X}\approx0.02$，则

$$\beta G_s/L_s=0.02\times1055/32.97=0.64$$

$$k_Ya_p=1260\times1055^{0.55}=57964.1\ [\text{kg/(h·m}^3)]$$

$$k_sa_p=k_Ya_p\times0.15=8694.6\ [\text{kg/(h·m}^3)]$$

$$H_G=\frac{G_s}{k_Ya_p}=\frac{1055}{57964.1}\text{m}=0.0182\text{m}$$

$$H_s=\frac{L_s}{k_sa_p}=\frac{32.97}{8694.6}\text{m}=0.00379\text{m}$$

$$H_{OG}=H_G+H_s\left(\frac{\beta G_s}{L_s}\right)=0.0182\text{m}+0.64\times0.00379\text{m}=0.0206\text{m}$$

（4）传质区高度

$$Z_a=N_{OG}H_{OG}=8.375\times0.0206\text{m}=0.1799\text{m}$$

由式（9-25）将 Y/Y_0 值对 $\frac{W-W_B}{W_a}$ 值作图，可得一条无因次的在 W_B 与 W_E 之间的透过曲线，f 等于曲线上方 $\frac{W-W_B}{W_a}$ 从0→1.0的积分面积，得 $f=0.52$。

由破点时，全床层饱和度 $=\frac{Z-fZ_a}{Z}=\frac{Z-0.52\times0.1799}{Z}=0.9$，得 $Z=0.935\text{m}$

（5）床层硅胶填充体积为 $0.935\text{m}^3/\text{m}^2$（截面积），则硅胶质量为

$$0.935\times720\text{kg/m}^2\text{（截面积）}=673.2\text{kg/m}^2\text{（截面积）}$$

达到与进口气的平衡吸附质含量的90%时，硅胶含水量为

$$673.2\times0.9\times0.08\text{kg/m}^2\text{（床层）}=48.47\text{kg/m}^2\text{（床层）}$$

其中，0.08 是与 Y_0 平衡的固相中吸附质含量 X_T。

进口湿空气带入水分　　$1055\times0.0025\text{kg/(h}\cdot\text{m}^2)=2.637\text{kg/(h}\cdot\text{m}^2)$

破点发生时间　　$48.47/2.637\text{h}=18.38\text{h}$

9.4　移动床吸附过程计算

在移动床吸附器的吸附操作中，吸附剂固体和气体混合物均以恒定速度连续流动，它们在床层任一截面上的含量都在不断地变化，和气液在吸收塔内的吸收相类似，可以仿照吸收塔的计算来处理。移动床吸附过程的计算主要是吸附器直径、吸附段高度和吸附剂用量的计算，同时，由于吸附通常处理的是低浓度气态污染物，可以按照等温过程对待。为简化计算，只讨论一个组分的吸附过程。

1. 移动床吸附器直径的计算

移动床吸附器主体一般为圆柱形设备，塔径为

$$D=\sqrt{\frac{4V}{\pi u}}\tag{9-38}$$

式中　D——设备直径（m）；

u——空塔气速（m/s）；

V——混合气体流量（m^3/h）。

在吸附设计中，一般来说混合气体流量是已知的，计算塔径的关键是确定空塔气速 u。移动床中的空塔气速一般都低于临界流化气速。球形颗粒的移动吸附床临界流化气速可由下式求得

$$u_{mf}=\frac{Re_{mf}\mu}{d_p\rho}\tag{9-39}$$

式中　u_{mf}——临界流化速度（m/s）；

μ——气体动力粘度（Pa·s）；

ρ——气体密度（kg/m^3）；

d_p——吸附剂颗粒平均粒径（m）；

Re_{mf}——临界流化速度时的雷诺准数，由下式求得

$$Re_{mf}=\frac{A_T}{1400+5.22A_T^{0.5}}\tag{9-40}$$

式中　A_T——阿基米德准数，由下式求取

$$A_T=\frac{d_p^3g\rho}{\mu^2}(\rho_p-\rho)\tag{9-41}$$

式中　ρ_p——吸附剂颗粒密度（kg/m^3）。

若吸附剂是由大小不同的颗粒组成，则其平均直径可按下式计算

$$d_p=\frac{1}{\sum_{i=1}^{n}\frac{x_i}{d_{pi}}}\tag{9-42}$$

式中 x_i——颗粒各筛分的质量分数；

d_{pi}——颗粒各筛分的平均直径（m）；

$$d_{pi} = \sqrt{d_1 d_2}$$

式中 d_1、d_2——上下筛目尺寸（m）。

计算出临界流化气速后，再乘以0.6～0.8，即为空塔气速 u，再代入式（9-38），即可求出塔径 D。

2. 移动床吸附器吸附剂用量的计算

（1）物料衡算与操作线方程 取吸附床的任一截面分别对塔顶和塔底作物料衡算（见图9-24a），可得操作线方程

$$Y = \frac{L_s}{G_s}X + \left(Y_1 - \frac{L_s}{G_s}X_1\right) \tag{9-43}$$

或

$$Y = \frac{L_s}{G_s}X + \left(Y_2 - \frac{L_s}{G_s}X_2\right) \tag{9-44}$$

式中下标1、2分别表示气体进、出口。

式（9-43）、式（9-44）即吸附操作线方程。

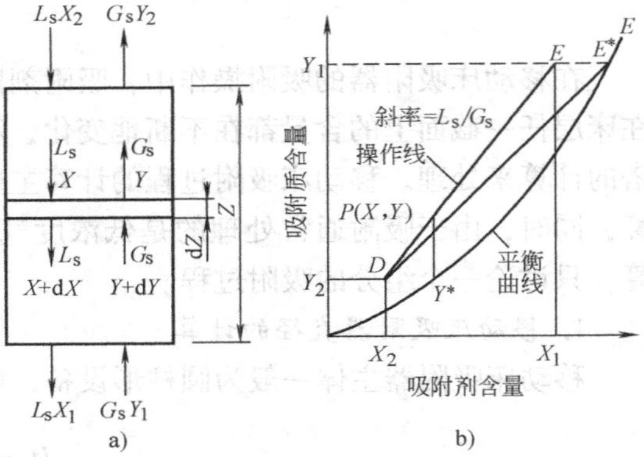

图9-24 逆流连续吸附操作示意图

在稳定操作条件下，G_s［kg/(m^2·s)］、L_s［kg/(m^2·s)］是定值，而两个操作线方程表示的是通过 D 点（X_2，Y_2）和 E 点（X_1，Y_1）的直线（见图9-24b），DE 线称为移动床吸附器逆流连续吸附的操作线。操作线上的任何一点都代表着吸附床内任一截面上的气固相中污染物的状况。

（2）吸附剂用量的计算 操作线 DE 的斜率 L_s/G_s 称作“固气比”，它反映了处理单位气体量所需要的吸附剂的量。对于一定的吸附任务，G_s 都是一定的，这时希望用最少的吸附剂来完成吸附任务。若吸附剂量 L_s 减小，则操作线的斜率就会变小，当达到 E 点与平衡线上 E' 点重合时，L_s/G_s 达到最小，称最小固气比 $(L_s/G_s)_{min}$，最小固气比可用图解法求出。若吸附平衡线符合图9-24b所示情况，则需找到进气端（浓端）气体中污染物含量 Y_1 与平衡线的交点 E^*，从 E^* 点读出对应的 X_1^* 值，然后计算最小固气比。

$$\left(\frac{L_s}{G_s}\right)_{min} = \frac{Y_1 - Y_2}{X_1^* - X_2} \tag{9-45}$$

得出最小吸附剂用量

$$L_{smin} = G_s \frac{Y_1 - Y_2}{X_1^* - X_2} \tag{9-46}$$

根据实际经验，操作条件下的固气比应为最小固气比的1.2～2.0倍，因此，实际操作条件下的吸附剂用量应是

$$L_s = (1.2 \sim 2.0) L_{smin}$$

3. 移动床吸附器吸附层高度计算

移动床吸附器传质单元高度 N_{OG} 与吸附床层有效高度 Z 的计算方法与固定床类似

$$N_{OG} = \int_{Y_2}^{Y_1} \frac{dY}{Y - Y^*} = \frac{K_Y a_p}{G_s}\int_0^Z dZ = \frac{Z}{H_{OG}} \tag{9-47}$$

$$Z = N_{OG}H_{OG} \tag{9-48}$$

传质单元数可仿照吸收或固定吸附过程的处理方法，采用图解积分的方法求出。但要正确求出传质单元高度就显得困难一些。主要原因是还没有找出合适的方法准确地求出移动床的传质总系数 K_Ya_p，目前移动床的传质总系数都是采用固定吸附床的数据进行估算的。但由于在移动床中固体颗粒处于运动状态，其传质阻力与固定床有差别，这样处理只是一种近似估算。

例9-5 以分子筛为吸附剂，在移动床吸附器中净化含 $SO_2$3%（质量分数）的废气，废气流量为6500kg/（h·m^2），操作条件为293K、1.013×10^5Pa，等温吸附。要求气体净化效率为95%。该体系相平衡常数 $m=0.022$，又根据固定床吸附器操作时得到气、固传质分系数分别为

$$k_Ya_p = 1260G_s^{0.55}\text{kg/(h·m}^3\text{)}$$

$$k_Xa_p = 3458\text{kg/(h·m}^3\text{)}$$

试计算：(1) 吸附剂用量。

(2) 操作条件下，吸附剂中 SO_2 的含量。

(3) 移动吸附床的有效高度。

解 (1) 吸附剂用量　吸附器进、出口气体组成为

$$Y_1 = \frac{6500\times0.03}{6500-6500\times0.03} = 0.03\text{kg（SO}_2\text{）/kg（空气）}$$

$$Y_2 = \frac{6500\times0.03\times0.05}{6500-6500\times0.03} = 1.55\times10^{-3}\text{kg（SO}_2\text{）/kg（空气）}$$

由实验得到分子筛吸附空气中 SO_2 的平衡曲线图（见图9-25a），由图可查出与气相组成 Y_1 呈平衡的 $X_1^*=0.1147$，假定吸附器进口的固相组成 $X_2=0$，则有

$$\left(\frac{L_s}{G_s}\right)_{min} = \frac{0.03-0.00155}{0.1147-0} = 0.248$$

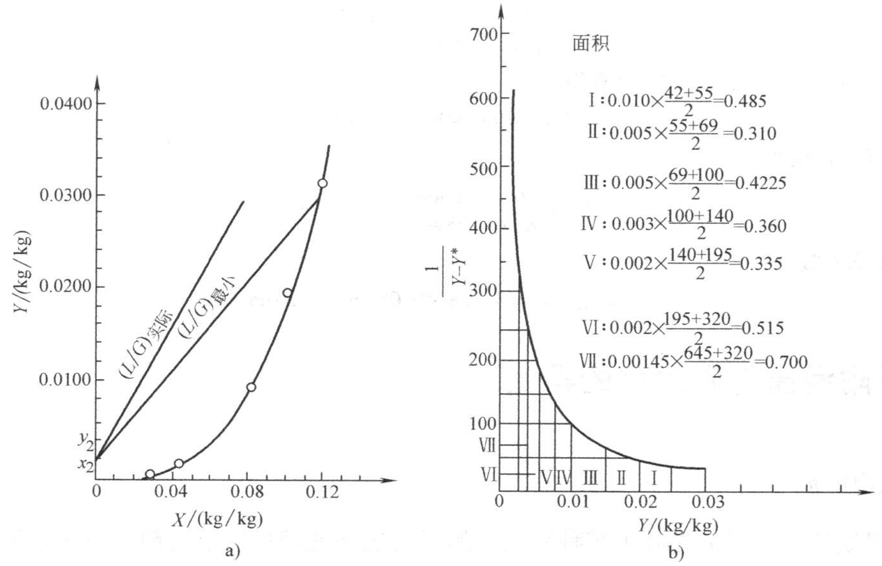

图9-25　例9-5图

操作条件下的固气比取最小固气比的1.5倍，则

$$\frac{L_s}{G_s}=0.248\times1.5=0.372$$

吸附剂的实际用量为

$$L_s=0.372\times6500\text{kg/h}=2418\text{kg/h}$$

(2) 操作条件下吸附剂中 SO_2 的含量 X_1

$$X_1=\frac{G_s\ (Y_1-Y_2)}{L_s}=\frac{6500\times(0.03-0.00155)}{2418}=0.0766\text{kg}\ (SO_2)\ /\text{kg}\ (\text{分子筛})$$

(3) 移动吸附床有效高度的计算

1) 传质单元数计算。根据 $N_{OG}=\int_{Y_2}^{Y_1}\frac{dY}{Y-Y^*}$ 用图解积分法求取传质单元数。在图 9-25b 上，在 $Y_1=0.03$ 到 $Y_2=0.00155$ 范围内划分一系列的 Y 值，对每一个 Y 值，在操作线上查出相应的 X 值，再查出与每一个 X 值相对应的 Y^* 值，计算出 $\frac{1}{Y-Y^*}$ 的值。结果见表 9-8。

表 9-8 传质单元数有关参数计算

Y	0.00155	0.005	0.010	0.015	0.020	0.025	0.030
Y^*	0.00	0.00	0.0001	0.0005	0.0018	0.0043	0.0078
$\frac{1}{Y-Y^*}$	645	200	101	69	55	48.3	45

以 $\frac{1}{Y-Y^*}$ 为纵坐标，Y 为横坐标，作曲线（见图 9-25b）。在坐标 $Y_1=0.03$ 和 $Y_2=0.00155$ 区间曲线下的面积即为传质单元数

$$N_{OG}=\int_{Y_2}^{Y_1}\frac{dY}{Y-Y^*}=3.128$$

2) 传质单元高度计算。根据传质总系数与分系数的关系有

$$\frac{1}{K_Ya_p}=\frac{1}{k_Ya_p}+\frac{m}{k_Xa_p}$$

将 m 及 k_Ya_p、k_Xa_p 代入上式，计算得

$$K_Ya_p=78994\text{kg/(h}\cdot\text{m}^3)$$

则传质单元高度为

$$H_{OG}=\frac{G_s}{K_Ya_p}=\frac{6500}{78994}\text{m}=0.082\text{m}$$

3) 吸附床有效高度为

$$Z=N_{OG}H_{OG}=3.128\times0.082\text{m}=0.256\text{m}$$

9.5 吸附浸渍与吸附剂的再生

9.5.1 吸附浸渍

吸附浸渍是将吸附剂先吸附某种物质，然后用这种处理过的吸附剂去净化含污染物的废气，利用浸渍物与被吸附物发生反应，或由于浸渍物的催化作用，使吸附剂表面上的污染物发生催化转化，以达到净化废气的目的，该过程称为吸附浸渍。例如以磷酸浸渍过的活性炭去净化含胺、氨等污染物的废气，可生成相应的磷酸盐，使含胺、氨废气得到净化。又如以锌、铁或铜的氧化物载于活性炭上，可净化一般用吸收法难于脱净的含硫有机废气，使含硫

有机物转化为相应的盐类及 CO_2、H_2O 等，以达到净化目的。

吸附浸渍在废气净化上用得很多，是一种重要的净化方法。它的优点是由于吸附剂表面上发生物理吸附的同时，还发生污染物参加的化学反应或催化反应，因而提高了过程的净化效率与速率，增大了吸附容量；但由于过程中生成了一些新物质，有时给再生带来困难。例如以氧化锌载于活性炭上或用铁碱吸附剂来净化含硫有机废气，吸附剂均不能再生，因而该法只适用于硫含量不高、净化程度要求较高的场所。

常用的浸渍物质有铜、铁、锌、银、钴、锰、钼等的化合物或它们的混合物，以及卤素、酸、碱等。

浸渍物在过程中起催化作用时，一般无需经常补充浸渍物，而当其作用为与废气中污染物发生化学反应时，浸渍物要在化学反应中消耗，因而每次再生后，需重新浸渍。吸附浸渍多数是在吸附剂表面发生化学反应的情况。

表 9-9 是常用吸附浸渍实例。

表 9-9　常用吸附浸渍实例

吸附剂	浸　渍　物	污　染　物	化 学 变 化
活性炭	铜、铁、锌、钒、铬等的氧化物	H_2S、COS、硫醇等含硫物质	相应的盐、CO、CO_2、H_2O 等
	氯、碘、硫	汞	生成卤化物、硫化物
	醋酸铅，碘	硫化氢	生成硫化铅，氧化成硫
	磷酸	氨、胺类、碱雾	生成相应的磷酸盐
	碳酸钠、碳酸氢钠、氢氧化钠	酸雾、酸性气体	生成相应的盐
	亚硫酸钠	甲醛	将甲醛氧化
	硫酸铜	硫化氢、氨	
	硝酸银	汞	生成银汞齐
	硅酸钠	氟化氢	生成氟硅酸钠
	溴	乙烯、其他烯烃	生成双溴化物
	氢氧化钠	氯	生成次氯酸钠
	氢氧化钠	二氧化硫	生成亚硫酸钠
活性氧化铝	高锰酸钾 碳酸钠、碳酸氢钠、氢氧化钠	甲醛 酸性气体、酸雾	将甲醛氧化 生成相应的盐
泥煤 褐煤	氨	二氧化氮	生成硝基腐植酸铵

9.5.2　吸附剂的再生

工业装置中的吸附剂一般都需要循环使用，因此需进行再生操作，使已被吸附的组分从吸附剂中解吸。

工业上常用的再生方法有如下几种：

（1）加热再生　吸附一般是放热过程，因而吸附容量随温度升高而降低，在低温或常温下吸附，然后在加热下解吸再生，这样的循环方法又称为变温吸附。

低温下吸附的气体分子，受热时动能增加，当其动能足以克服固体表面分子的引力时，被吸附的分子便返回气相之中，实现解吸再生。吸附热越小的吸附过程也就越容易受热而脱附。

吸附质与吸附剂之间作用的强弱不同，解吸温度也不相同。有机物的摩尔体积在80～190mL/mol时，一般采用水蒸气、惰性气体或烟道气吹脱，吹脱温度在100～150℃左右，称“加热解吸”；而当吸附质的摩尔体积大于190mL/mol时，低温蒸气已不能脱附，需要在700～1000℃的再生炉中进行，称作“高温灼烧”，使用的脱附介质为水蒸气或CO_2气体。

解吸时，要求解吸气体的流动方向与吸附时废气的流动方向相反，这样床层末端的未吸附部分在解吸后的残留含量几乎为零，再次吸附时，出气中污染物含量就会很低。

变温吸附的优点是加热迅速，解吸完全，用水蒸气解吸有机物时，解吸的产物易分离；其缺点是吸附剂的导热系数一般较小，冷却缓慢，再生周期较长。

（2）减压解吸　一般吸附过程与气相的压力有关。若吸附是在较高的压力下进行，然后把压力降低，被吸附的物质就会脱离吸附剂回到气相中。如果吸附是在常压下进行的，便可抽真空进行解吸。这种循环方法称为“变压吸附”。这种方法应用较多，如吸附分离高纯氢与富氧就是在14×10^5～42×10^5Pa压力下进行吸附，然后在常压下脱附，使吸附剂得到再生。

该法的优点是无需加热与冷却床层，故又称无热再生法，再生的时间较变温吸附可大大缩短。因而该法循环周期短，吸附剂用量少，吸附器尺寸小。其缺点是由于设备内有死角，导致产物纯度与回收率往往不能兼顾，因而降低了设备的利用率。可采用多床层变压吸附来解决此问题。

（3）置换解吸　对于吸附质为热敏性物质不便加热再生的情况，可利用吸附剂对不同物质吸附能力不同的特点，向吸附后床层通入另一种可被吸附的流体（称为脱附剂），置换出原来被吸附物质，达到再生目的。如某些不饱和烃类物质，在较高温度下易聚合，可以采用亲和力更强的溶剂进行置换再生，置换出原吸附质后再加热再生吸附剂，此法又称“变浓吸附”，多用于液体吸附中，气体吸附中也较常用，例如活性炭吸附SO_2后，用水将其洗涤下来，活性炭进行适当的干燥便达到再生的目的。

（4）通气吹扫　使吸附质从吸附剂上脱附下来的另一方法是通入另一种气体进行吹扫，其作用是降低吸附质的分压。如吸附了大量水分的硅胶即可通入干燥的氮气进行吹扫，使硅胶脱出水分而得到再生。

吸附剂再生还有一些其他方法，如化学转化法、湿式氧化法、微生物再生法、电解氧化法及微波再生等。

其中，微生物再生法国外研究较多，其原理是筛选和驯化特殊的嗜氧细菌，利用它的胞外酶降解或氧化有机吸附质为小分子或CO_2、H_2O，以达到再生目的。生物法简单易行，运行费用低。但对微生物有毒害的物质无法进行再生。另外，大分子转化为小分子后仍可能被吸附，从而使再生受到限制。

在生产实际中，有时是几种方法同时使用。如沸石分子筛吸附水分之后，可用加热吹氮气的办法进行再生。

9.5.3　吸附剂的劣化现象与残余吸附量

吸附剂反复使用和再生后，会发生劣化现象，吸附容量将下降。发生劣化现象的原因主要有：

1）吸附剂表面被炭沉积，或被聚合物或其他一些化合物以及颗粒等覆盖。

2）由于加热，使吸附剂表面成为半熔融状态，致使部分微孔堵塞或消失。

3）由于化学反应，使吸附剂微孔结晶受到破坏。

其中，吸附剂表面被炭或其他物质粘附的情况是较普遍的，几乎所有的劣化现象都是这个原因造成的，而高温熔融堵塞，则主要发生在微孔中。

由于劣化现象的产生，使吸附剂的吸附容量下降，所以考虑吸附剂劣化和残留吸附量后的吸附剂的有效平衡吸附量 q_d（kg/kg）为

$$q_d = q_m(1-B) - q_R \tag{9-49}$$

式中 q_m——在吸附等温线上与吸附质初始浓度 c_0 对应的平衡吸附量；

B——劣化度，$B=10\%\sim30\%$；

q_R——吸附剂再生后的残留吸附量，2%～5%。

残留吸附量在整个吸附层中，可大致认为是均匀的，它由再生气浓度及再生温度所决定。不同的吸附剂，残留量也有所不同，例如在较低温度下，硅胶就能解吸完全，而合成沸石则解吸困难。

习　　题

9-1　对于温度为323K，CO_2 在活性炭上的吸附，测得实验数据见表9-10，试确定在此条件下朗格缪尔等温方程和弗伦德利希等温方程中的各常数。

表9-10　实验数据表

单位吸附剂吸附的 CO_2 体积/（cm^3/g）	30	51	67	81	93	104
气相中 CO_2 的分压/（10^5Pa）	1.013	2.026	3.039	4.052	5.065	6.078

9-2　有一处理油漆溶剂废气的活性炭吸附罐，装填厚度为0.8m，活性炭对溶剂的静活性为炭重的13%，填充密度为436kg/m³，吸附罐的死层为0.16m，气体流速为0.2m/s，气体含有机溶剂浓度为700mg/m³，试问该吸附罐的保护作用时间为多长？

9-3　用活性炭固定床吸附含 CCl_4 为15g/m³ 的蒸气、空气混合气体，炭颗粒直径3mm，混合气流速5m/min，通气220min后，吸附质达到床层0.1m处；505min后达到0.2m处。试计算：

（1）床层的保护作用系数 K。

（2）保护作用时间损失 τ_m。

（3）通过1.0m高炭层的保护作用时间 τ。

（4）当气速改为10m/min后，求 K、τ_m 及通过1.0m高炭层的保护作用时间 τ。

（5）K 的倒数可视为吸附负荷曲线在床层中移动的线速度。据此，求上面两种气速下吸附负荷曲线的移动速度。

9-4　在直径为1m的立式吸附器中，装有1m高的某种活性炭，填充密度为230kg/m³，当吸附 $CHCl_3$ 与空气混合气体时，通过气速为20m/min，$CHCl_3$ 的初始浓度为30g/m³。排气中 $CHCl_3$ 很少，可忽略不计。已知活性炭对 $CHCl_3$ 的静活性为活性炭重的26.29%，解吸后炭层对 $CHCl_3$ 的残留活性为炭重的1.29%，求吸附操作时间及每一周期对混合气的处理能力。

9-5　用一活性炭固定床吸附器处理某吸收塔尾气，以回收其中含量为0.4%（体积分数）的 CCl_4。当吸收塔尾气压力为 9.3×10^5Pa、温度为310K时，与吸收塔尾气相平衡的吸附量为0.485kg（CCl_4）/kg（活性炭）。尾气中除 CCl_4 外均看作惰性气体。床层高度 $Z=1$m，该吸附器透过曲线的实验数据见表9-11

[吸附前浓度 $c_0 = 4100mL/m^3$（标准状态）]：

假定 $c/c_0 = 0.1$ 时为床层的破点，$c/c_0 = 0.9$ 时认为床层已失去吸附能力。

（1）作出 $c/c_0 \sim \tau$ 的透过曲线。

（2）计算床层内传质区的 f、Z_a 和破点时的饱和度 S。

表 9-11　实验数据表

实验时间 τ	0:01	0:45	5:45	9:45	10:15	10:45	11:00	11:15	11:45	12:15
吸附后浓度 $c/(mL/m^3)$（标准状态）	<14	<14	<14	<14	37	178	400	1400	3240	3690
c/c_0	$<3.4\times10^{-3}$	$<3.4\times10^{-3}$	$<3.4\times10^{-3}$	$<3.4\times10^{-3}$	9.02×10^{-3}	0.043	0.10	0.34	0.79	0.90

9-6　某印铁厂烘房排出的含苯和二甲苯的废气为 $1200m^3/h$（标准状态），排气温度为 353K，废气中苯和二甲苯浓度为 $30g/m^3$，如采用吸附法将废气净化到 GB16297—1996 的标准，问每天可回收多少苯和二甲苯？并为此系统设计一吸附净化装置。

9-7　在 300K 及 1.013×10^5Pa 下，湿度为 0.00267kg（水）/kg（干空气）的空气通过硅胶（堆积密度为 $671kg/m^3$）填充的固定床吸附器，以除去水分，床层高度为 0.61m，空气通过床层的质量流速为 466 kg/（h · m^2），假定吸附是等温的，流出空气的湿度达到 0.0001kg（水）/kg（干空气）时，认为床层已达破点；达到 0.0024kg（水）/kg（干空气）时，则认为床层已饱和。硅胶吸附水蒸气的传质系数为

$$k_Y a_p = 1259G^{0.55}[kg(H_2O)/(h\cdot m^3)]$$

$$k_X a_p = 3467kg(H_2O)/(h\cdot m^3)$$

其中 G [$kg/(h\cdot m^2)$] 为空气的质量流速，吸附等温线方程为 $Y^* = 0.0185X$，试求达到破点所需时间。

9-8　利用活性炭吸附处理脱脂生产中排放的废气，排气条件为 294K，1.38×10^5Pa，废气量 25400 m^3/h。废气中含有 20000×10^{-6} 的三氯乙烯，要求回收率达 99.5%。所用活性炭的有效平衡吸附容量 q_d 为 28kg 三氯乙烯/100kg 活性炭，炭的装填密度为 $577kg/m^3$，吸附操作周期为 4h，加热和解吸 2h，冷却 1h，备用 1h，为保证吸附过程能连续进行，吸附系统需设计几个吸附塔？确定每个吸附塔的主要尺寸和活性炭用量。

9-9　某厂产生 CCl_4 废气，气量 $Q = 1000m^3/h$，浓度为 $4.5g/m^3$，均为白天操作，每天工作时间 8h，拟采用活性炭吸附法回收 CCl_4，某种活性炭的粒径为 3mm，堆积密度为 $500kg/m^3$，对 CCl_4 的静活性为 0.42kg/kg（炭），残留活性为 0.05kg/kg（炭）。试设计适宜的立式固定床吸附器系统，并画出示意图。

9-10　用 4A 分子筛固定床吸附干燥含水的丙酮，处理量为 4t/h，要求丙酮中水分从 5000×10^{-6} 干燥至 10×10^{-6}，每 12h 切换一次为一周期，4A 分子筛的平衡吸附量 $q_m = 0.19kg$（H_2O）/kg（分子筛），分子筛运转后劣化度 $B = 0.2$，残留水量 $q_R = 0.04$。填充床堆积密度 $720kg/m^3$，流速为 0.15cm/s，传质单元数 $N_{OG} = 3.9$，容积总传质系数 $(K_Y a_V)^{-1} = 156.3s$，$f = 0.5$，丙酮的密度为 $792kg/m^3$。求吸附塔径和塔高。

9-11　尾气中苯蒸气的含量为 0.025kg/kg（干空气），欲在 298K 和 2.026×10^5Pa 条件下采用硅胶净化。固定床保护作用时间至少要 90min。设破点时尾气中苯的含量为 0.0025kg/kg（干空气），当床层出口含量达 0.020kg/kg（干空气）时，认为床层已耗竭。尾气通过整个床层横截面积的速度为 1m/s，硅胶的堆积密度为 $625kg/m^3$，平均粒径 $d_p = 0.60cm$，平均比表面积 $a = 600m^2/m^3$，在上述操作条件下，吸附等温线方程为 $Y^* = 0.167X^{1.5}$，式中 Y^* 的单位为 kg（苯）/kg（干空气），X 的单位为 kg（苯）/kg（硅胶），假定气相传质单元高度为 $H_{OG} = \dfrac{1.42}{a}\left(\dfrac{d_p G_s}{\mu}\right)^{0.51}$，式中 μ 为干空气的动力粘度。求所需的床层高度。

第 10 章

10

催化转化法净化气态污染物

10.1 概述

10.1.1 催化转化法及其分类

催化转化法净化气态污染物是使气态污染物通过催化剂床层，经历催化反应，转化为无害物或易于去除的物质。催化转化可分为催化氧化和催化还原两类。

催化氧化法是使废气中的污染物在催化剂的作用下被氧化。如废气中的SO_2在五氧化二钒作用下与O_2反应生成SO_3，用水吸收后得硫酸；催化燃烧也是一种催化氧化反应，工业生产中各种有机废气、机动车尾气均可采用催化燃烧的方法处理。

催化还原法是使废气中的污染物在催化剂的作用下，与还原性气体发生反应的净化过程。如废气中的氮氧化物在催化剂的作用下，可与甲烷、氢、氨等进行还原反应，转化成无害的氮气。

10.1.2 催化作用

能加速化学反应趋向平衡而在反应前后其化学组成和数量不发生变化的物质叫催化剂（或称触媒），催化剂使反应加速的作用称为催化作用。

催化作用的机理可简单表示为

某一反应 $A + B \longrightarrow C$

假定无催化剂时是经过中间活性络合物$[AB]^*$而生成C，即

$$A + B \longrightarrow [AB]^* \longrightarrow C$$

由于有催化剂参加，反应经历另一条较易进行的途径，即

$$A + B + 2K \longrightarrow [AK]^* + [BK]^* \longrightarrow [CK]^* + K \longrightarrow C + 2K$$

式中，K表示催化剂，$[AK]^*$，$[BK]^*$，$[CK]^*$均表示活性络合物。

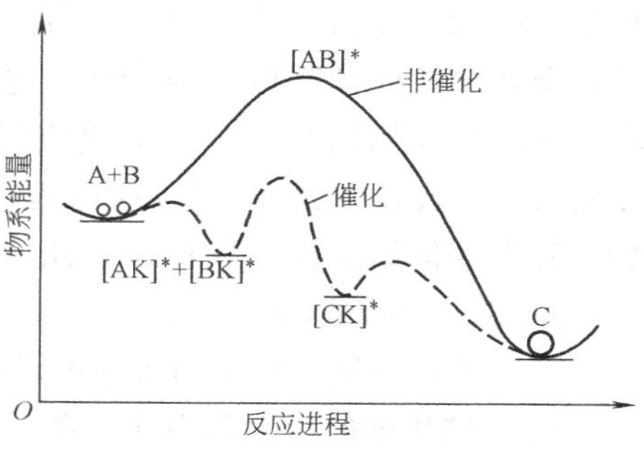

图 10-1 反应途径

由图 10-1 可以看出，由于催化剂参加了反应，改变了反应的历程，与非催化相比降低了反应总的活

化能，使反应速度加大，但催化剂的数量和结构在反应前后并没有发生变化。对于气固催化反应来说，[AK]*、[BK]*、[CK]*是吸附在固体催化剂表面上的活性络合物。

催化作用具有两个基本特性：

1）对任意可逆反应，催化作用既能加快正反应速度，也能加快逆反应速度，而不改变该反应的化学平衡。

2）特定的催化剂只能催化特定的反应，即催化剂的催化性能具有选择性。

例如合成气（$CO+H_2$），由于采用不同的催化剂，反应历程不同，可得到不同的产物：

$CO+H_2$ →
- Cu-Zn-Cr → CH_3OH
- Ni → CH_4
- Fe、Co → 烃类混合物(合成汽油)
- Ph络合物 → $CH_2OH\cdot CH_2OH$
- Ru → 固体石蜡

10.1.3 催化剂

1. 催化剂的组成

除少数贵金属催化剂外，一般工业中常用的催化剂都为多组元催化剂，通常由活性组分、助催化剂和载体三部分组成。活性组分是催化剂的主体，是必须具备的组元，没有它，就不能完成规定的催化反应。例如一般催化燃烧用的催化剂有 V_2O_5、MoO_3、Ag、CuO、Co_3O_4、PdO、Pd、Pt、TiO_2 等，这些金属及其氧化物都是催化剂的活性组分。助催化剂是与活性组分共存时可以提高催化剂活性的组分，但它单独存在时不具有所要求的催化活性。例如 SO_2 氧化为 SO_3 的 K_2SO_4-V_2O_5 催化剂，K_2SO_4 组元的存在可以使 V_2O_5 的活性大为提高，K_2SO_4 就是一种助催化剂。助催化剂的功能是提高活性组分对反应的催化选择性或提高活性组分的稳定性。载体的功能是对活性组分起支承作用，使催化剂具有合适的形状与粒度，提高活性组分的分散度，使之具有较大的表面积，同时还具有传热和稀释作用，避免催化剂局部过热。常用的载体材料有氧化铝、硅藻土、硅胶、活性炭、分子筛及某些金属等。催化剂可做成片状、粒状、球状、柱状、环状等各种各样的形式；或者用金属丝做成丝网屉，或带状、蓬球状，然后将活性组分（例如 Pd、Pt）电镀或沉积在丝网或金属带上；或者在致密无孔陶瓷支架上，涂以一层 α-氧化铝薄层（载体），再沉积上活性组分，称作催化剂模屉。图 10-2 是几种催化燃烧用催化剂模屉。

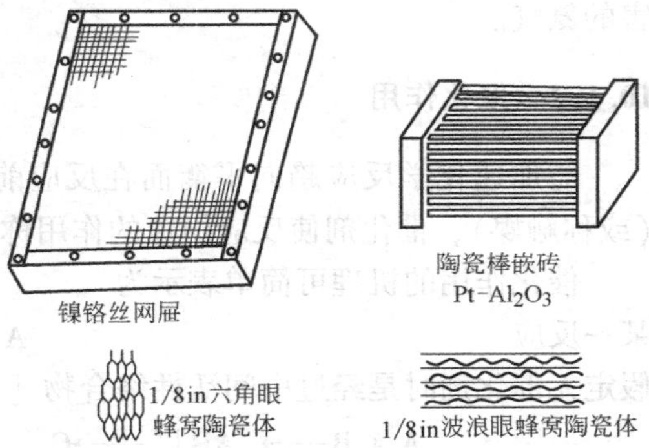

图 10-2 催化剂模屉

2. 催化剂的催化性能

衡量催化剂催化性能的指标主要有活性和选择性。

（1）催化剂的活性和失活　在工业上，催化剂的活性常用单位体积（或质量）催化剂在一定条件（温度、压力、空速和反应物浓度）下，单位时间内所得的产物量来表示，即

$$A = m/(m_R t) \tag{10-1}$$

式中　A——催化剂活性[kg/(h·kg)]；

m——产物质量（kg）；

t——反应时间（h）；

m_R——催化剂质量（kg）。

催化剂使用一段时间后，由于各种物质及热的作用，催化剂的组成及结构渐起变化，导致活性下降及催化性能劣化，这种现象称为催化剂的失活。发生失活的原因主要有沾污、熔结、热失活与中毒。

在有机物参与的反应中，反应组分分解的产物沉积在催化剂表面上形成积炭层，或反应中某些高沸点物在催化剂表面上形成树脂状物质的沉积，这种现象统称为积炭或结焦。催化剂表面由于这些沉积物或粉尘覆盖而导致活性下降，称沾污。

催化剂在高温下长期使用时，活性组分或载体的微晶会长大，表面积和孔隙率减小而导致催化活性下降。热失活主要包括化学组成和相组成的变化，活性组分由于生成挥发性物质而损失等。这些是造成催化剂活性下降的另一类重要原因——熔结和热失活。

催化剂中毒则是某些极微量的杂质，导致催化剂活性迅速下降。这种现象本质上是由于某些吸附质优先吸附在催化剂的活性部位上，或者形成特别强的化学吸附或者与活性中心起化学反应变为别的物质引起催化剂的性质发生变化，使催化剂不能再自由地参与对反应物的吸附和催化作用。这必将导致催化剂活性降低甚至完全丧失。这些杂质通常来自废气中，也可能来自反应产物（或副产物）。由于毒物与催化剂活性中心形成的强吸附键具有特定的性质，因此催化剂与毒物间存在着选择关系，不同的物质对不同的催化剂起毒化作用，即使是同一催化剂，所催化的反应不同，毒物也不同。

要防止催化剂活性下降，需要针对产生的原因来确定对策，可以有：

1）鉴于不饱和烃杂质和不饱和中间物的存在均易导致炭沉积，而催化剂上不宜的酸中心常常是导致炭沉积的原因，因而可以用碱来毒化催化剂上那些引起炭沉积的中心，也可以在有氢气的条件下作业，抑制造成炭沉积的脱氢作用，或在含水蒸气的条件下作业，抑制析炭。

发生了炭沉积而使催化剂活性下降时，可定期清洗催化剂。催化剂一般可用过热蒸气进行再生。

2）在催化反应前设废气预处理设备，清除废气中的粉尘和毒物，防止堵塞和中毒。

3）操作中要防止催化剂的局部过热，以免催化剂烧结或失活。还可以从选择适当的载体（例如导热系数较大的载体）入手，以保证催化剂的热稳定性。

（2）催化剂的选择性　催化剂的选择性是指当化学反应在热力学上可能有几个反应方向时，一种催化剂在一定条件下只对其中的一个反应起加速作用的特性。它用 B 表示，即

$$B = \frac{\text{反应所得目的产物的物质的量}}{\text{通过催化剂床层后反应了的反应物的物质的量}} \times 100\% \tag{10-2}$$

活性与选择性是催化剂本身最基本的性能指标，是选择和控制反应参数的基本依据。两者均可度量催化剂加速化学反应速度的效果，但反映问题的角度不同，活性指催化剂对提高产物产量的作用，而选择性则表示催化剂对提高原料利用率的作用。

10.2 气固相催化反应宏观动力学

废气中污染物含量通常较低，用催化净化法处理时，往往有下述特点：①由于废气污染物含量低，过程热效应小，反应器结构简单，多采用固定床催化反应器；②要处理的废气量往往很大，要求催化剂能承受流体冲刷和压力降的影响；③由于净化要求高，而废气的成分复杂，有的反应条件变化大，故要求催化剂有高的选择性和热稳定性。因此本节着重介绍固定床催化反应器的宏观动力学。

10.2.1 气固相催化反应过程

在多孔催化剂上进行的催化反应过程一般由下列步骤组成：①反应物从气相主体扩散到催化剂颗粒外表面（外扩散过程）；②反应物从颗粒外表面扩散到微孔内表面（内扩散过程）；③反应物在微孔内表面上被化学吸附，并生成产物，产物在内表面上脱附下来（吸附、表面反应和脱附过程）；④产物从内表面扩散到催化剂外表面（内扩散过程）；⑤产物从外表面扩散到气相主体（外扩散过程）。

可见，在多孔催化剂上进行的催化反应过程，受到气固相之间的传质过程以及催化剂内的传质过程的影响。同时，由于催化反应的热效应和固相催化剂与气相主体之间的温度差，在催化剂内部以及它与气相主体之间还存在着热量传递。这些质量传递与热量传递又与流体的流动状况密切相关。因此，整个气固相催化反应过程的总速率不仅取决于催化剂表面上进行的化学反应，还受到反应气体的流动状况、传热及传质等物理过程的影响。研究包括这些物理过程的化学反应动力学称作宏观动力学，而不考虑其影响的化学动力学称作本征动力学。

催化反应过程中的传质步骤得以进行，是依赖于气固相各处反应组分的浓度差。以催化活性组分均匀分布的球形催化剂为例，说明催化反应过程中反应物的浓度分布，如图 10-3 所示。c_{Ag}，c_{As}，c_{Ac}分别表示反应物 A 的气相浓度、催化剂表面浓度与颗粒中心处浓度。反应物 A 从气相主体通过层流边界层扩散到颗粒外表面，其浓度从 c_{Ag}递减到 c_{As}，此即外扩散过程。在外扩散过程中无化学反应发生，外扩散推动力为（$c_{Ag}-c_{As}$），层流边界层中组分 A 的浓度分布在图中为一直线。

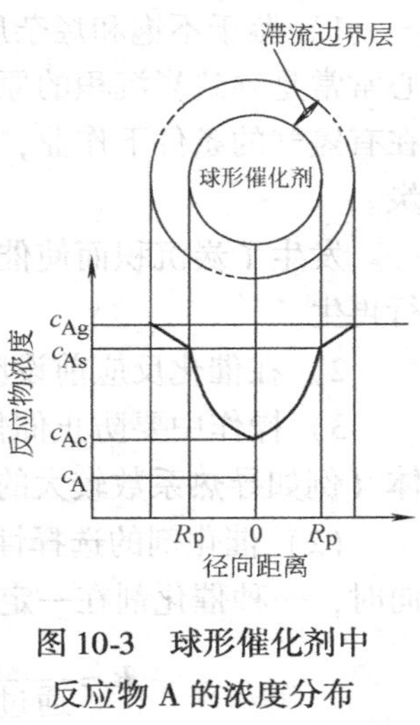

图 10-3 球形催化剂中反应物 A 的浓度分布

反应物由颗粒外表面向内表面扩散时，边扩散边反应，反应物浓度逐渐降低，直到颗粒中心处，浓度降到最低。所以在颗粒内部，组分 A 在颗粒半径方向上的浓度分布是条曲线。催化剂的活性越大，单位时间、单位内表面上反应的组分量越多，反应物浓度降低得就越快，曲线越陡。

生成物由催化剂颗粒中心向外表面扩散时，浓度分布趋势与反应物相反。对于可逆反应，催化剂颗粒中反应物可能的最小浓度是颗粒温度下的平衡浓度 c_A^*。如果在颗粒中心附近反应物的浓度接近平衡浓度 c_A^*，则该处的反应速度接近于零，称为“死区”。

在催化剂颗粒内部，当内扩散阻力较大而反应速度又较快时，有可能导致反应物的浓度

$c_A \to 0$，进而使反应速度 $r_A \to 0$，此时催化剂的内表面积不能充分发挥效能。为了定量说明，引入了内表面积利用率的概念。

催化剂颗粒内部的催化反应速度取决于反应物的浓度和参与反应的内表面积的大小。等温下，单位时间单位体积催化剂颗粒中 A 的实际反应量 r_p 为

$$r_p = \int_0^{S_i} K_s f(c_A)\,\mathrm{d}S$$

式中 S_i——单位体积床层催化剂的内表面积 [m^2/m^3（催化剂床层）]；

K_s——按单位内表面积计算的催化反应速率常数，单位由反应级数而定。

假定没有内扩散的影响，则颗粒内部任一处反应物的浓度 c_A 均等于外表面的浓度 c_{As}（c_{As}可看作 c_A 的最大值），此时以 c_{As}和单位体积床层内全部的内表面积 S_i 计算的单位时间内的反应量，应为理论最大反应量 r_s，即

$$r_s = K_s f(c_{As}) S_i$$

两者的比值称为“催化剂有效系数”或“内表面利用率”η，即

$$\eta = \frac{r_p}{r_s} = \frac{\int_0^{S_i} K_s f(c_A)\,\mathrm{d}S}{K_s f(c_{As}) S_i} \tag{10-3}$$

η 的大小反映了内扩散对总反应速度的影响程度，η 接近 1 时，c_A 接近于 c_{As}，内扩散影响小，过程为化学动力学控制；η 远小于 1 时，内扩散影响显著，颗粒中心处浓度与外表面处浓度相差甚大，此时的反应速度 r_A 为

$$r_A = \eta K_s S_i f(c_{As})$$

综上所述可以看出，整个催化过程的总反应速度受外扩散、内扩散和化学动力学三个过程的影响，其中速度最慢（阻力最大）的过程，称为控制步骤。对于稳定进行的过程，控制步骤的速度可近似看作过程的总反应速度。因此，判断哪一个步骤是控制步骤非常重要。

10.2.2 表面化学反应速率方程

对于气固相催化连续系统（例如在反应器中），反应物不断流入，产物不断流出，系统达稳定后，物料在反应器中没有积累，此时反应速度可用单位反应体积中（或单位质量催化剂上、单位反应表面积上）某一反应物或产物的摩尔流量的改变来表示，即

$$r'_i = \pm \frac{\mathrm{d}N_i}{\mathrm{d}V_R} \tag{10-4}$$

$$r''_i = \pm \frac{\mathrm{d}N_i}{\mathrm{d}m} \tag{10-5}$$

$$r'''_i = \pm \frac{\mathrm{d}N_i}{\mathrm{d}S_R} \tag{10-6}$$

式中 N_i——反应物或生成物的摩尔流量（kmol/h）；

V_R——反应体积（m^3）；

S_R——反应表面积（m^2）；

m——催化剂质量（kg）。

对于气固相催化反应，反应体积是指反应器中催化剂床层的体积，它包括催化剂颗粒的体积和颗粒之间的空隙体积。式中，对反应物应取负号，对生成物应取正号。

要测定反应物 A 的瞬时摩尔流量 N_A 较困难，故工程上常用反应物 A 的初始浓度 c_{A0} 和转化率 x_A 来表示催化反应速度，由于 $N_A = N_{A0}(1-x_A)$，$dN_A = -N_{A0}dx_A$，$V_R = Q_0\tau$，$dV_R = Q_0 d\tau$，代入式（10-4）推出

$$r_A = N_{A0}\frac{dx_A}{dV_R} = \frac{N_{A0}dx_A}{Q_0 d\tau} = c_{A0}\frac{dx_A}{Q_0 d\tau} = c_{A0N}\frac{dx_A}{d\tau_N} \tag{10-7}$$

式中 N_{A0}——混合气体中组分 A 进口摩尔流量（kmol/h），$N_{A0} = Q_0 c_{A0}$；

c_{A0}——混合气体中组分 A 的初始浓度（kg/m^3）；

Q_0——混合气体的初始体积流量（m^3/h）；

c_{A0N}、τ_N——标准状态下混合气体中组分 A 的初始浓度（kg/m^3）和反应时间（s）；

τ——时间（s）。

可逆反应的反应速度常用正逆反应速度之差的净速度来表示：$r = r_正 - r_逆$。对于均相可逆反应 $v_A A + v_B B \rightleftharpoons v_L L + v_M M$，其动力学方程式可用幂函数形式的通式表示

$$r_A = k_c c_A^a c_B^b c_L^l c_M^m - k'_c c_A^{a'} c_B^{b'} c_L^{l'} c_M^{m'} \tag{10-8}$$

式中 a、b、l、m——正反应速度式中组分 A、B、L 及 M 的反应级数；

a'、b'、l'、m'——逆反应速度式中组分 A、B、L 及 M 的反应级数；

k_c、k'_c——以浓度表示的正逆反应速度常数，其值取决于反应物系的性质及反应温度，与反应组分的浓度无关，k_c、k'_c 的单位取决于反应物系组成的表示方法和反应级数。

幂指数之和 $n = a + b + l + m$ 及 $n' = a' + b' + l' + m'$ 分别称为正、逆反应的总级数。

如果上述均相可逆反应是基元反应，则动力学方程中 $a = v_A$，$b = v_B$，$l = 0$，$m = 0$，$l' = v_L$，$m' = v_M$，$a' = 0$，$b' = 0$，即 $r_A = k_c c_A^a c_B^b - k'_c c_L^{l'} c_M^{m'}$。若不是基元反应，则幂指数与化学反应式中化学计量系数不等，由实验测定。

基元反应达到平衡时，反应速度为零，此时

$$\frac{k_c}{k'_c} = \frac{(c_L^*)^{v_L}(c_M^*)^{v_M}}{(c_A^*)^{v_A}(c_B^*)^{v_B}} = K_c \tag{10-9}$$

即正、逆反应速度常数之比值为平衡常数 K_c。加“*”表示是平衡浓度。

对于非基元反应，达到平衡时

$$\frac{k_c}{k'_c} = \frac{(c_L^*)^{(l'-l)}(c_M^*)^{(m'-m)}}{(c_A^*)^{(a-a')}(c_B^*)^{(b-b')}} = K_c^v \tag{10-10}$$

式中 v——无因次参数，决定于动力学方程的形式及平衡常数的表示方式。

上述均相反应动力学方程式的表示方法，也同样适用于气固相催化反应，但还需要考虑催化剂的影响，同时幂指数只能由实验决定，它们可以是正数或负数、整数或分数。

下面以 SO_2 催化氧化为例，说明化学动力学方程的建立过程。

SO_2 的氧化反应为

$$SO_2 + 1/2O_2 \rightleftharpoons SO_3$$

若不考虑逆反应，其反应速度式为

$$r_{SO_2}=\frac{dc_{SO_2}}{d\tau}=k_1c_{SO_2}^{m_1}c_{O_2}^{m_2}c_{SO_3}^{m_3}$$

对不同的催化剂，m_1、m_2、m_3 的数值不同。对目前常用的五氧化二钒催化剂，由实验得知，$m_1=0.8$，$m_2=1$，$m_3=-0.8$，则上式变为

$$r_{SO_2}=\frac{dc_{SO_2}}{d\tau}=k_1c_{O_2}\left(\frac{c_{SO_2}}{c_{SO_3}}\right)^{0.8}$$

随着反应的进行，生成物浓度增加，逆反应速度也增大，此时逆反应对总反应速度的影响也变大，必须对上式进行修正。由实验知，SO_3 的生成速度并非取决于气相中 SO_2 的含量，而是取决于 SO_2 瞬时浓度 c_{SO_2} 与平衡浓度 $c_{SO_2}^*$ 之差，即（$c_{SO_2}-c_{SO_2}^*$），代入上式得

$$r_{SO_2}=\frac{dc_{SO_2}}{d\tau}=k_1c_{O_2}\left(\frac{c_{SO_2}-c_{SO_2}^*}{c_{SO_3}}\right)^{0.8}$$

根据需要，也可将上式（以浓度表示的动力学方程）转换为以转化率 x 表示的动力学方程。

设 SO_2 和 O_2 的初始浓度分别为 a 和 b，SO_2 的转化率为 x，则各组分的浓度分别为 $c_{SO_3}=ax$，$c_{SO_2}=a-ax$，$c_{O_2}=b-ax/2$。

若 SO_2 的平衡转化率为 x^*，则 SO_2 的平衡浓度为 $c_{SO_2}^*=a-ax^*$。

将这些关系式代入反应速度式，整理后得

$$r_{SO_2}=a\frac{dx}{d\tau}=k_1\left(b-\frac{1}{2}ax\right)\left(\frac{x^*-x}{x}\right)^{0.8}$$

若采用标态下的接触时间 τ_N 表示，则有

$$r_{SO_2}=a\frac{dx}{d\tau_N}=k_1\left(b-\frac{1}{2}ax\right)\left(\frac{x^*-x}{x}\right)^{0.8}(273p/T)$$

式中 p、T——操作状态下的压力（atm）和热力学温度（K）。

应该指出，催化剂不同，动力学方程会不同；即使是相同种类的催化剂，由于制备方法不同，动力学方程也有可能不同，故不能盲目引用文献中的方程，大多数情况下应进行实验测定。

10.2.3 气固相催化反应宏观动力学

稳定情况下，单位时间内催化剂内实际反应消耗的反应物量应等于从气相主体扩散到催化剂外表面上的反应物量，故

$$r_A=K_sS_if(c_{As})\eta=K_gS_e\varphi(c_{Ag}-c_{As}) \tag{10-11}$$

式中 K_g——外扩散传质系数（m/h）；

S_e——单位体积催化剂床层中颗粒的外表面积（m^2/m^3）；

φ——催化剂的形状系数，球形 $\varphi=1$，片状 $\varphi=0.81$，圆柱形、无定形 $\varphi=0.9$。

若反应为一级可逆反应，则上式中 $f(c_{As})$ 可为：$f(c_{As})=c_{As}-c_A^*$，式（10-11）可变为

$$r_A=\frac{c_{Ag}-c_A^*}{\dfrac{1}{K_gS_e\varphi}+\dfrac{1}{K_sS_i\eta}} \tag{10-12}$$

式（10-12）为考虑了内、外扩散影响的一级可逆反应的气固相宏观动力学方程式，也是总速度方程式。它概括了传质和表面化学反应的总过程。式（10-12）分母中第一项 $1/(K_g S_e \varphi)$ 表示外扩散阻力；第二项 $1/(K_s S_i \eta)$ 表示化学动力学阻力和内扩散阻力，而 $c_{Ag} - c_A^*$ 表示反应过程的推动力。应用此式可以计算催化过程的反应速度，根据各项阻力的大小可以判断过程的控制步骤。

1）$\dfrac{1}{K_g S_e \varphi} \ll \dfrac{1}{K_s S_i \eta}$，且 η 趋近于 1，即内外扩散影响较小，均可忽略时，式（10-12）可变成

$$r_A = K_s S_i (c_{Ag} - c_A^*) \approx K_s S_i (c_{As} - c_A^*)$$

此时为动力学控制，浓度分布如图 10-4a 所示，即 $c_{Ag} \approx c_{As} \approx c_{Ac}$，而 $c_{Ac} \gg c_A^*$。这种情况多发生在本征动力学速度较小，而催化剂颗粒又较小时。

2）$\dfrac{1}{K_g S_e \varphi} \ll \dfrac{1}{K_s S_i \eta}$，且 $\eta \ll 1$，即外扩散影响较小，内扩散影响不可忽略时，总速度式为

$$r_A = K_s S_i (c_{Ag} - c_A^*) \eta$$

此时为内扩散控制，浓度分布如图 10-4b 所示，即 $c_{Ag} \approx c_{As} \gg c_{Ac}$，而 $c_{Ac} \approx c_A^*$。这种情况多发生在颗粒较大，而反应速度与外扩散系数均较大时。

3）$\dfrac{1}{K_g S_e \varphi} \gg \dfrac{1}{K_s S_i \eta}$，这时外扩散阻力很大，总速度为外扩散控制，式（10-12）可变成

$$r_A = K_g S_e (c_{Ag} - c_{As}) \approx K_g S_e \varphi (c_{Ag} - c_A^*)$$

此时浓度分布如图 10-4c 所示。一般来说，第一、二种情况比较多，第三种情况较少见。但如果用的催化剂是无孔的网状物，如氨氧化用的铂网，或者活性组分只分布在载体外表面，反应速度相当快时，往往会发生第三种情况。

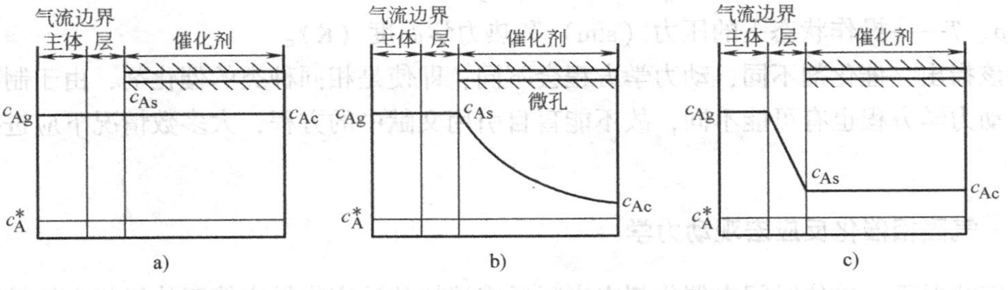

图 10-4 不同控制过程反应物 A 的浓度分布

a）化学动力学控制 $c_{Ag} \approx c_{As} \approx c_{Ac} \gg c_A^*$ b）内扩散控制 $c_{Ag} \approx c_{As} \gg c_{Ac} \approx c_A^*$

c）外扩散控制 $c_{Ag} \gg c_{As} \approx c_{Ac} \approx c_A^*$

在催化剂颗粒中除了有质量传递以外，还有热量传递。稳定情况下，单位时间内催化剂内表面上实际反应量产生的热效应，应等于颗粒外表面与气相主体间的传热量，故

$$r_A(-\Delta H_R) = K_s S_i f(c_{As}) \eta (-\Delta H_R) = \alpha_s S_e (T_s - T_g) \tag{10-13}$$

式中 T_s、T_g——颗粒外表面与气相主体温度（K）；

ΔH_R——反应热效应（J/mol）；

α_s——气流主体与颗粒外表面间的给热系数。

对于吸热反应，反应热 ΔH_R 是正值，催化剂颗粒外表面温度低于气流主体温度；对于放热反应，ΔH_R 是负值，催化剂颗粒外表面温度高于气流主体温度。

内表面利用率或有效系数 η 可通过实验测定，也可计算而得。实验测定法是首先测得颗粒的实际反应速度 r_p，然后将颗粒逐次压碎，使其内表面变为外表面，在相同条件下分别测定其反应速度，直至反应速度不再变化，这时的反应速度即为消除了内扩散影响的反应速度 r_s，则 $\eta = r_p/r_s$。计算方法是通过建立和求解等温或非等温下催化剂颗粒内部的物料衡算式、反应动力学方程式和热量衡算式，得到颗粒内部为等温或非等温时的催化剂有效系数 η。如对于等温、球形颗粒催化剂，一级不可逆反应，可推导出有效系数 η 为

$$\eta = \frac{1}{\phi_s}\left[\frac{1}{\tanh(3\phi_s)} - \frac{1}{3\phi_s}\right] \tag{10-14}$$

其中

$$\phi_s = \frac{R_p}{3}\sqrt{\frac{K_s S_i}{(1-\varepsilon)D_{eff}}} \tag{10-15}$$

式中 R_p——球形催化剂半径（m）；

K_s——表面反应速度常数（按单位内表面计）；

S_i——单位体积催化剂内表面积（m^2）；

D_{eff}——催化剂内有效扩散系数（m^2/h）；

ϕ_s——齐勒（Thiele）模数。

工业颗粒催化剂的有效系数一般在0.2～0.8之间。表10-1为发生一级不可逆反应时的 η。

表10-1 催化剂颗粒有效系数 η

ϕ_s	球　形	薄　片	长圆柱体
0.1	0.994	0.997	0.995
0.2	0.977	0.987	0.981
0.5	0.876	0.924	0.892
1	0.672	0.762	0.698
2	0.416	0.482	0.432
5	0.187	0.200	0.197
10	0.097	0.100	0.100

表中数据表明，当 ϕ_s 值很小时，$\eta \approx 1$，这时因为 ϕ_s 值很小，表示催化剂颗粒很小，K_s/D_{eff} 比值很小，即化学反应速度慢，内扩散速度快，内扩散对总速度的影响很少，故 $\eta \approx 1$。反之，当 ϕ_s 值大时，表示催化剂颗粒大，K_s/D_{eff} 比值大，即化学反应速度快，内扩散的影响不容忽视，此时 η 远小于1，如 $\phi_s > 3$，则 $\eta \approx 1/\phi_s$。

在催化剂颗粒内部等温的情况下，对于大多数气固相催化反应，可用下式来判别内扩散的影响，即当

$$R_p^2 \frac{r_{pA}}{D_{eff} c_{As}} < 1$$

时，内扩散可忽略不计。

例10-1 采用 $d_p = 2.4$mm 的球形催化剂进行反应物为A的一级分解催化反应，实测反应速度 $r_{pA} =$

$K'_v c_{Ag} = 100\text{kmol}/(\text{h} \cdot \text{m}^3$（催化剂颗粒）），$K'_v$ 为实测反应速度常数。气相中 A 的浓度 $c_{Ag} = 0.02\text{kmol/m}^3$，颗粒内有效扩散系数 $D_{eff} = 5 \times 10^{-5}\text{m}^2/\text{h}$，外扩散传质系数 $K_g = 300\text{m/h}$。试判断内、外扩散的影响。

解 （1）判断外扩散的影响

$$K_g S_e \varphi (c_{Ag} - c_{As}) = K'_v c_{Ag} = r_{pA}$$

将 S_e = 外表面/体积 = A_p / V_p，球形颗粒的形状系数 $\varphi = 1$ 代入，

则上式变为

$$K_g \frac{A_p}{V_p}(c_{Ag} - c_{As}) = K'_v c_{Ag}$$

或

$$\frac{K'_v V_p}{K_g A_p} = \frac{c_{Ag} - c_{As}}{c_{Ag}}$$

若外扩散很慢，则 $c_{As} \approx 0$，故 $\frac{K'_v V_p}{K_g A_p} \approx 1$；若外扩散很快，$c_{Ag} \approx c_{As}$，故 $\frac{K'_v V_p}{K_g A_p} \approx 0$。

将已知数据代入上式，得

$$\frac{K'_v V_p}{K_g A_p} = \frac{(r_{pA}/c_{Ag})(\pi d_p^3/6)}{K_g(\pi d_p^2)} = \frac{r_{pA} d_p}{6K_g c_{Ag}} = \frac{100 \times 0.0024}{300 \times 0.02 \times 6} = 0.006 \approx 0$$

故外扩散速度很快，可不考虑其影响，$c_{Ag} \approx c_{As}$。

（2）判断内扩散的影响

$$R_p^2 \frac{r_{pA}}{D_{eff} c_{As}} = 0.0012^2 \times \frac{100}{5 \times 10^{-5} \times 0.02} = 144 \gg 1$$

故内扩散影响较大，不可忽略。

10.3 气固相催化反应器设计

10.3.1 气固相催化反应器类型及选择

1. 气固相催化反应器类型

工业应用的气固相催化反应器按颗粒床层的特性可分为固定床催化反应器和流化床催化反应器两大类。其中环境工程领域采用最多的是固定床催化反应器，它具有以下优点：①床层内流体的轴向流动一般呈理想置换流动，反应速度较快，催化剂用量少，反应器体积小；②流体停留时间可以严格控制，温度分布可以适当调节，因而有利于提高化学反应的转化率和选择性；③催化剂不易磨损，可长期使用。但床层轴向温度分布不均匀。

固定床催化反应器按温度条件和传热方式可分为绝热式与连续换热式；按反应器内气体流动方向又可分为轴向式和径向式。图 10-5 是几种常用的固定床反应器。

（1）单段式绝热反应器　它为一圆筒体，内设栅板、不锈钢丝网等物件，其上均匀堆置催化剂。其结构简单，造价低，适于反应热效应小、反应温度允许波动范围较宽的场合。

（2）多段式绝热反应器　它是将多个单段式反应器串联起来，段间设有换热构件或通以冷激气，以调节反应温度，并有利于气体的再分布，适于中等热效应的反应。

（3）列管式反应器　其管间装催化剂，管内通热载体（水或其他介质），适于床温分布要求严格、反应热特别大的情况。

（4）径向反应器　径向反应器中流体流动方向如图 10-5d 箭头所示。由于反应气流是径

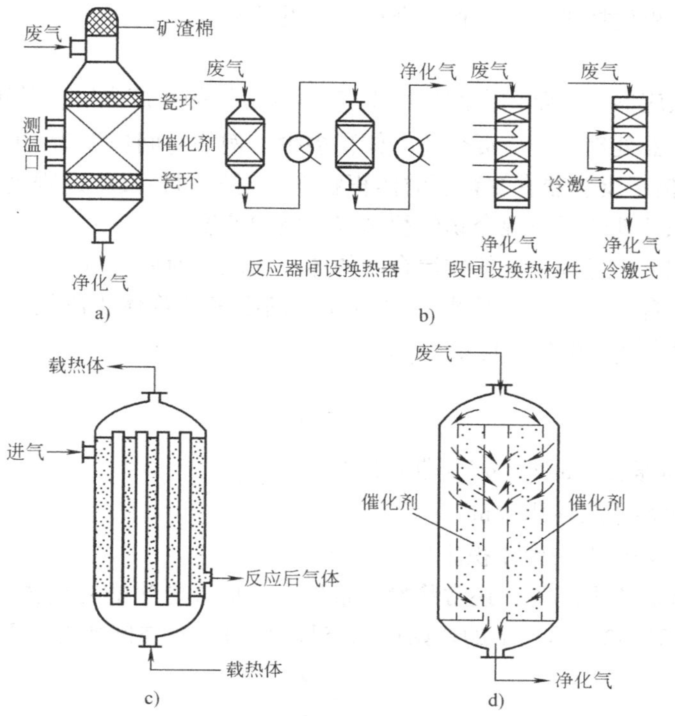

图 10-5　常见的固定床反应器

a）单段式　b）多段绝热式反应器　c）列管式　d）径向式

向穿过催化剂，它与轴向反应器相比，气体流程短，流速小，因而具有可使用小颗粒催化剂而仍然保持低床层压降的特点。其技术关键是保证流体径向均匀分布的结构设计。

2. 固定床催化反应器的选择

在工程上，应根据反应和催化剂的特征和工艺操作参数、设备检修和催化剂的装卸等方面的要求，综合考虑催化反应器的选型和结构。对于固定床催化反应器，一般应遵循以下原则：

1）根据催化反应热的大小及催化剂的活性温度范围，选择合适的结构类型，保证床层温度控制在许可的范围内。

2）床层阻力应尽可能小，气流分布要均匀。

3）在满足温度条件前提下，应尽量使单位体积反应器内催化剂的装载系数大，以提高设备利用率。

4）反应器应结构简单，便于操作，造价低廉，安全可靠。

由于催化法净化气态污染物所处理的废气量大，污染物含量低，反应热效小，要想使污染物达到排放标准，应有较高的催化转化效率。因此选用单段绝热反应器（含径向反应器）对实现污染物催化转化具有绝对优势。目前在 NO_x 催化转化、有机废气催化燃烧及汽车尾气净化中，大都采用了单段绝热式反应器。下面主要讨论单段绝热式反应器的设计计算。

10.3.2　气固相催化反应器设计基础

气固相催化反应器的设计是在选择反应条件的基础上确定催化剂的合理装量，并为实现所选择的反应条件提供技术手段。首先介绍几个设计参数。

1. 空间速度

在连续催化反应器中，常用空间速度 V_{sp} 表示反应器的生产强度，其定义是单位时间内，单位有效容积反应器处理的反应混合物的体积多少。例如空间速度为 $10h^{-1}$，则表示反应器每小时能处理 10 倍于反应器有效容积的体积物料。对气固相反应过程则用单位时间内，单位催化剂床层体积处理的反应混合物体积来定义空间速度。

由于在气固相反应过程中，气体混合物的体积随反应前后气体混合物摩尔数的变化而变化，故一般采用不含生成物的反应混合物组成为基准来计算体积流量，称为初始体积流量 Q_0，用催化床层体积 V_R 来表示 V_{sp}，则为

$$V_{sp}=\frac{Q_0}{V_R} \tag{10-16}$$

式中 V_{sp}——空间速度 [m^3/(m^3(催化床)·h)]；

V_R——催化剂床层体积（m^3）；

Q_0——操作条件下初始体积流量（m^3/h）。

为了比较和计算方便起见，还常将操作条件下反应混合物的初始体积流量 Q_0 换算为标准状况（273K，101.325kPa）下的初始体积流量 Q_{N0}来计算空间速度，即

$$V_{sp}=\frac{Q_{N0}}{V_R} \tag{10-16'}$$

式中 Q_{N0}——标准状况下混合气体的初始体积流量（m^3/h）。

2. 接触时间

空间速度的倒数称为接触时间，定义为

$$\tau=\frac{V_R}{Q_0} \tag{10-17}$$

式中 τ——接触时间（h）。

上式中如果 Q_0 用标准状况下的体积流量 Q_{N0}来计算，则得到标准接触时间 τ_N 为

$$\tau_N=\frac{V_R}{Q_{N0}} \tag{10-17'}$$

3. 停留时间与流体的流动模型

反应物通过催化床的时间称为停留时间。它是由催化床的空间体积、物料的体积流量和流动方式所决定的。连续式反应器有两种理想流动模型，即活塞流反应器和完全混流式反应器。在活塞流反应器中，物料以相同的流速沿流动方向流动，而且没有混合和扩散。而在理想混合流反应器中，物料在进入的瞬间即均匀地分散在整个反应空间，反应器出口的物料浓度与反应器内完全相同。实际反应器内的物料流动模型总是介于上述两种理想流动模型之间的，其模型计算较为复杂。因此工程上对某些反应器常近似作为理想反应器处理，如把流化床反应器、带搅拌的槽式反应器等简化为理想混合反应器，而固定床反应器（薄层床除外）则可按活塞流反应器处理。固定床的停留时间可按下式来计算

$$t=\varepsilon V_R/Q \tag{10-18}$$

式中 t——停留时间（h）；

Q——反应气体实际体积流量（m^3/h）；

ε——催化床空隙率（%）。

显然，由于 Q 通常是一个变量，用式（10-18）计算的停留时间来表示催化剂的生产强度是不便于计算和比较的。因此工程上，通常用空间速度来表示。

10.3.3 气固相催化反应器设计

气固相催化反应器设计大致可以分为经验法与数学模型法两种。

1. 经验法

经验法是用实验室、中间试验、工厂实际生产中测得的一些数据，例如空间速度、接触时间、转化率、气体流速等作为依据，并设法使某些参数，例如催化剂性质、粒度、操作温度、压力、废气组成等与原装置相近，进行设计计算。经验法不需要动力学等数据，计算简便，因而在缺乏对催化反应器中进行的动力学、传热、传质过程的真正了解时，常被采用。但是，正由于缺乏对这些过程的真正的了解，因而计算精度不高，不能实现高倍数的放大。

（1）催化剂体积用量　若已知空间速度 V_{sp} 或接触时间 τ，则可算出催化剂体积 V_R 为

$$V_R=\frac{Q_0}{V_{sp}}=Q_0\tau \tag{10-19}$$

（2）催化剂床层直径和床层高　由对应的气流空塔速度可得出反应器直径 D，再根据 V_R 和 D 求出床层高 L；也可根据压力降要求，用后面压力降的计算公式，求出床层高 L，再计算反应器直径 D。

2. 数学模型法

数学模型法是通过对反应动力学方程、物料流动方程、物料衡算和热量衡算方程等联立求解出指定反应条件下达到规定转化率所需要的催化剂体积等。而要建立这些可靠的基础方程，获得准确的化学反应基本数据和传递过程数据，需要深入的实验研究。

描述固定床反应器的模型可分为拟均相模型和非均相模型两大类。拟均相模型把催化剂内的浓度、温度视为与流体相等，催化剂与流体间无传质和传热发生；而非均相模型则考虑了催化剂与流体间的浓度、温度差别及热量、质量传递过程。拟均相模型与非均相模型又可以按是否考虑径向上的混合而分为一维模型和二维模型。一般说来，在热效应不大，反应速度较低，床层内气体流速较大时，拟均相一维模型的计算结果与实际比较吻合，鉴于废气污染物浓度通常较低的情况，这里只介绍拟均相一维模型。

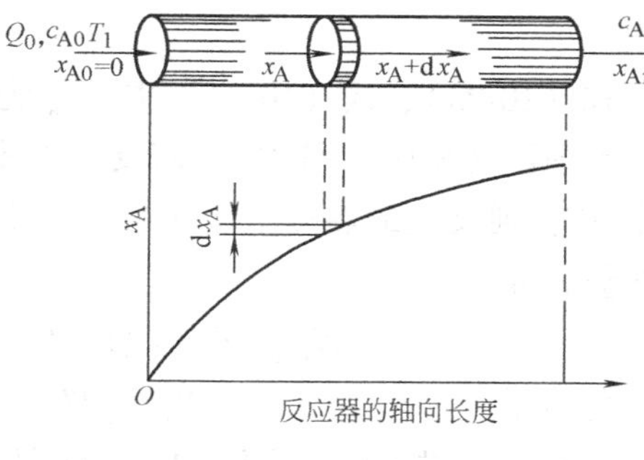

图10-6　理想置换反应器模型

Q_0—流体的初始体积流量

c_{A0}—反应物A的初始浓度

c_{Af}—达到一定转化率 x_{Af} 时反应物A的浓度

T_1—反应物A的初始温度

T_2—达到一定转化率 x_{Af} 时的反应物A的温度

拟均相一维理想流动模型假设固定床内流体以均匀速度作活塞式流动，径向上无速度梯度与温度梯度，故也无浓度梯度。由此可以写出反应器内几个基本方程式：

设反应 A→B 在管式反应器中进行，反应为稳定过程。由于反应物浓度是沿流体流动方向而变化的，故取反应器中一微元体 dV_R 作物料衡算，设进入微元体 dV_R 时组分A的转化率为 x_A，离开该微元体时的转化率为 x_A+dx_A（见图10-6）；单位

时间内进入微元的 A 量为 N_{A0} $(1-x_A)$，流出微元的 A 量为 $N_{A0}[1-(x_A+dx_A)]$，进、出量之差为微元内的反应量 $dN_A=r_A dV_R$，即

$$N_{A0}(1-x_A)-N_{A0}(1-x_A-dx_A)=r_A dV_R$$

简化得

$$r_A dV_R=N_{A0}dx_A \tag{10-20}$$

式中 N_{A0}——污染物组分 A 进口摩尔流量（kmol/h）；

r_A——总反应速度[kmol/(h·m³)]。

为了计算达到一定转化率 x_{Af}时所需的反应体积，积分得式（10-20），即

$$V_R=\int_0^{x_{Af}} N_{A0}\frac{dx_A}{r_A} \tag{10-21}$$

由于 $m=\rho_B V_R$，故又可写成

$$\frac{m}{\rho_B N_{A0}}=\int_0^{x_{Af}}\frac{dx_A}{r_A} \tag{10-22}$$

式中 m——催化剂质量（kg）；

ρ_B——催化剂堆积密度（kg/m³）。

在式（10-21）中，必须先建立总反应速度 r_A 和转化率 x_A 的函数关系，才能计算出催化剂床层体积。由于在不同的反应过程，控制步骤不同，总反应速率也不同，所以需要针对不同过程分别进行计算。

（1）化学动力学控制时 V_R 的计算　化学动力学控制时，总反应速度近似等于化学反应速度。将式（10-7）代入式（10-21），并换算为标态时，则

$$V_R=\int_{x_{A1}}^{x_{A2}} c_{A0}Q_0\frac{dx_A}{r_A}=\int_{x_{A1}}^{x_{A2}} c_{A0}Q_0\frac{dx_A}{c_{A0}\left(\frac{dx_A}{d\tau}\right)}=Q_{0N}\int_{x_{A1}}^{x_{A2}}\frac{dx_A}{\left(\frac{dx_A}{d\tau_N}\right)}=\tau_N Q_{0N} \tag{10-23}$$

$$\tau_N=\int_{x_{A1}}^{x_{A2}}\frac{dx_A}{\left(\frac{dx_A}{d\tau_N}\right)} \tag{10-24}$$

式（10-23）、式（10-24）中，x_A 为温度 T 的函数，其关系由热量衡算式确定。

考虑微元反应体积 dV_R，若反应为放热反应，经过微元后，转化率变化了 dx_A，温度变化了 dT，则反应的热量平衡式为：气体带入热量 + 反应放出热量 = 气体带出热量 + 给外界传热量，即

$$N_T c_{p,m}T+N_{T0}Y_{A0}dx_A(-\Delta H_R)=N_T c_{p,m}(T+dT)-dq_B$$

化简得

$$N_T c_{p,m}dT=N_{T0}Y_{A0}dx_A(-\Delta H_R)+dq_B \tag{10-25}$$

式中 N_T——进入微元床层 dV_R 气体混合物的摩尔流量（kmol/h）；

N_{T0}——初始状态下气体混合物的摩尔流量（kmol/h）；

Y_{A0}——初始状态下气体混合物中 A 的摩尔分数；

ΔH_R——反应热（kJ/kmol）；

q_B——外界传热量（kJ/h）；

$c_{p,m}$——气体平均质量定压热容[kJ/(kmol·K)]。

式（10-25）为 T 与 x_A 的一般关系式。根据反应体系与外界热交换的不同，可分为三种情况：

1）等温反应：即反应放热全部传给外界，维持等温，此情况 $dT=0$。

2）绝热反应：即床层不向外传热，反应放热全部用于加热气体，使之温度上升，$dq_B=0$。

3）变温反应：即既不等温也不绝热。

下面只讨论绝热反应的情况。绝热时，$dq_B=0$，式（10-25）可简化为

$$N_T c_{p,m} dT = N_{T0} Y_{A0} dx_A(-\Delta H_R)$$

对温度积分可得

$$\int_{T_1}^{T_2} dT = \frac{N_{T0} Y_{A0}(-\Delta H_R)}{N_T c_{p,m}} \int_{x_{A1}}^{x_{A2}} dx_A$$

若 N_{T0}、$c_{p,m}$ 不随 T 及 x_A 变，即取其平均值当常数处理，积分上式得

$$T_2 - T_1 = \lambda(x_{A2} - x_{A1}) \tag{10-26}$$

其中

$$\lambda = \frac{N_{T0} Y_{A0}(-\Delta H_R)}{N_T c_{p,m}} \tag{10-27}$$

当 $x_{A2}-x_{A1}=1$，即 $x_A=100\%$ 时，$T_2-T_1=\lambda$，因此 λ 称为"绝热温升"，即绝热时组分A完全反应时混合气体温度升高的数值。

由式（10-26）决定 T 与 x_A 的关系，代入式（10-24）图解积分求出 τ_N 值，最后根据 $V_R=Q_{0N}\tau_N$ 求出 V_R。

由于被处理的气态污染物浓度很低，有人采用体积分数为1%的某污染物进行氧化或还原所引起的温度升高为基准来计算催化床层的绝热温升。这时有

$$T_2 - T_1 = \lambda(c_{A2} - c_{A1}) \tag{10-28}$$

式中 c_{A2}、c_{A1}——A的初始浓度和反应后浓度；

λ——绝热温升值。例如，在进行 NO_x 的催化还原时，如以 CH_4 为还原剂，每烧掉1%的 O_2，$\lambda=130K$；若以 H_2 为还原剂，每烧掉1%的 O_2，$\lambda=160K$；以 NH_3 为还原剂，每转化1%的 NO_x，$\lambda=140K$。

（2）内扩散控制过程催化剂体积的计算　计算方法与动力学控制时相同，只是反应速度为内扩散控制条件下的总反应速度，即

$$r_A = \eta c_{A0N} \frac{dx_A}{d\tau_N} \tag{10-29}$$

$$\tau_N = \int_{x_{A1}}^{x_{A2}} \frac{dx_A}{\eta \dfrac{dx_A}{d\tau_N}} \tag{10-30}$$

式中 η——催化剂的内表面利用率（%）。

按式（10-30）求得各温度下的 η 及 $\frac{dx_A}{d\tau_N}$ 与 x_A 的关系，图解积分可求得 τ_N，并根据 $V_R=Q_{0N}\tau_N$ 求得 V_R。由于 $\eta<1$，τ_N 将大于动力学控制的值，V_R 值也相应增大。

由于 η 的计算比较复杂，有人把内扩散影响考虑在校正系数中按动力学计算，再乘上校正系数，使计算简化。

（3）外扩散控制时 V_R 的计算　外扩散控制时，总反应速度与外扩散速度相同，即

$$r_A = \frac{-dN_A}{dV_R} = K_g S_e \varphi(c_{Ag} - c_{As}) \tag{10-31}$$

积分上式，可得 V_R。但积分时需将 N_A、c_{Ag}、c_{As} 化为反应转化率 x_A 的函数关系。以反应

$$n_A A + n_B B \rightleftharpoons n_L L + n_M M$$

为例，说明其转换关系。

外扩散控制的催化反应速度非常快，反应往往只发生在载体表面极薄一层催化剂的表面，此时催化床层可作为等温处理，则

$$N_A = N_{A0}(1 - x_A),\ dN_A = N_{A0} dx_A \tag{10-32}$$

对可逆反应 $c_{As} = c_A^*$，对不可逆反应 $c_{As} = 0$。

设气体的体积流量为 Q，则 A 的气相浓度为 $c_{Ag} = \frac{N_A}{Q}$。若反应过程体积不发生变化，则 Q 为常数，$Q = Q_0$（初始体积流量）；若反应中体积变化，根据反应方程式，Q 随转化率 x_A 的变化关系为

$$Q = Q_0 (1 + \varepsilon_A x_A)$$

$$\varepsilon_A = \frac{\sigma_A c_{A0}}{\sum c_{i0}}$$

$$\sigma_A = \frac{1}{n_A}[(n_L + n_M) - (n_A + n_B)]$$

式中 $\sum c_{i0}$——起始状态所有组分浓度之和（kmol/m³）；

c_{A0}——操作状态下 A 的起始浓度（kmol/m³）。

于是

$$c_{Ag} = \frac{N_{A0}(1 - x_A)}{Q_0(1 + \varepsilon_A x_A)} \qquad c_A^* = c_{As} = \frac{N_{A0}(1 - x_A^*)}{Q_0(1 + \varepsilon_A x_A^*)} \tag{10-33}$$

式中 x_A^*——平衡时的转化率。

将式（10-32）、式（10-33）代入式（10-31）得

$$dV_R = \frac{Q_0}{K_g S_e \varphi} \cdot \frac{dx_A}{\dfrac{1 - x_A}{1 + \varepsilon_A x_A} - \dfrac{1 - x_A^*}{1 + \varepsilon_A x_A^*}}$$

上式经整理并积分得

$$V_R = \frac{Q_0}{K_g S_e \varphi (1 + \varepsilon_A)} \int_{x_{A1}}^{x_{A2}} \frac{(1 + \varepsilon_A x_A)(1 + \varepsilon_A x_A^*)}{x_A^* - x_A} dx \tag{10-34}$$

若反应为不可逆反应，$c_A^* = 0$，$x_A^* = 1$，可得积分值

$$V_R = \frac{Q_0}{K_g S_e \varphi}\left[(1 + \varepsilon_A) \ln \frac{1 - x_{A1}}{1 - x_{A2}} - \varepsilon_A (x_{A2} - x_{A1})\right] \tag{10-35}$$

若反应为可逆反应，且体积变化可忽略时，则可得积分值

$$V_R = \frac{Q_0}{K_g S_e \varphi}\left[\ln \frac{1 - x_{A1}}{1 - x_{A2}} - (x_{A2} - x_{A1})\right] \tag{10-36}$$

例 10-2 在绝热条件下，用钒催化剂氧化 SO_2 为 SO_3，操作条件为：进口 $x_{A1} = 0$，进口 $T_1 = 713K$，

绝热温升 $\lambda=211K$，SO_2 出口处 $x_{A2}=0.68$，气体混合物的起始组成 $Y_{0SO_2}=7.5\%$，$Y_{0O_2}=11\%$，$Y_{0N_2}=81.5\%$，当 $0<x_A<0.75$，$T<748K$ 时，某型号钒催化剂的反应速度常数 k_v 的实测值见表10-2。

表10-2 某型号钒催化剂的反应速度实测值

T/K	703	713	723	733	743	748
k_v/s^{-1}	0.086	0.14	0.47	1.20	1.60	1.75

当 $0<x_A<0.75$，$T>748K$ 时，反应速度常数

$$k_v=5.08\times10^6\exp\left(-\frac{22100}{RT}\right)$$

动力学方程

$$\frac{dx_A}{d\tau}=\frac{k_v}{Y_{0SO_2}}\left(\frac{x_A^*-x_A}{x_A}\right)^{0.8}\left(Y_{0O_2}-\frac{Y_{0SO_2}x_A}{2}\right)$$

气体混合物的处理量 $Q_{0N}=15000m^3/h$，内表面利用率 $\eta=0.45$，为保险起见取校正系数 $C=1.5$，求催化剂的用量。

解 $$\frac{d\tau_N}{dx_A}=\frac{Y_{0SO_2}}{k_v}\left(\frac{x_A}{x_A^*-x_A}\right)^{0.8}\frac{1}{Y_{0O_2}-\frac{Y_{0SO_2}x_A}{2}}\cdot\frac{T}{273}$$

根据进口温度 $T_1=713K$，进口转化率 $x_A=0$ 及 $\lambda=211K$，可由 $T_2-T_1=\lambda(x_{A1}-x_{A2})$ 算出绝热状况下反应中温度及转化率的关系。

在《硫酸工作者手册》中可查得

$$x_A^*=\frac{K_p}{K_p+\sqrt{\frac{100-0.5x_A^*}{P(b-0.5ax_A^*)}}}$$

$$\lg K_p=\frac{4905.5}{T}-4.6455$$

式中 K_p——SO_2 转化反应的平衡常数；

P、T——操作压力和温度；

$a=Y_{SO_2}$，$b=Y_{O_2}$。

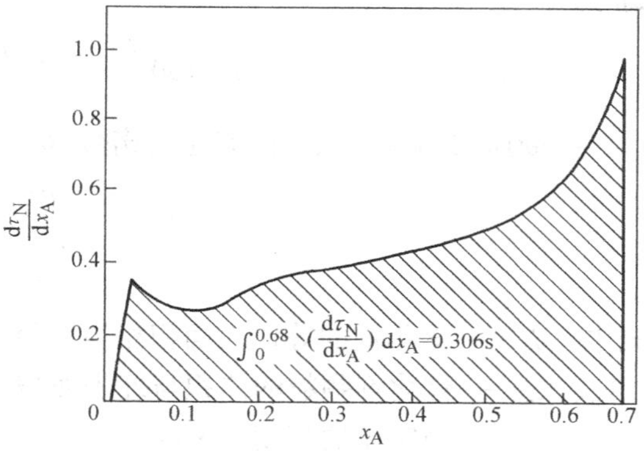

图10-7 例10-2图

联解以上两式，可得不同温度下的 x_A^* 值。根据这些数值由上面的式子进而可算出各 x_A 下的 k_v 及 $\frac{d\tau_N}{dx_A}$ 值。所有计算结果见表10-3。

表10-3 例10-2计算结果表

x_{A2}	T_2/K	x_A^*	k_v/s^{-1}	$d\tau_N/dx_A$
0				
0.025	718	0.977	0.27	0.362
0.030	724	0.974	0.582	0.307
0.100	734	0.968	1.23	0.273
0.200	755	0.951	2.04	0.345
0.300	776	0.929	3.04	0.392
0.400	797	0.899	4.45	0.435
0.500	818	0.863	6.40	0.498
0.600	840	0.818	9.20	0.606
0.680	857	0.777	12.30	1.080

作 $\frac{d\tau_N}{dx_A}\sim x_A$ 图，用图解积分法得 $\tau_N=\int_0^{0.68}\left(\frac{d\tau_N}{dx_A}\right)dx_A=0.306s$

故催化剂体积

$$V_R = Q_{0N}\tau_N \frac{1}{\eta}C = \frac{15000}{3600}\times 0.306\times\frac{1}{0.45}\times 1.5m^3 = 4.2m^3$$

10.3.4 流体通过固定床层的压力降

气体通过催化剂床层时的压力降，对反应器的设计具有重要意义。若已知压力降，则可计算出反应器床层的截面积；若催化床层大小已知，则可求出系统的压力及压力降，从而确定能量消耗。

流体在固定催化床中的流态要比空管中的流态复杂得多。因为固体颗粒间形成的孔道弯曲、交错，通道截面大小随时改变，造成流体在其中流动时，不断地分散与混合，流型及流动方向经常发生变化，产生局部阻力损失。流体在流动中亦不断地与固体颗粒发生摩擦，产生摩擦阻力损失。在低流速时，压力降主要由于表面摩擦而产生，在高流速及薄床层中流动时，以流体在颗粒间流动时扩大、收缩作用产生的局部阻力损失为主。

利用空圆管的压降公式，根据催化剂固定床的特点，可以导出气体通过床层的压力降 Δp 为

$$\Delta p = 150\frac{(1-\varepsilon)^2}{\varepsilon^3}\frac{\mu U_0}{d_s^2}L + 1.75\frac{\rho U_0^2}{d_s}\frac{1-\varepsilon}{\varepsilon^3}L \tag{10-37}$$

判断床层内流动状态的修正雷诺数 Re_m 为

$$Re_m = \frac{d_s\rho U_0}{\mu}\frac{1}{1-\varepsilon} = \frac{d_s G}{\mu}\frac{1}{1-\varepsilon}$$

$$d_s = 6V_p/A_p$$

式中 d_s——催化剂的等比表面积相当直径（m）；

V_p、A_p——催化剂颗粒的体积与外表面积；

L——固定床的高度（m）；

ρ——流体密度（kg/m^3）；

U_0——流体通过空反应器界面的平均流速（m/s）；

μ——流体动力粘度（Pa·s）；

G——流体质量流速［$kg/(m^2\cdot s)$］。

式（10-37）中，当 $Re_m<10$ 时，处于滞流状态，可略去表示局部阻力损失的第二项；而当 $Re_m>1000$ 时为充分湍流，计算时可略去表示摩擦损失的第一项。

利用空圆管的压降公式，还可导出流体通过固定床的其他压降公式。

10.4 催化转化法的应用

10.4.1 催化净化法工艺

催化法治理废气的一般工艺过程包括：废气预处理除去催化剂毒物及固体颗粒物；废气预热到指定的反应温度；催化反应；废热的回收和副产品的回收利用等。

（1）废气预处理 废气中含有的固体颗粒或液滴会覆盖在催化剂活性中心上而降低活

性，废气中的微量致毒物质，会使催化剂中毒，在大多数情况下必须除去。

（2）废气预热　预热废气是为了使废气达到催化剂的活性温度以上，使催化反应具有一定的速度，否则反应速度缓慢，达不到预期的脱除效果，例如选择性催化还原脱除 NO_x 废气的预热温度须达200～220℃以上。

若废气中有机物的浓度较高，释放出的反应热效应大，这时只需要较低的预热温度；过高的预热温度还会产生大量的中间产物，给后面的催化燃烧带来困难。废气预热可利用净化后气体的热焓，但在污染物浓度较低，反应热效应不足以预热到反应温度时，需利用辅助燃料燃烧产生高温燃气与废气混合以升温。

（3）催化反应温度　用来调节催化反应的各项工艺参数中，温度是一项很重要的参数，对脱除污染物的效果及转化率都有很大影响，其选择与控制是催化法的关键。

首先从化学反应本身来讲，某一催化反应有一对应的温度范围，否则反应不能进行或导致很多的副反应。

其次，从反应动力学与平衡两方面来讨论，由于绝大多数化学反应的反应速率常数都随温度升高而加大，因而对于不可逆反应来说，提高反应温度可加快反应速率，有利于污染物的脱除。但温度过高会造成催化剂失活，副反应增加，故不可逆反应可在考虑这些限制因素的前提下，适当提高反应温度。

对于可逆吸热反应来说，提高反应温度既有利于平衡向生成产物方向移动，又有利于反应速率常数的增大，因而也与不可逆反应一样，应在适当高的温度下进行。但过高的温度需消耗大量能源，合适的温度应从排放标准和经济性两方面考虑。

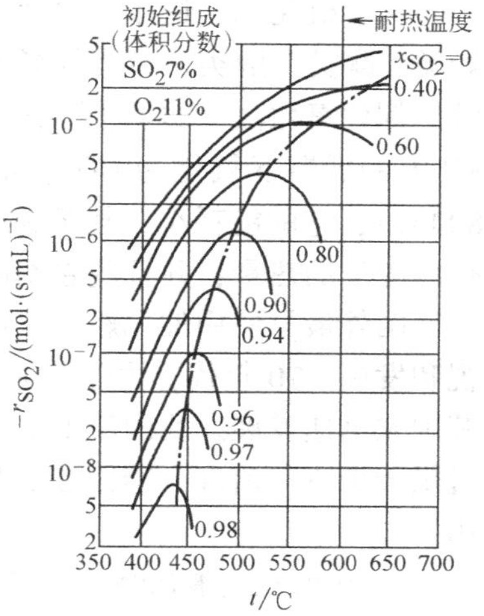

图10-8　SO_2 催化氧化反应速度

注：图中 x_{SO_2} 代表转化率

对于可逆放热反应来说，温度的升高固然使反应速度常数增大，可是从反应平衡方面来看，却使反应平衡向反应物方向移动。低温下，温度升高对反应速率常数的影响大于对反应平衡的影响，因而表现为温度升高、反应速率增加的情况；而在高温范围内，则刚好相反，表现出随温度升高反应速率下降的情况（见图10-8）。在某一转化率下，有一对应最大反应速度的温度，通常将此温度称为该转化率下的最佳温度。从图10-8中还可以看到，对于一定的初始组成的气体，随着转化率的上升，最佳温度值下降，最佳温度下的反应速率也下降。这是由于随着转化率的上升，生成物不断增加，从而增加了平衡常数对反应速度的限制作用的结果。

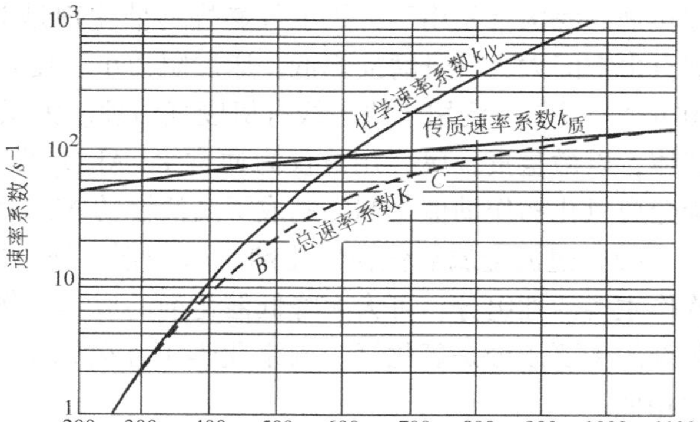

图10-9　$k_化$ 与 $k_质$ 合并为 K

第三，从宏观动力学方面来讨论，气固相催化反应的总速率常数 K 由传质速率常数 $k_质$ 与化学反应速率常数 $k_化$ 相对影响大小而决定。图10-9是催化燃烧的情况，从图中可以看出，化学反应速率常数随温度升高而加大，传质速率常数随温度变化改变不大。低温下，化学反应速率低于传质速率，过程为动力学控制。这时提高温度，可以明显地提高总反应速率。而在较高温度范围内，化学反应速率常数大于传质速率常数，过程为传质控制，提高温度，对总速率的影响不大，因而适宜的温度应在 C 点。一般说来，在传质过程影响不可忽略的场合（如大颗粒催化剂），最佳温度会比不计入扩散过程影响时高些。

（4）废热和副产品的回收　废热和副产品的回收利用关系到治理方法的经济效益，进而关系到治理方法有无生命力的问题，因而必须予以重视。通常是将废热用于废气的预热上。

10.4.2　有机废气的催化燃烧

从有机化工、造漆、涂装、印刷、印铁、家用电器、绝缘材料等行业排放出大量低浓度烃类、酮类、醇类、芳香族烃等有机废气，这类废气除可用第 9 章介绍的吸附法处理外，还常用催化氧化法（也称催化燃烧法）来处理。在催化剂作用下，将有机化合物在 150 ~ 350℃的低温下氧化为 CO_2、水和其他氧化物。与非催化燃烧法相比（反应温度为 600 ~ 800℃），它的能耗小，甚至在有些情况下，达到起燃温度后，无需外界供热，还能回收净化后废气的热量；并且脱除率高达 95% 以上，NO_x 生成量少，基本上不会产生二次污染。

国外最早使用催化燃烧法治理有机废气始于 20 世纪 50 年代。60 年代该技术得到了重视和发展。70 年代，由于节能的要求，促使催化燃烧技术在美国、日本、前西德和前苏联等国家迅速发展。我国于 1972 年开始催化燃烧技术的研究，于 1973 年将这项技术用于漆包机烘干炉废气治理，继而在有机化工、印铁制罐等行业及汽车尾气治理等方面获得广泛应用。

1. 有机废气催化燃烧的催化剂

从目前国内外的实践看，催化燃烧处理有机废气的催化剂主要有下列三类。

（1）贵金属催化剂　以 Pt、Pd 及其他第Ⅷ族元素为主要活性组分的贵金属催化剂起燃温度低，低温催化活性高，机械强度大，使用寿命长，易回收，对各种有机物均有较高的氧化活性。因此尽管它们存在资源稀少、价格昂贵和耐中毒性差的缺点，目前仍是世界各国采用的主要燃烧催化剂。美国 Engelhard 股份有限公司、Johnson-Mattery 公司均主要生产此类催化剂。我国首先用于有机废气燃烧的催化剂是 Pd-Al_2O_3 蜂窝陶瓷载体催化剂。这种催化剂自由空间大，自身磨损率低，床层阻力小，比较适合于高空间速度操作，空间速度达 $3\times10^4h^{-1}$，目前广泛用于漆包线有机废气治理。为减少贵金属用量，国内采用天然丝光沸石为载体，以微量贵金属（用量仅为通常 Pd-Al_2O_3 催化剂的 1/5 ~ 1/10）为活性组分，以过渡族金属氧化物作助催化剂，制成了高活性的 NZP 系列有机废气催化燃烧催化剂。

（2）过渡金属氧化物催化剂　采用铜、铬、钴、镍、锰等非贵金属的过渡族金属氧化物作主要活性组分，可大大降低催化剂的成本。例如美国卡路斯化学公司研制的 Carnlite 催化剂的主要成分是氧化锰。南京化学工业公司生产的 NC2401 催化剂，效果与 Carnlite 催化剂相似。

（3）稀土元素氧化物　稀土与过渡金属氧化物在一定条件下可以形成具有天然钙钛矿型的复合氧化物，其通式为 ABO_3，其中 A 为离子半径 0.08 ~ 0.165nm 的稀土元素阳离子，B 为离子半径 0.04 ~ 0.14nm 的非铂系金属阳离子。稀土氧化物具有助氧化作用，能提高催化活性及热稳定性，其中 CeO_2 具有明显的储氧作用。复合氧化物催化剂对烃类完全氧化的活性不及贵金属，但对酮、醛、醇、酯等含氧有机物，对胺或酰胺等含氮有机物则活性相近，甚至超过贵金属催化剂。我国稀土资源丰富，开发此类催化剂前景广阔。

目前国内常用催化燃烧催化剂的组成及性能见表10-4。

表10-4 国内催化燃烧常用催化剂的组成及性能

型号	Q101	RS—1	NZP—3	YG—2	TC79—2H
组分	$CuO \cdot ZnO/Al_2O_3$	$Pt \cdot V_2O_5MeO$/沸石	Pt/NaM	$PtMe/Al_2O_3$	Pd-Pt CeO_2/Al_2O_3
外形/mm	$\phi5\times5$ 片 $\phi5\times(5\sim10)$ 条形	$\phi(3\sim5)$ 无定形	$\phi(3\sim5)$ 球形	$\phi(4\sim6)$ 球形	蜂窝形 $\phi50\times50$
堆密度/(kg/L)	1.1~1.4	0.85	1	0.65	
比表面积/(m^2/g)	40~80	100	30	200	
孔容/(mL/g)	0.20~0.45			0.42	
使用温度/℃	240~600	260~280	170~200	260~300	200~700
使用空间速度/h^{-1}	3000~6000	1000	1500	10000~20000	10000~100000
有机物浓度/(g/m^3)	0.1~5	4~8	0.8~15	1.1~1.3	

催化剂活性组分可用下列方式沉积在载体上：①电沉积在缠绕的或压制的金属载体上；②沉积在片、粒、柱状陶瓷材料上；③沉积在蜂窝结构的陶瓷材料上。

2. 催化燃烧工艺流程

根据废气的预热及富集方式的不同，可分为如下三种。

（1）预热式 这是一种较普遍的流程形式，如图10-10所示。当从烘房排出的废气温度（100℃以下）低于起燃温度，废气中有机物浓度也较低，热量不能自给时，需要在进入催化燃烧反应器前在燃烧室（预热段）加热升温，净化后气体在热交换器内与未处理废气进行热交换，以回收部分热量。预热段一般采用煤气燃烧或电加热升温至起燃温度。

（2）自身热平衡式 如图10-11所示，若废气排出时温度较高，在300℃左右，达到或接近起燃温度，且含有机物浓度较高，正常操作时能维持热平衡，无需补充热量，此时只需要在催化燃烧反应器中设置电加热器供起燃时使用，热交换器可回收部分净化后气体的热量。

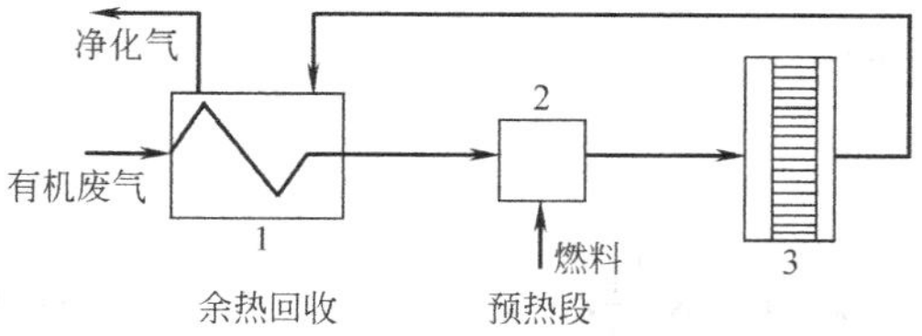

图10-10 预热式催化燃烧流程
1—热交换器 2—燃烧室 3—催化反应器

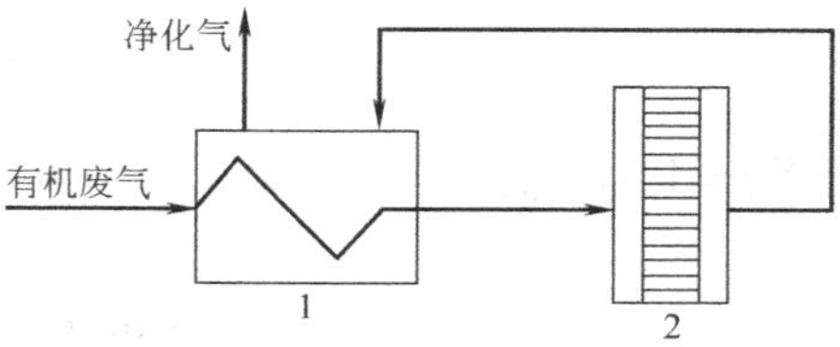

图10-11 自身热平衡催化燃烧流程
1—热交换器 2—催化反应器

（3）吸附-催化燃烧 若废气的浓度很低，室温，风量很大，直接采用催化燃烧需耗大量燃料，能耗过高。这时先采用吸附手段将废气中有机物吸附于吸附剂上，通过热空气吹扫，使有机物脱附出来成为浓缩了的小风量、高浓度含有机物废气（一般可浓缩10倍以上），再送去进行催化燃烧，不需要补充热源，就可维持正常运行。图10-12是日本的一个吸附-催化燃烧处理含甲苯废气的例子。我国在这方面也有很多成功的报道。

对于某一有机废气，究竟采用什么样的流程主要取决于：①燃烧过程的放热量，这取决于废气中可燃物的种类和浓度；②催化剂的起燃温度，取决于催化剂的活性；③热回收率，这取决于热交换器的效率；④废气的初始温度，确定预热到反应温度所需要提供的热量。

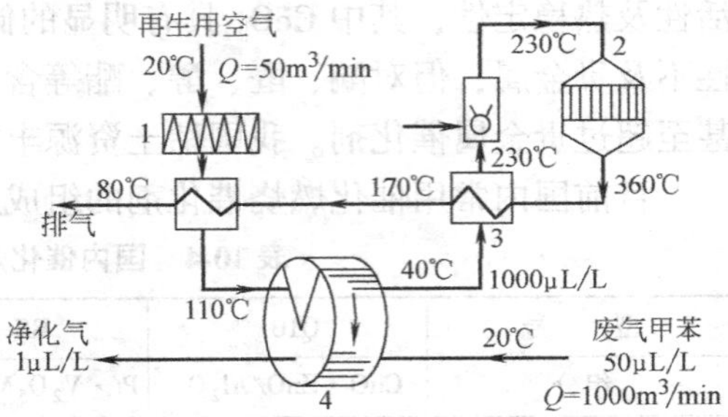

图 10-12 吸附-催化燃烧
1—过滤器 2—催化反应器
3—热交换器 4—再生式吸附风轮

3. 催化燃烧反应器（炉）及计算

对于预热式催化燃烧炉，在预热段中，用燃烧器把待处理的、经过余热回收换热器预热的废气加热至起燃温度。为使催化剂表面的温度及废气温度分布均匀，并保证火焰不直接接触催化剂表面，预热段要有足够长度，并设置折流系统或导向装置，以改善气体流动性能。为减少热量损失，燃烧器一般采用耐火材料砌筑，并采取保温措施。燃烧器系统应配以各种必要的安全切断、压力调节、指示装置，以确保安全操作。

催化剂段的设计应考虑清洗、装卸催化剂方便，通常将催化剂装入不锈钢筐内，再装入催化装置内。催化剂的体积取决于空间速度。假若采用蜂窝状载体，处理含烃类废气时，空间速度一般为 50000 ~ 100000h^{-1}，若采用片、粒、柱状催化剂载体，则空间速度在 30000h^{-1}以内，因为后者比前者的比表面积要小。催化剂床层断面气速一定后，床层厚度取决于达到一定净化效果所需的平均停留时间（0.24 ~ 0.14s），对整体载体催化剂来说，一般为 175 ~ 300mm。催化燃烧的反应温度因需净化的气态污染物不同而不同。

催化燃烧反应器（炉）的计算，涉及反应动力学、热量传递及质量传递过程，精确计算需要这些方面的数据及有关数学模型比较复杂。这里仅介绍经验估算法。

由实验测定，催化燃烧的总速率 r 与可燃组分浓度 c 的一次方成正比，即

$$r = Kc \text{ 或 } -\frac{dc}{dt} = Kc$$

设废气通过催化床层经过时间 t 后，浓度由 c_0 变为 c，转化率为 f，积分之，得 $-\ln c = Kt +$ 常数，由初始条件 $t = 0$，$c = c_0$，可得常数项为 $-\ln c_0$，则有

$$-\ln c = Kt - \ln c_0 \tag{10-38}$$

将 $f = 1 - c/c_0$，$t = \frac{V_R}{Q}\varepsilon$ 代入式（10-38），得

$$f = 1 - \exp(-Kt) = 1 - \exp\left(-K\frac{V_R}{Q}\varepsilon\right) \tag{10-39}$$

在催化燃烧系统中，并不是全部氧化过程都集中在催化床层内完成的，其中大约有 10% ~ 50% 发生在预热混合段。设废气在预热段的转化率为 $x_{预}$，则废气中仍有 $(1 - x_{预})$ 气态污染物未转化，设这部分气态污染物在催化床层内的转化率为 f，则催化燃烧炉的总转化率 $x_{总}$ 为

$$x_{总} = x_{预} + f(1 - x_{预}) \tag{10-40}$$

废气通过催化床层的温升与床层内的转化率 $f(1 - x_{预})$ 存在着对应关系

$$f(1-x_{预})=\frac{c_p\Delta T}{qc_0} \tag{10-41}$$

式中 c_p——废气平均质量定压热容 [kJ·(kg·K)$^{-1}$];

ΔT——催化床层温升 (K);

q——废气中碳氢化合物 (HC) 的燃烧热值 [kJ·(kg (HC))$^{-1}$];

c_0——废气中碳氢化合物 (HC) 的初始浓度 [kg (HC) · (kg (废气))$^{-1}$]㊀。

在燃烧净化中，常把废气中可燃组分的浓度用爆炸下限浓度 (LEL) 的百分数来表示，简写为% LEL。通常，在废气浓度较高时 (>2%爆炸下限)，可将床层温升与碳氢化合物的氧化燃烧联系起来，因为对大多数碳氢化合物及溶剂来说，每1% LEL (爆炸下限) 浓度完全氧化燃烧放出的热量，可使废气本身升温15.3℃。

例10-3 有一催化燃烧装置，使用金属带"D"系列催化剂，处理烘烤炉废气，废气中污染物浓度按甲苯的挥发量9kg/h计，催化剂床层为长550mm×宽250mm×高100mm的6个并排模屉。废气先预热至300℃，预热段 $x_{预}=20\%$，废气通过催化床层的温升为120℃，进入催化床层的断面气速为1.2m/s。标准状态下甲苯爆炸下限浓度为49.8g/m³。

(1) 计算废气通过催化床的转化率 f、空间速度 V_{sp} 及总反应速度常数 K。

(2) 如果废气流量增大至3000m³/h (标准状态)，试估算保持同样转化率所需催化剂体积及催化剂层高度。

解 (1) 催化剂模屉截面积为 $0.55\times0.25\times6\text{m}^2=0.825\text{m}^2$

进口处体积流量为 $0.825\times1.2\times3600\text{m}^3/\text{h}=3564\text{m}^3/\text{h}$

催化床层平均温度为 $(300+120/2)℃=360℃$

平均温度下断面气速为 $v_0=\frac{3564\times(360+273)}{(300+273)\times0.825\times3600}\text{m/s}=1.33\text{m/s}$

标准状况下的流量为 $3564\times\frac{273}{273+300}\text{m}^3/\text{h}=1698\text{m}^3/\text{h}$

标准状况下废气初始浓度为 $c_0=\frac{9\times1000}{1698}\text{g/m}^3=5.3\text{g/m}^3$

将其用爆炸下限浓度表示为 $c_0=\frac{5.3}{49.8}\times100\%\,\text{LEL}=10.64\%\,\text{LEL}$

由式 (10-41) 得 $f(1-0.2)=\frac{(\Delta T/15.3)\times1\%\,\text{LEL}}{c_0}=\frac{120}{15.3\times10.64}$，解之得 $f=92\%$

操作条件下的空速为 $V_{sp}=\frac{Q_0}{V_R}=\frac{3564}{0.825\times0.1}=43200\text{h}^{-1}$

金属"D"系列催化剂的孔隙率为 $\varepsilon=0.93$，平均停留时间为

$$t=\frac{V_R}{Q_0}\varepsilon=\frac{0.825\times0.1}{0.825\times1.33}\times0.93\text{s}=0.07\text{s}$$

由 $f=1-\exp(-Kt)$ 得 $0.92=1-\exp(-K\times0.07)$，则 $K=36.08\text{s}^{-1}$。

(2) 若废气流量增大至3000m³/h (标准状态)，则

标准状态下废气初始浓度为 $c_0=\frac{9\times1000}{3000}\text{g/m}^3=3\text{g/m}^3$

将其用爆炸下限浓度表示为 $c_0=\frac{3.0}{49.8}\times100\%\,\text{LEL}=6.02\%\,\text{LEL}$

当 $f=92\%$ 时，由式 (10-41) 得 $0.92\times(1-0.2)=\frac{(\Delta T/15.3)\times1\%\,\text{LEL}}{6.02}$，解之得 $\Delta T=67.8℃$。

床层平均温度为 $(300+67.8/2)℃=333.9℃$

㊀ 按GB3102.8—1993规定，此量不应称为浓度，而应称为质量分数。

床层断面气速为 $v_0 = \dfrac{3000 \times (333.9 + 273)}{273 \times 0.825 \times 3600} \text{m/s} = 2.25 \text{m/s}$

若要保证相同的停留时间，则

$$V_R = \frac{tQ_0}{\varepsilon} = \frac{0.825 \times 2.25 \times 0.07}{0.93} \text{m}^3 = 0.14 \text{m}^3$$

催化剂层高度 $L = 0.14 \text{m}^3 / 0.825 \text{m}^2 = 0.17 \text{m} = 170 \text{mm}$

10.4.3 机动车尾气的催化净化

1. 汽油车尾气的催化净化

汽油车排放的污染物主要来源于内燃机，它的主要有害成分包括一氧化碳（CO）、碳氢化合物（HC）、氮氧化物（NO_x）、硫氧化物、铅化合物和苯并芘等，其中 CO、HC 及 NO_x 是汽油车污染控制所涉及的主要污染成分。控制汽油车尾气污染排放的措施主要有机内净化和机外控制两类技术，其中在汽油车排气尾管安装催化转化器是应用最广泛，也是最有效的机外尾气净化方法。

常见的催化转化器有氧化型催化转化器、还原型催化转化器和三效催化转化器等。

（1）氧化、还原催化转化器　该催化反应器通常由两段组成，一段将 NO_x 还原，一段将 CO、HC 等氧化，两段串联起来使用，如图 10-13 所示。为减少 NO_x 的生成，有部分净化后的气体循环进入发动机，净化后的气体可排入大气。由于这种催化转化器结构复杂且操作麻烦，而且氮氧化物在前段床层中被还原成氮气后，往往在后段床层又被氧化，影响达标排放，因而不久就被三效催化转化器所取代。

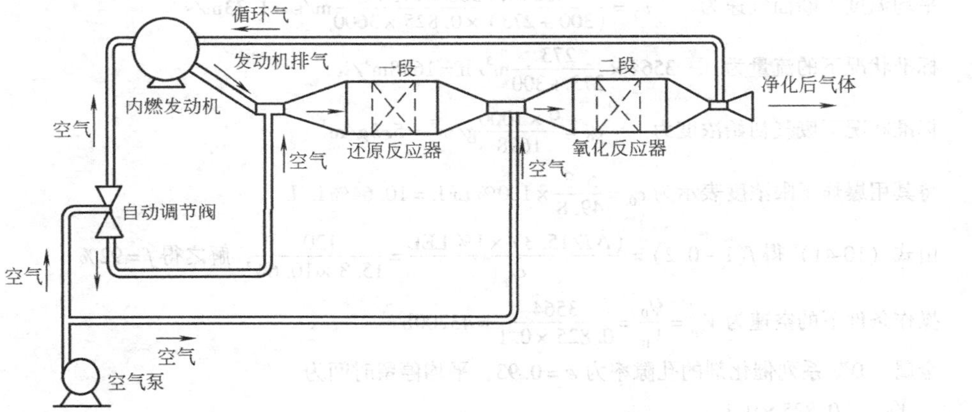

图 10-13　氧化、还原催化转化器

（2）三效催化转化器　三效催化转化器采用能同时对 CO、HC 和 NO 三种成分有催化作用的催化剂，利用排气中的 CO 和 HC 将 NO_x 还原为 N_2。其中主要的反应有

$$NO + CO \longrightarrow \frac{1}{2}N_2 + CO_2$$

$$NO + H_2 \longrightarrow \frac{1}{2}N_2 + H_2O$$

$$4NO + C_xH_y + (x + \frac{y}{4} - 4)O_2 \longrightarrow N_2 + (\frac{y}{2} - 3)H_2O + CO + (x - 1)CO_2 + 2NH_3$$

空燃比对污染物净化效率影响很大，图10-14所示为不同空燃比下 CO、HC 和 NO 的净

化效率。由图可见，只有将空燃比精确控制在理论空燃比附近很窄的窗口内（一般为14.7±0.25)，才能使三种污染物同时达到较高的净化效率。为了满足在不同工况下都能严格控制空燃比的要求，通常采用以氧传感器为中心的空燃比反馈控制系统。最常见的氧传感器是ZrO_2（氧化锆）传感器。

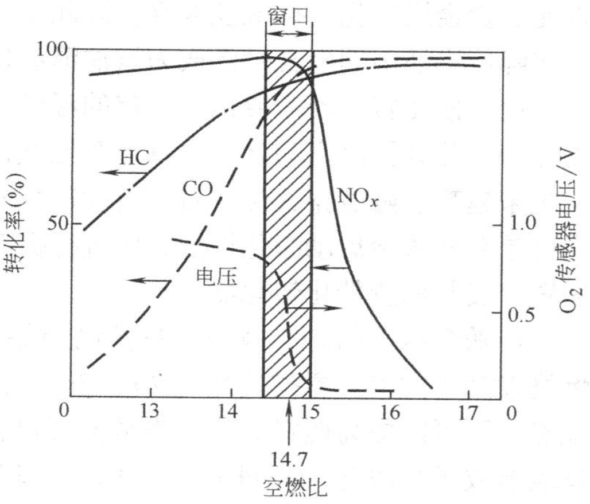

图10-14　不同空燃比下CO、HC和NO的净化效率

典型的汽油车尾气催化剂使用多孔蜂窝陶瓷载体（我国目前普遍采用堇青石蜂窝陶瓷)，表面涂敷活性Al_2O_3以增大比表面积，负载铂（Pt)、钯（Pd)、铑（Rh）等贵金属或其他活性组分。如氧化型催化剂多为Pt-Pd，还原型催化剂多为Pt-Rh，三效催化剂为Pt-Pd-Rh等。另外还常添加CeO_2等稀土氧化物作为助催化剂提高催化剂活性。载体除陶瓷外，也有使用沸石分子筛、活性氧化铝、金属的。典型的整体多孔蜂窝状陶瓷载体，其蜂窝孔的内径约为1mm，在蜂窝孔内有大约20μm厚的活性表层，孔间的壁面为多孔陶瓷材料，厚度为0.15～0.33mm，横截面上每平方厘米有30～60个通道，比表面积大都小于$1m^2/g$。由于汽油车排气温度变化范围大，运行路况复杂，因此，对催化剂载体的机械稳定性和热稳定性要求都很高。

催化转化器是由壳体、减振层及整装催化剂三部分构成，如图10-15所示。其中的催化剂是整个催化转化器的核心部分，决定着催化转化器的主要性能指标。催化剂用量以发动机气缸总体积为标准。贵金属催化剂体积约为0.8～1.0倍气缸总体积，非贵金属催化剂为1.0～1.2倍气缸总体积。

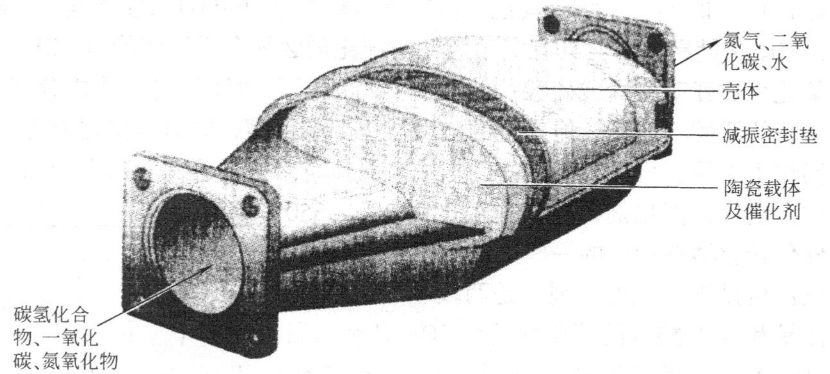

图10-15　催化转化器的结构

催化转化器壳体由不锈钢板材制成，以防因氧化皮脱落造成催化剂的堵塞。多数催化转化器的壳体为双层结构，其目的是用来保证维持催化剂的反应温度。

由于汽油中的铅（Pb）会使催化剂永久中毒，因此，应用催化转化器的前提条件是必须使用无铅汽油。汽油中较高的硫含量也会降低催化转化器的效率，相对而言，贵金属催化剂比非贵金属催化剂抗硫性能好，因此应用广泛得多。随着全球性的排放法规日益严格，进一步降低汽油中的硫含量已成为汽油清洁化的必然趋势。

由于催化转化器需要达到一定的温度才能正常工作，因此，在达到催化转化器的起燃温度之前的几分钟冷启动状态，汽油车尾气排放的污染物量在汽车排放的污染物总量中占的比例越来越高。随着排放法规对冷启动阶段的排放控制日益严格，近年来的三效催化净化技术主要是在改善冷启动净化性能方面进行提高，采取的技术措施包括催化转化器中增加电加热装置、安装前置催化转化器等。

伴随全球性的 CO_2 排放总量控制趋势，提高汽油车的燃油经济性压力越来越大，稀薄燃烧发动机技术（空燃比超过20）正在成为下一代汽油车的主流技术。它具有两个明显的优点，即可以提高燃料的利用率从而提高汽车的经济性，减少 CO_2 向大气的排放量。但过量氧造成了高浓度 NO_x 排放，同时汽车排气中 CO 等还原性气体浓度较低，而氧的浓度相对比较高，使原有的商用三效催化剂（TWC）还原 NO_x 的效率大为降低。柴油车一般是在高空燃比的稀薄条件下运行的。因而，近年来在稀薄燃烧条件下汽车尾气以及柴油车尾气的净化技术研究开发非常活跃。

2. 柴油车尾气的催化净化

由于柴油机车和汽油机车的工作过程和燃烧方式不同，造成柴油机车和汽油机车在排气成分和浓度上的差异。柴油车的 CO、HC 排放相对汽油车要少得多，不到它的 1/10；NO_x 排放，在大负荷时接近于汽油机的水平，中小负荷时明显低于汽油机；而排放的微粒（黑烟）却是汽油机的几十倍，甚至更多。柴油机尾气净化主要是降低氮氧化物的排放量，除去尾气中的燃油微粒黑烟，降低可溶性有机组分（SOF）中的大部分烃类，以及减少柴油机尾气的臭味。目前国际上提出了四效催化转化器的概念，即在同一催化反应器中同时实现 HC、CO、NO_x 和颗粒物四种污染物的净化。

（1）氧化催化剂　目前主要采用氧化催化剂净化尾气排放微粒中可溶性有机成分（SOF）、气态的 HC 和 CO、臭味和其他一些有毒有机物（如 PAH、醛类等）。柴油机排放气体的温度低，SO_2 含量高，因此具有实用意义的催化剂必须在低温就能将 SOF 氧化，同时又可抑制 SO_2 氧化生成亚硫酸盐或硫酸盐的反应。目前研究的催化剂活性成分多为 Pt、Pd 等贵金属，虽然钯的活性不如铂，但产生的硫酸盐也要少得多，同时价格也便宜；另外用氧化硅代替氧化铝作为涂层也可减少硫酸盐的生成。载体也多采用蜂窝状陶瓷结构，以提高催化转化器的机械稳定性；催化剂最佳工作温度为 200～350℃。近年来，氧化催化转化器在德国的一些柴油机轿车上已得到应用。已经实用的柴油机排气净化催化剂，是两段型的。如图10-16所示。装置前段易和 SOF 接触的催化剂是对 SOF 具有低温活性和吸附量大的 $Pt\text{-}Al_2O_3$，后端则使用不易生成亚硫酸的 $Pd\text{-}Rh/SiO_2\text{-}Al_2O_3$ 催化剂。这种催化剂对 SO_2 吸附小又对 SOF 具有吸附能力。使用该催化剂可以除去 30% 的烟炭（在烟炭中所含 SOF 一般为 40%），SOF 减少 75%。

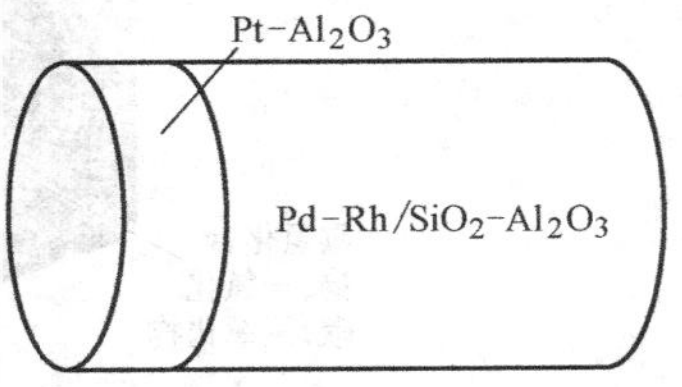

图 10-16　柴油机尾气净化催化剂

（2）微粒捕集器　也称柴油机排气微粒过滤器（Diesel Particulate Filter，DPF）。它利用一种内部孔隙极小的过滤介质来捕集排气中的微粒，捕集到的绝大部分是干的或吸附着可溶性有机成分的碳粒。然后采取燃烧方式清除过滤器中收集的颗粒物，使颗粒捕集器再生后循环使用。过滤效率随过滤介质的不同略有差异，一般对碳烟的过滤效率可达60% ~90%。应用最广泛的过滤介质有陶瓷泡沫体和壁流式陶瓷蜂窝体两种，金属丝过滤材料也有少量应用。

DPF技术实用化中的关键技术是过滤器的有效再生。再生的方法是将微粒氧化，目前最有前景的包括间歇加热再生和连续催化再生。连续催化再生是在过滤材料表面涂覆催化剂或在燃油中加入催化剂（如Ce、Cu、Mn）等，使微粒的起燃温度降到300℃以下，可以在柴油机绝大部分工况下自动进行再生。具有装置简单，不需耗费外加能量等优点，因此带有连续再生的DPF系统目前被普遍看好，未来几年有望成为柴油机微粒净化的实用技术。

（3）贫燃条件下NO_x还原催化剂　柴油机是在贫燃条件下运行，普通汽油车的三效催化剂不能用于控制柴油机NO_x的排放。这方面的技术目前正处于开发阶段，但由于柴油机排气中O_2浓度高，排气温度低，HC和CO等还原剂的浓度很低，SO_2和微粒易使催化剂中毒，因此开发难度相当大。铜或钴离子交换的分子筛催化剂如Cu-ZSM-5在贫燃条件下净化氮氧化物的效率很高，但是水热稳定性差，其活性受二氧化硫和水蒸气的影响很大。有人采用Cu-ZSM-5和Au-Pt/TiO_2双床层催化剂后使二氧化硫的影响明显得到了抑制。

（4）四效催化转化器　尽管可以将柴油机氧化催化剂、微粒捕集器和NO_x还原催化剂合三为一，做成整套的排气后处理装置，但其体积之庞大和成本之昂贵令人难以接受。如果能使微粒和NO_x互为氧化剂和还原剂，则有可能在同一催化床上同时除去CO、HC、NO_x和微粒，即所谓的四效催化转化器。近年来，对这种四效催化剂的讨论和基础性研究已经开始。

一种以Al_2O_3为载体，Pt含量为2.471g/dm^{3}的四效催化剂，在SO_2（体积分数为48×10^{-6}）和水蒸气（体积分数为10%）的气氛下，CO和HC的转化率均接近于90%，颗粒物也有40%以上的净化率，但氮氧化物的还原率很低，只有10%。这主要是由于柴油机尾气中，大部分氮氧化物是在高负荷的高温状况下产生的，而此时HC的氧化已进行得较为完全，没有足够的CO用来还原氮氧化物；而且Pt-Al_2O_3催化剂在260~280℃的温区内有高活性，但排放氮氧化物最多时的尾气进入催化转化器的入口温度偏偏不在这个温度范围内。因此设计既要氧化HC、CO、微粒，又要还原氮氧化物的四效催化剂相当困难。

习　题

10-1　某化工厂硝酸车间采用综合法生产硝酸，每套机组的尾气量为17000m^3/h（标准状态），压力为2.5kg/cm^2（表压），被预热到170℃后进入反应器用氨选择性催化还原法处理，反应器出口温度214.5℃。加入还原剂气氨后，床层的体积流量为17082.7m^3/h（标准状态）。催化剂采用8013型ϕ5mm球粒，孔隙率$\varepsilon=0.45$。尾气组成见表10-5。

表10-5　尾气组成情况表

组分	NO_2	NO	O_2	H_2O	N_2
体积分数（%）	0.16	0.24	4	0.6	95

尾气在床层平均温度和操作压力下的动力粘度$\mu=2.52\times10^{-5}$Pa·s，密度$\rho=1.69$kg/m^3，反应器内空塔气速$U_0=0.9289$m/s，8013催化剂的空间速度$V_{sp}=10000$h^{-1}。求：

（1）所用催化剂的体积。

（2）反应器的直径。

（3）催化剂床层的高度。

（4）床层中气固接触时间。

（5）床层压力降。

10-2 为减少 SO_2 向大气环境的排放量，一管式催化反应器用来将 SO_2 转化为 SO_3，其反应式为

$$2SO_2 + O_2 \longrightarrow 2SO_3$$

然后用水吸收为 H_2SO_4。混合气进量为7264kg/d，其中 SO_2 的流率为227kg/h，进气温度为523K。假定反应是绝热进行，且 SO_2 的允许排放量为56.75kg/d，试计算气流的出口温度。反应热为 1.715×10^{-5}kJ/kmol（SO_2），进出口平均温度下的气体质量定压热容为3472.72J/（kg·K）。

10-3 废气中某污染物的摩尔流量为25mol/min，引入催化反应器净化，要求转化率达到74%。假设采用长6.1m，直径3.8cm的管式反应器，求所需催化剂的质量和所需的反应管数。反应速度可表示为 $r_A = -0.15(1-x_A)$ mol/（kg催化剂·min），催化剂的堆积密度为580kg/m³。

10-4 某一级不可逆气固相催化反应，当 $c_A = 10^{-2}$mol/L，0.1013MPa及400℃时，其反应速度为

$$r_A = kc_A = 10^{-6}\text{mol/(s}\cdot\text{cm}^3)$$

已知 $D_{eff} = 10^{-3}\text{cm}^2/\text{s}$，如要求催化剂内扩散对总速率基本上不发生影响，问催化剂粒径如何确定？

10-5 某催化反应在500℃的催化剂粒子中进行，已知反应速度为

$$(-r_A) = 7.5\times10^{-3}p_A^2\text{mol/(s}\cdot\text{g)}$$

A为研究组分，p 的单位为atm，催化剂颗粒为圆柱形，高度与直径均为0.5cm，颗粒密度 $\rho_p = 0.8\text{g/cm}^3$，颗粒外表面上A的分压 $p_{As} = 0.1$atm，粒子内组分的扩散系数为 $D_{eff} = 0.025\text{cm}^2/\text{s}$。求催化剂的有效系数。

第11章 气态污染物的其他净化法

11

11.1 燃烧法

11.1.1 燃烧法概述

燃烧净化法是利用某些废气中污染物可以燃烧氧化的特性，将其燃烧转变为无害或易于进一步处理和回收物质的方法。该法的主要化学反应是燃烧氧化，少数是热分解。石油炼制厂、石油化工厂产生的大量碳氢化合物废气和其他危险有害的气体；溶剂工业、漆包线、绝缘材料、油漆烘烤等生产过程产生的大量溶剂蒸气；咖啡烘烤、肉食烟熏、搪瓷焙烧等过程产生的有机气溶胶和烟道中未烧尽的碳质微粒以及所有的恶臭物质，如硫醇、氰化物气体、硫化氢等，都可用燃烧法处理。该法工艺简单，操作方便，可回收热能。但处理低浓度废气时，需加入辅助燃料或预热。

由于被处理的废气中污染物的浓度、流量及污染物的性质不同，燃烧的方式也有不同，可分为直接燃烧、热力燃烧和催化燃烧三种。直接燃烧是把可燃的有害气体当燃料来燃烧的方法，其燃烧温度一般在1100℃以上。热力燃烧则是利用辅助燃料燃烧所发生的热量，把有害气体的温度提高到反应温度，使其发生氧化分解的方法，其温度一般在760～820℃左右。为了节省辅助燃料，利用催化剂使有害气体在更低温度（300～450℃）下氧化分解的方法称为催化燃烧。热力燃烧和催化燃烧主要用于可燃组分浓度较低的废气，直接燃烧则只能用于可燃组分浓度较高的废气。本章仅介绍直接燃烧和热力燃烧，催化燃烧已在第10章中作了介绍。

11.1.2 燃烧基本原理

1. 火焰传播

混合气体的燃烧或爆炸，是在某一点引燃后，经过火焰传播而形成的。目前火焰传播理论可分为热传播理论和自由基连锁反应理论两类。

热传播理论认为火焰是由燃烧放出的热量，传递到火焰周围的混合气体，使之也达到着火温度而燃烧并传播的。自由基连锁反应理论认为，在火焰中有大量的活性很强的自由基，它们极易与别的分子或自由基发生化学反应，在火焰中引起连锁反应。两种理论各有其一定的适用范围，在实用上，可以将火焰传播看作是热量与自由基同时向外传播。

2. 燃烧反应速度与着火温度

燃烧过程包括可燃组分与氧化剂的混合、着火、燃烧及焰后反应几部分。当可燃混合物被点燃后，发生快速氧化，产生火焰并伴有光和热发生，这就是燃烧；如果过程在一有限的空间内迅猛地展开，就形成了爆炸；而缓慢的氧化反应则不能形成燃烧与爆炸。因而，氧化反应速度是燃烧过程的关键。氧化反应速度是温度和反应物浓度的函数，通常可表示为

$$r = k_0 c^n e^{-\frac{E}{RT}} [O_2]^m \tag{11-1}$$

式中 r——单位时间内单位容积中反应物的减少量［mol/（s·m³）］；

c——可燃气体的浓度（mol/m³）；

$[O_2]$——氧的浓度，当氧足够时，氧浓度可近似看为常数（mol/m³）；

R——摩尔气体常数；

E——可燃物质氧化反应的活化能（kJ/kmol）；

k_0——频率因子；

n、m——按可燃物质和按氧气的总反应级数。

着火温度是在某一条件下开始正常燃烧的最低温度，即在化学反应中产生的发热速率开始超过系统的热损失速率时的最低温度。因此，某一条件下的着火温度高低，取决于过程中的能量平衡。

设在一容积为 V 的容器内进行的燃烧过程放热速率为 Q_1，散热速率为 Q_2，则根据化学反应速度常数的阿累尼乌斯定律及传热原理可有

$$Q_1 = rVQ = k_0 c^n \exp(-E/RT)\ VQ = A\exp(-E/RT) \tag{11-2}$$

式中 Q——单位体积或质量可燃混合物的发热量（kJ/m³ 或 kJ/kg）。

令 $A = k_0 c^n VQ$，在容器的容积、可燃混合物的成分和含量一定时，A 为常数。

$$Q_2 = KS(T - T_0) \tag{11-3}$$

式中 K——传热系数（W/（K·m²））；

S——容器表面积（m²）；

T、T_0——燃烧过程平均温度及初始温度（K）。

显然，燃烧过程系统的温度取决于 Q_1 及 Q_2 的相对大小，但要保证稳定的燃烧过程，不至于在干扰下，着火点移动，发生熄火现象，必须 $Q_1 > Q_2$，即

$$k_0 c^n VQ\exp\left(-\frac{E}{RT}\right) > KS(T - T_0) \tag{11-4}$$

由上式看出：

1）活化能 E 较小的可燃物体系易于燃烧，具有较低的着火温度，如乙烷比甲烷更易着火。

2）利用催化剂降低燃烧反应的 E 值，可降低着火温度，提高燃烧反应速度，这就是应用广泛的催化燃烧法。

3）废气中可燃物浓度 c 过低时，不能着火或不易着火，必须添加高浓度辅助燃料，以提高 Q_1 和 T，这就是热力燃烧法。

4）减少散热面 S 或降低传热系数（如采用保温材料），有利于燃烧稳定进行，提高初始温度 T_0 亦有利于着火燃烧。

3. 爆炸浓度极限

一定浓度范围内的氧和可燃组分混合物在某一点着火后，在有控制的条件下就形成火焰，维持燃烧；而在一个有限的空间内无控制的迅速发展，则会形成爆炸。因此爆炸极限浓度范围与燃烧极限浓度范围两者是相同的。它们都有上限和下限两个数值。空气中含可燃组分浓度低于爆炸下限时，由于发热量不足以达到着火温度，不能燃烧，更不会爆炸；空气中含可燃组分浓度高于爆炸上限时，由于氧气不足，也不能引起燃烧和爆炸。爆炸浓度极限范围与空气或其他含氧气体中可燃物组份有关，还与试验的混合气温度、压力、流速、流向及设备形状尺寸等有关。例如小直径管道内的燃烧很可能会因管道壁的熄火效应而迅速冷却，不能发生燃烧。同空气作载气相比，氧会扩大两个爆炸极限之间的范围，而惰性气体，如二氧化碳和氮气，则会使这两个极限的范围缩小。但是，一般指的是空气中的爆炸极限。由于空气中氧的体积分数为21%，因而，只要规定空气中可燃组分的浓度，就相当于确定了混合气体中空气与可燃组分的相对浓度。不同条件下可燃物的爆炸极限范围可从有关手册查得。

一种以上可燃混合物在空气中的爆炸浓度极限近似值$A_{混}$可依下式计算

$$A_{混}=\frac{100}{\frac{a}{A_1}+\frac{b}{A_2}+\frac{c}{A_3}} \tag{11-5}$$

式中 A_1、A_2、A_3——各可燃物的爆炸极限；

a、b、c——混合物中各可燃物的体积分数（%）。

在燃烧净化中，为安全起见，通常将可燃物浓度冲淡，将废气中可燃物浓度控制在20%～25% LEL，以防止由于混合物比例及爆炸范围的偶然变化，可能引起的爆炸或回火。

4. 动力燃烧、扩散燃烧和混合燃烧

可燃物与氧化剂间的燃烧反应，包括混合与反应两大步骤，根据这两步对于总燃烧过程影响程度的不同或可燃物与氧化剂混合方式不同，可将燃烧过程分为动力燃烧、扩散燃烧及混合燃烧三种。这几种燃烧又可根据可燃气体与空气的流动状态，分为层流燃烧与湍流燃烧。

设燃烧过程所需全部时间τ_E等于可燃物与氧化剂接触时间τ_ϕ和燃烧反应时间τ_x之和，即

$$\tau_E=\tau_\phi+\tau_x \tag{11-6}$$

若$\tau_\phi \ll \tau_x$，$\tau_E \approx \tau_x$，即燃烧过程主要取决于燃烧反应时间，称为“动力燃烧”。预先混合均匀的可燃混合气体的燃烧属于这种情况，因此动力燃烧又称预混燃烧。动力燃烧时，总燃烧速度取决于化学动力学因素，即反应的活化能、反应进行时的温度、压力及反应物浓度等，而流体动力学因素，例如气体流速等则影响不大。因高温下燃烧反应的速度是极快的，所以动力燃烧可达到极高的燃烧强度。

与动力燃烧相反，当$\tau_\phi \gg \tau_x$时，燃烧为扩散燃烧。可燃气与空气分别通入燃烧室，边混合边燃烧就属于扩散燃烧。其总的燃烧速度主要取决于流体力学因素，燃烧强度比动力燃烧小。但由于工业上易于通过控制流体力学因素来控制其燃烧速度，因此扩散燃烧的应用更广泛。

混合燃烧是介于动力燃烧和扩散燃烧之间的，这时燃烧速度既受化学动力学因素影响，也受流体力学因素的影响。

11.1.3 直接燃烧

直接燃烧也称直接火焰燃烧。直接燃烧的设备可以使用一般的炉、窑，也常采用火炬。例如炼油厂的氧化沥青生产的废气经水冷却后，可送入生产用加热炉直接燃烧净化，同时回收利用其热量。

火炬是一种敞开式的直接燃烧器，同时也是排放废气的烟囱，俗称火炬烟囱。火炬燃烧设备流程如图 11-1 所示，由工厂各处排出的可燃废气汇集于主管，经分离器、阻火水封槽和其他阻火器后导入火炬顶部燃烧后排放。顶部设有气体分布装置、火焰稳定装置及采用普通燃料并借电火花点火的点火器，便于火炬顶部安全、稳定、可靠地燃烧。

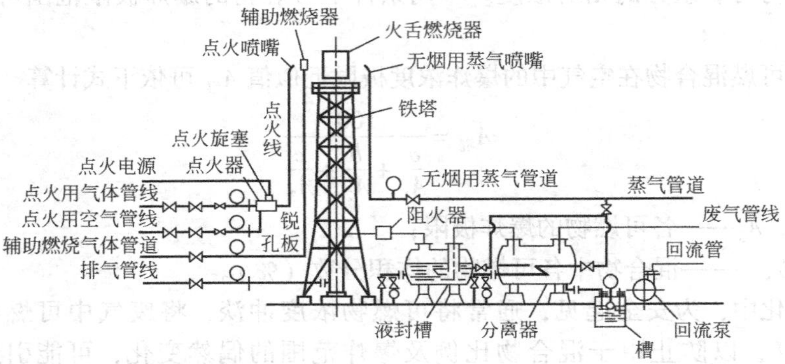

图 11-1 火炬燃烧设备流程

用火炬直接燃烧废气的优点是：装置简单、成本低，而最主要的优点还是安全，在采用的各种燃烧设备中以火炬最为安全。因为火炬是不封闭的，无爆炸危险。但其最大的缺点是白白浪费了能源，并且把大量污染气体排入了大气。由于空气与燃料往往混合不良，尤其是在刮大风或废气中碳含量很高（碳氢质量比 w（C/H）>33%）时，燃烧不完全，易出现黑烟。向火炬中喷入水蒸气，可以消除或减少黑烟。

各炼油厂、石油化工厂都设法将火炬气用于生产，回收其热值或返回生产系统作原料。例如将火炬气集中起来，输送到场内各个燃烧炉或动力设备，以部分代替燃料，回收热值，或者将某些火炬气送入裂解炉，生产合成氨原料。只在废气流量过大，影响生产平衡时，自动控制进入火炬烟囱燃烧后排空。

11.1.4 热力燃烧

废气中可燃物含量往往较低，仅靠这部分可燃组分的燃烧热，不能维持燃烧，常采用热力燃烧法处理。

在热力燃烧中，被处理的废气不是直接燃烧的燃料，而是作为助燃气体（当废气中氧含量较高时）或燃烧对象（当废气氧含量较低时）。热力燃烧主要依靠辅助燃料燃烧产生的热力，提高废气的温度，使废气中烃及其他污染物迅速氧化，转变为无害的二氧化碳和水蒸气。如果废气中含有足够的氧，则用一部分废气作助燃气体，与辅助燃料混合、燃烧，产生高温燃气。如废气中无足够的氧，则用空气作助燃气体，高温燃气再与废气混合，达到有害物质氧化分解的销毁温度。净化后的气体经热回收设备回收热量后从烟囱排空。

1. 热力燃烧的“三T”条件

热力燃烧过程示意图如图11-2所示。为使废气中污染物充分氧化转化，达到理想的净化效果，除保证充足的氧外，还需要足够高的反应温度（一般760℃左右）及在此温度下足够长的停留时间（一般0.5s），以及废气与氧很好的混合（高度湍流）。这就是供氧充分的情况下，热力燃烧的“三T”条件：反应温度（Temperature）、停留时间（Time）、湍流（Turbulence）。这“三T”条件是互相关联的，在一定范围内改善其中一个条件，可以使其他两个条件要求降低。例如，提高反应温度，可以缩短停留时间，并可降低湍流混合的要求。其中，提高反应温度将多耗辅助燃料，延长停留时间将增大燃烧设备尺寸，因而改进湍流混合是最为经济的。这是设计燃烧炉时要注意的重要方面。

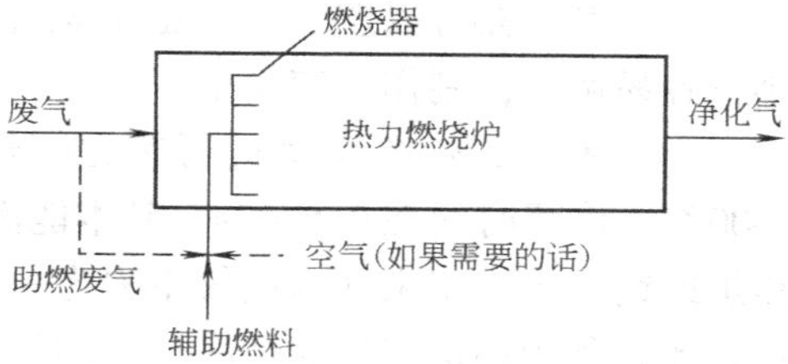

图11-2　热力燃烧过程示意图

2. 热力燃烧设备

热力燃烧炉由两部分构成，一是燃烧器，燃烧辅助燃料以产生高温燃气；二是燃烧室，高温燃气与冷废气在此充分混合以达到反应温度，并提供足够的停留时间。按照燃烧器不同形式，可将燃烧炉分为配焰燃烧器系统与离焰燃烧器系统。

（1）配焰燃烧器系统　该系统如图11-3所示。配焰燃烧器根据“火焰接触”的理论将燃烧分配成许多小火焰，布点成线，使冷废气分别围绕许多小火焰流过去，以达到迅速完全的湍流混合。

由于冷的废气流与高温燃气从辅助燃料的燃烧火焰处就开始混合并分开分细，有利于在短距离内混合良好。故该系统混合时间短，可以留出较多时间用于燃烧反应，燃烧反应完全，净化效率高。燃烧器火焰间距一般为30cm，燃烧室直径为60～300cm。

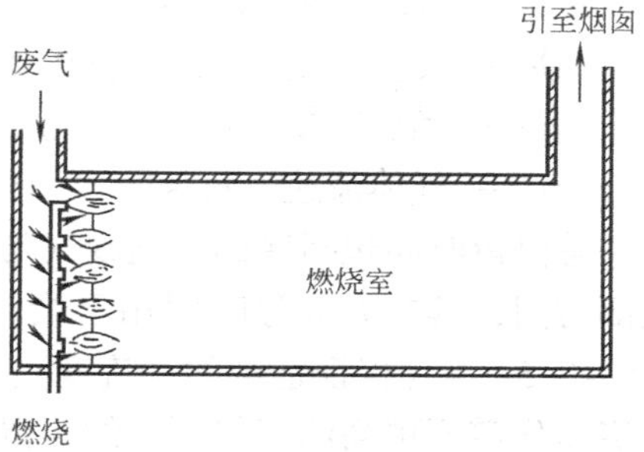

图11-3　配焰燃烧器系统

配焰燃烧系统不适用于氧气体积分数低于16%、需补充空气助燃的缺氧废气；另外，它仅适用于燃料气供热，不适用于燃料油供热，并且不适用于含有焦油、颗粒物等易于沉积于燃烧器的废气治理。

（2）离焰燃烧器系统　该系统如图11-4所示。燃料与助燃空气（或废气）先通过燃烧器燃烧，产生高温燃气，然后与冷废气在燃烧室内混合，氧化燃烧。在该系统中，高温燃气的产生和混合是分开进行的。

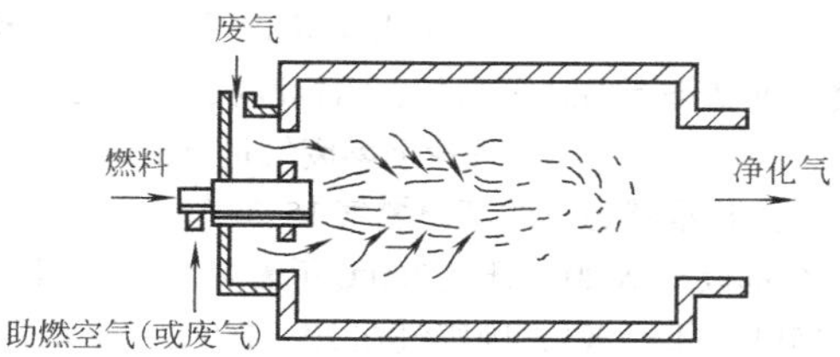

图11-4　使用离焰燃烧器的燃烧炉

由于没有像配焰炉那样将火焰与废气一起分成许多小股，高温燃气与冷废气的混合不如配焰炉好，横向混合往往很差，可采用轴向火焰喷射混合、切向或径向进废气与燃料气、在燃烧室内设置挡板等改善措施。

离焰燃烧器可以燃烧气，也可燃烧油，可用废气助燃，也可用空气助燃。火焰可大可小，容易调节，制作也较简单。

（3）利用锅炉燃烧室进行热力燃烧　由于大多数加热炉或锅炉燃烧室的温度都超过1000℃，停留时间在0.5～3s，基本能满足热力燃烧的“三T”条件，因而利用工厂现有加热炉或锅炉燃烧室来处理废气不失为一个好方法，国内很多工厂采用。与前述专用热力燃烧炉相比，利用锅炉兼做燃烧净化炉的优点是：设备投资费用大大减少，操作费用、辅助燃料消耗均大为减少，无需再考虑热量回收、利用的问题。它的缺点是：如果废气流量过大，传热效率下降，锅炉消耗的燃料增加较多，且压降增大；锅炉的燃烧器、传热管可能会被废气不完全燃烧后的残留物污染，增加维护费用；若用蒸汽的时间与废气处理的时间不一致，则会造成浪费。

3. 热力燃烧设计计算

燃烧设计计算主要是确定燃烧室的尺寸和燃料消耗量。燃烧炉内总停留时间及燃烧室体积可按下式估算

$$\tau=\frac{V_R}{Q}\times 3600\text{s/h}=\frac{V_R}{Au} \tag{11-7}$$

式中　τ——燃烧炉内总停留时间（s）；

V_R——燃烧室体积（m^3）；

Q——反应温度下混合气的体积流量（m^3/h）；

A——燃烧室横截面积（m^2）；

u——气体流速（m/s）。

总停留时间包括冷的旁通废气与高温燃气均匀混合、均匀升温，进行氧化反应和燃烧的全部时间，其中大部分时间用于废气升温。一般可取停留时间为0.3～0.5s，气体流速为4.5～7.5m/s（保证适当的湍流度），长径比为2～6，燃烧温度760℃～820℃。碳粒等黑烟燃烧净化需要更高温度与更长的停留时间（1100℃和0.7～1.0s）。

燃料消耗量可由热量衡算来求得。

例11-1　某废气拟用天然气作辅助燃料，废气助燃，热力燃烧净化，使用50%过量的助燃废气，废气所含可燃组分热值忽略不计，其氧含量与空气一样，有关物理参数可按空气计，反应温度为760℃，燃烧前废气温度为20℃，试估算每净化标准状态下1000m^3废气，需用天然气多少？助燃废气与旁通废气各占多少？

解　（1）根据题意，此处将助燃废气视作空气来计算，助燃废气过量50%，则根据反应方程式

$$CH_4+2O_2+7.52N_2\longrightarrow CO_2+2H_2O+7.52N_2$$

燃烧标准状态下1m^3天然气，需标准状态下的助燃废气量为

$$\text{理论助燃废气量}\times\alpha=(2+7.52)\ m^3\times 1.5=14.3m^3$$

可以产生标准状态下的高温燃气15.3m^3。

（2）全部废气从20℃升到760℃所需热量Q_1　空气在20℃和760℃时的质量定压热容分别近似等于1.0和1.15kJ/（kg·K），则废气在20～760℃间平均定压质量热容为

$$c_p=\frac{1+1.15}{2}\text{kJ/(kg·K)}=1.075\text{kJ/(kg·K)}$$

空气20℃时密度为1.205kg/m³（标准状态），作为废气的密度计算，则

$$Q_1 = 1000 \times 1.205 \times (760-20) \times 1.075\text{kJ} = 9.58 \times 10^5\text{kJ}$$

（3）燃烧标准状态下1m³天然气产生的净有效热 Q_2　天然气热值为35307kJ/m³（标准状态），天然气与助燃废气燃烧后的燃气密度为1.24kg/m³（标准状态），定压质量热容为1.15kJ/（kg·K）。根据计算（1），标准状态下1m³天然气与14.3m³助燃废气一起燃烧，产生15.3m³高温燃气，净有效热

$$Q_2 = 35307\text{kJ/m}^3 - 15.3 \times 1.24 \times (760-20) \times 1.15\text{kJ/m}^3 + 14.3 \times 1.205 (760-20) \times 1.075\text{kJ/m}^3 = 32869.5\text{kJ/m}^3$$

它等于总发热量减去将燃气升温到760℃所耗热量，加上已使助燃废气升温提供的热量。

（4）净化标准状态下1000m³废气需天然气（标准状态）

$$9.58 \times 10^5 / 3.29 \times 10^4\text{m}^3 = 29.15\text{m}^3$$

（5）助燃废气量（标准状态）

$29.15 \times 14.3\text{m}^3 = 416.8\text{m}^3$，占废气总量的41.68%

（6）旁通废气量（标准状态）

$(1000-416.8)\ \text{m}^3 = 583.2\text{m}^3$，占废气总量的58.32%

若废气中可燃物热值较大，计算燃料消耗时应予考虑。燃烧炉与环境间有辐射与对流热损失时，应通过传热方程计算热损失，或取经验数据10%。

含有氯、硫、磷、氮或金属元素的废气在燃烧中形成相应的氧化物、灰分或酸。这些燃烧物如果浓度较高、灰分较多时，则燃烧后应以湿法洗气、旋风除尘、过滤等方法净化。卤素元素的化合物还妨碍氧化过程，即使浓度低也往往要求燃烧反应温度增高和停留时间延长，同时还有腐蚀问题。含氮化合物在燃烧中产生 NO_x 的问题，在设计中也值得注意。

11.1.5 热能回收及安全

热力燃烧或催化燃烧要消耗燃料，使废气达到反应温度而被氧化燃烧，过程的热量能否回收利用，往往是燃烧法是否经济合理的关键。热量回收利用一般有：

1）让从燃烧炉出来的热净化气与废气进行热交换，提高待处理废气的初始温度（见图11-5），这样除可以节约一部分预热用的辅助燃料外，还可以缩短着火过程的感应期，提高燃烧速度。

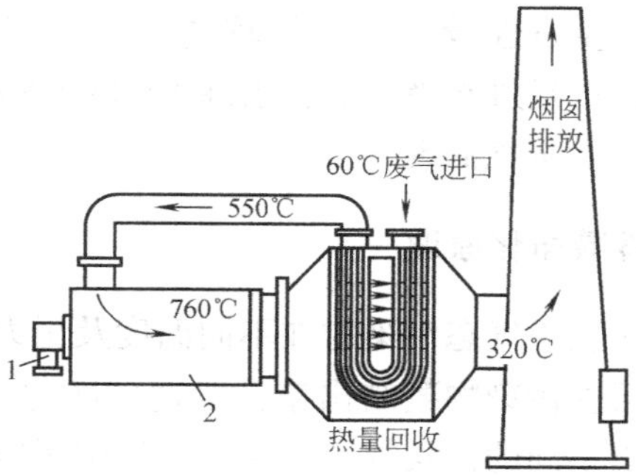

图11-5　附有热回收的热力燃烧炉
1—辅助燃烧器　2—废气燃烧室

2）部分循环热净化气使燃烧净化后的气体部分循环，作为温度较低的加热介质，可回收部分热量。例如一般的烘炉、烤箱等所需热空气温度比燃烧净化炉出来的气体温度低得多，可用部分热净化气混以新鲜空气，降低到所需温度，作为烘炉、烤箱的加热介质。由于烘烤过程中产生的有机溶剂，使该气体变成含污染物质的废气，再循环回到燃烧净化炉燃烧处理。由于在循环中净化气中的氧不断被消耗掉，因此再循环的比例不能太高，否则影响其助燃。

3）将燃烧后热净化气用于其他需要热能的地方。例如用于蒸馏塔的再沸器，废热锅炉

产生蒸汽，作热交换器的加热介质等。

燃烧法处理含可燃物废气时，保证安全是很重要的，在设计和操作中都必须十分重视这个问题。一般采取的安全措施有：

1）将废气中可燃组分的浓度控制在爆炸下限的25%以下（直接燃烧法除外）。

2）设阻火器，以防止回火。

3）在可能爆炸的容器设备上需要安设防爆膜，以便万一发生爆炸时可以及时泄压，防止或减轻设备破坏和安全事故。

4）严格执行安全操作规程。如燃烧炉点火以前，必须用空气吹扫风道及炉子，勿使任何可燃气体存在或聚集在风道和炉子中。在点火升温以前，还应当清理炉子、风道、换热器中沉积的油垢、可燃冷凝液体等。

5）燃烧炉采用负压操作，这样高温燃气和燃烧不完全的有害气体不致逸出炉外。此外，还应根据具体情况，制定其他相应的安全措施和操作规程。

11.2 冷凝法

冷凝法是利用废气中各混合成分的冷凝温度不同而将有害成分分离出来的方法，多用于有机废气的回收，特别适合于处理有机蒸气体积分数在 10^{-2} 以上的废气，可以使废气得到很高程度的净化，但是对低浓度废气，由于要采用进一步的冷冻措施，使运行成本大大提高。所以冷凝法不适合处理低浓度的有机气体，而常作为吸附、燃烧等净化高浓度废气的前处理，回收有价值物质，并减轻这些方法的处理负荷。例如氧化沥青废气就是先冷凝回收馏出油及大量水分，而后送去燃烧净化的。又如高分子绝缘薄膜聚酰亚胺生产中排放的废气中，含有大量毒性较大、价值较高的二甲基乙酰胺，可采用冷凝—吸收法，冷凝回收率70%左右，再经过水吸收后，去除率达99.5%。除处理有机废气外，冷凝法还被用于前处理含高浓度汞蒸气的废气。

11.2.1 冷凝净化原理

冷凝法利用气态污染物在不同温度及压力下具有不同的饱和蒸气压，在降低温度或加大压力下，某些污染物凝结出来，以达到净化或回收的目的。可以借助于控制不同的冷凝温度，分离出不同的污染物来。由于废气中污染物含量往往很低，大量的是空气或其他不凝性气体，故可以认为当气体混合物中污染物的蒸气分压等于它在该温度下的饱和蒸气压时，废气中的污染物就开始凝结出来。这时，污染物在气相达到饱和，该温度下的饱和蒸气压就表现了气相中未冷凝下来、仍残留在气相中的污染物的量的大小。

各种物质在不同温度下的饱和蒸气压 p^0 可以按下式计算

$$\log p^0 = -\frac{A}{T} + B' \tag{11-8}$$

式中 T——液体物质的温度（K）；

A、B'——常数；

p^0——物质在 T（K）时的饱和蒸气压（133.32Pa）。

表11-1列出了一些常见有机溶剂的 A、B' 值。

表11-1 常见有机溶剂的 A、B' 值

物质名称	分子式	A	B'
苯	C_6H_6	1731	7.783
二硫化碳	CS_2	1446	7.410
甲醇	CH_3OH	1992	8.780
醋酸甲酯	CH_3COOCH_3	1679	7.961
四氯化碳	CCl_4	1668	7.651
甲苯	$C_6H_5CH_3$	1901	7.837
醋酸乙酯	$CH_3COOC_2H_5$	1827	8.099
乙醚	$C_2H_5OC_2H_5$	1463	7.639
乙醇	C_2H_5OH	2185	9.101

也可以由弗罗斯特—卡克瓦夫—索多斯（Frost-Kalkwarf-Thodos）方程计算

$$\ln p^0 = \ln p_c - 2.303B\left(\frac{1}{T}-\frac{1}{T_c}\right)+\left(2.67-\frac{1.8B}{T_c}\right)\ln\frac{T}{T_c}+0.422\left(\frac{T_c^2}{p_cT^2}p-1\right) \tag{11-9}$$

式中 T_c、p_c——临界温度（K）及临界压力（atm）；

T、p——工况温度（K）及工况压力（atm）；

B——常数（K）。

式（11-9）中 B，在已知某一点的温度及蒸气压时（例如 $p=1.0$atm 下的正常沸点 T_b），可由下式计算

$$B=\frac{\ln p_c+2.67\ln(T_b/T_c)+0.422\left[T_c^2/(p_cT_b^2)-1\right]}{2.303\left(\frac{1}{T_b}-\frac{1}{T_c}\right)+(1.8/T_c)\ln(T_b/T_c)} \tag{11-10}$$

冷凝潜热随温度的变化可以用沃森方程计算

$$\Delta H_v=\Delta H_b\left[\frac{T_c-T}{T_c-T_b}\right]^{0.38} \tag{11-11}$$

式中 ΔH_v、ΔH_b——温度 T（K）与正常沸点 T_b（K）下的冷凝潜热（kJ/kg）。

11.2.2 冷凝设备

从气态污染物与冷却剂接触的方式分，冷凝设备可以分为直接接触式冷凝器与表面式冷凝器两种。

在直接接触式冷凝器里，冷却剂（冷水或其他冷却液）与废气直接接触，借对流和热传导，将气态污染物的热量（显热和潜热）传递给冷却剂，达到冷却、冷凝的目的。气体吸收操作本身伴有冷凝过程，故几乎所有的吸收设备都能作为直接接触式冷凝器。常用的直接冷凝器有喷射器、喷雾塔、填料塔等（见图11-6）。

冷凝用的填料塔与吸收用的填料塔结构类似，只是冷凝用的填料宜采用比表面积及空隙率都较大的填料，能显著提高填料塔单位体积处理量。

表面式冷凝器则通过间壁来传递热量，达到冷凝分离的目的，各种型式的列管式换热器是表面冷凝器的典型设备，其他还有淋洒式换热器等。

在卧式列管冷凝器中，凝液聚集在低层壳程里，冷却水一般从底层进入管内，对凝液进

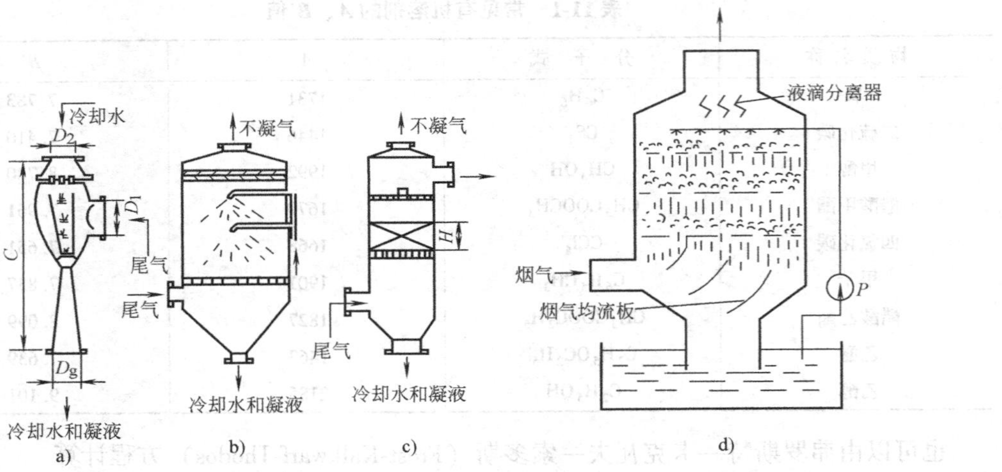

图 11-6　直接冷凝器示意图

a）喷射式　b）喷淋式　c）填料式　d）筛板式

一步冷却，使冷凝下来的污染物不致于重新挥发造成二次污染。

11.2.3　冷凝计算

1. 冷凝过程的捕集效率

设一含有污染物的废气由状态 1（T_1，p_1）经过冷凝过程，变为状态 2（T_2，p_2），则该冷凝过程的捕集效率 η 定义为

$$\eta = 1 - \frac{v_2}{v_1} \tag{11-12}$$

式中　v_1、v_2——污染物在冷凝器入口和出口（状态 1 和状态 2）的质量流速（kg/h）。

当进口污染物含量用不同单位 c_1（kg/m^3）、c_{V1}（m^3/m^3）和 y_1（kg/kg）表示时，捕集效率 η 可表示为

$$\eta = \frac{p}{p - p_2}\left(1 - \frac{Mp_2}{RT_1 c_1}\right) \tag{11-13a}$$

$$\eta = \frac{p - p_2/c_{V1}}{p - p_2} \tag{11-14a}$$

$$\eta = 1 - \frac{1 - y_1}{y_1} \frac{Mp_2}{M_a(p - p_2)} \tag{11-15a}$$

当污染物蒸气分压 p_1 与 p_2 均很小，用不同浓度单位表示时

$$\eta = 1 - \frac{Mp_2}{RT_1 c_1} \tag{11-13b}$$

$$\eta = 1 - \frac{p_2}{pc_{V1}} \tag{11-14b}$$

$$\eta = 1 - \frac{Mp_2}{M_a p_{y_1}}(1 - y_1) \tag{11-15b}$$

式中　p——总压（Pa）；

M——污染物的相对分子质量；

M_a——废气中被捕集的污染物以外的其他气体的平均相对分子质量。

例 11-2　某一空气、辛烷蒸气混合气体最初的浓度 $c_1=0.5\text{kg/m}^3$，由 75℃冷凝到 20℃，假设辛烷在末态是饱和的，并且所有冷凝的辛烷均被捕集，试求捕集效率 η。

解　先求 20℃时，辛烷的饱和蒸气压 p_2。由有关手册可查得辛烷的正常沸点及临界数据为

$$T_b=399\text{K},\ T_c=569\text{K},\ p_c=24.5\text{atm}$$

由式（11-10）计算 B 值

$$B=\frac{\ln 24.5+2.67\ln\left(\frac{399}{569}\right)+0.422\left(\frac{569^2}{24.5\times 399^2}-1\right)}{2.303\times\left(\frac{1}{399}-\frac{1}{569}\right)+\frac{1.8}{569}\ln\left(\frac{399}{569}\right)}\text{K}=3097.5\text{K}$$

由式（11-9）计算 p_2

$$\ln p_2=\ln 24.5-2.303\times 3097.5\times\left(\frac{1}{293}-\frac{1}{569}\right)+\left[2.67-\frac{1.8\times 3097.5}{569}\right]\ln\left(\frac{293}{569}\right)+$$
$$0.422\times\left(\frac{569^2}{24.5\times 293^2}p_2-1\right)$$
$$=0.06496p_2-4.30118$$

解此方程有 $p_2=0.0135\text{atm}$ 和 $p_2=142.6\text{atm}$ 两个解，经校正取小值，即

$$p_2=0.0135\text{atm}=1368\text{Pa}$$

捕集效率 η 可由式（11-13a）或式（11-13b）计算，分别为

$$\eta=\frac{101325}{101325-1368}\times\left[1-\frac{114\times 1368}{8314\times 348\times 0.5}\right]=0.9044$$

$$\eta=1-\frac{114\times 1368}{8314\times 348\times 0.5}=0.892$$

2. 直接接触式冷凝器

图 11-7 是直接接触式冷凝器的示意图，冷却剂从冷凝器上部加入，含有污染物、水蒸气及大量空气的废气从冷凝器下部引入。在冷凝器内，冷却剂（液）与废气逆流接触，冷凝下来的污染物、水以及冷却液由冷凝器下端以废液的形式排出。未凝结的污染物、水蒸气及大量的空气从设备顶部排出。下面物理量的下标，我们以 w 代表冷却液，s 代表水蒸气，p 代表污染物组分，a 代表空气，m 代表冷凝值，1 代表废气进口端，2 代表净化后气流出口端。

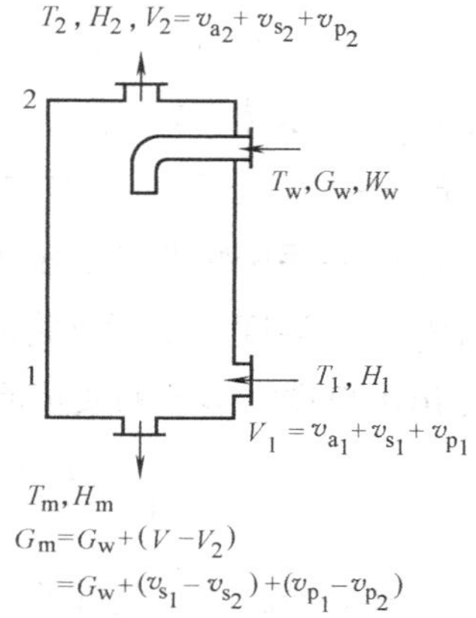

图 11-7　直接接触式冷凝器

注：G_m 为冷却吸收液总质量流速（kg/h）

若对图 11-7 所示全设备进行能量衡算，则可得

$$H_1+H_w=H_2+H_m \tag{11-16}$$

也可写成

$$(H_{a_1}-H_{a_2})+(H_{s_1}-H_{s_2}-H_{s_m})+(H_{p_1}-H_{p_2}-H_{p_m})=H_{w_m}-H_w$$

其中

$$H_{a_1}-H_{a_2}=v_a(h_{a_1}-h_{a_2})=y_{a_1}V_1(h_{a_1}-h_{a_2})$$
$$H_{s_1}-H_{s_2}-H_{s_m}=y_{s_1}V_1h_{s_1}-y_{s_2}V_2h_{s_2}-(y_{s_1}V_1-y_{s_2}V_2)h_{s_m}$$
$$H_{p_1}-H_{p_2}-H_{p_m}=y_{p_1}V_1h_{p_1}-y_{p_2}V_2h_{p_2}-(y_{p_2}V_1-y_{p_2}V_2)h_{p_m}$$
$$H_{w_m}-H_w=G_w(h_{w_m}-h_w)=G_wc_{pw}(T_m-T_w)$$

式中　H_1、H_2、H_w、H_m——进口废气流、出口净化气流、冷却剂流、冷凝吸收液流的焓值（kJ/h）；

H_{w_m}——冷却剂流在 T_m 时的焓值（kJ/h）；

V_1、V_2——进口、出口气体总质量流速（kg/h）；

G_w——冷却水、冷凝吸收液总质量流速（kg/h）；

v_a——气体中空气的质量流速（kg/h）；

y_a、y_s、y_p——空气、水蒸气、污染物质量分数（kg/kg）；

h_a、h_s、h_p——空气、水蒸气、污染物的质量焓（kJ/kg）；

h_{w_m}——冷却剂在 T_m 时的质量焓（kJ/kg）；

c_{pw}——冷却水定压质量热容［kJ/（kg·K）］。

于是，冷却剂（水等）总质量流速为

$$G_w=\frac{1}{c_{pw}(T_m-T_w)}\{V_1[y_{a_1}(h_{a_1}-h_{a_2})+y_{s_1}(h_{s_1}-h_{s_m})+y_{p_1}(h_{p_1}-h_{p_m})]-V_2[y_{s_2}(h_{s_2}-h_{s_m})+y_{p_2}(h_{p_2}-h_{p_m})]\}$$

$$G_w=\frac{1}{c_{pw}(T_m-T_w)}\{V_1[y_{a_1}(h_{a_1}-h_{a_2})+y_{s_1}(h_{s_1}-h_{s_m})+y_{p_1}c_{pp}(T_1-T_m)+y_{p_1}\Delta H_{vp}]-V_2[y_{s_2}(h_{s_2}-h_{s_m})+y_{p_2}c_{pp}(T_m-T_2)+y_{p_2}\Delta H_{vp}]\} \tag{11-17}$$

式中　h_{s_1}、h_{s_2}——水蒸气在 T_1 及 T_2 时的气相焓值；

h_{s_m}——水蒸气在 T_m 时的液相焓值；

c_{pp}——污染物蒸气定压质量热容；

ΔH_{vp}——温度 T 下污染物的冷凝潜热（kJ/kg）。

还可导出出口端水蒸气的质量流速

$$v_{s_2}=\frac{\rho_{s_2}V_1[(y_{a_1}/M_a)+(1-\eta)y_{p_1}/M_p]}{(p/RT_2)-\rho_{s_2}/M_s} \tag{11-18}$$

式中　ρ_{s_2}——离开冷凝器水蒸气的密度。

离开冷凝器的空气和污染物质量流速为

$$v_{a_2}=y_{a_1}V_1 \tag{11-19}$$

$$v_{p_2}=(1-\eta)\,y_{p_1}V_1 \tag{11-20}$$

离开冷凝器气流的质量流速为

$$V_2=[y_{a_1}+(1-\eta)\,y_{p_1}]\,V_1+v_{s_2} \tag{11-21}$$

其中每个组分的质量分数为

$$y_{s_2}=\frac{v_{s_2}}{V_2} \tag{11-22}$$

$$y_{P2}=\frac{v_{P2}}{V_2} \tag{11-23}$$

$$y_{a_2}=1-y_{s_2}-y_{P2} \tag{11-24}$$

若被冷凝工业废气中仅有水蒸气与污染物，或者仅有空气与污染物，无水蒸气存在，原则上可采用上式计算，可将没有的组分的相应项置零。

例11-3 某工业排气只含水蒸气与辛烷，其中进口端水蒸气的质量分数 $y_{s_1}=0.9$，进入直接接触式冷凝器时，温度为120℃，经冷凝后温度为20℃，该混合物流动速率为1.0kg/s，冷却水进口温度为15℃，出口时为60℃，已知辛烷在20℃时饱和蒸气压为1368Pa，求冷却水流动速率。

解 先求出辛烷的捕集效率 η，用式（11-15a）计算，这时 M_a 应为水蒸气分子量。

$$\eta=1-\frac{1-0.1}{0.1}\times\frac{114\times1368}{18\ (101326-1368)}=1-0.78=0.22$$

由有关手册查得水蒸气的 $\rho_{s_2}=0.0173\text{kg/m}^3$，气相质量焓 $h_{s_1}=2.706\text{MJ/kg}$；$h_{s_2}=2.538\text{MJ/kg}$，液相质量焓 $h_{s_m}=0.251\text{MJ/kg}$。由式（11-18）去掉相应的空气项得

$$v_{s_2}=\frac{\rho_{s_2}V_1\ (1-\eta)\ y_{P1}}{M_p\ (p/RT_2-\rho_{s_2}/M_s)}=\frac{0.0173\times1.0\times\ (1-0.22)\ \times0.1}{114\times\ [101325/\ (8314)\ (293)\ -0.0173/18]}\text{kg/s}=2.913\times10^{-4}\text{kg/s}$$

$$v_{P2}=\ (1-\eta)\ y_{P1}V_1=\ (1-0.22)\ \times0.1\times0.1\text{kg/s}=0.078\text{kg/s}$$

$$V_2=v_{s_2}+v_{P2}=\ (0.0002913+0.078)\ \text{kg/s}=0.07829\text{kg/s}$$

$$y_{s_2}=\frac{2.913\times10^{-4}}{0.07829}=0.00372$$

$$y_{P2}=\frac{0.078}{0.07829}=0.9963$$

由查手册得冷却水的质量定压热容 $c_{pw}=4190\text{J/ (kg·K)}$，辛烷的 $T_b=399\text{K}$，$c_{pp}=1589\text{J/ (kg·K)}$，$\Delta H_b=306\text{kJ/kg}$，$T_c=569\text{K}$，则

$$\Delta H_{vp}=\Delta H_b\left[\frac{T_c-T}{T_c-T_b}\right]^{0.38}=306\times\left[\frac{569-293}{569-399}\right]^{0.38}\text{kJ/kg}=368\text{kJ/kg}$$

利用（11-17）式去掉相应的空气项得

$$\begin{aligned}G_w&=\frac{1}{c_{pw}(T_m-T_w)}\{V_1[y_{s_1}(h_{s_1}-h_{s_m})+y_{P1}c_{pp}(T_1-T_m)+y_{P1}\Delta H_{vp}]-\\&\quad V_2[y_{s_2}(h_{s_2}-h_{s_m})-y_{P2}c_{pp}(T_m-T_2)+y_{P2}\Delta H_{vp}]\}\\&=\frac{1}{4190\times(60-15)}\times\{1.0\times[0.9\times(2.706-0.251)\times10^6+0.1\times1589\times(120-60)+\\&\quad 0.1\times368\times10^3]-0.07829\times[0.00372\times(2.538-0.251)\times10^6-0.9963\times1589\times(60-20)\\&\quad +0.9963\times368\times10^3]\}\ \text{kg/s}\\&=11.83\text{kg/s}\end{aligned}$$

从计算结果看出，2端排出的气流中，水蒸气含量已很少，绝大部分的水蒸气被冷凝下来，因而冷凝法用于处理含有大量水蒸气的高湿废气是很有效的。用冷凝法处理高湿废气时，由于大量水蒸气的凝结，废气中有害组份可以部分溶解在冷凝水中，且大大减少了气体流量，减轻了下一步的操作负荷，这对于下一步的燃烧、吸附等净化措施都是十分有利的。

使用冷凝法的一个重要依据是离开冷凝器的净化气流中污染物处于饱和状态。否则冷凝器的作用就只是冷却而不是冷凝。利用式（11-12）～式（11-15）计算 η 时，出现负值，则

说明必须将冷凝温度降得更低，使之饱和，或者不能采用冷凝法。

3. 表面式冷凝器

表面式冷凝器是冷载体与废气通过一间壁传递热量，以达到冷凝的目的。列管式冷凝器是典型的表面式冷凝器，其传热系数、传热面等的计算，在有关书籍中已有详细介绍，这里不再赘述。

11.3 膜分离法

膜净化法是利用固体膜或液体膜作为一种渗透介质，废气中各组分由于分子量大小不同或荷电、化学性质不同，透过膜的能力不同，而得以分离开来，从而达到脱除有害物或回收有价值物的目的。目前，膜净化法在国外已成功的应用于数十套装置中，用来回收废气中有价值的有机物，如聚氯乙烯生产中氯乙烯单体的回收，聚烯烃生产中己烷的回收，喷漆过程中 HCFC—123 的回收，医院消毒中 CFC—12 的回收及制冷设备、气雾剂、泡沫塑料等工厂排放的有机废气的回收等。从合成氨弛放气中回收氢，可获得90%左右的纯氢，回收率达80%，返回供合成氨使用。

膜净化法的优点是分离因子大，分离效果好；由于过程中不发生相变，不必耗费相变能，节省能量；膜法净化操作简单，控制方便，操作弹性大。例如膜法回收合成氨弛放气中的氢，可充分利用弛放气本身的压力，不必另耗压力，且开停车方便、操作稳定。

除了用固体膜（高分子聚合物、多孔陶瓷、多孔玻璃、多孔金属等）作分离介质的固膜分离技术外，还有近一二十年迅速发展起来的用液体膜作分离介质的液膜新型分离技术。一种固定液体膜 HCO_3^-/CO_3^{2-}，可用来净化煤气中的 H_2S。这种膜还可以用来净化含 CO_2 气体，该成果已被成功应用于空间技术，以除去人造卫星座舱中的 CO_2。

固体膜的种类很多，根据其孔隙大小的不同，可分为多孔膜与非多孔膜两种。多孔膜的孔径一般在0.50～3μm，如烧结玻璃和多孔醋酸纤维素膜等；非多孔膜如离子导电性固体（氧化锆、β-氧化铝）、均质醋酸纤维、合成高分子物（硅氧烷橡胶、聚碳酸酯等），由于薄膜无小孔，气体的渗透只能通过薄膜分子结构的间隙进行。按膜的结构分为均质膜与复合膜（非多孔质体与多孔质体组成的多层复合结构），如图11-8所示；按膜的制作形状分为平板式、管式、中空纤维式（见图11-9）、螺旋卷式等；按膜的制作材料又可分为无机薄膜（多孔玻璃膜、金属薄膜等）与高分子薄膜（醋酸纤维素薄膜、聚砜薄膜、芳香聚酰胺膜、聚碳酸脂膜等）。

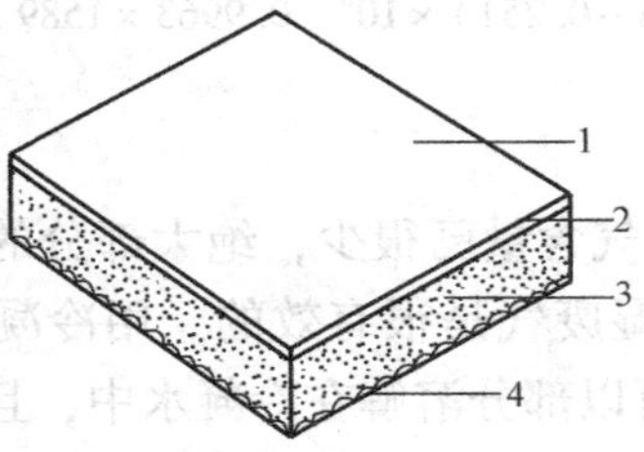

图11-8 复合膜横截面示意图

1—超薄膜 2—水溶性虚饰层 3—多孔支撑层（100μm） 4—纺织物增强层

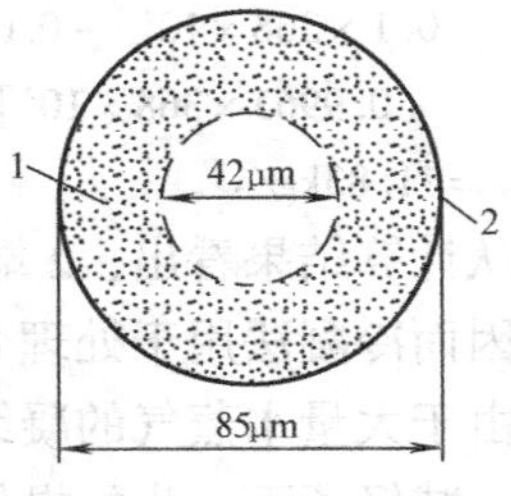

图11-9 中空纤维横截面示意图

1—多孔支撑层 2—表皮层

11.3.1　气体分离膜的特性参数

1. 渗透系数 K

在一定温度下，对每种膜—气体体系来说渗透系数 K 为一常数，它表示了膜对气体的渗透能力。常用 Barrer 表示其单位，$1\mathrm{Barrer}=10^{-10}\mathrm{cm}^3$（STP）cm/（$\mathrm{cm}^2\cdot\mathrm{s}\cdot\mathrm{cmHg}$）。其中 cmHg 也常用 atm 代替（$1\mathrm{cmHg}=10^{-3}\mathrm{atm}=98.067\mathrm{Pa}$），STP 表示标准状态。

稳态下气体透过膜时，在气体与膜的结构分子间相互作用可忽略的情况下，K 值计算式为

$$K=\frac{Q_{\mathrm{K}}l}{At\Delta p} \tag{11-25}$$

式中　Q_{K}——在时间 t 内，膜透过面积为 A、厚度为 l 时气体的渗透量；

Δp——膜两侧分压差，$\Delta p=p_1-p_2$，其中 p_1 为高压侧分压，p_2 为低压侧分压。

将式（11-25）移项可得

$$Q_{\mathrm{K}}=\frac{K\Delta ptA}{l} \tag{11-26}$$

可见，要提高膜的渗透量，需要增加膜表面积，增大膜两侧压差，减少膜厚。此外，要达到分离混合气体的目的，需选择渗透系数 K 较大的膜。

对于非对称的复合膜，因其致密层的厚度太小，往往无法测量，常常采用渗透速率来表示气体—膜体系的渗透特性，其单位为：cm^3（STP）/（$\mathrm{cm}^2\cdot\mathrm{s}\cdot\mathrm{cmHg}$）或 cm^3（STP）/（$\mathrm{cm}^2\cdot\mathrm{s}\cdot\mathrm{atm}$）。

2. 分离系数 α

分离系数 α 是用来评价膜对混合气体的分离能力的。设组分 A 与 B 渗透前的分子浓度为 W_{A} 与 W_{B}，压力为 p_1，在压力梯度的作用下，A、B 组分透过膜后到达低压侧，分子浓度为 Y_{A}、Y_{B}，则定义分离系数 α_{AB} 为

$$\alpha_{\mathrm{AB}}=\frac{Y_{\mathrm{A}}/Y_{\mathrm{B}}}{W_{\mathrm{A}}/W_{\mathrm{B}}}=\frac{Y_{\mathrm{A}}W_{\mathrm{B}}}{Y_{\mathrm{B}}W_{\mathrm{A}}} \tag{11-27}$$

设渗透开始前，$Y_{\mathrm{A}}=0$，$Y_{\mathrm{B}}=0$，渗透开始 t 时间后，低压侧的分子比应等于 A、B 两组分渗透速率之比

$$\frac{Y_{\mathrm{A}}}{Y_{\mathrm{B}}}=\frac{Q_{\mathrm{KA}}}{Q_{\mathrm{KB}}}=\frac{K_{\mathrm{A}}\Delta p_{\mathrm{A}}}{K_{\mathrm{B}}\Delta p_{\mathrm{B}}}$$

另设混合气体的渗透对原高压侧组分分子比的影响可忽略，并假定高压侧组分的分子比即等于高压侧组分的分压比，则

$$\alpha_{\mathrm{AB}}=\frac{Y_{\mathrm{A}}W_{\mathrm{B}}}{Y_{\mathrm{B}}W_{\mathrm{A}}}=\frac{K_{\mathrm{A}}\Delta p_{\mathrm{A}}}{K_{\mathrm{B}}\Delta p_{\mathrm{B}}}\times\frac{p_{\mathrm{B1}}}{p_{\mathrm{A1}}}=\frac{K_{\mathrm{A}}}{K_{\mathrm{B}}}\times\frac{(p_{\mathrm{A1}}-p_{\mathrm{A2}})}{(p_{\mathrm{B1}}-p_{\mathrm{B2}})}\times\frac{p_{\mathrm{B1}}}{p_{\mathrm{A1}}}=\frac{K_{\mathrm{A}}}{K_{\mathrm{B}}}\times\frac{\left(1-\dfrac{p_{\mathrm{A2}}}{p_{\mathrm{A1}}}\right)}{\left(1-\dfrac{p_{\mathrm{B2}}}{p_{\mathrm{B1}}}\right)}$$

当高压侧压力较大，低压侧压力相对较小时，上式中括号内的值趋近于1，这时

$$\alpha_{\mathrm{AB}}=\frac{K_{\mathrm{A}}}{K_{\mathrm{B}}}$$

其值最大，达最大的分离程度，称理论分离系数。

3. 溶解度系数 S

气体的溶解度系数 S 描写膜收集气体的能力。一般来说，气体透过膜时，由于膜吸着的气体浓度很低，且气体与膜间相互作用很弱，多假设气体迁移呈理想状态，其在膜中的溶解度为压力的线性函数，溶解度系数 S 与压力、浓度的关系类似于理想气体溶于液体的亨利定律

$$c = Sp \tag{11-28}$$

式中 c——气体在膜中的气体浓度；

p——与膜接触的气体分压。

溶解度系数 S 与扩散系数 D 及渗透系数 K 之间有如下关系

$$K = DS \tag{11-29}$$

当气体与膜之间的相互作用较强时，例如有机溶剂的蒸气与高分子膜体系，以及亲水性高分子膜与水蒸气体系，则并不遵从亨利定律，但多数膜—气体体系是遵循亨利定律的。

溶解度系数 S 与温度的关系通常可写成

$$S = S_0 \exp\left[-\Delta H/(RT)\right] \tag{11-30}$$

式中 ΔH——溶解热，其值一般比较小，大体在 ±8.4kJ/mol 范围内；

S、S_0——温度 T 和 T_0 时的溶解度系数。

某些高分子膜的气体渗透分离性能见表 11-2。

表 11-2 某些高分子膜的气体渗透分离性能

膜	温度/℃	渗透系数 $K\times10^{10}$/Barrer				分离系数		
		He	CO_2	O_2	N_2	K_{O_2}/K_{N_2}	K_{CO_2}/K_{N_2}	K_{He}/K_{N_2}
聚二甲基硅氧烷	20	216	1120	352	181	1.94	6.19	1.19
天然橡胶	25	—	154	23.4	9.5	2.46	16.2	—
乙烯-醋酸乙烯共聚体(醋酸乙烯的摩尔分数为 13.8%)	25	16.7	57	8.08	2.9	2.76	19.7	5.69
聚乙烯（低密度）	25	4.93	12.6	2.89	0.97	2.98	13.0	5.08
聚苯乙烯	20	16.7	10.0	2.01	0.315	6.38	31.6	53.0
丁基橡胶	25	8.42	5.18	1.30	0.325	4.0	15.9	25.9
聚碳酸酯	25	19	8.0	1.4	0.3	4.7	36.7	63.3
硝化纤维	25	6.9	2.12	1.95	0.116	16.8	18.3	59.5
聚乙烯（高密度）	25	1.14	3.62	0.41	0.143	2.87	25.3	7.97
乙烯-乙烯醇共聚体（乙烯醇的摩尔分数为 13.8%）	25	2.28	1.38	0.33	0.08	4.13	17.3	28.5
聚醋酸乙烯	20	9.32	0.676	0.225	0.032	7.03	21.1	—
聚氯乙烯	25	2.20	0.149	0.044	0.0115	3.83	13.0	191
醋酸纤维	22	13.6	—	0.43	0.14	3.0	—	97.1
尼龙 6	30	—	0.116	0.038	0.010	3.8	16.0	—
聚丁二烯	25	—	138	19.0	6.45	2.95	21.4	—
乙基纤维素	25	53.4	113	14.7	4.43	3.31	25.6	12.0
聚丙烯腈	20	0.44	0.012	0.0018	0.0009	2.0	13.3	488
聚 1，2-二氯乙烯	20	0.109	0.0014	0.00046	0.00012	3.8	11.7	908
聚乙烯醇	20	0.0033	0.00048	0.00052	0.00045	1.1	1.16	7.3

11.3.2 气体膜分离机理

气体通过膜渗透时，由于膜的结构与化学特性不同，迁移的机理也不相同，因而描述迁移过程的模型也不同。尽管有不少人提出了各种模型，但现在还不能用一种模型来描述各种膜-气体系的渗透机理。下面仅就根据膜结构来区分的几种典型的机理作简单的介绍。

1. 多孔膜

多孔膜的孔径较大（>50Å，1Å=10^{-10}m），但用于气体分离的多孔膜，孔径必须与气体分子的平均自由程 λ 差不多，或者更小。根据扩散分离机理，可将气体通过多孔膜的行为分为粘性流与分子流，或者处于两者之间等三种情况。可采用 Knudsen 数（Kn）来区别如下

$$Kn=\frac{\lambda}{d}>1 \quad \text{分子流域（有分离可能）}$$

$$Kn=\frac{\lambda}{d}<1 \quad \text{粘性流域（无分离可能）}$$

式中 λ——分子的平均自由程；

d——微孔孔径。

膜-气体系的 λ/d 值不同，分子流与粘性流占的比例也不相同。例如当 $\lambda/d>0.5$ 时，分子流占优势，而 $\lambda/d<0.1$ 时，则90%以上为粘性流。在大气压力下，气体分子的平均自由程一般在10^3Å左右，故要使分子流占优势，得到良好的分离效果，膜的孔半径必须在500Å以下。

在 $Kn=\frac{\lambda}{d}>1$ 时，有

$$Q_K=\frac{K_m}{\sqrt{MT}}(p_1-p_2) \tag{11-31}$$

式中 p_1、p_2——膜两侧的气体压力；

K_m——膜常数；

M——相对分子质量；

T——绝对温度。

根据式（11-31）可导出混合气体分离的分离系数 $\alpha_{AB}\propto\sqrt{\frac{M_B}{M_A}}$。由式（11-31）可看出，气体经多孔膜的渗透速度与该气体的相对分子质量的平方根成反比，这从图11-10也可以看出来。因而采用多孔膜进行气体分离，常利用被分离气体组分相对分子质量上的差别。

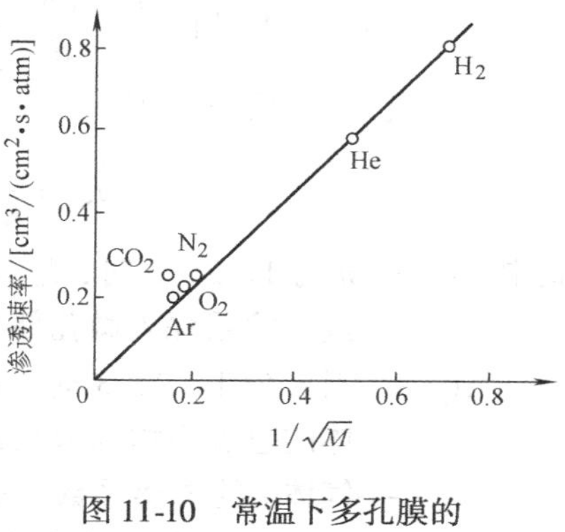

图11-10 常温下多孔膜的气体渗透速度

2. 非多孔膜

气体透过非多孔膜时，可用溶解扩散机理来解释。首先是膜与气体接触，接着是气体向膜表面溶解，由于气体溶解产生浓度梯度，致使气体在膜中向另一面扩散迁移，最后气体到达膜的另一面，脱溶出来（见图

11-11）。过程稳定以后，气体在膜中的浓度梯度沿膜厚方向呈直线关系。

由于气体分子是通过非多孔膜的分子结构间隙进行渗透的，虽然大多数的气体与薄膜间相互作用很弱，膜中吸着的气体并不妨碍或影响膜的结构，但气体的迁移行为受膜组分、结构和形态性质的影响较大。这是它与气体通过多孔膜时的行为不同的地方，后者是由于膜的孔隙的几何尺寸、形状对气体迁移行为发生影响。

稳态下对透过膜的气体依据溶解-扩散机理作物料衡算，可导出式（11-26），即 $Q_K = K\Delta ptA/l$。另外，提高迁移时的温度，将导致扩散性加强，提高渗透速度。

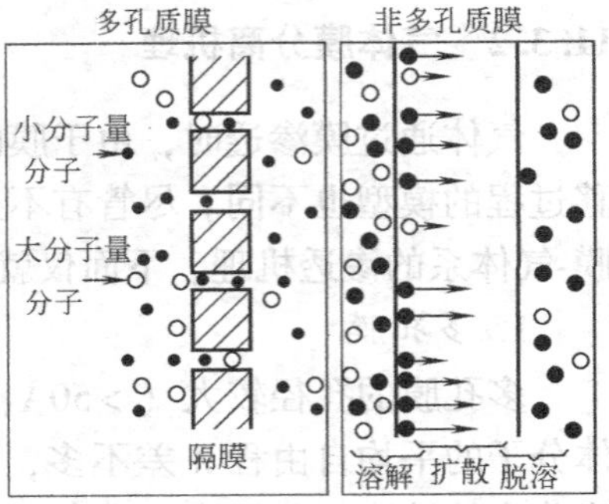

图 11-11　多孔膜和非多孔膜的分离机理

3. 非对称膜

非对称膜是将一极薄的（0.1 ~ 1μm）的致密层支撑在多孔的底材上而形成的复合膜。它能克服非多孔均质膜分离系数大、但渗透量小的缺点（如聚丙烯腈的 $K_{He}/K_{O_2} = 224$，但 $K_{He} = 0.44 \times 10^{-10}$ Barrer），又能克服多孔质体虽然渗透量大但分离效果差的缺点（如某多孔质体，$K_{He} = 10^5$ Barrer，但 $K_{He}/K_{O_2} = 2.83$）。

一般认为，气体通过非对称膜的迁移行为有几种情况：①气体通过致密层时，溶解于膜中并在致密皮层中扩散；②通过皮层下部微孔过渡区时的 Knudsen 流动（即分子流动）；③通过多孔的支撑层时的粘性流动。

模拟这种情况的一种最简单的方法是把膜分成不同区间，在每一个区间内假设只按某个单一传递机理迁移，而不考虑各种传递方式之间的相互关系。不同情况下总传质阻力可视为由不同区间的传递阻力串联或并联组成，如图 11-12 所示为类似电路阻力图。R_1、R_2、R_3 分别为气体通过表面涂层 1、多孔质体 2 及被涂层填了一定深度的微孔 3 等部分的阻力。

设气体 i 通过复合膜的压差为 Δp_i，则渗透气流量 Q_{Ki} 可计算如下

$$Q_{Ki} = \Delta p_i \left[1 + \frac{R_{1i}\ (R_{2i} + R_{3i})}{R_{2i}R_{3i}}\right]^{-1} \left(\frac{R_{2i} + R_{3i}}{R_{2i}R_{3i}}\right) \quad (11\text{-}32)$$

其中阻力可用下式计算

$$R_{ni} = \frac{l_n}{K_{ni}A_n} \quad (11\text{-}33)$$

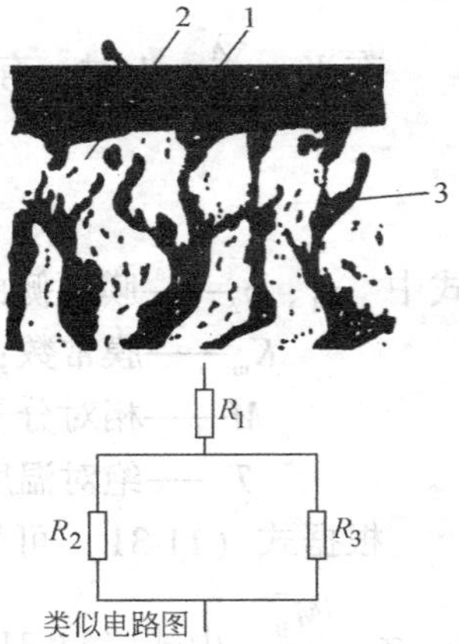

图 11-12　多孔复合膜的阻力模型

1—表面涂层

2—多孔质体

3—微孔

式中　l_n——n 为 1、2、3 时，l_n 分别为涂层厚度、多孔质体厚度、涂层深入微孔部分平均深度；

A_n——当 n 为 1、2、3 时，A_n 分别为涂层表面积、多孔质体的总表面积和微孔的总横截面积；

K_{ni}——气体 i 的渗透系数，n 为 1、3 时，K_{ni} 为涂层材质与气体 i 的渗透系数，n 为 2 时，K_{ni} 为多孔质体材质与气体 i 的渗透系数。

11.3.3 气体膜分离设备

常用的气体膜分离设备有如下两种：

（1）Prism 气体分离器 Prism 分离器是美国孟山都公司创新的一种中空纤维式分离器，自 1977 年在得克萨斯的石油化学品联合厂中安装第一套工业规模装置以来，已在很多国家获得了广泛的应用，主要用于合成氨厂弛放气中氢的回收。它结构类似列管式换热器，外壳直径为 10cm 或 20cm，长 3m 或 6m，内装直径 0.1 ~ 1.0mm 的中空纤维 $10^4 \sim 10^5$ 根，中空纤维膜为外表涂以硅酮的聚砜非对称膜。使用压力最高为 147×10^5Pa。被分离的混合气体进入外壳，经中空纤维膜渗透分离后，渗透气经膜中心小孔流出，汇集后由分离器中心流出，未渗透气体由外壳出口处排出，如图 11-13 所示。

（2）平板旋卷式膜分离器 旋卷式膜分离器如图 11-14 所示。其中有一多孔渗管，膜和支撑物卷在多孔渗管外，高压原料气进入“高压道”，而经过膜渗出来的气体流经“渗透道”从渗透管中心流出（为分离出的组分）。剩余气则从管外流道流出。

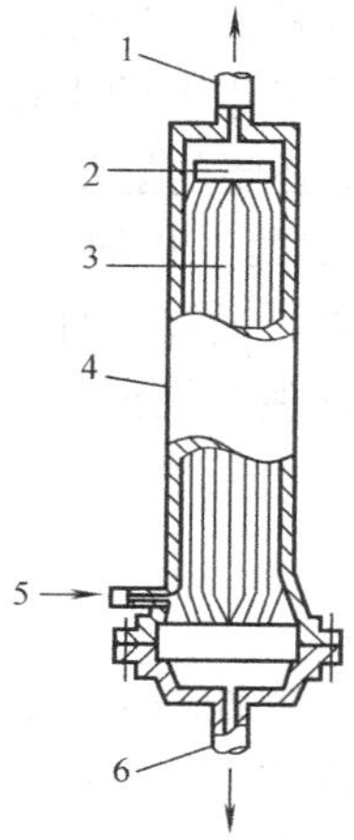

图 11-13 Prism 分离器结构示意图
1—非渗透气出口 2—纤维束压盖
3—中空纤维束 4—碳钢壳
5—混合气进料 6—渗透气出口

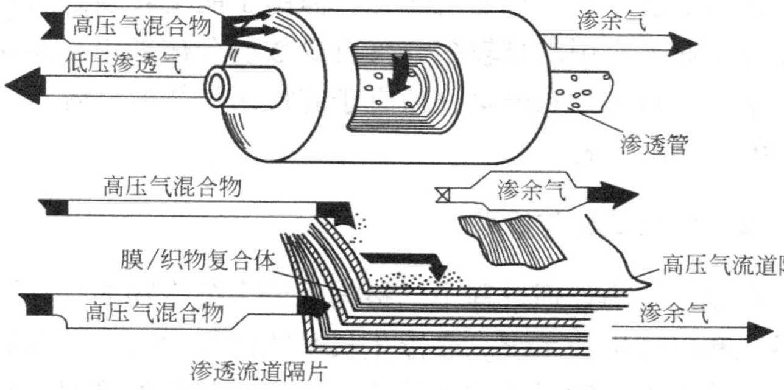

图 11-14 Separex 公司旋卷式气体分离器的膜片组件

膜和支撑物组成膜叶，其三面封闭，使原料气与渗透气隔开。组体直径为 200mm，长为 1m，耐压大于 8MPa，原料气流量为 $6 \times 10^4 \sim 12 \times 10^4 m^3/h$。醋酸纤维非对称膜的应用范围广，可分离氢气，酸性气体 CO_2、H_2S 及水蒸气、碳氢化合物和氧气等。

11.4 生物净化法

生物净化法是近年发展起来的一种空气污染控制新技术，利用微生物对污染物有较强、较快的适应能力的特点，以污染物（通常是有机物）作为代谢底物，使其降解、转化为无害的、简单的物质（如 CO_2、H_2O 等），从而达到净化含气态污染物废气的目的。该技术已在德国、荷兰得到规模化应用。它的优点是净化效率高，设备、工艺流程简单，能耗少，运行费用低，操作稳定，无二次污染。尤其在处理低浓度（$<3g/m^3$）、生物降解性好的有机废气和恶臭气体时更显其优越性。

11.4.1 微生物净化气态污染物的原理

生物净化有机废气的历程，一般认为有以下三步：①有机废气首先与水（液相）接触，由于有机污染物在气相和液相的浓度差，以及有机物溶于液相的溶解性能，使得有机污染物从气相进入到液相（或者固体表面的液膜内）；②进入液相或固体表面生物层（或液膜）的有机物被微生物吸收（或吸附）；③进入微生物细胞的有机物在微生物代谢过程中作为能源和营养物质被分解、转化成无害的化合物。

一般不含氮、硫的污染物分解的最终产物为 CO_2；含氮物被微生物分解时，经氨化作用释放出氨，氨又可被另外一类微生物的硝化作用氧化为亚硝酸，再氧化成硝酸；含硫物质经微生物分解释放出硫化氢，硫化氢又可以被另外一类微生物的硫化作用氧化成硫酸。产生的代谢物，一部分溶入液相，一部分（如 CO_2）析出到气相，还有一部分可以作为细胞物质或细胞代谢的能源。有机物在经过上述过程中不断转化、减少，废气从而被净化。

可用于废气生物降解的微生物分为两类：自养型和异养型。自养型细菌的生长可以在没有有机碳源和氮源的条件下，靠 NH_3、H_2S、S 和 Fe^{2+} 等的氧化获得必要的能量，故这一类微生物特别适用于无机物的转化。但由于能量转换过程缓慢，这些细菌生长的速度非常慢，因此在工业上应用困难较多，仅有少数场合被采用。异养型微生物则是通过对有机物的氧化分解来获得营养物和能量，适宜于有机污染物的分解转化。目前，处理有机废气主要应用微生物的好氧降解特性。

11.4.2 净化工艺与设备

在废气生物处理过程中，根据系统中微生物的存在形式，可将生物处理工艺分成悬浮生长系统和附着生长系统。悬浮生长系统的微生物及其营养物存在于液体中，气相中的有机物通过与悬浮液接触后转移到液相，从而被微生物降解，其典型的形式有鼓泡塔、喷淋塔及穿孔塔等生物洗涤器。而附着生长系统中微生物附着生长于固体介质表面，废气通过由滤料介质构成的固定床层时，被吸附、吸收，最终被微生物降解。其典型的形式有土壤、堆肥、填料等材料构成的生物过滤塔。生物滴滤塔则同时具有悬浮生长系统和附着生长系统的特性。

1. 生物洗涤塔（也称生物吸收法）

生物洗涤系统由一个吸收塔和一个再生池构成。如图 11-15 所示，生物吸收液（循环液）自吸收塔顶部喷淋而下，使废气中的污染物和氧转入液相，实现质量传递。从吸收塔底部流出的吸收液进入再生反应器（活性污泥池）中，通入空气充氧再生。被吸收的气态污染物通过微生物氧化作用，被再生池中的活性污泥悬浮液降解、转化，从而净化脱除。该法适用于气相传质速率大于生化反应速率的有机物的降解。

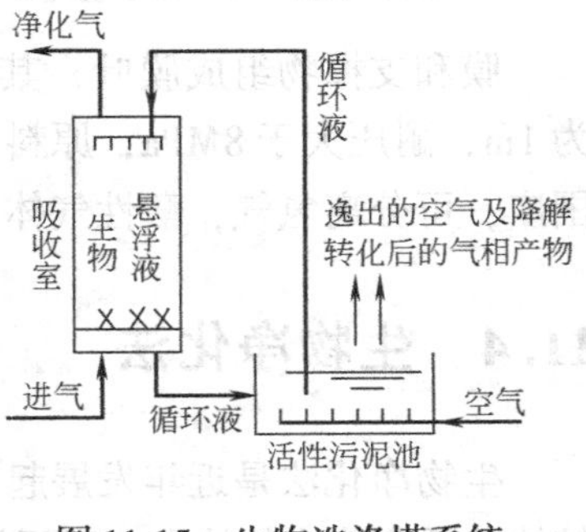

图 11-15 生物洗涤塔系统

吸收塔的结构可以是喷淋式、填料式或鼓泡式，与吸收净化法中使用的塔结构类似。

研究较多的生物悬浮液是活性污泥悬浮液，某石油化工研究院环保所对炼油厂含 H_2S

臭气净化的研究，就是取用的炼油厂污水曝气池中的活性污泥。

生物洗涤塔系统净化含有机污染物废气的效率与污泥的 MLSS 浓度、pH 值、溶解氧（或曝气条件）等有关。所用污泥经驯化的比未经驯化的要好。营养盐的投入量、投放时间、投放方法也是重要的控制因素。

2. 生物滤池

生物滤池系统如图 11-16 所示。含有机污染物的废气经过增湿器，具有一定湿度后，进入生物滤池，通过约 0.5 ~ 1m 厚的生物活性填料，有机污染物从气相转移到生物层，进而被氧化分解。

在目前的生物净化有机废气领域，该法应用最多，在日、德、荷、美等国已经商品化，其净化效率一般在 95% 以上。

生物活性填料是由具有吸附性的滤料（土壤、堆肥、活性炭等），附着能降解、转化有机物的微生物构成的。滤料不同，脱除效果及适宜的工艺参数也有所不同，可分为土壤过滤及堆肥过滤两种。

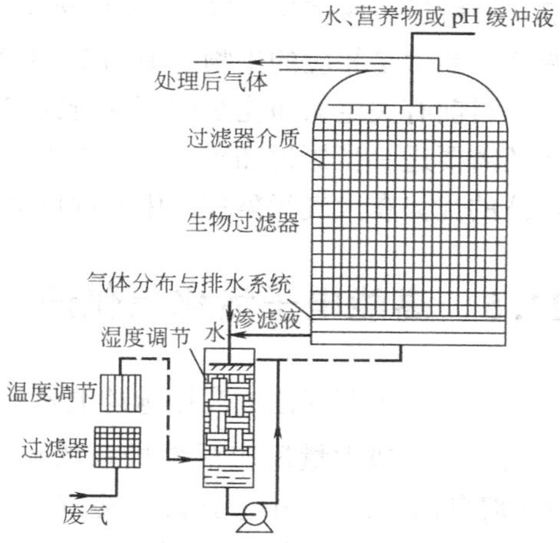

图 11-16 生物滤池系统

（1）土壤过滤 土壤过滤是利用土壤中胶体粒子的吸附性吸附上有机污染物后，土壤中的细菌、放线菌、霉菌、原生动物、藻类等种类繁多的微生物，对有机物进行分解转化。土壤生物滤池有较好的通气性、适度的过水与持水性，以及完整的微生物群落系统，因而能有效地去除烷烃类化合物，如丙烷、异丁烷以及酯、乙醇等。土壤滤层一般的混合比例（质量分数）为：粘土 1.2%，有机质沃土 15.3%，细砂土约 53.9%，粗沙 29.6%。滤层厚度 0.5 ~ 1m，废气流速 6 ~ 100m^3/（m^2 · h）。

有报道土壤中加入某种改性剂可提高污染物的去除效率，如土壤中加入 3% 鸡粪和 2% 珍珠岩后，透气性能不变，但对甲硫醇去除效率提高 34%，对二甲基硫提高 80%，对二甲基二硫提高 70%。土壤使用一年后一般有呈酸性趋势，可加入石灰进行调节。

（2）堆肥过滤 堆肥过滤是采用污水处理厂的污泥、城市垃圾和畜粪等有机废弃物为主要原料，经好氧发酵，再经热处理，作为过滤层滤料。它的装置与土壤法类似，在一个混凝土池子里，下层置砂砾层，砂砾层中装有气体分布管，砂砾层上是堆肥装置。池底有排水管可排出多余的积水。堆肥层上面可以种植花草进行绿化，并经常浇水保持 50% ~ 70% 的湿度，以防止堆肥表面干裂，有机废气走短路，未经充分降解逸出。堆肥生物滤池由于微生物量比土壤中多，故效果及负荷均比土壤法好，气体停留时间一般只需 30s，而土壤法则需 60s。有实验结果显示，用堆肥过滤法净化含甲苯、乙醇、丁醇的废气，当乙醇的进气负荷不高于 90g/（m^3 · h）时，停留时间 30s，脱除效率达 95% 以上。

3. 生物滴滤池

生物滴滤池系统如图 11-17 所示，它由生物滴滤池和贮水槽构成，生物滴滤池内充以粗碎石、塑料、陶瓷等一类不具吸附性的填料，填料表面是微生物体系

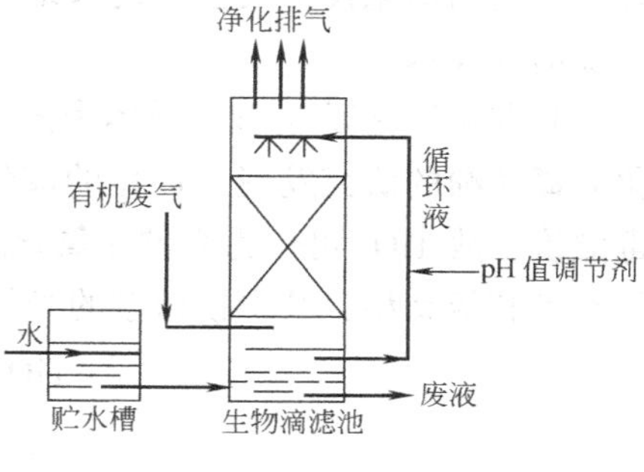

图 11-17 生物滴滤池系统

形成的几毫米后的生物膜。填料比表面为 100 ~ 300m^2/m^3，这样的结构使得气体通道较大，压降较小，不易堵塞。

与生物滤池相比，生物滴滤池的工艺条件可以很容易通过调节循环液的 pH 值、温度来控制，因此滴滤池很适宜于处理含卤代烃、硫、氮等有机物废气的净化，因为这些污染物经氧化分解后有酸产生。同时，由于生物滴滤池的单位体积填料层内微生物浓度较高，其处理废气的能力是相应的生物滤池的 2 ~ 3 倍。

目前有关生物净化法的理论研究和实际应用尚处于不断发展、完善的过程之中，许多问题还需要进一步探讨和解决，例如生化降解动力学的研究等。未来生物净化法将凭借其高效经济的优势在大气污染控制中发挥巨大的作用。

11.5 高能电子活化氧化法

由电子束照射法或高压脉冲电晕等离子体法产生的高能电子撞击烟气中 O_2、H_2O 等分子后，可生成大量反应活性极强的自由基或自由原子 OH、HO_2、O、O_3 等，烟气中 SO_2、NO 被自由基或自由电子氧化成 SO_3、NO_2、N_2O_5，进而与 H_2O 作用生成 H_2SO_4 和 HNO_3，这些酸与事先注入的 NH_3 反应生成硫铵和硝铵气溶胶微粒，微粒被收集作为化肥。利用这种方法脱除烟气中 SO_2、NO_x，已在工业上得到大规模应用（详见 12.7.1 节）。一些有机物分子受到高能电子碰撞被激发，原子键断裂形成小基团和原子，它们与自由基发生一系列反应，最终被氧化降解为 CO、CO_2 和 H_2O（详见 13.1.6 节）。

11.6 光催化与分解净化法

1. 光催化净化法

近年来，人们利用二氧化钛在常温下所具备的深度光催化氧化有机污染物、光照灭菌和自清洁等功能，逐步将其应用到空气净化、卫生保健、废水处理等环保领域中，开发出了诸如光催化空气净化器、自清洁抗菌卫生瓷砖、自清洁玻璃等多用途的二氧化钛光催化产品。

光催化方法用于环境污染的治理具有以下特点：①可利用太阳能作能源，经济廉价；②能在室温实现水、土壤和大气中有机污染物完全氧化，不产生二次污染；③催化剂自身无毒；④有一般催化过程的基本特征，催化剂可长久循环使用。这些独特性能是传统的高温焚烧、常规的催化技术及吸附技术无法比拟的，被认为是一种理想的具有广阔应用前景的绿色环境治理技术。

光催化氧化以 N 型半导体为催化剂，包括 TiO_2、ZnO、CdS 等。各种光催化剂光催化氧化五氯苯酚的研究发现，TiO_2 的催化活性最好，且化学性质、光化学性质均十分稳定，无毒廉价，故 TiO_2 可作为光催化氧化除去有机污染物的常用催化剂。TiO_2 主要有锐钛型、金红石型和板钛型，其中锐钛型的光催化活性最高。TiO_2 的光催化机理如下：

$$TiO_2 + h\nu \longrightarrow TiO_2(e^- + h^+)$$

$$H_2O + h^+ \longrightarrow \cdot OH + H^+$$

$$O_2 + h^+ \longrightarrow \cdot O_2^-$$

$$\cdot O_2^- + H^+ \longrightarrow HO_2 \cdot$$

$$2HO_2 \cdot \longrightarrow \cdot O_2^- + H_2O_2$$

$$H_2O_2 + \cdot O_2^- \longrightarrow \cdot OH + OH^- + O_2$$

利用光激发，TiO_2 价带上的电子吸收光能被激发到导带上，因而在导带上产生负电的高活性电子（e^-），在价带上产生正电的空穴（h^+），形成氧化—还原体系，溶解氧、水与电子及空穴发生作用，最终产生具有高度化学活性的游离基（·OH），利用这种高度活性的羟基自由基可以氧化包括生物难以转化的各种有机物并使之矿化。

催化剂粒子越小，体系中分散的单位质量粒子数目越多，光吸收效率越高；粒径越小，电子与空穴的简单复合率就小，光催化活性也高；体系的比表面大，反应面就大，并有助于有机物的预吸附；其他如孔隙率、平均孔径、表面电荷、焙烧温度、纯度等都是影响光催化活性的因素。使用纳米 TiO_2 和在 TiO_2 上负载活性更好的 Ag、Au、Pt、Pd、Rh、Nb、RuO_2、Pt-RuO_2 等物质是提高 TiO_2 光催化活性的主要途径。

目前，用于室内环境光净化处理的技术和产品主要有：光催化空气净化器，光净化喷涂剂（包括光催化涂料），光净化卫生用具，光净化灯具及光净化玻璃等。在这些产品中，光催化空气净化器是作为专门处理空气的一种装置；而其他光净化产品则将光催化剂与常规日用品结合在一起，在普通产品的功用和装饰功能基础上附加消毒抗菌和自洁功能。

尽管二氧化钛光催化技术在室内环境处理中得到了广泛应用，但依然存在许多问题，其中最主要的一个问题是室内使用效率较低，这主要由室内环境中的紫外光源较弱所致。解决此问题的一个根本方法是开发出可在可见光下使用的光催化剂。目前，有关此方面的研究已有一定的进展，然而至今仍没有开发出一般室内可见光下具有高效率的光催化产品。另一方面，目前市场上的光催化产品大多比较单一，产品性能也往往被夸大。

2. 分解净化法

该法是直接将某些污染物（如 NO_x，H_2S 等）分解为无害的物质或有用的副产物。由于不消耗处理剂，不产生二次污染而受到人们的关注，并开展了大量研究。常用的分解方法有以下几种：

（1）催化分解法

1）常规催化分解法。一般，烟气中 NO_x90% 以上是 NO，NO 分解为无害的 O_2 和 N_2 在热力学上是可行的，但反应受到动力学控制，需要高达 364kJ/mol 的活化能，故分解反应必须在催化剂作用下才能进行。近年来，国内外对 NO 分解催化剂进行了大量研究。从现有的研究成果来看，分解 NO 的催化剂主要有贵金属、金属氧化物和 Cu-ZSM-5 分子筛三大类。其中以 Cu-ZSM-5 分子筛的低温活性较好，在 350℃下，NO 分解率达 70%。但仍存在抗氧、硫中毒能力低、高温水热性差、高空速下活性较低等问题。

2）微波催化分解法。某石油学院研究了在微波作用下，以 $FeSO_4$ 为催化剂，将 H_2S 分解为 H_2 和 S^0 的反应。在实验条件下，分解率达 88%。

3）光催化分解法。某大学和某感光材料研究所研究了用 Xe 灯光照射含有催化剂的 NaOH 水溶液时，H_2S 被催化分解为 H_2 和 S^0。

（2）低温常压等离子体分解法　峰值高，前后沿陡峭的高压脉冲电晕放电，使基态气体获得足够大的能量，产生高浓度等离子体。当气体分子处于高能激发态，在定向突变电场作

用下，获得的能量大于分子键的结合能时，气体分子便分解为游离基

$$(LM) + e^* \longrightarrow \dot{L} + \dot{M} + e$$

伴随电离的发生

$$(LM) + e^* \longrightarrow L^+ + \dot{M} + 2e$$

在定向突变脉冲电场作用下，电子与离子相碰撞，在第三体 M 参与下复合

$$e + L^+ + M \longrightarrow L + M$$

$$e + L^+ \longrightarrow L + h\nu$$

某静电技术研究院的研究表明，此技术对 NO_x 的分解率可达 90%。

习　题

11-1　设有一个热力燃烧炉，用于处理凹版印刷车间排出的含甲苯废气。废气含甲苯 500mg/m³（标准状态）。其中甲苯组分的燃烧热、升温及比热均可忽略不计。废气的有关物理参数按空气计算，废气排出的最大量为 1500m³/h（标准状态），排出时温度 333K，燃烧炉使用天然气作燃料，以废气助燃，反应温度为 1033K。试计算燃烧炉的主要尺寸。

已查得 1m³（标准状态）天然气完全燃烧时，需 9.52m³（标准状态）空气，生成 10.5m³（标准状态）燃气，燃气密度为 1.24kg/m³（标准状态）。1m³（标准状态）天然气燃烧的发热量为 35307kJ/m³（标准状态）。空气在 333K 时的定压质量热容 c_p = 1.004kJ/（kg·K）；1033K 时的定压质量热容 c_p = 1.15kJ/（kg·K）；空气在 293K 时密度为 1.205kg/m³（标准状态）。炉子的散热损失取废气从 333K 升温到 1033K 所需热量的 10%。燃烧炉的结构采用图 11-4 形式，废气与燃气火焰在喉管混合后的流速取 7m/s（一般以 5～8m/s 为宜）；为保证燃烧室内有适度的湍流混合，气速须保证 3～5m/s，本计算取 4m/s；炉内停留时间应有 0.5s，以保证废气中有害气体充分被销毁，燃烧室长度 L 与直径 D 之比应在 2～6 之间为宜。炉子的主要尺寸包括喉管直径、燃烧室直径及燃烧室长度。

11-2　从真空干燥炉排出的高温恶臭气体，水蒸气的体积分数为 95%，温度 90℃。系统用一抽风机维持干燥炉的负压，压力 0.8kg/cm²。干燥炉最大蒸发量为 1000kg/h。在直接接触冷凝器中，水蒸气在 90℃下冷凝，冷凝液冷却至 65℃。假定全部水蒸气被冷凝，忽略水蒸气以外不凝气的吸热量和冷凝器的散热损失。试计算 15℃冷却水的用量和最后冷凝液的总量。

11-3　废气中甲苯的体积分数为 1000×10^{-6}，在绝热的焚烧炉内停留时间为 0.5s。欲使甲苯去除效率达到 99.9%，计算所需的燃烧温度（假设燃烧反应为一级）。

11-4　1atm（101325Pa）、35℃的废气中甲苯的体积分数为 5000×10^{-6}，如果对其进行冷凝分离，要求甲苯去除效率为 99%，需将废气冷却到多少度？

第12章

12

烟（废）气脱硫脱硝

12.1 烟气脱硫概述

1. 大气中 SO_2 的来源及危害

大气中 SO_2 来源于自然过程和人类活动两方面。自然过程包括火山爆发喷出的 SO_2，沼泽、湿地、大陆架等处释放的 H_2S 进入大气后被氧化为 SO_2，含硫有机物被细菌分解及海洋形成的硫酸盐气溶胶在大气中经过一系列变化而产生的 SO_2 等。天然源排放量约占大气中 SO_2 总量的1/3。天然产生的 SO_2 属全球性分布，浓度低，易于被稀释和净化，一般不会严重污染大气，也不会形成酸雨。人为源主要来自化石燃料的燃烧和含硫物质的工业生产过程，以火电、钢铁、有色冶炼、化工、炼油、水泥等工业部门排放量较大。人为源排放量约占大气中 SO_2 总量的2/3，由于比较集中，是造成大气污染和产生酸雨的重要原因。

SO_2 污染属于低浓度的长期污染，对生态环境是一种慢性、叠加性的长期危害。SO_2 对人体健康的影响主要是通过呼吸道系统进入人体，与呼吸器官作用，引起或加重呼吸器官疾病。对植物而言，SO_2 主要通过叶面气孔进入植物体内，在细胞或细胞液中生成 SO_3^{2-}、HSO_3^- 和 H^+，从而造成对植物的危害。SO_2 进入大气后形成的硫酸烟雾和酸雨会造成更大的危害。

2. 烟气脱硫的主要方法

控制二氧化硫污染的基本方法包括燃烧前（燃料）脱硫、燃烧过程脱硫和燃烧后（烟气）脱硫三种。前两种方法本书已在第二章作了介绍。由于技术、经济等方面的原因，这些方法的使用还不普遍，目前对 SO_2 污染的控制程度有限，烟气脱硫（FGD）仍是当前控制 SO_2 污染的主要手段。

近几十年来研究的低浓度 SO_2 治理方法多达上百种，但真正在工业上应用的仅十多种。

按是否回收烟气中硫为有用物质分，烟气脱硫有回收法和抛弃法二类。回收法是用吸收、吸附、氧化还原等方法，将烟气中硫转化为硫酸、元素硫、液体二氧化硫或工业石膏等产品，其优点是变害为利，但一般需付出高的回收成本，经济效益低，甚至亏损。一些回收法的脱硫剂在工艺中被再生后循环使用，这些方法又称为再生法。抛弃法是将 SO_2 转化为固体残渣抛弃，优点是设备简单，投资和运行费用低，但硫资源未回收利用，一般存在残渣的二次污染问题。回收法一般要在脱硫前配备高效除尘器以除去烟气中的烟尘，而抛弃法则可同时进行脱硫与除尘的操作。

按完成脱硫后的直接产物是否为溶液或浆液分，烟气脱硫又可分为湿法、半干法和干法三类。湿法脱硫是用溶液或浆液吸收 SO_2，其直接产物也为溶液或浆液的方法。半干法是用雾化的脱硫剂溶液或浆液脱硫，但在脱硫过程中，雾滴被蒸发干燥，直接产物呈干态粉末的方法。干法是利用固体吸附剂、气相反应剂或催化剂在不增加湿度下脱除 SO_2 的方法。

表 12-1 列出当前全世界正在应用和发展的主要烟气脱硫方法。据国际能源机构煤炭研究所对全世界 17 个国家燃煤电厂已安装 FGD 装置的调查，湿式钙法占 FGD 总装机容量的 75% 左右，加上其他湿式工艺，湿法工艺占 FGD 总装机容量的 82% 。

表 12-1　当前全世界的主要脱硫方法

<table>
<tr><th colspan="3">方　法</th><th colspan="2">脱硫剂及操作</th><th>主要产物</th></tr>
<tr><td rowspan="7">湿法</td><td colspan="2">石灰石/石灰－石膏法
－亚硫酸钙法</td><td colspan="2">$CaCO_3/Ca(OH)_2$ 浆液吸收，空气氧化
$CaCO_3/Ca(OH)_2$ 浆液吸收</td><td>$CaSO_4 \cdot 2H_2O$
$CaSO_3 \cdot 1/2H_2O$</td></tr>
<tr><td colspan="2">间接石灰石/石灰：钠－钙双碱法
碱式硫酸铝法
液相催化氧化法</td><td>$Na_2CO_3/NaOH/Na_2SO_3$ 溶液吸收
$Al_2(SO_4)_3Al_2O_3$ 溶液吸收，空气氧化
H_2O 吸收，Fe^{3+}/Mn^{2+} 催化氧化</td><td>再生：$CaCO_3/Ca(OH)_2$</td><td>$CaSO_3 \cdot 1/2H_2O$
$CaSO_4 \cdot 2H_2O$
$CaSO_4 \cdot 2H_2O$</td></tr>
<tr><td colspan="2">海水脱硫</td><td colspan="2">海水中 CO_3^{2-}、HCO_3^- 等碱性物质</td><td>硫酸盐，排入大海</td></tr>
<tr><td rowspan="3">回收法</td><td>钠碱法：威尔曼洛德法
亚硫酸钠法</td><td colspan="2">Na_2SO_3 溶液循环吸收，加热分解、补充 Na_2CO_3
Na_2CO_3 溶液吸收，浓缩、结晶</td><td>高浓度 SO_2
Na_2SO_3</td></tr>
<tr><td>氨吸收法：氨—酸法
亚硫酸铵法</td><td colspan="2">NH_3 的水溶液吸收，H_2SO_4 分解
NH_3/NH_4HCO_3 溶液吸收，浓缩、结晶</td><td>SO_2，$(NH_4)_2SO_4$
$(NH_4)_2SO_3$</td></tr>
<tr><td>金属氧化物法：氧化镁法
氧化锌法</td><td colspan="2">$Mg(OH)_2$ 浆液吸收，吸收产物干燥、煅烧
ZnO 烟灰浆液吸收，酸/热分解/空气氧化</td><td>SO_2
$SO_2/ZnSO_4$</td></tr>
<tr><td colspan="2"></td><td colspan="2"></td><td></td></tr>
<tr><td rowspan="3">半干法</td><td colspan="2">喷雾干燥法（SDA）</td><td colspan="2">向喷雾干燥器喷 $Ca(OH)_2$ 浆液，反应、蒸发</td><td>$CaSO_4$，$CaSO_3$ 干粉</td></tr>
<tr><td colspan="2">炉内喷钙－炉后活化法（LIFAC）</td><td colspan="2">炉内喷 CaO 粉，炉后加水活化，反应、蒸发</td><td>$CaSO_4$，$CaSO_3$ 干粉</td></tr>
<tr><td>循环流化床</td><td>烟气循环流化床（CFB）
回流式循环流化床（RCFB）
新型一体化脱硫系统（NID）
气体悬浮吸收脱硫（GSA）</td><td colspan="2">CaO 粉和水喷入循环流化床，反应、蒸发
CaO 粉和水喷入循环流化床，反应、蒸发
$Ca(OH)_2$ 粉和水混合后进流化床反应、蒸发
$Ca(OH)_2$ 浆液喷入循环流化床，反应、蒸发</td><td>$CaSO_4$，$CaSO_3$ 干粉</td></tr>
<tr><td rowspan="2">干法</td><td colspan="2">荷电干粉喷射脱硫（SDSI）</td><td colspan="2">$Ca(OH)_2$ 干粉荷电后喷入烟道反应</td><td>$CaSO_4$，$CaSO_3$ 干粉</td></tr>
<tr><td>回收法</td><td>电子束照射法（EBA）
活性炭吸收法
催化氧化法</td><td colspan="2">SO_2、NO 被自由基氧化后与水汽成酸，再铵化
活性炭吸附、氧化为 SO_3，H_2O 再生
催化氧化为 SO_3，与 H_2O 生成硫酸</td><td>硫酸铵、硝酸铵
稀 H_2SO_4
浓 H_2SO_4</td></tr>
</table>

3. 应用概况

近 30 年来，烟气脱硫技术逐渐得到了广泛的应用。1980 年全球电厂烟气脱硫总容量约为 30GW，1990 年增加到 130GW。1998 年在全世界 226GW 装机容量电厂安装的烟气脱硫装置中，有 86.6% 是湿式抛弃法，10.9% 是干式抛弃法，只有 2.3% 采用了再生回收工艺。综合考虑技术成熟度和经济因素，当前全世界应用最广的还是湿式石灰石脱硫法。

截至 2003 年底，我国火电厂约 9000MW 机组的烟气脱硫装置投入运行，约 15000MW

机组的脱硫装置在建。烟气脱硫的机组不到当时火电装机容量的4%。在已安装的烟气脱硫装置中，世界上有的工艺技术，我国大部分都有。

12.2 湿法脱硫技术

12.2.1 石灰石/石灰法

湿式钙法技术成熟，脱硫剂价廉易得，脱硫率高达95%以上，运行稳定，目前占据了世界75%的脱硫市场。

1. 反应机理

用石灰石（$CaCO_3$）或石灰（$Ca(OH)_2$）浆液作脱硫剂，在吸收设备内与烟气中SO_2充分接触并反应，生成亚硫酸钙，以除去烟气中SO_2。主要反应见表12-2。

表12-2 石灰石/石灰湿法脱硫的反应机理

脱硫剂	石灰石	石灰
	$SO_2 + H_2O \longrightarrow H_2SO_3$	$SO_2 + H_2O \longrightarrow H_2SO_3$
反应机理	$H_2SO_3 \longrightarrow H^+ + HSO_3^-$ $H^+ + CaCO_3 \longrightarrow Ca^{2+} + HCO_3^-$ $Ca^{2+} + HSO_3^- + 1/2H_2O \longrightarrow CaSO_3 \cdot 1/2H_2O + H^+$ $H^+ + HCO_3^- \longrightarrow H_2CO_3$ $H_2CO_3 \longrightarrow CO_2\uparrow + H_2O$	$H_2SO_3 \longrightarrow H^+ + HSO_3^-$ $Ca(OH)_2 \longrightarrow Ca^{2+} + 2OH^-$ $Ca^{2+} + HSO_3^- + 1/2H_2O \longrightarrow CaSO_3 \cdot 1/2H_2O + H^+$ $H^+ + OH^- \longrightarrow H_2O$
总反应	$CaCO_3 + SO_2 + 1/2H_2O \longrightarrow CaSO_3 \cdot 1/2H_2O + CO_2$	$Ca(OH)_2 + SO_2 + 1/2H_2O \longrightarrow CaSO_3 \cdot 1/2H_2O + H_2O$

此外，因烟气中含有氧，部分SO_3^{2-}和HSO_3^-被氧化为SO_4^{2-}，最终生成硫酸钙，反应为

$$SO_3^{2-} + 1/2O_2 \longrightarrow SO_4^{2-} \tag{12-1}$$

$$HSO_3^- + 1/2O_2 \longrightarrow SO_4^{2-} + H^+ \tag{12-2}$$

$$Ca^{2+} + SO_4^{2-} + 2H_2O \longrightarrow CaSO_4 \cdot 2H_2O \tag{12-3}$$

2. 工艺流程

（1）石灰石/石灰-石膏法 典型石灰石-石膏法工艺流程如图12-1所示，其中包括石灰石粉制备系统、吸收和氧化系统、烟气再加热系统、石膏脱水及存储系统以及废水处理系统等。

经电除尘器2除尘后的锅炉烟气由脱硫风机送入气/气换热器5，与脱硫后的冷烟气换热降温后进入吸收塔6，在塔内与来自吸收塔底槽7（内装斜插式搅拌器）的浆液逆流接触，完成脱硫后的烟气经二级除雾器8除雾和气/气换热器5再加热后经烟囱排放。贮仓13中的石灰石粉与来自滤液中间贮槽17的循环水在制浆槽14内制得石灰石浆液后泵入吸收塔底槽7用于循环脱硫。氧化用空气9经罗茨风机鼓入吸收塔底槽7按式（12-1）~式（12-3）产出石膏。底槽7中的部分石膏浆液被泵入水力旋流分离器15进行一级分离，底流（浓相）去真空皮带过滤机16过滤，滤出的固体石膏（含水率10%左右）去石膏贮仓20，滤液进入中间贮槽17。若需将石膏作为产品，需用工艺水10洗去吸附的氯离子。水力旋流器15的溢流相（稀相）去废水处理系统处理后部分排放，以免系统中氯离子积累过高，部分回用于

制浆。系统排放的废水由工艺过程用水10向中间贮槽17补充。

(2) 石灰石/石灰-抛弃法　在不外加空气将脱硫过程生成的亚硫酸钙强制氧化为石膏时，脱硫产物是亚硫酸钙与少量硫酸钙的混合物，无法利用而抛弃。其工艺流程与石灰石/石灰－石膏法基本相同，只是没有空气氧化系统，但仍有塔底循环槽。由于脱硫渣将被抛弃，一般也不用过滤机过滤出较干的渣，多采用沉淀器进行液固分离，产出含水率60%左右的湿渣。湿渣可采用回填法或不渗透池存储法处理。

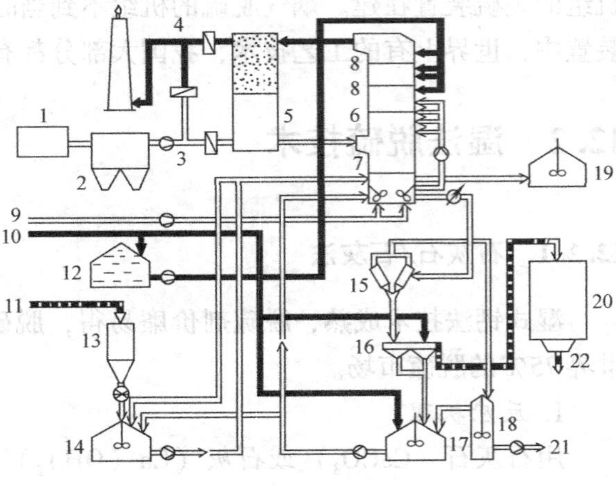

图 12-1　石灰石-石膏法工艺流程

1—锅炉　2—电除尘器　3—待净化烟气　4—已净化烟气　5—气/气换热器　6—吸收塔　7—吸收塔底槽　8—除雾器　9—氧化用空气　10—工艺过程用水　11—石灰石粉　12—工艺过程用水　13—石灰石粉贮仓　14—石灰石制浆槽　15—水力旋流分离器　16—真空皮带过滤机　17—中间贮槽　18—溢流贮槽　19—维修塔用贮槽　20—石膏贮仓　21—溢流废水　22—石膏

亚硫酸钙结晶较细，液固分离较难，许多大型电厂的脱硫装置仍将脱硫产物——亚硫酸钙强制氧化为石膏后抛弃。日本因缺乏石膏矿而将脱硫石膏大量回收利用。

3. 操作条件

由于烟气中 SO_2 含量和要求的脱硫率不同，各个项目所用吸收设备也不相同，因而操作条件往往有较大差异。对大多数大型湿式钙法脱硫采用的喷淋吸收塔而言，操作条件范围见表12-3。

表 12-3　石灰石/石灰法烟气脱硫的操作条件

项　目	浆液固体质量分数（%）	浆液pH值	Ca/S摩尔比	液气比/（L/m³）①	空塔气速/（m/s）
石灰石	10～25	5.0～5.6	1.1～1.3	8.8～26	3.0
石　灰	10～15	6.5～7.5	1.05～1.1	4.7～13.6	3.0

①　液气比是在标准状态下的值。

4. 结垢堵塞问题

石灰石/石灰湿法脱硫最主要的问题是设备易结垢堵塞，严重时可使系统无法运行。固体垢物来自：①石灰系统中当pH＞9时，烟气中 CO_2 进入水相与 Ca^{2+} 生成 $CaCO_3$ 垢；②在石灰系统中较高pH下，H_2SO_3 在水中主要离解出 H^+ 和 SO_3^{2+}，SO_3^{2+} 和 Ca^{2+} 生成的 $CaSO_3 \cdot 1/2H_2O$ 的溶解度很小（0.0043g/100g水，18℃），易结晶析出形成片状软垢；③$CaSO_4 \cdot 2H_2O$ 结晶析出形成硬垢。

防止系统结垢堵塞的措施主要有：①控制浆液的pH值不宜过高，石灰系统 pH＜8.0，石灰石系统 pH＜6.2；②控制 $CaSO_4$ 的过饱和度＜1.2，进入吸收过程中亚硫酸盐的氧化率＜20%，亚硫酸盐的氧化应在循环氧化池中完成；③采用添加剂己二酸、Mg^{2+}、NH_3 等抑制结垢和堵塞。己二酸在浆液中起到缓冲作用，不仅可抑制结垢，还可提高石灰石的利用率10%左右，降低Ca/S比。

12.2.2 间接石灰石/石灰法

针对石灰石/石灰法易结垢和堵塞的问题，发展了间接石灰石/石灰法。这类方法有双碱法、碱式硫酸铝法和液相催化氧化法等。

1. 双碱法

（1）钠-钙双碱法　其工艺流程如图12-2所示，先用碱或碱金属盐（NaOH、Na_2CO_3、$NaHCO_3$、Na_2SO_3等）的水溶液吸收SO_2，然后在反应器2中用石灰石/石灰浆液将吸收SO_2后的溶液再生，再生浆液经液固分离后，滤渣（亚硫酸钙和少量硫酸钙）外运，溶液在贮槽5补充碱和水后循环脱硫。

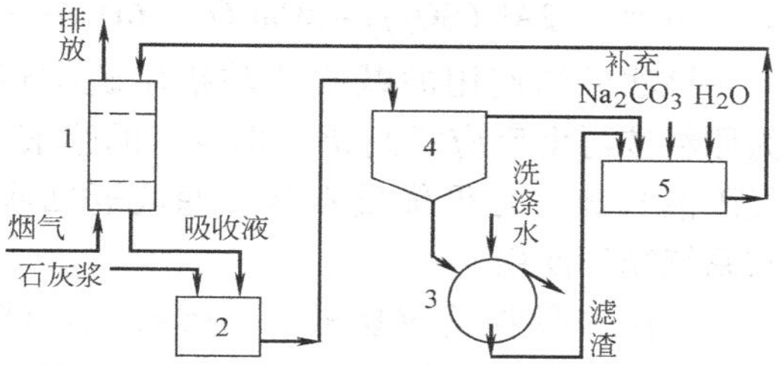

图12-2　双碱法工艺流程图

1—吸收塔　2—反应器　3—真空过滤机　4—稠厚器　5—贮槽

吸收塔内吸收SO_2的反应为

$$2NaOH + SO_2 \longrightarrow Na_2SO_3 + H_2O$$

$$Na_2CO_3 + SO_2 \longrightarrow Na_2SO_3 + CO_2$$

$$Na_2SO_3 + SO_2 + H_2O \longrightarrow 2NaHSO_3$$

副反应　$Na_2SO_3 + 1/2O_2 \longrightarrow Na_2SO_4$

再生反应器内的反应为

$$Ca(OH)_2 + Na_2SO_3 + 1/2H_2O \longrightarrow 2NaOH + CaSO_3 \cdot 1/2H_2O \downarrow$$

$$Ca(OH)_2 + 2NaHSO_3 \longrightarrow Na_2SO_3 + CaSO_3 \cdot 1/2H_2O \downarrow + 3/2H_2O$$

$$CaCO_3 + 2NaHSO_3 \longrightarrow Na_2SO_3 + CaSO_3 \cdot 1/2H_2O \downarrow + 1/2H_2O + CO_2 \uparrow$$

$$Ca(OH)_2 + Na_2SO_4 + 2H_2O \longrightarrow 2NaOH + CaSO_4 \cdot 2H_2O \downarrow$$

再生并分离出来的NaOH或Na_2SO_3溶液循环脱硫，滤渣可抛弃也可加工为石膏回收。

上述最后一个反应可以除去部分Na_2SO_4，此外还可用硫酸酸化法除去Na_2SO_4，反应为

$$Na_2SO_4 + 2CaSO_3 \cdot 1/2H_2O + H_2SO_4 + 3H_2O \longrightarrow 2CaSO_4 \cdot 2H_2O \downarrow + 2NaHSO_3$$

该法的吸收率达95%以上，用碱或碱金属的溶液脱硫腐蚀性小，减少了结垢和堵塞的可能；其缺点是副反应生成的Na_2SO_4再生较难，过程需不断补充NaOH或Na_2CO_3而增加碱耗，运行费用较高，且再生液的液固分离也使工艺复杂化。

（2）钙-钙双碱法　为了解决传统钠-钙双碱法存在的问题，作为国家“九五”重点攻关子课题，湘潭大学童志权等开发了全钙基脱硫剂的钙-钙双碱法，其机理是塔内用来自循环池的亚硫酸钙（第一钙）浆液脱硫并生成Ca（HSO_3）$_2$，反应为

$$CaSO_3 \cdot 1/2H_2O + SO_2 + 1/2H_2O \longrightarrow Ca(HSO_3)_2$$

脱硫浆液返回循环池，池内加入Ca（OH）$_2$（第二钙）浆液与Ca（HSO_3）$_2$反应，再生出亚硫酸钙循环脱硫，反应为

$$2Ca(HSO_3)_2 + Ca(OH)_2 \longrightarrow 2CaSO_3 \cdot 1/2H_2O \downarrow + 3/2H_2O$$

由于塔内的脱硫反应是一个难溶物$CaSO_3 \cdot 1/2H_2O$溶解后与SO_2生成溶解度较大的Ca（HSO_3）$_2$的过程，故塔内不生成$CaSO_3 \cdot 1/2H_2O$软垢。塔内副反应生成的少量硫酸钙可与浆液中的大量亚硫酸钙生成含22.5%硫酸钙的固溶体而避免硫酸钙结晶为硬垢。该法在

国内众多中小型锅炉烟气脱硫工程中得到应用，脱硫率达86%～96%。

2. 碱式硫酸铝法

该法由日本同和矿业公司开发，又称同和法，其工艺流程如图12-3所示，可分为吸收、氧化、中和（再生）、过滤等几部分。各过程主要反应如下

吸收 $Al_2(SO_4)_3 \cdot Al_2O_3 + 3SO_2 \longrightarrow Al_2(SO_4)_3 \cdot Al_2(SO_3)_3$

氧化 $Al_2(SO_4)_3 \cdot Al_2(SO_3)_3 + 3/2O_2 \longrightarrow 2Al_2(SO_4)_3$

再生 $2Al_2(SO_4)_3 + 3CaCO_3 + 6H_2O \longrightarrow Al_2(SO_4)_3 \cdot Al_2O_3 + 3CaSO_4 \cdot 2H_2O\downarrow + 3CO_2\uparrow$

该法最初使用的碱式硫酸铝用硫酸铝为原料按再生反应式制得。再生后的浆液，经固液分离，可得优质石膏，滤液返回吸收系统循环使用。

该法的吸收反应易进行，吸收 SO_2 能力大，操作液气比较小，脱硫率高达95%以上；设备腐蚀小，操作稳定，但动力消耗较大，石膏成本高，每吨石膏需补充铝0.5kg以上。

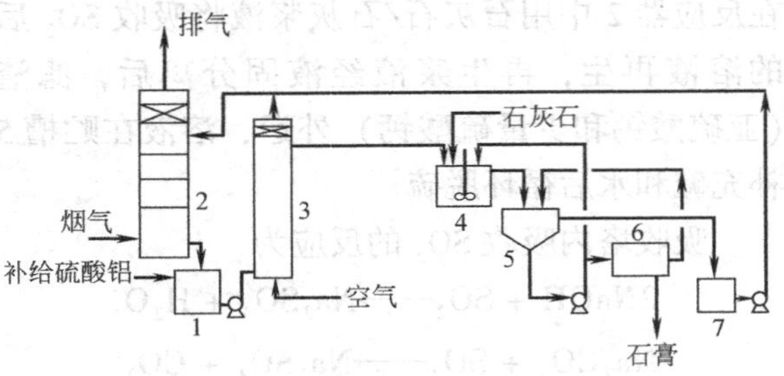

图12-3 碱式硫酸铝-石膏法工艺流程图

1、7—贮槽 2—吸收塔 3—氧化塔 4—中和槽 5—稠厚器 6—脱水机

3. 液相催化氧化法

该法用水或稀硫酸作吸收剂，以 Fe^{3+} 或 Mn^{2+} 作催化剂，将吸收生成的 H_2SO_3 氧化为 H_2SO_4，所得稀硫酸用石灰石/石灰中和生成石膏。该法由日本千代田建设公司开发，又称千代田法，工艺流程如图12-4示。用含 Fe^{3+} 的水或稀硫酸吸收 SO_2 的反应为

$$Fe_2(SO_4)_3 + SO_2 + 2H_2O \longrightarrow 2FeSO_4 + 2H_2SO_4$$

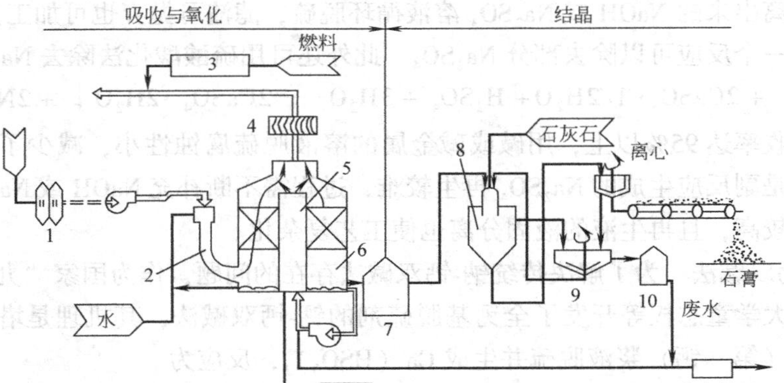

图12-4 千代田法脱硫流程

1—电除尘器 2—预洗器 3—再加热器 4—除雾器 5—氧化塔 6—吸收塔 7—稀硫酸槽 8—结晶器 9—浓缩槽 10—母液槽

生成的 $FeSO_4$ 在氧化塔内用空气氧化，使 Fe^{3+} 得到再生以保证反应的继续进行

$$4FeSO_4 + 2H_2SO_4 + O_2 \longrightarrow 2Fe_2(SO_4)_3 + 2H_2O$$

总反应为 $$2SO_2 + O_2 + 2H_2O \longrightarrow 2H_2SO_4$$

生成的稀硫酸与石灰石作用生成石膏

$$H_2SO_4 + CaCO_3 + H_2O \longrightarrow CaSO_4 \cdot 2H_2O\downarrow + CO_2\uparrow$$

该法在日本已用于300MW机组的烟气脱硫，处理气量达105万m^3/h（标准状态下），采用填料吸收塔，吸收液硫酸的体积分数为2%~4%，空塔气速1m/s，液气比L/G=55~60L/m^3，进口SO_2的体积分数约为1600×10^{-6}，出口SO_2的体积分数为60×10^{-6}左右。

该工艺操作简单，运行可靠，并副产优质石膏。其缺点是液气比太大，能耗高；空塔气速低，设备庞大，占地面积也大；稀硫酸腐蚀性强，对设备材质要求高，投资大。

12.2.3 海水脱硫技术

海水脱硫是利用海水的天然碱度来脱除烟气中SO_2。该技术成熟，工艺简单，系统运行可靠，效率高，投资和运行费用低，是近20年发展起来的烟气脱硫新技术，目前已在一些国家和地区近海发电厂和冶炼厂得到日益广泛的应用。我国深圳西部电厂3套300MW机组和福建后石华阳电厂4套600MW机组的海水脱硫装置已于1999~2004年陆续建成投运，另一批电厂的海水脱硫装置正在建设中。

1. 基本原理

雨水将陆地岩土的一些盐类和碱性物质带入海中，使海水含有大量可溶性盐，并呈碱性。海水的天然碱度是指海水中含有能接收H^+物质的量，其代表物质是碳酸盐和碳酸氢盐。海水的pH值为7.5~8.3，天然碱度约2~2.9mg/L，使海水具有天然的酸碱缓冲能力和吸收SO_2的能力。

海水脱硫的主要反应如下

吸收 $$SO_2(g) + H_2O \rightleftharpoons H_2SO_3 \rightleftharpoons H^+ + HSO_3^- \quad (12\text{-}4)$$

中和 $$H^+ + CO_3^{2-} \longrightarrow HCO_3^- \quad (12\text{-}5)$$

$$H^+ + HCO_3^- \longrightarrow CO_2(g) + H_2O \quad (12\text{-}6)$$

氧化 $$HSO_3^- + 1/2O_2 \longrightarrow SO_4^{2-} + H^+ \quad (12\text{-}7)$$

吸收在吸收塔内进行，中和和氧化主要在海水恢复系统（曝气池）进行。

2. 工艺流程

按是否向海水中添加其他化学物质，可将海水脱硫工艺分为两类：①不添加任何化学物质，以挪威ABB公司的Flakt-Hydro工艺为代表；②向海水中添加一部分石灰以调节海水碱度，以美国Bechtel公司的工艺为代表。Bechtel工艺在美国建成了示范工程，但未推广使用。

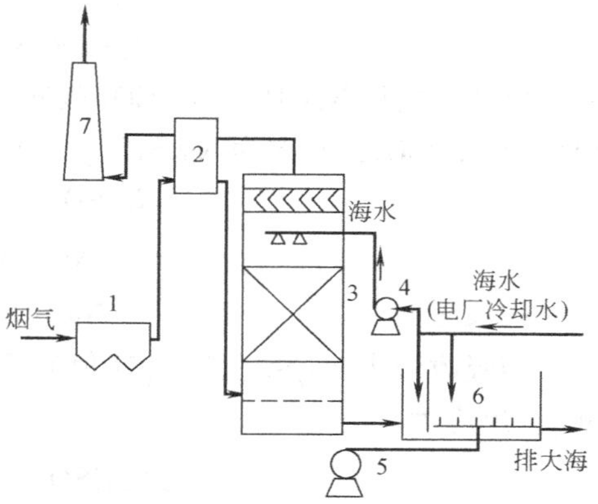

图12-5 Flakt-Hydro海水脱硫工艺流程示意
1—电除尘器 2—气/气换热器 3—吸收塔
4—海水升压泵 5—曝气风机
6—曝气池 7—烟囱

Flakt-Hydro工艺流程如图12-5示。脱硫所用海水一般是来自电厂冷却循环系统的海水。烟气经电除尘和气/气换热后，进入吸收塔3，用海水以一次直流的方式（不循环）脱除烟气中SO_2，然后进入曝气池6，并在曝气池6中注入大量新鲜海水和空气，将式（12-4）生成的 HSO_3^- 氧化为 SO_4^{2-}，同时将 CO_2 带入大气，使脱硫海水 pH 值恢复达标后排入大海。此时，近岸大海中硫酸盐成分只有稍微提高，离开排放口一定距离后，这种差异就会消除。

深圳西部电厂 300MW 机组的耗煤量为 114.4t/h，烟气量 $1.1\times10^6m^3/h$（标准状态），煤中硫的质量分数为 0.63%，海水耗量 $43200m^3/h$，海水中盐的质量分数为 2.3%，海水 pH = 7.5，来自电厂循环冷却系统海水的温度 27.1～40.7℃，平均脱硫率 95%，排烟温度 70℃以上，曝气池排水 pH≥6.8，均达到设计指标。

12.2.4 钠碱吸收法

该法在用碱液（NaOH 或 Na_2CO_3）吸收了 SO_2 后，不像钠—钙双碱法那样用石灰石/石灰再生，而是直接将吸收液加工成副产物。钠碱吸收法有循环和不循环两种工艺。

1. *循环钠碱法*

循环钠碱法的代表工艺是威尔曼洛德（Wellman-Lord）法，它可副产高浓度 SO_2 气体，其流程如图 12-6 示，主要包括吸收和解吸两过程。

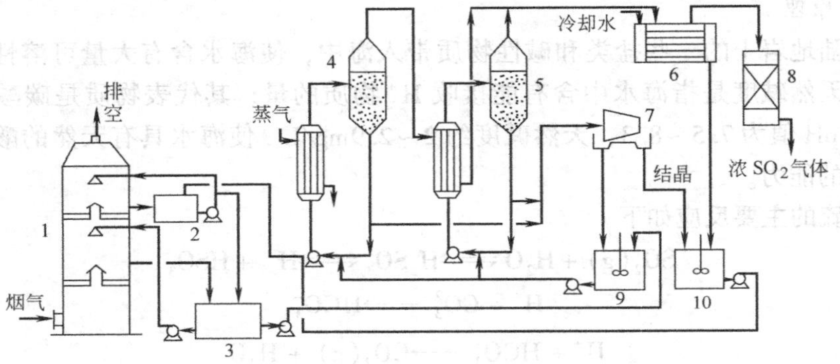

图 12-6 循环钠碱法工艺流程图

1—吸收塔 2、3—循环槽 4、5—蒸发器 6—冷却器
7—结晶分离器 8—脱水器 9—母液槽 10—吸收液槽

该法首先用 NaOH 或 Na_2CO_3 吸收 SO_2 以制备吸收剂 Na_2SO_3。Na_2SO_3 循环吸收 SO_2 后主要生成 $NaHSO_3$，其次为 $Na_2S_2O_5$，反应为

$$Na_2SO_3 + SO_2 + H_2O \longrightarrow 2NaHSO_3$$

$$Na_2SO_3 + SO_2 \longrightarrow Na_2S_2O_5$$

副反应

$$Na_2SO_3 + 1/2O_2 \longrightarrow Na_2SO_4$$

当吸收液中 Na_2SO_3（或 pH 值）下降到一定程度时，将吸收液送去加热再生，解吸出 SO_2，反应为

$$2NaHSO_3 \xrightarrow{\Delta} Na_2SO_3 + H_2O + SO_2\uparrow$$

$$Na_2S_2O_5 \xrightarrow{\Delta} Na_2SO_3 + SO_2\uparrow$$

解吸出来的 SO_2 可加工成液体 SO_2、硫黄或硫酸。由于 Na_2SO_3 的溶解度较小，可在再生器中结晶出来，然后用冷凝水溶解后送回吸收系统循环用于吸收 SO_2。

当吸收液中 Na_2SO_4 含量达 5%（质量分数）时，须排出部分母液，避免吸收率降低，同时补充部分新鲜碱液。可用石灰法或冷冻法等除去排出母液中的 Na_2SO_4。

该法脱硫率达90%以上，是日本、美国应用较多的回收法之一。

2. 亚硫酸钠法

其工艺流程如图12-7示，用 Na_2CO_3 溶液经二级逆流吸收烟气中 SO_2 后，得到含 Na_2SO_3 和 $NaHSO_3$ 的混合溶液，再用 Na_2CO_3 中和掉吸收液中的 $NaHSO_3$，反应为

$$2NaHSO_3 + Na_2CO_3 \longrightarrow 2Na_2SO_3 + H_2O + CO_2\uparrow$$

最后经净化、浓缩结晶、过滤、干燥等工序制成无水亚硫酸钠产品。

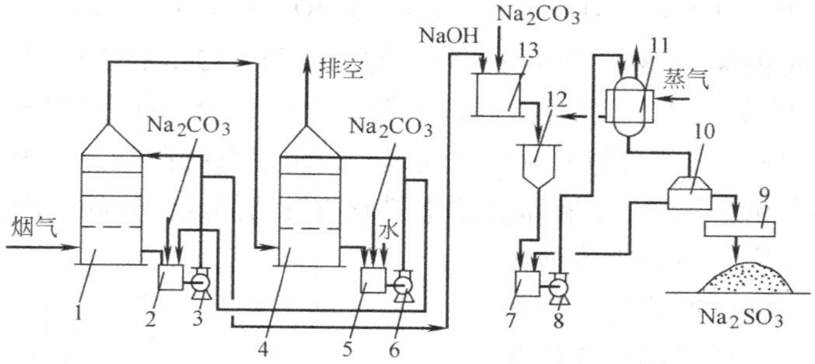

图12-7 亚硫酸钠法流程

1、4—吸收塔 2、5—循环槽 3、6、8—泵 7—中和液贮槽 9—干燥器 10—离心机 11—蒸发器 12—中和液过滤器 13—中和槽

该法流程简单，脱硫率高，吸收剂不循环使用，在我国一些中小型化工厂和冶金厂应用较多。其缺点是部分 Na_2SO_3 的氧化将影响无水亚硫酸钠的质量。加入吸收液质量0.025%～0.5%的阻氧剂（对苯二胺或对苯二酚），可减少 Na_2SO_3 的氧化。由于亚硫酸钠产品销路有限，限制了该法的大规模推广应用。

12.2.5 湿式氨法脱硫技术

1. 吸收反应

（1）吸收总反应　湿式氨法脱硫是用 NH_3 或 NH_4HCO_3 等含 NH_3 物质吸收 SO_2，其吸收总反应为

$$SO_2 + 2NH_3 + H_2O \longrightarrow (NH_4)_2SO_3 \quad (12\text{-}8)$$

$$SO_2 + NH_3 + H_2O \longrightarrow NH_4HSO_3 \quad (12\text{-}9)$$

$$2NH_4HCO_3 + SO_2 \longrightarrow (NH_4)_2SO_3 + H_2O + 2CO_2\uparrow \quad (12\text{-}10)$$

$$NH_4HCO_3 + SO_2 \longrightarrow NH_4HSO_3 + CO_2\uparrow \quad (12\text{-}11)$$

副反应

$$(NH_4)_2SO_3 + 1/2O_2 \longrightarrow (NH_4)_2SO_4$$

实际上的吸收剂是 $(NH_4)_2SO_3$-NH_4HSO_3 混合溶液，其中仅 $(NH_4)_2SO_3$ 对 SO_2 有吸收能力，所以吸收塔内的吸收反应为

$$SO_2 + (NH_4)_2SO_3 + H_2O \longrightarrow 2NH_4HSO_3$$

（2）吸收剂再生　随着吸收反应的进行，吸收液中 $(NH_4)_2SO_3$ 被消耗，吸收能力逐渐下降。为了维持吸收液的吸收能力，需要在循环槽内不断补充氨源，将部分 NH_4HSO_3 转变成 $(NH_4)_2SO_3$，使吸收液得以再生，维持 $(NH_4)_2SO_3/NH_4HSO_3$ 比值不变

$$NH_4HSO_3 + NH_3 = (NH_4)_2SO_3$$

2. 工艺流程

依据对吸收产物的处理方法不同，有两种流程：

（1）氨-酸法　用硝酸、磷酸或硫酸分解吸收产物，得到相应的化肥 NH_4NO_3、$NH_4H_2PO_4$ 或（NH_4）$_2SO_4$，并得到高含量 SO_2 副产品。一段吸收、浓硫酸分解的流程如图 12-8 示。分解反应为

$$(NH_4)_2SO_3 + H_2SO_4 \longrightarrow (NH_4)_2SO_4 + H_2O + SO_2\uparrow$$

$$2NH_4HSO_3 + H_2SO_4 \longrightarrow (NH_4)_2SO_4 + 2H_2O + 2SO_2\uparrow$$

混合槽 6 内加入 93% ~98%（体积分数）的浓硫酸，85% 的 SO_3^{2-} 和 HSO_3^- 分解出含量为 100% SO_2，送去制液态 SO_2。混合槽内未分解完全的部分，在分解塔 7 内继续放出 SO_2，用空气带出成为含 7%（体积分数）SO_2 的气体，送制酸系统制酸。分解后之母液在中和槽 8 中用氨中和其过量的硫酸后，作液体硫铵化肥或蒸发结晶成固体硫铵产品出售。

为保证高的脱硫率、高的吸收液浓度和低的碱度以利于吸收产物的分解和硫铵的生产，工业上发展了两段逆流吸收法。

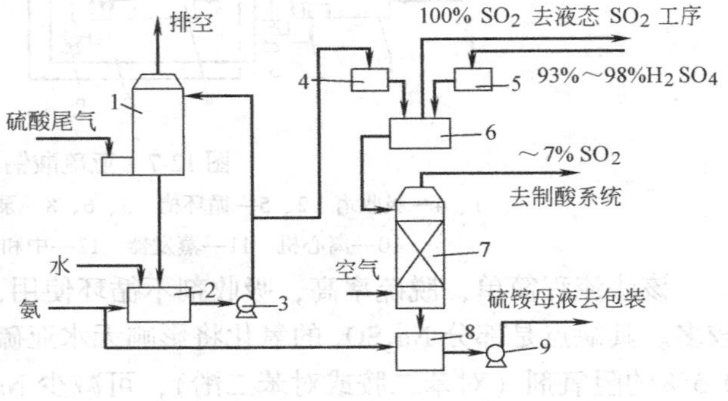

图 12-8　氨-酸法回收 SO_2 工艺流程图

1—吸收塔　2—循环槽　3—循环泵　4—母液高位槽　5—硫酸高位槽　6—混合槽　7—分解塔　8—中和槽　9—硫铵母液泵

吸收塔排气中夹带的硫铵雾和硫酸雾使排气成为白色，俗称“白烟”。降低吸收液碱度（碱度应小于 15 滴度，1 滴度 = 5.8g［（NH_4）$_2SO_3$］/L）、温度和烟气中 SO_3 浓度可减少白烟。有的在吸收塔上部安装湿式电除尘器解决白烟问题。

氨-酸法的脱硫率高（两段逆流吸收达 95%），NH_3 和 SO_2 进入副产品，销路看好，但该法仅适用于氨、酸来源充足的地方。

（2）氨-亚硫酸铵法　该法不用酸分解吸收液，而用 NH_3 或 NH_4HCO_3 中和掉吸收液中的 NH_4HSO_3，并直接加工成亚硫酸铵产品，该产品可代替烧碱用于造纸工业。中和反应为

$$NH_4HSO_3 + NH_3 \longrightarrow (NH_4)_2SO_3$$

$$NH_4HSO_3 + NH_4HCO_3 \longrightarrow (NH_4)_2SO_3 + H_2O + CO_2\uparrow$$

由于中和反应是吸热的，温度可自动降至 0℃ 左右，（NH_4）$_2SO_3$ 溶解度又小，可自动结晶出来。工艺流程如图 12-9 示。

早年，湿式氨法脱硫我国主要用在硫酸尾气处理方面，近年来也开始在电厂烟气脱硫中应用。我国各地有许多合成氨厂，火电厂与这些化工厂联合可用该法联产化肥和硫酸。

12.2.6　金属氧化物法

除了 CaO 的水合物 Ca（OH）$_2$ 常用于脱硫外，其他一些金属氧化物（MgO、ZnO、MnO_2、CuO 等）的水合物或浆液也有吸收 SO_2 的能力。

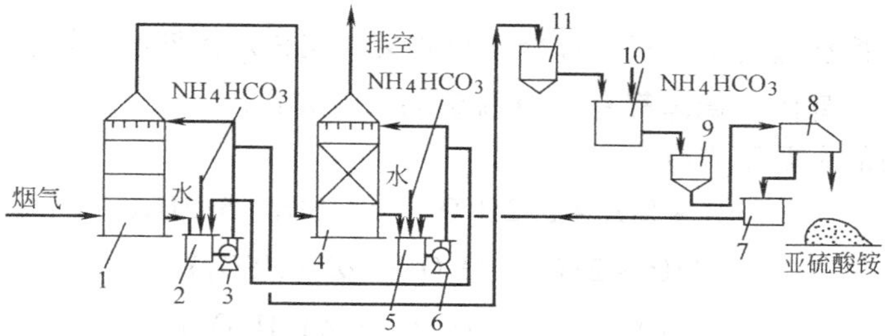

图 12-9 氨-亚硫酸氨法流程

1、4—一段和二段吸收塔 2、5—循环槽 3、6—泵 7—滤液槽
8—离心机 9—结晶槽 10—中和槽 11—母液槽

1. 氧化镁法

该法用氧化镁浆液（Mg（OH）$_2$）吸收烟气中 SO_2，得到含结晶水的亚硫酸镁和硫酸镁固体，经脱水、干燥和煅烧还原后，再生出氧化镁循环使用，同时副产高浓度 SO_2 气体。工艺流程如图 12-10 示。

吸收
$$Mg(OH)_2 + SO_2 + 5H_2O \longrightarrow MgSO_3 \cdot 6H_2O \downarrow$$
$$MgSO_3 + SO_2 + H_2O \longrightarrow Mg(HSO_3)_2$$
$$Mg(HSO_3)_2 + Mg(OH)_2 + 10H_2O \longrightarrow 2MgSO_3 \cdot 6H_2O \downarrow$$

副反应
$$MgSO_3 + 1/2O_2 \longrightarrow MgSO_4$$

$MgSO_4$ 溶解度较大，在循环吸收中当浓度超过溶解度时便结晶析出
$$MgSO_4 + 7H_2O \longrightarrow MgSO_4 \cdot 7H_2O$$

干燥脱水
$$MgSO_3 \cdot 6H_2O \xrightarrow{\Delta} MgSO_3 + 6H_2O \uparrow$$
$$MgSO_4 \cdot 7H_2O \xrightarrow{\Delta} MgSO_4 + 7H_2O \uparrow$$

煅烧分解和还原
$$MgSO_3 \xrightarrow{\Delta} MgO + SO_2 \uparrow$$
$$MgSO_4 + 1/2C \longrightarrow MgO + SO_2 \uparrow + 1/2CO_2 \uparrow$$

煅烧在 800 ~900℃下进行，同时加入少量焦碳还原 $MgSO_4$。煅烧出来的 MgO 水合为 Mg（OH）$_2$ 后循环使用，煅烧气中 SO_2 的体积分数为 10% ~13%，可用于制酸或硫黄。运行过程中系统需补充 10% ~20% 的 MgO。

氧化镁法可处理大气量的烟气，脱硫率高，无结垢问题，可长期连续运转。国内有些小型工业锅炉用氧化镁脱硫后，鼓空气将 $MgSO_3$ 氧化为 $MgSO_4$ 水溶液直接排放。

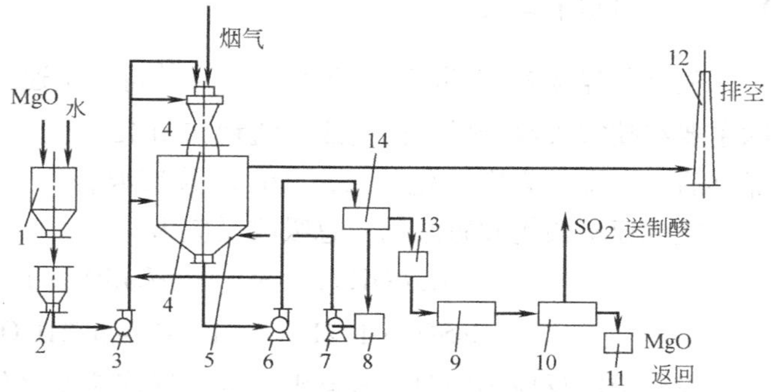

图 12-10 氧化镁法流程图

1—消化槽 2—贮槽 3、6、7—泵 4—文氏管 5—分离器
8—过滤液槽 9—干燥器 10—煅烧炉 11—氧化镁贮罐
12—烟囱 13—滤渣贮罐 14—过滤机

2. 氧化锌法

ZnO 脱硫技术特别适用于有氧化锌烟灰来源又存在 SO_2 污染源的铅、锌冶炼企业和立德粉生产企业。日本、韩国、德国都有 ZnO 脱硫的工业装置。

ZnO 浆液脱硫的主要反应有

$$ZnO + SO_2 + 5/2H_2O \longrightarrow ZnSO_3 \cdot 5/2H_2O$$

$$ZnO + 2SO_2 + H_2O \longrightarrow Zn(HSO_3)_2$$

$$ZnSO_3 + SO_2 + H_2O \longrightarrow Zn(HSO_3)_2$$

同时有部分 $ZnSO_3$ 和 Zn $(HSO_3)_2$ 被烟气中 O_2 氧化为 $ZnSO_4$。

脱硫产物的处理有三种方法：

（1）ZnO 脱硫-空气氧化法　将脱硫产物用空气氧化为 $ZnSO_4$，进而生产电解锌、立德粉或七水硫酸锌等产品。由湘潭大学童志权等研发、设计并于 2004 年投产的我国第一、二套 ZnO 脱硫装置即为此流程，处理气量分别为 3.5 万 m^3/h 和 6.0 万 m^3/h，进口 SO_2 浓度达 7000～8000mg/m^3，脱硫率 95% 以上，氧化产物 $ZnSO_4$ 溶液经净化后用于生产立德粉。工艺流程如图 12-11 示。

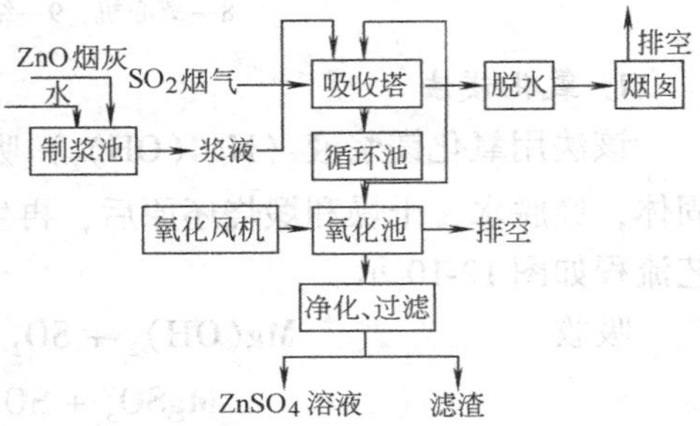

图 12-11　氧化锌吸收-空气氧化流程示意图

（2）ZnO 脱硫-酸分解法　将脱硫产物加硫酸分解，产出高浓度 SO_2 用于生产液态 SO_2 或制酸，同时得到 $ZnSO_4$ 溶液。

（3）ZnO 脱硫-热分解法　控制吸收过程的条件，使脱硫产物主要生成 $ZnSO_3 \cdot 5/2H_2O$ 结晶，经脱水、干燥、热分解产出高浓度 SO_2 和 ZnO。热分解可在锌冶炼厂焙烧 ZnS 精矿的沸腾焙烧炉内进行，也可在回转窑内进行。分解出的 ZnO 可循环用于脱硫。

12.3　干法和半干法脱硫技术

12.3.1　喷雾干燥法

喷雾干燥法是 20 世纪 80 年代初开发并得到迅速发展的一种半干法脱硫工艺。SO_2 的脱除主要在喷雾吸收干燥器内完成，流程如图 12-12 示。120～160℃ 的含 SO_2 烟气进入喷雾干燥器后，立即与高度雾化的 Ca $(OH)_2$ 浆液混合，气相中 SO_2 迅速溶解并与 Ca $(OH)_2$ 反应，生成亚硫酸钙和硫酸钙，总吸收反应为

$$Ca(OH)_2 + SO_2 \longrightarrow CaSO_3 \cdot 1/2H_2O + 1/2H_2O$$

$$CaSO_3 \cdot 1/2H_2O + 1/2O_2 + 3/2H_2O \longrightarrow CaSO_4 \cdot 2H_2O$$

发生吸收反应的同时，较高温度的烟气使液相水分迅速蒸发，脱硫产物成为干燥的固体颗粒，并进入电除尘器或布袋除尘器被捕集。为提高钙的利用率，部分脱硫灰循环用于吸收剂制备系统，使其中未反应的 Ca $(OH)_2$ 充分反应。除尘器内表面粘附的脱硫灰有二次脱硫作用。

一般喷雾干燥室须为烟气和雾滴提供 10～12s 的接触时间，以便得到高的脱硫率，并保

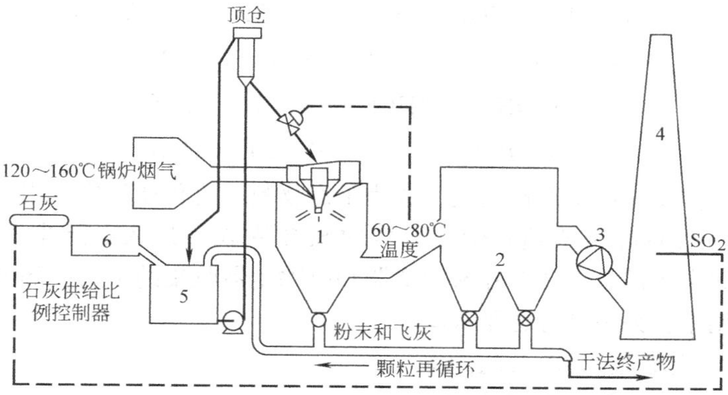

图 12-12 旋转喷雾干燥法烟气脱硫流程图

1—喷雾吸收干燥器 2—除尘器 3—引风机 4—烟囱 5—供给槽 6—熟化器

证吸收浆雾滴能充分干燥为固体颗粒。经常采用高转速（1～2 万 r/min）旋转离心雾化器产生 25～200μm 具有足够大比表面积的细小雾滴，所以又称为“旋转喷雾干燥法”；也有采用两相流喷嘴产生细小雾滴的。

脱硫率除了受接触时间和雾滴直径影响外，还随 Ca/S 比的增加而增大，随烟气出口温度与露点温度之差的减小而增加，但此温度差太小将导致水汽凝结，系统不能正常运行。山东黄岛电厂100MW 机组烟气采用该法脱硫，在 Ca/S =1.4，出口烟温高于露点温度18℃时，脱硫率达 70%。

为了保证高的脱硫率和脱硫剂利用率，必须根据进口或排放烟气中的 SO_2 含量和喷雾吸收干燥器进、出口温度来调节吸收剂浆液的用量。因此整个系统要求自动控制。

喷雾干燥法设备和操作简单，设备可用碳钢制造，投资低；没有废水处理和排放问题；烟气出口温度可控制在较低、但又在露点温度之上，既保证高的脱硫率，又不需再加热而直接排放；系统阻力适中，吸收剂浆液浓度高，输送量小，系统能耗只有湿法能耗的 1/3～1/2。因而该法成为市场份额仅次于湿法的烟气脱硫技术。

12.3.2 烟气循环流化床脱硫技术

由德国 Lurgi 公司开发的循环流化床（Circulating Fluidized Bed，CFB）烟气脱硫技术已于20 世纪 80 年代中期成功用于电厂烟气脱硫，现已在多家电厂得到应用，最大处理烟气量达 $62\times10^4 m^3/h$（200MW 机组）。在此基础上发展起来的类似工艺还有以下三种：①德国 Wulff 公司的回流式循环流化床工艺（Reflux Circulating Fluidized Bed，RCFB）；②丹麦 F. L. Smith 公司的气体悬浮吸收烟气脱硫工艺（Gas Suspension Absorber，GSA）；③挪威 ABB 公司的新型一体化脱硫系统（New Integrated Desulfurization System，NID）。由于吸收剂在流化床反应塔中多次再循环，烟气与吸收剂的接触充分，这类方法在 Ca/S 比为 1.2～1.5 时，脱硫率高达 90% 以上，与湿法相当。

1. 循环流化床烟气脱硫工艺（CFB）

其流程如图 12-13 示。该系统由吸收剂制备、流化床反应塔、吸收剂再循环和带有百叶窗式预除尘的电除尘器等组成。反应塔下部为一文丘里管，烟气在喉部得到加速，在扩散段与加入的干消石灰粉和喷入的雾化水剧烈混合，并按如下反应实现烟气中酸性气体净化

$$Ca(OH)_2 + SO_2 \longrightarrow CaSO_3 \cdot 1/2H_2O + 1/2H_2O$$

$$Ca(OH)_2 + SO_3 + H_2O \longrightarrow CaSO_4 \cdot 2H_2O$$

$$Ca(OH)_2 + 2HCl \longrightarrow CaCl_2 + 2H_2O$$

副反应 $$Ca(OH)_2 + CO_2 \longrightarrow CaCO_3 + H_2O$$

喷入塔内的水雾反应后全部被蒸发，成为干态物料，流化床反应塔出口颗粒物的质量浓度高达1000g/m^3，经百叶窗式预除尘器分离约50%颗粒后进入电除尘器。除尘后烟温为70～75℃，由烟囱直接排放。从百叶窗分离器和电除尘器收集的干灰，部分返回流化床反应塔以提高钙的利用率，另一部分送至灰库。

循环流化床反应塔是CFB工艺的关键设备，新鲜Ca（OH）$_2$粉、再循环物料和雾化水在塔内处于悬浮状态，与烟气充分混合，有很高的传质传热速率。通过固体物料的多次循环，使脱硫剂在塔内的停留时间长达30min，而烟气在反应塔中的停留时间仅3s，从而大大提高了吸收剂的利用率和系统的脱硫率。

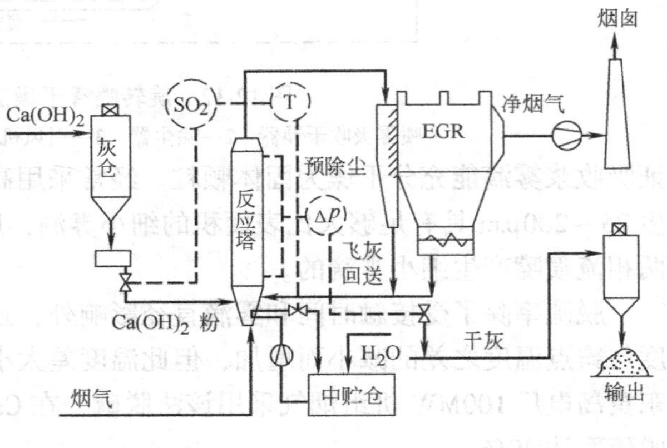

图 12-13 CFB 烟气脱硫系统

图12-13中三条虚线代表了3条自动控制回路，即通过反应塔出口SO$_2$含量和烟气量调节消石灰加入量；通过反应塔出口温度调节喷入水量以调节出口烟温；通过反应塔的压降Δp来调节回料量和排料量，进而调节塔内吸收剂浓度。

2. *回流式循环流化床脱硫工艺（RCFB）*

CFB工艺主要依靠除尘器收集下来的部分物料返回流化反应塔来实现物料的循环（外循环），而RCFB工艺的特点是反应塔内独特的流场设计和塔顶结构，使吸收剂颗粒在向上运动中有一部分从塔顶向下返回塔中。这股向下的固体物料与烟气流向相反，增加了气固接触时间。在内、外循环的作用下，吸收剂利用率和脱硫率得到优化。

3. *新型一体化脱硫系统（NID）*

NID系统如图12-14示。其特点是消石灰与袋式除尘器或电除尘器收集下来的再循环灰在混合增湿器中混合，并加水增湿。增湿后的固体物料中水分的质量分数仅为5%左右，仍保持分散状态。然后，将其加入反应塔，并均匀地分布在热态烟气中，与烟气中酸性气体反应而被脱除。烟气在反应塔内的停留时间小于2s，物料再循环倍率达30～50，从而保证了NID工艺高的吸收剂利用率和高脱硫率。

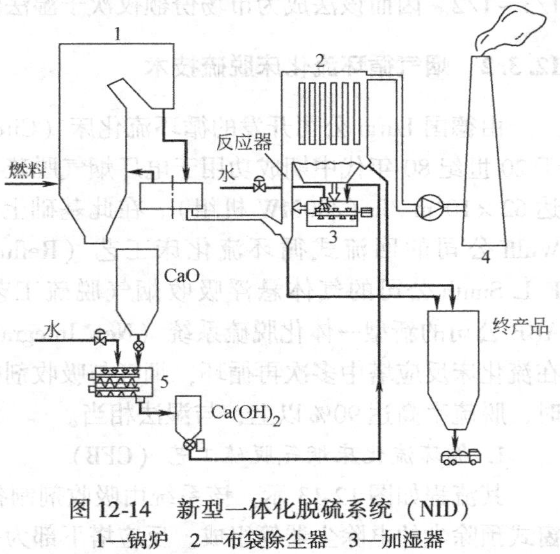

图 12-14 新型一体化脱硫系统（NID）
1—锅炉 2—布袋除尘器 3—加湿器
4—烟囱 5—消石灰器

4. 气体悬浮吸收脱硫工艺（GSA）

与 CFB 相比，GSA 工艺的特点是：①流化反应塔出口安装旋风分离器作预除尘，丹麦 FLS Miljo 公司称，该旋风分离器的除尘效率达 99%，反应塔出口固体颗粒浓度为 500～2000g/m^3，经此旋风分离除尘后浓度可降至 5～20g/m^3；②用生石灰消化后制成石灰浆喷入反应塔底部，石灰浆用空压机提供的压缩空气雾化。

12.3.3 炉内喷钙脱硫技术

炉内喷钙、尾部增湿脱硫工艺主要有 LIFAC、LIMB 和 LIDS 三种。

芬兰 IVO 公司开发的 LIFAC（Limestone Injection into the Furnace and Activation of Calcium Oxide）工艺可分三步实现：

第一步，炉内喷钙，即将 325 目的细石灰石粉以气流输送方式喷射到锅炉炉膛上部 900～1250℃区域，部分 SO_x 按下列反应生成 $CaSO_4$

$$CaCO_3 \longrightarrow CaO + CO_2$$

$$CaO + SO_2 + 1/2O_2 \longrightarrow CaSO_4$$

$$CaO + SO_3 \longrightarrow CaSO_4$$

第一步的脱硫率为 25%～35%，投资占整个脱硫系统总投资的 10% 左右。

第二步，炉后增湿活化及干灰再循环（见图 12-15a），即在炉后的活化器内喷一定量的水活化 CaO，并按以下反应进一步脱硫

$$CaO + H_2O \longrightarrow Ca(OH)_2$$

$$Ca(OH)_2 + SO_2 \longrightarrow CaSO_3 + H_2O$$

$$CaSO_3(\text{部分}) + 1/2O_2 \longrightarrow CaSO_4$$

由于较高温度烟气的蒸发作用，反应产物为干粉态。大部分干粉（含未反应的 CaO 和 Ca $(OH)_2$）进入电除尘器被捕集，其余部分从活化器底部分离出来，与电除尘器捕集的一部分干粉料返回活化器中，以提高钙的利用率。这一步可使总脱硫率达 75% 以上。仅加水活化和干灰再循环部分的投资占整个脱硫系统总投资的 85%。

第三步，加湿灰浆再循环（见图 12-15b），即将电除尘器捕集的部分物料加水制成灰浆，喷入活化器增湿活化，可使系统总脱硫率提高到 85%。仅湿灰浆再循环的投资占整个脱硫系统总投资的 5%。

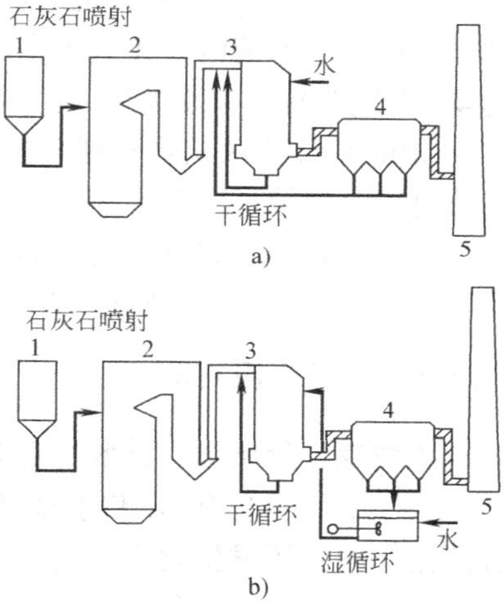

图 12-15 LIFAC 烟气脱硫分步实施流程

a）炉内喷钙-炉后增湿-干灰循环工艺

b）炉内喷钙-炉后增湿-湿灰循环工艺

1—石灰石仓 2—锅炉 3—活化器 4—电除尘器 5—烟囱

炉内喷钙工艺特别适用于老锅炉改造，在 Ca/S≥2 时，脱硫率达 80% 以上。分步实施可在原有装置上进行，不需更换原有设备，用户可根据自己的投资和燃料含硫情况选择实施步骤。

12.3.4 荷电干吸收剂喷射脱硫法

美国阿兰柯环境资源公司 20 世纪 90 年代开发的荷电干吸收剂喷射（Charged Dry Sorbent Injection，CDSI）系统适用于中小型锅炉的脱硫，投资省，占地少，工艺简单，在 Ca/S = 1.5 左右时，脱硫率达 60% ~70%。

如图 12-16 示，CDSI 系统包括吸收剂给料装置（料仓、料斗、反馈式鼓风机和干粉给料机等）、高压电源和喷枪主体等。当 $Ca(OH)_2$ 干粉吸收剂高速流过喷枪主体产生的高压电晕充电区时，使吸收剂粒子都荷上同性电荷。荷电吸收剂粉末通过喷枪的喷管被喷射到锅炉出口烟道中后，带有相同电荷吸收剂粒子相互排斥，避免了不荷电时吸收剂粒子因相互碰撞而发生的聚集，并很快在烟气中扩散，形成均匀的悬浮状态，使每个吸收剂粒子都曝露在烟气中，增大了与 SO_2 反应的机会；而且，吸收剂粒子表面的电晕荷电，还大大提高了吸收剂的活性，与 SO_2 反应所需的滞留时间由不荷电时的 4s 减少到 2s，有效提高了脱硫率。

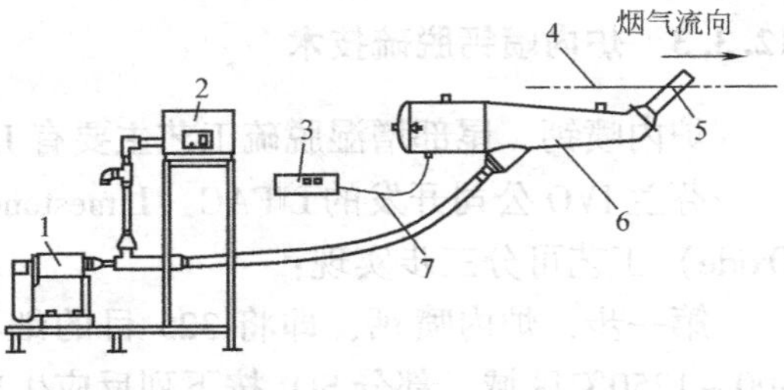

图 12-16　荷电干吸收剂喷射脱硫系统（CDSI）
1—反馈式鼓风机　2—干粉给料机
3—高压电源发生器　4—烟气管道
5—安装板　6—喷枪主体　7—高压电缆

CDSI 系统要求从吸收剂喷入位置到除尘设备之间的烟道长度能保证 2s 的滞留时间；为使荷电吸收剂粒子不会因过多的粉尘撞击而失去电荷，要求到达吸收剂喷入位置的粉尘浓度不超过 $10g/m^3$（标准状态），否则，需增加预除尘装置降低粉尘浓度。该法须用干消石灰粉，$Ca(OH)_2$ 纯度 >90%，含水量≤0.5%，粒度 30 ~50μm。

12.3.5 活性炭吸附法

活性炭、分子筛、硅胶等对 SO_2 都有良好的吸附性能，以活性炭应用较多。

烟气中一般含有 O_2 和水蒸气，在用活性炭吸附时，除发生物理吸附外，由于活性炭具有催化作用，还发生化学吸附。活性炭吸附 SO_2 的机理为

物理吸附	化学吸附
$SO_2 \longrightarrow SO_2^*$	$2SO_2^* + O_2^* \longrightarrow 2SO_3^*$
$O_2 \longrightarrow O_2^*$	$SO_3^* + H_2O^* \longrightarrow H_2SO_4^*$
$H_2O \longrightarrow H_2O^*$	$H_2SO_4^* + nH_2O^* \longrightarrow H_2SO_4 \cdot nH_2O^*$

总反应式为

$$SO_2 + H_2O + 1/2O_2 \xrightarrow{活性炭} H_2SO_4$$

图 12-17 为活性炭固定床脱除烟气中 SO_2 流程，烟气经文丘里洗涤器将烟尘除至 0.01 ~0.02g/m^3 后进入吸附塔吸附，饱和后轮流进行水洗。用水量为活性炭质量的 4 倍，水洗时间 10h，得 10% ~20%（体积分数）稀硫酸，经浸没燃烧浓缩器可浓缩至 70% 左右。吸附塔并联运行时脱硫率 80% 左右，串联运行时可达 90%。

12.3.6 气相催化氧化法

该法与 SO_2 制酸原理相同，即用 V_2O_5 作催化剂，将 SO_2 催化氧化为 SO_3，再用水或稀

硫酸吸收为浓硫酸。这种工艺最初用于处理硫酸尾气，加装在硫酸系统中，成为两转两吸新工艺。另外，丹麦 Haldor Topsoe A/S 公司使 SO_3 在较高温度下与水蒸气生成硫酸蒸气，然后在 WSA—2 塔中直接冷凝并浓缩，得到 95%（体积分数）的浓硫酸，工艺流程如图 12-32 所示。

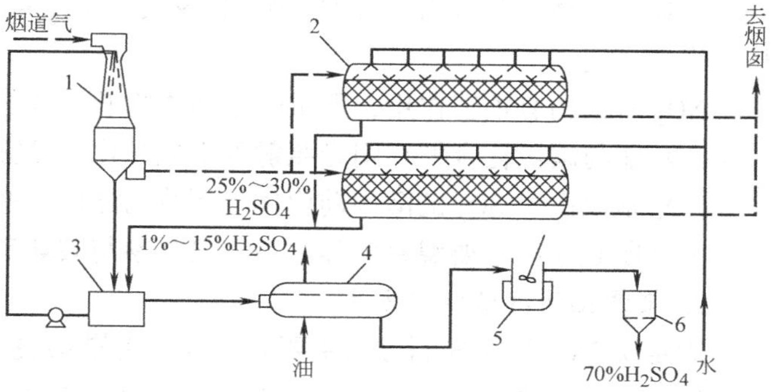

图 12-17　活性炭固定床吸附 SO_2

1—文丘里洗涤器　2—吸附塔　3—液槽

4—硫酸浓缩器　5—冷却器　6—过滤器

气相催化氧化法更适用于高浓度 SO_2 燃煤烟气和冶炼厂烟气处理。

SO_2 催化氧化反应为

$$SO_2 + 1/2O_2 = SO_3 + Q$$

该反应是放热可逆反应，其平衡常数 K_p 与温度 T 的关系为

$$\lg K_p = (5134/T) - 4.951$$

平衡时，各组分分压与平衡常数间的关系为

$$K_p = \frac{p_{SO3}}{p_{SO2} p_{O_2}^{0.5}}$$

常压下，SO_2 的平衡转化率 x 为

$$x = \frac{K_p}{K_p + \sqrt{\dfrac{100 - 0.5ax}{b - 0.5ax}}}$$

式中　a、b——SO_2 和 O_2 的起始体积分数（%）。

12.4　烟（废）气脱硝概述

1. 大气中氮氧化物的来源及危害

氮的氧化物有 N_2O、NO、NO_2、N_2O_3、N_2O_4 和 N_2O_5 等几种，总称氮氧化物，以 NO_x 表示，其中污染大气的主要是 NO、NO_2 和 N_2O。

自然形成的 NO_x 主要来自细菌对含氮有机物的分解及雷电、火山爆发、森林火灾等，每年约 5 亿 t。人类活动排放的 NO_x 90% 以上来自燃料燃烧过程，此外，硝酸生产、各种硝化过程、氮肥、合成纤维生产、表面硝酸处理和催化剂制造等许多过程都会产生一定数量的 NO_x 排入大气，总量每年约 5～6 千万 t。但人类排放的 NO_x 浓度高、排放集中，危害较大。

大气中 NO_x 对人有致毒作用。NO 与血液中血红蛋白亲和力较强，从而使血液输氧能力下降，人体急性中毒后会出现缺氧发绀症状。NO 还会导致中枢神经受损，引起痉挛和麻痹。高浓度急性中毒时，将迅速导致肺部充血和水肿，甚至窒息死亡。

人对 NO_2 的特异刺激性臭味非常敏感，NO_2 体积分数为 1×10^{-6} 时就能感觉到。NO_2 会严重刺激呼吸系统，使血液中血红蛋白硝化；同时对人体的心、肝、肾、造血组织都有影

响。长期吸入体积分数为（0.25～0.5）$\times 10^{-6}$ NO_2 可引起支气管和肺部组织病变，使呼吸机能慢性衰退。

NO_2 对植物有损害作用，严重时会使作物叶子变白、枯萎，甚至死亡。

NO_x 能与碳氢化合物在阳光照射下生成光化学烟雾，对人体和植物产生更严重的危害。

NO_x 是仅次于 SO_2 的酸雨前躯体，形成的酸雨已造成巨大危害。

N_2O 既是5种主要温室气体之一，又是参与破坏臭氧层的气体之一。

2. 氮氧化物污染控制方法

固定源 NO_x 污染控制方法主要有三种：①燃料脱氮；②低 NO_x 燃烧；③烟（废）气脱硝。燃料脱氮技术至今尚未很好开发，有待继续研究。低 NO_x 燃烧技术和设备的研究和开发，虽已取得一定进展，并得到部分应用，但由于多方面的原因，尚未达到全面实用阶段，已经应用的技术和设备所取得的 NO_x 降低效率也有限。因此，烟（废）气脱硝是近期内控制 NO_x 污染最重要的方法。

目前，烟（废）气脱硝主要有还原法、液体吸收法、吸附法、液膜法、微生物法和硫硝同脱等几类。

还原法包括选择性催化还原法和选择性非催化还原法，即在催化或非催化条件下，用 NH_3、CH_4、尿素等还原剂将 NO_x 还原为无害的 N_2。液体吸收 NO_x 法的方法很多，可以用水、碱溶液、稀硝酸、浓硫酸吸收。由于NO难溶于水或碱液，因而湿法脱硝效率一般不高，于是采用氧化、还原或络合吸收的办法以期提高 NO_x 的净化效果。

可用于吸附 NO_x 的吸附剂有分子筛、活性炭、天然沸石、硅胶、泥煤等。其中有些吸附剂兼有催化性能，能将NO催化氧化为 NO_2。脱附出来的 NO_2 可用水或碱液吸收加以回收。

硫硝同脱技术包括电子束照射法、催化氧化-还原法和液膜法等。液膜法和微生物法是新近提出来的方法，目前还处于研究阶段。

由于烟（废）气中的 NO_x 常以难处理的NO为主（烟气中NO占 NO_x 总量的90%以上），使许多技术的净化效果不甚理想，难以在工业上应用。目前工业上应用的主要方法是还原法和液体吸收法。这两类方法中又分别以选择性催化还原法和碱液吸收法为主。前者可将废气中 NO_x 排放浓度降至较低水平，但消耗大量 NH_3，脱硝成本高；后者可回收 NO_x 为硝酸盐和亚硝酸盐，有一定经济效益，但净化效率不高。

12.5 还原法脱硝技术

气相还原法脱硝技术根据是否采用催化剂分为非催化和催化两类，又根据还原剂是否与烟（废）气中 O_2 发生反应分为非选择性和选择性两类。

12.5.1 选择性非催化还原法

研究发现，在950～1050℃这一狭窄的温度范围内，无催化剂存在下，NH_3、尿素等氨基还原剂可选择性地还原烟气中的 NO_x，据此发展了选择性非催化还原法（SNCR）法。在上述温度范围内，NH_3 或尿素还原 NO_x 的反应为

$$4NH_3 + 4NO + O_2 \longrightarrow 4N_2 + 6H_2O$$

$$(NH_2)_2CO \longrightarrow 2NH_2 + CO$$

$$NH_2 + NO \longrightarrow N_2 + H_2O$$

$$CO + NO \longrightarrow 1/2N_2 + CO_2$$

当温度更高时，NH_3 会被 O_2 氧化为 NO

$$4NH_3 + 5O_2 \longrightarrow 4NO + 6H_2O$$

实践证明，低于900℃时，NH_3 的反应不完全，会造成所谓的“氨穿透”；而温度过高，NH_3 氧化为 NO 的量增加，导致 NO_x 排放浓度增高。所以，SNCR 法的温度控制至关重要。

在尿素中添加有机烃类、酒精、糖类、酚、纤维素有机酸等可增强对 NO_x 的还原效果，对有这些物质作废物排放的企业可以达到以废治废的目的。

SNCR 法的喷氨点应选择在锅炉炉膛上部相应温度的位置，为保证与烟气良好混合，一般将 NH_3 多点分散注入。通常，喷入的尿素溶液中尿素的质量分数为50%。

大多数 SNCR 过程都会有部分 NO_x 被还原为 N_2O，用 NH_3 还原时约有低于4%的 NO_x 被还原为 N_2O，而用尿素时则可达7%以上。

美国埃克森公司开发的 SNCR 法的 $NH_3/NO_x = 1.5 \sim 2.0$，脱硝率50%~70%，温度930~980℃。

SNCR 法投资少，费用低，但适用温度范围窄，须有良好的混合及适宜的反应时间和空间。当要求高脱硝率时，NH_3/NO_x 摩尔比需增大，会造成 NH_3 泄漏量增加。

12.5.2 非选择性催化还原法

所用还原剂有合成氨驰放气、焦炉气、天然气、炼油厂尾气和气化石脑油等，总称燃料气，其中起还原作用的主要成分是 H_2、CO、CH_4 和其他低分子碳氢化合物。在500~700℃和催化剂作用下，还原剂首先将废气中红棕色的 NO_2 还原为无色的 NO，称为脱色反应；同时伴随着 O_2 被燃烧，放出大量热；接着，还原剂将 NO 还原为 N_2，称为消除反应。以 CH_4 为例，反应为

$$CH_4 + 4NO_2 \longrightarrow CO_2 + 4NO + 2H_2O$$

$$CH_4 + 2O_2 \longrightarrow CO_2 + 2H_2O$$

$$CH_4 + 4NO \longrightarrow CO_2 + 2N_2 + 2H_2O$$

其他还原剂的反应类同。常将0.5%左右的贵金属 Pt 或 Pd 载于氧化铝载体上或球形（蜂窝）陶瓷载体上作催化剂，也可将 Pt 或 Pd 镀在镍基合金网上，再制成空心圆柱置于反应器中。由于反应放出大量热，故反应器后必须安装废热锅炉回收热量。该法可分为一段流程和二段流程。若燃料气与废气中 O_2 完全燃烧时，温度超过氧化铝载体能承受的最高温度815℃，必须采用二段流程。二段流程设备复杂、投资大，应尽量采用一段流程。

12.5.3 选择性催化还原法

1. 选择性催化还原法（SCR）的反应原理

在较低温度和催化剂作用下，NH_3 或碳氢化合物等还原剂能有选择性地将烟气中 NO_x 还原为 N_2，因而还原剂用量少。NH_3 选择性还原 NO_x 的主要反应如下

$$8NH_3 + 6NO_2 \longrightarrow 7N_2 + 12H_2O + 2735.4kJ \quad (12\text{-}12)$$

$$4NH_3 + 4NO + O_2 \longrightarrow 4N_2 + 6H_2O + 1627.48kJ \quad (12\text{-}13)$$

$$4NH_3 + 6NO \longrightarrow 5N_2 + 6H_2O + 1809.8kJ \quad (12\text{-}13')$$

副反应

$$4NH_3 + 3O_2 \longrightarrow 2N_2 + 6H_2O + 1267.1kJ \quad (12\text{-}14)$$

$$2NH_3 \longrightarrow N_2 + 3H_2 - 91.9kJ \quad (12\text{-}15)$$

$$4NH_3 + 5O_2 \longrightarrow 4NO + 6H_2O + 907.3kJ \quad (12\text{-}16)$$

实验证明，在气相中无 O_2 的条件下，反应（12-13a）也能进行，但NO的转化率较低；当气相中 O_2 含量（体积分数）从0增加到1.5%时，NO转化率大幅度上升；当 O_2 含量（体积分数）超过2.0%后，NO转化率几乎不再变化。

发生 NH_3 分解的反应（12-15）和 NH_3 氧化为NO的反应（12-16）都在350℃以上才进行，450℃以上才激烈起来。350℃以下仅有 NH_3 氧化为 N_2 的副反应（12-14）发生。

2. *SCR法净化燃烧烟气中* NO_x

目前，国外用于处理烟气中 NO_x 的SCR反应器大多置于锅炉之后、空气预热器之前，置于电除尘器之后的较少。

前一种布置流程如图12-18示，它的优点是进入反应器的温度达350～450℃，多数催化剂在此温度范围内有足够的活性，烟气不需另外加热可获得高的脱硝效果；而且，目前在此温度下才能解决 SO_2 毒化催化剂的问题。存在的问题是：①烟气未经除尘直接通过催化剂床层，催化剂受高浓度烟尘的冲刷、磨损严重，寿命缩短；②飞灰中杂质会使催化剂污染或中毒；③若烟温过高会使催化剂烧结、失活；④较高温度使副反应激烈进行，NH_3 耗增加，脱硝率降低。

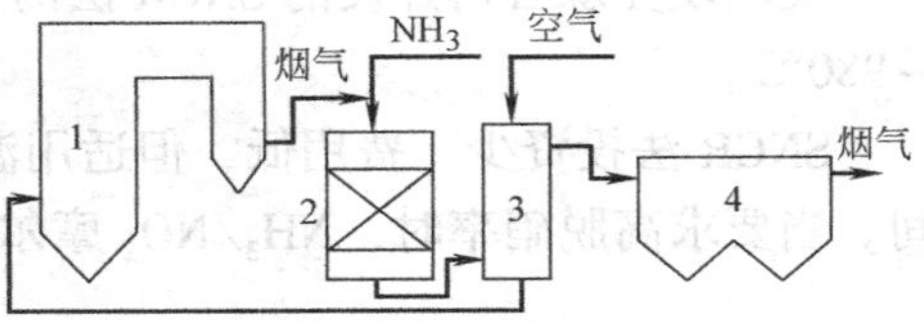

图12-18 反应器置于空预器前的SCR系统

1—锅炉 2—SCR反应器

3—空气预热器 4—电除尘器

研究表明，尽管许多金属氧化物催化剂在无 SO_2 条件下，都有很高的SCR活性，但它们易被烟气中 SO_2 毒化而失活，因而未能得到工业应用。目前只有 V_2O_5/TiO_2 和 $V_2O_5\text{-}WO_3/TiO_2$ 等少数催化剂，因具有良好的抗 SO_2 毒化性能而被用于烟气脱硝。

一般，具有SCR活性的金属氧化物催化剂对 SO_2 均有不同程度的催化氧化作用，生成的 SO_3 与水反应生成硫酸，硫酸进一步与金属氧化物（活性组分或载体）形成硫酸盐而使催化剂失活。另一方面，硫酸与还原剂 NH_3 生成含硫铵盐（如 NH_4HSO_4、$(NH_4)_2S_2O_7$），逐渐堵塞催化剂微孔也使催化剂失活。对 V_2O_5/TiO_2 和 $V_2O_5\text{-}WO_3/TiO_2$ 催化剂而言，活性组分 V_2O_5 和 WO_3 不与硫酸反应生成相应的盐，而载体 TiO_2 与 SO_4^{2-} 的相互作用较弱，尽管部分 TiO_2 也可能硫酸化，但在反应温度下是可逆的。含硫铵盐所引起的催化剂毒化常发生在较低反应温度下。在较高温度下，由于生成的含硫铵盐被分解，SO_2 对催化剂的毒化作用甚微，因此，尽管 V_2O_5/TiO_2 和 $V_2O_5\text{-}WO_3/TiO_2$ 催化剂在较低温度下（200～300℃）亦有很高的SCR活性，但它们在实际应用过程中必须在350℃以上操作，这是目前大多数烟气脱硝反应器置于空气预热器之前的主要原因。

SCR反应器置于电除尘器之后的优点是催化剂基本上不受烟尘的影响，若反应器置于FGD系统之后，SO_2 的毒化作用也可消除或大为减轻，但由于烟温较低，一般需用气/气换热器或采用燃料气燃烧的办法将烟气温度提高到催化还原所必须的温度。

3. SCR 净化工业 NO_x 废气

以 SCR 法处理硝酸尾气中 NO_x 为例，介绍这类不含烟尘和 SO_2 的 NO_x 废气 SCR 过程。

（1）工艺流程　硝酸生产工艺不同时，用 SCR 法处理尾气的流程也不完全相同。

起初，我国有关硝酸厂都将几套综合法硝酸机组的尾气集中，在透平膨胀机之后安装一套公用的 SCR 系统进行处理，其流程如图 12-19 示。这种流程需燃烧炉并消耗一定量燃料气以使尾气达到催化反应所需的温度。20 世纪 90 年代，为降低能耗和运行费用，有的工厂将综合法硝酸尾气的集中处理工艺改为类似全中压法的单机组处理工艺，SCR 系统安装在透平膨胀机之前，采用新型低温 81084 型催化剂，从而不再消耗燃料气。

全中压法硝酸尾气的 SCR 系统一般设在透平膨胀机之前，如图 12-20 示。此流程利用生产工艺中的高温氧化氮气体将硝酸尾气预热到反应温度，不需燃烧炉和燃料气。

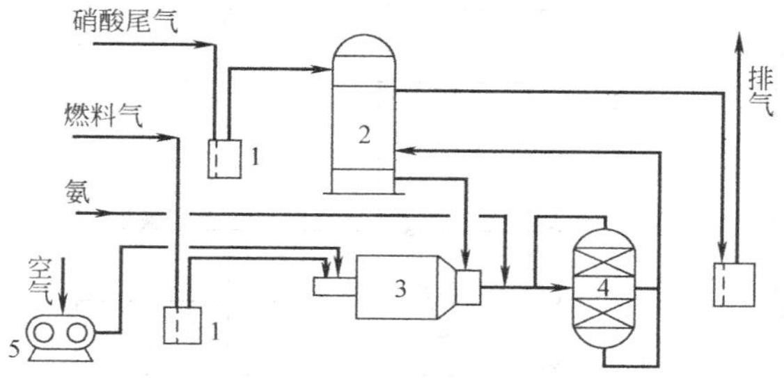

图 12-19　综合法尾气治理工艺流程图

1—水封　2—热交换器　3—燃烧炉

4—反应器　5—罗茨鼓风机

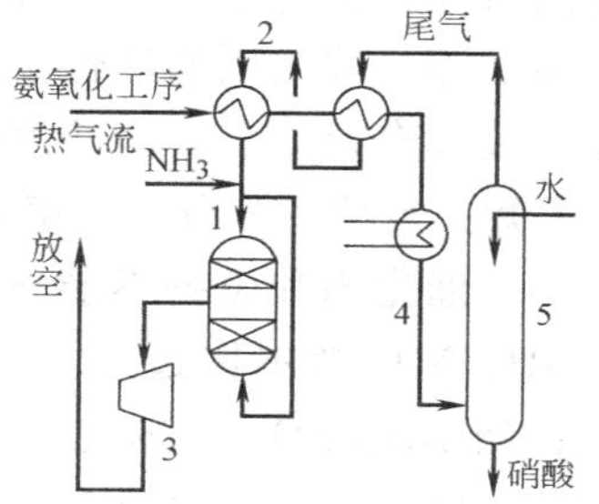

图 12-20　全中压法尾气治理流程图

1—反应器　2—换热器　3—透平膨胀机

4—冷却器　5—硝酸吸收塔

（2）催化剂　当不考虑 SO_2 毒化作用时，Cu、Fe、V、Cr、Mn 等许多非贵金属氧化物都有较高的 SCR 活性。我国已在工业上应用或经中试的用于 NO_x 废气处理的主要催化剂及其性能列于表 12-4。表中 75014 型和 8209 型均属 Cu、Cr 系催化剂，均以 Al_2O_3 为载体，前者 $Cu_2Cr_2O_5$ 的质量分数为 25%，后者 $Cu_2Cr_2O_5$ 的质量分数为 10%。81084 型为 V、Mn 催化剂，活性组分 V_2O_5 和 MnO_2 的质量分数约为 18%，载体 TiO_2-SiO_2 的质量分数约为 78%，其余为助催化剂。8103 型以 Cu 盐为活性组分，以 γ-Al_2O_3 为载体。这些催化剂的活性和稳定性好，寿命长。

表 12-4　国内几种 NO_x 催化剂的性能

项目 \ 型号	75014	8209	81084	8013
形状	圆柱体	球粒	圆柱体	球粒
粒度/mm	$\phi5\times7\sim8$	$\phi3\sim6$	$\phi4.5\times6\sim8$	$\phi5\sim6$
比表面/（m^2/g）	150	150		180～200
孔容/（mL/g）	0.4～0.5	0.3		
平均微孔半径		39Å		
堆密度/（kg/m^3）	0.87～0.97		0.82～0.85	0.9

（续）

型号 项目	75014	8209	81084	8013
机械强度	侧压 6 ~ 8kg/颗 正压 40 ~ 50kg/颗	总压 2 ~ 3kg/颗	侧压 8.7kg/cm	总压 5.5kg/颗
反应温度范围/℃	250 ~ 350	230 ~ 330	190 ~ 220	190 ~ 230
反应器进气温度/℃	220 ~ 240	210 ~ 220	160 ~ 160	160 ~ 180
NH_3/NO_x 摩尔比	1.0 ~ 1.4	1.4 ~ 1.6	1 ~ 1.02	1 ~ 1.02
空间速度/h^{-1}	5000 ~ 7000	10000 ~ 14000	5000 ~ 7000	10000
转化率（%）	≥90	~95	≥95	≥95

（3）影响因素　影响 SCR 效果的因素包括催化剂活性、空间速度、NH_3/NO_x 摩尔比和反应温度等。催化剂的活性不同，反应温度和净化效果有差异。空间速度过大，气固接触时间短，反应不充分，效率下降；反之，空速过小，催化剂和设备不能充分利用，不经济。NH_3/NO_x 摩尔比过小，反应不完全，效率低；当 NH_3/NO_x 摩尔比增加到一定值后，效率不再增加，过量的 NH_3 会造成二次污染和 NH_3 耗增加。反应温度对 Cu、Cr 催化剂的影响示于图 12-21。可见，温度过低、过高都是不利的。当温度超过 350℃ 时，副反应增加，效率下降。

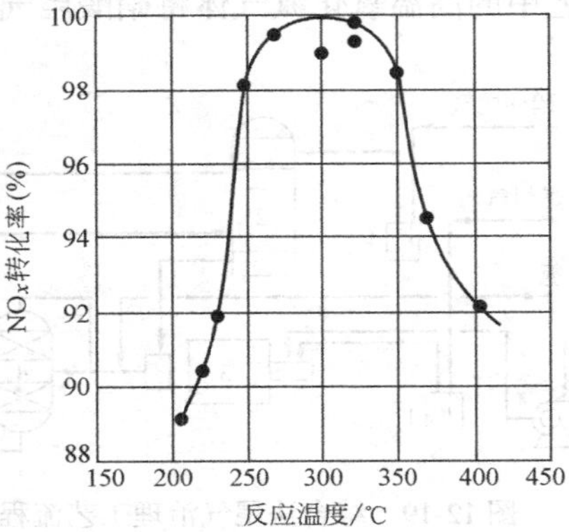

图 12-21　反应温度对 NO_x 转化率影响

（4）主要技术经济指标　国内几个厂硝酸尾气处理的技术经济指标见表 12-5。

表 12-5　国内几个硝酸尾气处理的经济技术指标

项目	某化工厂		某化肥厂	某化肥厂	某化工厂
废气来源	综合法	全中压法	综合法 全中压法	全中压法	全中压法
处理气量/（m^3/h）	60000	40000	122000	40000	12400
废气中 NO_x 的体积分数（%）	≤0.4	~0.2	0.3 ~ 0.35	0.15 ~ 0.3	0.216
催化剂型号	81084	75014	75014	8209	8209
反应温度/℃	250 ~ 260	260 ~ 270	215 ~ 288	210 ~ 250	260 ~ 270
空间速度/h^{-1}	5000	5000	17000	10000 ~ 13500	10000 ~ 16000
NH_3/NO_x 摩尔比	1 ~ 1.02	1 ~ 1.2	1.1 ~ 1.4	0.8 ~ 1.8	1.2 ~ 1.4
净化后 NO_x 的体积分数（10^{-6}）	<200	<400	<500	<400	~200
NO_x 净化率（%）	>95	>80	76 ~ 95	80 ~ 95	≥90
耗氨/（kg/t 酸）	7.4	<6	14 ~ 17	5 ~ 6	7 ~ 8
耗燃料气/（m^3/t 酸）	0	0	—	0	10

注：处理气量、耗燃料气均为标准状态下的体积。

12.6 吸收法脱硝技术

12.6.1 稀硝酸吸收法

NO在稀硝酸中的溶解度比水中大得多，故可用稀硝酸吸收NO_x废气。表12-6为25℃时NO在硝酸中的溶解度系数与硝酸含量的关系。

表12-6 NO在不同含量硝酸中的溶解度

硝酸的体积分数（%）	0	0.5	1.0	2	4	6	12	65	99
β值/［m^3（NO）/m^3（酸）］	0.041	0.7	1.0	1.48	2.16	3.19	4.20	9.22	12.5

由表可见，NO在12%（体积分数）以上硝酸中的溶解度比在水中大100倍以上。

实践证明，用作吸收剂的硝酸中N_2O_4含量（体积分数）从0.004%增加到0.06%时，吸收率从87%降到67%，故吸收剂硝酸需先用空气吹出其中溶解的NO_x，成为“漂白硝酸”。这种方法更适用于硝酸尾气的处理，其工艺流程如图12-22示。在尾气吸收塔2吸收NO_x后的硝酸经加热后进入漂白塔5，用二次空气漂白。漂白后的硝酸冷却到20℃送尾气吸收塔循环使用。漂白塔出来的NO_x返回硝酸吸收塔回收硝酸。

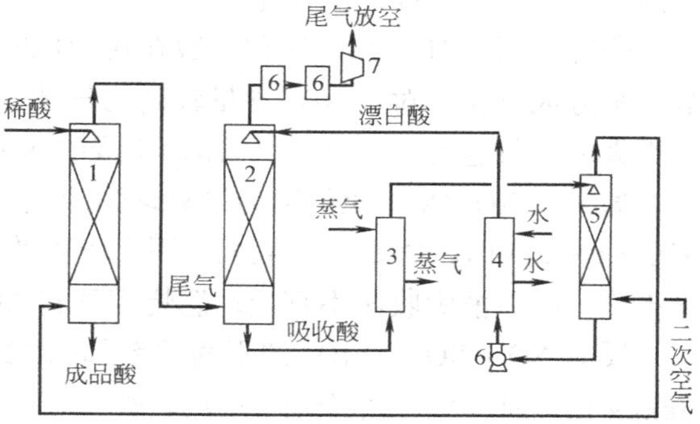

图12-22 漂白硝酸脱除硝酸尾气NO_x流程图
1—原硝酸吸收塔 2—尾气吸收塔 3—加热器 4—冷却器 5—漂白塔 6—尾气预热器 7—透平机

硝酸吸收NO_x以物理吸收为主，低温高压有利于吸收，加热减压有利于解吸。实践中，温度为10～20℃时，效率可达80%以上；38℃时效率仅20%。吸收剂硝酸的含量（体积分数）以15%～30%效率较高。

在其他条件相同时，吸收压力（表压）从1.86×10^5Pa降至0.098×10^5Pa时，吸收率从77.5%降到4.3%，因此，提高吸收压力十分重要。由于我国硝酸生产系统本身压力不高，加上该法液气比大，能耗高，故尽管此法早在我国完成了中试，但未单独用于硝酸尾气处理。

12.6.2 碱液吸收法

1. *原理*

碱性溶液和NO_2反应生成硝酸盐和亚硝酸盐，和N_2O_3（$NO+NO_2$）反应生成亚硝酸盐，反应为

$$2NO_2+2NaOH\longrightarrow NaNO_3+NaNO_2+H_2O$$

$$NO+NO_2+2NaOH\longrightarrow 2NaNO_2+H_2O$$

$$2NO_2+Na_2CO_3\longrightarrow NaNO_3+NaNO_2+CO_2$$

$$NO+NO_2+Na_2CO_3\longrightarrow 2NaNO_2+CO_2$$

以上各式中，Na^+可用K^+、Ca^{2+}、Mg^{2+}、NH_4^+代替。当用氨水吸收NO_x时，挥发的NH_3在气相与NO_x和水蒸气按如下反应生成铵盐

$$2NH_3 + NO + NO_2 + H_2O \longrightarrow 2NH_4NO_2$$

$$2NH_3 + 2NO_2 + H_2O \longrightarrow NH_4NO_2 + NH_4NO_3$$

这些气相生成的铵盐是0.1～10μm的气溶胶微粒，它们不易被水或碱液捕集，逃逸的铵盐形成白烟。吸收液中生成的NH_4NO_2不稳定，特别是当NH_4NO_2含量较高、反应热致使温度升高或溶液pH值不合适时，会发生剧烈分解，甚至爆炸，因而限制了氨水吸收法的应用。

碱液吸收法的实质是酸碱中和反应，因为吸收过程中，NO_2将首先溶于水生成HNO_3和HNO_2；气相中的NO和NO_2将先按反应$NO + NO_2 = N_2O_3 + 40.2kJ$生成$N_2O_3$溶于水而生成$HNO_2$，继而$HNO_3$和$HNO_2$与碱发生中和反应。对于不可逆的酸碱中和反应，决定吸收效率的关键是吸收速度而不是化学平衡。

研究表明，对于NO_2体积分数在0.1%以下的低浓度气体，碱液吸收速度与NO_2体积分数的平方成正比。对于NO_x含量较高的气体，吸收等分子的NO和NO_2比单独吸收NO_2具有更大的吸收速度，这是$NO + NO_2$生成的N_2O_3溶解度较大的缘故。

通常将NO_2/NO_x比值称为氮氧化物的氧化度。实验表明，氧化度为50%～60%或$NO_2/NO_x = 1～1.3$时，吸收速度最大，因而吸收效率也最高（见图12-23）。由于NO不能单独被碱吸收，故碱液吸收法不宜处理燃烧烟气和NO比例很大的NO_x废气。

反应$NO + NO_2 = N_2O_3$的平衡关系如图12-24所示。由图可知，$NO + NO_2$的体积分数为5000×10^{-6}时，N_2O_3的体积分数为20×10^{-6}；$NO + NO_2$的体积分数为500×10^{-6}时，N_2O_3的体积分数仅0.2×10^{-6}。因此，对体积分数低于500×10^{-6}的NO_x废气，碱液吸收几乎没有什么效果。

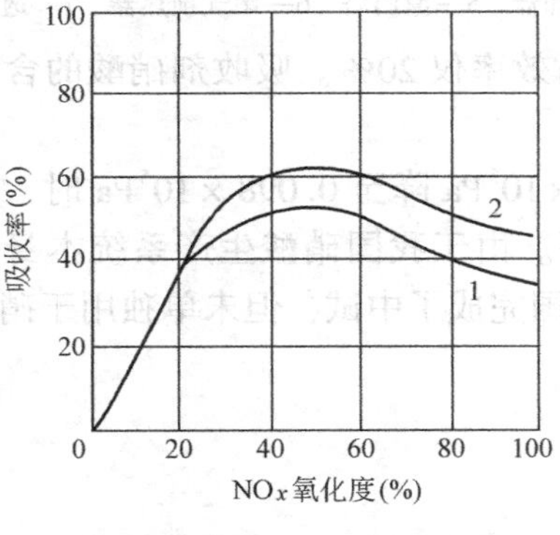

图12-23 氧化度对NO_x吸收率的影响

1—NO_x的体积分数为1%

2—NO_x的体积分数为2%

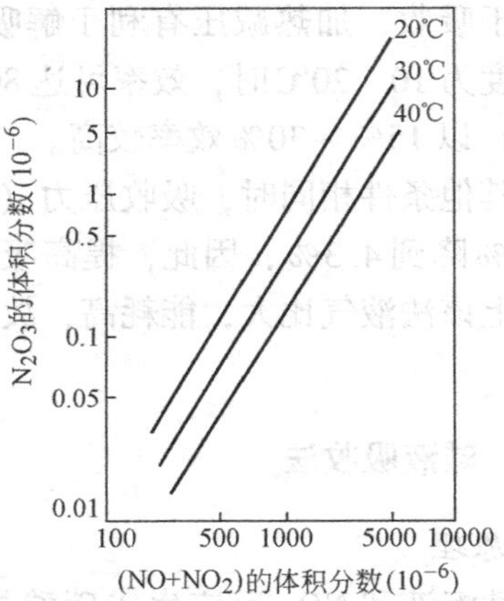

图12-24 $NO + NO_2$与N_2O_3的平衡关系

2. 工艺及操作

考虑到价格、来源、不易堵塞和吸收效率等原因，工业上以NaOH、特别是Na_2CO_3应用较多，但Na_2CO_3的效果不如NaOH。原因是Na_2CO_3吸收时放出的CO_2影响NO_2、特别是N_2O_3的溶解；而且当吸收液中Na_2CO_3含量降低到1.5%（质量分数）以下时，吸收

率急剧下降，而 NaOH 无此效应。

实际应用中，一般用 30%（质量分数）以下的 NaOH 或 10% ~ 15%（质量分数）的 Na_2CO_3 溶液，在 2 ~ 3 个填料塔或筛板塔内串联吸收，吸收率随废气的氧化度、设备和操作条件而异，一般在 60% ~ 90%。

碱液吸收法的优点是能将 NO_x 回收为有销路的硝酸盐和亚硝酸盐，有一定经济效益，工艺流程和设备也较简单，缺点是一般情况下效率不高。

3. 碱液吸收法的改进

为克服碱吸收效率不高的缺点，除强化吸收操作、改进吸收设备和吸收条件外，更重要的是有效控制废气中 NO_x 的氧化度。提高氧化度的方法有：①采用高含量的 NO_2 气调节，例如在用碱液吸收法处理硝酸尾气时，可将进硝酸吸收塔之前的少量高含量 NO_2 气体引至碱吸收塔的入口和适当位置；②先用稀硝酸吸收尾气中一部分 NO，以提高尾气中 NO_x 的氧化度；③对废气中 NO 进行氧化（见 12.6.3 节）。

12.6.3 氧化吸收法

氧化吸收法是指直接将废气中的部分 NO 氧化为 NO_2，提高氧化度后再用碱液吸收的方法。有催化氧化法或富氧氧化法、其他化学氧化剂氧化法、硝酸氧化法和紫外线氧化法等。

1. 催化氧化或富氧氧化法

NO 被 O_2 氧化的反应为

$$2NO + O_2 = 2NO_2$$

其氧化速度用 NO_2 的生成速度表示为

$$\frac{d[NO_2]}{dt} = k[NO]^2\ [O_2]$$

式中 k——反应速度常数。

上式表明，当用空气（近似看作 $[O_2]$ 一定）氧化时，NO 的氧化速度与 $[NO]^2$ 成正比。所以在 [NO] 较高时，空气氧化的速度较快，而 [NO] 较低时，氧化速度很慢，如图 12-25 示。为提高 NO 的氧化速度，可采用富氧氧化或催化氧化法。由于氧气成本高，富氧氧化不适用于大气量的处理。尽管 Cr、Fe、Co、Mn、Cu 等许多非贵金属氧化物和活性炭对 NO 和 O_2 的反应都有一定的催化活性，但效果均不理想，催化氧化法至今未能工业应用。

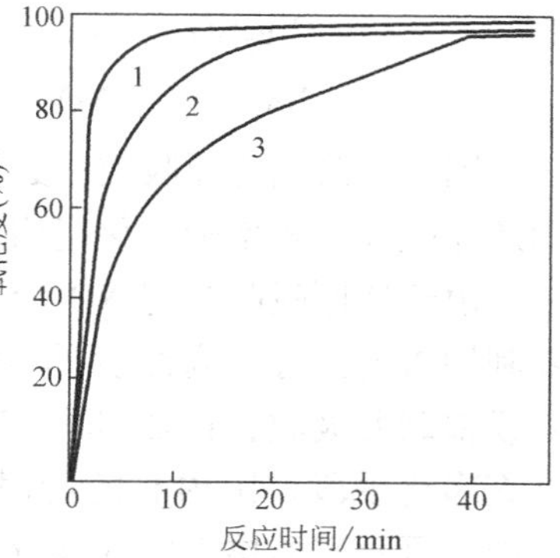

图 12-25 NO 的空气氧化
1—NO 的体积分数为 2000×10^{-6}
2—NO 的体积分数为 1000×10^{-6}
3—NO 的体积分数为 500×10^{-6}

2. 其他化学氧化剂氧化法

国内外对气相氧化剂 O_3、Cl_2、ClO_2 和液相氧化剂（$KMnO_4$、$NaClO_2$、NaClO、H_2O_2、$KBrO_3$、$K_2Cr_2O_7$、Na_2CrO_4、$(NH_4)_2CrO_7$ 等的水溶液）氧化 NO 的方法进行了大量研究，但由于成本高，很少在工业上应用。

3. 硝酸氧化法

用较高含量的硝酸 [44% ~ 47%]（体积分数）氧化 NO 的反应实质上是 NO_2 成酸的逆反应

$$NO + 2HNO_3 \longrightarrow 3NO_2 + H_2O$$

氧化过程中，硝酸浓度不断下降。硝酸氧化的成本较低，国内有硝酸厂采用硝酸氧化—碱液吸收法处理硝酸尾气，流程如图12-26示。过程中需向系统补充硝酸和碱液，并将吸收液送出加工硝酸盐和亚硝酸盐副产品。

实践证明，硝酸中 N_2O_4 含量超过0.2g/L时，NO 的氧化率直线下降，因此必须在漂白塔中用空气除去溶解在硝酸中的 N_2O_4。氧化温度以40℃左右为宜。

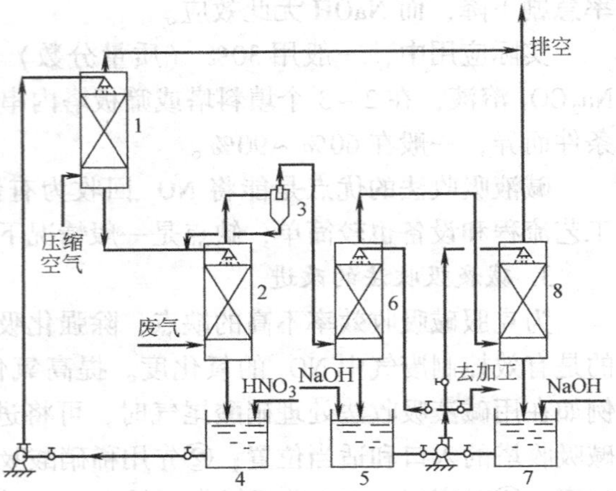

图 12-26 硝酸氧化-碱吸收工艺流程
1—硝酸漂白塔 2—氧化塔 3—分离器
4—硝酸循环槽 5—碱循环槽
6、8—尾气吸收塔 7—碱循环槽

12.6.4 液相还原吸收法

这是一种用液相还原剂将 NO_x 还原为 N_2 的方法。常用的还原剂有亚硫酸盐、硫化物、硫代硫酸盐和尿素的水溶液等，反应如下

$$4Na_2SO_3 + 2NO_2 \longrightarrow 4Na_2SO_4 + N_2$$

$$Na_2S_2O_3 + 2NO_2 + 2NaOH \longrightarrow 2Na_2SO_4 + H_2O + N_2$$

$$Na_2S + 3NO_2 \longrightarrow 2NaNO_3 + S + 1/2N_2$$

$$NO + NO_2 + (NH_2)_2CO \longrightarrow CO_2 + 2H_2O + N_2$$

液相还原剂同 NO 的反应并不生成 N_2 而是生成 N_2O，且反应速度不快，例如 Na_2SO_3 与 NO 的反应为

$$Na_2SO_4 + NO \longrightarrow Na_2SO_3 \cdot 2NO$$

$$Na_2SO_3 \cdot 2NO \longrightarrow Na_2SO_4 + N_2O$$

因此，液相还原吸收法必须将 NO 氧化为 NO_2 或 N_2O_3，即还原吸收的效率随氧化度增加而增大，如图 12-27 示。

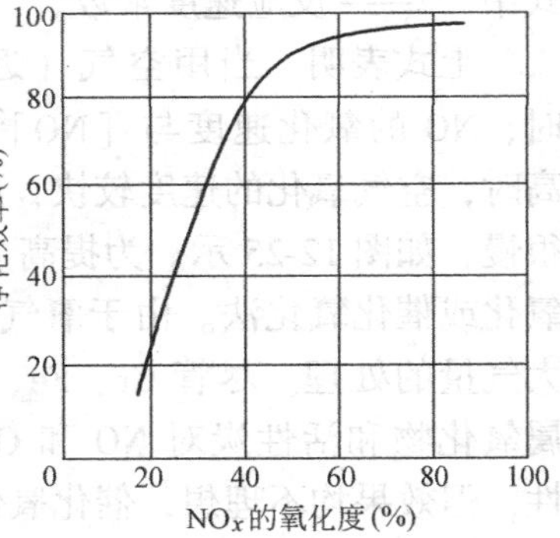

图 12-27 $(NH_4)_2SO_3$ 吸收 NO_x 时氧化度的影响

由于还原吸收是将 NO_x 还原为无用的 N_2，因此为了有效利用 NO_x，对于高浓度的 NO_x 废气，一般先采用碱液吸收或稀硝酸吸收，回收部分 NO_x 后，再用还原吸收法作为补充净化手段。国内有的同时生产硝酸和硫酸的工厂，先用碱液吸收硝酸尾气中的部分 NO_x 为硝酸盐和亚硝酸盐后，再用 NH_3 吸收法处理硫酸尾气得到的 $(NH_4)_2SO_3$-NH_4HSO_3 溶液净化经碱液吸收后的硝酸尾气中的 NO_x，最后产出硫铵化肥，流程如图 12-28 示。

12.6.5 液相络合吸收法

这是一种利用液相络合剂直接同 NO 反应的方法，对主要含 NO 的 NO_x 废气和烟气有特别意义。目前，该法仍处于研究阶段，尚未工业应用。

（1）硫酸亚铁法 $FeSO_4$ 与 NO 之间的吸收与解吸反应如下

$$FeSO_4 + NO \underset{90\sim100℃}{\overset{20\sim30℃}{\rightleftharpoons}} Fe(NO)SO_4$$

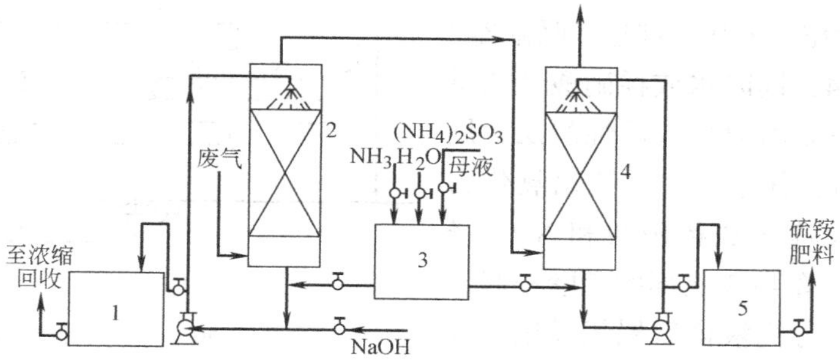

图 12-28 碱-亚硫酸铵法工艺流程

1—亚硝酸钠溶液贮槽 2—碱吸收塔 3—亚硫酸铵溶液槽

4—亚硫酸铵吸收塔 5—硫铵溶液贮槽

该反应是一个放热反应，低温有利于吸收，加热有利于解吸，解吸出的含量达 85% ~ 90%（体积分数）的 NO 气体可用于生产硝酸，再生出的 $FeSO_4$ 循环使用。吸收液一般含 20%（质量分数）的 $FeSO_4$ 和 0.5% ~1.0%（质量分数）的 H_2SO_4。加入少量 H_2SO_4 的目的是减缓 Fe^{2+} 氧化为 Fe^{3+} 的速度并防止 $FeSO_4$ 水解。

（2）Fe^{2+} 螯合物法 用 Fe^{2+} 的螯合物 Fe（Ⅱ）-EDTA（乙二胺四乙酸亚铁）吸收 NO 的反应

如下

$$Fe(Ⅱ)-EDTA + NO \underset{加热}{\overset{低温}{\rightleftharpoons}} Fe(Ⅱ)-EDTA(NO)$$

Fe（Ⅱ）-EDTA 吸收 NO 后，可用蒸汽加热解吸出高浓度 NO，同时使吸收液再生。

用 Fe（Ⅱ）-EDTA-Na_2SO_3 体系可同时吸收烟气中 SO_x 和 NO_x，国外进行了处理量为 $1000m^3/h$ 的中试，主要反应为

$$Na_2SO_3 + SO_2 + H_2O \longrightarrow 2NaHSO_3$$

$$Fe(Ⅱ)-EDTA + NO \rightleftharpoons Fe(Ⅱ)-EDTA(NO)$$

$$2Fe(Ⅱ)-EDTA(NO) + 5Na_2SO_3 + 3H_2O \longrightarrow$$

$$2Fe(Ⅱ)-EDTA + NH(SO_3Na)_2 + Na_2SO_4 + 4NaOH$$

$$NH(SO_3Na)_2 + H_2O \longrightarrow NH_2 \cdot SO_3Na + NaHSO_4$$

液相络合法目前存在的问题是：①为回收 NO_x 必须选用不使 Fe（Ⅱ）氧化的惰性气体将 NO 吹出，成本高；②吸收液中的 Fe（Ⅱ）不可避免地被烟（废）气中的 O_2 氧化为 Fe（Ⅲ），用电解还原法或铁粉还原法再生Fe（Ⅱ）均使工艺复杂和费用增加；③当吸收液中加入 Na_2SO_3 时，生成一系列硫氮化合物，难予处理。这些都使该法未能工业应用。

12.7 吸附法脱硝技术

1. 活性炭吸附法

活性炭对低浓度 NO_x 有很高的吸附能力，其吸附量超过分子筛和硅胶。由于活性炭在

300℃以上和存在氧的条件下有可能自燃，给高温烟气的吸附和用热空气再生带来困难。

法国氮素公司开发的用活性炭处理硝酸尾气的考发士（COFAZ）法工艺流程如图12-29所示。硝酸尾气1从上部进入吸附器3并经过活性炭层4，同时水或稀硝酸经流量控制阀12由喷头2均匀喷入活性炭层，尾气中 NO_x 被吸附，其中NO被催化氧化为 NO_2，进而与水反应生成稀硝酸和NO。净化后的气体会同吸附器3底部的硝酸一起进入气液分离器7，分离液体后尾气经尾气预热器和透平机回收能量后放空。分离器底部出来的硝酸一部分经流量控制阀11由塔顶进入硝酸吸收塔13，另一部分与工艺水5掺和后回吸附器3。分离器3中的液位用液位控制阀6自动控制。

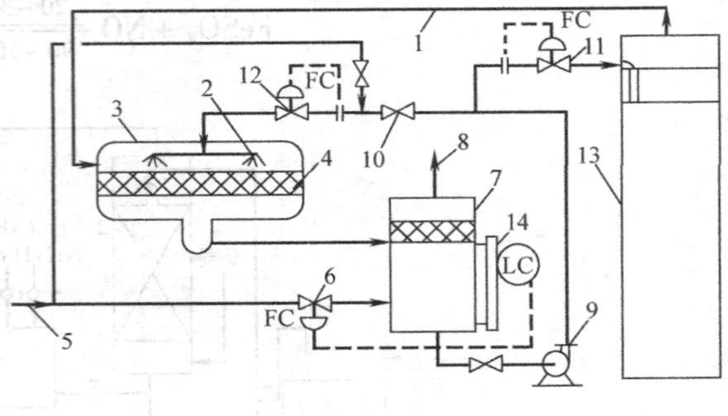

图12-29 考发士脱除 NO_x 流程

1—硝酸尾气 2—喷头 3—吸附器 4—活性炭 5—工艺水或稀硝酸 6—液位控制阀 7—气液分离器 8—尾气 9—循环泵 10—循环阀 11、12—流量控制阀 13—硝酸吸收塔 14—液位计

“考发士”法系统简单，体积小，费用省，尾气中80%以上的 NO_x 被脱除并回收为硝酸产品。

2. 分子筛吸附法

国外已有该法的工业装置用于处理硝酸尾气，可将尾气中 NO_x 的体积分数由（1500～3000）$\times 10^{-6}$降到 50×10^{-6}，从尾气中回收的硝酸量可达工厂总产量的2.5%～3.0%。

用作吸附剂的分子筛有氢型丝光沸石、氢型皂沸石、脱铝丝光沸石、13X型分子筛等。

丝光沸石是一种硅铝比大于10～13的铝硅酸盐，其化学组成为 $Na_2O\cdot Al_2O_3\cdot 10SiO_2\cdot 6H_2O$。耐热、耐酸性能好，天然蕴藏量较多。未经处理的天然沸石矿对 NO_x 的吸附能力很低，经改型处理后，由于去除了大部分的可溶物，扩大和疏通了孔道，增加了孔容积，从而提高了对 NO_x 的吸附容量。在用酸溶解其中可溶物时，Na^+ 被 H^+ 取代，即得氢型丝光沸石。

丝光沸石脱水后，空间十分丰富，比表面积较大，一般为500～1000m^2/g；晶穴内有很强的静电场和极性，对低浓度 NO_x 有较高的吸附能力。当 NO_x 尾气通过吸附剂床层时，由于水及 NO_2 分子的极性较强，被选择性吸附在主孔道表面上，生成硝酸并放出NO

$$3NO_2 + H_2O \longrightarrow 2HNO_3 + NO$$

放出的NO连同尾气中的NO与 O_2 在分子筛内表面上被催化氧化为 NO_2 并被吸附。经过一定床层高度后，尾气中 NO_x 和水均被吸附。当用热空气或水蒸气解吸时，解吸出的 NO_x 和硝酸随热空气或水蒸气带出。

水分子直径2.76Å，极性强，比 NO_x 更容易被沸石吸附，从而降低了对 NO_x 的吸附能力；水被吸附时要放出大量吸附热，使床层温度升高；解吸时，其解吸热又远高于它的汽化热，需消耗更多的热能。因此，吸附前需用液氨将 NO_x 尾气冷却到10℃左右，分离除去尾气中80%以上的水分。

分子筛吸附法的净化效率高，可回收 NO_x 为硝酸产品，缺点是装置占地面积大，特别

是 NO_x 尾气和解吸空气需要脱水，导致能耗高，操作复杂，因此，尽管我国进行过单台吸附器沸石装量为2t规模的中试，但未能工业应用。

12.8 同时脱硫脱硝技术

12.8.1 高能电子活化氧化法

1. 原理

1）烟气中 O_2、H_2O 等分子吸收高能电子的能量，生成大量反应活性极强的自由基或自由原子

$$O_2 + e^* \longrightarrow 2O + e (e^* \text{ 为高能电子})$$

$$H_2O + e^* \longrightarrow H + OH + e$$

$$H + O_2 \longrightarrow HO_2$$

$$O_2 + O \longrightarrow O_3$$

2）烟气中 SO_2、NO 被自由基或自由电子氧化成 SO_3、NO_2、N_2O_5，进而与 H_2O 作用生成 H_2SO_4 和 HNO_3。

SO_2 的氧化：

$$SO_2 + 2OH \longrightarrow H_2SO_4$$

$$SO_2 + O \longrightarrow SO_3$$

$$SO_2 + O_3 \longrightarrow SO_3 + O_2$$

$$SO_3 + H_2O \longrightarrow H_2SO_4$$

NO_x 的氧化：

$$NO + O \longrightarrow NO_2$$

$$NO + HO_2 \longrightarrow NO_2 + OH$$

$$NO + OH \longrightarrow HNO_2$$

$$NO_2 + OH \longrightarrow HNO_3$$

$$NO_2 + O \longrightarrow NO_3$$

$$NO_3 + NO_2 \longrightarrow N_2O_5$$

$$N_2O_5 + H_2O \longrightarrow 2HNO_3$$

3）H_2SO_4 和 HNO_3 与事先注入的 NH_3 反应生成硫铵和硝铵气溶胶微粒，反应为

$$H_2SO_4 + 2NH_3 \longrightarrow (NH_4)_2SO_4$$

$$HNO_3 + NH_3 \longrightarrow NH_4NO_3$$

少量未氧化的 SO_2 在微粒表面还可发生以下热化学反应生成硫酸铵

$$SO_2 + 1/2O_2 + H_2O + 2NH_3 \longrightarrow (NH_4)_2SO_4$$

电除尘器收集的硫铵和硝铵作化肥使用。

根据高能电子产生的方法不同，可分为电子束照射法和脉冲电晕等离子体法。

2. 电子束照射法（EBA）

EBA技术于1970年由日本荏原（Ebara）公司提出，目前已用于200MW机组的烟气脱硫脱硝。1998年成都热电厂90MW机组建成了EBA脱硫脱硝装置。其工艺流程如图12-30示，包括烟气冷却、加氨、电子束照射和副产品收集等几部分。

电子束发生装置由直流高压电源、电子加速器及窗泊冷却装置组成，如图12-31示。电子在高真空的加速管里通过高电压加速，加速后的高能电子通过保持高真空的扫描透射过一次窗泊和二次窗泊照射烟气，并产生自由基。

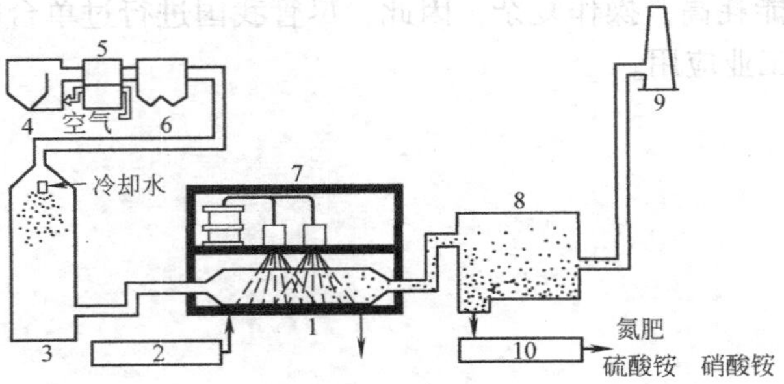

图 12-30 电子束烟气脱硫工艺流程

1—反应器 2—氨供应设备 3—冷却器 4—锅炉
5—空气预热器 6、8—干式电除尘器
7—电子束发生装置 9—烟囱 10—造粒设备

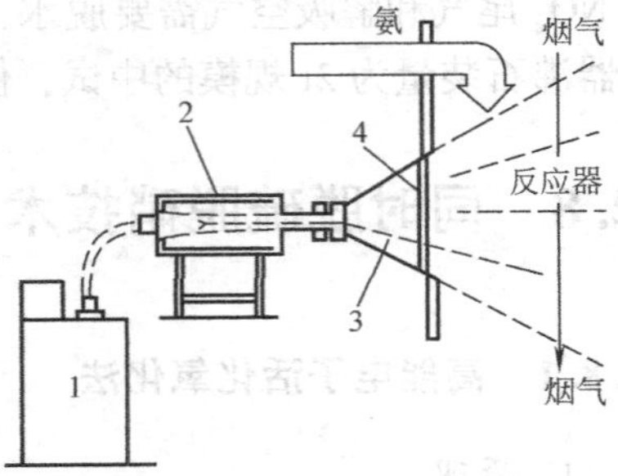

图 12-31 电子加速器结构示意

1—电源 2—电子加速器
3—电子束 4—窗

3. 脉冲电晕等离子体化学处理法（PPCP）

1986 年，日本提出脉冲电晕等离子体化学处理（Pulse corona induced Plasma Chemical Process，PPCP）方法脱硫脱硝，它是利用脉冲电晕放电形成的非平衡等离子体中的高能电子（2 ~20eV）撞击烟气中 H_2O、O_2 等分子，形成强氧化性的自由基，使 SO_2、NO 氧化并生成相应的酸，在注入 NH_3 的条件下生成硫铵和硝铵化肥。该法不用昂贵的电子加速器，避免了电子枪寿命短和 X 射线屏蔽等问题；理论上该法的能量效率比比 EBA 法高两倍，投资只有 EBA 法的 60%。目前，该技术处于中试阶段。

12.8.2 SNOX 脱硫脱硝技术

该技术由丹麦 Hador-Topsoe A/S 公司与 Elkraft AMBA 和 Kobenhavns Belysning-Svaesen 开发，1986 年首次工业化。该技术可脱除 93% ~97% 的 SO_2 和 90% 的 NO_x，其特点是不产生废水和废物，可回收浓硫酸，除需用 NH_3 还原 NO_x 外，不消耗其他化学品，热烟气的热量可用于预热空气或生产蒸汽，操作费用低。

该法是将 SCR 脱硝技术和气固催化氧化脱硫技术有机结合，实现同时脱硫脱硝。图 12-32为 300MW 机组（标准状态下 $1.05\times10^6 m^3/h$ 烟气）的 SNOX 工艺示意图。烟气电除尘后（尘量 $<10mg/m^3$），经换热器 5 升温到 380℃，进入 SCR 反应器 7，脱除 90% 的 NO_x；接着，烟气在燃烧器 8 升温到 420℃，经催化转换器 9 使其中 95% ~96% 的 SO_2 转化为 SO_3，然后冷却至 255℃，烟气中的 SO_3 水合为硫酸蒸气，并在 WAS—2 塔 6 中用空气冷至 90 ~100℃，得到 95% 以上的浓硫酸。排气中，硫酸雾小于 0.001%。

12.8.3 DESONOX/REDOX 脱硝脱硫技术

该工艺是德国 Degussa A. G 与 Stadtwerk Münster 等公司共同开发的，可同时脱除烟气中的 SO_2、NO_x、CO 及未燃烧的烃类物质。NO_x 用 SCR 法除去，CO 及烃类物质氧化为 CO_2 和水，SO_2 转化为 SO_3 后制成硫酸。工艺过程类似于 SNOX 系统，但 NO_x 的 SCR 过程和 SO_2 催化氧化为 SO_3 的过程在一个反应器的两段先后完成，在催化氧化 SO_2 的同时完成了 CO 及烃类物质氧化，且在硫酸浓缩回收器后增加了一个 H_2SO_4 洗槽和除雾器。

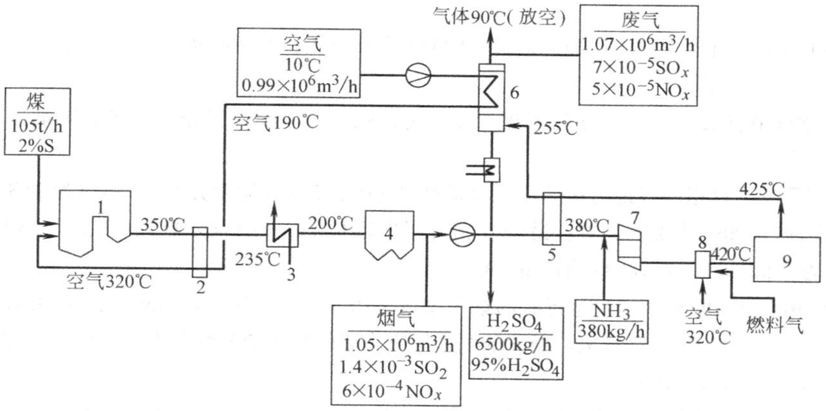

图 12-32　SNOX 装置示意

注：图中均为标准状态下的数值。

1—锅炉　2—空预器　3—温度调节锅炉　4—除尘器

5—换热器　6—WAS—2 塔　7—SCR　8—燃烧器　9—SO_2 转换器

习　　题

12-1　某电厂有 2×200MW 发电机组，各配套一台 670t/h 粉煤锅炉，烟气量为 $7.0\times10^5m^3/h$·炉（标准状态下），发电原煤耗率为 340g/kWh，煤中硫的质量分数为 1.5%，SO_2 排放系数为 0.9（即燃烧时煤中 90% 的硫被氧化为 SO_2 进入烟气，其余硫以硫酸盐形式进入炉渣）。当地环保部门实行排污总量控制，允许该电厂 SO_2 的年排放总量为 2700t。年运行时间为 7200h。试计算：

（1）该电厂的小时耗煤量和年耗煤量。

（2）每小时 SO_2 生成量和脱硫前烟气中 SO_2 含量。

（3）每小时 SO_2 允许排放量及允许排放浓度。

12-2　拟采用石灰石-石膏法脱除习题 12-1 中燃煤电厂烟气中的 SO_2，试计算：

（1）最低脱硫率、每小时 SO_2 脱除量及年 SO_2 脱除量。

（2）假定石灰石中 $CaCO_3$ 的质量分数为 92%，Ca/S = 1.1，计算小时和年的石灰石耗量及石灰石利用率。

（3）假定烟气经电除尘后烟尘的浓度为 250mg/m³（标准状态下），湿法脱硫过程的除尘率为 60%，石膏的氧化率为 96%，过滤后的粗石膏（含烟尘、$CaSO_4\cdot2H_2O$、$CaSO_3\cdot1/2H_2O$ 和未反应的石灰石）含水 10%（质量分数），计算小时和年的湿粗石膏产量。

（4）设吸收过程液气比 L/G = 10L/m³（标准状态下），计算每台炉吸收过程中的浆液循环量（m³/(h·炉)）。

12-3　某 2×360MW 新建电厂，其设计煤种中硫的质量分数为 2.5%，热值 27500kJ/kg，热效率为 35%，运行时每千瓦机组排放 0.0016m³/s 烟气（180℃，101325Pa），SO_2 排放系数为 0.85。计算该厂要达到我国《火电厂大气污染物排放标准》（GB13223—2003）规定的第Ⅲ时段 SO_2 排放标准（标准状态下 400mg/m³）所需的最小脱硫率。

12-4　某新建 2×125MW 电厂燃煤硫的质量分数为 2.8%，灰分的质量分数为 20%，热值 26000kJ/kg，电厂的热效率 34%，煤中 40% 的灰分进入烟尘，电除尘器的除尘效率为 98%，烟气产生量为每千瓦机组 0.00156m³/s（180℃，101325Pa），SO_2 排放系数为 0.9，湿法脱硫过程的除尘率为 50%，拟采用石灰石抛弃法脱硫，试确定：

（1）为达到 GB13223—2003 规定的第Ⅲ时段 SO_2 排放标准（标准状态下 400mg/m³）所需的最低脱硫

效率。

（2）如果 Ca/S = 1.15，石灰石中 $CaCO_3$ 的质量分数为 95%，每天石灰石的消耗量。

（3）石灰石的利用率。

（4）吸收过程中有 12% 的亚硫酸钙氧化为硫酸钙，脱硫污泥经液固分离后水的质量分数 60%，求每天产生的湿污泥量。

12-5　某工厂有两台相同容量的锅炉，一台燃料用含硫 3.2%（质量分数）、热值为 27000kJ/kg 的高硫煤，并配备脱硫率为 90% 的脱硫装置；另一台燃料用含硫 0.8%（质量分数）、热值为 38000kJ/L 的燃料油，油的密度为 0.92kg/L。比较两台锅炉的 SO_2 排放量。

12-6　通常电厂每 kW 机组容量运行时的烟气排放量 $Q = 0.00156m^3/s$（180℃，101325Pa）。已知烟气脱硫系统的压降 $\Delta p = 2700Pa$，计算电厂所发的电中用于克服烟气脱硫系统阻力的比例，已知风机消耗功率 $N = Q\Delta p/\eta$，风机的效率 $\eta = 0.8$。

12-7　某 300MW 燃煤电厂，煤中硫的质量分数为 0.75%，最大耗煤量 126.9t/h，SO_2 排放系数 0.9，烟气流量为 $1.1\times10^6m^3/h$（标准状态下），要求脱硫率 90%。用海水脱硫，电厂附近海水 pH = 7.5，海水中作为天然碱度代表物质的 CO_3^{2-} 含量为 4.5mg/L，HCO_3^- 含量为 95mg/L，试根据海水脱硫的机理，计算吸收塔脱硫所用海水和恢复脱硫后海水的 pH 值所用中和海水的总耗量，假设海水实际用量为理论最小流量的 1.3 倍。

12-8　根据 12-7 题条件和计算结果，假设吸收塔内海水用量按清水脱硫的物理吸收计算，清水脱硫的平衡线可近似表示为 $y^* = 11.71x$，清水用量为理论最小流量的 1.3 倍。烟气摩尔质量为 28kg/kmol，烟气进、出吸收塔的温度分别为 123℃ 和 49℃，采用填料塔脱硫，空塔速度取 1.27m/s，塔内传质存在如下关系：$k_y a = 0.09944L^{0.25}G^{0.7}$，式中，$L$ 和 G 分别为液体和气体的质量流率（kg/（$m^2\cdot h$））；$k_y a$ 为气相传质系数（kmol/（$m^2\cdot h\cdot kmol$））。计算

（1）吸收塔内海水的耗量和中和用海水耗量。

（2）吸收塔的操作液气比。

（3）假定在弱酸性条件下 HSO_3^- 的离解可忽略不计，计算考虑和不考虑吸收塔用海水中 CO_3^{2-} 和 HCO_3^- 的中和作用两种情况下，脱硫水离开吸收塔的 pH 值。

（4）填料塔直径和填料层高度。

12-9　某电站锅炉耗煤 60t/h，煤炭热值 27500kJ/kg，煤中氮含量为 2%（质量分数），其中 15% 在燃烧时转化为 NO，如果燃料型 NO 占 NO 总排放量的 80%，烟气中 5% 的 NO 被氧化为 NO_2，其余 95% 为 NO。试计算：

（1）此锅炉的 NO_x 排放量（kg/h）。

（2）此锅炉的 NO_x 排放系数（kg/t 煤）。

（3）如果安装 SCR 系统脱硝，要求脱硝率为 90%，计算最少 NH_3 耗量。

12-10　假设发电锅炉燃用煤、油和天然气时，NO_x 的排放系数分别为 8kg/t 煤、12.5kg/1000L 油和 6.25kg/1000m^3 天然气，某 600MW 火电厂的热效率为 36%，根据排放系数计算该电厂分别以热值 26000kJ/kg 的煤、42000kJ/kg 的重油和 37400kJ/m^3 的天然气为燃料时的 NO_x 排放量（油的密度为0.92kg/L）。

12-11　拟用尿素为还原剂的 SNCR 法净化习题 12-10 中排放 NO_x 中 NO 的 55%，假定 NO_x 中 95%（体积分数）为 NO，尿素仅与 NO 反应，尿素用量为按尿素中 N/NO（摩尔比）= 1.5，计算三种情况下尿素的消耗量（t/d）。

第 13 章 其他几种废气处理技术

13.1 有机废气处理技术

13.1.1 有机废气的来源和危害

有机化合物指碳氢化合物及其衍生物。碳氢化合物是有机化合物中的基本化合物，其他有机化合物，如醇、醛、酮、醚、酸、酯、腈、胺、酚等，可以看作是相应的原子或原子团取代碳氢化合物中的氢原子后的产物，称为碳氢化合物的衍生物。

有机化合物按其结构可以分为开链化合物（或脂肪族化合物，分子链是张开的）、脂环化合物（分子链呈环状）、芳香族化合物（单、双键交替连接的六碳原子环状结构）及杂环化合物（环上原子除碳外，还有其他原子参加构成）等四大类。有机化合物有很多种，目前估计在 100 万种以上，而且还在增加。

煤、石油、天然气是有机化合物的三大重要来源，工业上常见的含有机化合物的废气大多数来自以煤、石油、天然气为燃料或原料的工业，或者与他们有关的化工企业。可将有机废气的来源大致列出如下：

1）石油开采与加工、炼焦与煤焦油加工、煤炭、木材干馏、天然气开采与利用。

2）化工生产，包括石油化工、染料、涂料、医药、农药、炸药、有机合成、溶剂、试剂、洗涤剂、黏合剂等生产工厂。

3）各种内燃机（包括交通运输）。

4）燃煤、燃油、燃气锅炉与工业锅炉。

5）油漆、涂料的喷漆作业，使用有机黏合剂的作业。

6）各种有机物的燃烧与加热装置、运输装置及贮存装置。

7）食品、油脂、皮革、毛的加工部门。

8）粪便池、沼气池、发酵池及垃圾处理站。

很多有机污染物对人体健康是有害的。大多数的中毒症状表现为呼吸道疾病，多为积累性。在高浓度污染物突然作用下，有时可能造成急性中毒，甚至死亡。一些有机物接触皮肤，可引起皮肤病。有些有机污染物具有致癌性，如氯乙烯、聚氯乙烯，尤其是一些稠环化合物，如苯并［a］芘等。

13.1.2 净化方法及选择

含有机污染物废气的治理，可以用吸收、吸附、冷凝、催化燃烧、热力燃烧和直接燃烧等方法，或者上述方法的组合，如冷凝－吸附，吸收－冷凝，吸附浓缩－催化燃烧等。选择净化方法需考虑的因素大致如下：

（1）污染物的性质　例如，利用有机污染物易氧化、燃烧的特点，可采用催化燃烧或直接燃烧的方法净化；而卤代烃的燃烧处理，则需要考虑燃烧后氢卤酸的吸收净化措施；利用有机污染物易溶于有机溶剂的特点，以及与其他组分在溶解度上的差异，可采用物理吸收或化学吸收的方法来达到净化的目的；利用有机污染物能被某些吸附剂吸附的性质，可采用吸附方法来净化有机废气。

（2）污染物浓度　含有机化合物的废气，往往由于浓度不同而采用不同的净化方案。例如，污染物浓度高时，可采用火炬直接燃烧（不能回收热值）或引入锅炉、工业炉直接燃烧（可回收能量）。而浓度低时，则需要补充一部分燃料，采用热力燃烧或催化燃烧。污染物浓度较高时，也不宜直接采用吸附法，因为吸附剂的容量往往有限。

（3）生产的具体情况及净化要求　结合生产的具体情况来考虑净化方法，有时可以简化净化工艺。例如，锦纶生产中，用粗环己酮、环己烷作吸收剂，回收氧化工序排出的尾气中的环己烷，由于粗环己酮、环己烷本身就是生产的中间产品，因而不必再生吸收液，令其返回生产流程即可；用氯乙烯生产过程中的三氯乙烯作吸收剂，吸收含氯乙烯的尾气，也具有同样的优点。另外，不同的净化要求，往往有不同的最佳净化方案。

（4）经济性　经济性是废气治理中最重要的一个方面，它包括设备投资和运转费两个方面。最佳方案应当尽量减少设备费和运转费。方案中，尽可能回收有价值的物质或热量，可以减少运转费，有时还可获得经济效益。

总之，各种净化方法都有它的优点，也有其不足之处。要针对具体情况，取长补短，因地制宜选择合适的净化方法。

13.1.3 燃烧法净化有机废气

1. 含烃类废气的直接燃烧

烃，又称碳氢化合物，系指分子结构中除碳和氢外，不含有其他元素的一类化合物。一般来说，随着烃类物质结构中碳原子数的增加，其沸点也增加。常温下，1～4个碳原子的烃类是气态，5～16个碳原子的烃类呈液态，而16个碳原子以上呈固态。烃类大都不溶于水或难溶于水。液态烃相对密度一般小于1。烃类在高温下易氧化燃烧，完全氧化时生成二氧化碳和水。直接燃烧法就是利用烃类的这一性质而采用的净化方法。

在炼油厂和石油化工厂，由于原料车间和后加工车间之间缓冲罐容量有限而造成原料气供求不平衡，迫使其短期排放，裂解装置开车期间，由于产品不合格而排放，以及由于事故、泄漏、管理不善等原因造成的排放，成为炼油厂和石油化工厂的高浓度低碳排放气。由于这些可燃气体常汇集到火炬烟囱燃烧处理，因而又称为“火炬气”。火炬燃烧虽然是炼油厂和石油化工生产中的一个安全措施，但火炬气的火炬燃烧造成了能源和资源的巨大浪费；同时，火炬产生的黑烟、噪声，以及燃烧不完全时产生的异常气味对周围环境造成了二次污染。

国内外大力开展了火炬气的综合利用工作。国内许多工厂建立了瓦斯管网，把火炬气引入锅炉、加热炉燃烧，节省了大量燃料。只是在回收火炬气作燃料，或送裂解炉制合成氨原料，当前后流量不平衡时，才从火炬烟囱排出少量火炬气，并在火炬烟囱烧掉。火炬燃烧设备流程如图11-1所示。

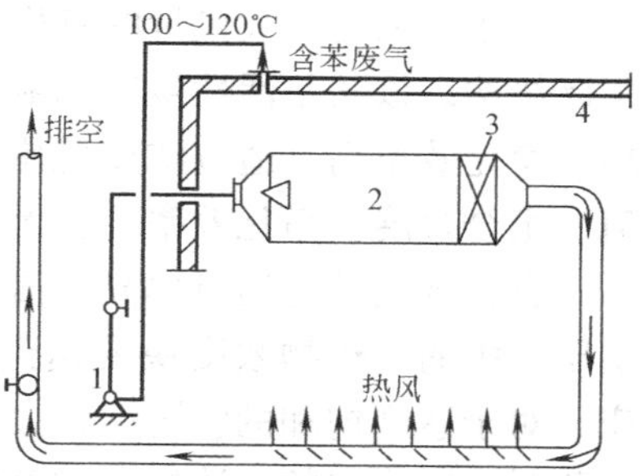

图13-1　直接燃烧法净化烘漆废气流程

1—风机　2—燃烧炉　3—瓷环　4—烘箱壁

在喷漆或烘漆作业中，常有大量的溶剂，如苯、甲苯、二甲苯等挥发出来，污染环境，损害工人身体健康。这些蒸气有时浓度很高，也可用直接燃烧的方法处理。图13-1是用直接燃烧法处理烘漆蒸气的流程。

燃烧炉2设在大型烘箱内。含有机溶剂的蒸气被风机1从烘箱顶部抽出后，送入燃烧炉在800℃下燃烧。燃烧气体与烘箱内气体间接换热后排空。其中一部分通过热风吹出孔吹出，直接加热烘箱内气体。该法净化效率高达99.8%。为防止烘箱内气体发生燃烧与爆炸，在燃烧炉进、出口管上和烘箱顶部有机蒸气出口处均装有阻火器，同时控制烘箱内有机物浓度在爆炸下限的15%以下。

2. 烃类废气的催化燃烧

有机废气的催化燃烧所用的催化剂、一般流程和催化燃烧炉结构等已在10.4.2中作了介绍，这里不再重复。

预热式催化燃烧的通常流程是，冷废气先在换热器内预热后，进入催化剂床层被催化燃烧。净化后的温度较高的气体进入换热器，预热进口的冷废气。当催化反应放出的热量不足以维持反应温度时，需补充一部分辅助燃料进行燃烧，产生的高温燃气与废气混合，使废气提高到反应温度。

某厂设有年产500t亲水涂层铝箔生产线，涂料经350℃干燥后，排出含有机溶剂混合物的废气，溶剂总浓度1100～1300mg/m^3（标准状态），采用催化燃烧法处理，流程如图13-2所示：车间来的废气经阻火器后，在热交换器中预热后进入燃油加热器加热，以达到催化反应所需的温度，最后进入催化剂床，在YG—2型Pt/Al_2O_3催化剂的作用下，溶剂被氧化分解为CO_2和H_2O，床层温度250～300℃，净化效率接近100%。300℃左右的净化气先用于预热冷废气，然后再进入废热利用热交换器，在此得到的热空气作为涂层铝箔生产线烘道的热源，回收热量。

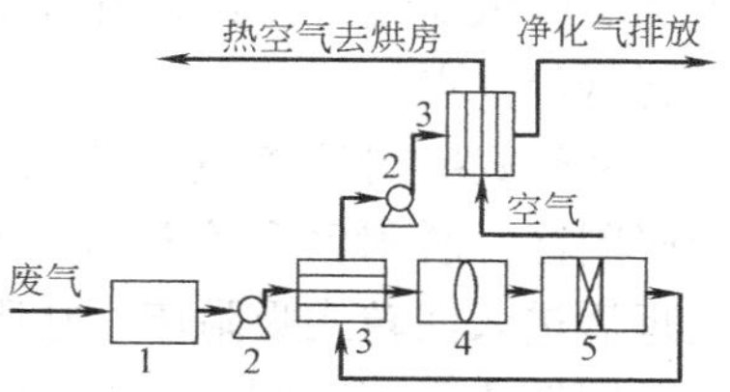

图13-2　有机溶剂催化燃烧流程

1—阻火器　2—通风机　3—热交换器　4—燃油加热器　5—催化燃烧器

烘线炉开始烘线时用电辐射加热，当催化燃烧放出的热量足够时，供热电源可自动切断。该装置可将废气中二甲苯含量从0.3%（体积分数）左右净化至20mg/m^{3}左右，净化效率可达99%。

3. 吸附浓缩-催化燃烧工艺

催化燃烧法由于维持其催化反应需要一定的起燃温度，有机废气浓度低时，需要补充的大量热能，这会显著增加运转费用，因此该法只适合于处理高浓度（>1000mg/m^3）有机废气。对于低浓度、大风量的有机废气，近年来发展了一种有效的净化方法——吸附浓缩-催化燃烧法。该法是活性炭吸附和催化燃烧法的组合工艺，既具有活性炭吸附工艺的安全可靠、净化效率高、适应浓度范围广等优点，又最大限度的利用了有机废气中有机成分的热值，组合紧凑，净化效率高，无二次污染。图 13-3 是吸附浓缩-催化燃烧流程图。

有机废气首先通过填充了活性炭的吸附床吸附净化，净化后的气体排入大气。当流出床层尾气中的有机物浓度快要达到排放标准时，即停止本床层的吸附操作，切换到另一吸附床。对于达到饱和的吸附床，按一定的浓度比把吸附在活性炭上的有机物用120℃的热风进行脱附，脱附出的经浓缩后的高浓度有机气体再经换热器预热到300℃后，进入催化床燃烧分解为二氧化碳和水。浓缩后的有机废气由于其热值的提高，因此在催化燃烧阶段不需要外加热源。燃烧后的尾气一部分排入大气，一部分送往吸附床用于活性炭脱附再生，以达到废热利用、节能的目的。

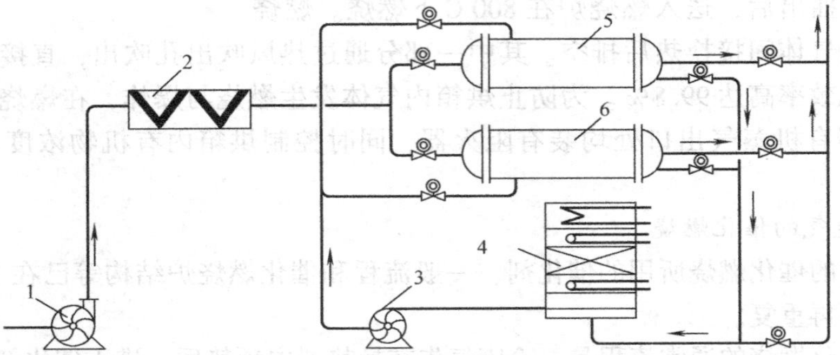

图 13-3　吸附浓缩-催化燃烧净化有机废气工艺流程

1—除雾风机　2—干式漆雾过滤器　3—脱附风机　4—催化燃烧床　5—1#吸附床　6—2#吸附床

目前发达国家应用吸附浓缩-催化燃烧工艺时，多采用回转式吸附浓缩器（又称蜂窝轮）作为吸附浓缩设备，具有阻力损失小、安全性高、浓缩比大、后处理量小、操作简单、运行功耗低等优点。

回转式吸附浓缩设备的核心是回转式吸附床，该设备分吸附区、脱附区和冷却区三部分。低浓度有机废气经预处理后进入回转式吸附床，在吸附区内被吸附净化后排放。然后回转式吸附床慢速转到脱附区，有机物被少量的热风脱附，从而达到浓缩的目的；脱附后回转式吸附床由脱附区转入冷却区进行冷却，准备进入下一循环的吸附（见图 13-4）。该设备已国产化，采用活性炭纤维作吸附材料，做成蜂窝型吸附组件，比表面积大，热容量小，冷却速度快，并可根据需要组合成任意直径和厚度，对于单机处理量为 100000m^3/h 的设备，最大的机加工尺寸不大于 2m。该设备用于制鞋厂“三苯”有机废气治理的工业实践表明，回转式吸附浓缩设备与国内较常用的固定床吸附设备相比，有以下优点：①吸附转轮解吸的周期短（30min 左右），解吸彻底，净化效率稳定；②小范围解吸，浓度容易控制，不会发生爆炸、燃烧，安全稳定性好；③一个周期内吸附的溶剂总量小（数千克），不会发生危险，无爆炸燃烧的可能；④床层阻力小（400Pa），运行功耗低，费用小；

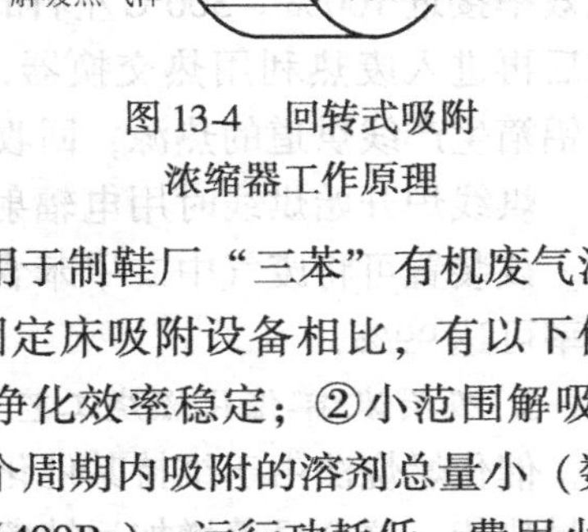

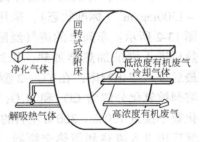

图 13-4　回转式吸附浓缩器工作原理

⑤自动化程度高，操作简单；⑥占地面积小。

4. 氧化沥青尾气的热力燃烧

沥青的生产和使用（加热或燃烧）过程中，都会产生沥青烟气。例如加热沥青以制取沥青产品的过程、加热或燃烧含有沥青制品的过程等。

炼油厂的渣油在260~280℃下，与空气中的氧在氧化釜内反应即生成沥青。该过程产生大量具有恶臭气味的废气，称为氧化沥青尾气，其中含有未反应完的空气中的氧、惰性气体、水蒸气及多种有机化合物，其中包括苯并［a］芘。经分析某炼油厂氧化沥青尾气中苯并［a］芘含量为393μg/100m³~4760μg/100m³。一个年产10万t沥青的车间，每年将向大气排放约205kg的强致癌物质。因此氧化沥青尾气的处理十分重要。

氧化沥青尾气的处理方法一般为热力燃烧，燃烧前通常需除去废气中的馏出油及大量水分，余下的氧、惰性气体、低分子烃类化合物以及苯并［a］芘、含氧、含硫等恶臭物质送焚烧炉处理。预处理的方法很多，有采用水洗法的（包括水直接洗涤法、喷水循环法和鼓泡通过水层的饱和器法等），也有采用柴油洗及馏出油循环洗的，或冷凝分离出馏出油后送焚烧炉处理，还有不经预处理直接将尾气送焚烧炉处理的。

图13-5是某炼油厂采用饱和器法预处理－焚烧的流程图。这种预处理方法是将尾气以鼓泡的形式穿过饱和器内的水层，同时向饱和器的液层中不断注入适量的冷却水，以补充蒸发走的水分，并借水的潜热把尾气冷却下来。尾气经水洗冷凝下来的馏出油溢流入储油槽，作燃料使用。因为饱和器是在80~95℃下操作，尾气中水分不但不会被冷凝，而且还会被增湿。事实上，在饱和器中还进行着馏出油对尾气的洗涤过程。由于馏出油不断从饱和器中冷凝溢出，洗油在不断更新，不存在洗油老化问题。

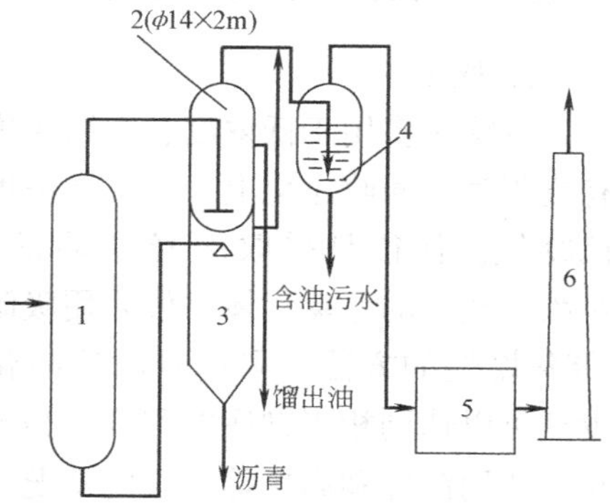

图13-5 饱和器法预处理流程
1—氧化塔 2—饱和器 3—降温塔
4—水封罐 5—焚烧炉 6—烟囱

尾气进焚烧炉前设置水封可以起到进一步冷却除油、部分脱水和安全的作用。

饱和器法比水洗、油洗法流程简单，排污水少，溜出线不结焦。但这种方法使尾气中水分去除不多（仅水封罐排出一定污水，馏出油中还带走一些水分），水蒸气随尾气进入焚烧炉，对焚烧工序产生一定影响。

有人认为，氧化沥青尾气的预处理，不仅需要一套预处理设备，而且由于预处理中回收的污油与水容易乳化，影响作为燃料油的使用。同时，由于馏出油中苯并［a］芘含量高，使用不当会造成污染。因而，他们主张尾气不经预处理，直接将150℃左右的尾气送入焚烧炉处理。这样，使处理流程变得很简单，且省去了由于预处理使尾气温度降低而致焚烧时需将尾气升温消耗的燃料，也省去了预处理过程中的动力消耗。由于尾气中的馏出油和其他可燃组分具有较高热值，未经预处理的尾气可使焚烧炉的燃料消耗下降。直接焚烧法流程示于图13-6。但是，直接焚烧法须注意流出线结焦及回火安全问题。

氧化釜排出的尾气热值有限，一般采用热力燃烧法销毁尾气中的污染物。

焚烧氧化沥青尾气有两种方式，一种是将尾气通入原工艺加热炉作燃料，加热氧化釜内渣油，回收热值；另一种是建立专用的焚烧炉。前者的优点是无需增加专用的焚烧装置，缺点是原料加热炉一般体积较小，温度低（500～600℃），停留时间短，供氧不足。因而，氧化燃烧不完全，不能有效销毁尾气中的污染物。专用焚烧装置可以很好解决上述问题，但增加了设备投资与辅助燃料的消耗。

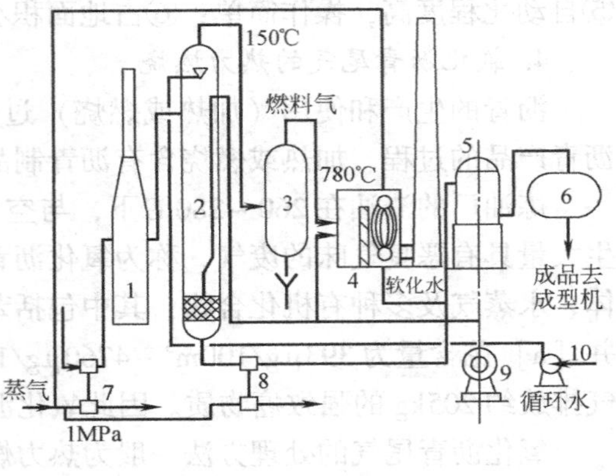

图 13-6　直接焚烧法流程

1—加热炉　2—氧化塔　3—缓冲罐　4—焚烧炉（烟气锅炉）　5、6—成品罐　7—原料泵　8—成品泵　9—空压机　10—水泵

尾气焚烧炉有卧式与立式两种。带有尾气预热筒的卧式焚烧炉如图13-7所示，尾气先经过预热段加热到120～170℃后，再进入焚烧段燃烧。燃烧温度可达800～1000℃，高温烟气在炉子后段预热了尾气后，送去加热氧化釜原料，以利用其热能。一般大型氧化沥青尾气车间可配置烟气锅炉作焚烧炉（见图13-6），产生蒸汽，供厂内使用。

13.1.4　吸附法净化有机废气

1. 概述

吸附法多用于低浓度、有回收价值的有机废气的回收净化上，对于高浓度的有机废气，往往是采取冷凝-吸附的方法，对浓度较低的恶臭气体一般采用吸附浓缩-催化燃烧的方法。采用吸附法净化有机废气可以达到相当彻底的程度。另外，可在不使用深冷和高压等手段的情况下，有效地回收有价值的有机物组分。

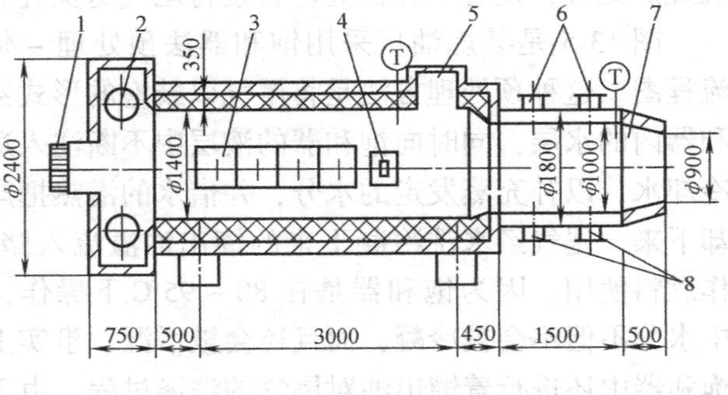

图 13-7　卧式氧化沥青尾气焚烧炉

1—油气联合烧嘴　2—尾气进炉 D_g 300（D_g 表示公称直径）　3—板式无焰火嘴 8 个　4—看火门 120×300　5—防爆门 400×400　6—尾气预热出口 D_g 300　7—取样口 D_g 25　8—尾气预热进口 D_g 300　Ⓣ—热电偶

可作为净化有机废气的吸附剂有活性炭、硅胶和分子筛等。其中应用最广泛、效果最好的是活性炭。活性炭除具有非极性外，由于它的孔径范围宽，因此可吸附的有机物种类很多，吸附容量大，并随有机物分子量的增大而增大。特别是在有水蒸气存在的情况下，活性炭对有机物组分的吸附表现出了突出的选择性。尤其是活性炭纤维的出现，更显示了活性炭用于吸附净化有机废气的优越性。

尽管移动床吸附器已经成功地应用于有机废气的净化上，但目前工业上回收净化有机蒸气大多数还是采用固定床吸附流程。

在用活性炭吸附法净化含有机废气时，其流程通常包括如下部分：

（1）预处理　可用过滤装置预先除去进气中的固体颗粒物及液滴，这对较高温度废气还有降低进气温度的作用。对高浓度有机废气，预处理增加冷凝工序，可预先除去沸点高的组分。常采用水幕、喷淋、冲击式水浴或文丘里洗涤器等洗涤装置进行冷凝预处理。

（2）吸附　通常采用2～3个固定床吸附器并联或串联轮换操作。一般在常温下进行吸附操作，空塔气速为0.2～0.6m/s。

（3）吸附剂解吸再生　最常用的是水蒸气脱附法使活性炭再生。水蒸气温度为110～120℃，水蒸气解吸后吸附床层需用热净化气或热空气干燥再生。在吸附高沸点有机废气时，水蒸气不能解吸高沸点有机废气，须用高温热空气或热烟气再生。

（4）溶剂回收　解吸后不溶于水的溶剂可与水分层，易于回收；水溶性溶剂由于水不能自然分层，需用蒸馏法回收。对处理量小的水溶性溶剂，设蒸馏工序不合理，可与水一起掺入煤炭中送锅炉烧掉。

表13-1列出了部分适用再生式吸附回收的溶剂及行业。

表13-1　适用再生式吸附的部分溶剂及行业

丙酮	燃料油	干洗溶剂	氯苯
粘接剂溶剂	汽油	干燥箱	粗汽油
醋酸戊酯	碳卤化合物	醋酸乙酯	油漆制造
苯	庚烷	乙醇	油漆贮藏（通风）
粗苯	己烷	二氯化乙烯	果胶提取
溴氯甲烷	脂肪烃	织物涂料机	全氯乙烯
醋酸丁酯	芳族烃	薄膜净化	药物包囊
丁醇	异丙醇	塑料生产	甲苯
二硫化碳	酮类	人造纤维生产	粗甲苯
二氧化碳（受控气氛）	甲醇	冷冻剂（碳卤化合物）	三氯乙烯
四氯化碳	甲基氯仿	转轮凹版印刷	三氯乙烷
油漆作业	丁酮	无烟火药提取	浸漆槽（排气孔）
脱脂溶剂	二氯甲烷	大豆榨油	二甲苯
二乙醚	矿油精	干洗溶剂汽油	混合二甲苯
蒸馏室	混合溶剂	氟代烃	四氢呋喃

2. 典型工艺流程

图13-8是一固定床吸附净化有机溶剂蒸气的典型流程。局部排风罩收集来的有机溶剂蒸气经管道送入吸附净化系统。流程中设有过滤器1，用于滤去固体颗粒物。有机溶剂蒸气与空气混合后易燃易爆，生产中将溶剂与空气的混合比控制在爆炸下限25%范围内，同时在流程中安装了砾石阻火器2及附有安全膜片的补偿安全器3。从风机出来的蒸气-空气混合物可在水冷却器5中冷却，也可在加热器6中加热。冷却在活性炭需要降温或进行吸附操作时使用，加热在干燥活性炭层时使用。

吸附器8由两个并联的吸附床（1#和2#）组成，两个床轮流进行吸附和再生操作。1#吸附床饱和时，经切换，进行再生处理。再生时采用蒸气解吸，蒸气由设在后面封头上高于活性炭层的导管导入。由吸附器中放出的水汽及有机溶剂的混合物，导入用水冷却的冷凝器中，从冷凝器中放出有机冷凝液和水的混合物（此混合物称为“回收液”）送到回收液处理系统。再生后的2#吸附床，在1#吸附床切换时投入使用。

3. 间歇固定床净化有机溶剂蒸气的计算

有机溶剂易挥发，在进行吸附计算时，应考虑有机溶剂的蒸发量。

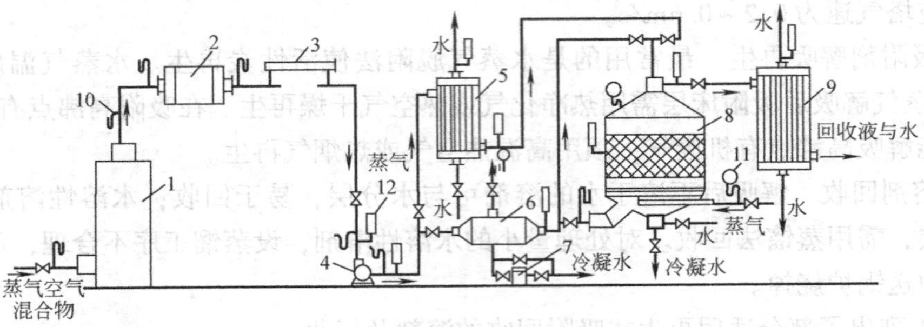

图 13-8 从空气中回收有机溶剂蒸气的吸附装置

1—过滤器 2—砾石阻火器 3—附有安全膜片的补偿安全器 4—风机 5—冷却器 6—加热器 7—凝液罐 8—吸附器 9—冷凝器 10—液体压力计 11—弹簧压力计 12—水银温度计

有机溶剂的蒸发量（即散发量）散发量可按马扎克（B. T. M）公式和相对挥发度计算。

（1）马扎克公式法 有机物质敞露存放时按下式计算

$$G=(5.38+4.1u)\frac{p_v}{133.32}F\sqrt{M} \tag{13-1}$$

式中 G——有机溶剂蒸发量（g/h）；

u——车间内风速（m/s）；

p_v——有机溶剂在室温下的饱和蒸气压（Pa）；

F——有机溶剂敞露面积（m^2）；

M——有机溶剂的相对分子质量。

不同温度下有机溶剂的饱和蒸气压 p_v 可按下式计算

$$\log\left(\frac{p_v}{133.32}\right)=\frac{-0.05223A}{T}+B \tag{13-2}$$

式中 T——有机溶剂的温度（K）；

A、B——常数，常用有机溶剂的 A、B 值见表 13-2。

表 13-2 常见有机溶剂的 A、B 值

物质名称	分子式	A	B
苯	C_6H_6	34172	7.962
甲烷	CH_4	8516	6.863
甲醇	CH_3OH	38.324	8.802
醋酸甲酯	CH_3COOCH_3	46150	8.715
四氯化碳	CCl_4	33914	8.004
醋酸乙酯	$CH_3COOC_2H_5$	51103	9.010
甲苯	$C_6C_5CH_3$	39198	8.330
乙醇	C_2H_5OH	23025	7.720
乙醚	$C_2H_5OC_2H_5$	46774	9.136

（2）相对挥发度近似计算法 相对挥发度为乙醚的蒸发量与某溶剂在相同条件下蒸发量的比值，即 $a_i=G_{乙醚}/G_i$。已知在某种条件下 A 物质的散发量为 G_A，那么在相同条件下，B 物质的散发量为 $G_B=G_Aa_A/a_B$。

例 13-1 某甲苯车间产生含甲苯有机蒸气，车间内甲苯敞露面积 $4m^2$，车间内风速 0.5m/s，试求室温（298K）下甲苯蒸气的产生量。

解 查表 13-2，得 $A=39198$，$B=8.330$，代入式（13-2）有

$$\log\left(\frac{p_v}{133.32}\right)=\frac{-0.05223\times39198}{298}+8.33=1.4$$

解得
$$\frac{p_v}{133.32}=28.8$$

将 28.8 和 $F=4m^2$，$M=147$，$u=0.5m/s$ 代入式（13-1），得

$$G=(5.38+4.1\times0.5)\times28.8\times\sqrt{147}\times4kg/h=10.36kg/h=10.36kg/h$$

例 13-2 在 21℃和 138kPa（绝压）下 $283.2m^3/min$（289K，101.3kPa）的脱脂剂排气流中含有三氯乙烯 0.2%（体积分数），用活性炭吸附塔回收 99.5%（质量分数）的三氯乙烯。活性炭堆积密度为 $577kg/m^3$，静活性为 28kg 三氯乙烯/100kg 活性炭，吸附塔的操作周期为：吸附 4h，加热和脱附 2h，冷却 1h，备用 1h。试计算活性炭的用量和吸附塔尺寸。

解 操作条件下混合气体的体积流量为

$$283.2\times60\times\frac{294\times101.3}{289\times138}m^3/h=12688.9m^3/h$$

三氯乙烯的体积流量 $2000\times12688.9\times10^{-6}m^3/h=25.4m^3/h$

三氯乙烯的质量流量

$$\frac{25.4}{22.4}\times\frac{273\times138}{294\times101.3}kmol/h=1.43kmol/h=1.43\times131.37kg/h=187.86kg/h$$

经 4h 吸附的三氯乙烯量 $187.86\times0.995\times4kg=747.68kg$

所需活性炭量 $747.68\times100/(28\times577)m^3=4.63m^3$

若采用气速为 0.5m/s 的立式塔，流体通过的截面积 A 为

$$A=12688.9/(0.5\times3600)m^2=7.05m^2$$

塔径
$$D=\sqrt{\frac{4\times7.05}{\pi}}m=3m$$

活性炭层高度
$$H=4.63/7.05m=0.66m$$

13.1.5 吸收法净化有机废气

1. 苯类废气的溶剂吸收

曾经以 $0^{\#}$柴油、$7^{\#}$机油、洗油、邻苯二甲酸二丁酯（DBP）及醋酸丁酯为吸收剂，在相同条件下对甲苯废气的吸收效果进行了对比试验，结果如图 13-9 所示。结果表明，柴油对苯类污染物的吸收效果最好，密度和粘度小，价格低廉，适宜作吸收剂；机油吸收效果较好，但粘度较大；洗油价格低，但吸收效果差；醋酸丁酯是生产中常使用的溶剂组分之一，吸收有机溶剂蒸气后，可直接回用，但由于挥发性大，不宜作吸收剂；DBP 吸收效果好，沸点较高（有利于溶剂的解吸回收），但价格较高。因此，生产中常用柴油吸收苯类污染物。

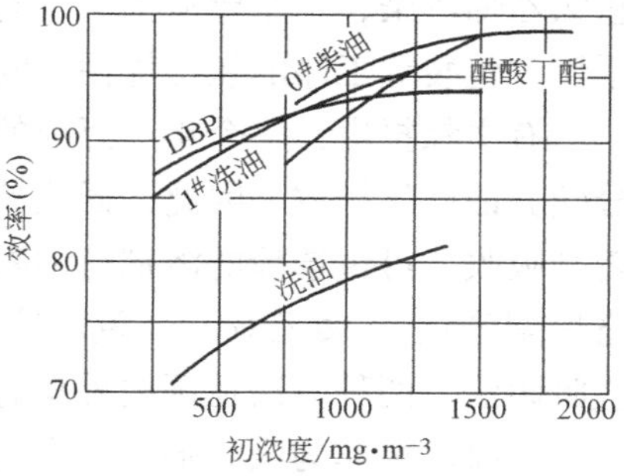

图 13-9 各种吸收剂对甲苯的净化效果

柴油中甲苯含量与净化效率的试验数据见表 13-3。由表可见，随着甲苯在柴油中的体积分数增加，柴油对甲苯的吸收效率降低。当甲苯的体积分数超过 40% 时，柴油接近饱和，

这时吸收效率趋近于零。

表 13-3 柴油中甲苯含量对甲苯净化效果的影响

柴油中甲苯的体积分数（%）	5	10	20	30	40
净化效率（%）	92.4	68.1	48.3	30.0	5.9

用柴油作吸附剂进行试验的结果表明，当进气中苯类蒸气含量在 1000～3000mg/m^3 时，用 7 块左右筛板，吸收率可达 97% 左右。吸收温度从 28℃上升到 33℃时，吸收率下降 2% 左右。试验测得，甲苯在柴油中的亨利系数在 30℃时为 6.08kPa，60℃时 16.212kPa，外推到 110℃时约为 82.073kPa。因此若用 110℃的水蒸气对富柴油进行解吸，解吸率为 85%。根据计算，解吸时的理论板数为 3.5 块。

苯的沸点 80.1℃，甲苯的沸点 110.6℃，*o*-二甲苯的沸点 144.4℃，*m*-二甲苯的沸点 139.1℃，而 0# 柴油的沸点 249℃。因此，柴油吸收苯蒸气后，可利用苯类物质与柴油沸点之间的差别，通过蒸馏回收所吸收的苯类蒸气。

当用废柴油作吸收剂时，也可将吸收苯后的柴油作燃料使用，回收其热值。

柴油与大量空气长期接触后会逐渐被氧化，产生沉淀，效果变差。在柴油中加入少量抗氧化剂，可以明显提高柴油的抗氧化性。

另有研究表明，用柴油吸收苯类废气类似于中等溶解度的吸收过程，传质阻力在气膜和液膜内均有分布，故设计吸收器时应注意同时增强气液两相的湍动，使相际表面增大并不断更新。

由于柴油本身易燃，且价格日益上涨，因此近年来人们对柴油-水、洗油-水等更经济的混合吸收剂对苯类废气的吸收性能进行了研究。研究结果表明：水-洗油吸收剂在水:油 = 6:4、添加表面活性剂 0.05%、pH 值为 10 时，对苯系物吸收率可达 80% 左右。

2. 氯乙烯分馏尾气的吸收

氯乙烯是国际公认的致癌性物质，解决氯乙烯生产中的污染问题受到人们高度重视。我国有数百家聚氯乙烯生产厂，多属中小型企业，生产技术落后，对环境的污染较严重。为防止氯乙烯污染，一是要从生产工艺（特别是聚合工序）上减少氯乙烯的排放，并解决产品干燥、包装等工序的氯乙烯污染问题，二是对乙炔法生产氯乙烯的分馏尾气进行处理。

有文献报道，一个年产万吨的聚氯乙烯工厂，每年有 200 余 t 的氯乙烯损失，其中大部分随分馏尾气排放。因此，回收分馏尾气中氯乙烯是重要的。一般有两个方法：第一是有机溶剂吸收，可供选择的溶剂有丙酮、甲乙酮、N－烷基内酰胺（如甲基吡咯烷酮、环烷基吡咯烷酮等）、三氯乙烯、二氯乙烷、一氯苯、邻二氯苯、二甲苯、四氯化碳等；第二是活性炭吸附法。两种方法在国内外均有应用。

三氯乙烯作为吸收剂，具有粘度小、低温流动性好、不堵塞系统、吸收氯乙烯选择性好等优点。而且来源方便，回收费用低，工艺流程及主要设备结构也比较简单。工艺流程如图 13-10 所示。首先用氮气将溶剂压入贮槽 1 内，溶剂由计量泵 2 送入冷却器 4，用－15℃的冷冻盐水冷却至－5～0℃，进入吸收塔 3 上部。来自合成工段的氯乙烯尾气从吸收塔 3 下部进入，与溶剂逆向接触，其中氯乙烯被吸收后，未被吸收的气体经分离器 10 放空。吸收液由吸收塔 3 下部进入中间槽（高位槽）9，经热交换器 6 后，加入解吸塔 7 内，用低压蒸气解吸。解吸出的氯乙烯气体从解吸塔顶进入车间生产系统；解吸塔釜之再生过的溶剂，经热交换后，进入冷却器5，冷至规定温度，返回溶剂贮槽1，循环使用。

吸收条件为：压力为4.053×10^5Pa（表压），塔顶平均温度为－5℃左右，喷淋密度为$5.6m^3/(m^2\cdot h)$，气液比为（体积）38:1。解吸塔釜温度为85～95℃，塔顶温度为4～12℃，塔顶压力为（0.1013～0.2026）$\times10^5$Pa（表压）。在这些条件下，氯乙烯的回收率为99.3%。

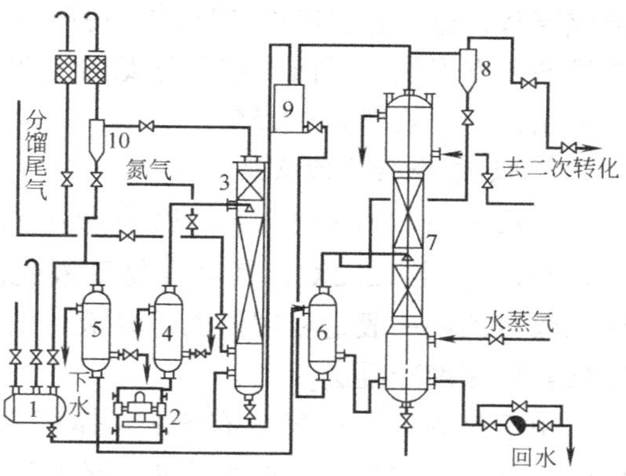

图13-10　溶剂法回收氯乙烯工艺流程
1—贮槽　2—计量泵　3—吸收塔　4、5—冷却器　6—热交换器　7—解吸塔　8—气液分离器　9—高位槽　10—分离器

N-甲基吡咯烷酮（NMP）作为氯乙烯吸收剂具有无毒无味、无二次污染、热稳定性高、对氯乙烯和乙炔选择性好、并对碳钢不腐蚀、便于设备的维护保养等优点。吸收后尾气中氯乙烯可达到排放要求。我国某化工厂中间试验的最佳条件与结果如下：吸收压力为（4.413～4.707）$\times10^5$Pa；吸收温度为12～16℃；NMP喷淋量为0.15～0.17m^3/h；吸收空塔速度为0.65m/s；解吸温度为140℃；解吸气液比为（平均）13.25。总吸收率为88%～92%。

13.1.6　冷凝法净化有机废气

冷凝法应用于碳氢化合物废气治理时，具有如下特点。

1）冷凝净化法适于在下列情况下适用：①处理高浓度废气，特别是含有害物组分单一的废气；②作为燃烧与吸附净化的预处理，特别是有害物含量较高时，可通过冷凝回收的方法减轻后续净化装置的操作负担；③处理含有大量水蒸气的高温废气。但在实际溶剂的蒸气压低于冷凝温度下溶剂的饱和蒸气压时，此法不适用。

2）冷凝净化法所需设备和操作条件比较简单，回收物质纯度高。

3）冷凝净化法对废气的净化程度受冷凝温度的限制，要求净化程度高或处理低浓度废气时，需要将废气冷却到很低的温度，或加压冷凝，经济上不合算。

4）在某些特殊情况下，可以采用直接接触冷凝法，即采用与被冷凝有机物相同的物质作为冷凝液，以回收有机物。但此法需要对冷凝液进行循环冷却，会增加投资。此外，采用此法要求废气比较干净，避免污染冷凝液。

冷凝法常与吸附、吸收等过程联合应用，以吸收或吸附手段浓缩污染物，以冷凝法回收该有机物，达到既经济、回收率又比较高的目的。例如，在粗乙烯精制时产生的含乙醚尾气，先用活性炭吸附浓缩乙醚蒸气，然后用冷凝的方法将脱附的乙醚冷凝为液体加以回收；又如从环氧丙烷生产尾气中回收丙烷，是先将尾气中的其他污染物如氯化氢、二氯丙烷以及水蒸气等用吸收的办法脱除，然后压缩冷凝，回收丙烷。

1. 直接冷凝法回收净化含癸二腈废气

流程如图13-11所示。尼龙生产中的含癸二腈蒸气自反应釜进入贮槽1时，温度为300℃，比癸二腈的沸点高出约100℃。具有一定压力的水进入引射式净化器2后，由于喉管处的高速流动，造成真空，将高温的含癸二腈蒸气吸入净化器，并与喷入的水强烈混合，形成雾状，进行直接冷凝与吸收。冷凝后的癸二腈在循环液贮槽的上方聚集，可回收用于尼龙的生产，下层含腈水可循环使用，净化效率为98.5%。

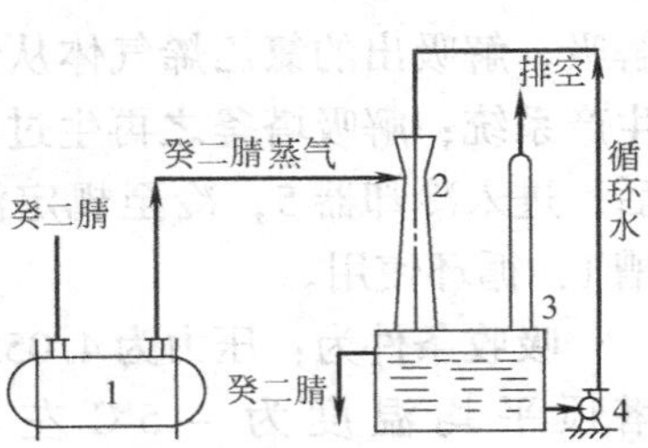

图13-11　直接冷凝-吸收法回收癸二腈流程

1—贮槽　2—引射式净化器

3—水槽　4—水泵

2. 吸收-冷凝法回收氯乙烷

氯乙烷（C_2H_5Cl）是无色透明易挥发的液体，熔点-139℃，沸点12.2℃，其蒸气易于液化。从氯油生产尾气中回收氯乙烷一般是利用氯乙烷易液化的性质，采用加压冷凝或常压深度冷凝法。

由于氯油生产尾气含有5%（体积分数）以下的氯气、50%（体积分数）左右的氯化氢，还夹带了少量乙醇、三氯乙醛等，氯乙烷含量仅30%（体积分数）。因此，在冷凝前须先吸收净化，以除去氯化氢等污染物。

某厂采用常压冷凝法从氯油生产尾气中回收氯乙烷的流程如图13-12所示。

尾气首先进入降膜吸收塔1，在该塔中用水将尾气中的HCl吸收制成20%（质量分数）的盐酸，被吸收掉大量HCl和少量Cl_2的尾气再进入中和装置2，在该装置中用15%（质量分数）的NaOH溶液中和尾气中的酸性物质。然后，尾气进入粗制品冷凝器3和4，先用-5℃左右冷冻盐水冷凝气体中水分（称为浅冷脱水），然后再把氯乙烷冷凝下来得到粗氯乙烷。粗氯乙烷经过精馏塔5精馏，并经成品冷凝器6冷凝，得到精制氯乙烷液体，其中氯乙烷含量达98%（质量分数）以上。由于该流程中氯乙烷采用常压冷凝，需-30℃以下的冷冻盐水。该法回收率为70%左右。此法工艺简单，设备少，管理方便，但回收率稍低。

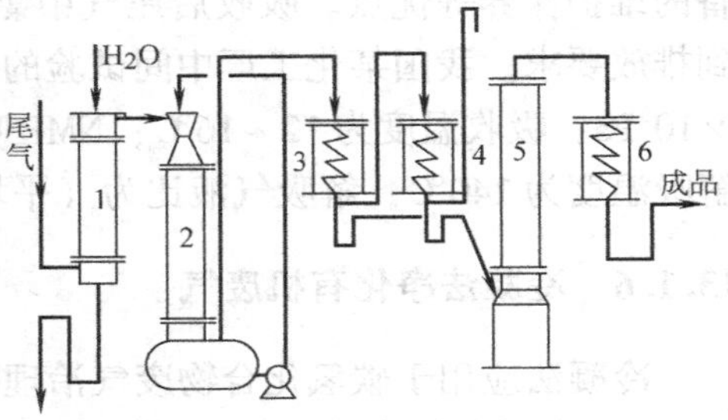

图13-12　常压冷凝法从氯油生产尾气中回收氯乙烷

1—降膜吸收塔　2—中和装置

3、4—粗制品冷凝器　5—精馏塔

6—成品冷凝

国内的带压冷凝流程，一般是把净化以后的氯乙烷气体加压到0.4903×10^5Pa左右进行冷凝。此法需要水循泵和纳氏泵，一般投资较高，工艺比常压深冷法复杂。但对冷媒的要求较低，只需-15℃盐水完全可以，回收率可达80%以上。

3. 压缩冷凝回收氯甲烷

对于浓度较低的氯甲烷废气，可采用吸附法和有机溶剂吸收法回收净化；对于较高浓度的氯甲烷废气，一般仍通过除杂、干燥、压缩、冷凝回收液态氯甲烷流程。

生产实践证明，混入空气将严重影响氯甲烷的回收率，并有爆炸危险，因此回收系统应很好密封。

生产实践中，压力应在7.845×10^5Pa以上，冷凝温度控制在-5℃以下为好，-5℃以上回收率显著降低。为防止氯化氢的腐蚀，提高氯甲烷产率，预处理过程要将氯化氢除净。

4. 吸附-冷凝法净化含二氯乙烷尾气

二氯乙烷（C_2H_4Cl）是无色液体，沸点83.5℃，相对密度1.257。它性质较稳定，不易着火，但其蒸气在高温下会分解。

二氯乙烷生产中排放的尾气大致组成（体积分数）为：一氧化碳2.35%，甲烷7.2%，乙烯17.4%，乙烷22.8%，二氯乙烷25%，氯乙烷21.3%，芳香族4%。据报道，国外常用热力燃烧或催化燃烧法治理二氯乙烷生产尾气。燃烧烟气排空前设置水洗或碱洗洗涤器除去燃烧过程中产生的氯化氢。

国内某厂采用多层流化床吸附法回收过氯乙烯超细纤维生产过程中排出的低浓度二氯乙烷（$1g/m^3$）。采用直径600mm的多层流化床吸附，移动床脱附，气相输送活性炭，脱附介质用水蒸气。吸附效率达95%，二氯乙烷由$1g/m^3$将到$50mg/m^3$以下。脱附所得二氯乙烷经冷凝分离后，回用于生产过程。

此外，某化工厂则将环氧乙烷次氯酸化塔顶排出的含二氯乙烷废气经石墨冷凝器冷凝，再经水喷淋，与冷凝液一起入分层槽分层，二氯乙烷经蒸馏冷凝后回收。冷凝后废气平均浓度$31.15mg/m^3$，低于国家排放标准。

13.1.7 生物法和脉冲电晕法净化有机废气

1. 生物法

该法处理有机废气主要是利用异养生物将有机污染物作为其生命活动的能源或养分的特性，经新陈代谢过程而实现的。这种方法能耗和运转费用低，对处理食品加工厂、动物饲养场、粘胶纤维生产厂及化工厂等排放的低浓度恶臭气体十分有效，对苯、甲苯等废气的处理也有一定的效果。它有三种不同的形式：生物洗涤法、生物过滤法和生物滴滤法。三种形式的一般性工艺流程已在11.4.2节中述及，在此不再赘述。

微生物的活性决定了生物反应器的性能，因而不论是生物过滤法、生物滴滤法，还是生物洗涤法，其反应器的条件均应适合微生物的生长。这些条件包括填料（介质）及其湿度、pH值、营养物质、温度和污染物浓度、操作方式等。这些因素也是生物反应器设计和运行过程中需要考虑的参数。

该法采用的生物反应器的处理能力较小，往往需要很大的占地面积，在土地资源紧张的地方，应用受到限制。另外，受微生物品种的限制，并不是所有的有机物都能用生物法处理。事实上，该法对于大多数难以降解的有机物是不适用的。

2. 脉冲电晕法

该法去除气体有机物的基本原理和过程是：①通过前沿陡峭、脉宽窄（纳秒级）的高压脉冲电晕放电，在常温常压下获得非平衡等离子体，即产生大量高能电子和强氧化性自由基O、OH、HO_2；②有机物分子受到高能电子碰撞被激发，原子键断裂形成小基团和原子；③自由基O、OH、HO_2与有机物分子、激发原子、小基团和其他自由基等发生一系列反应，有机物分子最终被氧化降解为CO、CO_2和H_2O。去除率的高低与电子能量和有机物分子结合键能的大小有关。

1988年以来，美国环保局进行了挥发性有机物和有毒气体的电晕破坏研究。他们模拟表面反应器进行分子形式的电晕破坏，达到分解有毒、有机化合物的目的。开发出一种能在通常环境温度和压力下，效率、费用达到工业要求的工业规模的电晕反应器。

Toshiaki Yamamoto根据无声放电产生臭氧的原理，设计了填充有$BaTiO_3$的填充床式脉冲电晕反应器，用于易挥发有机物TCE（$Cl_2=CHCl$）的分解，在低压、长驻留时间的软等离子体作用下，分解率达到80%（体积分数）。

国内某校利用自行设计的线－板式反应器，进行了高压脉冲电晕法治理含二氯甲烷、乙醇、丙酮、甲醛等有机废气的实验研究，去除率达38%～65%（体积分数）。

13.2 含氯废气的净化

含氯废气主要指含氯气和氯化氢的废气，氯碱厂、有机氯农药、医药、盐酸、漂白粉以及聚氯乙烯、四氯化碳等的生产和使用氯的场所均会产生含氯废气污染。

氯气是黄绿色、带强烈窒息性臭味的有毒气体。它与一氧化碳接触可形成毒性更大的光气。

氯气刺激人的眼、鼻、喉和呼吸道，当空气中氯的体积分数达到（0.02～0.05）×10^{-6}时，健康人已有感觉；其体积分数大于1×10^{-6}时，虽因各人生理条件有差别，但多数人开始咳嗽，眼、鼻感到刺激并且头痛；如果体积分数高到2×10^{-6}以上，眼、鼻、喉有灼痛感，气管发生难忍的强酸刺激，呼吸加快；体积分数达$50\times10^{-6}\sim100\times10^{-6}$时，瞬时吸入，即刻引起喉头肿胀，支气管痉挛，气管溃疡性发炎，从而出现吐血、急性肺水肿；高浓度中毒会引起死亡。

氯化氢气体对人类健康的危害也是很大的。在正常人的胃里含有微量的稀盐酸（即胃酸），有助于胃对食物的消化，毫无毒性作用。但体外接触到的氯化氢气体，则有极强烈的刺激性，能腐蚀皮肤和粘膜（特别是鼻粘膜），致使声音嘶哑、鼻粘膜溃疡、眼角膜混浊、咳嗽直至咳血，严重者出现肺水肿以至死亡。慢性中毒能引起呼吸道发炎，牙齿酸腐蚀，甚至鼻中隔穿孔和胃肠炎等疾病。

含氯废气净化主要采用吸收法，但也有用吸附法净化的。

13.2.1 吸收法净化含氯气废气

1. 水吸收法

氯气溶于水后，将存在如下平衡

$$Cl_2(aq)+H_2O \rightleftharpoons HOCl+H^++Cl^- \tag{13-3}$$

Whitney 和 Vivian 曾发表了氯-水系统的溶解度数据。他们指出，此两相系统可被认为，氯气的分压与溶液中的氯摩尔分数成平衡时，其间的关系服从亨利定律。

当氯在纯水中时，溶解的总氯量可表示为：

$$c=\frac{p}{H'}+\left(\frac{K_e p}{H'}\right)^{1/3} \tag{13-4}$$

式中 c——氯气在水中的总浓度（$kmol/m^3$）；

p——溶液上方氯蒸气的分压（kPa）；

K_e——溶解氯气与水按式（13-3）反应的平衡常数；

H'——气相中氯与溶解的但未与水反应的氯分子之间的亨利系数［（$kPa\cdot m^3$）/kmol］。

由 Vivian 和 Whitney 给出的平衡常数 K_e［（$kmol/m^3$）^{2}］和亨利系数 H'［（$kPa\cdot m^3$）/kmol］的数值见表13-4。

表 13-4 氯在水中的亨利系数与平衡常数

温度/°F	H'	K_e	温度/°F	H'	K_e
50	863.2	1.8×10^{-4}	68	1304.0	2.7×10^{-4}
59	1046.9	2.2×10^{-4}	77	1567.3	3.3×10^{-4}

有人实测了氯在水中的溶解度，结果见表 13-5。

表 13-5 氯在水中的溶解度（g/L）

氯的分压/kPa	氯的溶解度			氯的分压/kPa	氯的溶解度		
	0℃	20℃	40℃		0℃	20℃	40℃
4.0	1.221	0.937	0.821	100.0		7.29	4.77
13.3	2.79	1.773	1.424	266.6		17.07	10.22
26.6	4.78	2.74	2.05				

由式 13-4 和表 13-5 可以看出，当用水吸收 Cl_2 废气时，需要增加氯分压 p 和降低温度（但不能低于 0℃）才能增加氯在水中的总浓度。国外有高压、低温吸收含 Cl_2 废气，然后于加热或减压下解吸并回收氯气的例子。如英国的加压水吸收-减压解吸系统，水的温度维持在 10～100℃之间，二氧化碳的分压小于 0.15MPa，系统在大于大气压的压力下，使含氯气和二氧化碳的混合废气与水接触，形成氯-水溶液，然后以减低系统压力的方法从氯-水溶液中释放出氯气，残余的氯-水溶液返回吸收系统循环利用。美国以 1t/h 含氯废气的速度（$p_{Cl_2}=0.2\times10^5$Pa）与 757m³/h 的循环水于填料塔中逆流接触以吸收氯气，其后在 $0.14\times10^5\sim0.053\times10^5$Pa 压力，加热回收氯气。据西班牙报道，将含氯废气通过 0～8℃的水，使氯形成 $Cl_2\cdot6H_2O$ 形式的水合物，随后用加热方式解吸其氯气。

由于氯-水系统的带压操作对设备要求较高，腐蚀较严重，技术水平要求高，故目前尚未见到国内有加压水吸收法回收废氯气的工艺流程，有些单位采用常压水洗。例如，沿海某化工厂的沸腾氯化废气，经四氯化钛溶液淋洗后，仍含有 1.0% 的氯气和一定浓度的氯化氢及光气。该厂采用三级水洗净化。一级水洗为一根倾斜的气液混合管及一根用水进行冲刷的垂直冲刷气体管，以使废气与高速冲刷水充分混合，增强吸收效果；二级与三级水洗分别是一个水喷淋吸收塔。

水吸收法一般适用于低浓度含氯废气的治理。而常压水洗，由于氯的溶解度有限，且易逸出，若不回收吸收液中的氯，则会造成二次污染，不宜推广。

2. *碱吸收法*

碱液吸收是我国当前处理含氯废气的主要方法，常采用的吸收剂有氢氧化钠、碳酸钠、氢氧化钙等碱性水溶液或浆液。吸收过程中，碱性吸收剂能使废气中的氯有效地转变为副产品——次氯酸盐。反应机理为

$$Cl_2+2OH^-\longrightarrow OCl^-+Cl^-+H_2O$$

或

$$CO_3^{2-}+Cl_2\longrightarrow OCl^-+Cl^-+CO_2$$

只要有足够的 OH^- 或 CO_3^{2-} 离子。氯的溶解和吸收就将继续进行下去，因而碱液吸收含氯废气一般有较高的效率，可达 99.9%。

碱液吸收设备有填充塔、喷淋塔、波纹塔、旋转吸收器和将含氯废气引入碱液槽鼓泡吸收等。吸收后出口气体中 Cl_2 的体积分数可低于 10×10^{-6}。吸收塔材料常采用硬聚氯乙稀或

钢板衬橡胶。吸收液的 pH 值随吸收过程而降低，而吸收液中次氯酸盐和金属氯化物的浓度却随吸收过程而升高。因此，吸收过程应控制一定的 pH 值和盐浓度，为此应定期抽出合格的次氯酸盐溶液，并补充新鲜碱液，以避免吸收液结晶堵塞管道和 pH 值过低影响吸收效率。

由于碱液吸收含氯废气效率高，Cl_2 的去除比较彻底，吸收速率快，所用设备和工艺流程简单，碱液价格较低，又能回收废气中的 Cl_2 生产中间产品或成品，所以这一方法在工业上得到广泛的应用。但是，碱液吸收含氯废气产生的次氯酸盐和氯盐的混合溶液，长期存放或光照或遇酸，次氯酸盐会重新分解并放出氯气，造成二次污染。因此，使用碱液吸收处理含氯废气，还必须考虑副产品次氯酸盐的销路问题。

碱吸收法流程有碳酸钠溶液吸收含氯废气制次氯酸钠、$Ca(OH)_2$ 吸收含氯废气制漂白剂（漂白液、漂白粉和漂白精等）。

某电冶厂镍钴车间产生的废气中，除主要含 Cl_2 外，还含有 CO_2、盐酸雾和金属溶液液滴。这种废气先在水淋洗塔中除去盐酸雾和固、液颗粒后，再进入波纹填料塔用 80～120g/L 的 Na_2CO_3 溶液逆流吸收，生成副产品次氯酸钠自用或销售，工艺流程如图 13-13 所示。

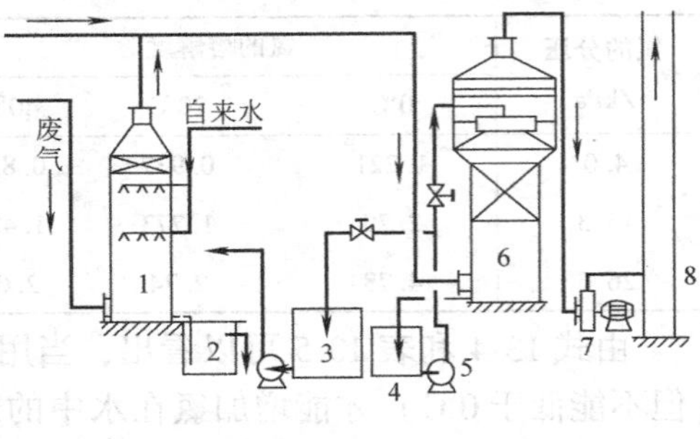

图 13-13 碳酸钠溶液吸收含氯废气流程

1—淋洗塔 2—水封槽 3—成品槽 4—碱液槽 5—循环泵 6—波纹板吸收塔 7—风机 8—烟囱

3. 氯化亚铁溶液或铁屑吸收法

用铁屑或氯化亚铁溶液吸收废氯可以制得三氯化铁产品，同时消除含氯废气的污染。

（1）两步氯化法 该法是先用铁屑与浓盐酸或 $FeCl_3$ 溶液在反应槽中发生反应生成中间产品氯化亚铁水溶液，再用氯化亚铁溶液吸收废氯，工艺流程如图 13-14 所示。

$FeCl_3$ 溶液与铁屑的反应为

$$2FeCl_3 + Fe \longrightarrow 3FeCl_2$$

浓盐酸与铁屑的反应为

$$2HCl + Fe \longrightarrow FeCl_2 + H_2$$

反应过程中产生的 H_2 和逸出的水汽、氯化氢气体等在洗涤塔中用水洗涤后，经风机排空。$FeCl_2$ 溶液经砂滤器除去悬浮物后，经贮槽送到串联的三个废氯吸收塔中吸收氯气。二氯化铁溶液经过三个吸收塔逆流吸收氯后，基本上已全部转化成 $FeCl_3$ 溶液

$$2FeCl_2 + Cl_2 \longrightarrow 2FeCl_3$$

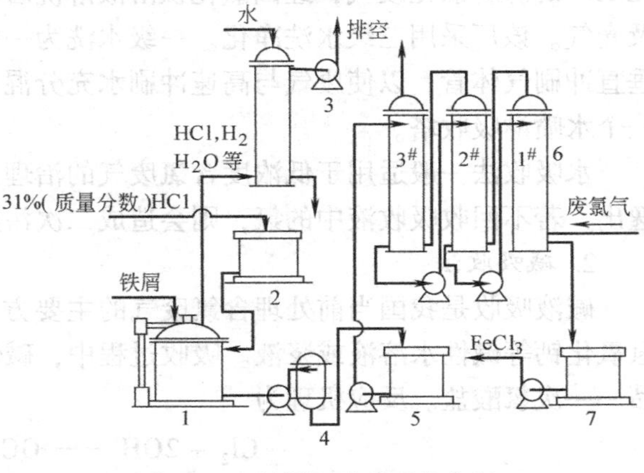

图 13-14 铁屑两步法吸收废氯

1—反应槽 2—盐酸槽 3—风机 4—砂滤器 5—$FeCl_2$ 贮槽 6—吸收塔 7—$FeCl_3$ 贮槽

三氯化铁溶液流到贮槽，可作产品出售。由于 $FeCl_2$ 容易结晶，贮存时需用夹套或蒸汽管加热。

（2）一步氯化法 两步氯化法工艺过程复杂，消耗大量盐酸，反应中排出的氢气不能回

收。同时由于 $FeCl_2$ 易结晶，必须消耗蒸汽加热。因而开发了一步氯化法。一步氯化法有湿法和火法两种流程。

1）湿法流程。湿法流程如图13-15所示，原理是将废氯直接通入由水浸泡铁屑的反应塔中，将铁、氯和水一步合成三氯化铁溶液。这是一个复杂的气、液、固多相化学反应体系，在不发生水解的情况下，反应的主要过程可简单用下列方程式来表示

$$Fe + Cl_2 \longrightarrow FeCl_2$$

$$2FeCl_2 + Cl_2 \longrightarrow 2FeCl_3$$

$$Fe + 2FeCl_3 \longrightarrow 3FeCl_2$$

总反应为 $$2Fe + 3Cl_2 \longrightarrow 2FeCl_3$$

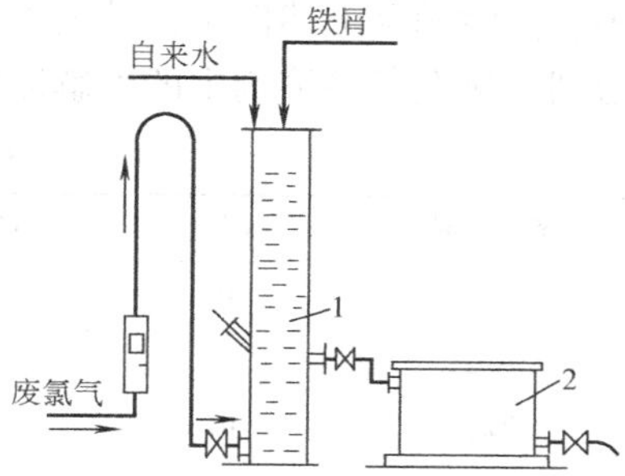

图13-15 铁屑一步法吸收废氯
1—水氯化塔 2—$FeCl_3$ 贮槽

反应强放热，自热反应的温度可升到120℃左右，致使溶液沸腾。无需外界加热和冷却。反应速度很快，一般废氯气经2～3m高的水浸泡铁屑的反应塔层，作用已完毕，当塔顶有余氯出现时，表明铁屑已反应完毕，停止通入废氯，放出产品后即可进行下一次生产，因此操作和设备都极为简单。对于连续排放废氯的情况，需要两套处理系统轮流操作。

生产实践中，在保证 $FeCl_3$ 初始含量为10%（质量分数），反应温度为100～120℃，pH<2，可保证不发生 $FeCl_3$ 水解。废氯的流量以保证塔顶不出现氯气为原则。压力以保证能穿过溶液层即可。铁量和水量以控制 $FeCl_3$ 溶液的相对密度为1.4～1.5左右为宜。

2）火法流程。该流程是用铁屑直接在氯化炉中与高浓度含氯废气作用，制取三氯化铁。氯化炉反应温度600～800℃，生成气态三氯化铁

$$2Fe + 3Cl_2 \longrightarrow 2FeCl_3 \uparrow$$

氯化炉壁有水冷夹套。三氯化铁蒸气在两个串联的冷却器中冷凝，冷凝器内有旋转刮板，连续将凝集于器壁上的三氯化铁刮下，得到粉状三氯化铁。从冷凝器出来的尾气中含有少量氯气，再在三个串联的尾气吸收塔中用 $FeCl_2$ 溶液加以吸收。

总的说来，氯化亚铁溶液吸收法或铁屑吸收法的吸收剂便宜，设备少，工艺简单，操作方便，若三氯化铁有销路，则是一个可采用的方法。但在相同条件下，吸收效率不如碱液吸收法高。

目前，国外采用高温空气氧化三氯化铁法，使三氯化铁转化为三氧化二铁和氯气，其三氯化铁转化率达95%左右，氯气的体积分数在80%以上，回收的纯氯气返回氯化过程循环使用，副产品三氧化二铁售给粉末冶金厂或钢铁厂。从综合利用观点看，采用氯化亚铁溶液或铁屑吸收废气中的氯和氧化三氯化铁成三氧化二铁并回收氯的联合法，处理含氯废气的工艺是比较合理的。

4. 溶剂吸收法

该法是用除水以外的有机或无机溶剂洗涤含氯废气，使溶剂吸收其中的氯气，然后，或者将吸了氯的溶剂加热或减压，解吸出纯氯气，解吸后的溶剂循环使用；或者将含氯溶剂作为生产原料用于生产过程。

目前，用于吸氯的代表性溶剂有苯（C_6H_6）、一氯化硫（S_2Cl_2）、四氯化碳（CCl_4）、氯

磺酸（HSO_3Cl）及二氯化碘水溶液等。用作净化含氯废气溶剂的必要条件有：①吸收容量大；②易于解吸或溶剂易于再生；③溶剂价格便宜；④溶剂应无毒或毒性大大小于氯气等等。同时满足上述四个条件的溶剂几乎没有。在生产过程中，要根据具体条件，合理地选用溶剂。氯在各种溶剂中的溶解度见表 13-6。

表 13-6 氯在各种溶剂中的溶解度

溶 剂	温度℃	0.1MPa 下氯的溶解量/［g/100g（溶剂）］	饱和溶剂中 Cl_2 的分子分数
n-C_7H_{14}	0	26.2	0.270
$SiCl_4$	0	16.87	0.288
CCl_4	10	10.60	0.187
$C_2H_4Br_2$	20	8～9.8	0.192
S_2Cl_2	20	47.8	0.478
C_4H_4	20	23.8	0.208
n-C_7H_{16}	20	4.04	0.110

下面介绍一氯化硫吸收法。

一氯化硫具有窒息性气味，蒸气对上呼吸道粘膜及眼有强烈刺激性，并能引起皮肤严重灼伤。若在上呼吸道水解不完全，则细支气管和肺泡也受到损害。一氯化硫是桔黄色粘滞液体，相对分子质量为 135.05，熔点为 －80℃、沸点为 135.6℃。如果它与氯气接触，则先为物理溶解，其后 S_2Cl_2 与 Cl_2 发生化学反应，生成二氯化硫（SCl_2），这种生成物在低温下又形成四氯化硫（SCl_4）。二氯化硫和四氯化硫被加热到高温时，立即分解成一氯化硫和氯气。其机理以反应方程式表示为

$$S_2Cl_2(aq) + Cl_2 \underset{\text{高温解吸}}{\overset{\text{低温吸收}}{\rightleftharpoons}} 2SCl_2$$

根据这一特性，在工业上用 S_2Cl_2 处理含氯废气并回收纯氯气，回收率接近 100%。

由于 S_2Cl_2 的挥发性较大，这样净化尾气中会含有挥发的 S_2Cl_2，因此应当在分馏器中进行低温冷却，加以回收。

法本公司 Oppau 厂采用一氯化硫吸收处理含氯废气的流程如图 13-16 所示。

吸收塔为拉西环填料塔，空塔气速 0.5m/s，塔内平均温度 25℃。吸收液用泵送入解吸塔中，塔下部沸腾器中加热至 230℃，使 SCl_2 完全分解成 S_2Cl_2 和 Cl_2。S_2Cl_2 在此压力下呈液体状态，从沸腾器下部流出，经冷却器降温返回吸收塔吸收。解吸塔中部为填料，自吸收塔来的 SCl_2 主要在此分解，大部分 S_2Cl_2 下流入沸腾器，少部分上升的 S_2Cl_2 在塔上部的活性炭层用从上面回流的液氯回收。解吸出来的 Cl_2 在上端的冷却器中被冷却，常温液化而流出。解吸塔上端的 Cl_2 冷却，可用水冷或空冷，因在操作压力下冷至 25℃ 即可液化。

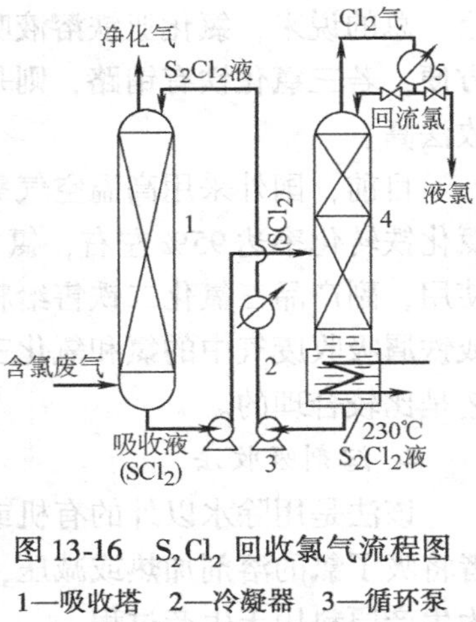

图 13-16 S_2Cl_2 回收氯气流程图
1—吸收塔 2—冷凝器 3—循环泵
4—解吸塔 5—冷凝器

本方法的优点是由于 S_2Cl_2 和 Cl_2 结合很好，故吸收剂

用量很少；解吸塔是加压的，可直接得到液氯，不需要特殊装置，耗动力很少。其缺点是一氯化硫、二氯化硫有刺激性，且不能完全防止泄漏，操作难度较大。

13.2.2 吸附法净化含氯气废气

工业上用于吸附含氯废气的吸附剂主要是活性炭和硅胶。活性炭对含氯废气中的光气、氯气将优先吸附，而对氮、氧等空气成分的吸附量比氯气少得多。一般在20℃下吸附，105℃下解吸，图13-17为活性炭吸附处理含氯废气的流程图。过程采用两个吸附器轮换操作，一台进行吸附，另一台进行解吸。由于吸附过程要放出吸附热，故在吸附床内设有蛇形管，吸附时用水将热量移走，以保证20℃的吸附温度；解吸时蛇管内鼓入150℃的热风，使床层在105～110℃下解吸，解吸抽出的氯气冷凝成液氯贮存。

用硅胶吸附含氯废气具有类似的流程。

吸附法净化含氯废气的优点是无二次污染，氯回收率高达95%左右，解吸气经一次处理可得液氯产品。但活性炭吸附法需严格控制解吸温度，因为高于110℃时，氯气有可能在活性炭催化下生成少量光气，而低于105℃时，解吸速度很慢。若用硅胶吸附，因硅胶吸水性强，含氯废气先需进行干燥脱水。

由于吸附容量有限，吸附法仅适用于含氯废气气量不大或浓度不高的场合。

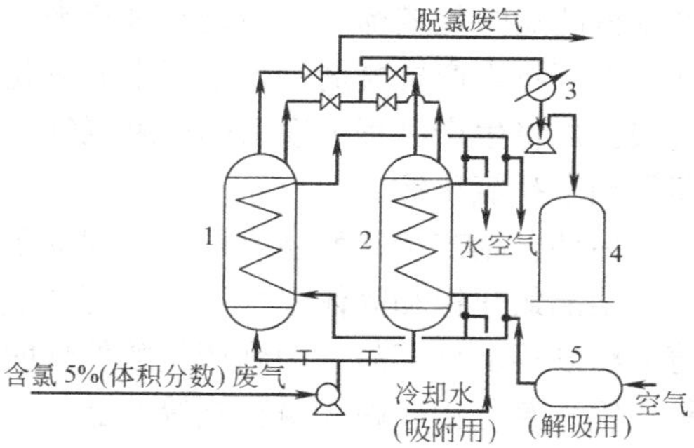

图13-17 活性炭吸附含氯废气流程
1—吸附器Ⅰ 2—吸附器Ⅱ 3—冷却器
4—液氯贮槽 5—空气加热器

含氯气废气的净化可以根据废气中氯气含量选择处理方法，氯气的体积分数在1×10^{-6}以下，危害不大，可以直接排放；氯气的体积分数在1×10^{-6}～1%的废气，多用水或碱液吸收处理，因经济价值不大，吸收液多作废水排掉，所用碱液多为石灰乳；氯气的体积分数在1%～20%的废气，危害极大，可采用碱液吸收、氯化亚铁溶液或铁屑吸收、溶剂吸收、固体吸附等方法回收氯资源；氯气的体积分数在20%～70%的废气，常用液化法回收液氯；氯气的体积分数在70%以上时，通常直接返回氯化过程循环利用，或者用液化法制取液氯。

13.2.3 含氯化氢废气的净化

1. 含氯化氢废气的水洗净化

氯化氢在水中的溶解度相当大，1个体积的水能溶解450个体积的氯化氢。对于含量较高的氯化氢废气，用水吸收后氯化氢可降至0.1%～0.3%（体积分数）。含氯化氢3.15mg/m^{3}的废气，水吸收后降低到0.0025mg/m^3，吸收率99.9%。水吸收氯化氢是一个放热反应

$$HCl（气）+aq = HCl（aq）+18kcal$$

因此，吸收过程中盐酸的温度将升高。盐酸水溶液上方氯化氢的分压随温度升高而增大，故当用水吸收氯化氢浓度较高的废气时，需用冷却方式移去溶解热，以提高吸收效率。

有的含氯化氢废气中含有光气，由于光气与水作用生成盐酸和二氧化碳，因而用水洗涤氯化氢时，光气也被除去

$$COCl_2 + H_2O \longrightarrow 2HCl(aq) + CO_2$$

水吸收含氯化氢废气有制取盐酸和作废水排放两类。前者适用于氯化氢浓度较高的情况，这时所用吸收设备有喷淋塔、填料塔、湍球塔等，而后者适用于氯化氢浓度较低的情况，这时多采用水流喷射泵作吸收设备，它同时起到抽吸和洗涤吸收两种作用。把较高浓度的氯化氢、光气和部分氯气转换成酸水排放掉，不仅经济上不合理，而且也污染水体。在必须排放时，为了减轻水体污染，一般应该用废碱液、电石渣浆等碱性物质中和掉吸收液中酸性组分后再排放。

2. 工业废氯化氢的综合利用

工业废氯化氢的综合利用主要有三种形式：

（1）以副产盐酸用于各工业部门　与工业盐酸不完全相同，在很多情况下，由水洗废气制得的盐酸是较稀的。最近十多年来，国内外开发了许多副产盐酸的利用方法。例如我国某化工厂将生产抗凝剂过程中产生的氯化氢废气，先用水吸收得到15%（质量分数）的稀盐酸，再将生产过程中逸出的过剩氨气通入稀盐酸中，则得到氯化铵溶液，将此溶液蒸发，即得到结晶氯化铵。

另外，副产稀盐酸还可用于处理堆积如山的煤矸石（Al_2O_3 的质量分数为30% ~50%），生产结晶氯化铝和固体聚合铝，并可产氢氧化铝、氧化铝、白炭黑、水玻璃、无熟料水泥、铸造粉砂等多种产品。用副产盐酸处理明矾石，进行综合利用，可同时生产钾氮肥、药用氢氧化铝、氯化铝或碱式氯化铝等产品。

（2）废氯化氢气体直接利用　某些有机氯化过程或其他过程产生的废气中含有较高浓度的HCl，这种废气可以与其他化工原料直接加工成相应的产品。例如国内用甘油吸收氯化氢废气制取二氯丙醇，并可在催化剂作用下制取环氧氯丙烷、二氯异丙醇等。此外，废HCl气体还可以用来制取氯磺酸、染料、二氯化碳等化工产品。

（3）利用废HCl生产氯气　近年来，由于有机化合物氯化技术的迅速发展，引起氯气的短缺，盐水电解法生产的氯气早已满足不了日益增长的需要。在有机氯化过程中约有一半的氯转化为氯化氢，其数量极大，许多国家采用催化氧化法（用空气中的 O_2 在430℃ ~475℃和锰盐或铜盐的催化下，将HCl氧化为 Cl_2）、电解法、硝酸氧化法（用含硝酸17%和硫酸63%的氧化混酸溶液将HCl氧化为 Cl_2）等以废HCl生产氯气。

以上分别介绍了含 Cl_2 和HCl废气的常用处理方法，工作中可以根据含氯废气的组成、浓度、气量大小，各企业的设备、技术条件等具体情况和环境保护的要求选用，对于同时含有氯化氢和氯气的废气，一般先采用水洗法除去HCl，然后处理 Cl_2。在氯和氯化氢废气的净化与综合利用中，在可能的条件下，应尽量将废气中的氯和氯化氢转变为有用产品，回收氯资源。

13.3 含氟废气的净化与利用

13.3.1 含氟废气的来源和性质

含氟废气主要含氟化氢和四氟化硅，来源于冶金工业的电解铝、炼钢，化学工业的磷肥、氟塑料生产，铸造业的化铁炉，还有搪瓷上釉，陶瓷、砖瓦和玻璃的高温烧制等。

氟是最活泼的元素，能与硅、碳等多种元素化合，并能使多种化合物分解，形成氟化物。氟在大气中能与水蒸气迅速反应，生成氟化氢。

氟化氢是无色、有强刺激性和腐蚀性的有毒气体，极易溶于水，形成氢氟酸。四氟化硅是无色窒息性气体，极易溶于水。

氟是人体的微量元素之一，但长期摄入过量的氟，会在体内积蓄，引起呼吸道疾病，使骨骼变异，甚至造成瘫痪。氟污染对动植物的危害很大，特别是对牲畜和部分农作物（如水稻、小麦、玉米和蚕桑）的影响尤其显著。

13.3.2 含氟废气的净化方法与设备

湿法净化系统采用液体吸收剂吸收净化含氟废气。湿法净化含氟废气在化学工业、冶金工业上应用较多。根据选用的吸收剂不同，该法净化又分为酸法和碱法。酸法系指以水为吸收剂净化含氟废气，生成氢氟酸和氟硅酸溶液，此酸性溶液可进一步加工成为有用的氟化物，如冰晶石或硅酸钠等副产品。碱法是以碱性溶液作吸收剂处理含氟废气，生成氟化物水溶液，再将此氟化物溶液加工成氟化物副产品，整个过程无氢氟酸出现。

干法净化系统以固体物质吸附或吸收含氟废气中的氟化物，达到去除并回收废气中氟化物的目的。此法可采用固定床或者流化床吸附工艺。

1. 水吸收法

由于氟化氢和四氟化硅都极易溶于水，所以工业上常用水吸收含氟废气。氟化氢溶于水生成氢氟酸，氢氟酸溶液表面的氟化氢蒸气压如图13-18所示。气相氟化氢的体积分数为130×10^{-6}时，理论上可吸收得到含量为5%（质量分数）的氢氟酸溶液。

四氟化硅溶于水生成氟硅酸和硅胶，氟硅酸溶液表面四氟化硅蒸气压如图13-19所示。温度低于343K，气相四氟化硅的体积分数为3000×10^{-6}，吸收可得含量为32%（质量分数）的氟硅酸溶液。由于反应过程有硅胶析出，容易引起设备堵塞。

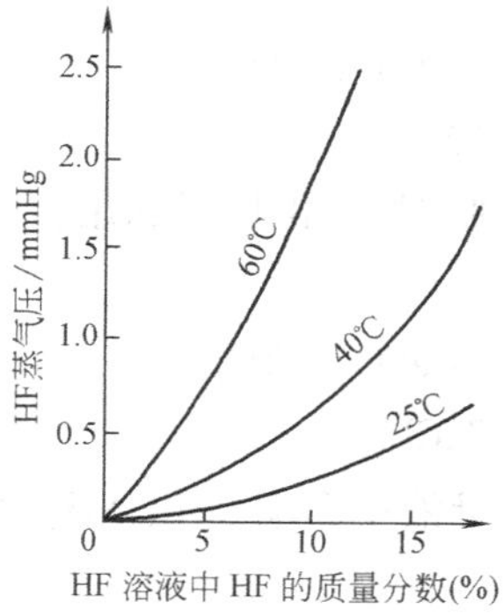

图13-18 HF溶液中HF含量与蒸气压

注：1mmHg = 133.3Pa

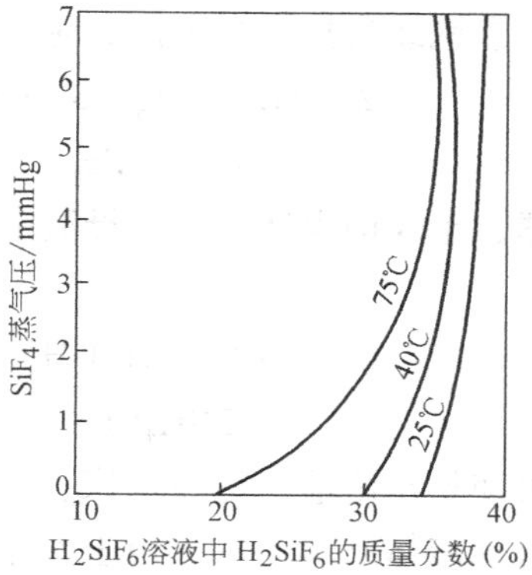

图13-19 氟硅酸溶液中H_2SiF_6含量与四氟化硅分压

注：1mmHg = 133.3Pa

用水吸收含氟废气的设备有拨水轮吸收室（见图13-20）、湍球塔、文丘里洗涤器、喷射吸收装置（见图13-21）、填料塔和喷雾塔等。水吸收法要求设备能防腐和便于清理硅胶。

水吸收的除氟效率一般在90%以上，吸收后的吸收液需进一步加工成氟盐，如冰晶石（Na_3AlF_6）、氟硅酸钠、氟化钠、氟化铝、氟硅酸镁等，其中以冰晶石形式回收的较多。例

如，向水吸收后得到的低浓度氢氟酸溶液中添加 $Al(OH)_3$，可制备氟铝酸

$$Al(OH)_3 + 6HF \xlongequal{} H_3AlF_6 + 3H_2O$$

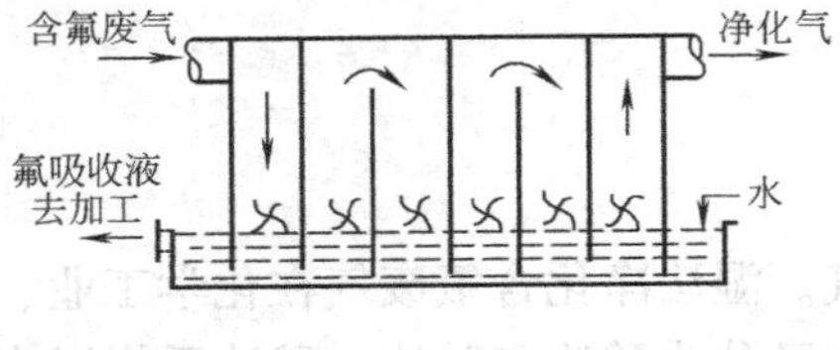

图 13-20　长方形拨水轮吸收室

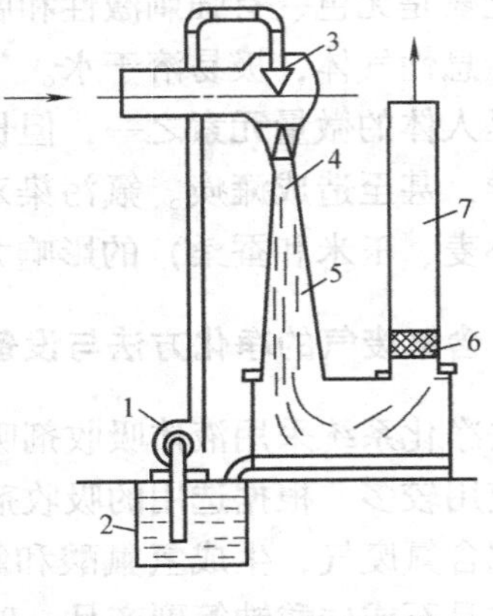

图 13-21　喷射文丘里吸收装置

1—水泵　2—循环水池　3—喷嘴　4—喉管　5—扩散管　6—除雾器　7—排气筒

然后加入碳酸钠制造冰晶石

$$2H_3AlF_6 + 3Na_2CO_3 \xlongequal{} 2Na_3AlF_6 \downarrow + 3CO_2 + 3H_2O$$

生成的冰晶石经过滤、干燥即得冰晶石产品，可用于炼铝生产系统。

对于水处理磷肥工业尾气产生的溶液，可用氨法回收。首先氨水与来自净化系统的 H_2SiF_6 反应生成氟化铵

$$H_2SiF_6 + 6NH_4OH + mH_2O \xlongequal{} 6NH_4F + SiO_2 \cdot (m+4)H_2O$$

氟化铵浆液分离硅胶后与铝盐反应（一般用硫酸铝），首先生成铵冰晶石

$$12NH_4F + Al_2(SO_4)_3 \xlongequal{} 2(NH_4)_3AlF_6 + 3(NH_4)_2SO_4$$

再与硫酸钠或食盐进行置换反应生成钠冰晶石

$$2(NH_4)_3AlF_6 + 3Na_2SO_4 \xlongequal{} 2Na_3AlF_6 \downarrow + 3(NH_4)_2SO_4$$

或
$$(NH_4)_3AlF_6 + 3NaCl \xlongequal{} Na_3AlF_6 \downarrow + 3NH_4Cl$$

经过滤、干燥即得冰晶石，母液中含硫酸铵或氯化铵，回收处理再加以利用，一般是加石灰再生

$$(NH_4)_2SO_4 + Ca(OH)_2 + 2H_2O \xlongequal{} 2NH_4OH + CaSO_4 \cdot 2H_2O$$

或
$$2NH_4Cl + Ca(OH)_2 \xlongequal{} 2NH_4OH + CaCl_2$$

加热可使氨从溶液中蒸发出来，冷凝回收，循环使用，母液中含有少量 NH_4OH，除去钙盐后，可作液体肥料，直接用于农业生产。

2. 碱液吸收法

用氢氧化钠、碳酸钠或氢氧化钙等碱液吸收，仍以回收制取冰晶石为主。例如，用碳酸钠溶液净化含氟烟气，其主要反应为

$$HF + Na_2CO_3 \longrightarrow NaF + NaHCO_3$$

$$2HF + Na_2CO_3 \longrightarrow 2NaF + H_2O + CO_2 \uparrow$$

在循环吸收过程中，当吸收液氟化钠浓度达到 22g/L 以上时，加入定量的铝酸钠

（$NaAlO_2$）溶液，继续循环吸收含氟烟气，铝酸钠就会被碳酸氢钠或酸性气体分解，析出表面活性很强的氢氧化铝；再与氟化钠反应生成冰晶石。总反应为

$$6NaF + 4NaHCO_3 + NaAlO_2 \longrightarrow Na_3AlF_6 \downarrow + 4Na_2CO_3 + 2H_2O$$

或

$$6NaF + 2CO_2 + NaAlO_2 \longrightarrow Na_3AlF_6 \downarrow + 2Na_2CO_3$$

上述反应生成的 Na_2CO_3 也参与吸收 HF。

用氨水洗涤含氟废气时，基本反应为

$$HF + NH_4OH \longrightarrow NH_4F + H_2O$$

$$3SiF_4 + 4NH_3 + (n+2)H_2O \longrightarrow 2(NH_4)_2SiF_6 + SiO_2 \cdot nH_2O$$

$$(NH_4)_2SiF_6 + 4NH_3 + (n+2)H_2O \longrightarrow 6NH_4F_6 + SiO_2 \cdot nH_2O$$

滤去吸收液中的硅胶，再先后加入硫酸铝和硫酸钠。硫酸铝先与氟化铵生成氟铝酸铵和硫酸铵，接着氟铝酸铵与硫酸钠作用，生成冰晶石和硫酸铵：

$$12NH_4F_6 + Al_2(SO_4)_3 \longrightarrow 2(NH_4)_3AlF_6 + 3(NH_4)_2SO_4$$

$$2(NH_4)_3AlF_6 + 3Na_2SO_4 \longrightarrow 2Na_3AlF_6 \downarrow + 3(NH_4)_2SO_4$$

分离冰晶石后，硫酸铵母液可作液体肥料。

3. 吸附法

用氧化铝吸附铝厂含氟烟气中的氟化氢是20世纪60年代铝厂含氟烟气治理技术上的一个重要突破。这种方法净化效率高，一般在98%以上；吸附剂氧化铝是电解铝的原料，吸附氟化氢后不需再生，可直接用于生产中，替代部分冰晶石；工艺流程简单；不存在废水的二次污染和设备的腐蚀问题。与其他方法相比，干法净化的基建费用和运行费用都比较低，可用于各种气候条件。

由于氧化铝颗粒细，微孔多，比表面大，又具有两性化合物的特性，是较好的吸附剂。而氟化氢是酸性气体，沸点高（292.54K），分子的极性较强、偶极距较大，因而容易被氧化铝吸附。由于四氟化硅沸点低（177.9K），所以不宜采用吸附法净化含四氟化硅的废气。

氧化铝的晶格构造可分为α型、γ型和中间型，其中起吸附作用的主要是γ型氧化铝，因此，吸附容量与γ型氧化铝含量成正比。我国生产的工业氧化铝，晶型为α型的占40%～45%，γ型的约占45%～55%。

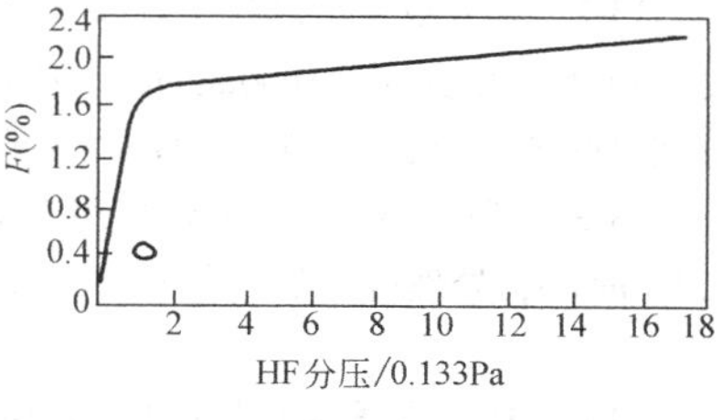

图13-22 Al_2O_3 对 HF 吸附等温线

氧化铝对氟化氢的吸附主要是化学吸附，同时伴有物理吸附，其吸附等温线如图13-22所示。被吸附的氟化氢与氧化铝发生表面化学反应

$$Al_2O_3 + 6HF \underset{\lg K_{1\ 1250K} = 1.64}{\overset{\lg K_{400K} = 37.2}{\rightleftharpoons}} 2AlF_3 + 3H_2O$$

由上式可见，低温有利于反应向右进行。在一定温度下，反应速率随氟化氢浓度提高而迅速增大。

由于表面化学反应速率很高，吸附过程受气膜控制，所以采用输送床、沸腾床等气流紊动程度较高的吸附装置，能有效减少气膜阻力，对吸附过程有利。

输送床净化工艺流程如图13-23所示。铝电解槽的烟气经排气管进入反应管道（即输送

床)，同时反应管道内由定量给料装置加入氧化铝，使气、固两相在输送过程完成吸附反应。烟气在反应管道内的速度：垂直管大于10m/s；水平管大于13m/s，以防止物料沉积。两相接触时间一般大于1s。气固比70～80g/m³（标准状态）。从反应管出来的烟气经布袋过滤器（或电除尘器）进行气固分离。输送床吸附法流程简单，运行可靠，便于管理。

沸腾床吸附流程如图13-24所示。含氟烟气由沸腾床底部经进气分配室进入沸腾床后，气体以0.28m/s左右的速度通过床面上的氧化铝沸腾床层。床面氧化铝层厚度40mm。携带氧化铝粉末的气体经袋滤器过滤后排放。此种工艺流程净化效率高达98%以上，其缺点是系统的气流阻力大，能耗较高。

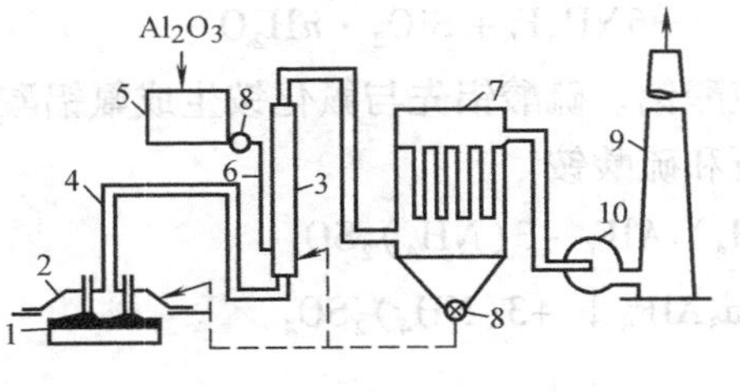

图13-23 输送床净化工艺流程

1—电解槽 2—集气罩 3—反应管 4—排烟管 5—料仓 6—加料管 7—布袋过滤器 8—定量给料装置 9—烟囱 10—风机

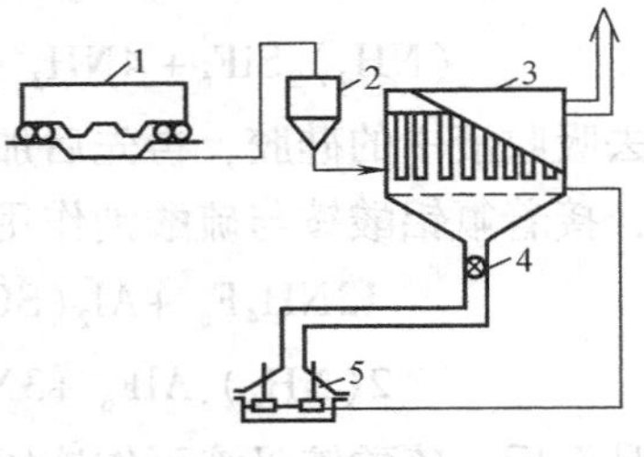

图13-24 沸腾床吸附流程

1—Al_2O_3槽车 2—料仓 3—带过滤器的流化床 4—排烟机 5—预焙电解槽

习 题

13-1 含乙醚和乙醇混合蒸气的尾气用吸附法净化，进入吸附器的混合气体初始浓度为30g/m³，v = 10m/min，炭层厚度L = 0.6m，活性炭的堆积密度为500kg/m³，对乙醚的静活性为0.24，对乙醇的静活性为0.4。设保护作用时间损失相当于0.2m死层，求保护作用系数及保护作用时间。

13-2 某企业生产过程中排放含HCl和Cl_2的废气，气量为30000m³/h，温度为80℃，两种污染物的浓度分别为180mg/m³、1800mg/m³，要求HCl的净化效率大于70%，Cl_2的净化效率大于95%，两种污染物分别以两种不同的副产物加以回收，请制定此废气的治理方案，并写出工艺流程、主要设备和化学反应式。

13-3 利用溶剂吸收法处理甲苯废气。已知甲苯浓度为10000mg/m³，气体在标准状态下的流量为20000m³/h，处理后甲苯浓度为150mg/m³，试选择合适的吸收剂，计算吸收剂的用量、吸收塔的高度和塔径。

13-4 利用冷凝—生物过滤法处理含丁酮和甲苯混合废气。废气排放条件为388K、1.013×10^5Pa，废气量20000m³/h，废气中甲苯和丁酮体积分数分别为0.001和0.003，要求丁酮回收率大于80%，甲苯和丁酮出口体积分数分别小于3×10^{-5}和1×10^{-4}，出口气体中的相对湿度为80%，出口温度低于40℃，冷凝介质为工业用水，入口温度为25℃，出口为32℃，滤料对丁酮和甲苯的降解速率分别为0.3和1.2kg/(m³·d)，阻力为19995Pa/m。比选设计直接冷凝—生物过滤工艺和间接冷凝—生物过滤工艺，要求投资和运行费用最少。

第 14 章 废气净化系统的组成和设计

14

14.1 废气净化装置的选择与系统组成

14.1.1 除尘器的选择

一般，选择除尘器必须从技术、经济及排放标准三个方面来考虑，具体地讲，应该考虑以下几方面：

1. 需要达到的除尘效率

除尘装置需要达到的除尘效率可根据国家或地方政府环境主管部门制定的排放标准（包括以浓度控制为基础规定的排放标准和总量控制标准）或生产技术上的要求，以及除尘器的入口含尘浓度来计算，在缺乏除尘器分级效率曲线和入口粉尘的粒径分布，不能准确计算除尘器的效率时，通常根据经验估算。

2. 气体性质

（1）流量　流量决定了除尘器的大小和运行气流速度，各种除尘器都有充分发挥其性能并能经济运行的最适宜的气流速度，对于气量变化大的污染源必须选择负荷适应性好的除尘器。

（2）温度和露点　废气温度影响废气的体积流量、密度、粘度和粉尘比电阻，并限制除尘器材质。气体粘度既影响除尘器的阻力特性，又影响除尘机制。因为除尘的本质是使粉尘颗粒与气流分离，粘度增加，颗粒迁移困难。因此，废气温度升高，粘度增大，重力、离心力和电除尘器的除尘效率均有下降趋势。所有干式除尘器均需在废气的露点温度以上运行。

（3）压力　含尘气体的压力除影响气体的密度、粘度和电晕放电外，对粒子从气流中分离没有太大影响，但如果废气本身带有一定压力，就可以考虑文丘里等高阻除尘器。

（4）湿度　高湿气体易结露，可能使惯性、离心除尘器堵塞，在过滤材料上结块，或使除尘器腐蚀加重等。此外，湿度大大影响粉尘的比电阻。如果废气湿度过大，宜选择湿式除尘器。

（5）可燃性　处理可燃性或爆炸性气体或粉尘时，不能采用电除尘器。

（6）气体成分　要考虑废气中某些特殊成分可能产生的特殊问题。如含气态氟化物时，就不能采用玻璃纤维织物作高温滤料；如果气体中含有毒成分，除尘系统应保持气密，并尽量在负压下运行；含酸性气体要考虑腐蚀；废气中含与水发生不利反应的成分或粉尘（如电石粉尘）则不能采用洗涤器等。

3. 粉尘性质

（1）粒径和粒径分布　粒径和粒径分布是选择除尘器的重要依据，一般地说，重力沉降室对 50μm 以上、惯性除尘器对10～20μm以上、离心式除尘器对5～10μm 以上的粉尘的净化效果比较明显，10μm 以下微粒占较大比重时，则应选择洗涤、过滤或电除尘器。图 14-1 给出除尘设备可能捕集的大致粒径范围，表 14-1 列出了不同除尘器用典型粉尘进行试验后得出的分级效率，可供参考。

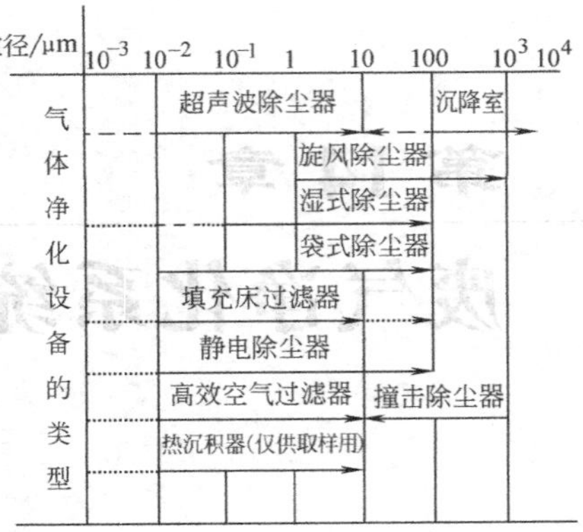

图 14-1　除尘设备可能捕集的大致粒径范围

注：…表示可沿用的范围

（2）含尘浓度　重力、惯性、离心式除尘器入口粉尘浓度增大，除尘效率有增大的趋势。文丘里、喷淋塔等洗涤器，考虑到喉管的磨损和喷嘴的堵塞等，希望含尘浓度在 10g/m³ 以下；袋式除尘器的理想含尘浓度为 0.2g/m³～10g/m³，电除尘器希望含尘浓度在 30g/m³ 以下，以免发生电晕闭塞。

表 14-1　除尘器的分级效率

除尘器名称	总效率（%）	不同粒径（μm）时的分级效率（%）				
		0～5	5～10	10～20	20～44	>44
带挡板的沉降室	58.6	7.5	22	43	80	90
普通的旋风除尘器	65.3	12	33	57	82	91
长锥体旋风除尘器	84.2	40	79	92	99.5	100
喷淋塔	94.5	72	96	98	100	100
电除尘器	97.0	90	94.5	97	99.5	100
文丘里除尘器（$\Delta p=7.5$kPa）	99.5	99	99.5	100	100	100
袋式除尘器	99.7	99.5	100	100	100	100

注：试验用的粉尘为二氧化硅尘，真密度 $\rho_p=2700\text{kg/m}^3$，粉尘的粒径分布如下：0～5μm：20%；5～10μm：10%；10～20μm：15%；20～44μm：20%；>44μm：35%。

（3）密度　粉尘密度对重力、惯性、离心式除尘器影响最大。堆积密度愈小，尘粒愈细，愈不易捕集。此外，真密度/堆积密度≥10 的粉尘很轻，要采取措施以防止捕集下来的粉尘二次扬尘。

（4）磨损性　粉尘都有一定的磨损性，有些坚硬、有棱角、粒径大的粉尘磨损性尤为突出。防磨措施除选择耐磨材质的除尘器外，还可以采取一些强化措施，如加耐磨衬里（如铸石）或耐磨涂料（如矾土水泥）等。

（5）粘附性　旋风器中，粉尘粘附在器壁而不落入灰斗，可能造成堵塞。粘附也可造成滤袋网孔堵塞和电除尘器放电极肥大、集尘极粉尘堆积等。对含水率高、粘附强的粉尘，用湿式除尘器有利，不宜用袋式除尘器。

4. 粉尘的处理

选择除尘器时，必须同时考虑除尘器除下粉尘的处理问题。对于可以回收利用的粉尘如耐火粘土、面粉等，一般采用干法除尘，回收的粉尘可以纳入工艺系统。有的工厂工艺本身设有泥浆废水处理系统，如选矿厂等，可以考虑采用湿法除尘，把除尘系统的泥浆和废水纳入工艺系统。不能纳入工艺系统的粉尘和泥浆也必须有一定的处理措施。

表 14-2 是各种除尘器的综合性能表，可供设计选用除尘器时参考。

表 14-2　除尘器的性能

除尘器名称	适用的粒径范围/μm	效率（%）	阻力/Pa	设备费	运行费
重力沉降室	>50	<50	50～130	少	少
惯性除尘器	20～50	50～70	300～800	少	少
旋风除尘器	5～30	60～70	800～1500	少	中
冲击水浴除尘器	1～10	80～95	600～1200	少	中下
卧式旋风水膜除尘器	≥5	95～98	800～1600	中	中
冲激式除尘器	≥5	95	1000～1600	中	中上
文丘里除尘器	0.5～1	90～98	4000～10000	少	大
电除尘器	0.5～1	90～98	50～130	大	中上
袋式除尘器	0.5～1	95～99	1000～1500	中上	大

14.1.2　气态污染物净化方法的选择

气态污染物的净化有多种方法，这些方法的适用场合已在相应章节作了介绍，选择时也必须从技术、经济及排放标准三个方面考虑。应该从废气特性（流量、温度、湿度等）、污染物种类和浓度等方面选择合理的方法，一般来说有以下原则：

（1）废气流量　废气流量很大时，通常采用吸收法处理（如大型电厂烟气脱硫），有时也采用催化法（如大型电厂烟气脱硝），由于吸附、燃烧、冷凝等方法适宜的操作气速通常不大，不适宜处理流量过大的废气。

（2）污染物浓度　无机污染物浓度较高又不易冷凝或不能燃烧时，一般应采用吸收法处理，且优先采用化学吸收；对易冷凝或可燃烧的高浓度有机废气，应先冷凝回收大部分有机物后，再作热力或催化燃烧处理，并回收热量。对浓度较低组分单一的有机废气，可采用吸附–回收法处理，对组分复杂的低浓度有机废气（特别是恶臭废气）宜采用吸附浓缩-催化燃烧法处理。

（3）温度、湿度　温度过高的废气，可优先考虑催化、燃烧（对可燃物）等能充分利用废气热能的方法。对不能进行催化、燃烧处理的高温、高湿废气，宜采用吸收法净化，并根据需要，作降温预处理。

气态污染物的净化装置一般需要根据污染源条件和确定的净化方法进行计算和设计，设计中必须考虑设备结构、防腐，阻力或能耗、操作稳定性和操作费用等因素。

吸收设备的选择详见本书 8.5 节。

14.1.3　净化装置的费用

选择净化方法与装置必须在净化装置费用计算的基础上作技术经济分析，包括设备投资费与运行费两部分。为便于比较，通常采用处理每单位体积气体量所需费用来表示。

1. 投资费

投资费通常包括主体净化装置、辅助设备（如风机、电动机、卸灰输灰设备与管道等）、土地、基建费用及其他费用。

图 14-2 示出几种除尘设备投资费与除尘效率 η 或通过率 P 间的关系，图中设备费为每处理 $1m^3$ 含尘气体时的相对比价（k_0）。由图可见，各种除尘器的 k_0 值均随除尘效率 η 的

提高（或通过率 P 的降低）而提高，例如选用湿式除尘器，当 η 由 95.5% 增加到 99.0% 时，k_0 值由 1 增加至 2.5，即增加了 1.5 倍。对于干式电除尘器，比集尘面积 A 与设备费用相关。通过计算，当除尘效率由 90% 提高到 99%、99.9% 及 99.99% 时，设备费用分别增加 1、2、3 倍。

图 14-3 示出几种除尘装置的除尘效率与处理单位气体量的设备费 k_0 之间的关系。由图可见，当 $\eta=99.5\%$ 时，袋式除尘器的 $k_0=2.75$，干式电除尘的 $k_0=4.6$，湿式洗涤器的 $k_0=1.7$，三者的 k_0 值之比为 1∶1.67∶0.62。由此可见，湿式洗涤器的设备费最低。这一参数可供选择设备时参考，当然，由于处理气量与气体性质等因素不同，费用将会发生变化。

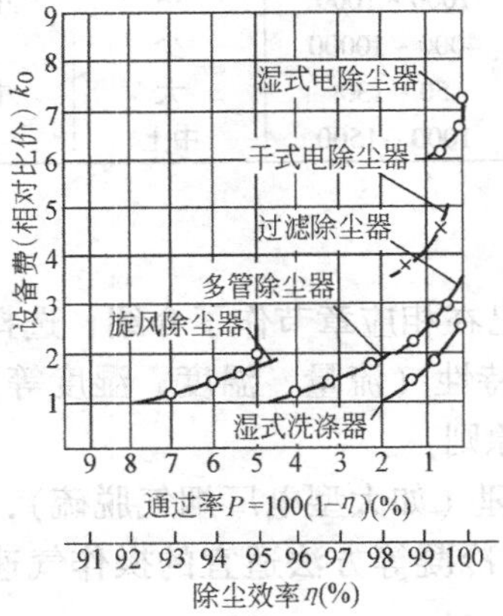

图 14-2 设备费与除尘效率（或通过率）的关系

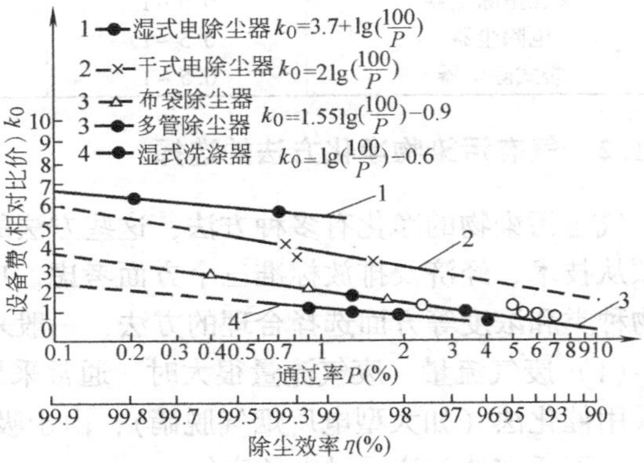

图 14-3 各种除尘器的净化效率和处理单位气体量所需设备费 k_0 的比较

设备费还与净化系统的选择密切相关。例如当处理气体含尘浓度 $c_1=10\text{g/m}^3$，要求排放浓度小于 0.1g/m^3 时，可采用两种净化系统方案：一是采用一级干式电除尘，要求 $\eta=99\%$，由图 14-3 知 $k_0=4$；二是采用二级除尘，第一级选用多管旋风除尘，其 $\eta=90\%$，出口浓度为 $c_2=1\text{g/m}^3$，$k_0=0.4$，第二级选用干式电除尘，$\eta=90\%$，$k_0=2.2$，出口浓度 $c_2=0.1\text{g/m}^3$。两者的设备费用比为 2.6/4=0.65，显然方案二比方案一费用低。当然，净化系统的最终选择还要综合考虑多方面因素来决定。

另外，净化装置的占地面积对设备费也有明显影响。如图 14-4 示出当处理气量为 $1000\text{m}^3/\text{h}$ 时，各种除尘器所占空间（m^3）。由图 14-4 可见，电除尘器所占面积较大。

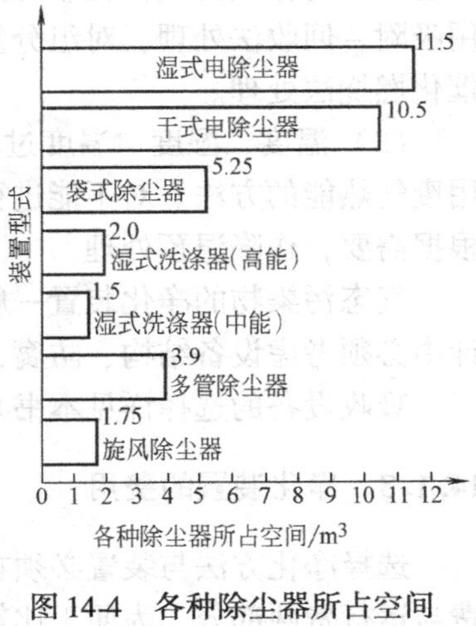

图 14-4 各种除尘器所占空间

2. 运行费用

净化系统的运行费用包括水、电和材料消耗费，设备折旧、维修费及劳务费等。

通常气态污染物净化系统的材料消耗费和除尘系统的电费是运行费中的主要部分。净化系统的电耗包括风机、泵及各种电器的耗电，如电晕放电，清灰装置及粉尘输送装置用电，还有水蒸气、压缩空气等的用电。

3. 总费用

设备费与运行费的总和为净化系统（装置）的总费用。

图 14-5 表示袋式除尘器与电除尘器的总费用与处理气体量间的关系。由图可见，当处理气量 $<Q_A$ 时，袋式除尘器总费用较低，而处理气量 $>Q_A$ 时，电除尘器的处理费用较低。如在日本，有人认为 $Q_A=(6\sim14)\times10^4\mathrm{m^3/h}$ 时，采用电除尘器虽一次投资大，但运行费用低，最终总费用较低，是较经济的除尘装置。如图 14-6 所示，提高烟气流速，可降低处理单位气体的设备投资费用。但是随烟气流速的提高，运行费用将增加，因此对某一装置来说，存在一个总费用最低点，即最佳经济点，对应于该点的流速为最佳经济流速 u_0。一般来说，净化装置的大型化有利于设备投资费用的降低，但是在生产实际中，需要综合考虑各种因素才能做出合理的选择。

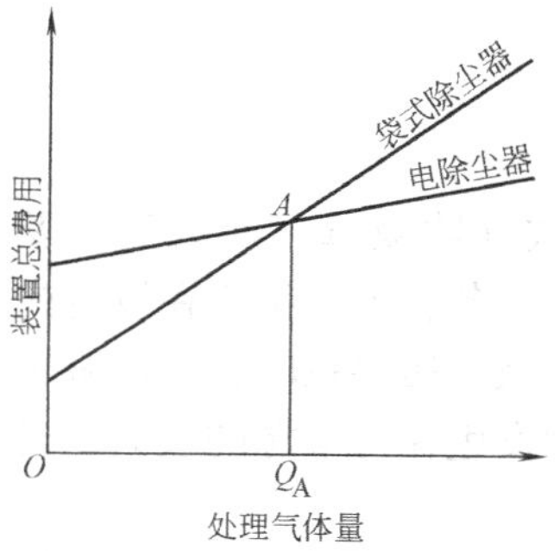

图 14-5 袋式除尘器与电除尘器的经济比较

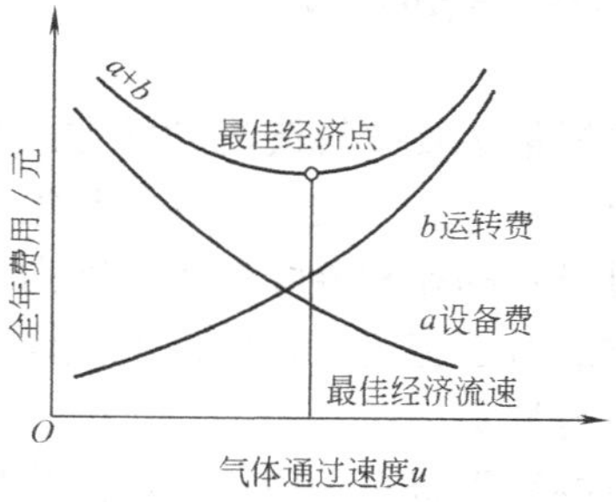

图 14-6 最佳经济流速

14.1.4 净化系统的组成

净化系统一般由以下几部分组成：①污染源控制装置，其功能是收集污染源排出的污染物，并将其导入净化装置中，以便综合治理；②废气净化装置，其功能是用来去除不同种类和性质的污染物；③废气的最终处理装置，经净化并与污染物分离的废气，可通过排风机及烟囱排入大气中；如含有可回收利用成分，可将其引入相应的回收系统中。

作为净化系统的一个例子——局部排气净化系统的基本组成如图 14-7 所示，主要由包括以下几部分：

（1）集气罩 它是用来收集污染气流的。由于污染源设备结构和生产操作工艺不同，集气罩的形式多种多样。

（2）风管 它将污染气流引到净化装置，将系统的设备连成一个整体。

（3）净化设备 净化排气中的污染物，使之达标准排放。净化设备的种类应与处理废气

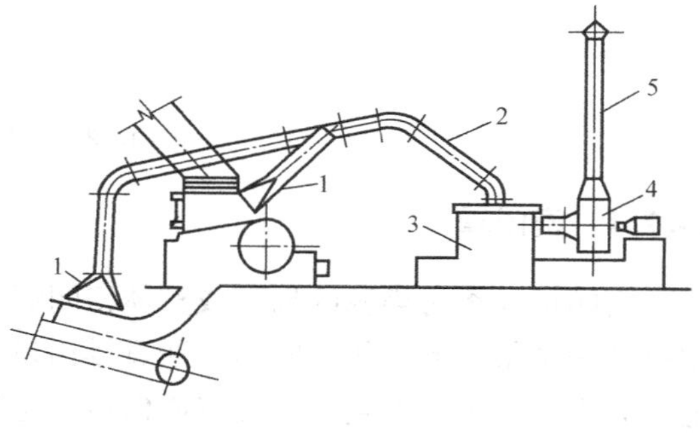

图 14-7 局部排气净化系统示意图

1—集气罩 2—风管 3—净化设备 4—通风机 5—烟囱

的性质相适应，处理能力应与废气流量相配合。

（4）通风机　它是系统中气体流动的动力设备。为防止通风机的磨损，通常把它设在除尘设备后面。

（5）烟囱　它是净化系统的排气装置。为了保证由于不能100%净化而排放的污染物所造成的地面浓度不超过环境空气质量标准，烟囱必须具备一定的高度。

为了使净化系统正常运行，根据处理对象不同（如含尘气体、有毒有害气体、高温烟气、易燃易爆气体等），在净化系统中还应增设必要的设备和部件。例如：除尘系统的排灰装置、高温烟气的冷却装置、余热利用装置以及满足钢材热胀冷缩变化的管道补偿器，输送易燃易爆气体时所设的阻火、防爆装置，用于调节系统风量和压力平衡的各种阀门，用于测量系统内各种参数的测量仪表、控制仪表和测孔，用于支撑和固定管道、设备的支架，用于降低通风机噪声的消音装置等。

14.2　集气罩的设计

污染物捕集装置按气流流动的方式分为吸气式和吹吸式（吹吸罩）两大类。吸气捕集装置按其形状可分为两类：集气罩和集气管。对密闭的生产设备，若污染物在设备内部发生时，会通过设备的孔和缝隙逸到车间内，如果设备内部允许微负压存在时，则可采用集气管捕集污染物。对于密闭设备内部不允许微负压存在或污染物发生在污染源的表面上时，则可用集气罩进行捕集。

集气罩的种类繁多，应用广泛。按集气罩与污染源的相对位置及围挡情况，可把集气罩分为三类：密闭集气罩、半密闭集气罩、外部集气罩。这三类集气罩还可分为各种型式（见图14-8）。

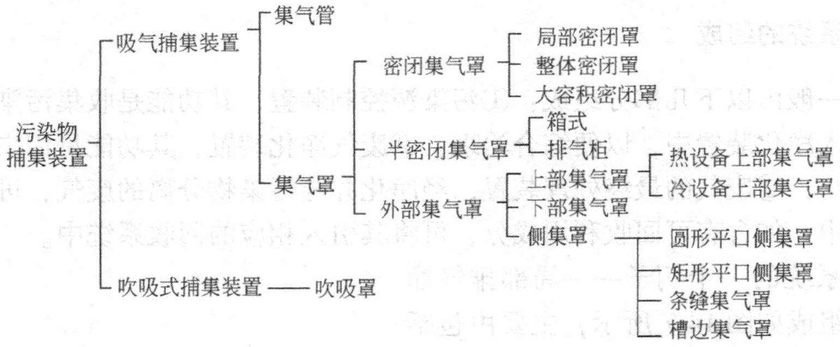

图14-8　污染物捕集装置分类

14.2.1　密闭罩

密闭罩是将污染源的局部或整体密闭起来的一种集气罩。其作用原理是将污染物的扩散限制在一个很小的密闭空间内，通过排出口排出一定量的气体，仅在必须留出的罩上开口或缝隙处吸入若干室内空气，使罩内保持一定负压，达到防止污染物外逸的目的。密闭罩与其他类型集气罩相比，它所需的排风量最小，控制效果最好，且不受室内横向气流干扰，在设计中应优先选用。一般来说，密闭罩多用于粉尘发生源，常称为防尘密闭罩。

1. 密闭罩的结构形式

按密闭罩的围挡范围和结构特点，可将其分为局部密闭罩（见图14-9）、整体密闭罩（见图14-10）和大容积密闭罩（见图14-11）三种。

局部密闭罩的特点是体积小，材料消耗少，工艺设备大部分在罩外，操作与检修方便。一般适用于污染气流速度较小、且连续散发的地点，如皮带运输机的受料点等。

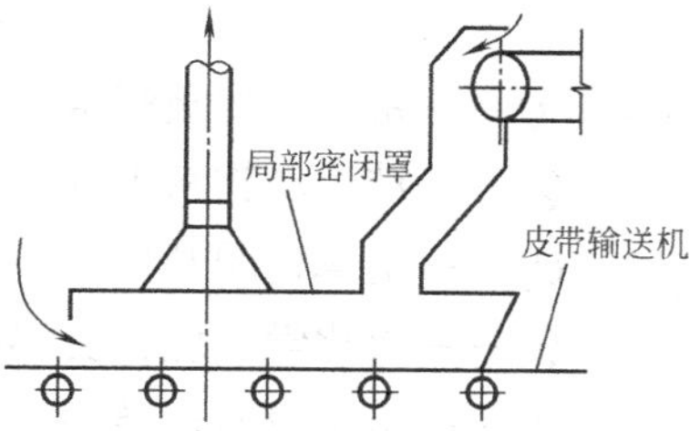

图14-9　局部密闭罩

整体密闭罩将产尘设备或产尘点大部分或全部密闭起来，只把需要经常维护和操作的传动部分留在罩外，它的特点是密闭性好，适用于有振动和气流较大的设备。

大容积密闭罩是将整个产生污染物的设备和所有发生源都密闭起来，也称为密闭小室。其特点是罩内容积大，可以缓冲污染气流，减少局部正压，设备检修可在罩内进行。它适用于多点源、阵发性、气流速度大的设备与污染源，例如振动筛即可采用这类密闭罩。

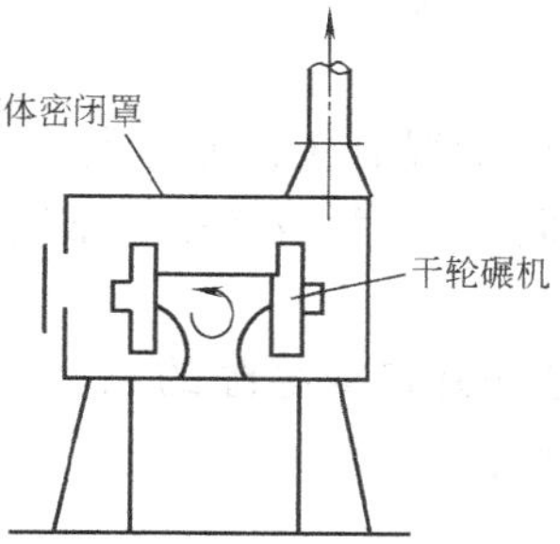

图14-10　整体密闭罩

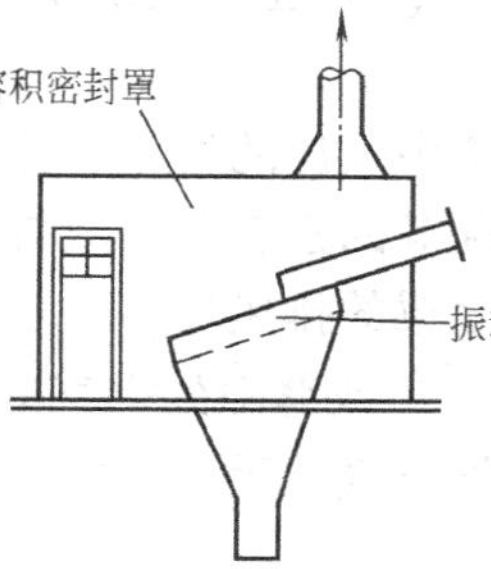

图14-11　大容积密闭罩

2. 密闭罩的布置要求

1）在结构上密闭罩要根据需要，设置必要的观察窗、操作门和检修门，各类门窗应便于操作，开关灵活，密封性好，且避开气流正压较高的部位。

2）密闭罩内应保持一定的均衡负压，避免污染物逸出。这需要合理组织罩内气流，正确选择吸风点位置和数量。由于热气流上升、设备运转和物料飞溅等因素，会使罩内局部区域形成正压。为控制烟气外逸，设置排气口时，必须考虑罩内的压力分布，将排气口设于压力较高的部位，消除局部正压，同时又要避开物料流，防止过多地吸走物料。对于正压点多，罩内气流不易流通，容积过大，长度过长的密闭罩，可考虑设置两个以上的吸风点。

3）吸气罩的布置，应根据扬尘点物料和气流运动情况，尽量避开扬尘中心，防止大量物料随气流带至罩口被吸走。吸气罩口上的风速要分布均匀，罩子扩张角一般不大于60°。罩口风速按物料的干、湿、粗、细和轻重情况选取。粒径小于3mm的物料，罩口风速可取1～2m/s。吸气罩及其上部风管，一般应垂直敷设，以防物料堆积。

4）处理热物料时，密闭罩形式和吸风点位置的选择应考虑热压对气流运动的影响，通常应适当加大密闭罩容积，吸风点可设于罩子顶部最高点。

3. 密闭罩排风量的计算

确定密闭罩排风量的原则，是要保证罩内各点都处于负压，保证从罩子开口及不严密缝隙处均匀地吸入一部分室内空气，防止罩内污染气流从缝隙、孔洞中逸出，造成污染。一般来说，适当的排风量应保证密闭罩内的负压不小于 5 ~ 14Pa。

从罩内吸走一部分气体，使之形成负压，这时罩内风量平衡如下式所示

$$Q = Q_1 + Q_2 + Q_3 + Q_4 + Q_5 + Q_6 \tag{14-1}$$

式中 Q——密闭罩的吸气量（m^3/s）；

Q_1——被运动物料带入罩内的诱导空气量（m^3/s）；

Q_2——由罩密闭开口或不严密缝隙处吸入的空气量（m^3/s）；

Q_3——由化学反应，受热膨胀，水分蒸发等产生的气体量（m^3/s）；

Q_4——由于设备运转而鼓入密闭罩内的空气量（m^3/s）；

Q_5——被压实的物料所排挤出的空气量（m^3/s）；

Q_6——随物料排出所带走的空气量（m^3/s）。

上式中 Q_3、Q_4 依生产工艺和设备类型而定，Q_5、Q_6 值一般很小，而且可相互抵消，因此，在无 Q_3、Q_4 产生的情况下，密闭罩的吸风量主要由 Q_1、Q_2 决定，即

$$Q = Q_1 + Q_2 \tag{14-2}$$

从密闭罩中吸出的气量，不但与罩子结构、罩内气流情况有关，而且与工艺设备的种类，操作情况等因素有关，故排风量的理论计算较为困难。在工程设计中，常用以下几种方法来确定密闭罩的排风量：

（1）按开口或缝隙处空气的吸入速度 u_0 计算　当已知开口或缝隙的总面积 F_0（m^2）和开口、缝隙处空气的吸入速度 u_0（m/s）时，即可按下式计算

$$Q = F_0 u_0 \tag{14-3}$$

考虑到减少因排风带走过多的物料并保证控制效果，一般取 $u_0 = 0.5 \sim 1.5$m/s。

（2）按经验公式或数据确定排风量　某些特定的污染设备，已根据工程实践总结出一些经验公式。例如，砂轮机和抛光机的排风量可按下式计算

$$Q = KD \tag{14-4}$$

式中 K——每毫米轮径的排风量［m^3/（mm·h）］，对砂轮取 $K = 2m^3$/（mm·h），毡轮取 $K = 4m^3$/（mm·h），布轮取 $K = 6m^3$/（mm·h）。

D——轮径（mm）。

某些污染设备可根据其型号、规格、密闭罩形式直接从有关手册中查出推荐风量。

14.2.2 排气柜（半密闭罩）

排气柜也称箱式或半密闭集气罩。其捕集机理和密闭罩类似，即将有害气体发生源围挡在柜状空间内，可视为开有较大孔口的密闭罩。由于排气作用，在柜内产生一定的负压，操作口处具有一定的进气流速，可有效防止有害气体外逸。化学实验室的通风柜和小零件喷漆箱就是排气柜的典型代表。其特点是控制效果好，排风量比密闭罩大，而小于其他型式集气罩。

1. 排气柜的结构形式与排气口的布置

排气柜可使产生有害气体的操作在柜内进行。排气柜排气口位置，对于有效地排除有害气体，不使之从操作口泄出有着重要影响。用于冷污染源或产生有害气体密度较大的场合，排气点宜设在排气柜的下部（见图 14-12a）；用于热污染源或产生有害气体密度较小的场合，

排气点宜设在排气柜的上部（见图14-12b）；对于排气柜内产热不稳定的场合，为适应各种不同工艺和操作情况，应在柜内空间的上、下部均设排气点，并装设调节阀，以便调节上、下部排风量的比例（见图14-12c）。排气柜不应设置在接近门窗或其他进风口的地方，以防气流干扰。

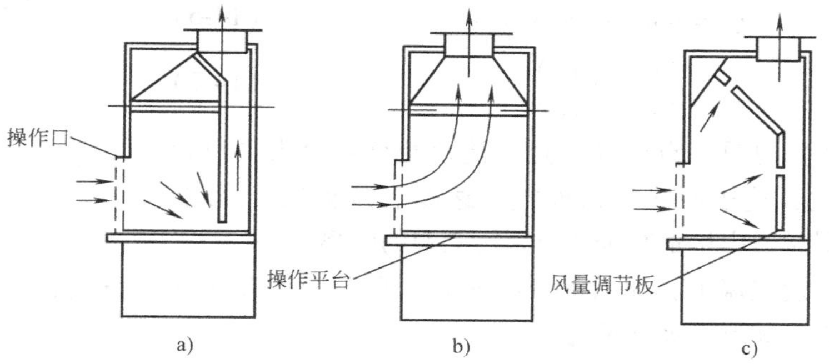

图14-12 排气柜

a）排气点设于下部的排气柜 b）排气点设于上部的排气柜 c）上下部均设排气点的排气柜

2. 排气柜排风量的计算

排气柜的排风量Q(m^3/s)可按下式计算

$$Q = u_0 A_0 \beta \tag{14-5}$$

式中 A_0——操作口面积（m^2）；

β——安全系数，一般情况下，$\beta = 1.05 \sim 1.10$；

u_0——操作口处的平均吸气速度（m/s）。一般取$u_0 = 0.5 \sim 1.5$，对于危害大的烟气，选用较大的u_0值。

14.2.3 外部吸气罩

由于工艺条件限制，有时无法对污染源进行密闭，只能在其附近设置排气罩，依靠罩口吸入气流，将有害气体吸入罩内，这类排气罩称为外部吸气罩。外部吸气罩型式多样，按吸气罩与污染源的相对位置可将其主要分为三类：上部吸气罩、下部吸气罩、侧吸罩（见图14-13）。

1. 外部吸气罩罩口气流流动规律

在研究外部吸气罩的速度分布时，可先把吸气口近似地视为一个点汇（见图14-14）。气流从四周流向该点时，其流线是以该

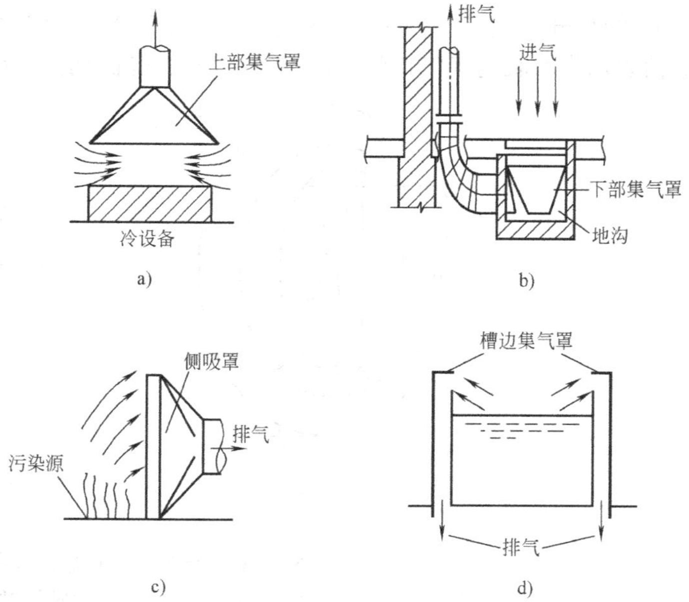

图14-13 外部吸气罩

a）上部吸气罩 b）下部吸气罩 c）侧吸罩 d）槽边吸气罩

点为中心的径向线，等速面是以该点为中心的球面。通过每个等速面的空气量应相等。假设点汇吸风量为 Q，等速面的半径为 r_1、r_2，相应气流速度为 u_1、u_2，由于通过每个等速面的风量相等，则有

$$Q = 4\pi r_1^2 u_1 = 4\pi r_2^2 u_2 \tag{14-6}$$

即

$$\frac{u_1}{u_2} = \left(\frac{r_2}{r_1}\right)^2 \tag{14-7}$$

由式（14-6）可见，点汇外某点的流速与该点至吸气口距离的平方成反比，这表明吸气口外气流速度衰减很快。因此，设计外部吸气罩时，应尽量减少罩口至污染源的距离。

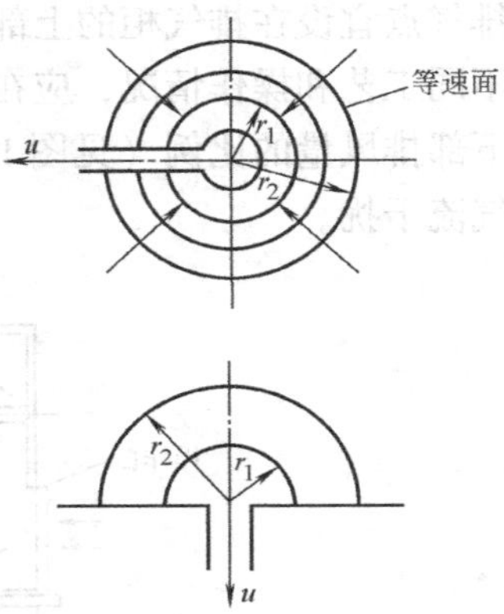

图 14-14　点汇气流流动情况

如果吸气口设在墙上，如图 14-12b 所示，吸气范围减了一半，其等速面为半球形，吸气量为

$$Q = 2\pi r_1^2 u_1 = 2\pi r_2^2 u_2 \tag{14-8}$$

比较式（14-6）、式（14-8）可知，在同样距离上造成同样的吸气速度，即达到同样的控制效果时，悬空设置的吸气口所需的吸气量要比靠墙设置的吸气量大一倍。或者说同样的吸风量，有一面遮挡的点汇比悬空设置的点汇，在同样的距离上造成的吸风速度要大一倍。因此，在设计外部吸气罩时，应尽量减少吸气范围，以增强控制效果。

实际上，吸气口是有一定大小的，气体流动也是有阻力的。所以，吸气区气体流动的等速面不是球面而是椭球面。一些研究者对圆形和矩形吸气口的吸入流动进行了试验研究，并绘制了吸气区内气流流线和速度分布图，直观地表示了吸气速度和相对距离的关系，如图 14-15、图 14-16 所示。这些图被称为吸气流谱。图 14-15 为圆形吸气口的速度分布图，其中横坐标是 x/d（x 为某点距吸气口的距离，d 为吸气口直径），等速面的速度值是以吸气口流速 u_0 的百分数表示的。图 14-16 表示宽长比为 1∶2 的矩形吸气口吸入气流的等速线，图中数值表示中心轴与吸气口的距离以及在该点气流速度与吸气口流速 u_0 的百分比。

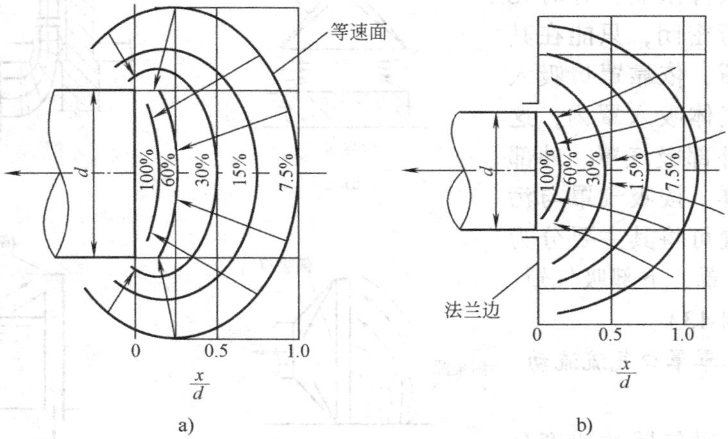

图 14-15　圆形吸气口速度分布图

a）四周无边圆形吸气口速度分布图　b）四周有边圆形吸气口速度分布图

根据试验结果，吸气口气流速度分布具有以下特点：

1）在吸气口附近的等速面近似与吸气口平行，随着离吸气口距离 x 的增大，逐渐变成

椭圆面，而在一倍吸气口直径 d 处接近为球面。因此，当 $x/d>1$ 时，可近似当作点汇，吸气量 Q 可按式（14-6）、式（14-8）计算；当 $x/d<1$，应根据有关气流衰减公式进行计算。

2）吸气口气流速度衰减较快。如图14-15a所示，当 $x/d=1$ 时，该点气流速度已大约降到吸气口流速的7.5%。

3）对于一定结构的吸气口，不论吸气口风速大小，其等速面形状大致相同。而吸气口结构形式不同，其气流衰减规律则不同。

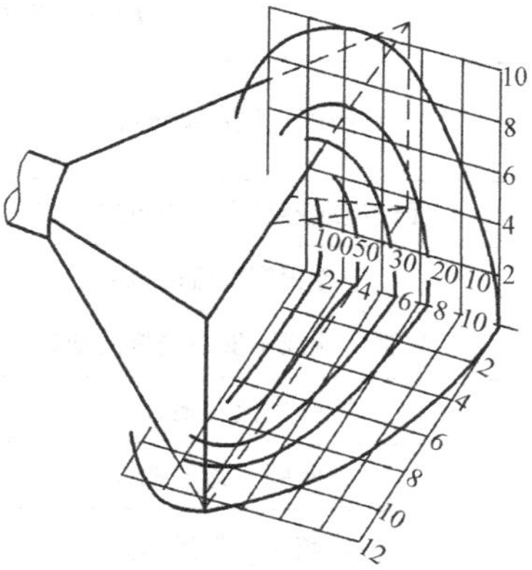

图14-16 矩形吸气口速度分布

2. 外部吸气罩排风量的计算方法

目前多用“控制速度法”计算外部吸气罩的排风量。从污染源散发出的污染物具有一定的扩散速度，该速度随污染物扩散而逐渐减小。所谓控制速度系指在罩口前污染物扩散方向的任意点上均能使污染物随吸入气流流入罩内并将其捕集所必需的最小吸气速度。吸气气流有效作用范围内的最远点称为控制点。控制点距罩口的距离称为控制距离（见图14-17）。

计算外部吸气罩排风量时，首先应根据工艺设备及操作要求，确定排风罩形状及尺寸，由此可确定罩口面积 A_0；其次根据控制要求安排罩口与污染源的相对位置，确定罩口几何中心与控制点的距离 x。

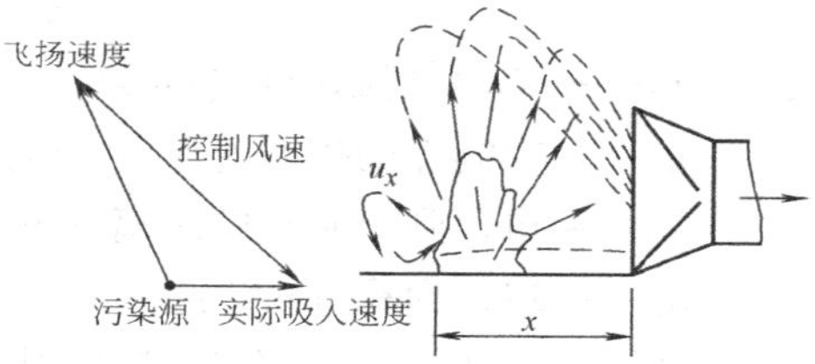

图14-17 速度控制法

在工程设计中，当确定控制点速度 u_x 后，即可根据不同型式排气罩罩口的气流衰减规律求得罩口上气流速度 u_0，在已知罩口面积 A_0 时，可按下式求得吸气罩的排风量

$$Q = A_0 u_0 \tag{14-9}$$

采用控制速度法计算外部吸气罩的排风量，关键在于确定控制速度 u_x 和吸气罩结构、安装位置及周围气流运动情况，一般通过现场实测确定。如果缺乏现场实测数据，设计时可参考表14-3、表14-4确定。外部吸气罩罩口的速度分布曲线或气流速度衰减公式均通过实验求得，而一般实验是在没有污染气流的情况下进行的。当污染源的污染物发生量较大时，若仍采取这些曲线或公式去求排风量，则在边缘控制点上的实际控制风速往往小于设计值，污染物可能逸入室内。为了提高控制效果，工程中往往采用加大 u_x 的近似处理方法。

表14-3 污染源的控制速度 u_x

污染物的产生状况	举　例	控制速度 u_x/m·s^{-1}
以轻微的速度放散到相当平静的空气中	蒸气的蒸发，气体或烟气从敞口容器中外逸	0.25～0.5
以轻微的速度放散到尚属平静的空气中	喷漆室内喷漆，断续地倾倒有尘屑的干物料到容器中，焊接	0.5～1.0
以相当大的速度放散出来，或放散到空气运动迅速的区域	翻砂、脱模、高速（大于1m/s）带运输机的转运点、混合、装袋或装箱	1.0～2.5
以高速放散出来，或放散到空气运动迅速的区域	磨床、重破碎，在岩石表面工作	2.5～10

表 14-4 考虑周围气流情况及污染物危害性选择控制速度 u_x

周围气流运动情况	控制速度 u_x/m·s^{-1}	
	危害性小时	危害性大时
无气流或容易安装挡板的地方	0.20 ~ 0.25	0.25 ~ 0.30
中等程度气流的地方	0.25 ~ 0.30	0.30 ~ 0.35
较强气流或不安装挡板的地方	0.35 ~ 0.40	0.38 ~ 0.50
强气流的地方	0.5	1.0
非常强气流的地方	1.0	2.5

3. 外部吸气罩排风量的计算公式

外部吸气罩形式很多，其排风量计算公式各不相同，下面仅介绍几种外部吸气罩的罩口气流速度衰减公式及其排风量计算公式，供设计计算参考。

（1）圆形或矩形吸气罩　对于罩口为圆形或矩形（宽长比 $B/L \geqslant 0.2$）的外部吸气罩，沿罩子轴线的气流速度衰减公式为

$$\frac{u_0}{u_x} = \frac{C(10x^2 + A_0)}{A_0} \tag{14-10}$$

式中　u_0——罩口气流速度（m/s）；

u_x——控制点的控制速度（m/s）；

x——罩口到控制点的距离（m）；

A_0——罩口面积（m^2）；

C——系数，与外部吸气罩的结构、形状和布置情况有关。

如四周无边、前面无障碍的吸气罩，取 $C=1.0$；对操作台上的侧吸罩，取 $C=0.75$；前面无障碍的有边罩，取 $C=0.75$。式（14-10）可改写为

$$u_0 = \frac{C(10x^2 + A_0)}{A_0}u_x \tag{14-11}$$

外部吸气罩排风量的计算公式为

$$Q = u_0A_0 = C(10x^2 + A_0)u_x \tag{14-12}$$

式中　Q——外部吸气罩的排风量（m^3/s）。

例 14-1　有一圆形外部吸气罩，罩口直径 $d=30$cm，要在罩口中心线上距罩口 0.25m 处造成 0.6m/s 的吸气速度，计算吸气罩的排风量。

解　1）采用四周无边吸气罩，则 $C=1.0$，由式（14-12）可得吸气罩的排风量为

$$Q = C(10x^2 + A_0)u_x = 1.0 \times \left[10 \times 0.25^2 + \frac{\pi}{4} \times 0.3^2\right] \times 0.6\mathrm{m^3/s} = 0.417\mathrm{m^3/s}$$

2）采用四周有边的圆形吸气罩，则 $C=0.75$，同理可得

$$Q = 0.75 \times \left(10 \times 0.25^2 + \frac{\pi}{4} \times 0.3^2\right) \times 0.6\mathrm{m^3/s} = 0.313\mathrm{m^3/s}$$

由例 14-1 可见，吸气罩加边后，可减少无效气流的吸入，排风量可减少 25%，节约了能源。

（2）条缝罩　条缝罩系指宽长比 $B/L<0.2$ 的矩形侧吸罩，如图 14-18 所示。由于罩口形状和尺寸的特殊性，决定其罩口气流流谱与上述罩型的差别，条缝罩罩口附近等速面不是

球形面，不能按点汇流公式计算，一般按实测流场所归纳的经验公式计算。

条缝罩沿罩口轴线的气流速度衰减公式和排风量计算公式如下

$$u_0/u_x = CxL/A_0 \tag{14-13}$$

$$Q = CxLu_x \tag{14-14}$$

式中　Q——条缝罩的排风量（m^3/s）；

x——污染源距罩口中心的距离，即控制距离（m）；

L——条缝罩开口长度（m）；

A_0——条缝罩罩口面积（m^2）；

C——与缝结构形式和设置情况有关的系数。

四周无边条缝罩取 $C=3.7$（见图14-18a），四周有边条缝罩取 $C=2.8$（见图14-18b），操作平台上的条缝罩取 $C=2.0$（见图14-18c）。

（3）冷过程上部吸气罩　在污染设备上方设置集气罩，由于设备的限制，气流只能从侧面流入罩内，如图14-19所示。为避免横向气流干扰，要求尽可能使 $H\leqslant 0.3L$（L 为罩口长边尺寸），其排风量按下式计算

$$Q = KPHu_x \tag{14-15}$$

式中　P——罩口敞开面周长（m）；

H——罩口至污染源的距离（m）；

u_x——控制速度（m/s）；

K——考虑沿高度速度分布不均匀的安全系数，通常取 $K=1.4$。

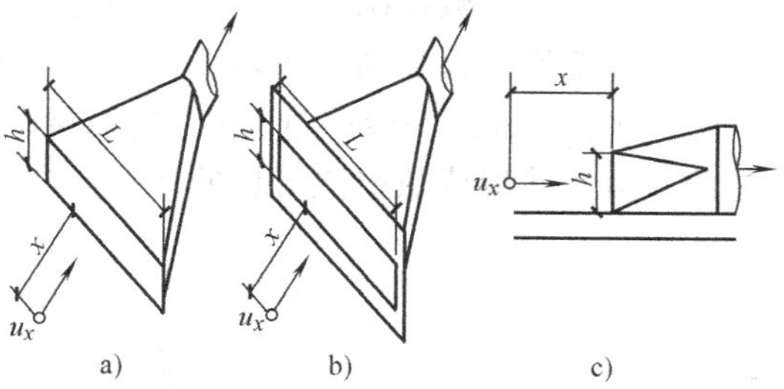

图14-18　条缝罩

a）四周无边条缝罩　b）四周有边条缝罩

c）操作台上的条缝罩

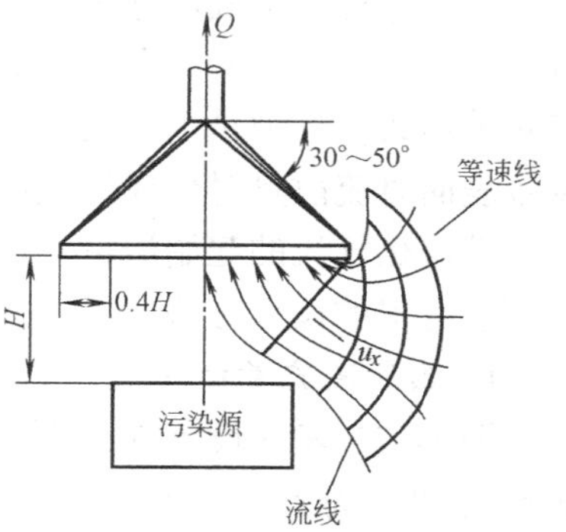

图14-19　冷过程上部吸气罩

4. 外部吸气罩设计的注意事项

1）为提高吸气罩的控制效果，减少无效气流的吸入，罩口应加设法兰边。上部吸气罩的吸入气流易受横向气流的影响，最好靠墙布置，或在罩口四周加设活动挡板（见图14-20）。

2）为保证罩口吸气速度均匀，吸气罩的扩张角 α 不应大于60°。当污染源的平面尺寸较大时，为降低吸气罩高度，可将其分割成几个小罩子（见图14-21a），也可以在罩口加设挡板或气流分布板，以保证罩口气流速度分布均匀（见图14-21b）。

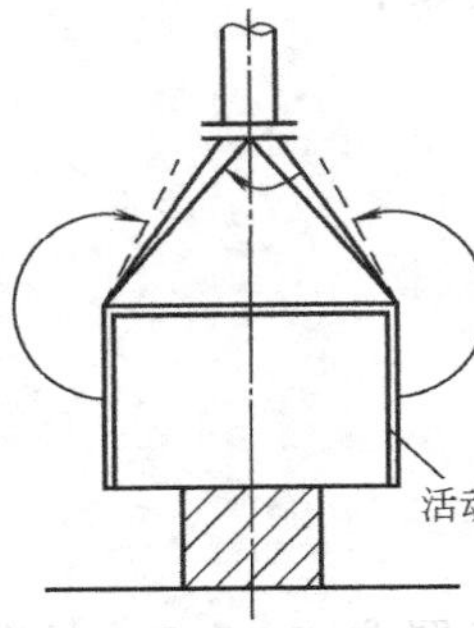

图 14-20 设有活动挡板的伞形罩

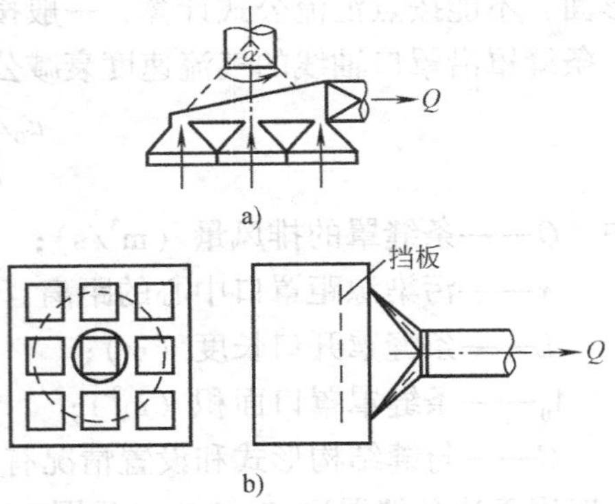

图 14-21 保证罩口气流分布均匀的措施

14.2.4 外部排气罩

有些生产过程或设备本身会产生或诱导气流运动，并带动污染物一起运动，如由于加热或惯性作用形成的污染气流。接受式排气罩（简称接受罩）即沿污染气流流线方向设置吸气罩口，污染气流借助自身的流动能量进入罩口，它也是一种外部集气罩。如图 14-22a 为热源上部的伞形接受罩，图 14-22b 为捕集砂轮磨削时抛出的磨屑及粉尘的接受式排气罩。这类罩子主要用于热设备上方与某些机械运动设备近旁，其特点是直接接受生产过程产生或诱导出来的污染气流，其排风量取决于接受的污染气流量。

生产过程产生或诱导出来的污染气流，主要指热源上部的热射流和粉状物料在高速运动时所诱导的气流。而后者的影响因素较为复杂，通常按经验数据确定。热源上部的热射流也有两种形式：一种是生产设备本身散发的热气流，如炼钢电弧炉顶的热烟气；另一种是高温设备表面对流散热时形成的热射流（对流气流）。对于前者，一般通过现场实测或有关经验公式求得热气流的起始流量。这里主要介绍热源对流散热形成热射流流量的计算方法及热源上部接受罩的设计方法。

1. 热射流流量计算

图 14-22 表示设置在热源上部的接受罩及罩下热设备加热周围空气而产生的热射流的一种形态。热射流在上升过程中，由于不断混入周围空气，其流量和横断面积会不断增大。若热源的水平投影面积用 A 表示，当热射流上升高度 $H \leqslant 1.5\sqrt{A}$（或 $H<1\text{m}$）时，因上升高度较小，混入的空气量较少，可近似认为热射流的流量和横断面积基本不变。一般将 $H \leqslant 1.5\sqrt{A}$ 的热源上部接受罩称为“低悬罩”，而将 $H>1.5\sqrt{A}$ 的接受罩称为“高悬罩”。

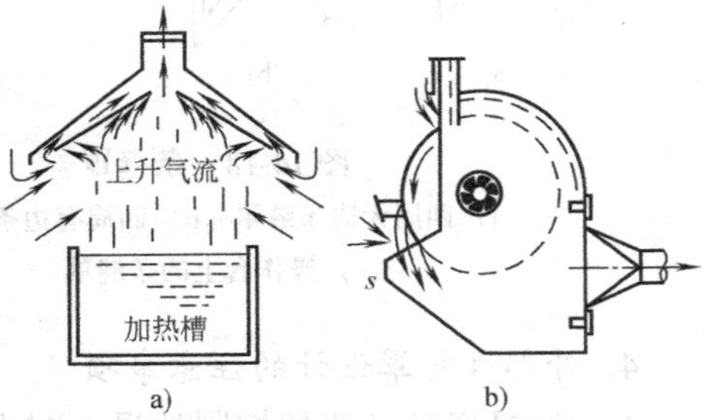

图 14-22 接受式排气罩

a）热源上部接受罩 b）砂轮机接受罩

（1）低悬罩的热射流计算 对低悬罩来说，其热射流量 Q_0（m^3/s）等于热设备的水平投影面积上所产生的起始对流热射流量，其值由下式计算

$$Q_0 = 0.381(qHA^2)^{1/3} \tag{14-16}$$

式中 q——热源水平表面的对流散热量（kW）；

H——罩口离热源水平面的距离（m）；

A——热源水平面投影面积（m^2）。

热源水平表面的对流散热量可按下式计算

$$q = 0.0025\Delta t^{1.25}A \tag{14-17}$$

式中 Δt——热源水平表面与周围空气温度差（K）。

例14-2 某热源水平表面直径为0.7m，热源表面与周围空气温度差为130K，拟在其上部0.5m处装设接受罩，试求热射流上部$H=0.5$m处的流量。

解 当$H<1$m时，可认为热射流流量不随高度变化，按式（14-17）、式（14-16）计算

$$q = 0.0025\times130^{1.25}\times\frac{\pi}{4}\times0.7^2\text{kW} = 0.422\text{kW}$$

$$Q_0 = 0.381\times[0.422\times0.5\times(\pi\times0.7^2/4)^2]^{1/3}\text{m}^3/\text{s} = 0.12\text{m}^3/\text{s}$$

（2）高悬罩的热射流计算 当热射流的上升高度$H>1.5\sqrt{A}$时，其流量和横断面积会显著增大。则热射流不同上升高度上的流量、流速及其断面直径可按下面的经验公式计算（见图14-23）

$$u_Z = 0.51Z^{-0.29}q^{1/3} \tag{14-18}$$

$$d_Z = 0.45Z^{0.88} \tag{14-19}$$

$$Q_Z = 8.07\times10^{-2}Z^{1.5}q^{1/3} \tag{14-20}$$

式中 u_Z——计算断面上热射流平均流速（m/s）；

d_Z——计算断面上热射流横断面直径（m）；

Q_Z——计算断面上热射流流量（m^3/s）。

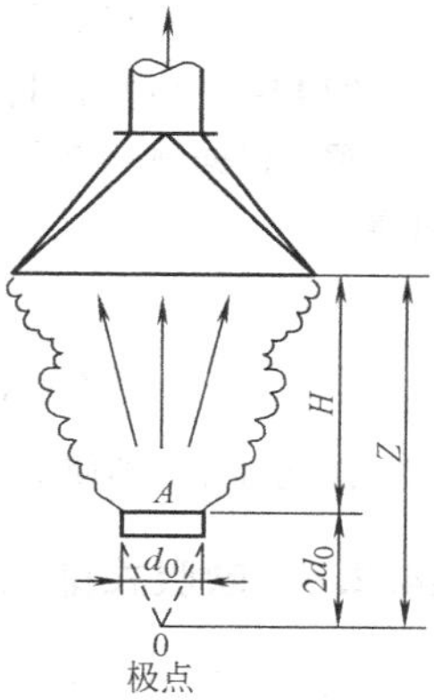

图14-23 热源上部接受罩

上述公式是以点热源为基础按热射流极点计算得出的。当热源具有一定尺寸时，必须先用外延法求得热射流极点。热射流极点位于热射流轴线上，在热源下面$2d_0$处，热射流的大致界限的确定方法是自极点引两条经过热源两侧边缘的辐射线。极点至计算断面的有效距离Z可按下式计算

$$Z = H + 2d_0 \tag{14-21}$$

式中 d_0——热源的当量直径（m）；

H——热源至计算断面的距离（m）。

例14-3 热源条件同例14-2，只是欲将罩高H升高到1.4m处，试求罩口处热射流流量，横断面直径及平均流速。

解 $H=1.4>1.5\sqrt{A}=0.93$m，由式（14-21）、式（14-20）、式（14-19）、式（14-18）得

$$Z = H + 2d_0 = (1.4+2\times0.7)\text{m} = 2.8\text{m}$$

由上例$q=0.422$kW，故得

$$Q_Z = 0.08\times2.8^{1.5}\times0.422^{1/3}\text{m}^3/\text{s} = 0.281\text{m}^3/\text{s}$$

$$d_Z = 0.45\times2.8^{0.88}\text{m} = 1.07\text{m}$$

$$u_Z = 0.51\times2.8^{-0.29}\times0.422^{1/3}\text{m/s} = 0.285\text{m/s}$$

由例14-2、例14-3可知，高悬罩排风量远大于低悬罩。因此，在工艺条件许可时，采用低悬罩较为经济合理。

2. 热源上部接受罩的设计

在工程设计中，考虑到横向气流的影响，接受罩的断面尺寸应大于罩口断面上热射流的尺寸，接受罩的排风量应大于罩口断面上的热射流流量。

低悬罩罩口每边尺寸需比热设备尺寸增加150～200mm。

高悬罩罩口尺寸按下式确定

$$D = d_Z + 0.8H \tag{14-22}$$

低悬罩排风量按下式计算

$$Q = Q_0 + u'F' \tag{14-23}$$

高悬罩排风量按下式计算

$$Q = Q_Z + u'F' \tag{14-23'}$$

式中 Q——考虑横向气流影响的接受罩排风量（m^3/s）；

F'——考虑横向气流影响，罩口扩大的面积，即罩口面积减去热射流的断面积（m^2）；

u'——罩口扩大面积上空气的吸入速度，通常取$u'=0.5\sim0.75m/s$。

例 14-4 热源条件同例14-2，试在热源上方0.5m处设计一接受罩。

解 根据例14-2所给条件，应按低悬罩公式计算。取罩口直径比热源直径大200mm，$u'=0.5m/s$，则可得

$$D = d_0 + 0.2m = (0.7 + 0.2)m = 0.9m$$

$$Q = Q_0 + u'F' = 0.12m^3/s + 0.5 \times \frac{\pi}{4}(0.9 - 0.7)^2 m^3/s = 0.136m^3/s$$

由此可知，即使采用低悬罩，其设计排风量也远大于热射流起始流量。

14.2.5 吹吸式排气罩

如前所述，外部吸气罩的气流速度随离罩口距离的增大而迅速衰减。当外部吸气罩与污染源距离较大，单纯依靠罩口的抽吸作用往往控制不了污染物的扩散，则可以在外部吸气罩的对面设置吹气口，一侧吸气时对侧吹气，从而形成一层气幕，阻止有害物的逸散。一般把将污染气流吹向外部吸气罩的吸气口、依靠吹吸气流的综合作用来控制污染气流扩散的排气罩称为吹吸式排气罩（见图14-24）。由于吹出气流的速度衰减较慢，以及气幕的作用，使室内空气混入量大为减少，所以取得相同的控制效果时，吹吸式排气罩的吸气量与能耗要低于外部吸气罩，且不易受室内横向气流的干扰。污染源面积越大，吹吸式排气罩的优越性越明显。

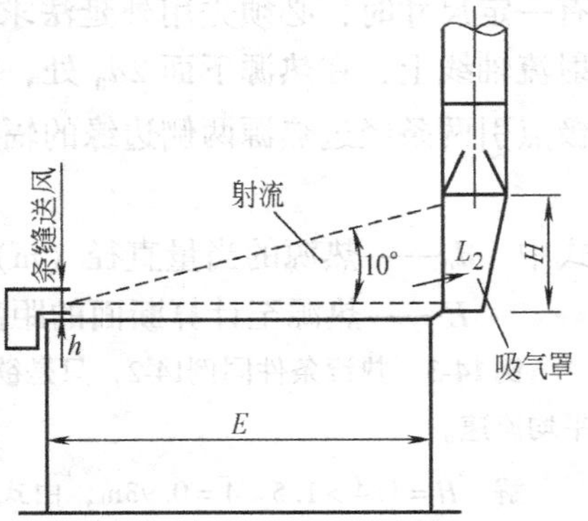

图14-24 吹吸式排气罩

设计吹吸式排气罩，须根据射流规律，使吹、吸两股气流有效结合，协调一致，才能取得最佳效果，如图14-25所示。由图可知：无吹气，吸气量为$0.143m^3/s$时，不能控制污染物扩散；无吹气，吸气量为$0.415m^3/s$时，可控制污染物扩散；吹气量为$0.026m^3/s$，吸气量为$0.143m^3/s$时，可控制污染物扩散；当吹气量小于$0.026m^3/s$，吸气量为$0.143m^3/s$时，不能控制污染物扩散；当吹气量过大时，吸气口前的射流量大于吸气量，也不能控制污染物扩散。吹吸式排气罩的计算方法大致可以归纳为两

类：一类是从射流理论出发而提出的控制速度法；另一类则是依据吹吸气流的联合作用而提出的各种计算方法，如临界断面法等。下面仅对临界断面法的计算作简单介绍。

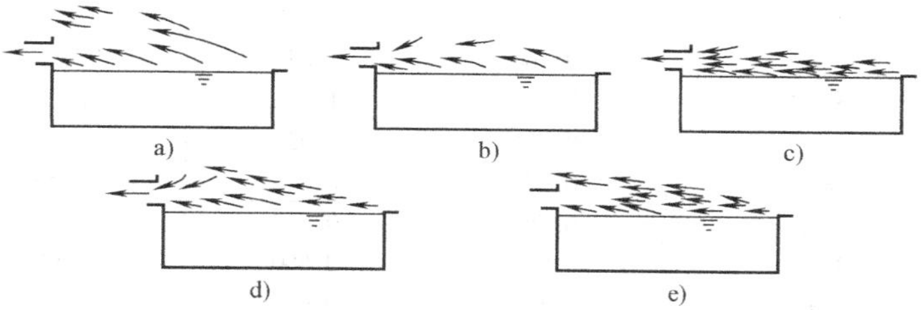

图 14-25　吹吸式排气罩的工作情况

a）无吹气，吸气量为 0.143m^3/s　b）无吹气，吸气量为 0.415m^3/s

c）吹气量为 0.026m^3/s，吸气量为 0.143m^3/s

d）吹气量小于 0.026m^3/s，吸气量为 0.143m^3/s　e）吹气量过大

如前所述，吹吸气流是由射流和汇流两股气流合成的。射流的速度随离吹气口距离的增加而逐渐减小，而汇流的速度则随靠近吸气口而急剧增加。吹吸气流的控制能力必然随离吹气口距离增加而逐渐减弱，随靠近吸气口又逐渐增强。所以，吹吸气口之间必然存在一个射流和汇流控制能力皆最弱的断面，即临界断面（见图 14-26）。吹吸气流的临界断面一般发生在 $x/H=0.6\sim0.8$ 之间。一般近似认为，在临界断面前吹出气流基本是按射流规律扩展的。在临界断面后，由于吸入气流的影响，断面逐渐收缩。这就是说，吸气口的影响主要发生在临界断面之后。从控制污染物外逸的角度出发，临界断面上的气流速度（简称为临界速度 u_L）应取为 1～2m/s 或更大些，并且要大于污染物的扩散速度。为防止吹气口堵塞，吹气口宽度应大于 5mm，而吸气口宽度一般应大于 50mm。设计槽边吹气罩时，为防止液面波动，吹气口气流速度 u_1 应限制在 10m/s 以下。

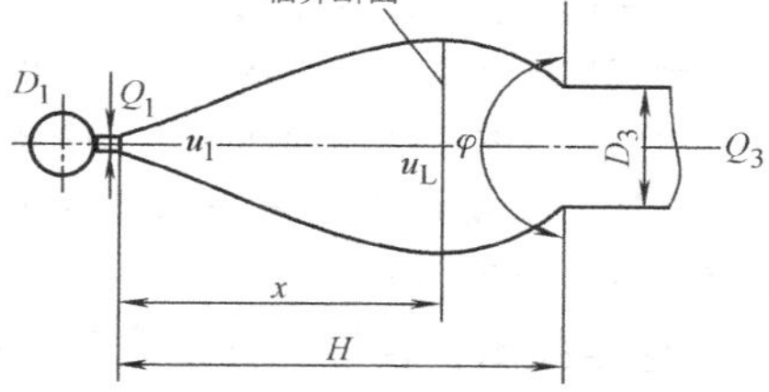

图 14-26　临界断面法

根据临界断面法，可按以下经验公式设计吹吸式排气罩：

临界断面位置　$$x = KH \tag{14-24}$$

吹气口吹风量　$$Q_1 = K_1 H L_1 u_L^2 / u_1 \tag{14-25}$$

吹气口宽度　$$D_1 = K_1 H (u_L / u_1)^2 \tag{14-26}$$

吸气口排风量　$$Q_3 = K_2 H L_3 u_L \tag{14-27}$$

吸气口宽度　$$D_3 = K_3 H \tag{14-28}$$

式中　H——吹气口至吸气口的距离（m）；

L_1、D_1——吹气口长度、宽度（m）；

L_3、D_3——吸气口长度、宽度（m）；

u_L——临界速度（m/s）；

u_1——吹气口气流平均速度，一般取 8～10m/s；

K、K_1、K_2、K_3——系数，由表 14-5 查得，表中数值是在湍流系数 $\alpha=0.2$ 的条件下得出的。

表 14-5　临界断面法有关系数

扁平射流	吸入气流夹角 φ	K	K_1	K_2	K_3
两面扩张	$3\pi/2$	0.803	1.162	0.736	0.304
	π	0.760	1.073	0.686	0.283
	$5\pi/6$	0.735	1.022	0.657	0.272
	$2\pi/3$	0.706	0.955	0.626	0.258
	$\pi/2$	0.672	0.878	0.260	0.107
一面扩张	$\pi/2$	0.760	0.537	0.345	0.142
	$3\pi/2$	0.870	0.660	0.400	0.165
	π	0.832	0.614	0.386	0.158

例 14-5　在7.5t 落砂机上设置吹吸式排气罩，如图 14-27 所示。已知吹、吸气口间距 $H=2.4\text{m}$，吹、吸气口长度 $L_1=L_3=3\text{m}$，吹气口湍流系数 $\alpha=0.2$，吸入气流夹角 $\varphi=5\pi/6$，试计算临界断面位置，吹、吸气口宽度和吹、排风量。

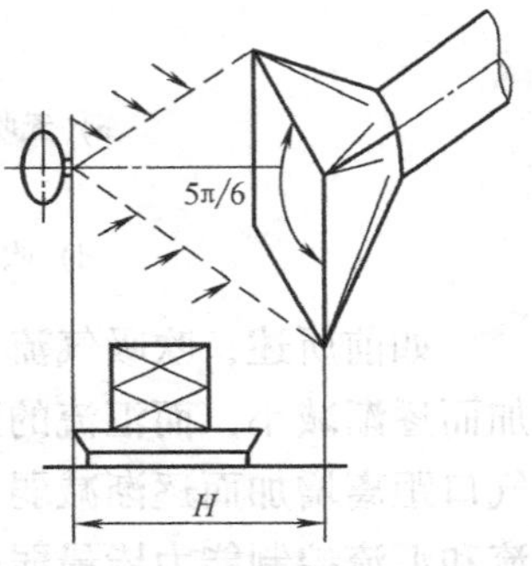

图 14-27　落砂机吹吸式排气罩

解　取临界速度 $u_L=1.3\text{m/s}$，吹气速度 $u_1=10\text{m/s}$。

由已知条件从表 14-5 中查得，$K=0.735$，$K_1=1.022$，$K_2=0.657$，$K_3=0.272$。代入式（14-24）至（14-28）求得

临界断面位置　$x = KH = 0.735\times2.4\text{m} = 1.76\text{m}$

吹气口吹风量　$Q_1 = K_1HL_1u_L^2/u_1 = 1.022\times2.4\times3.0\times1.3^2/10\text{m}^3/\text{s} = 1.24\text{m}^3/\text{s}$

吹气口宽度　$D_1 = K_1H(u_L/u_1)^2 = 1.022\times2.4\times(1.3/10)^2\text{m} = 0.042\text{m}$

吸气口排风量　$Q_3 = K_2HL_3u_L = 0.657\times2.4\times3.0\times1.3\text{m/s} = 6.15\text{m/s}$

吸气口宽度　$D_3 = K_3H = 0.272\times2.4\text{m} = 0.653\text{m}$

吸气口排风量一般应考虑 10% ~20% 安全系数，若取安全系数为 15%，则实际排风量 $Q_3=1.15\times6.15\text{m}^3/\text{s}=7.07\text{m}^3/\text{s}$。

应当指出，各种计算公式都是在特定的实验条件下得出的，这些公式都有它的使用条件和适用范围，不能盲目套用。

14.3　管道系统的设计

各种净化装置组合成净化系统，必须依靠完善的管道系统。因此，合理布置和设计管道系统是净化系统设计的重要环节之一。本节主要介绍管道布置的一般原则、管道系统的设计计算以及风机、泵与电动机的选择等内容。

14.3.1　管道布置的一般原则

一般情况下，管道布置应遵循以下原则：

1）管道系统布置应从总体布局考虑，各种管线统一规划，合理布局。力求简单、紧凑，安装、操作、维修方便，尽可能缩短管线长度，减少占地空间，适用、美观、节省投资。

2）当集气罩（即排气点）较多时，可以全部集中在一个净化系统中（称为集中式净化系统），也可以分为几个净化系统（称为分散式净化系统）。同一个污染源的一个或几个排气点设计成一个净化系统，称为单一净化系统。在净化系统划分时，凡发生下列几种情况之一者不能合为一个净化系统：①污染物混合后有引起燃烧或爆炸危险者；②不同温度和湿度的

含尘气体，混合后可能引起管道内结露者；③因粉尘或气体性质不同，共用一个净化系统会影响回收或净化效率者。

3）管道敷设分明装和暗设，应尽量明装，不宜明装的方采用暗设。

4）管道应尽量集中成列、平行敷设，并应尽量沿墙或柱子敷设。管径大的或保温管道应设在内侧（靠墙侧）。

5）管道与梁、柱、墙、设备及管道之间应有一定距离，以满足施工、运行、检修和热胀冷缩的要求：①保温管道外表面距墙的距离不小于 100 ~ 200mm（大管道取大值）；②不保温管道距墙的距离应根据焊接要求考虑，管道外壁距墙的距离一般不小于 150 ~ 200mm；③管道距梁、柱、设备的距离可比其距墙的距离减少 50mm，但该处不应有焊接接头；④两根管平行布置时，保温管道外表面的间距不小于 100 ~ 200mm，不保温管道不小于 150 ~ 200mm；⑤当管道受热伸长或冷缩后，上述间距均不宜小于 25mm。

6）管道应尽量避免遮挡室内采光和妨碍门窗的启闭；应避免通过电动机、配电盘、仪表盘的上空；应不妨碍设备、管件、阀门和人孔的操作和检修；应不妨碍起重机的工作。

7）管道通过人行道时，与地面净距不应小于 2m；横过公路时，不得小于 4.5m；横过铁路时，与铁轨面净距离不得小于 6m。

8）水平管道应有一定的坡度，以便于放气、放水、疏水和防止积尘。一般坡度为 0.002 ~ 0.005，对含有固体结晶或粘度大的流体，坡度可酌情选择，最大为 0.01。

9）管道与阀件的重量不宜支承在设备上，应设支、吊架。保温管道的支架上应设管托。

10）在以焊接为主要联接方式的管道中，应设置足够数量的法兰联接处；在以螺纹联接为主的管道中，应设置足够数量的活接头（特别是阀门附近），以便于安装、拆卸和检修。

11）管道的焊缝位置一般应布置在施工方便和受力较小的地方。焊缝不得位于支架处。焊缝与支架的距离不应小于管径，至少不得小于 200mm。两焊口的距离不应小于 200 mm。穿过墙壁和楼板的一段管道内不得有焊缝。

12）输送必须保持温度的热流体及冷流体的管道，必须采取保温措施，并要考虑热胀冷缩问题。要尽量利用管道的 L 形及 Z 形管段对热伸长的自然补偿，不足时则安装各种伸缩器加以补偿。

13）为了方便管网的管理和运行调节，管网系统不宜过大。同一系统有多个分支管时，应将这些分支管分组控制。同一系统的吸气点不宜过多。管网布置的一个主要的目的是实现各支管间的压力平衡，保证各吸气点达到设计的风量，控制污染物的扩散。常用的管网布置方式有以下几种：①干管配管方式（见图 14-28a），又称为集中式净化系统。该配管方式的优点是管网布置紧凑，占地小，投资省，施工简便，应用很广泛。其缺点是各支管间压力平衡计算比较繁琐，设计的工作量很大。②个别配管方式（见图 14-28b），又称为分散式净化系统。该配管方式适用于吸气点多的系统管网，并能采用大断面的集合管连接各分管，要求集合管内流速不宜超过 3 ~ 6m/s（水平集合管 ≤3m/s，垂直集合管 ≤6m/s），以利于各支管间压力平衡。对于除尘系统，集合管还能起到初级净化的作用，但管底应设清除积灰的装置。③环状配管方式

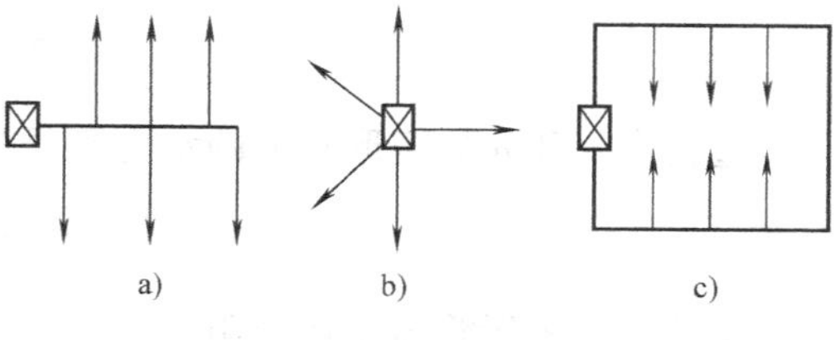

图 14-28 管网布置方式

a）干管配管方式 b）个别配管方式 c）环状配管方式

(见图 14-28c)，又称为对称性管网布置方式。因为它在支管间的压力易于平衡，故适用于多支管的复杂管网系统。

14）除尘管道力求顺直，保证气流通畅。当必须水平铺设时，要有足够的流速以防止积尘。对易产生积尘的管道，必须设置清灰孔；为减轻风机磨损，特别当气体含尘浓度较高（大于 $3g/m^3$）时，应将净化装置设在风机的吸入段；分支管与水平管或倾斜主干管连接时，应从上部或侧面接入；三通管的夹角一般不大于 30°。当有几个分支管汇合于同一主干管时，汇合点最好不设在同一断面上；输送气体中含有磨琢性强的粉尘时，在局部压力较大的地方应采取防磨措施。

14.3.2 管道系统的设计计算

管道系统的设计计算是在完成管道系统布置的基础上，确定各管段的截面尺寸和阻力损失，求出总流量和总阻力损失，并以此选择适当的风机或泵，配备电动机。

1. 管道内气体流动的压力损失

管道内气体流动的压力损失有摩擦阻力损失和形体阻力损失两种。

(1) 摩擦阻力损失　根据流体力学原理，流体流经断面不变的直管时，由于摩擦力作用而产生的沿程压力损失 Δp_L 按下式计算

$$\Delta p_L = l\frac{\lambda}{4R_s}\frac{\rho u^2}{2} = lR_m \tag{14-29}$$

$$R_m = \frac{\lambda}{4R_s}\frac{\rho u^2}{2} \tag{14-30}$$

式中　R_m——单位长度管道的摩擦阻力损失，简称比压损（或比摩阻）(Pa/m)；

l——直管段长度（m）；

λ——摩擦阻力损失系数；

ρ——管道内流体的密度（kg/m^3）；

R_s——管道的水力半径（m）。

R_s 等于流体充满的流通断面积 $A(m^2)$ 与润湿周边 $x(m)$ 之比，即

$$R_s = A/x \tag{14-31}$$

直径为 d 的圆形管道的水力半径为

$$R_s = \frac{\pi d^2/4}{\pi d} = \frac{d}{4} \tag{14-32}$$

由此可得圆形管道的比摩阻

$$R_m = \frac{\lambda}{d}\frac{\rho u^2}{2} \tag{14-33}$$

边长为 a 和 b 的矩形管道的水力半径为

$$R_s = \frac{ab}{2(a+b)} \tag{14-34}$$

同理可得矩形管道的比摩阻为

$$R_m = \frac{\lambda}{\frac{2ab}{a+b}}\frac{\rho u^2}{2} \tag{14-35}$$

由比摩阻式（14-30）可知，摩擦阻力系数 λ 的确定是计算摩擦阻力损失 R_m 的关键，而 λ 值是流体在管道中的流动状态（雷诺数 Re）及管道相对粗糙度（K/d）的函数。在局部排气系统中，薄钢板风管内的空气流动状态大多数属于湍流光滑区到粗糙区之间的过渡区。通常，高速风管内的流动状态也处于过渡区。只有管径很小，表面粗糙的砖、混凝土风管内的流动状态才属于粗糙区。计算过渡区摩擦阻力系数时，广泛采用的是克里布洛克（Colebrook）公式

$$\frac{1}{\sqrt{\lambda}} = -2\lg\left(\frac{K}{3.71d} + \frac{2.51}{Re\sqrt{\lambda}}\right) \tag{14-36}$$

式中　d——管道内径（mm）；

K——管道内壁当量绝对粗糙度（mm），具体数据见表14-6，对于钢板制风（废气）管，可取 $K=0.15$mm，对于塑料板风（废气）管，可取 $K=0.01$mm。

表14-6　当量绝对粗糙度 K 值

管道名称	K	管道名称	K
压缩空气管道	0.2	氯化钙水溶液管道	0.2
饱和蒸气管道	0.2	氯化钠水溶液管道	0.2
热水管道	0.2	酸、碱、盐溶液管道	0.2
过热蒸气管道	0.1	氢气管道	0.2
凝结水管道（闭式系统）	0.5	氧气管道	0.2
凝结水管道（开式系统）	1.0	氮气管道	0.2
氨、水混合溶液管道	0.2	氨气管道	0.2
冷水管道	0.2	氟利昂管道	0.2

在工程设计中，为避免繁琐的计算，将按上述公式绘制成各种形式的计算表或线解图。《全国通用通风管道计算表》是根据我国制定的通风管道统一规格而相应编制的计算表，适用于一个标准大气压、温度为20℃的空气。当空气状态或管道当量绝对粗糙度 K 与上述条件相同或相近时，可根据已知的流量，选择适当流速，从表中直接查得管道直径 d 和 λ/d 值或 R_m 值。当空气状态和管道的 K 值与表中规定相差较大时，需按表中规定修正。处于湍流粗糙区的一切流体，λ 值可由表14-7查出。

表14-7　摩擦阻力系数 λ

管道内径 d/mm	当量绝对粗糙度 K/mm						
	0.1	0.15	0.2	0.3	0.5	1.0	2.0
10	0.0379	0.0437	0.0488	0.0572	0.0714	0.1010	0.1550
15	0.0332	0.0379	0.0419	0.0488	0.0599	0.0819	0.1200
20	0.0304	0.0346	0.0379	0.0438	0.0532	0.0714	0.1010
25	0.0294	0.0321	0.0352	0.0359	0.0485	0.0645	0.0893
32	0.0264	0.0297	0.0325	0.0371	0.0442	0.0581	0.0793
40	0.0249	0.0279	0.0304	0.0345	0.0408	0.0532	0.0714
50	0.0234	0.0262	0.0284	0.0321	0.0379	0.0485	0.0645
70	0.0215	0.0238	0.0258	0.0290	0.0339	0.0447	0.0559
80	0.0207	0.0230	0.0250	0.0279	0.0325	0.0408	0.0532
100	0.0196	0.0217	0.0234	0.0262	0.0304	0.0379	0.0485

（续）

管道内径 d/mm	当量绝对粗糙度 K/mm						
	0.1	0.15	0.2	0.3	0.5	1.0	2.0
125	0.0191	0.0205	0.0222	0.0246	0.0284	0.0352	0.0446
150	0.0178	0.0196	0.0211	0.0234	0.0270	0.0332	0.0418
200	0.0167	0.0183	0.0196	0.0217	0.0249	0.0304	0.0379
250	0.0159	0.0174	0.0186	0.0203	0.0234	0.0284	0.0352
300	0.0153	0.0167	0.0178	0.0196	0.0223	0.0270	0.0332
350	0.0148	0.0161	0.0172	0.0187	0.0215	0.0258	0.0316
400	0.0144	0.0156	0.0167	0.0183	0.0207	0.0249	0.0304
450	0.0140	0.0153	0.0164	0.0179	0.0201	0.0240	0.0293
500	0.0137	0.0149	0.0159	0.0174	0.0196	0.0234	0.0284

（2）局部阻力损失 流体流经管道系统中的异形管件（如弯头、阀门、三通等）时，流动状态发生变化，这时产生的能量损失称为局部阻力损失，其计算式为

$$\Delta p_{m}=\xi\frac{\rho u^{2}}{2} \tag{14-37}$$

式中 ξ——局部压力损失系数；

u——异形管件处管道断面平均流速（m/s）。

局部压力损失系数通常是通过实验确定的。实验时，先测出管件前后的全压差（即该管件的局部压力损失），再除以相应的动压（$\rho u^2/2$），即可求得 ξ 值。各种管件的 ξ 值可以在有关设计手册中查到。

三通的作用是使流体分流或合流。对于合流三通，两股气流汇合过程中的能量损失不同，两分支的局部压力损失应分别计算。合流三通的直管和支管流速相差较大时，会发生引射现象。在引射过程中流速大的流体失去能量，流速小的流体获得能量。因而其支管的局部压力损失系数会出现负值，为了减小三通局部压力损失，最好让三通的直管和支管内流速接近。

2. 管道系统压力损失计算

管道计算的常用方法是流速控制法，也称比摩阻法，即以管道内气流速度作为控制因素，据此计算管道断面尺寸和压力损失。

用流速控制法进行管道计算，通常按以下步骤进行：

1）根据生产工艺确定吸风点及风量，选择净化装置，进行管道布置，选择管道材料等。

2）按净化装置及管道布置情况，绘制管道系统轴测图，并进行管段编号，标注长度和风量。管段长度一般按两管件中心线之间的距离计算，不扣除管件（如三通、弯头）本身的长度。

3）选择管内流体流速。当气体流量一定时，若选用较高的流速，则管径小，材料消耗少，基建投资少，但系统压力损失大，噪声大，动力消耗大，运行费用高。反之，若选用较低的流速，则有相反的结果，可节省运行费用。对于除尘管道，气体流速过高，会加速管道的磨损，而过低的管道流速，又可能发生粉尘沉积、堵塞管道的现象。因此，要使管道系统设计经济合理，必须选择适当的管内流体流速。表14-8所列为管道内各种流体常用的速度范围，可供设计参考。

表14-8　管道内各种流体常用的速度范围　（单位：m/s）

流体类型	管道种类及条件	流速/（m/s）	管材	管道种类及条件	流速/（m/s）	管材
	粉状粘土和砂	11～13	钢板	钢和铁屑	19～23	钢板
	耐火泥	14～17	钢板	灰土砂屑	16～18	钢板
	重矿物粉尘	14～16	钢板	锯屑刨屑	12～14	钢板
	轻矿物粉尘	12～14	钢板	大块干木块	14～15	钢板
	干型砂	11～13	钢板	干微尘	8～10	钢板
	钢和铁（尘末）	13～15	钢板	染料粉尘	14～18	钢板
	水泥粉尘	12～22	钢板	大块湿木屑	18～20	钢板
	煤灰	10～12	钢板	谷物粉尘	10～12	钢板
	棉絮	8～10	钢板	麻（短纤维、杂质）	8～12	钢板
锅炉烟气	自然通风烟道	3～5	砖、混凝土	机械通风烟道	6～8	砖、混凝土
		8～10	钢板		10～15	钢板
压缩空气	$p_e=1\sim2$MPa	8～12	钢	$p_e=2\sim3$MPa	3～6	钢

4）根据系统各管段内的风量和选择的流速确定管段截面尺寸。对于圆形管道，在已知流量 Q 和预先选取流速 u 的前提下，管道内径 d（mm）可按下式计算

$$d=18.8\sqrt{Q/u} \text{ 或 } d=18.8\sqrt{G/\rho u} \tag{14-38}$$

式中　Q——体积流量（m^3/h）；

G——质量流量（kg/h）；

ρ——管道内流体的密度（kg/m^3）；

u——管道内流体的平均流速（m/s）。

对于除尘管道，为防止积尘堵塞，管径必须大于下列数值：输送细粉尘（如筛分和研磨的细粉），$d\geqslant80$mm；输送较粗粉尘（如木屑），$d\geqslant100$mm；输送粗粉尘（有小块物），$d\geqslant130$mm。

确定管道断面尺寸时，应尽量采用“计算表”中所列的全国通用通风管道的统一规格，以利于工业化加工制作。

5）风管断面尺寸确定后，按管内实际流速计算管路阻力损失。计算阻力损失应从最不利环路开始。所谓最不利环路即指允许平均比摩阻最小的环路，通常为最长的环路。

6）对并联管道进行阻力平衡计算。两分支管段的阻力损失差应满足以下要求：除尘系统小于10%，其他通风系统小于5%；否则要进行管径调整或增设调压装置（阀门、阻力圈等），使之满足上述要求。调整管径平衡压力，可按下式计算

$$d_2=d_1(\Delta p_1/\Delta p_2)^{0.225} \tag{14-39}$$

式中　d_2——调整后的管径（mm）；

d_1——调整前的管径（mm）；

Δp_1——调整前的阻力损失（Pa）；

Δp_2——阻力平衡基准值（若调整支管管径，即为干管的压力损失）（Pa）。

7）计算管道系统的总阻力损失（按系统中最不利环路的总阻力损失计算）。

14.3.3 风机、泵及电动机的选择

1. 风机的选择

根据输送气体的性质（气体的含尘浓度，腐蚀性与爆炸性成分的含量、温度、湿度等）及风量、风压范围来选择适合的风机。如高温、高含尘浓度烟气，易燃易爆烟气，在风机选择时要考虑能满足烟气性能的风机类型。

(1) 通风机的风量　可按下式计算

$$Q_0 = (1 + K_1)Q \tag{14-40}$$

式中　Q_0——通风机的风量（m^3/h）；

Q——管道系统的总风量（m^3/h）；

K_1——考虑系统漏风时的安全系数。一般管道取 $K_1=0\sim0.1$；除尘系统管道取 $K_1=0.1\sim0.15$。

(2) 通风机的风压　按下式计算

$$\Delta p_0 = (1 + K_2)\Delta p\frac{\rho_0}{\rho} = (1 + K_2)\Delta p\frac{Tp_0}{T_0p} \tag{14-41}$$

式中　Δp_0——通风机风压（Pa）；

Δp——管道系统的总阻力损失（Pa）；

K_2——安全系数，一般管道取 $K_2=0.1\sim0.15$，除尘管道取 $K_2=0.15\sim0.20$；

ρ_0、p_0、T_0——通风机性能表中给出的空气密度、压力和温度，通常 $p_0=101326\text{Pa}$，对于通风机 $T_0=293\text{K}$，$\rho_0=1.2\text{kg/m}^3$，对于引风机 $T_0=293\text{K}$，$\rho_0=0.745\text{kg/m}^3$；

ρ、p、T——运行工况下进入风机时的气体密度、压力和温度。

计算出 Q_0 和 Δp_0 后，即可按通风机产品样本给出的性能曲线或表格选择所需通风机的型号规格。

(3) 通风机的电动机功率　电动机所需的功率 N_e(kW)按下式计算

$$N_e = \frac{Q_0\Delta p_0K}{3.6\times10^6\eta_1\eta_2} \tag{14-42}$$

式中　K——电动机备用系数，对于通风机，当电动机功率为 2~5kW 时，取 $K=1.2$，当电动机功率大于 5kW 时，取 $K=1.15$，对于引风机，取 $K=1.3$；

η_1——通风机的全压效率，可由通风机样本中查得，一般取 $\eta_1=0.5\sim0.7$；

η_2——机械传动效率，一般直联传动取 $\eta_2=1.0$，联轴器传动取 $\eta_2=0.98$，V 带传动取 $\eta_2=0.95$。

2. 泵的选择

泵的选择与风机相似，即根据流体的种类、性质、流量和要求的扬程，选择泵的类型、扬程与流量。流体的密度变化较大时，必须按下式对泵的扬程进行校核。

$$H = H_0\frac{\rho_L}{1000} \tag{14-43}$$

式中　H——换算成清水的总扬程（m）；

H_0——按实际输运流体的密度计算出的总扬程（m）；

ρ_L——流体密度（kg/m^3）。

当初步选定泵后，还需校核泵与管路的真正工作点。即先根据产品目录上查出所选泵的 Q-H 性能曲线，再在上面作出管路特性曲线，两条曲线的交点即为泵在管路中的工作点。若工作点落在泵的有利效率范围内，则选择是适当的，否则必须加以调整。

例14-6 某有色冶炼车间除尘系统管道布置如图14-29所示。系统内气体平均温度为20℃，气体含尘浓度为10g/m³。除尘管道选用圆形截面并用钢板制成，当量绝对粗糙度 $K=0.15$mm，所选除尘器阻力损失为981Pa。排气罩1和2的局部阻力损失系数分别为 $\xi_1=0.12$ 和 $\xi_2=0.19$，排气罩排风量分别为 $Q_1=4950\text{m}^3/\text{h}$、$Q_2=3120\text{m}^3/\text{h}$。试确定该系统的管道直径和压力损失，并选择风机。

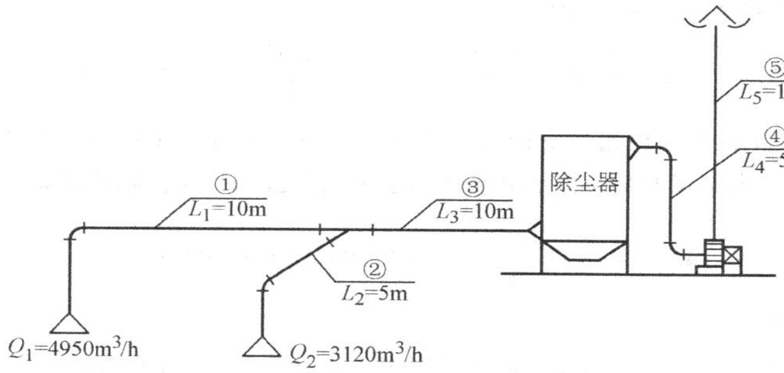

图14-29 除尘系统图

解 1）管道编号并注明各管段的长度和流量。

2）确定最不利计算环路。本题最不利计算环路为①-③-④-⑤，计算一般从最远的管段开始计算，本题从管段①开始。

3）选择管内流速。有色冶炼车间的粉尘为重矿粉及灰土，按表14-8取水平管内流速为16m/s。

4）计算最不利环路的管径和压力损失：

管段①：由 $Q_1=4950\text{m}^3/\text{h}$，$u_1=16\text{m/s}$，根据式（14-38）得

$$d_1=18.8\sqrt{Q/u}=18.8\times\sqrt{4950/16}\text{mm}=330.7\text{mm}$$

取管段①的管径 $d'_1=350$mm，得管段内实际流速 $u'_1=\dfrac{4950\times4}{3600\times0.35^2\times\pi}\text{m/s}=14.3\text{m/s}$

对钢制管道，取 $K=0.15$mm；由表14-7查得 $\lambda=0.0161$，计算得管段①的沿程阻力损失为

$$\Delta p_{L1}=\frac{\lambda}{d}l\frac{\rho u^2}{2}=\frac{0.0161}{0.35}\times10\times\frac{1.2\times14.3^2}{2}\text{Pa}=56.4\text{Pa}$$

该管段局部阻力系数：集气罩1，$\xi_1=0.12$；90°弯头（$R/d=1.5$），$\xi_2=0.18$。$\Sigma\xi=0.12+0.18=0.30$

则局部阻力损失为 $$\Delta p_{m1}=\sum\xi\frac{\rho u^2}{2}=0.30\times122.7\text{Pa}=36.8\text{Pa}$$

管段③： $$Q_3=Q_1+Q_2=8070\text{m}^3/\text{h}$$

取 $u_3=16\text{m/s}$，同上计算可得 $d_3=422.2$mm

取管段③的管径 $d'_3=400$mm，得管段内实际流速 $u'_3=\dfrac{8070\times4}{3600\times0.4^2\times\pi}\text{m/s}=17.8\text{m/s}$

由 $K=0.15$mm，$\lambda=0.0156$，计算得该管段沿程阻力损失为

$$\Delta p_{L3}=\frac{\lambda}{d}l\frac{\rho u^2}{2}=\frac{0.0156}{0.4}\times10\times\frac{1.2\times17.8^2}{2}\text{Pa}=71.4\text{Pa}$$

局部阻力损失为合流三通阻力损失和除尘器阻力损失。

合流三通总管局部阻力系数（三通的局部阻力计算在流量较大的管段），$\xi_1=0.11$；除尘器阻力损失为1470Pa（进出口压力损失不计）。

则局部阻力损失为 $$\Delta p_{m3}=\sum\xi\frac{\rho u^2}{2}+981\text{Pa}=0.11\times190.1\text{Pa}+981\text{Pa}=1001.9\text{Pa}$$

管段④：$Q_4=Q_3$，同上可得管段④管径 $d'_4=400\text{mm}$，得管段内实际流速 $u'_4=17.8\text{m/s}$，该管段沿程阻力损失为

$$\Delta p_{L4}=\frac{\lambda}{d}l\frac{\rho u^2}{2}=\frac{0.0156}{0.4}\times 5\times\frac{1.2\times 17.8^2}{2}\text{Pa}=37.1\text{Pa}$$

该管段有 90°弯头（$R/d=1.5$）两个，$\xi=0.18$，则局部阻力损失为

$$\Delta p_{m4}=\sum\xi\frac{\rho u^2}{2}=0.11\times 2\times 190.1\text{Pa}=41.8\text{Pa}$$

管段⑤：同上可得该管段的沿程阻力损失为

$$\Delta p_{L5}=\frac{\lambda}{d}l\frac{\rho u^2}{2}=\frac{0.0156}{0.4}\times 15\times\frac{1.2\times 17.8^2}{2}\text{Pa}=111.2\text{Pa}$$

该管段局部阻力损失构件有风机出口变径管（进口压力损失忽略不计）及排风罩伞形风帽。风机出口处局部阻力系数 $\xi_1=0.1$，伞形风帽局部阻力系数 $\xi_2=1.3$，故 $\Sigma\xi_1=1.4$，则局部阻力损失为

$$\Delta p_{m5}=\sum\xi\frac{\rho u^2}{2}=1.4\times 190.1\text{Pa}=266.1\text{Pa}$$

5）并联管路压力计算。

管段②：由 $Q_2=3120\text{m}^3/\text{s}$，$u=16\text{m/s}$，查“计算表”得 $d_2=262.5\text{mm}$。取 $d'_2=280\text{mm}$，得管段②中的实际流速 $u'_2=14.1\text{m/s}$。由 $K=0.15\text{mm}$，$\lambda=0.0174$ 计算该管段的沿程阻力损失为

$$\Delta p_{L2}=\frac{\lambda}{d}l\frac{\rho u^2}{2}=\frac{0.0174}{0.25}\times 5\times\frac{1.2\times 14.1^2}{2}\text{Pa}=41.5\text{Pa}$$

该管段局部阻力系数：集气罩 2，$\xi_1=0.19$；90°弯头（$R/d=1.5$），$\xi_2=0.18$，$\Sigma\xi=0.37$，则局部阻力损失为

$$\Delta p_{m2}=\sum\xi\frac{\rho u^2}{2}=0.37\times\frac{1.2\times 14.1^2}{2}\text{Pa}=44.1\text{Pa}$$

6）并联管路压力平衡计算。

$$\Delta p_1=\Delta p_{L1}+\Delta p_{m1}=56.4\text{Pa}+36.8\text{Pa}=93.2\text{Pa}$$
$$\Delta p_2=\Delta p_{L2}+\Delta p_{m2}=41.5\text{Pa}+44.1\text{Pa}=85.6\text{Pa}$$
$$\frac{\Delta p_1-\Delta p_2}{\Delta p_1}=\frac{93.2-85.6}{93.2}=8.2\%<10\%$$

由此可知，节点压力平衡，管径选择合理。

7）除尘系统总压力损失

$$\begin{aligned}\Delta p&=\Delta p_{L1}+\Delta p_{m1}+\Delta p_{L3}+\Delta p_{m3}+\Delta p_{L4}+\Delta p_{m4}+\Delta p_{L5}+\Delta p_{m5}\\&=(56.4+36.8+71.4+1001.9+37.1+41.8+111.2+266.1)\text{Pa}\\&=1622.7\text{Pa}\end{aligned}$$

把上述计算结果填入计算表 14-9 中。

8）选择风机和电动机

通风机风量 $Q_0=Q(1+K_1)=8070\times 1.1\text{m}^3/\text{h}=8877\text{m}^3/\text{h}$

通风机风压 $\Delta p_0=\Delta p(1+K_2)=1622.7\times 1.2\text{Pa}=1947.2\text{Pa}$

根据上述风量和风压，在通风机样本上选择 C6—48，NO8C 风机，当转数 $N=1250\text{r/min}$ 时，$Q=8906\text{m}^3/\text{h}$，$p=2060\text{Pa}$，配套电动机为 Y160_L—4，15kW，基本满足要求。

复核电动机功率为

$$N_e=Q_0\Delta p_0K/(3600\times 1000\eta_1\eta_2)=8877\times 1947.2\times 1.3/(3600\times 1000\times 0.5\times 0.95)\text{kW}=13.2\text{kW}$$

配套电动机满足要求。

表14-9 管道计算表

管段编号	流量 $Q/m^3 \cdot h^{-1}$	管长 l/m	管径 d/mm	流速 $u/m \cdot s^{-1}$	沿程阻力损失 $\Delta p_L/Pa$	局部阻力损失 $\Delta p_m/Pa$	管段总阻力损失 $\Delta p/Pa$	管段累计总阻力损失 $\sum \Delta p/Pa$
①	4950	10	350	14.3	56.4	36.8	93.2	93.2
③	8070	10	400	17.8	71.4	1001.9	1073.3	1166.5
④	8070	5	400	17.8	37.1	41.8	78.9	1245.4
⑤	8070	15	400	17.8	111.2	266.1	377.3	1622.7
②	3120	5	280	14.1	41.5	44.1	85.6	

习 题

14-1 某外部吸气罩，罩口尺寸 $B \times L = 400mm \times 500mm$，排风量为 $0.86m^3/s$，试计算在下述条件下，在罩口中心线上距罩口0.3m处的控制速度：①四周无边吸气罩；②四周有边吸气罩。

14-2 某台上侧吸条缝罩，罩口尺寸 $B \times L = 150mm \times 800mm$，距罩口距离 $x = 350mm$ 处吸捕速度为0.26m/s，试求该罩吸风量。

14-3 某铜电解槽槽面尺寸 $B \times L = 1000mm \times 2000mm$，电解液温度45℃，拟采用吹吸式槽边排气罩，计算吹、吸气量。

14-4 某产尘设备有防尘密闭罩，已知罩上缝隙及工作孔面积 $F = 0.08m^2$，密闭罩流量系数 $\varphi = 0.4$，物料入罩内的诱导空气量为 $0.2m^3/s$。要求在罩内形成25Pa的负压，试计算该集气罩的排风量。如果运行一段时间后，罩上又出现面积为 $0.08m^2$ 的空洞而没有及时修补，会出现什么现象？

14-5 某镀铬槽槽面尺寸 $A \times B = 600mm \times 400mm$，槽内溶液温度为45℃，拟采用低截面条缝式集气罩。当该槽靠墙或不靠墙布置时，计算其排风量、条缝口尺寸及压力损失。

14-6 某金属熔化炉平面尺寸为槽 $600mm \times 600mm$，炉内温度为600℃，室温为20℃，室内横向气流速度为0.5m/s。拟在炉口上方800mm处设接受式集气罩，试确定该集气罩罩口尺寸及其排风量。

14-7 某工业槽宽 $B = 2m$，槽长 $A = 2.5mm$，拟采用吹吸罩控制槽内污染气体扩散，吹吸口湍流系数 $\alpha = 0.2$，吹出速度 u_1 取为10m/s，吸入气流夹角 $\varphi = \pi/2$，试用临界断面流速法确定临界断面位置、吹气口吹风量、吹气口宽度、吸气口排风量及吸气口宽度。

14-8 多分支管道系统设计中，为什么必须进行并联分支节点压力平衡计算？简述常用节点压力平衡调整的技术措施。

14-9 如图14-29所示除尘系统，若系统内空气平均温度为25℃，钢板管道的当量绝对粗糙度为 $K = 0.15mm$，气体含尘深度为 $12g/m^3$，选用旋风除尘器的阻力损失为1680Pa，集气罩1和2的局部阻力损失系数分别为 $\xi_1 = 0.18$，$\xi_2 = 0.11$，集气罩的排风量为 $Q_1 = 2950m^3/h$，$Q_2 = 5400m^3/h$，进行该除尘系统管道设计，并选择排风机。

15

第15章 大气污染的稀释扩散控制

污染物排入大气后，能否引起严重的大气污染，一方面取决于污染源的状况（废气的温度、成分、源强、源高和排放方式等），另一方面则取决于污染物在大气中的扩散稀释速率。当一定数量的污染物排入大气后，如果在近地层大气中污染物不易稀释扩散而聚积起来，就可能造成严重污染；反之，空气就不会受到严重污染。控制大气污染的重要途径之一，就是充分利用大气的净化能力，将大气污染控制在人们可以接受的程度以内，防止污染事故的发生。

影响污染物在大气中扩散的因素有气象条件、下垫面状况和源参数等三个方面。本章先介绍气象因素和下垫面对大气污染的影响，然后讨论源排放的污染物经大气扩散后污染浓度的估算，以及为避免严重的大气污染，如何进行厂址选择及烟囱高度设计等。

15.1 主要气象要素

表示大气状态和物理现象的物理量在气象学中称为气象要素。与大气污染关系密切的气象要素主要有气温、气压、湿度、风、云、太阳高度角和能见度等。

（1）气温　气象学上讲的气温一般是指在离地面1.5m高处百叶箱中观测到的空气温度。

（2）气压　气压指大气的压强。在静止大气中，任一点的气压值等于该点单位面积上的大气柱重力。高度增加，气柱变短，气压降低。设想一个单位截面积的垂直大气柱，在z高度上的气压为p，$(z+dz)$高度上的气压为$(p-dp)$，则由z上升到$(z+dz)$处，气压下降的数值$-dp$应等于dz这段气柱的重力$\rho g dz$，即

$$dp=-\rho g dz \text{ 或 } \frac{dp}{dz}=-\rho g \tag{15-1}$$

式中　p——气压（Pa），气象学上气压用百帕（hPa）作单位，1hPa=100Pa；

ρ——空气密度（kg/m^3）；

g——重力加速度（m/s^2），$g=9.81m/s^2$。

国际上规定：温度为0℃、纬度45°海平面上的气压值为标准大气压，即

$$1\text{ 标准大气压}=760mmHg=101325Pa$$

例15-1　某地地面测得气压为1010hPa，探空仪器在某高度上测得的气压为645hPa，求此时探空仪所在的高度。

解 对式（15-1）积分得

$$z = z_0 - (p - p_0)/\rho g$$

已知 $p = 645\text{hPa}$，$p_0 = 1010\text{hPa}$，$z_0 = 0$，将 $\rho = 1.293\text{kg/m}^3$ 近似看作常数，$g = 9.81\text{m/s}^2$，代入式（15-1）得

$$z = 0 - (645 - 1010) \times 100/(1.293 \times 9.81)\text{m} = 2877.6\text{m}$$

（3）气湿　气湿指大气的潮湿程度，即大气中水蒸气含量的多少。气湿的表示方法有绝对湿度、相对湿度、水气压、比湿、露点等，以相对湿度应用较多。大气的湿度是决定云、雾、降水、蒸发等天气状况的重要因素。

（4）风　气象学上把空气水平方向的运动称为风，铅直方向的运动称为升降气流或对流。风有方向和大小。风向指风的来向，例如风从北边吹来，称为北风。风向的表示方法有两种：

1）方位表示法：把圆周分为16个方位，如图15-1所示，相邻两方位的夹角为22.5°。

2）角度表示法：正北向（正北定为0°）与风的来向的反方向的顺时针夹角为风向角，东为90°，南为180°，西为270°，如图15-1所示。

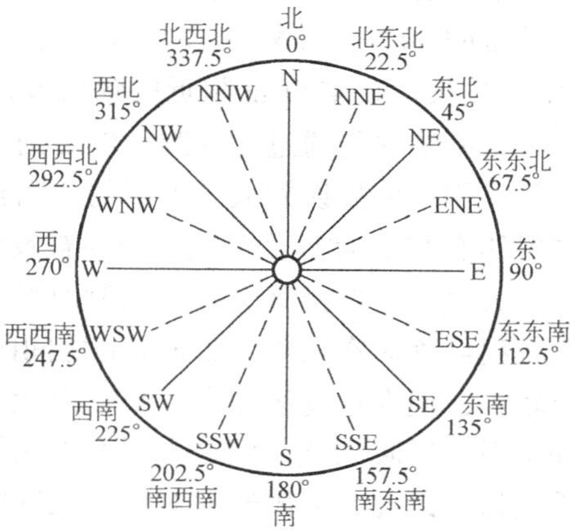

图15-1　风向的十六个方位

风速指单位时间内空气在水平方向移动的距离（m/s）。风速也可用风力级数（0～12级）来表示。若用 F 来表示风力，u(km/h)表示风速，则有

$$u \approx 3.02\sqrt{F^3} \tag{15-2}$$

通常所说的风向、风速都是指安装于距地面10～12m高度上的测风仪所观测到的一定时间内的平均值。根据需要也可观测瞬时风向或风速。

（5）云　云是发生在高空的水蒸气凝结现象。

1）云的分类：根据云底距地面的高度，可分为高云、中云、低云三类。高云的云底高度在5000m以上，由冰晶组成，云体呈白色，有蚕丝般光泽，薄而透明；中云的云底高度在2500～5000m之间，由过冷的微小水滴及冰晶构成，白色或灰白色，没有光泽，云体稠密；低云的云底高度在2500m以下，不稳定气层中的低云常分散为孤立的大云块，稳定气层中的低云结构稀松，云低而黑。根据形状不同，高、中、低云又分别有若干气象学上的分类。

2）云量：云量指云遮蔽天空的成数。我国将天空分为10等份，云遮蔽了几份，云量就是几。例如碧空无云，云量为零；阴天云量为10。国外将天空分为8等份，云遮蔽了几份，云量就是几。因此，国外云量×1.25＝我国云量。

我国气象台（站）按总云量和低云量进行观察记录。总云量是指所有被云遮蔽的天空的成数而不论云的高度和层次；低云量仅指低云遮蔽天空的成数。

云量的记录：一般将总云量和低云量以分数的形式观测记录，总云量作分子，低云量作分母，如10/7，5/5，7/2等。任何时候低云量不得大于总云量。

15.2 大气的热力过程

15.2.1 低层大气的增热与冷却

低层大气的增热与冷却是太阳、地面和大气之间进行热量交换的结果。

太阳是一个处于高温高压下的炽热气体球，表面温度约6000K，不断地以电磁波的方式向外辐射能量。太阳辐射波长主要在0.15 ~4μm之间，其中可见光区（波长0.4 ~0.76μm）占总量的50%，红外区（波长大于0.76μm）占43%，紫外区（波长小于0.4μm）仅占7%。波长在0.475μm附近的辐射最强。

太阳辐射先通过大气圈，然后到达地表。由于大气对太阳辐射能有一定的吸收、散射和反射作用，使投射到大气上界的太阳辐射不能完全到达地球表面。在全球平均情况下，太阳辐射约有53%被地面吸收，43%被反射回太空，14%被大气（包括上层大气）吸收。

大气中能选择吸收太阳辐射的组分主要有水蒸气、二氧化碳和臭氧等。水蒸气仅吸收太阳辐射红外区在0.93 ~2.85μm之间的几个吸收带，CO_2 仅对其红外区4.3μm附近的辐射吸收较强，但在这些区域内太阳辐射较弱，故它们对太阳辐射的吸收很少。O_3 能强烈吸收紫外辐射，增暖大气，但这主要发生在平流层内的臭氧层。低层大气中 O_3 极少，这种吸收微不足道。因此，太阳辐射对低层大气的增热没有多大的直接作用。也就是说，虽然太阳辐射是地球表面和大气的惟一能量来源，但不是低层大气的主要直接热源。

地球表面平均温度约200 ~300K，对流层大气的平均温度约250K，在这样的温度下，地面和大气都产生3 ~120μm的长波辐射。与此相比，太阳辐射可称为短波辐射。

地面大量吸收太阳的短波辐射以后，能放出大气中的水蒸气和二氧化碳可大量吸收的长波辐射（水蒸气对4.5 ~80μm，二氧化碳对4.3μm、12.7 ~17.4μm辐射的吸收强烈。据统计，约有75% ~95%的地面长波辐射被近地层大气吸收），因此低层大气主要从地面获得能量而增热。

地面辐射是向上的，大气辐射则向四面八方，其中投向地面的部分称为大气逆辐射。大气逆辐射可被地面吸收，有利于地面温度的保持。地面辐射与被地面吸收的大气逆辐射之差称为地面有效辐射。

根据以上分析，可以得出结论：近地层空气的温度随地表温度的增加而增加，且是自下而上地被加热；随地表温度的降低而降低，且是自下而上地被冷却。因此，地表温度的周期性变化会引起低层大气温度的周期性变化。

云层对太阳辐射的反射是很明显的，云愈厚，反射作用愈强。所以阴天地面得到的太阳辐射少。云层（特别是浓密的低云）也可以减少地面辐射损失，从而影响大气的热力过程。

15.2.2 气温的绝热变化

1. 绝热过程与泊松（Poisson）方程

某一空气块在地表附近作水平运动时，它和地表之间的热交换量较大，其温度的变化主要由热交换引起，称为非绝热变化。但当该空气块在大气中上升时，因周围气压降低而膨胀，一部分内能用于反抗外界压力而做膨胀功，因而它的温度将降低；反之，它下降时，温度将升高。空气块在升降过程中因膨胀或压缩引起的温度变化，要比它和外界交换热量引起的温度变化大得多，所以一般将干空气块或没有水蒸气相变的湿空气块的铅直运动都可近似地看作绝热过程。

由热力学第一定律可以导出体系的热交换量 dq 与温度 T 和压力 p 之间的关系为

$$dq = c_p dT - RT\frac{dp}{p} \tag{15-3}$$

式中 c_p——质量定压热容，干空气的 $c_p = 1005$J/（kg·K）；

R——空气的气体常数，$R = 287$J/（kg·K）。

对于大气的绝热过程，dq = 0，所以

$$\frac{dT}{T} = \frac{R}{c_p}\frac{dp}{p} \tag{15-4}$$

将上式从空气块的初态（T_0，p_0）到终态（T，p）积分，得

$$\frac{T}{T_0} = \left(\frac{p}{p_0}\right)^{R/c_p} = \left(\frac{p}{p_0}\right)^{0.288} \tag{15-5}$$

式中 T_0、T——气块升降前、后的热力学温度（K）；

p_0、p——气块升降前、后的压力（hPa）。

上式称为泊松方程，它描述了气块在绝热升降过程中，气块初态（T_0，p_0）与终态（T，p）之间的关系。它表明，在绝热过程中，系统的温度变化由外界压力变化而引起。

2. 干绝热递减率与气温垂直递减率

干空气块或升降过程中未发生水蒸气相变的湿空气块绝热升降 100m 时，温度降升的数值称为干绝热递减率，以 γ_d 表示，即

$$\gamma_d = -\left(\frac{dT_i}{dz}\right)_d \tag{15-6}$$

式中，下标 i 代表气块，以区别于周围的大气；下标 d 代表干空气。

将方程（15-4）应用于气块，可得

$$\frac{dT_i}{dz} = \frac{RT_i}{c_p}\frac{dp_i}{dz}\frac{1}{p_i}$$

将式（15-1）和气体状态方程 $p = \rho RT$ 应用于气块，并将它们代入上式，得

$$\gamma_d = -\left(\frac{dT_i}{dz}\right)_d = \frac{g}{c_p} = 0.98\text{K}/100\text{m} \tag{15-7}$$

气温垂直递减率定义为

$$\gamma = -\left(\frac{dT}{dz}\right) \tag{15-8}$$

必须注意，γ_d 和 γ 是不相同的：γ_d 表示干空气块或未发生水蒸气相变的湿空气块上升或下降 100m 时，其温度降低或升高的数值，该数值近似等于 0.98K；γ 则表示气块周围的大气环境垂直高度变化 100m 时，气温变化的数值。在不同的大气条件下，γ 的数值可大可小，可正可负，变化很大。如气温随高度增加而下降，γ 为正；反之为负。

气温随高度的分布可在坐标图上表示，如图 15-2 所示。图上的曲线称为温度层结曲线，简称温度层结。大气中的温度层结有四种类型（见图 15-2）：①气温随高度增加而降低，且 $\gamma > \gamma_d$，称正常分布层结或递减；②气温递减率 γ 接近或等于 γ_d，称为中性；③气温随高度

增加而无变化，即 $\gamma=0$，称为等温；④气温随高度增加而增加，即 $\gamma<0$，称为气温逆转，简称逆温。

整个对流层内的平均气温递减率为 0.65K/100m。一般情况下，温度层结可用低空探测仪实测。

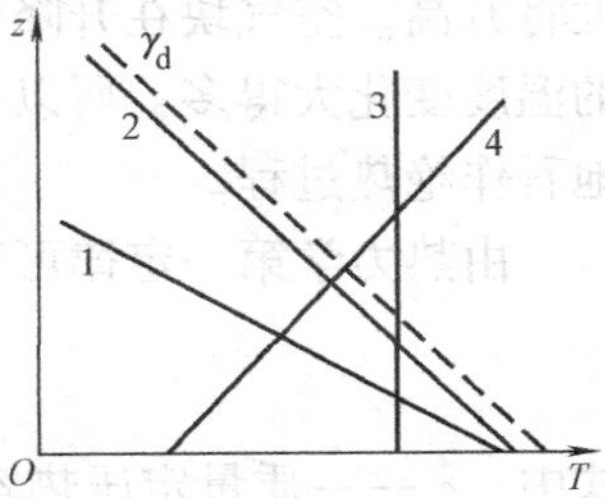

图 15-2　气温随高度变化图

3. 位温

为了比较不同高度上两气块的热状态，单纯比较它们的温度是不行的，因为气压对热状态也有影响，只有将两气块沿干绝热过程订正到一个相同的气压后才能比较。我们把气块由其最初的压力 p_0 沿干绝热过程订正到 1000hPa 的标准压力时所具有的温度称作位温，以 θ 表示。由式（15-5）得

$$\theta = T_0\left(\frac{1000}{p_0}\right)^{R/c_p} = T_0\left(\frac{1000}{p_0}\right)^{0.288} \tag{15-9}$$

式中　p_0、T_0——气块最初的压力和温度。

对式（15-9）两端取对数后微分，代入绝热方程（15-4）可得 $d\theta/\theta=0$，则 $d\theta=0$，$\theta=$ 常数。这表明，气块在绝热升降过程中其温度 T_i 是变化的，但其位温 θ 在该过程中却是不变的。所以 θ 比 T_i 更能代表气块的热力学特征。

15.2.3　大气稳定度

1. 概念

大气稳定度表示空气块在铅直方向的稳定程度，即是否易于发生对流。假如有一空气块受到对流冲击力的作用，产生了上升或下降的运动，当外力去除后，可能出现三种情况：如气块减速并有返回原来高度的趋势，这时的气层，对于该气块而言是稳定的；如气块一离开原位就逐渐加速运动，并有远离原来高度的趋势，这时的气层，对于该气块而言是不稳定的；如气块被推到某一高度后，既不加速也不减速，保持不动，这时的气层，对于该气块而言是中性气层。

2. 判别

单位体积的空气块（其质量 $m_i=\rho_i$），在大气中受到周围大气对它的浮力（ρg）及本身重力（$-\rho_i g$）的作用，合力为 $f=g(\rho-\rho_i)$。根据牛顿第二定律，该力将使它产生加速度 a，即

$$f = g(\rho-\rho_i) = \rho_i a$$

$$a = g\frac{\rho-\rho_i}{\rho_i} \tag{15-10}$$

代入状态方程 $\rho=\dfrac{p}{RT}$，$\rho_i=\dfrac{p_i}{RT_i}$ 及准静力条件 $p_i=p$，式（15-10）变为

$$a = \frac{T_i-T}{T}g \tag{15-11}$$

若气块与周围大气开始处于平衡状态，温度相等，即 $T_0=T_{i0}$，当气块绝热上升 Δz 高度后，其温度为 $T_i=T_{i0}-\gamma_d\Delta z$，而周围同高度上空气的温度为 $T=T_0-\gamma\Delta z$。将这些关系代入式（15-11），得

$$a = g\frac{\gamma - \gamma_d}{T}\Delta z \qquad (15\text{-}12)$$

可见，$(\gamma-\gamma_d)$ 的符号决定气块加速度 a 与其位移 Δz 的方向是否一致，也就决定大气是否稳定。若 $\Delta z>0$，则有三种情况：当 $\gamma<\gamma_d$ 时，$a<0$，加速度与位移方向相反，层结是稳定的；当 $\gamma>\gamma_d$ 时，$a>0$，加速度与位移方向相同，层结是不稳定的；当 $\gamma=\gamma_d$ 时，$a=0$，层结是中性的。

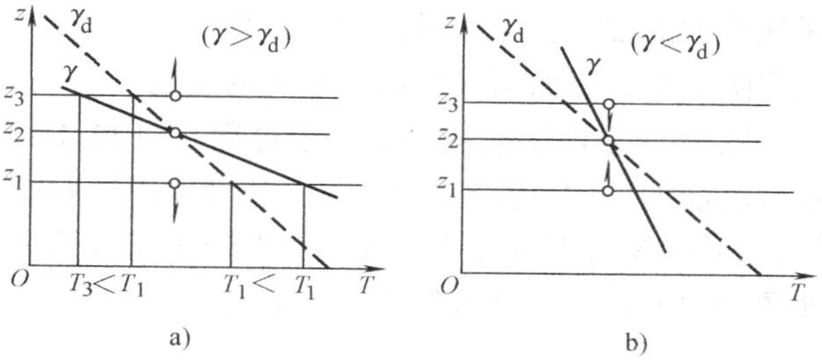

图 15-3　气块在不同层结中的稳定性

a）$\gamma>\gamma_d$　b）$\gamma<\gamma_d$

图 15-3a 所示，$\gamma>\gamma_d$，气块上升（下降）后，气块温度将高于（低于）周围大气的温度，它比周围空气轻（重），气块将继续上升（下降），所以是不稳定的。相反，在图 15-3b 中，$\gamma<\gamma_d$，气块的升降都将受到阻碍，所以是稳定的。

大气稳定度还可用位温梯度进行判别。对式（15-9）两边取对数，再对高度 z 求偏导数，并代入式（15-1）、$p=\rho RT$、$\gamma=-(\partial T/\partial z)$ 和 $\gamma_d=g/c_p$ 等关系，则得

$$\frac{\partial\theta}{\partial z} = \frac{\theta}{T}(\gamma_d - \gamma) \qquad (15\text{-}13)$$

当 $\frac{\partial\theta}{\partial z}>0$，即 $\gamma<\gamma_d$ 时，气层稳定；当 $\frac{\partial\theta}{\partial z}<0$，即 $\gamma>\gamma_d$ 时，气层不稳定；当 $\frac{\partial\theta}{\partial z}=0$，即 $\gamma=\gamma_d$ 时，气层为中性。

污染物在大气中的扩散与大气的稳定度密切相关。大气愈不稳定，污染物的扩散速率就愈快；反之，就愈慢。

例 15-2　在1.5m和 100m 高度上，分别测得气温为 298K 和 296.2K，试计算这层大气的气温递减率 $\gamma_{1.5\sim100}$，并判断其大气稳定度。

解　对式（15-8）积分得 $\gamma=-(T_2-T_1)/(z_2-z_1)$，则

$$\gamma_{1.5\sim100} = -(296.2-298)/(100-1.5)\text{K/m} = 0.018\text{K/m} = 1.8\text{K/100m} > \gamma_d = 0.98\text{K/100m}$$

由于 $\gamma_{1.5\sim100}>\gamma_d$，且 $\Delta z>0$，所以这层层结不稳定。

例 15-3　在1.5m和 340m 高度上，分别测得气温为 298K 和 292K，气压为 1012hPa 和 969hPa，试计算这层大气的位温和位温梯度，并判断其大气稳定度。

解　由式（15-9）得

$$\theta_1 = T_0(1000/p_0)^{0.288} = 298(1000/1012)^{0.288} = 297\text{K}$$

$$\theta_2 = T_0(1000/p_0)^{0.288} = 292(1000/969)^{0.288} = 294.6\text{K}$$

位温梯度为

$$\frac{\partial\theta}{\partial z} = \frac{\theta_2-\theta_1}{z_2-z_1} = \frac{294.6-297}{340-1.5}\text{K/m} = -0.0071\text{K/m} < 0$$

由于位温梯度小于零，所以这层层结不稳定。

15.2.4　逆温

具有逆温层的大气层是强稳定的大气层。某一高度上的逆温层象一个盖子一样阻挡着它下面污染物的扩散，因而可能造成严重污染。空气污染事件多数都发生在有逆温层和静风条件下，因此对逆温必须高度重视。

按逆温层的高度可分为接地逆温和不接地（上层）逆温两种，按其产生过程又可分为如下几种：

（1）辐射逆温　由于地面辐射冷却而形成的逆温，称为辐射逆温。在晴朗无云或少云、风速不大的夜间，地面很快辐射冷却，空气也自下而上被冷却。近地面气层降温多，远地面气层降温少，因而形成自地面向上的逆温。

图 15-4 表明辐射逆温的生消过程。图 15-4a 为逆温形成前的气温垂直分布。图 15-4b 表示日落前 1h 左右逆温开始生成，随着地面辐射冷却的加剧，逆温逐渐向上扩展，黎明时最强，如图 15-4c 所示。日出后，太阳辐射逐渐加强，地面增温，逆温便自下而上逐渐消失，如图 15-4d 所示，10 点钟左右消失完全，如图 15-4e 所示。

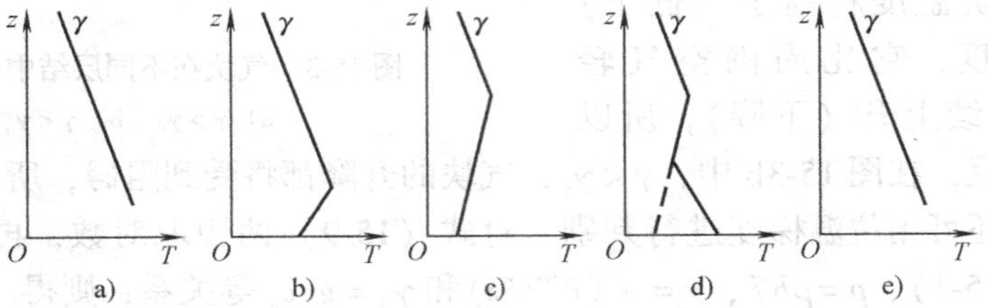

图 15-4　辐射逆温的生消过程

辐射逆温在大陆上常年可见，以冬季最强。冬季夜长，逆温层厚，消失也慢。在中纬度地区的冬季，辐射逆温层厚度可达 200～300m，有时达 400m。辐射逆温受到可见云层和强风的抑制。因为云层可减少地面有效辐射损失，减缓了对近地面气层的急剧冷却；强风则引起机械湍流加强，使逆温强度减弱。风速大于 6m/s 时可制止辐射逆温出现。

（2）下沉逆温　由于空气下沉受到压缩增温而形成的逆温称为下沉逆温。如图 15-5 所示，当高压区内某一层空气发生下沉运动时，因气压逐渐增大，以及气层向水平方向的辐散，其厚度减少（$h'<h$）。这样气层项部比底部下沉的距离要大（$H>H'$），因而项部绝热增温比底部多而形成逆温。下沉逆温范围广，厚度大，持续时间长，在离地数百米至数千米的高空都可能出现。冬季，下沉逆温与幅射逆温结合在一起，可形成很厚的逆温层。

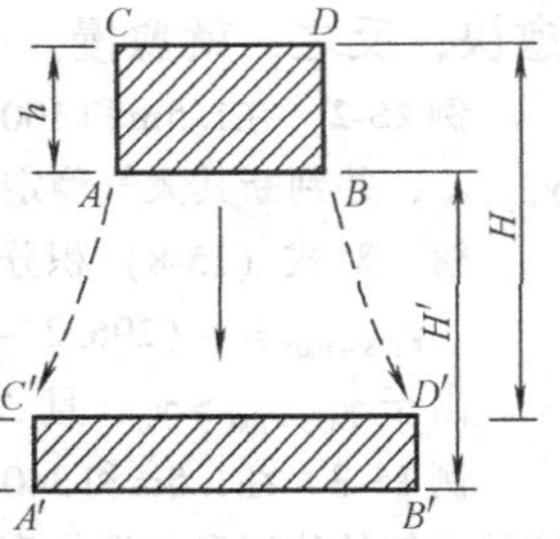

图 15-5　下沉逆温的形成

（3）平流逆温　当暖空气平流到冷地面上时，下层空气受地面影响大、降温多，上层空气降温少，由此形成的逆温称为平流逆温。当冬季中纬度沿海地区海上暖气流流到大陆上，以及暖空气流到低地、盆地内积聚的冷空气上面时，也可形成平流逆温。

（4）湍流逆温　低层空气的湍流混合而形成的逆温称为湍流逆温。图 15-6 中，AB 为气层湍流混合前的气温分布 $\gamma<\gamma_d$，下层空气经湍流混合以后，气层的温度分布将逐渐接近于 γ_d，如图中 CD 线。这是因为湍流混合中，上升空气的温度是按干绝热递减率 γ_d 变化的，空气上升到混合层上部时，它的温度比周围的空气温度低，混合的结果，使上层空气降温；空气下降时，情况相反，会使下层空气增温。这样，在湍流混合层与未发生湍流混合的上层空气之间的过渡层就出现了逆温层 DE。这种逆温层厚度不大，约几十米。

（5）锋面逆温　对流层中，冷暖空气相遇时，暖空气密度小，爬到冷空气的上面，两者之间形成一个倾斜的锋面。于是在冷空气一侧出现逆温（见图 15-7）。

实际上，大气中出现的逆温常常是由几种原因共同形成的。因此，在分析逆温的形成时，必须注意当时的具体条件。

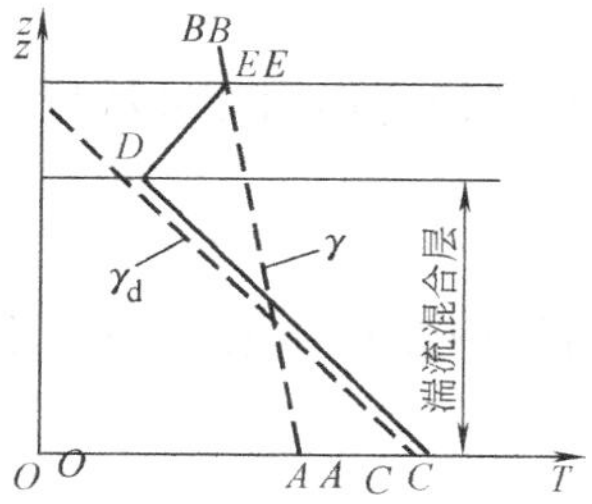

图15-6　湍流逆温的形成

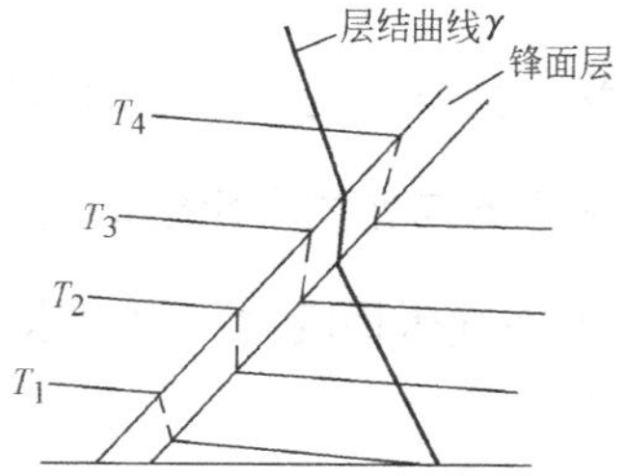

图15-7　锋面逆温

15.2.5　大气稳定度和烟流的关系

大气污染状况与大气稳定度密切相关，图15-8中示出了高架点源5种典型的烟流状态与大气稳定度的关系：

（1）翻卷型（波浪型）　出现于全层不稳定的气层中，烟流上下波动很大，在源近距离处会出现高浓度污染。晴朗的白天中午和午后易出现。

（2）锥型　全层中性或弱稳定时出现，烟流扩散成圆锥形，最大浓度出现地点比波浪型远。阴天常出现。

（3）扇型　全层强稳定时出现，烟流在铅直方向扩散受抑制，厚度较小；在空中俯视时烟流扩展成扇形。晴朗的夜间常出现。源高时，近处污染轻；源低时，近处污染重。

（4）屋脊型　上层不稳定，下层稳定时出现。烟流在逆温层之上扩展为屋脊形，向下的扩散受抑制，地面浓度较低。日落前后地面辐射冷却快，低层形成逆温，上层仍为不稳定，故常出现屋脊型。

（5）熏烟型　上层稳定，下层不稳定时出现。烟流向上的扩散受到抑制，只能在地面至逆温层底之间扩散，造成极高浓度。早上9~10点钟辐射逆温层从烟流下界消退到上界过程中出现。

以上仅从大气稳定度的角度分析了几种典型的烟流状态，由于还有动力因素和地面粗糙度的影响，实际的烟流要复杂得多。

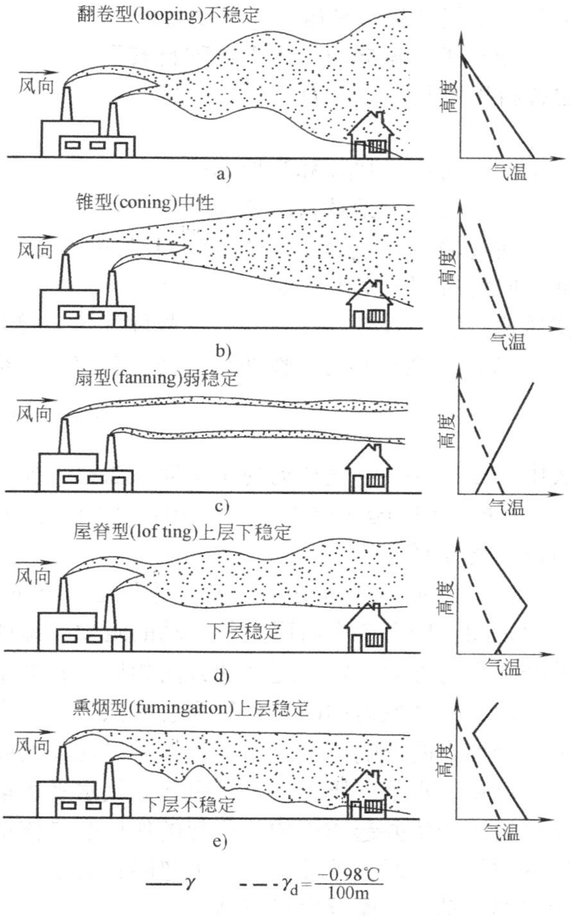

图15-8　高架源排烟烟云形状与大气稳定度的关系

a）翻卷型　b）锥型　c）扇型

d）屋脊型　e）熏烟型

15.3 大气的水平运动

气象学上把空气的水平运动称为风。风对大气污染物起到输送作用和冲淡稀释作用。

15.3.1 水平方向作用于空气的力

（1）水平气压梯度力　由于水平方向气压差的存在而作用在单位质量空气上的力，以 G_n 表示，即

$$G_n = -\frac{1}{\rho}\frac{\partial p}{\partial N} \tag{15-14}$$

可见，G_n 的大小与空气密度 ρ 成反比，与水平气压梯度 $-\frac{\partial p}{\partial N}$ 成正比，负号表示其方向由高气压指向低气压。因此，只要水平方向存在着气压差异，就有水平气压梯度力作用在空气上，使空气从高气压区流向低气压区，直至有其他力与之平衡为止。可见，水平气压梯度力是使空气产生水平运动的原动力。

（2）地转偏向力　由于地球自转而产生的使运动着的空气偏离气压梯度力方向的力，也称科里奥利力，以 D_n 表示，即

$$D_n = 2V\omega\sin\varphi \tag{15-15}$$

式中　V、φ——风速和当地纬度；

　　　ω——地球自转角速度。

地转偏向力 D_n 有以下性质：①伴随风速 V 的产生而产生；②该力在北半球垂直指向运动方向的右方，南半球则垂直指向左方；③由于它与运动方向垂直，只改变风的方向，不改变风速；④该力与 $\sin\varphi$ 成正比，故随纬度 φ 增加而增大，赤道为 0，两极最大（$2V\omega$）。

（3）惯性离心力　作曲线运动的单位质量空气所受的惯性离心力 C 为

$$C = \Omega^2 r \text{ 或 } C = \frac{V^2}{r} \tag{15-16}$$

式中　Ω、r——空气转动的角速度和曲率半径。

C 的方向与运动方向垂直，由曲率中心指向外缘。由于大气运动的曲率半径一般很大，所以 C 通常较小。

（4）摩擦力　运动方向或速度不同的相邻两层大气之间以及贴近地表运动的大气和下垫面之间，皆会产生阻碍大气运动的阻力，即摩擦力。前者称内摩擦力，后者称外摩擦力。外摩擦力的方向与空气运动的方向相反，其大小与速度和下垫面粗糙度成正比。

内、外摩擦力的向量和称为总摩擦力。随高度增加，总摩擦力逐渐减少。到 1～2km 以上，摩擦力的影响可以忽略不计，所以此高度以下称摩擦层，以上称自由大气。

可见，水平气压梯度力是引起大气水平运动的直接动力，其他三个力都是在空气开始运动以后才产生并起作用的，所起的作用视具体情况而不同。例如，在讨论近地面或低纬度地区的空气运动时，地转偏向力可忽略；近于直线的空气运动，惯性离心力可忽略；讨论自由大气的运动时，摩擦力可忽略。

15.3.2 大气边界层内风随高度的变化

把湍流平均运动方程应用到大气边界层，并作某些适当的假设，则可求出北半球某地边

界层内不同高度上的风矢量 V，把它们投影到同一平面上，连接风矢量顶端的曲线，称为爱克曼（Ekman）螺线。如图15-9所示，随着高度增加，摩擦力逐渐减少，所以风速逐渐增大；同时地转偏向力也随高度的增加而逐渐增大，所以风向逐渐向右偏转，到了边界层顶，风的大小、方向与地转风完全一致（摩擦层上面的自由大气中，当地转偏向力与气压梯度力大小相等、方向相反时，空气沿平直等压线所作的水平等速直线运动，称为地转风）。

风向、风速随高度的变化将使烟的扩散系数增加，污染物被输送的方位也与地面有所不同（见图15-9）。但这种影响仅在污染源比较高（如大型火电厂强而热的高烟囱排放）时才比较明显，对一般高度不大的污染源，可以忽略这种影响。

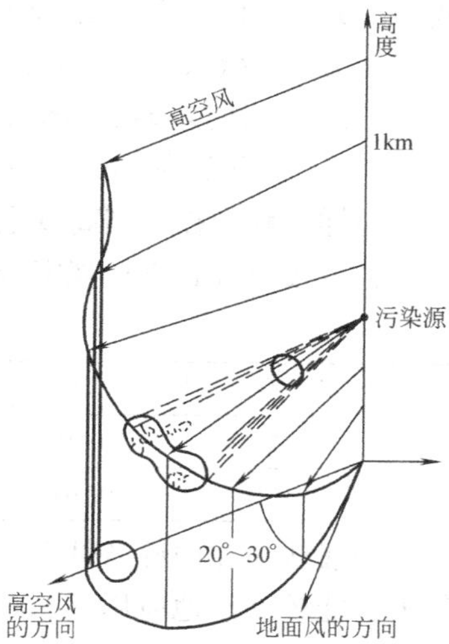

图15-9 爱克曼螺线

15.3.3 近地层风速廓线模式

平均风速随高度变化的曲线称为风速廓线，其数学表达式称为风速廓线模式。目前，已建立了多种形式的近地层风速廓线模式，本书仅介绍常用的两个——对数律和指数律。

1. 对数律

根据普兰德（Prandtl）的混合长理论，可以导出中性层结时近地层风速廓线的对数风速廓线模式为

$$\bar{u} = \frac{u_*}{k}\ln\frac{z}{z_0} \tag{15-17}$$

式中 $\bar{u}$——高度 z 处平均风速（m/s）；

u_*——具有速度因次的常数，称为摩擦速度（m/s）；

k——卡门（Karman）常数，$k=0.4$；

z_0——地面粗糙度长度（m），有代表性的 z_0 值见表15-1。

利用在不同高度上观测到的风速资料，可由式（15-7）求出 u_* 和 z_0 值。

表15-1 有代表性的地面粗糙度

地面类型	z_0/cm	有代表性的 z_0/cm
草原	1~10	3
农作物地区	10~30	10
村落、分散的树林	20~100	30
分散的大楼（城市）	100~400	100
密集的大楼（大城市）	400~	>300

2. 指数律

根据施密特（Schmit）的半经验理论导出的风速廓线对数律为

$$\bar{u} = \bar{u}_1\left(\frac{z}{z_1}\right)^m \tag{15-18}$$

式中 $\bar{u}_1$——已知高度 z_1 处风速（m/s），常取 10m 高度上的风速 $\bar{u}_{10}$ 作为已知风速；

$\bar{u}$——欲求高度 z 上的风速（m/s）；

m——风速指数，随大气稳定度而变，还随下垫面粗糙度增大而增大，随固定高度上风速的增大而减少。

同样可利用在不同高度上测得的风速值由上式算出 m 值。当无实测的 m 值时，在 500m 以下，可按表（15-2）规定选取。

表 15-2 不同稳定度下的 m 值

稳定度		A	B	C	D	E、F
m	城市	0.15	0.15	0.20	0.25	0.30
	乡村	0.07	0.07	0.10	0.15	0.25

一般认为在中性条件下，指数律不如对数律准确，特别是近地面层。但指数律在中性条件下，能较满意地应用于 300～500m 的气层，而且在非中性条件下应用也较为准确和方便，所以在大气扩散的实际工作中指数律应用较多。

15.4 大气的湍流运动

15.4.1 产生

边界层内实际大气的运动既不是单纯的对流运动，也不是单纯的水平运动，而总是表现为湍流的形式。它能将进入它内部的污染物迅速地扩散开来，其速率比分子扩散速率大好几个数量级。但在主风方向上的平均风速比脉动风速大得多，所以在主风方向上风的平流输送作用是主要的。

近地面的大气湍流有由热力因子产生的热力湍流和由动力因子产生的机械湍流两种形式。例如，地表面受热不均匀或结层不稳定使空气的垂直运动发生和发展而造成热力湍流；近地面空气与静止地面之间的相对运动（即近地面风的切变）形成的湍流，以及空气流经粗糙下垫面（山丘、树林、建筑物）时引起风向和风速突然改变造成的湍流都是机械湍流。

15.4.2 判据

大气湍流运动是发展还是削弱，一般不用仅适用于均匀不可压缩流体的雷诺数 Re 来判别，因为大气在水平方向和铅直方向都存在着密度变化，因而大气不能作为均匀不可压缩流体处理。大气湍流运动的发展与削弱主要用理查逊数（Richarson Number）R_i 来判别，它定义为

$$R_i = \frac{g\left(\dfrac{\partial \bar{\theta}}{\partial z}\right)}{\bar{\theta}\left(\dfrac{\partial \bar{u}}{\partial z}\right)^2} \approx \frac{g}{\bar{T}}\frac{(\gamma_d - \gamma)}{\left(\dfrac{\partial \bar{u}}{\partial z}\right)^2} \tag{15-19}$$

式（15-19）表明，R_i 数综合反映了热力因子和动力因子对湍流发展的影响，用它来反映层结大气稳定度要比单纯用热力因子来判断客观得多，理论上具有重要意义。式（15-19）中，分母项恒定为正，分子可正可负，R_i 数的符号主要取决于分子，即 $\partial\bar{\theta}/\partial z$ 的符号。当

$\partial\bar{\theta}/\partial z<0$ 时，$R_i<0$，表示热力因子和动力因子的作用都使湍流运动加强；当 $\partial\bar{\theta}/\partial z=0$ 时，$R_i=0$，说明虽然热力因子不起作用，但动力因子的作用仍使湍流加强；当 $\partial\bar{\theta}/\partial z>0$ 时，$R_i>0$，此时热力因子使湍流减弱，动力因子使湍流加强，湍流最终是否发展决定于风速切变 $\partial\bar{u}/\partial z$ 的大小。若 $\partial\bar{\theta}/\partial z$ 很大，可使湍流增强；反之，当 $\partial\bar{u}/\partial z$ 很小时，可使湍流减弱。

15.4.3 描述

为了把极其复杂的湍流运动简化为一个比较容易处理的数学模型，可把湍流运动看作是一个不随时间而变的平均运动和一个随时间而变的脉动运动的叠加。若以 $\bar{u}$、$\bar{v}$、$\bar{w}$ 分别表示 x、y、z 方向上的平均风速，u'、v'、w' 分别表示这三个方向上的脉动风速，则自然状态下风的三个分量 u、v、w 可分别表示为

$$u=\bar{u}+u',\quad v=\bar{v}+v',\quad w=\bar{w}+w' \tag{15-20}$$

湍流的强弱可用湍流强度来表示。通常把各个方向上的脉动量的标准差（$\sqrt{\overline{u'^2}}$、$\sqrt{\overline{v'^2}}$、$\sqrt{\overline{w'^2}}$）称为湍流的大小，把湍流大小与平均风速的比值称为湍流强度。若用 i_x、i_y、i_z 分别代表 x、y、z 方向上的湍流强度，则

$$i_x=\frac{\sqrt{\overline{u'^2}}}{\bar{u}},\quad i_y=\frac{\sqrt{\overline{v'^2}}}{\bar{u}},\quad i_z=\frac{\sqrt{\overline{w'^2}}}{\bar{u}} \tag{15-21}$$

15.4.4 大气混合层

当大气边界层中出现不接地逆温时，逆温层底面以下的不稳定或中性气层内能发生强烈的湍流混合，称为大气混合层，其高度称为混合层高度或厚度。混合层高度是地面热空气上下对流所能达到的高度，它指示了污染物在铅直方向能被热力湍流所扩散的范围。常出现的混合层有辐射逆温破坏混合层、对流混合层（中午前后无上部逆温层时近地面热空气自由上升形成的混合层）、下沉逆温混合层、城市热岛混合层和海陆边界混合层等。

由于温度层结的昼夜变化，混合层厚度也随时改变，并随日出而增加，午后达最大，称为最大混合层厚度（MML）。霍尔萨维斯提出了确定最大混合层厚度的干绝热曲线上升法。如图15-10所示，从日最高地面气温作干绝热直线 γ_d 与早晨7时的温度探空曲线 γ 的交点所对应的高度即为最大混合层厚度。

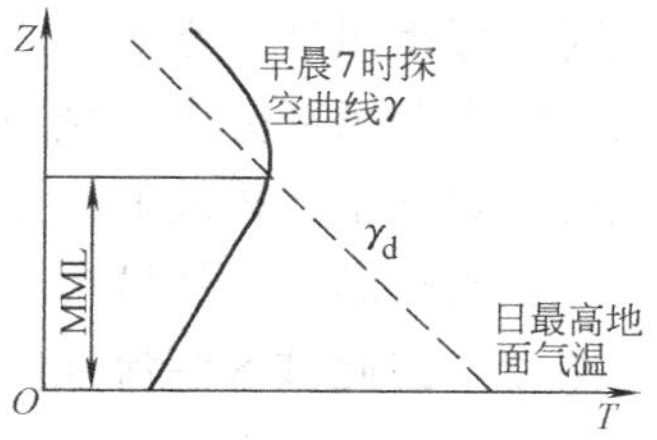

图15-10 确定最大混合层厚度方法

归结起来，污染物在大气中的稀释扩散取决于大气的运动状态。大气的运动由风和湍流来描述。因此，风和湍流是决定污染物在大气中稀释扩散的最直接、最本质的因子。其他一切气象因子都是通过风和湍流的作用而影响空气污染的。风速愈大，湍流愈强，扩散的速率就愈快，污染物的浓度就愈低。

15.5 下垫面的影响

在城市、山区和海陆交界处，由于下垫面热力和动力效应不同，所表现的局地气象特征与平原地区也不相同。这些局地气象特征对污染物的扩散影响极大。

15.5.1 城市气象特征

1. 城市热岛效应

城市气温比周围农村高的现象称为城市热岛效应。造成这一现象的主要原因有：

1）城市能耗水平高，放出大量热。

2）大量热容量大的建筑物和水泥面，白天储存大量热能，夜间释放出来使城市空气冷却缓慢，同时这些建筑物和水泥面减少了水分蒸发的耗热，增加了地面向大气输送的热量。

3）城市的污染空气对地面长波辐射的吸收较强，空气的逆辐射也较强，使地面和近地面温度比农村高。

4）冬季气温常低于人体温度，空气能从众多的人体获得一部分能量。

城市热岛效应的强度与城市规模、性质、工业发展水平、地理及气象条件等因素有关。国外大城市的热岛强度可达5℃，国内大城市一般为2～3℃。

2. 城市热岛混合层

在晴朗的白天，城市和农村温度层结均为递减状态，只是城市贴近地面一层气温递减更快。在夜间，乡村由于地面辐射冷却快，在近地面形成辐射逆温层，但当乡村空气流到温暖而粗糙的城市上空时，下层空气被重新加热而形成一层混合层，其上部仍维持从乡村移动过来的逆温。该混合厚度为几十到几百米之间，由城市规模和空气运动的速度、时间而定。图15-11表示了这种情况。

3. 城市风场与湍流

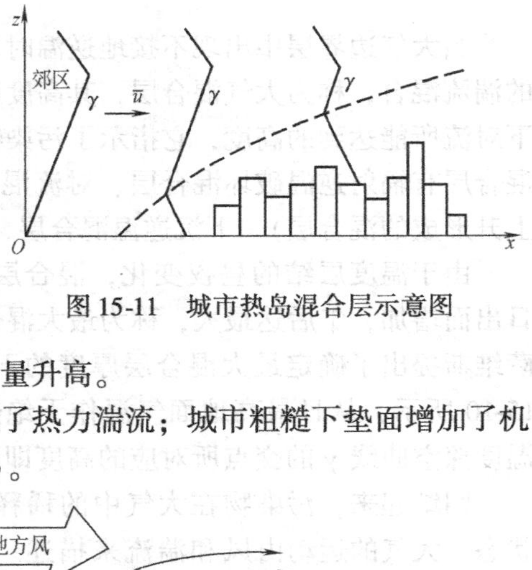

图 15-11 城市热岛混合层示意图

由于城市气温经常比农村高（特别是夜间），气压较低，在晴朗平稳的天气下可形成从周围农村吹向城市的局地风，称为“城市风”。这种风在市区内辐合就会产生上升气流，通常在300～500m高度向四周辐散，从而形成城市热岛环流。出现地区性静风时，城市风非常明显（见图15-12a）；有和风时，只在城市背风部分出现城市风（见图15-12b）。城市风可将城郊工厂排放的污染物带到市区，使污染物含量升高。

城市热岛效应使城市上空大气趋于不稳定，增大了热力湍流；城市粗糙下垫面增加了机械湍流。因此城区湍流强度平均比郊区高30%～50%。

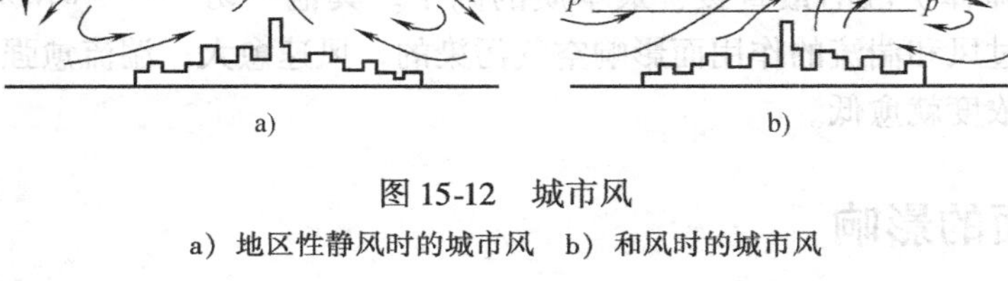

图 15-12 城市风

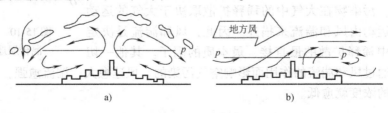

a）地区性静风时的城市风 b）和风时的城市风

15.5.2 山区的气象特征

山区污染物的扩散决定于山区特殊的气象条件和地形对气流运动的影响。

1. 山区风场

（1）坡风与山谷风　晴天夜间，地面辐射冷却快，山沟两侧贴近山坡的空气被冷却，冷而重的空气顺坡下滑，形成下坡风（见图15-13a）。下坡风向山谷汇集，形成一股速度较大，层次较厚的气流，沿着山沟流向下游或平原，称为山风。白天则相反，太阳辐射的结果，坡地上暖而轻的空气沿山坡上爬，形成上坡风（见图15-13b）。谷外冷空气向谷内流进补充，形成谷风。日出、日落前后是山谷风的转换期，这时山风与谷风交替出现，时而山风，时而谷风，风向不稳定，风速很小。此时，山沟中污染源排出的污染物由于风向来回摆动，产生循环积累，造成高浓度污染。

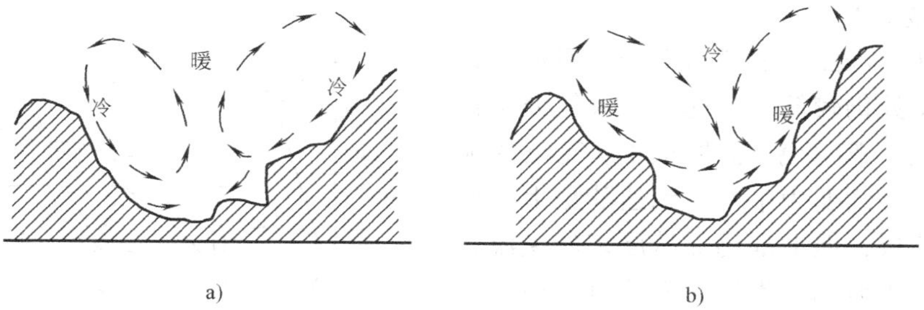

图15-13　坡风与山谷风

a）夜晚，下坡风和山风　b）白天，上坡风和谷风

（2）过山气流　气流过山会引起整个流场的改变，在背风坡会出现明显的下沉气流和湍流区。若污染源在山前，烟流将随过山气流带向地面（见图15-14上）。烟流绕过建筑物时也会出现类似情形。处于过山下沉气流或湍流区中不高的污染源，烟流将被向下倾斜的气流带向地面，或由于强烈的湍流混合很快扩散到地面，造成高浓度污染（见图15-14中）。处于背风面回流区中的污染源，烟流被回流区的下沉气流带回地面，部分污染物还可能在回流区内往返积累，造成高浓度污染。当风向与山谷走向垂直时，在谷中形成反向回流。只有当烟囱高度超过回流层高度时才不受其影响（见图15-14下）。

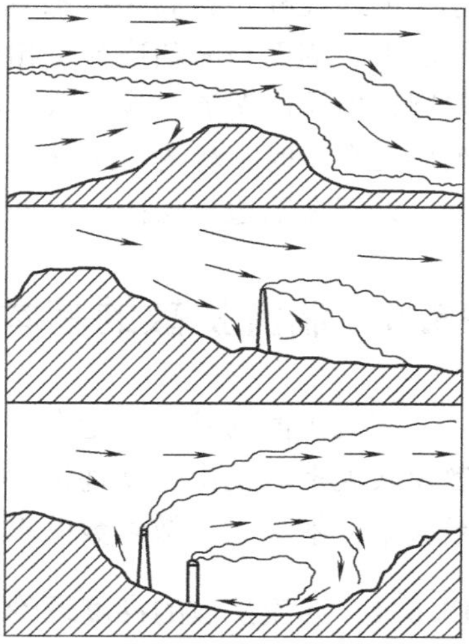

图15-14　几种典型的背风区污染

2. 山区湍流

山区地形复杂，地表受热不均（向阳、背阴）而产生局部热力环流，增强了热力湍流。山区下垫面粗糙度大，机械湍流强烈。因此，山区的湍流比平原地区强烈。

15.5.3　海陆风和海陆边界层

1. 海陆风

在水陆交界处，由于水面和陆面的导热率和比热不同，水域温度变化比陆面小。白天，在太阳辐射作用下，陆地增温快，陆上气温比海上高，暖而轻的空气上升，于是上层空气由大陆吹向海岸，下层空气则由海洋流向陆地，成为海风，并构成一个完整的热力环流（见图15-15a）。夜间陆地辐射冷却比海洋快，陆上气温比海上低，形成与白天相反的气流，成为陆风（见图 15-15b）。

海陆风是一种局地热力环流，白天陆地上的污染物随气流抬升后，在上层流向海洋，并下沉，又可能部分地被海风带回陆地。

海陆风是互相转换的，上午 9 ~ 11 时海风开始，17 ~ 20 时转为陆风。晚间被陆风吹向海洋的污染物，白天有可能部分地带回陆地，形成重复污染。

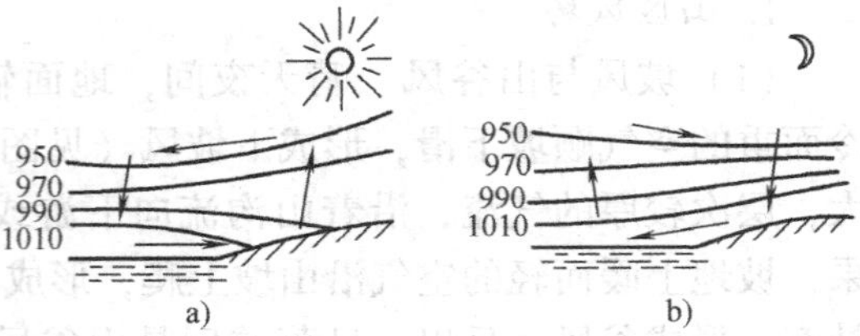

图 15-15 海风和陆风的形成

a）海风 b）陆风（气压单位：hPa）

2. 海陆边界层

春末夏初，水面温度开始上升，但近岸处升得高，远岸处仍较低。若远岸处大气处于稳定的逆温状态，随着系统性的向岸气流的流动，下部逆温逐渐变为中性，到达陆地上后便形成不稳定气层，但上部仍保持原来的逆温状态，于是形成了海陆边界层，其顶自岸边向内陆逐渐升高，如图 15-16 所示。另一方面，粗糙的陆面使从海面上流来的气流湍流增大，加速了上述过程。若高架源的烟流开始处于稳定气层中，继而与海陆边界层相截，进入不稳定气层，此后向上的扩散受海陆边界层顶逆温的限制，但层内湍流交换活跃，污染物很快向下扩散，形成熏烟型高浓度污染。其熏烟过程可维持几个小时，称为持续熏烟过程。

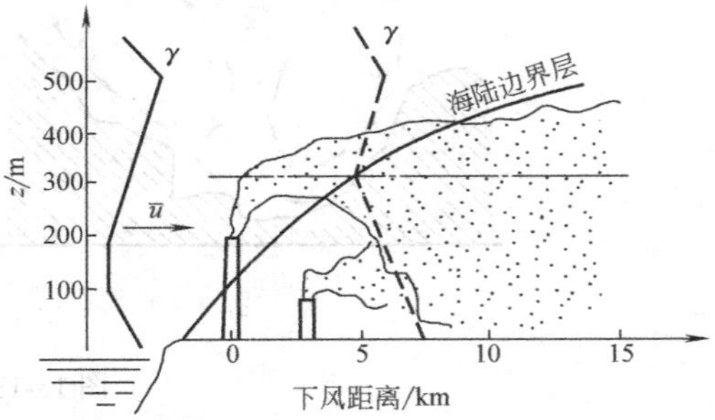

图 15-16 海陆边界层对扩散的影响

处于海陆边界层内的低矮烟源，其污染物的扩散始终受到倾斜逆温顶盖的抑制。

15.6 湍流扩散的基本理论

湍流扩散的基本理论有三种：梯度理论、统计理论和相似理论。目前实际应用的大气扩散模式大多数是由梯度理论导出的，而统计理论则把扩散参数与湍流脉动场的统计特征量联系起来，解决了扩散参数的求取问题。本书主要介绍这两种理论。

15.6.1 湍流扩散的梯度理论

15.6.1.1 湍流扩散的微分方程

根据质量守恒定律可导出表示扩散物质浓度变化规律的湍流扩散微分方程。

在湍流扩散烟流中取体积微元，其边长分别为 dx、dy、dz，研究其中由于大气的平流输送和湍流扩散而发生的污染物传递情况。如图 15-17 所示，单位时间内从微元左边 $ABCD$ 面进入微元的污染物质量为 $cu\mathrm{d}y\mathrm{d}z$（c 为瞬时浓度，u 为瞬时风速在 x 方向的分量），从

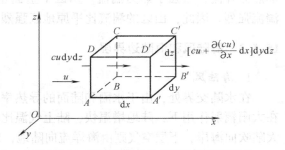

图 15-17 流动流体中扩散污染物质量变化

右边$A'B'C'D'$面流出的污染物质量为$\left[cu+\frac{\partial(cu)}{\partial x}dx\right]dydz$，即在单位时间内沿$x$方向微元内污染物的净变化量为

$$-\frac{\partial}{\partial x}(cu)dxdydz$$

同理，若风速在y、z方向的分量分别为v和w，则这两个方向污染物单位时间内的净变化量分别为

$$-\frac{\partial}{\partial y}(cv)dxdydz$$

$$-\frac{\partial}{\partial z}(cw)dxdydz$$

则单位时间微元内污染物的变化总量为

$$-\left[\frac{\partial}{\partial x}(cu)+\frac{\partial}{\partial y}(cv)+\frac{\partial}{\partial z}(cw)\right]dxdydz \qquad (15\text{-}22)$$

另一方面，微元内原有的污染物质量为$c dxdydz$，单位时间内的变化量为

$$\frac{\partial c}{\partial t}dxdydz \qquad (15\text{-}23)$$

根据质量守恒定律，式（15-22）应等于式（15-23），得

$$\frac{\partial c}{\partial t}=-\left[\frac{\partial}{\partial x}(cu)+\frac{\partial}{\partial y}(cv)+\frac{\partial}{\partial z}(cw)\right] \qquad (15\text{-}24)$$

考虑到湍流引起的浓度和速度波动，需将$c=\bar{c}+c'$，$u=\bar{u}+u'$，$v=\bar{v}+v'$，$w=\bar{w}+w'$等关系代入式（15-24），并对其等号两边取平均值，整理后得

$$\frac{\partial \bar{c}}{\partial t}+\bar{u}\frac{\partial \bar{c}}{\partial x}+\bar{v}\frac{\partial \bar{c}}{\partial y}+\bar{w}\frac{\partial \bar{c}}{\partial z}=\frac{\partial}{\partial x}(-\overline{c'u'})+\frac{\partial}{\partial y}(-\overline{c'v'})+\frac{\partial}{\partial z}(-\overline{c'w'}) \qquad (15\text{-}25)$$

湍流扩散的梯度理论把湍流扩散过程与分子扩散过程类比，假定湍流脉动的浓度通量正比于平均浓度梯度，即

$$-\overline{c'u'}=K_x\frac{\partial \bar{c}}{\partial x} \qquad -\overline{c'v'}=K_y\frac{\partial \bar{c}}{\partial y} \qquad -\overline{c'w'}=K_z\frac{\partial \bar{c}}{\partial z}$$

式中 K_x、K_y、K_z——x、y、z方向上的湍流扩散系数。

将上述关系式代入式（15-25），则得湍流扩散的微分方程

$$\frac{\partial \bar{c}}{\partial t}+\left(\bar{u}\frac{\partial \bar{c}}{\partial x}+\bar{v}\frac{\partial \bar{c}}{\partial y}+\bar{w}\frac{\partial \bar{c}}{\partial z}\right)=\frac{\partial}{\partial x}\left(K_x\frac{\partial \bar{c}}{\partial x}\right)+\frac{\partial}{\partial y}\left(K_y\frac{\partial \bar{c}}{\partial y}\right)+\frac{\partial}{\partial z}\left(K_z\frac{\partial \bar{c}}{\partial z}\right) \qquad (15\text{-}26)$$

式中，等号左边第一项为局地变化，即某固定点浓度随时间的变化率，括号内为平均风速的平流输送项；等号右边为湍流扩散项。由于该理论在湍流扩散项引入了扩散系数K_x、K_y、K_z，所以该理论又称为K理论。

15.6.1.2 微分方程的两种解

在不同的初始条件和边界条件下，解方程（15-26），就可得到不同气象条件下不同形式的源所造成的污染物浓度的时空分布。

若取坐标系的x轴与平均风向一致，z轴铅直向上，则$\bar{v}=\bar{w}=0$；再假定流场是均匀的，则K_x、K_y、K_z均为常数；同时为方便起见，以下将$\bar{c}$改写为c，但须理解c为一定时间内的平均浓度，于是式（15-26）简化为

$$\frac{\partial c}{\partial t}+\bar{u}\frac{\partial c}{\partial x}=K_x\frac{\partial^2 c}{\partial x^2}+K_y\frac{\partial^2 c}{\partial y^2}+K_z\frac{\partial^2 c}{\partial z^2} \tag{15-27}$$

1. 瞬时点源的解

(1) 无风时瞬时点源的解　在无风条件下（$\bar{u}=0$），瞬时点源排出的污染物将沿三维空间扩散。若以 $c_i(x,y,z;t)$ 表示在 $t=0$ 时刻，原点（0，0，0）瞬间排放的一个烟团，经 t 时间后，在某空间点（x，y，z）造成的浓度，解方程（15-27）得

$$c_i(x,y,z;t)=\frac{Q_i}{(2\pi)^{3/2}\sigma_x\sigma_y\sigma_z}\exp\left[-\left(\frac{x^2}{2\sigma_x^2}+\frac{y^2}{2\sigma_y^2}+\frac{z^2}{2\sigma_z^2}\right)\right] \tag{15-28}$$

式中　Q_i——瞬时点源一次排放的污染物量（即瞬时点源的源强）；

σ_x、σ_y、σ_z——x、y、z 方向上浓度分布的标准差，又称扩散参数。

由于没有风的输送作用，瞬时烟团仅在原点膨胀扩散，所以式（15-28）称为静止烟团模式。

(2) 有风条件下瞬时点源的解　假定有一定常的平均风速 $\bar{u}$，取一固定的空间坐标系，使 x 轴与平均风向平行。在 $t=0$ 时刻原点释放的一个烟团将随风飘动，并因扩散不断胀大，如图 15-18 所示。由式（15-28）经过坐标变换，可得移动烟团模式

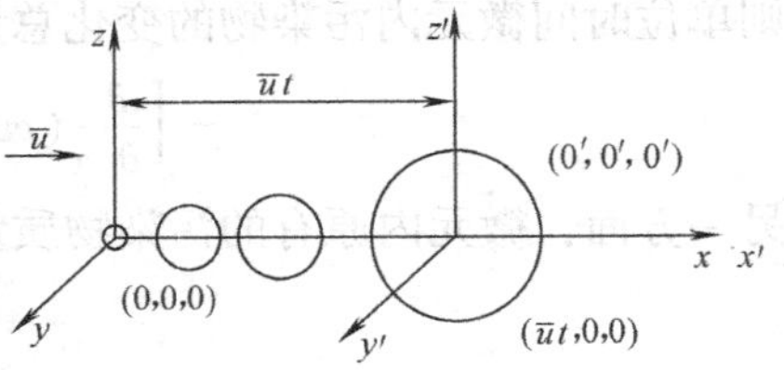

图 15-18　固定坐标系与移动坐标系

$$c_i(x,y,z;t)=\frac{Q_i}{(2\pi)^{3/2}\sigma_x\sigma_y\sigma_z}\exp\left\{-\left[\frac{(x-\bar{u}t)^2}{2\sigma_x^2}+\frac{y^2}{2\sigma_y^2}+\frac{z^2}{2\sigma_z^2}\right]\right\} \tag{15-29}$$

2. 有风条件下连续点源的解

若连续点源的源强 Q 为常量，由于源一直作用着，可以认为扩散过程为定常态，即空间某固定点的浓度 c 不随时间而变（$\partial c/\partial t=0$），浓度仅是空间坐标的函数。而且，当风速大于 1.5m/s 时，一般认为在 x 方向上风的平流输送作用引起的污染物的质量传递远远超过湍流扩散所起的作用，即 $\bar{u}\frac{\partial c}{\partial x}\gg K_x\frac{\partial^2 c}{\partial x^2}$，这时，$K_x\frac{\partial^2 c}{\partial x^2}$ 项可以忽略。于是方程（15-27）简化为

$$\bar{u}\frac{\partial c}{\partial x}=K_y\frac{\partial^2 c}{\partial y^2}+K_z\frac{\partial^2 c}{\partial z^2} \tag{15-30}$$

假定污染物在扩散过程中没有衰减或增生，保持恒定，于是通过下风向任一 y-z 平面的污染物量等于源强 Q，即

$$Q=\int_{-\infty}^{\infty}\int_{-\infty}^{\infty}c\bar{u}\,\mathrm{d}y\mathrm{d}z \tag{15-31}$$

在上述条件下解方程（15-30），得有风条件下连续点源的解

$$c(x,y,z)=\frac{Q}{2\pi\bar{u}\sigma_y\sigma_z}\exp\left[-\left(\frac{y^2}{2\sigma_y^2}+\frac{z^2}{2\sigma_z^2}\right)\right] \tag{15-32}$$

其中　$\sigma_y^2=2K_yt=\frac{2K_yx}{\bar{u}}$　　$\sigma_z^2=2K_zt=\frac{2K_zx}{\bar{u}}$

式（15-32）是假定污染物在无限空间中扩散，不受任何界面限制的条件下导出的，又称为无界条件下的烟流扩散模式，它表明连续点源排放的污染物在下风向的 y、z 方向上，浓度成正态分布。

实用中有时用烟羽的宽度和厚度（或称高度）来表示它的水平和铅直扩散范围。烟羽的边缘定义为烟流浓度降到烟流中心轴线浓度1/10的位置。在y方向，烟羽边缘至烟流中心轴线的距离y_0称为烟羽的半宽（见图15-19）；在z方向，烟羽边缘至烟流中心轴线的距离z_0称为烟羽的半厚。$2y_0$和$2z_0$则分别称为烟羽的宽度和厚度。根据定义，令$c/c_0=1/10$，可由式（15-32）导得

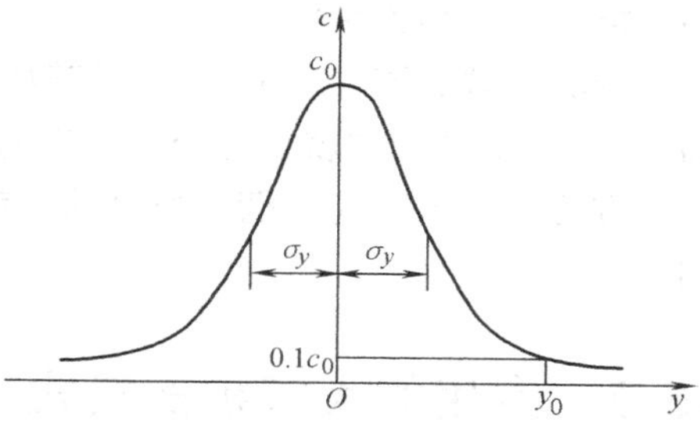

图15-19 烟羽半宽的定义

$$y_0 = 2.15\sigma_y \tag{15-33}$$

$$z_0 = 2.15\sigma_z \tag{15-34}$$

15.6.2 湍流扩散的统计理论

图15-20是位于坐标原点的源放出的粒子在平均风向为x方向的湍流大气中扩散的情况。假定大气湍流场是均匀（即$\frac{\partial \bar{u}}{\partial x}=\frac{\partial \bar{v}}{\partial y}=0$）、定常（即$\frac{\partial \bar{u}}{\partial t}=\frac{\partial \bar{v}}{\partial t}=0$）的，从原点放出的一个粒子由于平均风速和横向脉动速度$v'(t)$的作用，该粒子在移向下风方向的同时还有横方向的位移y。y随时间而变化，但其平均值为0。如果从源同时放出很多粒子，在$t=T$时间内它们将同时到达$x=\bar{u}T$的断面上。在该断面上它们的浓度分布为正态分布。y方向浓度分布的标准差σ_y等于粒子横向位移y的均方差，即

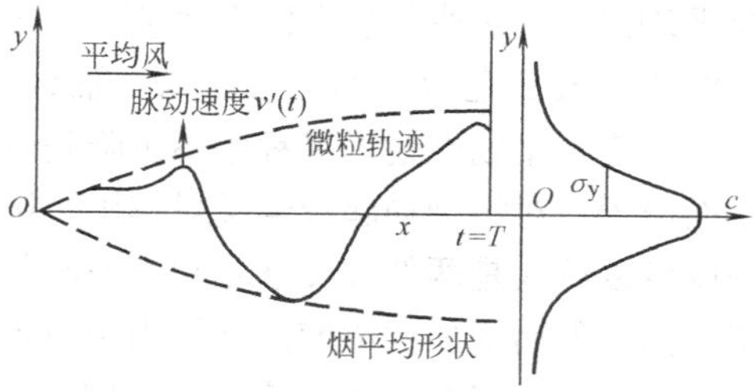

图15-20 由湍流引起的扩散

$$\sigma_y = (\overline{y^2})^{1/2} \text{ 或 } \sigma_y^2 = \overline{y^2}$$

将上式对时间t求导，可导出

$$\sigma_y^2 = 2\overline{v'^2}\int_0^T\int_0^t R_L(\tau)\,\mathrm{d}\tau\mathrm{d}t \tag{15-35}$$

式中 $R_L(\tau)$——拉格朗日自相关系数，定义为

$$R_L(\tau) = \frac{\overline{v'(t)}\,\overline{v'(t-\tau)}}{\overline{v'^2}}$$

式中 $\overline{v'^2}$——湍流强度；

$v'(t)$——是微粒y向位移的时间变化率，即横向脉动速度

$$v'(t) = \frac{\mathrm{d}y}{\mathrm{d}t}$$

微粒的横向位移y等于横向脉动速度对时间的积分，即

$$y = \int_0^t v'(t-\tau)\,\mathrm{d}\tau$$

式中 $v'(t-\tau)$——微粒在$(t-\tau)$时刻y方向的脉动速度，τ是积分时间。

式（15-35）就是著名的泰勒（Taylor. G. I）公式，是湍流扩散统计理论的基本公式之一。由上式可见，在均匀、定常湍流场中，微粒的扩散范围取决于湍流强度$\overline{v'^2}$和脉动速度

的拉格朗日自相关系数 $R_L(\tau)$。

湍流扩散的统计理论在大气扩散的理论研究和实际工作中有重要意义。例如萨顿（Sutton. O. G）扩散模式就是在统计理论的基础上导出的。在大气扩散实验中，测定扩散参数的一些方法，如等容（平衡）气球法、赫-帕斯奎尔（Hay-Pasquill）法等也是以泰勒公式为基础的。

15.7 实用的大气扩散模式

15.7.1 有界条件下的基本扩散模式

实际的污染源是位于地面或接近地面的大气边界层内的，由于地面的存在，污染物在大气中的扩散是有界的。所以在解决实际问题时，必须考虑地面的影响。有界条件下的坐标系如图 15-21 所示：原点 O 为地面源排放点或高架源排放点在地面的铅直投影点，x 轴正向指向平均风向，y 轴在水平面上垂直于 x 轴，z 轴垂直于 Oxy 平面向上延伸。在此条件下，烟流中心线或其在 Oxy 面的投影与 x 轴重合。

假定污染物在输送过程中不沉降到地面，地面对污染物没有吸收、吸附作用，将地面看作一面镜子，对污染物起着全反射作用。按全反射原理，地面以上空间一点 P（见图 15-22）的浓度可以认为是两部分贡献之和：一部分是不存在地面时，P 点所具有的浓度；另一部分是由于地面反射而增加的浓度。这相当于位置在（0，0，H）的实源和位置在（0，0，$-H$）的虚源（即实源的像源）在不存在地面时，在 P 点的浓度之和，即

$$c = c_{实(无界)} + c_{虚(无界)} \tag{15-36}$$

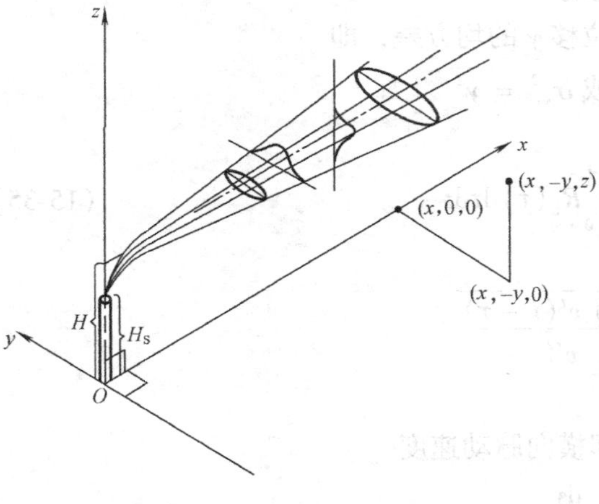

图 15-21 正态分布的座标系

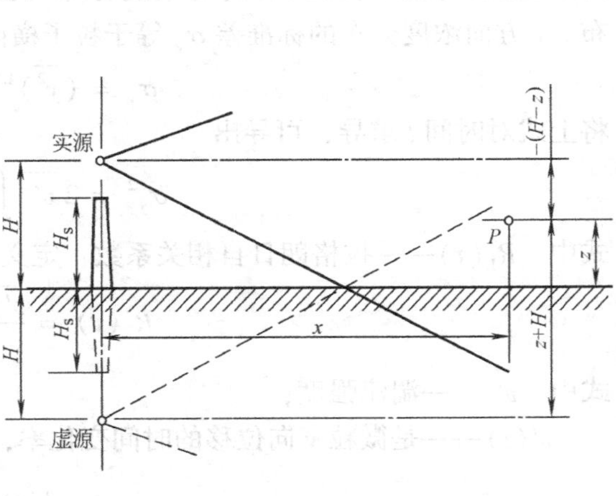

图 15-22 由地面产生的反射

无界条件下扩散模式（15-32）的坐标原点是排放源点。在图 15-22 中，P 点在实源为原点的坐标系中的铅直坐标为 $-(H-z)$，即（$z-H$），故在式（15-32）中，应将 z 变换为（$z-H$），得

$$c_{实(无界)} = \frac{Q}{2\pi \bar{u}\sigma_y\sigma_z}\exp\left[-\left(\frac{y^2}{2\sigma_y^{\ 2}} + \frac{(z-H)^2}{2\sigma_z^{\ 2}}\right)\right] \tag{15-37}$$

P 点在以虚源为原点的坐标系中的铅直坐标为（$z+H$），它在 P 点产生的浓度为

$$c_{虚(无界)} = \frac{Q}{2\pi \bar{u} \sigma_y \sigma_z} \exp\left[-\left(\frac{y^2}{2\sigma_y^{\ 2}} + \frac{(z+H)^2}{2\sigma_z^{\ 2}}\right)\right] \tag{15-38}$$

将式（15-37）、式（15-38）代入式（15-36），得考虑地面反射作用时 P 点的实际浓度为

$$c(x,y,z;H) = \frac{Q}{2\pi \bar{u} \sigma_y \sigma_z} \exp\left(-\frac{y^2}{2\sigma_y^{\ 2}}\right)\left\{\exp\left[-\frac{(z-H)^2}{2\sigma_z^{\ 2}}\right] + \exp\left[-\frac{(z+H)^2}{2\sigma_z^{\ 2}}\right]\right\} \tag{15-39}$$

式中 $c(x,y,z;H)$——源强为 Q(mg/s)、有效烟囱高度为 H(m)的源在下风向任一空间点 (x,y,z) 处造成的浓度（mg/m^3）；

$\bar{u}$——烟囱几何高度处的平均风速（m/s）；

σ_y、σ_z——横向和铅直向的扩散参数（m），均随下风距离 x 的增大而增大。

式（15-39）即有界条件下高架连续点源的扩散模式，又称高斯模式或烟流模式，由它可以导出其他常用的扩散模式，因而是有界条件下的基本扩散模式。

15.7.2 几种常用的大气扩散模式

1. 高架连续点源

（1）地面上任意点的浓度　令式（15-39）中 $z=0$，得

$$c(x,y,0;H) = \frac{Q}{\pi \bar{u} \sigma_y \sigma_z} \exp\left(-\frac{y^2}{2\sigma_y^{\ 2}}\right) \exp\left(-\frac{H^2}{2\sigma_z^{\ 2}}\right) \tag{15-40}$$

（2）地面轴线浓度　令式（15-40）中 $y=0$，得

$$c(x,0,0;H) = \frac{Q}{\pi \bar{u} \sigma_y \sigma_z} \exp\left(-\frac{H^2}{2\sigma_z^{\ 2}}\right) \tag{15-41}$$

（3）地面轴线最大浓度　由于 σ_y 和 σ_z 都随 x 的增大而增大，因此在式（15-41）中 $\dfrac{Q}{\pi \bar{u} \sigma_y \sigma_z}$ 项随 x 的增大而减小，而 $\exp\left(-\dfrac{H^2}{2\sigma_z^{\ 2}}\right)$ 项则随 x 增大而增大，两项共同作用的结果，必然在某一距离上出现浓度 c 的最大值。

假定 σ_y 和 σ_z 随 x 增大而增大的倍数相同，即 $\dfrac{\sigma_y}{\sigma_z}=$ 常数 K，代入式（15-41），就得到一个关于 σ_z 的单质函数式，再将它对 σ_z 求偏导数，并令 $\partial c/\partial \sigma_z=0$，即可得到出现地面轴线最大浓度点的 σ_z 值

$$\sigma_z\big|_{x=x_{c_m}} = \frac{H}{\sqrt{2}} \tag{15-42}$$

将式（15-42）代入式（15-41）中，即得地面轴线最大浓度模式

$$c(x,0,0;H)_{max} = \frac{2Q}{\pi e \bar{u} H^2} \cdot \frac{\sigma_z}{\sigma_y} = \frac{0.234Q}{\bar{u} H^2} \cdot \frac{\sigma_z}{\sigma_y} \tag{15-43}$$

2. 地面连续点源

令式（15-39）中 $H=0$，得到地面连续点源在空间任一点（x，y，z）的浓度模式，即

$$c(x,y,z;0) = \frac{Q}{\pi \bar{u} \sigma_y \sigma_z} \exp\left(-\frac{y^2}{2\sigma_y^{\ 2}}\right) \exp\left(-\frac{z^2}{2\sigma_z^{\ 2}}\right) \tag{15-44}$$

比较式（15-44）和式（15-32）可发现，地面连续点源造成的污染物浓度恰是无界条件下浓度的两倍。由式（15-44）不难得出地面源的地面浓度和地面轴线浓度模式。

高架源在下风方向造成的地面浓度分布如图 15-23 所示。

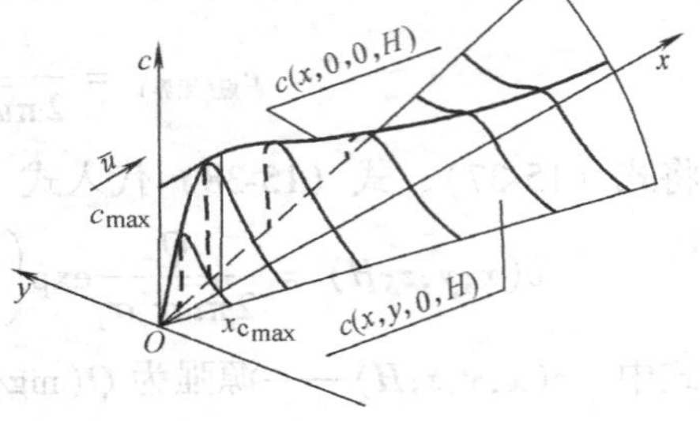

图 15-23 高架源的地面浓度分布

3. 上述模式的应用条件

1）平坦开阔下垫面上小尺度（10km 左右）扩散范围。

2）扩散在同一温度层结的气层中进行，平均风速 $\bar{u}>1.5m/s$。

3）平均流场平直稳定，平均风速和风向没有显著变化。

4）扩散过程中污染物没有衰减，污染物与空气没有相对运动，地面对它起全反射作用。

4. 颗粒物扩散模式

对粒径大于 15μm、具有明显重力沉降作用的落尘，一般用所谓倾斜烟云模式计算其近地面浓度，即

$$c(x,y,z;0)=\frac{(1+\alpha)Q}{2\pi\bar{u}\sigma_y\sigma_z}\exp\left(-\frac{y^2}{2{\sigma_y}^2}\right)\exp\left[-\frac{(H-v_s x/\bar{u})^2}{2{\sigma_z}^2}\right] \tag{15-45}$$

式中 v_s——颗粒的沉降速度（m/s）；

α——地面反射系数，见表 15-3。

表 15-3 地面反射系数 α

粒径范围/μm	15~30	31~47	48~75	76~100
平均粒径/μm	22	38	60	85
反射系数 α	0.8	0.5	0.3	0

5. 较大范围扩散的简单处理方法

当扩散范围较大、时间较长时，由化学反应、降水清洗、放射性衰变等物理化学过程造成的污染物衰减不可忽略，这时的浓度计算十分复杂。在中尺度（10~100km）范围内，最简单的处理方法是按下式进行修正

$$c'=c\exp\left(-\frac{0.693}{T}\cdot\frac{x}{\bar{u}}\right) \tag{15-46}$$

式中 c——不考虑化学反应、降水清洗等作用时的浓度；

c'——考虑污染物衰减作用时的浓度；

T——污染物的半衰期，SO_2 的半衰期为数十分钟至数小时。

15.8 大气污染物浓度估算方法

为了利用大气扩散模式估算大气污染物浓度，必须解决有效烟囱高度（简称有效源高）H 和扩散参数 σ_y、σ_z 的求取问题。

15.8.1 有效源高的计算

大气扩散模式中的有效源高 H 是烟囱的几何高度 H_s 与烟流抬升高度 ΔH 之和（见图 15-21），即

$$H = H_s + \Delta H$$

对一确定的烟囱，H_s 是一定的，因此只要计算出烟流抬升高度就可得出有效源高。

烟气的初始动量产生动力抬升，热浮力产生热力抬升。初始动量决定于烟气出口速度 U_s 和烟囱口的内径 d，热浮力决定于烟气与周围空气间的温度差（$T_s - T_a$）或密度差（$\rho - \rho_s$）。实测资料表明，热而强的大烟囱热力抬升是主要的，动力抬升是次要的；小烟囱的动力抬升比例有所增加。

烟气与周围空气的混合速度对烟气的抬升高度影响很大，平均风速愈大，湍流愈强，混合就愈快，温差和动量都迅速减少，故抬升愈小。

稳定的温度层结抑制烟云的抬升，不稳定层结促进抬升；当层结不稳定时湍流交换活跃，过快的交换混合对抬升不利。

城市等粗糙下垫面上空的湍流较强，不利于抬升。离地面愈高，地面粗糙度引起的湍流减弱，对抬升有利。复杂的地形还可能形成局部温场和风场而影响抬升。

烟囱本身的几何形状和周围障碍物也会引起动力效应。当烟气出口速度过低，以致接近烟囱口处平均风速时，烟气不但不会抬升，反而会产生烟气下洗。

已有的抬升高度计算公式很多，大多是根据实验中总结出来的经验或半经验公式。这里仅介绍常用的几个公式。

（1）霍兰德（Holland，1953 年）公式

$$\Delta H = \frac{U_s d}{\bar{u}}\left(1.5 + 2.7\frac{T_s - T_a}{T_s}d\right) = \frac{1}{\bar{u}}(1.5U_s d + 9.6 \times 10^{-3} Q_H) \qquad (15\text{-}47)$$

式中 U_s——烟气（实际状态）出口速度（m/s）；

d——烟囱口内径（m）；

$\bar{u}$——烟囱口高度上的平均风速（m/s），可用风速廓线模式（15-17）或式（15-18）计算；

T_s、T_a——烟气出口温度和环境大气的温度（K）；

Q_H——烟气热排放率（kW），由式（15-55）计算。

霍兰德式适用于中性条件。对于非中性条件，霍兰德建议在不稳定时增加 10% ~20%，稳定时减少 10% ~20%。

霍兰德式对排热率和高度都不大的烟囱可获得比较保守的估算，对较大的热力浮升源不适用，计算结果过于偏低。

（2）布里吉斯（Briggs. G. A）公式　布里吉斯先后导出了一系列抬升高度公式，适用于不稳定和中性大气条件下的计算式如下：

当 $Q_H > 21000$kW 时：$x < 10H_s$　$\Delta H = 0.362 Q_H^{1/3} \cdot x^{2/3} \cdot \bar{u}^{-1}$ (15-48)

$x > 10H_s$　$\Delta H = 1.55 Q_H^{1/3} \cdot H_s^{2/3} \cdot \bar{u}^{-1}$ (15-49)

当 $Q_H < 21000$kW 时：$x < 3x^*$　$\Delta H = 0.362 Q_H^{1/3} \cdot x^{1/3} \cdot \bar{u}^{-1}$ (15-50)

$$x > 3x^* \quad \Delta H = 0.332Q_{\mathrm{H}}^{3/5} \cdot H_s^{2/5} \cdot \bar{u}^{-1} \tag{15-51}$$

$$x^* = 0.33Q_{\mathrm{H}}^{2/5} \cdot H_s^{3/5} \cdot \bar{u}^{(-6/5)}$$

式中 x^*——大气湍流特征距离，当 x 超过 x^* 时，大气湍流对烟气抬升起主导作用。

（3）卡森-摩西（Carson and Moses）公式　此式仅适用于 $Q_H \geqslant 8.374 \times 10^3$kW 的烟源。

$$\Delta H = \frac{C_1 U_s d + C_2 Q_{\mathrm{H}}^{1/2}}{\bar{u}} \tag{15-52}$$

式中 C_1、C_2——随大气稳定度而变的系数，取值见表 15-4。

表 15-4　C_1、C_2 的取值

大气稳定度	稳定	中性	不稳定
C_1	-1.04	0.35	3.47
C_2	2.24	2.639	5.146

（4）康凯维（CONCAWE）公式　此式仅适用于排热率 $Q_H < 8.374 \times 10^3$kW 的中小规模烟源。

$$\Delta H = 2.703Q_{\mathrm{H}}^{1/2}\bar{u}^{(-3/4)} \tag{15-53}$$

（5）中国国家标准中规定的公式　我国《制定地方大气污染物排放标准的技术方法》（GB/T13201——1991）中规定的 ΔH 的计算方法如下：

1）当 $Q_{\mathrm{H}} \geqslant 2100$kW，且 $\Delta T = T_s - T_a \geqslant 35$K 时

$$\Delta H = n_0 Q_{\mathrm{H}}^{n_1} H_s^{n_2} \bar{u}^{-1} \tag{15-54}$$

$$Q_{\mathrm{H}} = 0.35 p_a Q_{\mathrm{V}} (T_s - T_a)/T_s \tag{15-55}$$

式中 p_a——大气压（hPa），取邻近气象站年均值；

Q_{V}——实际状态下的排烟量（m^3/s）；

T_a——大气温度，取邻近气象站近 5 年的平均气温值（K）；

n_0、n_1、n_2——系数及指数，见表 15-5。

表 15-5　n_0、n_1、n_2 的取值

Q_{H}/kW	地表状况（平原）	n_0	n_1	n_2
$Q_{\mathrm{H}} \geqslant 21000$kW	农村或城市远郊区	1.427	1/3	2/3
	城区及近郊区	1.303	1/3	2/3
2100kW $\leqslant Q_{\mathrm{H}} <$ 21000kW 且 $\Delta T \geqslant 35$K	农村或城市远郊区	0.332	3/5	2/5
	城区及近郊区	0.292	3/5	2/5

2）当 1700kW $< Q_{\mathrm{H}} <$ 2100kW 时

$$\Delta H = \Delta H_1 + (\Delta H_2 - \Delta H_1)\frac{Q_{\mathrm{H}} - 1700}{400} \tag{15-56}$$

式中，ΔH_2 是按式（15-54）计算的抬升高度，ΔH_1 按下式计算

$$\Delta H_1 = \frac{2(1.5U_s d + 0.01Q_{\mathrm{H}})}{\bar{u}} - \frac{0.048(Q_{\mathrm{H}} - 1700)}{\bar{u}}$$

3）当 $Q_{\mathrm{H}} \leqslant 1700$kW 或 $\Delta T < 35$K 时

$$\Delta H = 2(1.5U_s d + 0.01Q_{\mathrm{H}})\bar{u}^{-1} \tag{15-57}$$

4）当 10m 高处的年平均风速≤1.5m/s 时

$$\Delta H = 5.5Q_{H}^{1/4}\left(\frac{dT_{a}}{dz}+0.0098\right)^{-3/8} \tag{15-58}$$

式中 dT_a/dz——排放源高度以上气温递减率（K/m），取值不得小于0.01K/m。

由于影响烟气抬升的因素多而复杂，目前的大多数烟气抬升公式都是在各自有限的观测资料的基础上整理归纳出来的，因而都有一定局限性。在实际工作中要按具体条件经过仔细选择后采用适当的公式。若有条件，ΔH应尽可能实测。

15.8.2 扩散参数的确定和污染物浓度的估算

大气扩散模式中的扩散参数σ_y和σ_z可以现场测定或环境风洞模拟实验确定，也可以经验估算。现场测定的方法有照相法、等容（平衡）气球法、示踪剂扩散法、激光雷达测烟等。经验估算目前应用最多的是P-G扩散曲线法。

为了避免庞杂、特殊的气象观测和烦琐的计算，帕斯奎尔（PasqullF.）在大量观测和研究的基础上，于1961年总结提出一套根据常规气象观测资料划分大气稳定度级别和估算扩散参数的方法。最初，帕斯奎尔用烟云的宽度和厚度来表示横风向和垂直向的扩散，后来吉福德（Giford. F. A）将它改成表示扩散参数的曲线，称为Pasqull-Giford扩散曲线，简称P-G扩散曲线。

15.8.2.1 P-G扩散曲线法的应用

（1）根据常规气象资料确定稳定度级别　帕斯奎尔根据太阳辐射情况、云量和距地面上10m高处的风速，将大气的稀释扩散能力划分为A～F六个稳定度级别，见表15-6。对该标准的几点说明如下：

1）稳定度级别中，A为强不稳定，B为不稳定，C为弱不稳定，D为中性，E为弱稳定，F为稳定。A～B表示按A、B级的数据内插。

2）日落前1小时至日出后1小时为夜间。

3）强太阳辐射对应于碧空下的太阳高度角大于60°的条件；弱太阳辐射相当于碧空下太阳高度角为15°～35°。在中纬度地区，仲夏晴天的中午为强太阳辐射，寒冬晴天中午为弱太阳辐射。云量将减少太阳辐射，在确定太阳辐射时，云量应与太阳高度一起考虑。例如，在碧空下应当是强太阳辐射，但此时若有碎中云（云量6/10到9/10）时，则要减到中等太阳辐射，碎低云时则减到弱辐射。

4）这种方法对于开阔的乡村地区能给出较可靠的稳定度，但对城市地区是不大可靠的。这是由于城市下垫面有较大的地面粗糙度及城市热岛效应所致。最大的差别出现在静风晴夜。这时，乡村是稳定的，但在城市出现了热岛混合层，即在高度相当于建筑物平均高度几倍之内是稍不稳定或近中性的，而它的上面有一个稳定层。

表15-6 帕斯奎尔稳定度级别划分表

地面风速（距地面10m处）/（m/s）	白天太阳辐射			阴云密布的白天或夜间	有云的夜间	
	强	中	弱		薄云遮天或低云≥5/10	云量≤4/10
<2	A	A～B	B	D		
2～3	A～B	B	C	D	E	F
3～5	B	B～C	C	D	D	E
5～6	C	C～D	D	D	D	D
>6	C	D	D	D	D	D

（2）利用P-G扩散曲线确定σ_y和σ_z　P-G扩散曲线如图15-24和图15-25所示。按表15-6确定出某地某时的稳定度级别后，便可用这两张图查出该稳定度级别下各下风距离x处的σ_y和σ_z值。另外，伦敦气象局还给出了表15-7，用内插法可求出20km内的σ_y和σ_z值。

（3）浓度的计算　计算地面轴线最大浓度c_{max}和它出现的距离$x_{c_{max}}$时，虽然从P-G曲线查得的σ_y和σ_z之比值并不满足不随距离x而变化的条件，但作为粗略的估算，仍可采用式（15-42）和式（15-43）。方法是：先按式（15-42）计算出$\sigma_z \mid x_{c_{max}}$，再从图15-25或表15-7中查出与之对应的$x$值即为在该稳定度下的$x_{c_{max}}$。再从图（15-24）或表15-7中查出与该$x_{c_{max}}$对应的$\sigma_y$值，利用式（15-43）计算出$c_{max}$值。这种方法的计算结果，在稳定度为D、C级时误差较小，E、F级误差较大。H越大，误差越小。

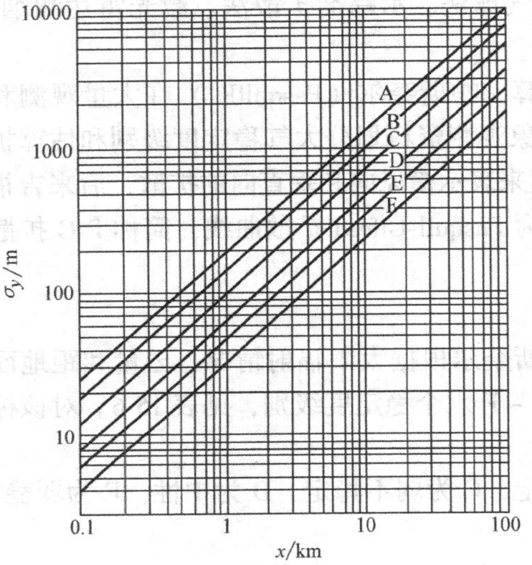

图15-24　下风向距离与水平散参数的关系
（取样时间10min）

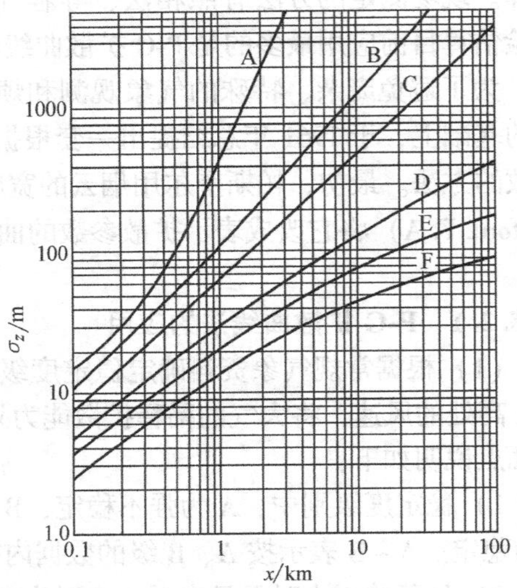

图15-25　下风向距离与垂直扩散参数的关系
（取样时间10min）

表15-7　帕斯奎尔曲线的σ_y和σ_z值

距离/km	A		B		C		D		E		F	
	σ_y	σ_z	σ_y	σ_z	σ_y	σ_z	σ_y	σ_z	σ_y	σ_z	σ_y	σ_z
0.1	27.0	14.0	19.1	10.7	12.6	7.44	8.37	4.65	6.05	3.72	4.19	2.33
0.2	49.8	29.3	35.8	20.5	23.3	14.0	15.3	8.37	11.6	6.05	7.91	4.19
0.3	71.6	47.4	51.6	30.2	33.5	20.5	21.9	12.1	16.7	8.84	10.7	5.58
0.4	92.1	72.1	67.0	40.5	43.3	26.5	28.8	15.3	21.4	10.7	14.4	6.98
0.5	112	105	81.4	51.2	53.5	32.6	35.3	18.1	26.5	13.0	17.7	8.37
0.6	132	153	95.8	62.8	62.8	38.6	40.9	20.9	31.2	14.9	20.5	9.77
0.8	170	279	123	84.6	80.9	50.7	53.5	27.0	40.0	18.6	26.5	12.1
1.0	207	456	151	109	99.1	61.4	65.6	32.1	48.8	21.4	32.6	14.0
1.2	243	674	178	133	116	73.0	76.7	37.2	57.7	24.7	38.1	15.8
1.4	278	930	203	157	133	83.7	87.9	41.9	65.6	27.0	43.3	17.2
1.6	313	1230	228	181	149	95.3	98.6	47.0	73.5	29.3	48.8	19.1
1.8			253	207	166	107	109	52.1	82.3	31.6	54.5	20.5

（续）

距离/km	A		B		C		D		E		F	
	σ_y	σ_z	σ_y	σ_z	σ_y	σ_z	σ_y	σ_z	σ_y	σ_z	σ_y	σ_z
2.0			278	233	182	116	121	56.7	85.6	33.5	60.5	21.9
3.0			395	363	269	167	173	79.1	129	41.9	86.5	27.0
4.0			508	493	335	219	221	100	166	48.6	102	31.2
6.0			723	777	474	316	315	140	237	60.9	156	37.7
8.0					603	409	405	177	306	70.7	207	42.8
10					735	498	488	212	366	79.1	242	46.5
12							569	244	427	87.4	285	50.2
16							729	307	544	100	365	55.8
20							884	372	659	111	437	60.5

计算非最大地面轴线浓度时，由P-G扩散曲线或表15-7查得σ_y和σ_z后，根据需要代入式（15-40）或式（15-41）计算。

例15-4 某火电厂的有效烟囱高度198m，烟囱口处平均风速5m/s，SO_2排放速率180g/s，试计算：

（1）白天阴天SO_2的地面轴线最大浓度及其出现的距离。

（2）在$x=x_{c_{\max}}$，$y=500$m处地面浓度。

解 由式（15-42）得 $\sigma_z|_{x=x_{c_{\max}}} = H/\sqrt{2} = 198/\sqrt{2} = 140\text{m}$

由表15-6得阴天白天大气稳定度为D级，由$\sigma_z=140$m查表15-7得$x_{c_{\max}}=6000$m；由$x_{c_{\max}}=6000$m反查表15-7得$\sigma_y=315$m，代入式（15-43）得地面轴线最大浓度，即

$$c(6000,0,0;198)_{\max} = \frac{2Q}{\pi e \bar{u} H^2}\cdot\frac{\sigma_z}{\sigma_y} = \frac{2\times180\times1000}{\pi e\times5\times198^2}\times\frac{140}{315}\text{mg/m}^3 = 0.096\text{mg/m}^3$$

$x=x_{c_{\max}}$，$y=500$m处的地面浓度为

$$c(6000,500,0;198) = c_{\max}\exp[-y^2/(2\sigma_y{}^2)] = 0.096\exp[-500^2/(2\times315^2)]\text{mg/m}^3 = 0.027\text{mg/m}^3$$

15.8.2.2 P-G扩散曲线法的不足与修正

P-G扩散曲线法简单实用，在国内外获得了广泛的应用，但存在以下不足：

1）σ_z-x曲线基本上是根据近地面源的铅直扩散理论和近地面源的扩散实验资料作出的。严格地讲不适用于100m以上的高架源。因为地面源的垂直扩散受地面的限制，σ_z较小，而高架源的σ_z较大。在制作σ_z曲线时，1km以外的实测资料很少，更远的距离是外推的结果，可靠性更差。为此，1976年帕斯奎尔对高架源的σ_z提出了如下修正公式

$$\sigma_z{}^2 = \sigma_{z(\text{P-G})}^2 + \Delta H^2/10$$

式中 $\sigma_{z(P\text{-}G)}$——P-G扩散曲线中的垂直参数。

2）P-G扩散曲线是根据平坦草原的大气扩散实验数据整理出来的，没有考虑地面粗糙度的影响，因此仅适用于平坦开阔下垫面上、近地面源小尺度扩散参数的求取。该法对城市和其他粗糙地形的扩散速率的估算过低，必须修正后才能应用。

3）由于帕斯奎尔对稳定度的分级不能区分和反映低层大气湍流场的变化和特征，而污染物的扩散与低层大气湍流的性质密切相关，因此本法的估算精度不高。

针对P-G扩散曲线存在的不足，史密斯（Smith. F. B）总结了适用于平坦开阔地区高架源的扩散参数；布里吉斯（1973）考虑到下垫面和烟囱高度的影响，提出了适用于平坦农村和城市的扩散参数，见表15-8。

表 15-8　布里吉斯扩散参数 σ_y、σ_z（$10^2\mathrm{m}<x<10^4\mathrm{m}$，取样时间 30min）

下垫面	稳定度	σ_y/m	σ_z/m
平坦开阔乡间	A	$0.22x(1+0.0001x)^{-1/2}$	$0.20x$
	B	$0.16x(1+0.0001x)^{-1/2}$	$0.12x$
	C	$0.11x(1+0.0001x)^{-1/2}$	$0.08x(1+0.0002x)^{-1/2}$
	D	$0.08x(1+0.0001x)^{-1/2}$	$0.06x(1+0.0015x)^{-1/2}$
	E	$0.06x(1+0.0001x)^{-1/2}$	$0.03x(1+0.0003x)^{-1}$
	F	$0.04x(1+0.0001x)^{-1/2}$	$0.016x(1+0.0003x)^{-1}$
城市	A、B	$0.32x(1+0.0004x)^{-1/2}$	$0.24x(1+0.001x)^{-1/2}$
	C	$0.22x(1+0.0004x)^{-1/2}$	$0.20x$
	D	$0.16x(1+0.0004x)^{-1/2}$	$0.14x(1+0.0003x)^{-1/2}$
	E、F	$0.11x(1+0.0004x)^{-1/2}$	$0.08x(1+0.0015x)^{-1/2}$

为了提高估算精度，对国家的一些大、中型工程项目或粗糙下垫面地区，当进行大气环境影响评价、预测新建工程可能造成的污染物浓度时，扩散参数仍需现场实测或通过环境风洞模拟实验确定。

15.8.2.3　中国国家标准规定的方法

1. 稳定度划分

按表 15-6 确定大气稳定度时，辐射强弱欠缺客观标准，主观性强，对同一天气情况不同的人可能定为不同的稳定度。特纳尔（Turner. D. B）提出根据太阳高度角、云高和云量确定稳定度级别的方法，简称 P-T 法。但该法中用以确定太阳辐射等级的云量、云高比较复杂，不便我国应用。在 P-T 法基础上修订成的中国国家标准（GB/T13201—1991）中规定的方法是，先由云量和太阳高度角按见表 15-9 查出辐射等级数，再由辐射等级数与地面风速按表 15-10 查出稳定度级别。

表 15-9　太阳辐射等级

云量（总云量/低云量）	太阳高度角 h_0				
	夜间	$h_0 \leqslant 15°$	$15°<h_0\leqslant 35°$	$35°<h_0\leqslant 65°$	$h_0>65°$
≤4/≤4	−2	−1	+1	+2	+3
5～7/≤4	−1	0	+1	+2	+3
≥8/≤4	−1	0	0	+1	+1
≥7/5－7	0	0	0	0	+1
≥8/≥8	0	0	0	0	0

表 15-10　大气稳定度级别

地面风速/m/s	太阳辐射等级					
	+3	+2	+1	0	−1	−2
≤1.9	A	A～B	B	D	E	F
2～2.9	A～B	B	C	D	E	F
3～4.9	B	B～C	C	D	D	E
5～5.9	C	C～D	D	D	D	D
≤6	C	D	D	D	D	D

太阳高度角 h_0 用下式计算

$$h_0 = \arcsin[\sin\varphi\sin\delta + \cos\varphi\cos\delta\cos(15t+\lambda-300)°] \tag{15-59}$$

式中　h_0——太阳高度角（度）；

φ——当地地理纬度（度）；

λ——当地地理经度（度）；

t——进行观测时的北京时间（h），在公式中仅代入数值计算；

δ——太阳倾角（度），可按当时月份和日期由表15-11查取。

表15-11　太阳倾角δ的概略值

旬＼月	1	2	3	4	5	6	7	8	9	10	11	12
上	-22	-15	-5	+6	+17	+22	+22	+17	+7	-5	-15	-22
中	-21	-12	-2	+10	+19	+23	+21	+14	+3	-8	-18	-23
下	-19	-9	+2	+13	+21	+23	+19	+11	-1	-12	-21	-23

例15-5　位于北纬40°、东经120°的某城市远郊区（丘陵）有一火力发电厂，烟囱高度120m，烟囱口径3.0m，排放SO_2的源强为800kg/h，排气温度413K，烟气出口速度18m/s。当地大气压为990hPa。8月中旬某日17点（北京时间）云量5/4，气温303K，地面10m高处风速2.8m/s。试计算有效源高。

解　(1) 确定稳定度　由表15-11查得$\delta=14°$，并由式（15-59）计算太阳高度角h_0，即

$$h_0=\arcsin[(\sin40°\sin14°+\cos40°\cos14°\cos(15\times17+120-300)°]=20.36°$$

根据$h_0=20.36°$及云量5/4，查表15-9得太阳辐射等级为+1，又根据太阳辐射等级及地面风速2.8m/s，查表15-10得当地当时的大气稳定度为C类。

(2) 校正风速　查表15-2，得C类稳定度的风指数$m=0.20$，则可由式（15-18）计算源高处风速

$$\bar{u}=\bar{u}_{10}\left(\frac{H_s}{10}\right)^m=2.8\times\left(\frac{120}{10}\right)^{0.20}\text{m/s}=4.6\text{m/s}$$

(3) 计算有效源高　先算排烟量（Q_V）和排热率（Q_H）

$$Q_V=\frac{\pi d^2}{4}U_s=\frac{3.14\times3.0^2}{4}\times18\text{m}^3/\text{s}=127.2\text{m}^3/\text{s}$$

$$Q_H=0.35p_aQ_V\frac{T_s-T_0}{T_s}=0.35\times990\times127.2\times\frac{413-303}{413}\text{kW}=11739\text{kW}$$

因$2100\text{kW}<Q_H<21000\text{kW}$，且$T_s-T_a>35\text{K}$，故按式（15-54）计算$\Delta H$，查表15-5得$n_0=0.332$，$n_1=3/5$，$n_2=2/5$，则

$$\Delta H=n_0Q_H^{n_1}\cdot H_s^{n_2}/\bar{u}=0.332\times11739^{3/5}\times120^{2/5}/4.6\text{m}=135\text{m}$$

$$H=H_s+\Delta H=(120+135)\text{m}=255\text{m}$$

2. 扩散参数

为便于使用计算机计算大气污染物浓度分布，可用幂函数式近似表示P-G扩散曲线，将σ_y和σ_z表示为下风距离x的函数

$$\sigma_y=\gamma_1x^{\alpha_1},\quad \sigma_z=\gamma_2x^{\alpha_2}\tag{15-60}$$

式中，γ_1、γ_2、α_1、α_2一般情况下是随x变化的，但在一个相当长的区间内可看作常数。

当扩散参数用式（15-60）表示时，地面轴线最大浓度除可采用式（15-43）计算外，也可采用下式计算

$$c_{\max}=\frac{\alpha^{\alpha/2}Q}{\pi\bar{u}\gamma_1\gamma_2^{(1-\alpha)}H^{\alpha}}\exp\left(-\frac{\alpha}{2}\right)\tag{15-61}$$

地面最大浓度距离为

$$x_{c_{\max}}=\left(\frac{H^2}{\alpha\gamma_2^2}\right)^{1/2\alpha_2}\tag{15-62}$$

式中
$$\alpha = 1 + \alpha_1/\alpha_2 \tag{15-63}$$

可以采用向不稳定方向提级的方法来修正 P-G 扩散曲线对城市、山区等粗糙下垫面对湍流扩散速率影响考虑欠缺的问题。我国在标准 GB/T13201—1991 中规定，当确定稳定度级别后，实际的扩散参数按如下提级方法从表 15-12 中查算（取样时间 0.5h）。

1）平原地区农村及城市远郊区，A、B、C 级稳定度按表 15-12 直接查算，D、E、F 级稳定度则向不稳定方向提半级后从表 15-12 查取。

2）工业区或城区中的点源，A、B 级不提级，C 级提到 B 级，D、E、F 级向不稳定方向提一级半，再从表 15-12 查取。

3）丘陵山区的农村或城市，扩散参数的选取方法同工业区。

表 15-12　P-G 扩散曲线幂函数数据（取样时间 0.5h）

$\sigma_y = \gamma_1 x^{\alpha_1}$				$\sigma_z = \gamma_2 x^{\alpha_2}$			
稳定度	α_1	γ_1	下风距离 x/m	稳定度	α_2	γ_2	下风距离 x/m
A	0.901 074 0.850 934	0.425 809 0.602 052	0 ~ 1000 >1000	A	1.121 54 1.513 60 2.108 81	0.079 990 4 0.008 547 71 0.000 211 545	0 ~ 300 300 ~ 500 >500
B	0.914 370 0.865 014	0.281 846 0.396 353	0 ~ 1000 >1000	B	0.964 435 1.093 56	0.127 190 0.057 025	0 ~ 500 >500
B ~ C	0.919 325 0.875 086	0.229 500 0.314 238	0 ~ 1000 >1000	B ~ C	0.941 015 1.007 70	0.114 682 0.075 718 2	0 ~ 500 >500
C	0.924 279 0.885 157	0.177 154 0.232 123	0 ~ 1000 >1000	C	0.917 595	0.106 803	>0
C ~ D	0.926 849 0.886 940	0.143 940 0.189 396	0 ~ 1000 >1000	C ~ D	0.838 628 0.756 410 0.815 575	0.126 152 0.235 667 0.136 659	0 ~ 2 000 2 000 ~ 10 000 >10 000
D	0.929 418 0.888 723	0.110 726 0.146 669	0 ~ 1000 >1000	D	0.826 212 0.632 023 0.555 360	0.104 634 0.400 167 0.810 763	1 ~ 1 000 1 000 ~ 10 000 >10 000
D ~ E	0.925 118 0.892 794	0.098 563 1 0.124 308	0 ~ 1000 >1000	D ~ E	0.776 864 0.572 347 0.499 149	0.111 771 0.528 992 1.038 10	0 ~ 2 000 2 000 ~ 10 000 >10 000
E	0.920 818 0.896 864	0.086 400 1 0.101 947	0 ~ 1000 >1000	E	0.788 370 0.565 188 0.414 743	0.092 752 9 0.433 384 1.732 41	0 ~ 1 000 1 000 ~ 10 000 >10 000
F	0.929 418 0.888 723	0.055 363 4 0.733 348	0 ~ 1000 >1000	F	0.784 400 0.525 969 0.322 659	0.062 076 5 0.370 015 2.406 91	0 ~ 1 000 1 000 ~ 10 000 >10 000

4）当取样时间大于 0.5h 时，垂直方向的扩散参数 σ_z 不变，横向扩散参数按下式计算：

$$\sigma_{y_2} = \sigma_{y_1}\left(\frac{\tau_2}{\tau_1}\right)^q \tag{15-64}$$

式中　σ_{y_2}、σ_{y_1}——对应取样时间为 τ_2、τ_1 的横向扩散参数（m）；

q——时间稀释指数，$1\text{h} \leqslant \tau < 100\text{h}$ 时，$q = 0.3$，$0.5\text{h} \leqslant \tau < 1\text{h}$ 时，$q = 0.2$。

图15-24和图15-25给出的扩散参数的取样时间为10min，表15-8和表15-12扩散参数的取样时间为30min，用这些扩散参数计算出的浓度为相应时段内的平均浓度。如果要计算与上述取样时间不同时段内（限于100h以内）的平均浓度，则必须用式（15-64）进行修正。这是因为随取样时间增加，风的横向摆动增大，从而使σ_y增大，浓度降低，这种作用称为时间稀释作用。因受地面限制，可忽略取样时间增加对σ_z的影响，故σ_z不用修正。

时间稀释作用还可用下式直接对平均浓度进行换算

$$c_{\tau_2} = c_{\tau_1}\left(\frac{\tau_1}{\tau_2}\right)^q \tag{15-64'}$$

式中 c_{τ_2}、c_{τ_1}——对应取样时间为τ_2、τ_1的平均浓度（mg/m^3）。

15.9 特殊气象条件下的扩散

15.9.1 封闭型扩散

当大气中某高度上出现不接地的上部逆温层时，污染物的扩散被限制在逆温层底与地面之间，这种扩散被称为“封闭型”扩散。

当忽略扩散到逆温层中的污染物不计时，可把逆温层底和地面一样看作起全反射作用的镜面。这样，污染物就在地面和逆温层底之间，受到这两个面的反射作用进行扩散。这时，污染源在两个镜面上形成无穷多个像对（见图15-26），污染物浓度可看成是一个实源和无穷多对像源作用之和，于是地面到逆温层底之间空间任一点的浓度为

$$c(x,y,z;H) = \frac{Q}{2\pi \bar{u}\sigma_y\sigma_z}\exp\left(-\frac{y^2}{2\sigma_y^2}\right)\sum_{n=-\infty}^{\infty}\left\{\exp\left[-\frac{(z-H+2nL)^2}{2\sigma_z^2}\right]+\exp\left[-\frac{(z+H+2nL)^2}{2\sigma_z^2}\right]\right\}$$

地面轴线浓度为

$$c(x,0,0;H) = \frac{Q}{\pi \bar{u}\sigma_y\sigma_z}\sum_{n=-\infty}^{\infty}\exp\left[-\frac{(H-2nL)^2}{2\sigma_z^2}\right] \tag{15-65}$$

式中 L——逆温层底的高度，或混合层高度（m）；

n——烟气在两界面间反射的次数，一般认为$n=3\sim4$就足以包括主要的反射了。

实际应用中，一般不用式（15-65），而采用它的简化形式。如图15-26所示，可分三种情况处理：

（1）$x \leqslant x_L$　x_L为烟流边缘刚好达到逆温层底的那一点在x轴上的投影点到源的距离（见图15-26）。当$x < x_L$时，烟流的扩散未受上部逆温层的影响，污染物浓度用一般扩散公式计算。令烟流中心线到逆温层底的高度（即烟流的半厚）为z_0，由式（15-34），有

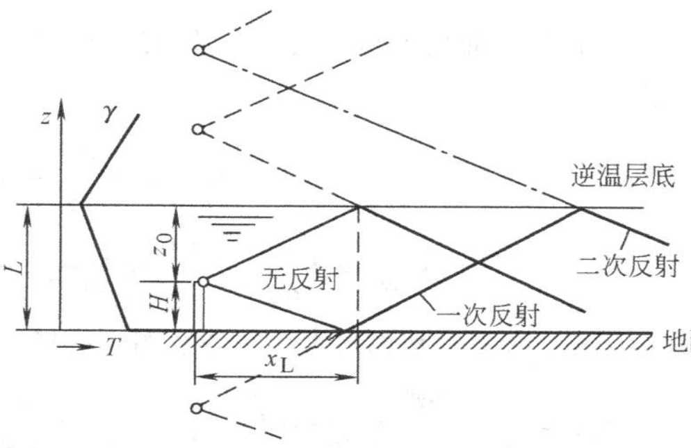

图15-26 地面和逆温层底对烟的反射

$$\sigma_z(x_L) = \frac{z_0}{2.15} = \frac{L-H}{2.15}$$

这样，根据 L、H 算出 $\sigma_z(x_L)$ 值，可查图 15-26、表 15-6 得 x_L 或由 $\sigma_z = \gamma_2 x_L^{\alpha_2}$ 算出 x_L，再用有关模式可算出需要的浓度。

（2）$x \geqslant 2x_L$　一般认为，当后 $x \geqslant 2x_L$ 后，由于污染物经过多次反射，在 z 方向污染物浓度趋于均匀分布，但在 y 方向仍为正态分布。由 y 向为正态分布和扩散过程的连续条件，有

$$c(x,y) = A(x)\exp\left(-\frac{y^2}{2\sigma_y{}^2}\right) \tag{15-66}$$

$$\int_0^L \int_{-\infty}^{\infty} \bar{u}c(x,y)\,dydz = Q \tag{15-67}$$

将式（15-66）代入式（15-67）求解，可得

$$c(x,y) = \frac{Q}{\sqrt{2\pi}\bar{u}L\sigma_y}\exp\left(-\frac{y^2}{2\sigma_y{}^2}\right) \tag{15-68}$$

地面轴线污染物浓度为

$$c(x,0) = \frac{Q}{\sqrt{2\pi}\bar{u}L\sigma_y} \tag{15-69}$$

（3）$x_L < x < 2x_L$　此距离内的污染物浓度，取 $x = x_L$ 和 $x = 2x_L$ 两处污染物浓度的内插值，即在污染物浓度和距离的双对数坐标上，标出 $x = x_L$ 和 $x = 2x_L$ 两处的污染物浓度点，连接两点作直线，直线上这两点之间的浓度值即为 $x_L < x < 2x_L$ 内的污染物浓度值。

例 15-6　在例15-5条件下，若当时 700m 以上存在明显逆温层，根据例 15-5 的计算结果，求：

（1）地面轴线最大 SO_2 浓度及其出现距离。

（2）地面轴线 1500m、2500m 和 4000m 处的 SO_2 浓度。

解　（1）计算 x_L 和 $2x_L$　由于该电厂位于丘陵地带，按（GB/T13201—1991）规定，C 类稳定度提到 B 类计算扩散参数。查表 15-12 得：当 $x > 1000$m 时，$\alpha_1 = 0.865014$，$\gamma_1 = 0.396353$；$\alpha_2 = 1.09356$，$\gamma_2 = 0.057025$

$$\sigma_z(x_L) = \frac{L-H}{2.15} = \frac{700-255}{2.15}\text{m} = 207\text{m}$$

$$x_L = \left(\frac{\sigma_z}{\gamma_2}\right)^{1/\alpha_2} = \left(\frac{207}{0.057025}\right)^{1/1.09356}\text{m} = 1800\text{m}$$

$$2x_L = 3600\text{m}$$

（2）计算地面最大 SO_2 浓度及其出现点　先由式（15-63）、式（15-62）计算地面最大 SO_2 浓度出现点，即

$$\alpha = 1 + \frac{\alpha_1}{\alpha_2} = 1 + \frac{0.865014}{1.09356} = 1.791$$

$$x_{c_{\max}} = \left(\frac{H^2}{\alpha\gamma_2{}^2}\right)^{1/2\alpha_2} = \left(\frac{255^2}{1.791 \times 0.057025^2}\right)^{1/(2\times1.09356)}\text{m} = 1668.9\text{m}$$

由于 $x_{c_{\max}} < x_L$，地面最大 SO_2 浓度用式（15-61）计算

$$c_{\max} = \frac{Q\alpha^{\alpha/2}}{\pi\bar{u}\gamma_1\gamma_2{}^{(1-\alpha)}H^{\alpha}}\exp\left(-\frac{\alpha}{2}\right) = \frac{(800\times10^6/3600)\,1.791^{1.791/2}\exp(-1.791/2)}{3.14\times4.6\times0.396353\times0.057025^{(1-1.791)}\times255^{1.791}}\text{mg/m}^3$$

$= 0.136\text{mg/m}^3$

（3）计算地面轴线1500m、1800m、2500m、3600m和4000m处的SO_2浓度

1）计算各下风距离上的扩散参数，见表15-13。

表15-13 下风距离上的扩散参数

x/m	$\sigma_y=\gamma_1 x^{\alpha_1}$/m	$\sigma_z=\gamma_2 x^{\alpha_2}$/m
1500	221.5	169.6
1800	259.4	207
2500	344.6	296.4
3600	472.4	441.7
4000	517.5	495.6

2）计算$x=1500$m和$x_L=1800$m处的SO_2浓度c_1和c_2。由于$x\leqslant x_L$，这两点的浓度按式（15-41）计算，即

$$c_1(1500,0,0;255)=\frac{Q\exp(-H^2/2\sigma_z^{\ 2})}{\pi\bar{u}\sigma_y\sigma_z}$$

$$=\frac{800\times10^6/3600}{3.14\times4.6\times221.5\times169.6}\exp\left(-\frac{255^2}{2\times169.6^2}\right)\text{mg/m}^3=0.132\text{mg/m}^3$$

$$c_2(1800,0,0;255)=\frac{800\times10^6/3600}{3.14\times4.6\times259.4\times207}\exp\left(-\frac{255^2}{2\times207^2}\right)\text{mg/m}^3=0.134\text{mg/m}^3$$

3）计算$2x_L=3600$m和$x=4000$m处的SO_2浓度c_4和c_5，由于$x\geqslant 2x_L$，故按式（15-69）计算，即

$$c_4=(3600,0,0;255)=\frac{Q}{\sqrt{2\pi}uL\sigma_y}=\frac{800\times10^6/3600}{\sqrt{2\pi}\times4.6\times700\times472.4}\text{mg/m}^3=0.058\text{mg/m}^3$$

$$c_5=(4000,0,0;255)=\frac{800\times10^6/3600}{\sqrt{2\pi}\times4.6\times700\times517.5}\text{mg/m}^3=0.053\text{mg/m}^3$$

4）计算$x=2500$m处的SO_2浓度c_3 由于$x_L<x<2x_L$，故用内插法确定c_3。将c_2、c_4及其出现点在SO_2浓度和距离的双对数坐标上作图（见图15-27），并在该两点连线上读出$x=2500$m处的SO_2浓度$c_3=0.084\text{mg/m}^3$。

15.9.2 熏烟型扩散

如果夜间形成了辐射逆温，日出后它将自地面开始破坏并逐渐向上发展。当逆温破坏到烟流下界边缘以上时，因下部热力湍流的交换作用，烟气迅速向下扩散，造成地面高浓度污染。此过程称为熏烟过程，如图15-28所示。熏烟过程一直持续到辐射逆温层全部消失为止，该熏烟过程一般发生在上午9~10点钟，通常持续数十分钟。

熏烟型扩散的浓度公式与封闭型类同。假设逆温消退到烟流顶高度H_f时，烟流全部受到逆温层的抑制而向下扩散，地面熏烟浓度达到最大值。这时，浓度在铅直方向为均匀分布，水平方向仍为正态分布。仿照式（15-68），得全部烟气参加混合时的地面熏烟浓度和地面轴线熏烟浓度为

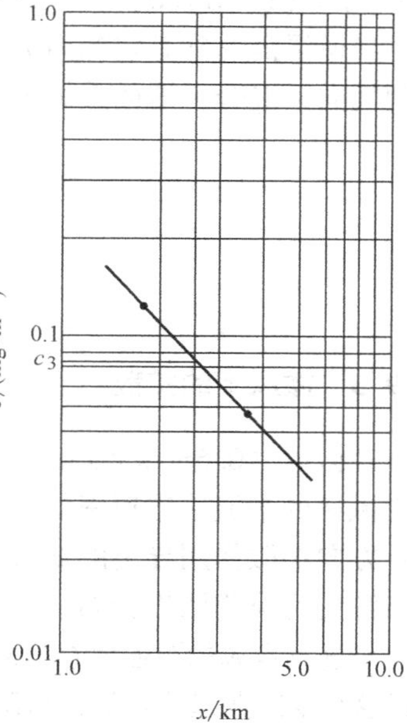

图15-27 例15-6插图

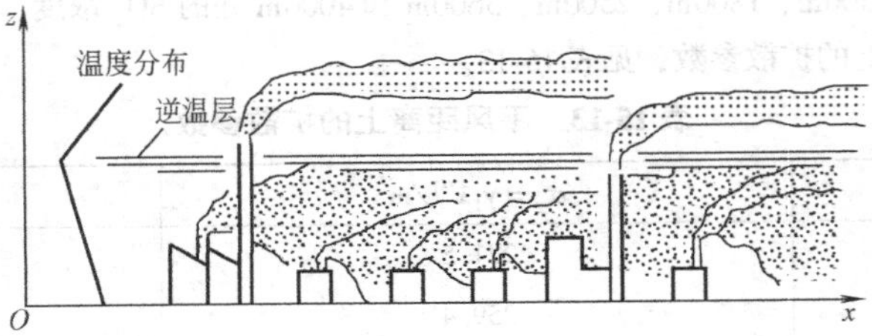

图 15-28 熏烟型污染

$$c_f(x,y,0;H) = \frac{Q}{\sqrt{2\pi}uH_f\sigma_{yf}}\exp\left(-\frac{y^2}{2\sigma_{yf}^2}\right) \tag{15-70}$$

$$c_f(x,0,0;H) = \frac{Q}{\sqrt{2\pi}uH_f\sigma_{yf}} \tag{15-71}$$

式中，下标 f 代表熏烟，H_f 相当于式（15-68）中的 L，故

$$H_f = H + 2.15\sigma_{z(\text{稳定})} \tag{15-72}$$

σ_{yf}是熏烟时地面上的 y 方向的扩散参数（m），由下式计算

$$\sigma_{yf} = \frac{2.15\sigma_{y(\text{稳定})} + H\tan15°}{2.15} = \sigma_{y(\text{稳定})} + \frac{H}{8} \tag{15-73}$$

式中 $\sigma_{y(\text{稳定})}$、$\sigma_{z(\text{稳定})}$——夜间形成辐射逆温（稳定度 E、F 级）时的扩散参数。

倘若逆温消退到高度 z_f，尚未达到烟流顶（$z_f < H_f$），此时只有 z_f 高度以下的烟气向下扩散，则地面浓度为

$$c_f(x,y,0;H) = \frac{Q\int_{-\infty}^{p}\frac{1}{\sqrt{2\pi}}\exp\left(-\frac{1}{2}p^2\right)\mathrm{d}p}{\sqrt{2\pi}uz_f\sigma_{yf}}\exp\left(-\frac{y^2}{2\sigma_{yf}^2}\right) \tag{15-74}$$

式中，$p = (z_f - H)/\sigma_z$，积分项表示参加熏烟烟气的成数。

当逆温消退到有效源高 H 时，即 $z_f = H$，$p = 0$，式（15-74）积分项等于 1/2，表示有一半烟气向下混合，地面熏烟浓度和地面轴线熏烟浓度为

$$c_f(x,y,0;H) = \frac{Q}{2\sqrt{2\pi}uH\sigma_{yf}}\exp\left(-\frac{y^2}{2\sigma_{yf}^2}\right) \tag{15-75}$$

$$c_f(x,0,0;H) = \frac{Q}{2\sqrt{2\pi}uH\sigma_{yf}} \tag{15-76}$$

15.9.3 微风下的扩散

在微风（$0.5\text{m/s} < \bar{u} < 1.5\text{m/s}$）条件下，平均风向（$x$ 方向）的湍流扩散速率远远小于平均风速的平流输送速率的假设不能成立，x 方向的扩散作用不可忽略。这时就不能再用忽略 x 方向扩散作用导出的烟流模式，而应采用瞬时点源的移动烟团模式积分的方法来求算连续点源的污染物浓度分布。

设连续点源的源强为 Q(mg/s)，则可把 Δt 时间内的污染物排放量 $Q\Delta t$ 看作一个瞬时烟团。假设这个烟团在起始时刻 t_0 从源点（0，0，H）放出，考虑地面的反射作用，利用式（15-29）可求得 t 时刻在空间点（x，y，z）上的污染物浓度（这时烟团的运行时间 $T = t - t_0$）为

$$c_i(x,y,z;H) = \frac{Q\Delta t}{(2\pi)^{3/2}\sigma_x\sigma_y\sigma_z}\exp\left[-\frac{(x-\bar{u}T)^2}{2\sigma_x^2}\right]\exp\left(-\frac{y^2}{2\sigma_y^2}\right)\left\{\exp\left[-\frac{(z-H)^2}{2\sigma_z^2}\right]+\exp\left[-\frac{(z+H)^2}{2\sigma_z^2}\right]\right\} \tag{15-77}$$

式中　c_i——一个烟团（$Q_i=Q\Delta t$）产生的污染物浓度。

可把 T 时段内连续点源在点（x，y，z）造成的浓度看作若干间隔 Δt 的瞬时烟团对该点浓度贡献之和。因此将上式对时间积分可得连续点源在微风下的扩散模式（又称移动烟团积分模式）为

$$c(x,y,z;H) = \int_0^\infty \frac{Q}{(2\pi)^{3/2}\sigma_x\sigma_y\sigma_z}\exp\left[-\frac{(x-\bar{u}T)^2}{2\sigma_x^2}\right]\exp\left(-\frac{y^2}{2\sigma_y^2}\right)\left\{\exp\left[-\frac{(z-H)^2}{2\sigma_z^2}\right]+\exp\left[-\frac{(z+H)^2}{2\sigma_z^2}\right]\right\}\mathrm{d}T \tag{15-78}$$

地面浓度为

$$c(x,y,0;H) = \int_0^\infty \frac{2Q}{(2\pi)^{3/2}\sigma_x\sigma_y\sigma_z}\exp\left[-\frac{(x-\bar{u}T)^2}{2\sigma_x^2}\right]\exp\left(-\frac{y^2}{2\sigma_y^2}\right)\exp\left(-\frac{H^2}{2\sigma_z^2}\right)\mathrm{d}T \tag{15-79}$$

烟团是随时间不断长大的，所以烟团扩散参数 σ_x、σ_y、σ_z 都是运行时间 T 或下风距离 $x=\bar{u}T$ 的函数

$$\sigma_x = \sigma_x(T),\quad \sigma_y = \sigma_y(T),\quad \sigma_z = \sigma_z(T)$$

给定扩散参数以后，可用式（15-79）进行数值积分，算出平均浓度。该积分可用有限区间的积分代替。若污染物从源到计算点的运行时间为 N（单位：h），则积分限取 $N+5\mathrm{h}$ 已达到很精确的程度。

也可在更简单的假设下，求出式（15-79）的积分。假设 $\bar{u}=0$，$\sigma_x=\sigma_y=aT$，$\sigma_z=bT$，代入式（15-79）积分，得静风时的地面浓度公式

$$c(x,y,0;H) = \frac{2Q}{(2\pi)^{3/2}}\cdot\frac{b}{b^2r^2+a^2H^2}\exp\left(-\frac{b^2r^2+a^2H^2}{2a^2b^2m^2\Delta^2}\right) \tag{15-80}$$

式中，$r^2=x^2+y^2$，$m\Delta$ 为静风持续时间，取作积分上限。一般取 $\Delta=3600\mathrm{s}$，m 取1，2，3，…，但 $m>3$ 以后浓度分布相似。计算表明，静风持续数小时后，上式指数项接近于1。

微风时（$0.5<\bar{u}<1.5\mathrm{m/s}$），也可用下式粗略估算高架源的地面浓度

$$c = \frac{2Q}{(2\pi)^{3/2}\bar{u}\sigma_z r}\exp\left(-\frac{H^2}{2\sigma_z^2}\right) \tag{15-81}$$

简化估算方法的可靠性很大程度上取决于参数的选取是否适当。

15.9.4　危险风速下的污染物浓度

计算地面轴线最大污染物浓度的式（15-43）是在风速不变的条件下导出的。实际上，风速对地面最大污染物浓度将产生双重影响。从式（15-43）可见，风速 $\bar{u}$ 增大，地面最大污染物浓度 c_{max} 减少；但从各种烟气抬升公式看，$\bar{u}$ 增大，有效源高 H 降低，从而使地面最大污染物浓度增大。两种作用的结果正好相反。因此，可以设想在某一风速下会出现地面最大污染物浓度的极大值，称为地面绝对最大污染物浓度。

大多数烟气抬升公式中，$\Delta H \propto 1/\bar{u}$，即可写成

$$\Delta H = B/\bar{u} \tag{15-82}$$

式中　B——抬升公式中除了风速 $\bar{u}$ 以外数据的集合值，对 $\bar{u}$ 求导数时，可把 B 视为常数。

将 $H = H_s + \Delta H = H_s + B/\bar{u}$ 代入式（15-43），得

$$c_{\max} = \frac{2Q\sigma_z}{\pi e \bar{u}(H_s + B/\bar{u})^2 \sigma_y} \tag{15-83}$$

将式（15-83）对 $\bar{u}$ 求偏导数，并令 $\partial c_{\max}/\partial \bar{u} = 0$，即可解出出现地面最大污染物浓度极大值时的风速—危险风速，以 $\bar{u}_c$ 表示（图 15-29）

$$\bar{u}_c = B/H_s \tag{15-84}$$

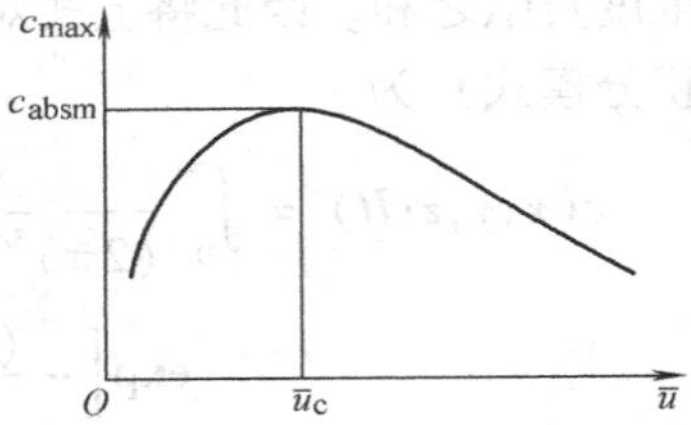

图 15-29　危险风速及绝对最大污染物浓度

将式（15-84）代入式（15-83）即可得到地面绝对最大污染物浓度 c_{absm} 计算式为

$$c_{absm} = \frac{Q}{2\pi e B H_s}\frac{\sigma_z}{\sigma_y} = \frac{Q}{2\pi e H_s^2 \bar{u}_c}\frac{\sigma_z}{\sigma_y} \tag{15-85}$$

将 $\bar{u}_c = B/H_s$ 代入式（15-82），得到 $\Delta H_c = H_s$，此时有效源高为

$$H = H_s + \Delta H_c = 2H_s \tag{15-86}$$

即出现危险风速时的有效源高是烟囱几何高度的两倍。

出现地面绝对最大污染物浓度的距离仍用式（15-42）确定。

以上公式只适用于 σ_y/σ_z = 常数的情况。若 $\sigma_y = \gamma_1 x^{\alpha_1}$，$\sigma_z = \gamma_2 x^{\alpha_2}$，且 $\alpha_1 \neq \alpha_2$，$\Delta H = B/\bar{u}$，则由式（15-61）可导得

$$c_{absm} = \frac{Q(\alpha - 1)^{(\alpha-1)}}{\pi B \gamma_1 \gamma_2^{(1-\alpha)} \alpha^{\alpha/2} H_s^{(\alpha-1)}}\exp\left(-\frac{\alpha}{2}\right) \tag{15-87}$$

$$\bar{u}_c = \frac{B(\alpha - 1)}{H_s} \tag{15-88}$$

式中　$\alpha = 1 + \alpha_1/\alpha_2$

出现地面绝对最大污染物浓度的距离仍按式（15-62）计算。

15.10　城市和山区的大气扩散模式

15.10.1　城市大气扩散模式

城市污染源形式多样，点、线、面源、流动源、固定源并存，数目众多，高低各异，要逐个计算每个源的污染浓度是不可能的。一般归并为高架点源、面源和线源进行计算。

1. 高架点源的扩散

通常，当点源的高度超过附近建筑物高度 2.5 倍时，烟气不会被下洗气流直接带向地面；若有效源高超过周围建筑物高度 5 倍以上，建筑物引起的局地气流对烟流整体扩散的影响就比较小。因此，只要污染源足够高，城市对扩散的影响仅相当于增加了下垫面的粗糙度，使大气更不稳定，仍可用前面的点源公式估算污染物浓度，但必须采用城市的扩散参数和有关的气象条件。城市扩散参数可以实测，或按 P-G 曲线向不稳定方向提级后使用，也

可参考布里吉斯城市扩散参数（见表15-8）。

2. 面源扩散模式

为了计算某一城市面源对某点的影响，可把这个城市面源划分为若干面单元（小方格），计算各面单元对计算点的贡献，然后叠加，即为整个城市面源对该点的影响。小方格一般为500m×500m或1000m×1000m两种。每个小方格的源强为方格内低矮源强之和除以方格的面积。

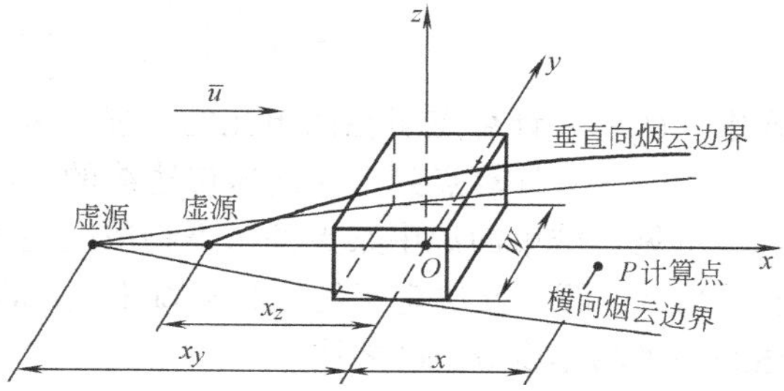

图15-30 面源简化为点源示意图

（1）简化为点源的面源模式 假设面单元与上风向某一虚点源造成的污染等效，当这个虚点源的烟云扩散至面单元中心时，其宽度正好等于面单元的宽度，其厚度正好等于面单元的平均高度，如图15-30所示。这相当于在点源扩散公式中增加了一个初始的扩散参数σ_{y0}和σ_{z0}，其地面污染物浓度公式为

$$c(x,y,0;H)=\frac{Q}{\pi\bar{u}(\sigma_y+\sigma_{y0})(\sigma_z+\sigma_{z0})}\exp\left[-\frac{y^2}{2(\sigma_y+\sigma_{y0})^2}\right]\exp\left[-\frac{H^2}{2(\sigma_z+\sigma_{z0})^2}\right]$$

（15-89）

根据烟云宽度和厚度的定义，σ_{y0}和σ_{z0}通常用以下方法确定

$$\sigma_{y0}=W/4.3,\quad \sigma_{z0}=\bar{H}/2.15 \tag{15-90}$$

式中 W——面单元的宽度（m）；

$\bar{H}$——面单元内各分散源的平均高度（m）。

特别注意，当用式（15-89）计算时，式中σ_y和σ_z是计算点到面单元中心距离x处的扩散参数。

若扩散参数取$\sigma_y=\gamma_1x^{\alpha_1}$，$\sigma_z=\gamma_2x^{\alpha_2}$形式，由$\sigma_{y0}$和$\sigma_{z0}$定出虚点源至面单元中心的距离是

$$x_y=(\sigma_{y0}/\gamma_1)^{1/\alpha_1},\quad x_z=(\sigma_{z0}/\gamma_2)^{1/\alpha_2}$$

在同一次计算中，允许$x_y\neq x_z$。确定了x_y和x_z以后，可直接用不含σ_{y0}和σ_{z0}的一般点源公式［例如式（15-44）］计算。这时，虚点源中的σ_y和σ_z实际上是$(x+x_y)$和$(x+x_z)$上的值，即

$$\sigma_y=\sigma_y(x+x_y),\quad \sigma_z=\sigma_z(x+x_z)$$

式中 x——计算点到面单元中心的距离。

等效点源法可应用于面源、线源，也可用于建筑物附近的排放和工厂的无组织排放。

（2）窄烟云模式 许多城市的污染源资料表明，一般面源强度的变化都不大，相邻两个面单元源强一般不超过两倍，而且一个连续点源形成的烟流相当狭窄，因此某点的污染物浓度主要决定于上风向各面单元的源强，上风向两侧各面单元的影响较小。进一步研究发现，计算点所在面单元对该点污染物浓度的贡献比它上风向相邻5个面单元贡献的总和还要大，因此计算点的污染物浓度主要由它所在面单元的源强所决定，于是可以得到简化后的窄烟云模式

$$c = A\frac{Q_0}{u} \tag{15-91}$$

若取 $\sigma_z = \gamma_2 x^{\alpha_2}$形式，则

$$A = \left(\frac{2}{\pi}\right)^{1/2}\frac{1}{1-\alpha_2}\cdot\frac{x}{\gamma_2 x^{\alpha_2}} = \frac{0.8}{1-\alpha_2}\cdot\frac{x}{\sigma_z(x)} \tag{15-92}$$

式中 Q_0——计算点所在面单元的源强 [$mg/(m^2\cdot s)$]；

x——计算点到上风向城市边缘的距离（m）。

可见，城市面源中某点的污染物浓度主要决定于它所在面单元的源强、平均风速和无因次系数 A，而 A 又决定于污染物从城市上风向边缘运行至计算点的距离 x 和它在这段距离上达到的平均厚度 $\sigma_z(x)$之比。

（3）箱模式　箱模式假设污染物浓度在混合层内均匀分布。若整个城市的平均面源强度为 Q（城市中低矮源总排放量与城市面积之比），城市上空混合层高度为 L，则距城市上风向边缘 x 处的污染物浓度为

$$c = \frac{Qx}{uL}$$

箱模式假定污染物一旦由源排出，就立即在整个混合层内均匀分布，这与实际情况不符。由封闭型扩散的讨论知，只有离源充分远后，混合层内污染物浓度的铅直分布才较均匀。因而箱模式大大低估了实际的地面污染物浓度。

3. 线源扩散模式

城市中街道和公路上汽车的排放可看作线源。线源分为无限长线源和有限长线源两类。

（1）无限长线源模式　在较长街道或公路上行驶的车辆密度较大，所排污染物足以在道路两侧形成连续稳定浓度场的线源，称为无限长线源。当风向与线源垂直时，连续排放的无限长线源在横风向产生的污染物浓度处处相等，因此把点源扩散的高斯模式对变量 y 积分，可得无限长线源扩散模式

$$c(x,y,0;H) = \frac{Q_L}{\pi u\sigma_y\sigma_z}\exp\left(-\frac{H^2}{2\sigma_z^2}\right)\int_{-\infty}^{\infty}\exp\left(-\frac{y^2}{2\sigma_y^2}\right)dy \tag{15-93}$$

$$c(x,0,0;H) = \frac{2Q_L}{\sqrt{2\pi}u\sigma_z}\exp\left(-\frac{H^2}{2\sigma_z^2}\right) \tag{15-94}$$

式中 Q_L——单位线源的源强 [$mg/(m\cdot s)$]。

当风向与线源不垂直时，若风向与线源交角 $\phi > 45°$，线源下风向的污染物浓度模式为

$$c(x,0,0;H) = \frac{2Q_L}{\sqrt{2\pi}u\sigma_z\sin\phi}\exp\left(-\frac{H^2}{2\sigma_z^2}\right) \tag{15-95}$$

当 $\phi < 45°$时，不能应用上模式。

（2）有限长线源模式　在街道上行驶的车辆密度较小，所排污染物只能在街道两侧形成断续稳定浓度场的线源，称为有限长线源。对这类线源必须考虑线源末端引起的“边缘效应”。对于横风向有限长线源，取通过所关心的接受点的平均风向为 x 轴，线源的范围从 y_1 延伸到 y_2，且 $y_1 < y_2$，则有限长线源的扩散模式为

$$c(x,0,0;H) = \frac{2Q_L}{\sqrt{2\pi}u\sigma_z}\exp\left(-\frac{H^2}{2\sigma_z^2}\right)\int_{P_1}^{P_2}\frac{1}{\sqrt{2\pi}}\exp\left(-\frac{p^2}{2}\right)dp \tag{15-96}$$

式中

$$p_1 = y_1/\sigma_y, p_2 = y_2/\sigma_y$$

上式中的积分值能从正态概率表中查出。

城市中密集交错的交通网用线源公式计算是相当繁琐而困难的，实际工作中一般将线源归入面源处理。

例 15-7 某市某街道为南北走向，汽车高峰流量为 2600 辆/h，车速平均为 40km/h，每辆车排出碳氢化合物量为 2.5×10^{-2}g/s，汽车排放高度为 0.4m，试问某一阴天白天吹东风，风速为 3m/s，该街道西边 400m 处碳氢化合物浓度为多少？

解 车流量较大，可认为是无限线源，按式（15-95）计算，源强 Q_L 为

$$Q_L = \left(\frac{2600}{40 \times 1000}\right) \times 2.5 \times 10^{-2} \text{g/(m·s)} = 1.6 \times 10^{-3} \text{g/(m·s)}$$

根据表 15-6 知，阴天的大气稳定度为 D 级；根据 GB/T13201—1991 规定，城市 D 级应向不稳定方向提一级半，即应查 B—C 级的参数。当 $x = 0 \sim 500$m，$\alpha_2 = 0.941015$，$\gamma_2 = 0.114682$，则

$$\sigma_z = \gamma_2 x^{\alpha_2} = 0.114682 \times 400^{0.941015} \text{m} = 32.2\text{m}$$

代入式（15-95），得（$\phi = 90°$，$\sin 90° = 1$）

$$c(400,0,0;0.4) = \frac{2Q_L}{\sqrt{2\pi} u \sigma_z} \exp\left[-\frac{1}{2}\left(\frac{H}{\sigma_z}\right)^2\right] = \frac{2 \times 1.6 \times 10^{-3} \times 10^3}{\sqrt{2\pi} \times 3 \times 32.2} \exp\left[-\frac{1}{2}\left(\frac{0.4}{32.2}\right)^2\right] \text{mg/m}^3$$

$$= 0.0132 \text{mg/m}^3$$

4. 城市多源高斯模式

城市多源高斯模式由烟气抬升公式和各类源的高斯模式组成。解决城市多源扩散问题常用的方法是：将高而强的点源孤立出来，单独按高架点源计算；将低矮小点源群和线源归并为地面面源或近地面面源（10～20m）计算；对于某一计算点，将所有高架点源和面源对它的污染物浓度贡献叠加起来，便是整个城市多源在该点造成的污染物浓度。将整个城市区域按一定距离设计出网格，用上述方法计算网格上（或网格中心）各点浓度，用线平滑地连接各污染物浓度相同的点，便可得到该城市或工业区污染浓度等值线图，从而了解整个城市的污染情况，作为控制城市空气污染的科学依据。当计算范围较大时（几十千米），可按式（15-46）近似计算。

15.10.2 山区扩散估算

山区气流受到复杂地形的热力和动力因子影响，流场定常、均匀的假设难以成立。烟云的输送，严格地说是由一些无规律可循的气流运动完成的，烟云正态分布的假设也很难成立。但国内外很多山区扩散实验表明，当风向稳定，研究尺度不大，地形相对较为开阔，起伏不很大的地区，相当多的实验数据大体上还是遵循正态分布规律的。对于这样的地区，高架源的扩散仍可用一般公式进行粗略估算，但扩散参数须向不稳定方向适当提级。此外，再介绍以下几种山区扩散模式。

（1）封闭山谷中的扩散　狭长山谷中近地面源烟流的扩散受到两谷壁的限制，在离源一段距离后，经过两侧谷壁的多次反射，横向污染物浓度接近于均匀分布，而铅直向仍为正态分布（无上部逆温时）。仿照封闭型扩散的处理方法，可以得到在 y 方向均匀分布以后高架源的地面污染物浓度公式

$$c(x,0;H) = \frac{2Q}{\sqrt{2\pi} u W \sigma_z} \exp\left(-\frac{H^2}{2\sigma_z^2}\right) \tag{15-97}$$

若为地面源，$H=0$，则地面污染物浓度为

$$c(x,0;0)=\frac{2Q}{\sqrt{2\pi}uW\sigma_z} \tag{15-98}$$

式中 W——山谷的宽度（m）。

当有多个邻近的地面源时，在离源充分远后，将各源源强加和后代入上式计算。

对于孤立源，在一段距离内，污染物在横向还未达到均匀分布，这时，应该考虑横向扩散的影响。这个距离和谷宽 W 有关

$$\sigma_y=W/4.3 \tag{15-99}$$

由 W 算出 σ_y，再根据稳定度即可求出相应的 x 值，它表示横向扩散开始受谷壁影响的距离。

（2）NOAA（National Ocean and Atmosphere Administration，USA）和 EPA（Environmental Protection Agency，USA）模式　计算所依据的公式仍为正态分布模式，仅修正有效源高，修正方法如下：

1）稳定度的划分仍用 P-T 法，扩散参数用 P-G 扩散曲线。

2）在中性和不稳定时，假设烟流中心线与地面始终平行，随地形起伏而起伏，有效源高不修正，地面轴线污染物浓度可用式（15-41）计算。

3）稳定时，假设烟流中心线始终保持水平，地面线污染物浓度用下式计算

$$c(x,0,h_T;H)=\frac{Q}{\pi\bar{u}\sigma_y\sigma_z}\exp\left[-\frac{(H-h_T)^2}{2\sigma_z^2}\right] \tag{15-100}$$

式中 h_T——计算点相对于烟囱底的高度（m）。

当 $h_T>H$ 时，取 $H-h_T=0$，此时计算的地面污染物浓度等于烟流中心轴线污染物浓度，比实际情况偏高，5km 以内偏高 5～10 倍，10km 以远略高于或接近于观测值。

EPA 在稳定度分类、扩散参数选取和浓度计算公式方面均与 NOAA 相同，不同之点在于它对所有稳定度等级都作了地形高度校正。

（3）ERT（Environmental Research and Technology，Inc.）模式　ERT 仍用正态分布模式，只对有效源高作了修正，即当 $H>h_T$ 时，用（$H-h_T/2$）作为有效源高；当 $H<h_T$ 时，用 $H/2$ 作为有效源高。

以上方法不适用于背风坡、热力环流、微风等条件。NOAA、EPA 采用平原扩散参数低估了山区的扩散速率。有条件时，山区扩散参数最好通过实测或环境风洞模拟实验确定。

15.11 长期平均污染物浓度估算

在从环境保护角度出发的工业布局、厂址选择和规划设计中，常常需要了解某一地区污染物随时间、空间变化的长期规律，因此需要计算长期（年、季、月）平均污染物浓度分布。

15.11.1 大气污染分析中常用的气候资料

气候资料是指长年统计形式的气象资料。在厂址选择、环境影响评价和长期平均污染物浓度计算中常用的气候资料有：

（1）风向和风速资料 为了直观，常把风向、风速的资料按每小时值整理出月（季）、年的风向、风速在各个风方位上的分布频率和绝对值，作成表格或如图15-31所示的风向风速玫瑰图。山区地形复杂，风向和风速随地点和高度变化很大，则应作出不同观测点和不同高度上的风玫瑰图。

大气污染分析工作中，常把静风（离地面10m高度平均风速$\bar{u}_{10}<0.5\text{m/s}$）和微风（$0.5\text{m/s}\leqslant\bar{u}_{10}\leqslant1.5\text{m/s}$）的情况单独分析。因为长时间的静风会引起高浓度污染，所以不但要统计出静风的频率，还要统计静风的持续时间，作出静风持续时间频率图。

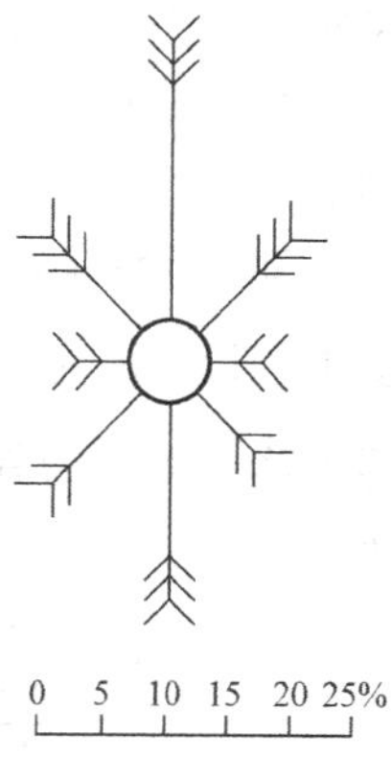

图15-31 风向频率风速复合玫瑰图

（2）大气稳定度资料 一般气象台（站）没有近地层大气温度层结的详细资料，但可根据15.8.2.3节介绍的方法，利用常规气象资料对当地的大气稳定度进行分类，统计出月（季）、年各种稳定度的相对频率，也可画出相应的图表。还应特别注意统计逆温和逆温伴随小风出现的资料，如发生时间、持续时间、逆温高度、平均厚度及强度等。

（3）混合层厚度的资料 混合层厚度是影响污染物铅直扩散的重要气象参数，所以应收集一个地区的平均最大混合层厚度。

大范围内的污染物浓度与混合层厚度L和混合层内平均风速$\bar{u}$的乘积成反比。因此，通常定义$L\bar{u}$为通风系数，它表示单位时间内通过与平均风向垂直的单位宽度混合层截面的空气量。显然，这个量愈大，污染物浓度愈低。

15.11.2 长期平均污染物浓度的估算

15.11.2.1 利用加权平均法计算长期平均污染物浓度

前面介绍的扩散公式都是在假定风向、风速和稳定度不变的条件下导出的，如果要计算污染源在某点造成的长期（年、月或季）平均污染物浓度，是不能直接使用这些扩散公式的，因为在这样长的时段内，风向、风速和大气稳定度都发生了变化。但是，可以把这些长时段划分为若干个风向、风速和稳定度近似不变的短时段（例如一小时）。于是可以用前面的公式计算出不同类型气象条件下的若干个短时段的平均污染物浓度，然后按相应类型气象条件出现的频率加权平均，便得到长期平均污染物浓度的计算公式如下

$$\bar{c}=\sum_i\sum_l\sum_k c(D_i,V_j,A_k)f(D_i,V_j,A_k) \tag{15-101}$$

式中 $\bar{c}$——长期平均污染物浓度；

$c(D_i,V_j,A_k)$——风向为D_i，风速等级为V_j，稳定度级别为A_k气象条件下的1h浓度；

$f(D_i,V_j,A_k)$——风向为D_i，风速等级为V_j，稳定度级别为A_k气象条件出现的频率。

计算时，i，j，k取多少视具体情况而定，如风向分为16个方位，则$i=1\sim16$；如风速分为4个等级，则$j=1\sim4$；如稳定度分为6个级别，则$k=1\sim6$。

15.11.2.2 按风方位计算长期平均污染物浓度

气象部门提供的风向资料是按16个方位给出的，每个方位相当于一个22.5°的扇形。因此，可按每一个扇形来计算长期平均污染物浓度。为此，我们假定：

1）在长时间内，同一扇形内各个角度具有相同的风向频率，即在同一扇形内，同一下

风距离 x 上，污染物在 y 方向的浓度相等。

2）当吹某一扇形风时，假定全部污染物都集中在这个扇形内。

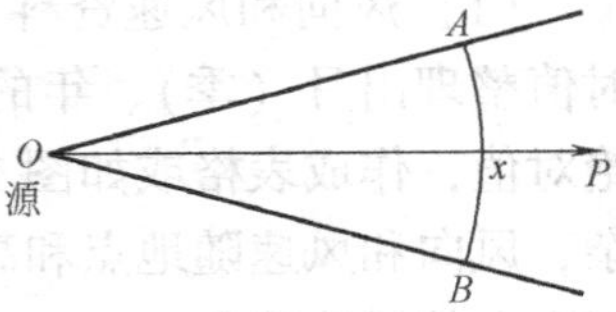

图 15-32 按风扇形计算长期平均浓度

如图 15-32 所示，当风向为 OP 时，弧 AB 上总的地面积分浓度由假设 2）为 $\int_{-\infty}^{\infty} c(x,y,0;H)\,dy$。由假设 1），弧 AB 上的平均污染物浓度 $\bar{c}$ 为其总的地面积分污染物浓度除以弧 AB 长（$2\pi x/16$），即

$$\bar{c} = \frac{1}{\frac{2\pi x}{16}}\int_{-\infty}^{\infty} c(x,y,0;H)\,dy = \frac{1}{\frac{2\pi x}{16}}\int_{-\infty}^{\infty} \frac{Q}{\pi \bar{u}\sigma_y\sigma_z}\exp\left[-\left(\frac{y^2}{2\sigma_y^2}+\frac{H^2}{2\sigma_z^2}\right)\right]dy$$

$$= \left(\frac{2}{\pi}\right)^{\frac{1}{2}}\frac{Q}{\frac{2\pi x}{16}\bar{u}\sigma_z}\exp\left(-\frac{H^2}{2\sigma_z^2}\right) \tag{15-102}$$

如果某方位的风向频率在考虑时段内为 f，则在整个时段内该方位的平均污染物浓度为

$$\bar{c} = \left(\frac{2}{\pi}\right)^{\frac{1}{2}}\frac{fQ}{\frac{2\pi x}{16}\bar{u}\sigma_z}\exp\left(-\frac{H^2}{2\sigma_z^2}\right) \tag{15-103}$$

考虑到各种类型气象条件的出现频率，计算式为

$$\bar{c}_i = \frac{2.032Q}{x}\sum_j\sum_k \frac{f(D_i,V_j,A_k)}{\bar{u}_{j,k}\sigma_{zk}}\exp\left(-\frac{H_{j,k}^2}{2\sigma_{zk}^2}\right) \tag{15-104}$$

式中 $\bar{c}_i$——在以 i 方位为中心的 22.5°扇形内离源 x 处的地面长期平均污染物浓度；

$H_{j,k}$、$\bar{u}_{j,k}$——风速等级为 j，稳定度等级为 k 时的有效源高和烟囱口处的平均风速；

σ_{zk}——k 类稳定度时的垂直扩散参数。

利用以上两种方法之一，可以算出孤立点源周围的污染物浓度分布，即可画出长期平均污染物浓度的等值线图，可作为规划设计、厂址选择的重要参考资料。若评价区内有多个源，则应通过坐标变换后，再对各源的污染物浓度进行叠加。

长期平均污染物浓度的平均时间应与气象资料的统计时间相对应，例如计算第 3 季度的平均污染物浓度，则应使用第 3 季度的气象统计资料。

15.12 烟囱高度设计

烟囱不仅是工业上排放烟（废）气的装置，也是保护环境、控制大气污染的重要设备。因此烟囱的主要尺寸及工艺参数（烟囱高度、出口直径、排气速度等）既要满足生产工艺的要求，也要满足减少排放物对地面污染的需要。地面污染物浓度与烟囱高度的平方成反比，而造价却与其高度的平方近似成正比。所以设计烟囱高度的基本原则是既要保证排放物造成的地面最大浓度不超过国家环境空气质量标准，又应做到投资最省。

15.12.1 烟囱高度计算方法

这里主要从控制大气污染的角度简单介绍烟囱高度计算的方法。

1. 按“P值法控制”计算烟囱高度

在本底浓度较高的地区，一般采用此法，步骤如下：

（1）计算点源控制系数 P_{ki} 值 《制定地方大气污染物排放标准的技术方法》GB/T13201—1991 规定用下式计算点源排放控制系数 P_{ki}

$$P_{ki} = B_{ki}\beta_k P c_{ki} \tag{15-105}$$

式中 P_{ki}——第 i 功能区内某种污染物点源排放控制系数 [t/(h·m²)]；

B_{ki}——第 i 功能区内某种污染物点源调整系数，若计算结果 $B_{ki}>1$，则取 $B_{ki}=1$；

P——地理区域性点源排放控制系数；

c_{ki}——《环境空气质量标准》中规定的日平均浓度限值（mg/m³）；

β_k——总量控制区内某种污染物的点源调整系数。

上述各参数的具体计算方法可参照 GB/T13201—1991。

（2）计算有效源高及抬升高度 由求得的点源排放控制系数 P_{ki} 和新污染源排放量 Q_{ki} 按下式计算有效源高 H

$$H^2 = Q_{ki} \times 10^6 / P_{ki} \tag{15-106}$$

式中 Q_{ki}——第 i 功能区点源（$H_s \geqslant 30$m）污染物的排放量（t/h）。

（3）计算烟囱高度并进行修正 由式（15-54）~式（15-57）计算出 ΔH 后，用 $H_s = H - \Delta H$ 计算出烟囱高度 H_s，并按后面讨论的注意事项进行修正。

2. 按最大落地污染物浓度计算烟囱高度

设国家环境空气质量标准中规定的污染物浓度为 c_0，当地本底污染物浓度为 c_B，新设计烟囱高度所排放污染物产生的地面最大污染物浓度应满足 $c_{max} \leqslant (c_0 - c_B)$。

1）当假定 σ_y/σ_z = 常数时，由式（15-43）可导得

$$H_s \geqslant \left[\frac{2Q}{\pi e \bar{u}(c_0 - c_B)} \cdot \frac{\sigma_z}{\sigma_y}\right]^{1/2} - \Delta H \tag{15-107}$$

式中，σ_z/σ_y 取 0.5 ~ 1.0。

2）当 $\sigma_y = \gamma_1 x^{\alpha_1}$，$\sigma_z = \gamma_2 x^{\alpha_2}$，且 $\alpha_1 \neq \alpha_2$ 时，由式（15-61）可导出

$$H_s \geqslant \left[\frac{Q\alpha^{\alpha/2}}{\pi \bar{u}\gamma_1\gamma_2^{(1-\alpha)}(c_0 - c_B)}\exp\left(-\frac{\alpha}{2}\right)\right]^{1/\alpha} - \Delta H \tag{15-108}$$

式中，$\alpha = 1 + \alpha_1/\alpha_2$。

3. 按绝对最大落地污染物浓度计算烟囱高度

1）当假定 σ_y/σ_z = 常数，且 $\Delta H = B/\bar{u}$ 时，如要求绝对最大污染物浓度 $c_{absm} \leqslant (c_0 - c_B)$，则由式（15-85）可导得

$$H_s \geqslant \frac{Q}{2\pi Be(c_0 - c_B)} \cdot \frac{\sigma_z}{\sigma_y} = \left[\frac{Q}{2\pi e \bar{u}_c(c_0 - c_B)} \cdot \frac{\sigma_z}{\sigma_y}\right]^{1/2} \tag{15-109}$$

式中 B——抬升高度公式中除 $\bar{u}$ 以外一切量的计算值。

2）当 $\sigma_y = \gamma_1 x^{\alpha_1}$，$\sigma_z = \gamma_2 x^{\alpha_2}$，$\alpha_1 \neq \alpha_2$，$\Delta H = B/\bar{u}$ 时，由式（15-87）可导出

$$H_s \geqslant \left[\frac{Q(\alpha - 1)^{\alpha-1}}{\pi B\gamma_1\gamma_2^{(1-\alpha)}\alpha^{\alpha/2}(c_0 - c_B)}\exp\left(-\frac{\alpha}{2}\right)\right]^{\frac{1}{\alpha-1}} \tag{15-110}$$

4. 按 $c_{max} \leqslant (c_0 - c_B)$ 具有一定保证率的要求计算烟囱高度

按 c_{max} 和 c_{absm} 计算 H_s 的区别在于风速的取值不同。前者取平均风速 $\bar{u}$，因此按 c_{max} 设计的烟囱较矮，投资较省；但当风速小于平均风速时，地面污染物浓度会超标，几率达50%；后者取危险风速 $\bar{u}_c$，按 c_{absm} 设计烟囱高度，不论何种风速，地面污染物浓度均不会超标，但烟囱较高，投资较大。在很多情况下，危险风速出现的频率很小，为满足这种很少出现的情况而花费过多的投资是不合理的。因此如果定出一个可以接受的保证率，就可根据这个保证率确定风速，再根据此风速设计烟囱高度。这个高度可保证在所要求的保证率内不会超标。对污染严重、但出现频率很低的气象条件，可通过污染预报用减缩生产或改用优质燃料等办法解决。

15.12.2 烟囱高度设计中应考虑的几个问题

(1) 烟流扩散模型　上述计算 H_s 的公式都是以烟流扩散范围内层结相同的中性条件下形成的锥形扩散模式为依据的，因为这种情况出现的频率较高。在上部逆温出现频率较高的地区，按上述公式计算后，还应按封闭型扩散模式校核。对低矮源，可考虑用不稳定层结下的扩散参数代入烟流扩散模式计算 H_s。

(2) 烟气抬升高度和扩散参数　烟气抬升高度 ΔH 对 H_s 的影响很大，所以应选用抬升高度公式的应用条件与设计条件相近的抬升公式。在一般情况下，应优先采用 GB/T13201—1991 中推荐的公式。

σ_z/σ_y 值与稳定度和下风距离 x 有关，其值大小对烟囱高度影响很大。比较稳妥的办法是根据稳定度出现的频率和实测的 σ_y、σ_z 值进行统计分析后确定。

(3) 避免烟气下洗（下沉）　为了避免烟气下洗，烟囱高度至少应是邻近建筑物高度的两倍，烟气喷出速度 U_s 与烟囱口平均风速之比 $U_s/\bar{u} \geqslant 1.5$。对中小型烟囱，应适当增加烟气出口速度，以增加动力抬升。但烟气出口速度过高会因剧烈夹卷而降低抬升高度。为避免烟气下洗（下沉），有的烟囱在出口处设置帽沿状水平圆板，圆板向外伸展的尺寸至少等于烟囱出口直径。为提高喷出速度，也可将烟囱口设计成文丘里喷嘴结构，但需注意阻力的增加不致过大。

(4) 增加排热率和排烟量　提高排气温度，有利于增加热力抬升。因此在烟囱设计中应尽量减少烟道及烟囱的热损失，对湿法脱硫以后的低温烟气需再加热以后排放。

从抬升公式可知，即使具有相同的烟气温度，如果增加排气量，对动力抬升和浮力抬升都有好处。因此，在附近有几个烟源时，最好采用集合式烟囱。考虑到设备投产有先后，或有部分设备停止运行时排烟速度不致过低，有的工厂采用多筒集合式烟囱排放。

例 15-8　平原地区某城市远郊区某厂拟新装一台锅炉，耗煤量 5.2t/h，煤中硫的质量分数 2.2%，90% 的硫被氧化为 SO_2 进入烟气排放，除尘后烟气出口温度 100℃，初步设计烟囱口径 1.4m，出口速度 14m/s。当地年均气温 18℃、气压 1005hPa、风速 2.6m/s，全年以 D 类天气为主。当地 SO_2 本底一次最大浓度为 0.10mg/m³，厂内没有其他 SO_2 污染源。若排放控制系数 $P_{ki} = 26t/(h \cdot m^2)$，试按 P 值法设计烟囱高度，并计算此烟囱产生的地面最大浓度及其出现点（ΔH、σ_y、σ_z 和 H_s 均按 GB/T13201—1991 规定选取或计算）。

解　(1) 计算最低有效烟囱高度

SO_2 的排放量为　$Q_{ki} = 5.2 \times 0.022 \times 2 \times 0.9 t/h = 0.20592 t/h$

由式（15-106）得最低有效烟囱高度 $H=(Q_{ki}\times10^6/P_{ki})^{1/2}=(0.20592\times10^6/26)^{1/2}\text{m}=89\text{m}$

（2）计算烟囱几何高度

排热率 $Q_H=0.35p_a\dfrac{T_s-T_a}{T_s}Q_V=0.35\times1005\times\dfrac{(100+273)-(18+273)}{(100+273)}\times\dfrac{\pi}{4}\times1.4^2\times14\text{kW}=1666.5\text{kW}$

设新建烟囱几何高度为 H_s，烟囱出口处的风速为 $\bar{u}$，则

$$\bar{u}=2.6\text{m/s}\cdot(H_s/10\text{m})^{0.25}\qquad(\text{城市 D 类}, m=0.25)$$

由于 $Q_H<1700\text{kW}$，烟气抬升高度按式（15-57）计算

$$\Delta H=\frac{2(1.5U_sd+0.01Q_H)}{\bar{u}}=\frac{2\times(1.5\times14\times1.4+0.01\times1666.5)}{\bar{u}}=\frac{92.13\text{m}^2/\text{s}}{2.6\text{m/s}\cdot(H_s/10\text{m})^{0.25}}=\frac{63.013\text{m}}{H_s^{0.25}}$$

$$H=H_s+\Delta H=H_s+\frac{63.013\text{m}}{H_s^{0.25}}=89\text{m}$$

用试差法解得 $H_s=67\text{m}$。实际上，由于工业上建烟囱高度是有一定档次的，因此，该烟囱应建 80m 高。

烟囱出口处的风速 $\bar{u}_{80}=2.6\text{m/s}\times(80\text{m}/10\text{m})^{0.25}=4.37\text{m/s}$

$$\Delta H=63.013/80^{0.25}\text{m}=21.07\text{m}$$

实际有效烟囱高度 $H=H_s+\Delta H=(80+21.07)\text{m}=101.07\text{m}$

（3）计算 $x_{c_{max}}$ 和 c_{max} 按 GB/T13201—1991 规定，平原城市远郊区 D 类应向不稳定方向提半级后查算 P-G 扩散参数，即用 C-D 类的 γ 和 α 值，即

$$x>1000\text{m}, \gamma_1=0.189396, \alpha_1=0.886940$$

$$x=0\sim2000\text{m}, \gamma_2=0.126152, \alpha_2=0.838628$$

$$\sigma_z|_{x=x_{c_{max}}}=H/\sqrt{2}=101.07/\sqrt{2}\text{m}=71.47\text{m}=\gamma_2x_{c_{max}}^{\alpha_2}$$

$$x_{c_{max}}=\left(\frac{71.47}{0.126152}\right)^{\frac{1}{0.838628}}\text{m}=1918.7\text{m}$$

$x_{c_{max}}>1000\text{m}$，与 γ、α 的选择范围相符。

$$\sigma_y=\gamma_1x_{c_{max}}^{\alpha_1}=0.189396\times1918.7^{0.886940}\text{m}=154.6\text{m}$$

$$c_{max}=\frac{0.234Q}{\bar{u}H^2}\cdot\frac{\sigma_z}{\sigma_y}=\frac{0.234\times0.20592\times10^9/3600}{4.37\times101.07^2}\cdot\frac{71.47}{154.6}\text{mg/m}^3=0.139\text{mg/m}^3$$

预测一次污染物浓度最大值为（0.139+0.10）$\text{mg/m}^3=0.239\text{mg/m}^3$，预测值低于国家二级标准，设计烟囱高度符合要求。

15.13 城市规划与厂址选择

城市规划与厂址选择涉及社会、经济、科技发展水平和地区情况等多方面问题，这里仅从充分利用大气的稀释扩散能力、减轻大气污染的角度，讨论城市规划和厂址选择中的几个问题。

（1）开展区域规划，控制城市规模 在区域规划中，不仅要对国民经济各部门进行全面规划，合理布局，综合平衡，而且要贯彻发展小城镇的方针，控制城市规模，避免城市过大和污染源过于集中，以便充分利用大自然的自净能力，减轻污染程度。

（2）城市要有合理的功能分区 对于工业较集中的大中城市，一般应按工业性质划分为若干个工业区。基本原则是：①规模小、无污染的工业可有组织地布置在城区；②用地规模

较大，对空气有轻度污染的工业可布置在城市边缘或近郊区；③对于污染严重，治理难度大的大型企业，如钢铁、有色冶炼、火电站、石油化工、水泥等宜布置在远离城市的郊区，并处于最小污染系数风向的上风侧。

对各工业区内的企业应合理布置与组织，要贯彻“循环经济”的理念，尽量作到废物资源化。基本原则是：①企业之间的组合应有利于综合利用，化害为利，如钢铁厂与化肥厂相邻布置，可将高炉煤气供化肥厂作原料；②易产生二次污染的企业不宜布置在一起，如氮肥厂和炼油厂相邻可能导致光化学烟雾；③工业区内，污染严重的工厂应置于远离生活区的一端。

（3）本地污染物浓度　本地污染物浓度已超过《环境空气质量标准》规定的浓度限值的地区，不宜再布置有污染的工厂。若本地污染物浓度虽未超标，但加上拟建厂的贡献后将超标，短期内又难以解决的，也不宜建厂。

（4）风向、风速与静风　由于污染危害的程度与受污染的时间和污染浓度有关，所以居住区应布置在受污染时间短、污染物浓度低的位置。因此，在确定工厂和居住区的相对位置时，要同时考虑风向、风速两个因素。为此定义污染系数为

$$污染系数 = 风向频率 / 该风向的平均风速 \tag{15-111}$$

某风向的污染系数小，其下风方向受污染就轻，工厂应设在污染系数最小方位的上风侧，居住区在其下风侧。表15-14是某城市多年风的累计统计资料。由表15-14可知，若只考虑风向频率，工厂应设在东面（最小风频方向）；若从污染系数考虑，工厂应设在由西面，居住区在东面。尽管上式定义的污染系数的量纲不明确，而且当平均风速趋近于零时，该系数趋于无穷大，这与静风时相应的地面污染程度不符，但该式简单，分析结果与用其他公式定义的污染系数的结果也基本相同，故仍可采用。

表15-14　某城市风资料分析表

方　　位	N	NE	E	SE	S	SW	W	NW	C	合计
风向频率（%）	16	9	3	6	15	13	4	12	22	100
平均风速/（m/s）	3.2	2.4	1.5	1.9	2.6	2.6	3.5	4.1		
污染系数	5.0	3.75	2.0	3.16	5.77	5.0	1.14	2.93		28.75
相对污染系数（%）	17.4	13.0	7.0	11.0	20.1	17.4	4.0	10.1		100

另外，全年静风频率很高（如超过40%）或静风持续时间很长的地区，可能造成长时间高浓度污染，一般不宜建有污染的企业。若必须建厂，应将工厂分散布置。

（5）地形

1）丘陵河谷地带，居住地比工业用地低或高，或将居住区布置在背风坡湍流区都是不利的，两者应位于同一高度的阶地上，并保持一定的防护距离，尽可能使居住区避开山地盛行风和过山气流的影响。建设在背风坡地区的工厂，其烟囱有效高度必须超过下坡风高度及背风坡湍流区高度。

2）山间盆地地形封闭，面积一般不大，静风、小风频率高，常发生强度较大的地形逆温（冷空气沿四周山坡下滑聚集在盆地形成的逆温）和辐射逆温，经久不散，不利于扩散，故不宜集中过多工业。应以发展少污染或无污染的工业为主，并将工厂适当分散。若因资源、交通、用水等有利条件要求建设有污染的工业时，应将工业区与居住地分散布置。

若必须在居民点集中的山间盆地或走向与盛行风向交角为45°~135°、谷风风速很小的较深山谷建设污染严重的工厂时，有效烟囱高度必须超过当地逆温层高度及经常出现的静风和小风高度。

3）沿海地区，为避免海陆风造成的循环污染，居住区与工业区的连线应与海岸平行。

此外，在丘陵、山区或水陆交界区的规划布局最好能进行专门的气象观测和现场扩散实验，或进行环境风洞模拟实验，以便对当地的稀释扩散能力作出较准确的评价。

（6）设立不同类型的工业卫生防护带　最大地面污染物浓度一般出现在烟囱有效高度10~20倍的地点，距离越远，污染物浓度愈低。据此，在工业区与居住区间隔开一定距离，布置绿地构成工业卫生防护地带，是防止大气污染的一项重要措施。卫生防护距离视工业性质和规模而定。

习　　题

15-1　在地面释放的探空气球，释放时的气温为10.5℃，气压为1012hPa，释放后在不同高度发回相应的气温和气压数据见表15-15。

（1）估算每一组数据发回的高度。

（2）以高度为纵坐标，气温为横坐标，作出气温廓线图。

（3）判断各气层大气的稳定情况。

表15-15　气温和气压数据记录

测定序号	1	2	3	4	5	6	7	8
气温/℃	10.5	12.0	14.0	15.0	13.0	13.0	1.6	0.8
气压/hPa	1012	1000	988	969	909	878	725	700

15-2　利用习题15-1中的参数和计算结果，计算该题中各测点的位温及相邻各气层之间的位温梯度。

15-3　在10m、50m和100m高度上分别测得风速为3m/s、4.2m/s和4.9m/s，试计算10~100m这层大气的平均风速廓线幂指数 m 值。

15-4　某地早上7:00测地面和250m高度上的气温分别为15℃和17℃，当天地面最高气温为32℃，试确定当地当天的最大混合层厚度。

15-5　在表15-6和表15-10中，为什么当风速≥6m/s时，除个别情况外，不同太阳辐射等级下的大气稳定度都为中性？

15-6　根据烟流半宽 y_0 和半厚 z_0 的定义，推导 $y_0=2.15\sigma_y$，$z_0=2.15\sigma_z$。

15-7　位于城市远郊区（平原）某发电厂的烟囱高度120m，内径5m，排烟速度13.5m/s，烟气温度418K，大气温度288K，大气为中性层结，地面10m高度平均风速为2.2m/s，当地大气压为1010hPa，试用霍兰德公式、布里吉斯（$x>10H_s$）式和GB/T13201—1991推荐的公式计算烟流抬升高度，并比较其结果。本烟囱用霍兰德公式计算抬升高度是否合适？为什么？

15-8　位于平坦开阔地区一有效高度为80m的烟囱以288kg/h的速率排放 SO_2，烟囱口处的风速为5m/s，试用内插法查表15-7给出的 σ_y、σ_z 值确定阴天情况下：

（1）下风轴线上距烟囱600处的地面 SO_2 浓度。

（2）下风向600m，侧向60m处的地面 SO_2 浓度，并将结果与（1）的结果进行比较。

（3）下风轴线地面最大 SO_2 浓度及其距烟囱的距离。

15-9　某磷肥厂位于城市远郊区，排放含HF废气的排气筒高50m，口径1.0m，排气量为51000m^3/h，排气温度40℃，环境气温15℃，烟囱口平均风速5m/s。估算下风轴线6km处地面HF浓度不超过0.01mg/m^3，其阴天HF的允许排放量（当地平坦开阔，气压998hPa）。

15-10 位于农村丘陵地区某厂的一台锅炉每小时燃煤4.8t，煤中硫的质量分数为1.8%，煤中90%的硫被氧化为SO_2从烟囱排放，烟囱高60m，出口直径2.0m，排气速度15m/s，烟气出口温度130℃，年均气温20℃，年均气压1008hPa，主导风向年均风速2.8m/s，全年以D类稳定度频率最高。厂监测站为了能经常监测到该烟囱造成的地面最大SO_2浓度（假定该处没有其他大型SO_2污染源），请估算：

（1）监测点应设在主导风向下风轴线距烟囱多远的地方？该点经常监测的最大SO_2浓度是多少？

（2）若高空800m处出现逆温层，下风轴线上8km处的地面SO_2浓度是多少？这样的逆温层对（1）的计算结果有无影响？（ΔH和σ_y、σ_z按GB/T13201—1991规定）。

15-11 在15-10题条件下，危险风速及主导风向下风轴线地面绝对最大SO_2浓度是多少？

15-12 在某源下风向轴线上的一点测得30分钟的平均污染物浓度为0.3mg/m^3，试估算该点的日平均污染物浓度是多少？

15-13 某城市工业区在环境质量评价中，划分面源单元为1000×1000m，其中一个面单元的SO_2排放量为12g/s，平均有效源高15m。试用后退虚拟点源法计算，当风向为南风、风速为3.2m/s、稳定度为中性时，由该单元造成的北面邻近面单元中心处的SO_2地面浓度。

15-14 位于工业区某硫酸厂排放尾气的有效烟囱高度为60m，SO_2排放量为100g/s，夜间和早晨地面风速为3.5m/s，夜间云量为4/10。当烟流全部发生熏烟时，确定下风轴线上8km处SO_2的地面浓度。

15-15 试证明高架连续点源在出现地面最大污染物浓度的距离上（即$x=x_{c_{\max}}$处），烟流中心线上的浓度$c(x,0,H;H)$与地面轴线污染物浓度$c(x,0,0;H)$之比值等于1.38。

15-16 某污染源位于城市远郊区，SO_2排放量为80g/s，烟气流量为26.5m^3/s，排烟速度15m/s，烟气温度418K，大气温度为293K，气压1000hPa。该地区的SO_2背景浓度为0.05mg/m^3，设$\sigma_z/\sigma_y=0.5$，地面10m高处平均风速为3.0m/s，风速廓线指数$m=0.25$，试按地面最大浓度和环境空气质量二级标准设计烟囱高度和出口直径。

15-17 地处某平原城市远郊区的一工厂，烟囱有效高度为60m，若排放控制系数$P_{ki}=27$t/（h·m^2），试确定SO_2的允许排放量。若排放量为0.12t/h，试计算烟囱有效高度的最小值。

附　　录

附录 A　空气的物理参数（压力为 101. 325kPa）

空气温度/℃	1m³ 干空气			饱和水蒸气压力/kPa	饱和时水蒸气的含量/g		
	质量/kg	自 0℃换算成 t℃时的体积值 $(1+at)/m^3$	自 t℃换算成 0℃时的体积值 $\left(\frac{1}{1+at}\right)/m^3$		在 1m³ 湿空气中	在 1kg 湿空气中	在 1kg 干空气中
-20	1. 396	0. 927	1. 079	0. 1236	1. 1	0. 8	0. 8
-19	1. 390	0. 930	1. 075	0. 1353	1. 2	0. 8	0. 8
-18	1. 385	0. 934	1. 071	0. 1488	1. 3	0. 9	0. 9
-17	1. 379	0. 938	1. 066	0. 1609	1. 4	1. 0	1. 0
-16	1. 374	0. 941	1. 062	0. 1744	1. 5	1. 1	1. 1
-15	1. 368	0. 945	1. 058	0. 1867	1. 6	1. 2	1. 2
-14	1. 363	0. 949	1. 054	0. 2065	1. 7	1. 3	1. 3
-13	1. 358	0. 952	1. 050	0. 2240	1. 9	1. 4	1. 4
-12	1. 353	0. 956	1. 046	0. 2441	2. 0	1. 5	1. 5
-11	1. 348	0. 959	1. 042	0. 2642	2. 2	1. 6	1. 6
-10	1. 342	0. 963	1. 038	0. 2790	2. 3	1. 7	1. 7
-9	1. 337	0. 967	1. 031	0. 3022	2. 5	1. 9	1. 9
-8	1. 332	0. 971	1. 030	0. 3273	2. 7	2. 0	2. 0
-7	1. 327	0. 974	1. 026	0. 3544	2. 9	2. 2	2. 2
-6	1. 322	0. 978	1. 023	0. 3834	3. 1	2. 4	2. 4
-5	1. 317	0. 982	1. 019	0. 4150	3. 4	2. 6	2. 60
-4	1. 312	0. 985	1. 015	0. 4490	3. 6	2. 8	2. 80
-3	1. 308	0. 989	1. 011	0. 4858	3. 9	3. 0	3. 00
-2	1. 303	0. 993	1. 007	0. 5254	4. 2	3. 2	3. 20
-1	1. 298	0. 996	1. 004	0. 5684	4. 5	3. 5	3. 50
-0	1. 293	1. 000	1. 000	0. 6133	4. 9	3. 8	3. 80
1	1. 288	1. 001	0. 996	0. 6586	5. 2	4. 1	4. 10
2	1. 284	1. 007	0. 993	0. 7069	5. 6	4. 3	4. 30
3	1. 279	1. 011	0. 989	0. 7582	6. 0	4. 7	4. 70
4	1. 275	1. 015	0. 986	0. 8129	6. 4	5. 0	5. 00
5	1. 270	1. 018	0. 982	0. 8711	6. 8	5. 4	5. 40
6	1. 265	1. 022	0. 979	0. 9330	7. 3	5. 7	5. 82
7	1. 261	1. 026	0. 975	0. 9989	7. 7	6. 1	6. 17
8	1. 256	1. 029	0. 972	1. 0688	8. 3	6. 6	6. 69
9	1. 252	1. 033	0. 968	1. 1431	8. 8	7. 0	7. 12
10	1. 248	1. 037	0. 965	1. 2219	9. 4	7. 5	7. 64
11	1. 243	1. 040	0. 961	1. 3015	9. 9	8. 0	8. 07
12	1. 239	1. 044	0. 958	1. 3942	10. 6	8. 6	8. 69
13	1. 235	1. 048	0. 955	1. 4882	11. 3	9. 2	9. 30
14	1. 230	1. 051	0. 951	1. 5876	12. 0	9. 8	9. 91
15	1. 226	1. 055	0. 948	1. 6931	12. 8	10. 5	10. 62
16	1. 222	1. 059	0. 945	1. 8047	13. 6	11. 2	11. 33
17	1. 217	1. 062	0. 941	1. 9227	14. 4	11. 9	12. 10
18	1. 213	1. 066	0. 938	2. 0475	15. 3	12. 7	12. 93
19	1. 209	1. 070	0. 935	2. 1817	16. 2	13. 5	13. 75
20	1. 205	1. 073	0. 932	2. 3186	17. 2	14. 4	14. 61
21	1. 201	1. 077	0. 929	2. 4658	18. 2	15. 3	15. 60

（续）

空气温度/℃	1m³ 干空气			饱和水蒸气压力/kPa	饱和时水蒸气的含量/g		
	质量/kg	自0℃换算成 t℃时的体积值 $(1+at)$/m³	自 t℃换算成0℃时的体积值 $\left(\frac{1}{1+at}\right)$/m³		在1m³湿空气中	在1kg湿空气中	在1kg干空气中
22	1.197	1.081	0.925	2.6210	19.3	16.3	16.60
23	1.193	1.084	0.922	2.7849	20.4	17.3	17.68
24	1.189	1.088	0.919	2.9577	21.6	18.4	18.81
25	1.185	1.092	0.916	3.1398	22.9	19.5	19.95
26	1.181	1.095	0.913	3.3315	24.2	20.7	21.20
27	1.177	1.099	0.910	3.5337	25.6	22.0	22.55
28	1.173	1.103	0.907	3.7465	27.0	23.1	21.00
29	1.169	1.106	0.904	3.9706	28.5	24.8	25.47
30	1.165	1.110	0.901	4.2061	30.1	26.3	27.03
31	1.161	1.111	0.898	4.4538	31.8	27.8	28.65
32	1.157	1.117	0.895	4.7142	33.5	29.5	30.41
33	1.154	1.121	0.892	4.9878	35.4	31.2	32.29
34	1.150	1.125	0.889	5.2750	37.3	33.1	34.23
35	1.146	1.128	0.886	5.5765	39.3	35.0	36.37
36	1.142	1.132	0.884	5.8930	41.4	37.0	38.58
37	1.139	1.136	0.881	6.2250	43.6	39.2	40.9
38	1.135	1.139	0.878	6.5731	45.9	41.1	43.35
39	1.132	1.113	0.875	6.9380	48.3	43.8	45.93
40	1.128	1.117	0.872	7.3203	50.8	46.3	48.64
41	1.124	1.150	0.869	7.7208	53.4	48.9	51.20
42	1.121	1.154	0.867	8.1401	56.1	51.6	54.25
43	1.117	1.158	0.864	8.5788	58.9	54.5	57.56
44	1.114	1.161	0.861	9.0380	61.9	57.5	61.04
45	1.110	1.165	0.858	9.5181	65.0	60.7	64.80
46	1.107	1.169	0.856	10.0203	68.2	64.0	68.61
47	1.103	1.172	0.853	10.5450	71.5	67.5	72.66
48	1.100	1.176	0.850	11.0931	75.0	71.1	76.90
49	1.096	1.180	0.848	11.6657	78.6	75.0	81.45
50	1.093	1.183	0.845	12.2634	82.3	79.0	86.11
51	1.090	1.187	0.843	12.8872	86.3	83.2	91.30
52	1.086	1.191	0.840	13.5369	90.4	87.7	96.62
53	1.083	1.194	0.837	14.2171	94.6	92.3	102.29
54	1.080	1.198	0.835	14.9249	99.1	97.2	108.22
55	1.076	1.202	0.832	15.6626	103.6	102.3	114.43
56	1.073	1.205	0.830	16.4313	108.4	107.3	121.06
57	1.070	1.209	0.827	17.2322	133.3	113.2	127.98
58	1.067	1.213	0.825	18.0660	118.5	119.1	135.13
59	1.063	1.216	0.822	18.9340	123.8	125.2	142.88
60	1.060	1.220	0.820	19.8374	129.3	131.7	152.45
65	1.044	1.238	0.808	24.9242	160.6	168.9	203.50
70	1.029	1.257	0.796	31.0768	196.6	216.1	275.00
75	1.014	1.275	0.784	38.4661	239.9	276.0	381.00
80	1.000	1.293	0.773	47.2823	290.7	352.8	544.00
85	0.986	1.312	0.763	57.7346	350.0	452.1	824.00
90	0.973	1.330	0.752	70.0472	418.8	582.5	1395.00
95	0.959	1.348	0.742	84.4862	498.3	757.6	3110.00
100	0.947	1.367	0.732	101.326	589.5	1000.0	∞

附录B 水的物理参数

温度/℃	压力 p/atm	密度 ρ / (kg/m^3)	比焓 H / (kJ/kg)	质量定压热容 c_p/ (kJ · kg^{-1} · ℃$^{-1}$)	导热系数 λ / (W · m^{-1} · ℃$^{-1}$)	热扩散率 α / (10^{-4}m^2/h)	动力粘度 μ / (10^{-5}Pa · s)	运动粘度 υ/ (10^{-6} m^2/s)
0	0. 968	999. 8	0	4. 208	0. 558	4. 8	182. 5	1. 790
10	0. 968	999. 7	42. 04	4. 191	0. 563	4. 9	133. 0	1. 300
20	0. 968	998. 2	83. 87	4. 183	0. 593	5. 1	102. 0	1. 000
30	0. 968	995. 7	125. 61	4. 179	0. 611	5. 3	81. 7	0. 805
40	0. 968	992. 2	167. 40	4. 179	0. 627	5. 4	66. 6	0. 659
50	0. 968	988. 1	209. 14	4. 183	0. 643	5. 6	56. 0	0. 556
60	0. 968	983. 2	250. 97	4. 183	0. 657	5. 7	48. 0	0. 479
70	0. 968	977. 8	292. 80	4. 191	0. 668	5. 9	41. 4	0. 415
80	0. 968	971. 8	334. 75	4. 195	0. 676	6. 0	36. 3	0. 366
90	0. 968	965. 3	376. 75	4. 208	0. 680	6. 1	32. 1	0. 326
100	0. 997	958. 4	418. 87	4. 216	0. 683	6. 1	28. 8	0. 295
110	1. 41	951. 0	461. 07	4. 229	0. 685	6. 1	26. 0	0. 268
120	1. 96	943. 1	503. 70	4. 246	0. 686	6. 2	23. 5	0. 244
130	2. 66	934. 8	545. 98	4. 267	0. 686	6. 2	21. 6	0. 226
140	3. 56	926. 1	587. 85	4. 292	0. 685	6. 2	20. 0	0. 212
150	4. 69	916. 9	631. 82	4. 321	0. 684	6. 2	18. 9	0. 202
160	6. 10	907. 4	657. 36	4. 354	0. 683	6. 2	17. 5	0. 190
170	7. 82	897. 3	718. 91	4. 388	0. 679	6. 2	16. 6	0. 181
180	9. 90	886. 9	762. 87	4. 426	0. 675	6. 2	15. 6	0. 173
190	12. 39	876. 0	807. 25	4. 463	0. 670	6. 2	14. 8	0. 166
200	15. 35	864. 7	852. 05	4. 514	0. 663	6. 1	14. 1	0. 160
210	18. 83	852. 8	897. 27	4. 606	0. 655	6. 0	13. 4	0. 154
220	23. 00	840. 3	943. 33	4. 648	0. 645	6. 0	12. 8	0. 149
230	27. 61	827. 3	989. 81	4. 689	0. 637	6. 0	12. 2	0. 145
240	33. 04	813. 6	1037. 12	4. 731	0. 628	5. 9	11. 7	0. 141

注：1atm = 101325Pa。

附录C 通常状态下空气的性质

物理量名称	符　号	参 数 值
相对分子质量	M	28. 97
气体常数	R	287J/(kg · K)
质量定压热容	c_p	1005J/(kg · K)
质量定容热容	c_V	718J/(kg · K)
密度	ρ	1. 185kg/m^3
动力粘度	μ	1. 1815 × 10^{-5}Pa · s
运动粘度	ν	1. 5624 × 10^{-5}m^2/s
热导率	κ	0. 0257W/(m · K)
质量热容比	k	1. 3997
普朗克数	Pr	0. 720

附录 D　干空气的物理性质（1.013×10^5Pa）

温度 /℃	密度 /(kg/m³)	质量热容 kJ /(kg·K)	质量热容 kcal /(kg·℃)	导热系数 10^{-2}kJ /(m·h·K)	导热系数 10^{-2}kcal /(m·h·℃)	热扩散率 10^{-2}m²/h	动力粘度 10^{-6}Pa·s	动力粘度 10^{-6}kg·s /m²	运动粘度 10^{-6}m²/s	普朗克数 *Pr*
-50	1.584	1.013	0.242	7.327	1.75	4.57	14.61	1.49	9.23	0.728
-40	1.515	1.013	0.242	7.620	1.82	4.96	15.20	1.55	10.04	0.728
-30	1.453	1.013	0.242	7.913	1.89	5.37	15.69	1.60	10.80	0.723
-20	1.395	1.009	0.241	8.206	1.96	5.83	16.18	1.65	11.79	0.716
-10	1.342	1.009	0.241	8.499	2.03	6.28	16.67	1.70	12.43	0.712
0	1.293	1.005	0.240	8.792	2.10	6.77	17.16	1.75	13.28	0.707
10	1.247	1.005	0.240	9.044	2.16	7.22	17.66	1.80	14.16	0.705
20	1.205	1.005	0.240	9.337	2.23	7.71	18.15	1.85	15.06	0.703
30	1.165	1.005	0.240	9.630	2.30	8.23	18.64	1.90	16.00	0.701
40	1.128	1.005	0.240	9.923	2.37	8.75	19.13	1.95	16.69	0.699
50	1.093	1.005	0.240	10.174	2.43	9.26	19.62	2.00	17.95	0.698
60	1.060	1.005	0.240	10.425	2.49	9.79	20.11	2.05	18.97	0.696
70	1.029	1.009	0.241	10.677	2.55	10.28	20.60	2.10	20.02	0.694
80	1.000	1.009	0.241	10.970	2.62	10.87	21.09	2.13	21.09	0.692
90	0.972	1.009	0.241	11.263	2.69	11.48	21.48	2.19	22.10	0.690
100	0.946	1.009	0.241	11.556	2.76	12.11	21.87	2.23	23.13	0.688
120	0.898	1.009	0.241	12.016	2.87	13.26	22.85	2.33	25.45	0.686
140	0.854	1.013	0.242	12.561	3.00	14.52	23.74	2.42	27.80	0.684
160	0.815	1.017	0.243	13.105	3.13	15.80	24.52	2.50	30.09	0.682
180	0.779	1.022	0.244	13.607	3.25	17.10	25.30	2.58	32.49	0.681
200	0.746	1.026	0.245	14.152	3.38	18.49	25.99	2.65	34.85	0.680
250	0.674	1.038	0.248	15.366	3.67	21.96	27.37	2.79	40.61	0.677
300	0.615	1.047	0.250	16.580	3.96	25.76	29.72	3.03	48.33	0.674
350	0.565	1.059	0.253	17.669	4.22	29.47	31.39	3.20	55.46	0.676
400	0.524	1.068	0.255	18.757	4.48	33.52	33.06	3.37	63.09	0.678
500	0.456	1.093	0.261	20.683	4.94	41.51	36.20	3.69	79.38	0.687
600	0.404	1.114	0.266	22.400	5.35	49.78	39.14	3.99	96.89	0.099
700	0.362	1.135	0.271	24.159	5.77	58.82	41.79	4.26	115.40	0.706
800	0.329	1.156	0.276	25.833	6.17	67.95	44.34	4.52	134.80	0.713
900	0.301	1.172	0.280	27.466	6.56	77.84	46.69	4.76	155.10	0.717
1000	0.277	1.185	0.283	29.057	6.94	88.53	49.05	5.00	177.10	0.719
1100	0.257	1.197	0.286	30.607	7.31	99.45	51.20	5.22	199.30	0.722
1120	0.239	1.210	0.289	32.951	7.87	113.94	53.45	5.45	223.70	0.724

附录 E　烟道气的物理参数

（$p=1.013\times10^5$Pa；组成（体积分数）：$CO_2$13%、H_2O11%、$N_2$76%）

温度 /℃	密度 /(kg/m³)	质量热容 kJ /(kg·K)	质量热容 kcal /(kg℃)	导热系数 10^2 kJ /(m·h·K)	导热系数 10^2 kcal /(m·h·℃)	动力粘度 Pa·s	动力粘度 kg·s/m²	运动粘度 /(m²/s)	热扩散率 /(m²/h)	普朗克数 *Pr*
0	1.295	1.043	0.249	8.206	1.96	15.78	1.609	12.20	6.08	0.72
100	0.950	1.067	0.255	11.263	2.69	20.39	2.079	21.54	11.10	0.69
200	0.748	1.097	0.262	14.445	3.45	24.49	2.497	32.80	17.60	0.67
300	0.617	1.122	0.268	17.418	4.16	28.23	2.878	45.81	25.16	0.65
400	0.525	1.151	0.275	20.516	4.90	31.68	3.230	60.38	33.94	0.64
500	0.457	1.185	0.283	23.614	5.64	34.85	3.553	76.30	43.61	0.63
600	0.405	1.214	0.290	26.713	6.38	37.86	3.860	93.61	54.32	0.62
700	0.363	1.239	0.296	29.769	7.11	40.69	4.148	112.10	66.17	0.61
800	0.3295	1.264	0.302	32.951	7.87	43.38	4.422	131.80	79.09	0.60
900	0.301	1.289	0.308	36.050	8.61	45.91	4.680	152.50	92.87	0.59
1000	0.275	1.306	0.312	39.232	9.37	48.36	4.930	174.30	109.21	0.58
1100	0.257	1.323	0.316	42.288	10.10	50.70	5.169	197.10	124.37	0.57
1200	0.240	1.346	0.320	45.429	10.85	52.99	5.402	221.00	141.27	0.56

附录 F　气体平均质量定容热容 (单位：(kJ/m³·K))

t/℃	CO_2	H_2O	N_2	O_2	空气	CO	H_2	CH_4	C_2H_6	C_3H_3	C_2H_4	H_2S	SO_2
0	1.5998	1.4943	1.2946	1.3059	1.2971	1.2992	1.2766	1.5500	2.2099	3.0485	1.8268	1.5073	1.7334
100	1.7003	1.5052	1.2958	1.3176	1.3005	1.3017	1.2908	1.4214	2.4950	3.5104	2.0621	1.5324	1.8129
200	1.7874	1.5224	1.2996	1.3352	1.3072	1.3072	1.2971	1.7589	2.7747	3.9665	2.2827	1.5617	1.8883
300	1.8628	1.5425	1.3067	1.3561	1.3172	1.3168	1.2992	1.8862	3.0443	4.3691	2.4954	1.5952	1.9553
400	1.7037	1.5881	1.3164	1.3775	1.5550	1.5550	1.3021	2.0156	3.3085	4.7598	2.6859	1.6329	2.0181
500	1.9888	1.5898	1.3277	1.3980	1.3427	1.3427	1.3050	2.1404	3.5526	5.0939	2.8635	1.6706	2.0683
600	2.0411	1.6149	1.3402	1.4169	1.3566	1.3574	1.3080	2.2610	3.7779	5.4322	3.0259	1.7082	2.1144
700	2.0885	1.6413	1.3536	1.4344	1.3708	1.3721	1.3122	2.3769	3.9864	5.7236	3.1699	1.7459	2.1521
800	2.1312	1.6681	1.3670	1.4499	1.3842	1.3863	1.3168	2.4942	4.1811	5.9886	3.3081	1.7836	2.1814
900	2.1693	1.6957	1.3796	1.4646	1.3976	1.3997	1.3227	2.6026	4.3620	6.2315	3.4316	1.8171	2.4787
1000	2.2036	1.7229	1.3917	1.4776	1.4097	1.4127	1.3289	2.6993	4.5295	6.4614	3.5472	1.8506	2.2358
1100	2.2350	1.7501	1.4035	1.4893	1.4215	1.4248	1.3361	2.7864	4.6840	6.6778	3.6556	1.8841	2.2610
1200	2.2639	1.7769	1.4143	1.5006	1.4328	1.4361	1.3432	2.8631	4.8255	6.8817	3.7528	1.9093	2.2777
1300	2.2898	1.8029	1.4252	1.5106	1.4432	1.4466	1.3511	—	—	—	—	—	—
1400	2.3137	1.8280	1.4349	1.5203	1.4529	1.4566	1.3591	—	—	—	—	—	—
1500	2.3355	1.8527	1.4141	1.5295	1.4621	1.4658	1.3674	—	—	—	—	—	—
1600	2.3556	1.8762	1.4529	1.5379	1.4709	1.4746	1.3754	—	—	—	—	—	—
1700	2.3744	1.8996	1.4612	1.5462	1.4788	1.4826	1.3833	—	—	—	—	—	—
1800	2.3916	1.9214	1.4688	1.5542	1.4868	1.4901	1.3917	—	—	—	—	—	—
1900	2.4075	1.9423	1.4759	1.5617	1.4939	1.4972	1.3997	—	—	—	—	—	—
2000	2.4222	1.9628	1.4826	1.5693	1.5010	1.5039	1.4076	—	—	—	—	—	—
2100	2.4360	1.9825	1.4893	1.5759	1.5073	1.5102	1.4185	—	—	—	—	—	—
2200	2.4485	2.0009	1.4952	1.5831	1.5123	1.5161	1.4227	—	—	—	—	—	—
2300	2.4603	2.0189	1.5010	1.5873	1.51946	1.5215	1.4302	—	—	—	—	—	—
2400	2.4711	2.0365	1.5064	1.5965	1.5253	1.5270	1.4374	—	—	—	—	—	—
2500	2.4812	2.0529	1.5115	1.6028	1.5303	1.5320	1.4449	—	—	—	—	—	—

附录 G　可燃气体的主要热工特性

气体名称	热工特性									
	符号	相对分子质量	密度/(kg/m³)	理论空气需要量 m³/m³	理论燃烧产物量 m³/m³		发热量 kJ/m³ [kcal/m³]		理论燃烧温度/℃	干燃烧产物中 CO_2 的最大体积分数(%)
					湿	干	高	低		
一氧化碳	CO	28.01	1.25	2.38	2.88	2.88	12644.74 [3020]	12644.74 [3020]	2370	34.7
氢	H_2	2.02	0.09	2.38	2.88	1.88	12770.35 [3050]	10760.59 [2570]	2230	—
甲烷	CH_4	16.04	0.715	9.52	10.52	8.52	3977.65 [930]	35715.11 [8530]	2030	11.8
乙烷	C_2H_6	30.07	1.341	16.66	18.16	15.16	69671.68 [16640]	63768.04 [15230]	2097	13.2
丙烷	C_3H_8	14.09	1.987	23.80	25.80	21.80	99148.16 [23680]	91276.60 [21800]	2110	13.8
丁烷	C_4H_{10}	58.12	2.70	30.94	33.44	28.44	128499.03 [30690]	118680.51 [28345]	2118	14.0
戊烷	C_5H_{12}	72.15	3.22	38.08	41.03	35.08	15791.71 [37715]	146126.30 [34900]	2119	14.2
乙烯	C_2H_4	28.05	1.26	14.28	15.28	13.28	63014.35 [15050]	59078.57 [14110]	2284	15.0
丙烯	C_3H_6	42.08	1.92	21.42	22.92	19.92	91862.78 [21940]	86042.85 [20550]	2224	15.0
丁烯	C_4H_8	57.10	2.50	28.56	30.56	26.56	121423.00 [29000]	113551.44 [27120]	2203	15.0
戊烯	C_5H_{10}	70.13	3.13	35.70	38.20	33.20	150732.00 [36000]	140934.42 [33660]	2189	15.0
甲苯	C_6H_6	78.11	3.48	35.70	37.20	34.20	146293.78 [34940]	140390.11 [33530]	2258	17.5
乙炔	C_2H_2	27.04	1.17	11.90	12.40	11.40	58010.88 [13855]	56042.99 [13385]	2620	17.5
硫化氢	H_2S	34.08	1.52	7.14	4.64	6.64	25708.18 [6140]	23698.42 [5660]	—	15.1

附录H 几种气体或蒸气的爆炸特性

气体		最低着火温度/℃		爆炸极限（体积分数）(%)			
				与氧混合		与空气混合	
名称	分子式	与空气混合	与氧混合	上限	下限	上限	下限
一氧化碳	CO	610	590	13	96	12.5	75
氢	H_2	530	450	4.5	95	4.15	75
甲烷	CH_4	645	645	5	60	4.9	15.4
乙烷	C_2H_6	530	500	3.9	50.5	2.5	15.0
丙烷	C_3H_8	510	490	—	—	2.2	7.3
乙炔	C_2H_2	335	295	2.8	93	1.5	80.5
乙烯	C_2H_4	540	485	3.0	80	3.2	34.0
丙烯	C_3H_6	420	455	—	—	2.2	9.7
硫化氢	H_2S	290	220	—	—	4.3	46.0
氰	HCN	—	—	—	—	6.6	42.6

附录I 部分物理量的单位和因次

物理量名称	SI单位		
	单位名称	单位符号	量纲
长度	米	m	[L]
时间	秒	s	[T]
质量	千克	kg	[M]
力，重量	牛［顿］	N ($kg \cdot m \cdot s^{-2}$)	[MLT^{-2}]
速度	米每秒	m/s	[LT^{-1}]
加速度	米每二次方秒	m/s^2	[LT^{-2}]
密度	千克每立方米	kg/m^3	[ML^{-3}]
压力，压强	帕［斯卡］	Pa (N/s^2)	[$ML^{-1}T^{-2}$]
能，功，热量	焦［耳］	J ($kg \cdot m^2 \cdot s^{-2}$)	[ML^2T^{-2}]
功率	瓦［特］	W (J/s)	[ML^2T^{-3}]
粘度	帕［斯卡］·秒	Pa·s ($kg \cdot m^{-1} \cdot s^{-1}$)	[$ML^{-1}T^{-1}$]
运动粘度	二次方米每秒	m^2/s	[L^2T^{-1}]
表面张力	牛［顿］每米	N/m ($kg \cdot s^{-2}$)	[MT^{-2}]
扩散系数	二次方米每秒	m^2/s	[L^2T^{-1}]

附录J 国内常用标准筛

目 次	筛孔尺寸/mm	目 次	筛孔尺寸/mm
8	2.50	70	0.224
10	2.00	75	0.200
12	1.60	80	0.180
16	1.25	90	0.160
18	1.00	100	0.154
20	0.90	110	0.140
24	0.80	120	0.125
26	0.70	130	0.112
28	0.63	150	0.100
32	0.56	160	0.090
35	0.50	190	0.080
40	0.45	200	0.071
45	0.400	240	0.063
50	0.355	260	0.056
55	0.315	300	0.050
60	0.280	320	0.045
65	0.250	360	0.040

参 考 文 献

[1] 国家环境保护局科技标准司．污染物控制技术指南［M］．北京：中国环境科学出版社，1996.

[2] 国家环保总局．中国环境统计年报［R］．2004.

[3] 国家环保总局．中国环境状况公报［R］．2004.

[4] 国家环保总局．中国环境状况公报［R］．2003.

[5] 国家环保总局．中国环境状况公报［R］．2002.

[6] 童志权．工业废气净化与利用［M］．北京：化学工业出版社，2001.

[7] 童志权，陈昭琼．大气污染控制工程［M］．长沙：中南工业大学出版社，1987.

[8] 童志权，陈焕钦．工业废气污染控制与利用．北京：化学工业出版社，1989.

[9] 林肇信．大气污染控制工程［M］．北京：高等教育出版社，1991.

[10] 郝吉明，马广大．大气污染控制工程［M］．2 版．北京：高等教育出版社，2002.

[11] 郝吉明．大气污染控制工程例题与习题集［M］．北京：高等教育出版社，2003．

[12] 马广大，等．大气污染控制工程［M］．北京：中国环境科学出版社，1985.

[13] 何争光．大气污染控制工程及应用实例［M］．北京：化学工业出版社，2004.

[14] 王丽萍．大气污染控制工程［M］．北京：煤炭工业出版社，2002.

[15] 德·内韦尔，胡敏，谢绍东．大气污染控制工程［M］．北京：化学工业出版社，2005.

[16] 内韦尔．Air pollution control engineering［M］．北京：清华大学出版社，2000.

[17] 季学李．大气污染控制工程［M］．上海：同济大学出版社，1992.

[18] 蒲恩奇．大气污染治理工程［M］．北京：高等教育出版社，1999.

[19] 吴忠标．大气污染控制工程［M］．北京：科学出版社，2002.

[20] 吴忠标．大气污染控制技术［M］．北京：化学工业出版社，2002.

[21] 蒋文举，宁平．大气污染控制工程［M］．成都：四川大学出版社，2001.

[22] 李广超．大气污染控制技术［M］．北京：化学工业出版社，2001.

[23] 郭静，阮宜纶．大气污染控制工程［M］．北京：化学工业出版社，2001.

[24] 黄学敏，张承中．大气污染控制工程实践教程［M］．北京：化学工业出版社，2003.

[25] 周兴求．环保设备设计手册——大气污染控制设备［M］．北京：化学工业出版社，2004.

[26] 鹿政理．环境保护设备选用手册——大气污染控制设备［M］．北京：化学工业出版社，2002.

[27] 谷清，李云生．大气环境模式计算方法［M］．北京：气象出版社，2002.

[28] 童志权．大气环境影响评价［M］．北京：中国环境科学出版社，1988.

[29] 熊振湖，费学宁，池勇志．大气污染防治技术及工程应用［M］．北京：机械工业出版社，2003.

[30] 赵毅，李守信．有害气体控制工程［M］．北京：化学工业出版社，2001.

[31] 朱天乐．室内空气污染控制［M］．北京：化学工业出版社，2003.

[32] 袭著革．室内空气污染与健康［M］．北京：化学工业出版社，2003.

[33] 吴忠标，赵伟荣．室内空气污染及净化技术［M］．北京：化学工业出版社，2005.

[34] 宋学周．废水 废气 固体废物专项治理与综合利用实务全书［M］．北京：中国科学技术出版社，2000.

[35] Devinny J S, Deshusses M A, Webster T A. Biofiltration for Air Pollution Control［M］. Florida: Lewis publishers, 1999.

[36] Noel de Nevers. Air Pollution Control Engineering［M］. 2nd ed. 北京：清华大学出版社，2000.

[37] Nevers N. Air Pollution Control Engineering [M]. 2nd ed. New York: McGraw-Hill, 2000.
[38] Buonicore A. J, Davis W T. Air Pollution Engineering Manual [M]. New York: Van Nostrand Reinhold, 1992.
[39] Parker K R. Applied Electrostatic Precipitation [M]. New York: Blackie Academic & Professional, 1997.
[40] Hinds W C. Aerosol Technology: Properties, Behavior, and Measurement of Airborne Particles [M]. 2nd ed. New York: John Wiley Sons, Inc., 2000.
[41] Paige Hunter, Oyama S Ted, Control of Volatile Organic Compound Emission-Conventional and Emerging Technologies [M]. New York: John Wiley & Son Inc., 2000.
[42] McCarthy J J, et. al. Cilmate change 2001: impacts, adaptation, and vulnerability: contribution of Working Group II to the third assessment report of the Intergovernmental Panel on Climate Change [M]. London: Cambridge University Press, 2001.
[43] Chasek P S. The global environment in the twenty-first century: prospects for international cooperation [M]. New York: United Nations University Press, 2000.
[44] Srivastava Ravi K. Controlling SO_2 Emissions: A Review of Technologies [M]. Washington: EPA/600/R—00/093, 2000.
[45] Brent W, Hall Carl F. Singer, Assessment of Existing Test Reports for Evaluation VOC Control Effectiveness [M]. Washington: EPA/600/SR-99/087, 1999.
[46] Drg Removal of Gaseous Pollutants from Flue Gases with the CFB [M]. Frankfurt: Lurgi company, 1990.
[47] Heck, R M, and Farranto R J. Catalytic Air Pollution Control [M]. New York: Van Nostrand, Reinhold, 1995.
[48] Sher, E, ed. Handbook of Air Pollution from Internal Combustion Engines: Pollutant Formation and Contro [M]. San Diego: Academic Press, 1998.
[49] Flagan, R C, and John H. Seinfeld. Fundamentals of Air Pollution Engineering [M]. New Jersey: Prentice-Hall, Inc., 1988.
[50] Lenz, H P, and Cozzarini C. Emissions and Air Quality [M]. Warrendale: SAE, 1999.
[51] Challen, B, and Baranescu R, eds. Diesel Engine Reference Book [M]. 2nd ed. Warrendale: SAE, 1999.
[52] Youcai Zhao, Stanforth R. Production of Zn power by alkaline treatment of Smithsonite Zn-Pbores [J]. Hydrometallurgy, 2000, 56 (2): 237~249.
[53] Forzatti Pio. Present status and perspectives in de-NOx SCR catalysis [J]. Applied Catalysis A: General 222, 2001: 221~236.
[54] Parvulescu V I, Grange P and Delmon B. Catalytic removal of NO [J]. Catalysis Today, 1998, 12 (18): 233~316.

《大气污染控制工程》信息反馈表

尊敬的老师：

您好！感谢您多年来对机械工业出版社的支持和厚爱！为了进一步提高我社教材的出版质量，更好地为我国高等教育发展服务，欢迎您对我社的教材多提宝贵意见和建议。另外，如果您在教学中选用了本书，欢迎您对本书提出修改建议和意见。

一、基本信息

姓名：________性别：_______职称：_______职务：________________

邮编：________地址：____

任教课程：______________电话：____—_________（H）________（O）

电子邮件：______________________________手机：________________

二、您对本书的意见和建议

（欢迎您指出本书的疏误之处）

三、您对我们的其他意见和建议

请与我们联系：

100037　北京百万庄大街22号·机械工业出版社·高教分社　马编辑　收

Tel：010—8837 9720，6899 4030（Fax）

E-mail：mjp@mail.machineinfo.gov.cn